普通高等教育机电类系列教材

机械制图及计算机绘图

主编 徐文胜
参编 吴 勤 俞 梅
主审 周儒荣

机械工业出版社

本书是根据教育部高等学校工程图学教学指导委员会最新制订的"普通高等学校工程图学课程教学基本要求"编写的。本书以机械制图为主线，结合最新国家标准，介绍以投影法为基础的投影理论和机械制图，同时以 AutoCAD 为平台，介绍通过计算机软件实现机械制图的操作方法和技巧。本书主要内容有制图的基本知识与技能、点、直线、平面的投影，直线与平面、平面与平面的相对位置，投影变换，立体的投影，组合体的视图，轴测投影图，机件的常用表达方法，标准件和常用件的表达方法，零件图，装配图，AutoCAD 绘图基础和 AutoCAD 绘图实例。最后一章将 AutoCAD 命令和操作技巧贯穿于本书及习题集中的典型例题中。通过实例练习，读者可以事半功倍地掌握投影理论的应用和提高利用 AutoCAD 进行机械制图的能力。

本书配套习题集同时出版发行，并向授课教师提供习题集参考答案、练习操作需要的文件、电子教案及教学用素材包，教师注册并登录机械工业出版社教育服务网（www.cmpedu.com）后即可在本书页面下载资源。

本书适用于高等院校本、专科各相关专业机械制图课程的教学，也可作为 AutoCAD 及机械制图培训教材或工程技术人员学习计算机制图技术的参考书。

图书在版编目（CIP）数据

机械制图及计算机绘图/徐文胜主编. —北京：机械工业出版社，2015.8（2025.6 重印）

普通高等教育机电类系列教材
ISBN 978-7-111-50509-9

Ⅰ.①机… Ⅱ.①徐… Ⅲ.①机械制图-高等学校-教材②自动绘图-高等学校-教材 Ⅳ.①TH126

中国版本图书馆 CIP 数据核字（2015）第 191935 号

机械工业出版社（北京市百万庄大街 22 号　邮政编码 100037）
策划编辑：舒　恬　　责任编辑：舒　恬　杨　璇　版式设计：霍永明
责任校对：刘怡丹　　封面设计：张　静　　　　　责任印制：单爱军
北京中兴印刷有限公司印刷
2025 年 6 月第 1 版第 11 次印刷
184mm×260mm · 24.25 印张 · 628 千字
标准书号：ISBN 978-7-111-50509-9
定价：65.00 元

电话服务　　　　　　　　　网络服务
客服电话：010-88361066　　机　工　官　网：www.cmpbook.com
　　　　　010-88379833　　机　工　官　博：weibo.com/cmp1952
　　　　　010-68326294　　金　　书　　网：www.golden-book.com
封底无防伪标均为盗版　　　机工教育服务网：www.cmpedu.com

前 言

本书是根据教育部高等学校工程图学教学指导委员会最新制订的"普通高等学校工程图学课程教学基本要求",结合最新《机械制图》《技术制图》《CAD制图》等技术标准,针对新形势下高校制图教学的需要,融入编者几十年制图教学的教学改革实践和经验编写而成的。

本书共分13章,主要内容有制图的基本知识与技能,点、直线、平面的投影,直线与平面、平面与平面的相对位置,投影变换,立体的投影,组合体的视图,轴测投影图,机件的常用表达方法,标准件和常用件的表达方法,零件图,装配图,AutoCAD绘图基础和AutoCAD绘图实例。书后附录中收录了部分设计资料,供读者查阅。本书具有以下特点:

1) 根据高等学校本科培养模式和要求,力求按照学生的认知规律,通过系统而循序渐进的知识体系,培养学生的空间想象能力、计算机绘图能力和读图能力,突出实用性。

2) 每章的例题均经过精挑细选,具有代表性。

3) 贯彻工程制图最新国家标准。

4) 计算机绘图部分介绍AutoCAD软件的最新版本。该软件功能强大,使用面广。该部分内容精炼实用,强调技巧和精确绘图。通过这部分内容的学习,读者可以较快速地掌握工程图的绘制方法。最后一章介绍的绘图实例和制图理论部分相对应,注重解决制图中的实际问题,针对性强。因篇幅限制,同一命令第一次出现时介绍较详细,再次出现时则进行了简化。学习该部分内容时,尽量按照从前往后的顺序系统学习。

5) 本书配有丰富的教学资源,包括教学课件、例题的CAD源文件及其他教学素材。授课教师可注册并登录机械工业出版社教育服务网(www.cmpedu.com),在本书页面下载相关资源。

6) 本书配套习题集题量较大,题目难度由易到难成梯度排列,适合不同层次的教学选择使用。为授课教师提供习题集的参考答案,以达到进一步提高教学效率和教学质量的效果。

全书由南京师范大学徐文胜统稿并担任主编,参与编写的还有南京师范大学吴勤和俞梅。本书第1~6章由俞梅编写,第7~11章由吴勤编写,第12、13章由徐文胜编写。周儒荣教授对全书进行了认真细致的审核,提出了很多宝贵的意见和建议,在此表示衷心的感谢。另外,对为书中插图付出辛勤劳动的其他老师和同学一并表示感谢。

由于编者水平有限,不足之处在所难免,敬请各位读者批评指正。需要相关资源或有意见和建议的读者,请发送电子邮件至xuwinsun@126.com。

编 者

目 录

前言
第1章 制图的基本知识与技能 ……… 1
1.1 部分相关国家标准内容简介 ……… 1
1.1.1 图纸幅面及格式
（GB/T 14689—2008） ……… 1
1.1.2 比例（GB/T 14690—1993） ……… 3
1.1.3 字体（GB/T 14691—1993） ……… 4
1.1.4 图线及其画法（GB/T 17450—1998、
GB/T 4457.4—2002） ……… 4
1.1.5 尺寸注法（GB/T 4458.4—2003） … 6
1.2 几何作图 ……… 10
1.2.1 等分圆周及作正多边形 ……… 10
1.2.2 斜度和锥度 ……… 11
1.2.3 圆弧连接 ……… 12
1.2.4 椭圆的绘制 ……… 13
1.3 平面图形的分析及画法 ……… 14
1.3.1 平面图形的尺寸分析 ……… 14
1.3.2 平面图形的线段分析 ……… 14
1.3.3 平面图形的画图步骤 ……… 15
1.3.4 平面图形的尺寸标注 ……… 15
1.4 徒手绘草图的方法和步骤 ……… 19

第2章 点、直线、平面的投影 ……… 22
2.1 投影法的概念 ……… 22
2.1.1 中心投影法 ……… 22
2.1.2 平行投影法 ……… 22
2.2 点的投影 ……… 23
2.3 直线的投影 ……… 30
2.3.1 各类直线的投影特性 ……… 30
2.3.2 直线上点的投影 ……… 33
2.3.3 两直线的相对位置 ……… 35
2.3.4 直角投影定理 ……… 39
2.4 平面的投影 ……… 41
2.4.1 平面的表示法 ……… 41
2.4.2 各种位置平面的投影特性 ……… 41
2.4.3 平面内的点和直线 ……… 45

第3章 直线与平面、平面与平面的
相对位置 ……… 48
3.1 平行问题 ……… 48
3.1.1 直线与平面平行 ……… 48
3.1.2 两平面平行 ……… 49
3.2 相交问题 ……… 51
3.2.1 利用积聚性求交点或交线 ……… 51
3.2.2 利用辅助平面法求交点或交线 ……… 54
3.3 垂直问题 ……… 56
3.3.1 直线与平面垂直 ……… 56
3.3.2 两平面垂直 ……… 58
3.4 点、线、面综合解题 ……… 59
3.4.1 解题的一般步骤 ……… 59
3.4.2 解题示例 ……… 60

第4章 投影变换 ……… 62
4.1 投影变换的方法 ……… 62
4.1.1 概述 ……… 62
4.1.2 常用方法 ……… 63
4.2 换面法 ……… 63
4.2.1 换面法的基本规律 ……… 63
4.2.2 换面法可以解决的六个基本问题 ……… 65
4.2.3 换面法应用实例 ……… 70

第5章 立体的投影 ……… 73
5.1 基本立体的投影 ……… 73
5.1.1 平面立体的投影 ……… 73
5.1.2 回转体的投影 ……… 76
5.2 平面与立体相交 ……… 81
5.2.1 一般性质 ……… 81
5.2.2 平面与平面立体相交 ……… 82
5.2.3 平面与回转体相交 ……… 83
5.2.4 组合截交线 ……… 86
5.3 两回转体相交 ……… 94
5.3.1 相贯线概述 ……… 94
5.3.2 利用积聚性求相贯线 ……… 95
5.3.3 利用辅助平面法求相贯线 ……… 100
5.3.4 相贯线的特殊情况 ……… 101
5.3.5 组合相贯线 ……… 103
5.4 立体的尺寸标注 ……… 104
5.4.1 基本立体的尺寸标注 ……… 104
5.4.2 截断体的尺寸标注 ……… 105
5.4.3 相贯体的尺寸标注 ……… 106

第6章　组合体的视图 107
6.1　三视图的形成及其投影规律 107
6.1.1　三视图的形成与投影 107
6.1.2　三视图的投影规律 108
6.2　组合体的形体分析 108
6.2.1　组合体的组合形式 108
6.2.2　组合体相邻两表面的连接关系 108
6.2.3　挖切组合体的常见形式 109
6.2.4　形体分析法 109
6.3　组合体视图的画法 110
6.4　组合体视图上的尺寸标注 114
6.4.1　尺寸标注的基本要求 114
6.4.2　组合体尺寸分类 114
6.4.3　标注组合体尺寸的方法和步骤 115
6.5　读组合体视图的基本方法 120
6.5.1　读图的基本要领 120
6.5.2　读图的基本方法 123
6.6　组合体的构形设计 131
6.6.1　组合体构形基础 131
6.6.2　组合体构形举例 132

第7章　轴测投影图 137
7.1　轴测投影图 138
7.1.1　轴测投影的形成和基本要求 138
7.1.2　轴间角、轴向伸缩系数 138
7.1.3　轴测图的分类 138
7.1.4　轴测投影的基本性质 138
7.2　正等轴测图 139
7.2.1　正等轴测图的轴间角和轴向伸缩系数 139
7.2.2　平面立体正等轴测图 140
7.2.3　曲面立体正等轴测图 141
7.3　斜二轴测图 144
7.3.1　斜二轴测图的轴间角和轴向伸缩系数 144
7.3.2　斜二轴测图的画法 145

第8章　机件的常用表达方法 146
8.1　视图 146
8.1.1　基本视图和向视图 146
8.1.2　斜视图 147
8.1.3　局部视图 148
8.2　剖视图 149
8.2.1　剖视图的概念 149
8.2.2　剖视图的画法 149
8.2.3　剖视图的分类 152
8.2.4　剖切方法 156
8.3　断面图 161
8.3.1　基本概念 161
8.3.2　断面图的种类 161
8.4　其他表达方法 164
8.4.1　局部放大图 164
8.4.2　简化画法 165
8.5　表达方法综合应用 167
8.6　第三角画法简介 170

第9章　标准件和常用件的表达方法 172
9.1　螺纹的种类和常用表达方法 172
9.1.1　螺纹的形成 172
9.1.2　螺纹的结构要素 172
9.1.3　螺纹的种类 174
9.1.4　螺纹的规定画法 174
9.1.5　螺纹的标注 176
9.2　螺纹紧固件及其连接画法 180
9.2.1　螺栓连接 181
9.2.2　双头螺柱连接 183
9.2.3　螺钉连接 184
9.3　键及其联结画法 185
9.3.1　键的种类和标记 185
9.3.2　键联结的装配图画法 186
9.4　销及其连接画法 187
9.5　齿轮的画法 188
9.5.1　圆柱齿轮 189
9.5.2　直齿锥齿轮 192
9.5.3　蜗杆、蜗轮 194
9.6　弹簧的画法 196
9.7　滚动轴承的表达方法 198
9.7.1　常用滚动轴承的型式和规定画法 198
9.7.2　滚动轴承的基本代号 199

第10章　零件图 202
10.1　零件图的作用和内容 202
10.2　零件的表达分析 204
10.2.1　选择表达方案的一般原则 204
10.2.2　典型零件的表达分析 205
10.3　零件图上的尺寸标注 211
10.3.1　正确选择尺寸基准 211
10.3.2　标注尺寸的重要原则 215
10.3.3　零件上常见结构要素的尺寸标注 216
10.4　零件图上的技术要求 218

10.4.1　零件图上技术要求的内容 …… 218
　　10.4.2　零件的表面结构 …………… 218
　　10.4.3　极限与配合 ………………… 223
　　10.4.4　几何公差 …………………… 229
　10.5　零件的工艺结构 ………………… 232
　10.6　读零件图的方法与步骤 ………… 233
　　10.6.1　概括了解 …………………… 233
　　10.6.2　表达分析 …………………… 234
　　10.6.3　结构分析 …………………… 234
　　10.6.4　尺寸和技术要求分析 ……… 234

第 11 章　装配图 …………………………… 239
　11.1　装配图的作用和内容 …………… 239
　11.2　装配图的表达方法 ……………… 241
　　11.2.1　装配图上的规定画法 ……… 241
　　11.2.2　特殊表达方法 ……………… 241
　　11.2.3　表达分析 …………………… 242
　11.3　装配图上的尺寸和技术要求 …… 243
　　11.3.1　装配图上的尺寸标注 ……… 243
　　11.3.2　装配图上的技术要求 ……… 243
　11.4　装配图上的零件序号和明细栏 … 244
　　11.4.1　编写零件序号的方法 ……… 244
　　11.4.2　明细栏 ……………………… 244
　11.5　零件结构的装配工艺性 ………… 246
　11.6　装配体测绘和装配图画法 ……… 247
　　11.6.1　装配体测绘 ………………… 247
　　11.6.2　画装配图的方法和步骤 …… 249
　11.7　读装配图 ………………………… 254
　　11.7.1　概括了解并分析表达方法 … 254
　　11.7.2　了解工作原理 ……………… 255
　　11.7.3　分析零件间的装配关系及
　　　　　　装配体的结构 ……………… 255
　　11.7.4　分析零件，看懂零件的结构
　　　　　　形状 ………………………… 257
　　11.7.5　归纳总结 …………………… 257
　11.8　由装配图画零件图的方法和步骤 … 258
　　11.8.1　构思零件形状 ……………… 258
　　11.8.2　零件的视图 ………………… 259
　　11.8.3　零件的尺寸 ………………… 259
　　11.8.4　零件的表面结构要求和技术
　　　　　　要求 ………………………… 260

第 12 章　AutoCAD 绘图基础 …………… 261
　12.1　概述 ……………………………… 261
　12.2　启动 AutoCAD 中文版 ………… 261
　12.3　界面介绍 ………………………… 262

　12.4　AutoCAD 中文版基本操作 …… 276
　　12.4.1　按键定义 …………………… 276
　　12.4.2　命令输入方式 ……………… 277
　　12.4.3　透明命令 …………………… 277
　　12.4.4　命令的重复、终止、撤销、
　　　　　　重做 ………………………… 278
　　12.4.5　坐标形式 …………………… 279
　12.5　文件操作命令 …………………… 280
　　12.5.1　新建文件 …………………… 280
　　12.5.2　打开文件 …………………… 280
　　12.5.3　保存文件 …………………… 281
　　12.5.4　赋名存盘 …………………… 281
　12.6　绘图环境设置 …………………… 282
　　12.6.1　图形界限 …………………… 282
　　12.6.2　单位 ………………………… 283
　　12.6.3　颜色 ………………………… 284
　　12.6.4　线型 ………………………… 285
　　12.6.5　线宽 ………………………… 286
　　12.6.6　图层 Layer ………………… 287
　　12.6.7　其他选项设置 ……………… 289
　12.7　选择对象 ………………………… 292
　　12.7.1　对象选择模式 ……………… 293
　　12.7.2　建立对象选择集 …………… 295
　　12.7.3　重叠对象的选择 …………… 297
　　12.7.4　快速选择对象 ……………… 297
　　12.7.5　对象选择过滤器 …………… 298
　12.8　视图显示控制 …………………… 300
　　12.8.1　重画 ………………………… 300
　　12.8.2　重生成 ……………………… 300
　　12.8.3　显示缩放 …………………… 300
　　12.8.4　实时平移 …………………… 305
　　12.8.5　导航控制盘 ………………… 305

第 13 章　AutoCAD 绘图实例 …………… 307
　13.1　点线面投影练习实例 …………… 307
　13.2　线面综合练习实例 ……………… 313
　13.3　换面法练习实例 ………………… 314
　13.4　立体练习实例 …………………… 316
　13.5　组合体练习实例 ………………… 320
　13.6　轴测图练习实例 ………………… 323
　13.7　机件表达方法练习实例 ………… 329
　13.8　标准件练习实例 ………………… 334
　13.9　零件图练习实例 ………………… 336
　13.10　装配体练习实例 ………………… 344

附录 …………………………………………… 350

附录 A 极限与配合 …………… 350	附录 H 平键 ………………………… 368
附录 B 螺纹 …………………………… 357	附录 I 销 …………………………… 369
附录 C 螺栓 ………………………… 358	附录 J 紧固件通孔及沉孔尺寸 ……… 371
附录 D 双头螺柱 …………………… 359	附录 K 滚动轴承 …………………… 372
附录 E 螺钉 ………………………… 360	附录 L 常用材料及热处理名词解释 …… 374
附录 F 螺母 ………………………… 363	**参考文献** ……………………………… 378
附录 G 垫圈 ………………………… 366	

第 1 章 制图的基本知识与技能

工程图样是工业生产中设计、制造与维修机器等过程中必不可少的技术资料，同时也是工程界交流技术思想的语言。要正确地绘制工程图样，必须遵守国家标准《技术制图》和《机械制图》的基本规定，必须掌握合理的绘图方法和步骤。本章将着重介绍国家标准《技术制图》和《机械制图》中关于"图纸幅面及格式""比例""字体""图线及其画法"和"尺寸注法"的有关规定，并简略介绍平面图形的基本画法、几何作图、尺寸注法和徒手绘图的方法。

1.1 部分相关国家标准内容简介

1.1.1 图纸幅面及格式（GB/T 14689—2008）[一]

1. 图纸幅面

绘制工程图样，应优先采用表 1-1 所规定的基本图纸幅面，其代号分别为 A0、A1、A2、A3 和 A4 五种。

表 1-1 基本图纸幅面及图框尺寸 （单位：mm）

幅面代号	A0	A1	A2	A3	A4
$B \times L$	841×1189	594×841	420×594	297×420	210×297
a 装订边距	25				
c 其余边距	10			5	
e 不装订边距	20			10	

必要时也允许选用加长幅面。加长幅面的尺寸是由基本幅面的短边成整数倍增加后得出（具体规格可查阅相关标准）。

2. 图框格式

在图纸上必须用粗实线画出图框，其格式分为留装订边（图 1-1）和不留装订边（图 1-2）两种。每张图纸必须画出标题栏，标题栏的位置一般应位于图纸的右下角。一般情况下，标题栏中的文字方向为看图方向。

3. 标题栏

每张图纸上都必须画有标题栏，标题栏用来表示零部件的名称、材料、比例、图号、设计者、审核者和单位名称等。标题栏一般位于图纸的右下角，其格式和尺寸要遵守 GB/T 10609.1—2008 的规定。图 1-3 所示为该标准提供的标题栏的格式举例。

由于国家标准中标题栏的格式很复杂，因此在学校的制图作业中，建议采用图 1-4 所示的格式。

4. 对中符号及方向符号

有时为了使图样复制和微缩摄影时定位方便，应在图纸各边长的中点处分别画出对

[一] "GB/T 14689—2008" 是国家标准《技术制图 图纸幅面和格式》的代号。"国家标准"简称"国标"。"GB/T" 表示推荐性国家标准。如果"GB"后没有"/T"，则表示强制性国家标准。"14689"是该标准的编号。"2008"表示该标准是 2008 年修改发布的。

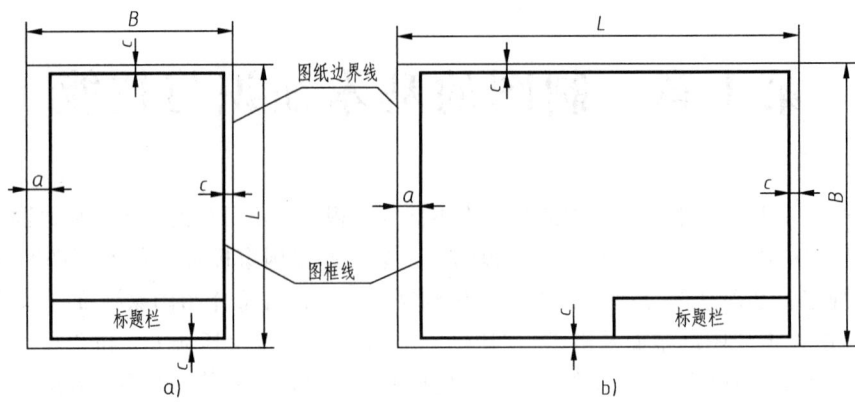

图 1-1 留装订边的图框格式

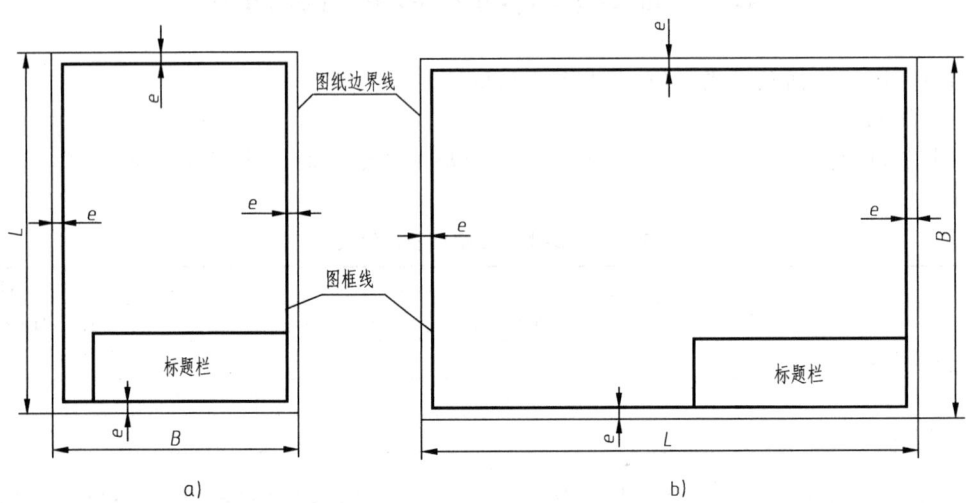

图 1-2 不留装订边的图框格式

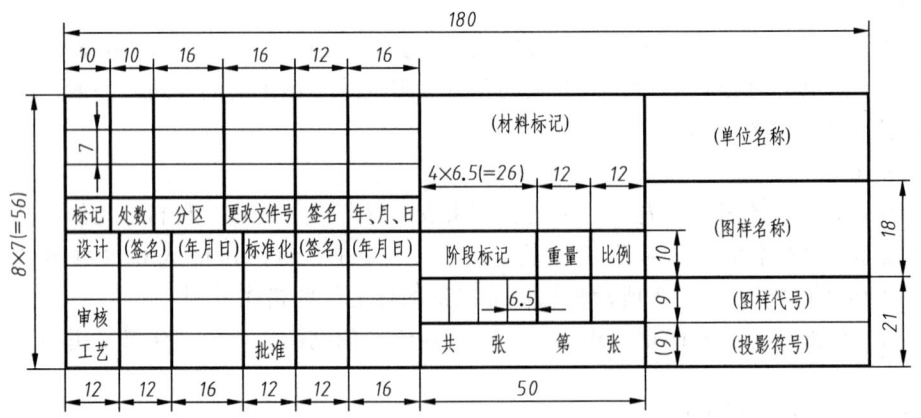

图 1-3 标题栏的格式举例

中符号。国家标准规定对中符号用粗实线绘制，线宽不小于 0.5mm，从图纸边界开始至伸入图框内约 5mm，如图 1-5 所示。当对中符号处在标题栏范围内时，则伸入标题栏部分省略不画。

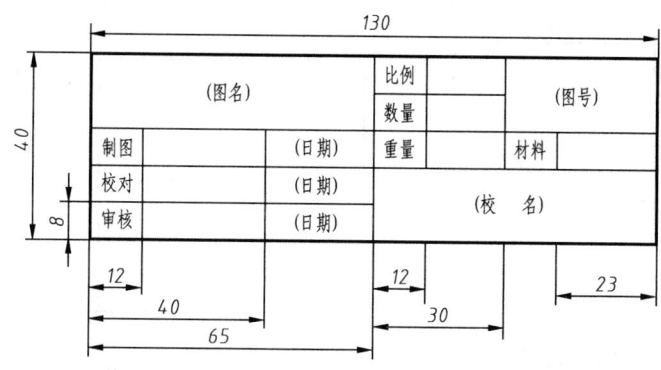

图 1-4　制图作业中采用的标题栏格式

有时为了充分利用图纸，标题栏可以位于图纸右上角，此时为了明确绘图与看图的方向，应在图纸的下边对中符号处画出一个方向符号，如图 1-5 所示。方向符号是用细实线绘制的等边三角形，其大小如图 1-5 所示。当方向符号的尖角对着读者时，其向上的方向即为看图的方向，但标题栏中的内容及书写方向仍按常规处理。

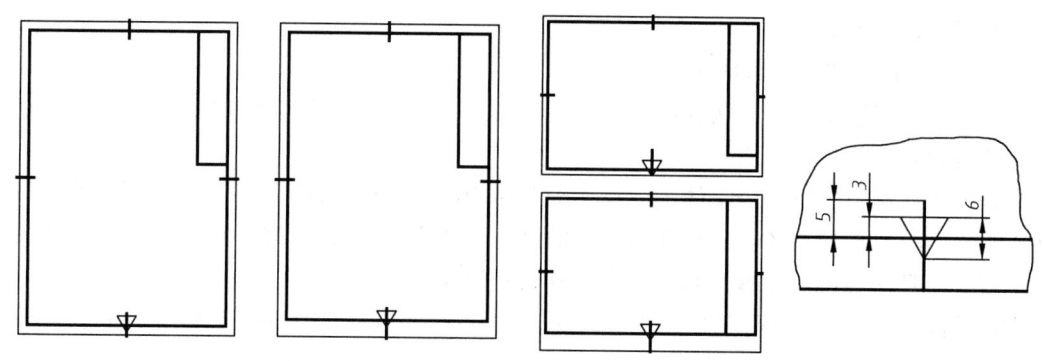

图 1-5　对中符号及方向符号

1.1.2　比例（GB/T 14690—1993）

图样中机件要素的线性尺寸与实际机件相应要素的线性尺寸之比，称为图样的比例。绘制图样时一般采用表 1-2 中规定的比例。

表 1-2　标准比例系列

种　　类	优先选用比例	允许选用比例
与实物相同	1:1	
缩小的比例	1:2　1:5　1:10　1:2×10^n　1:5×10^n　1:1×10^n	1:1.5　1:2.5　1:3　1:4　1:6　1:1.5×10^n 1:2.5×10^n　1:3×10^n　1:4×10^n　1:6×10^n
放大的比例	5:1　2:1　5×10^n:1　2×10^n:1　1×10^n:1	4:1　2.5:1　4×10^n:1　2.5×10^n:1

绘制图样时应尽可能按机件的实际大小画出，即采用 1:1 的原值比例进行绘图。这样便于从图中直接看出机件的真实大小；如机件太小或太大，则可用表 1-2 中所规定优先选用的放大或缩小的比例绘图。必要时也可选取表 1-2 中所规定的允许选用比例进行绘图。

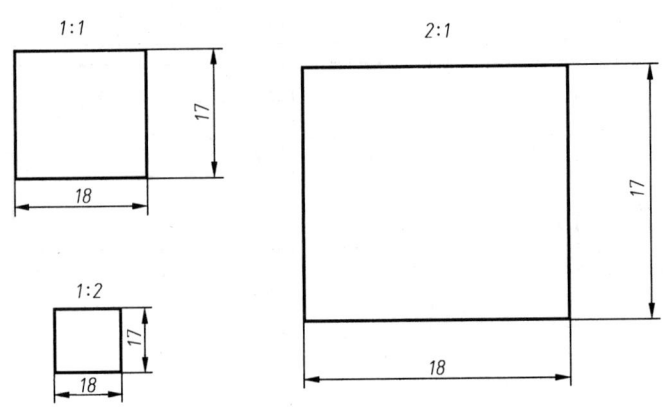

图 1-6 采用不同的比例绘图的效果

绘制同一机件的各个视图应采用相同的比例,并填写在标题栏中。当某个视图需要采用不同的比例时,必须另行标注。

采用不同的比例绘图的效果如图 1-6 所示。但在标注尺寸时,仍应按机件的实际尺寸标注,与绘图的比例无关。

1.1.3　字体（GB/T 14691—1993）

在图样上除了表示机件形状的图形外,还要用汉字、数字和字母来说明机件的大小、技术要求和其他内容。

在机械工程制图中所用的字体,应按 GB/T 14691—1993 中的要求,做到字体工整、笔画清楚、间隔均匀、排列整齐。如果在图样上的汉字、数字和字母写得潦草,不仅影响图样的清晰和美观,而且还会造成差错,给生产带来麻烦和损失。

字体的高度 h(mm) 即字体的号数,分为 20mm、14mm、10mm、7mm、5mm、3.5mm、2.5mm、1.8mm 八种。如需要书写更大的字体,其字体高度应按 $\sqrt{2}$ 的比率递增。

汉字应写成长仿宋体,并采用中华人民共和国国务院正式公布推行的《汉字简化方案》中规定的简化字,汉字的高度 h 不应小于 3.5mm,其字宽一般为 $h/\sqrt{2}$。长仿宋体字的书写要领是横平竖直、注意起落、结构均匀、填满方格。长仿宋体汉字示例如图 1-7 所示。

图样中的字母和数字可写成斜体（图 1-7）或直体,常用的字母有拉丁字母和希腊字母两种,常用的数字有阿拉伯数字和罗马数字两种。

字母和数字分 A 型和 B 型,B 型的笔画比 A 型宽。A 型字体笔画的宽度为 $h/14$,B 型字体笔画的宽度为 $h/10$。

用作指数、分数、极限偏差、注脚的数字及字母,一般应采用小一号字体。

1.1.4　图线及其画法（GB/T 17450—1998、GB/T 4457.4—2002）

国家标准《技术制图》中规定了 15 种基本线型,线型的代码为 No.01～No.15,其中机械制图中常用的图线有 9 种,见表 1-3。

图线分粗、细两种。粗线的宽度 d 应按图的大小和复杂程度,在 0.25mm、0.35mm、0.5mm、0.7mm、1mm、1.4mm、2mm 七个数值中选用。细线的宽度为粗线宽度 d 的 1/2。

各种图线的应用举例如图 1-8 所示。

图 1-7　长仿宋体汉字、数字、字母示例

表 1-3　常用线型及其应用

名称	代号	线型	宽度	主要用途
粗实线	01.2		$d(0.5\sim2)$	可见轮廓线、相贯线和螺纹牙顶线等
细实线	01.1		约 $d/2$	尺寸线、尺寸界线、剖面线、引出线、短中心线和螺纹牙底线等
双折线			约 $d/2$	断裂处的边界线、视图与剖视图的分界线
波浪线			约 $d/2$	断裂处的边界线、视图与剖视图的分界线
细虚线	02.1		约 $d/2$	不可见轮廓线和棱边线
粗虚线	02.2		d	允许表面处理的表示线
细点画线	04.1		约 $d/2$	轴线、对称中心线和分度圆(线)等
粗点画线	04.2		d	限定范围表示线
细双点画线	05.1		约 $d/2$	相邻辅助零件的轮廓线、可动零件的极限位置的轮廓线和中断线等

图线的画法和注意事项（图1-9）：

1）各类图线相交时，应尽量在长画处相交。

2）在同一张图样中，同类图线的宽度应基本一致，细虚线、细点画线及细双点画线的线段长短和间隔应各自大致相等，并且首尾应是线段。

3）当细虚线为粗实线的延长线时，在虚、实线的连接处，应留出空隙。

4）绘制圆的对称中心线时，圆心应为长画的交点，对称中心线的两端应超出圆弧 3~5mm。

5）绘制较小的图形上的细点画线或细双点画线有困难时，可用细实线代替。

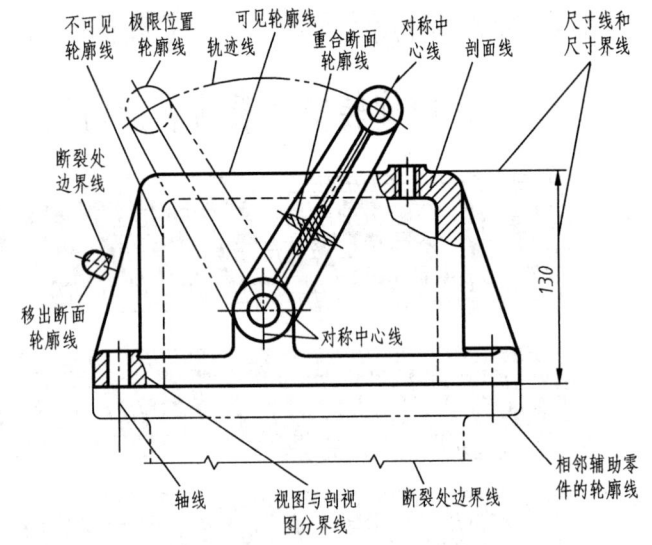

图1-8 各种图线的应用举例

6）当各种线条重合时，应按粗实线、虚线、点画线的优先顺序画出。

7）两条平行线之间的距离应不小于粗实线的两倍宽度，其最小距离不得小于 0.7mm。

8）当虚线圆弧和虚线直线相切时，虚线直线应画到切点，虚线圆弧则留有间隙。

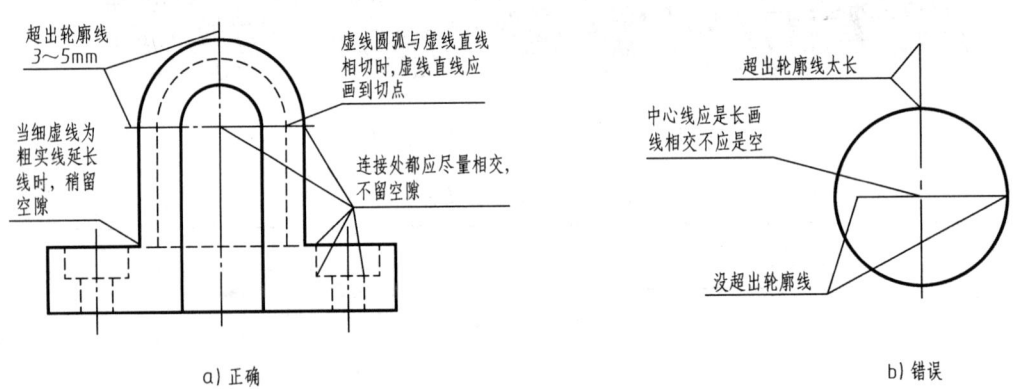

图1-9 图线的画法和注意事项

1.1.5 尺寸注法（GB/T 4458.4—2003）

图形只能表达机件的形状，而机件的大小则由标注的尺寸确定。尺寸标注也是国家标准中的重要组成部分，尺寸标注是否正确、合理，会直接影响图样的质量及零件的工艺设计、制造和装配。不合理的标注甚至造成零件无法加工或报废。为了便于交流，GB/T 4458.4—2003 对尺寸标注的基本方法做了一系列规定，在绘图过程中必须严格遵守。

1. 基本规则

1）机件的真实大小应以图样上所注的尺寸数值为依据，与图形的大小与绘图的准确度无关。

2）图样中的尺寸以 mm 为单位时，不需标注单位符号或名称，如采用其他单位，则必须注明相应的单位符号或名称。

3）图样中所标注的尺寸应是机件的最后完工尺寸，否则应另加说明。

4）机件的每一尺寸，一般只标注一次，应标注在反映该结构最清晰的图形上。

2. 尺寸的组成

一个完整的尺寸一般由四个部分组成：尺寸界线、尺寸线、尺寸数字和尺寸终端，如图1-10 所示。

1）尺寸界线用来度量尺寸的范围。尺寸界线用细实线绘制，并由图形的轮廓线、轴线或对称中心线处引出。也可利用轮廓线、轴线或对称中心线作为尺寸界线。尺寸界线一般应与尺寸线垂直，必要时才允许倾斜，如图 1-11 所示。

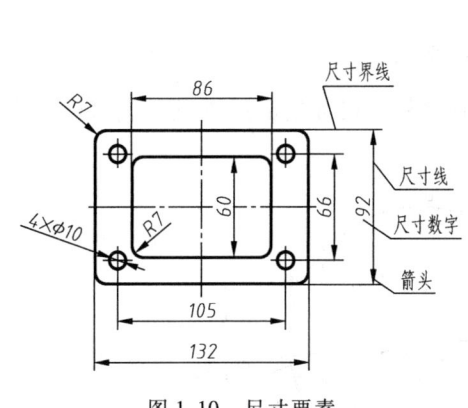

图 1-10 尺寸要素

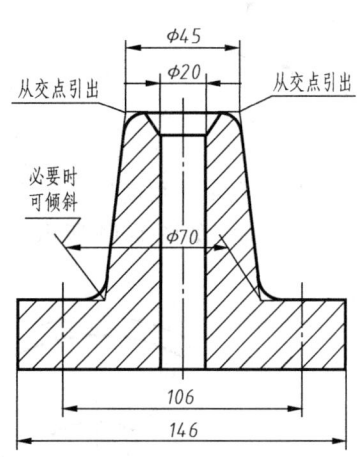

图 1-11 尺寸界线与尺寸线的画法

2）尺寸线要与所度量的线段平行，用细实线绘制。尺寸线与尺寸线不应相交，不能用其他图线代替，一般也不得与其他图线重合或画在其延长线上。一般大尺寸线注在小尺寸线的外面，以免尺寸线与尺寸界线相交。在圆和圆弧上标注直径或半径尺寸时，尺寸线一般应通过圆心或延长线通过圆心。

3）尺寸终端一般采用箭头形式，也可采用斜线形式。

箭头：箭头的形式如图 1-12a 所示，适用于各种类型的图样。箭头尖端与尺寸界线接触，不得超出或离开。

斜线：如图 1-12b 所示，斜线用细实线绘制。采用斜线形式时，尺寸线与尺寸界线必须互相垂直。

图 1-12 尺寸终端的画法

4）尺寸数字一般标注在尺寸线的上方，也允许标注在尺寸线中断处。尺寸数字不能被其他图线通过，否则应将图线断开。

① 线性尺寸数字。线性尺寸的数字一般应注写在尺寸线的上方，如图 1-13a 所示。在不致引起误解时，也允许注写在尺寸线的中断处，如图 1-13c 所示。在同一张图样中，应尽可能

采用同一种方法。

线性尺寸数字的方向，一般应按图 1-13a 所示的方向注写，并尽可能避免在图示 30°范围内标注尺寸。当无法避免时，可按图 1-13b 所示的形式标注。

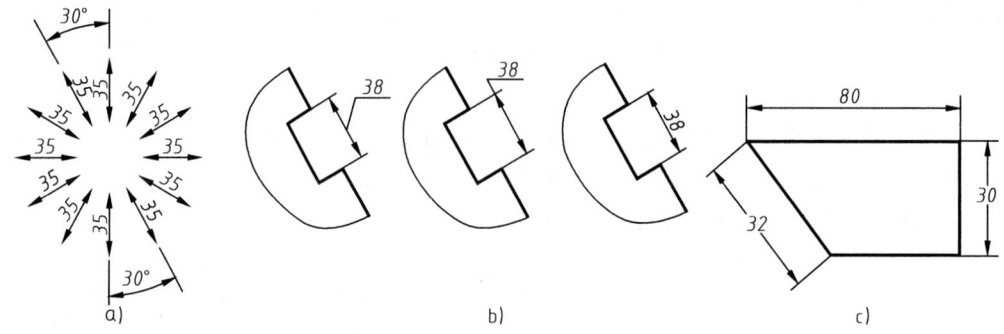

图 1-13　线性尺寸数字的注法

② 角度尺寸数字。角度尺寸数字水平注写，一般注写在尺寸线的中断处，也可注写在尺寸线的上方或外面，如图 1-14 所示。

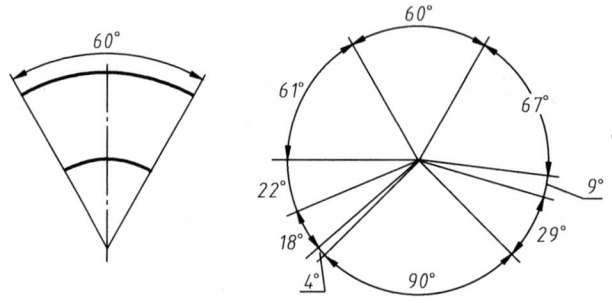

图 1-14　角度尺寸数字的注法

注意：

角度尺寸的尺寸界线应沿径向引出，尺寸线画成圆弧，圆心是该角的顶点，如图 1-14 所示。

3. 常用尺寸注法

1) 圆和圆弧尺寸的注法。圆和圆弧尺寸注法示例见表 1-4。

表 1-4　圆和圆弧尺寸注法示例

项目	例　图	尺　寸　注　法
圆		标注整圆或大于半圆的圆弧直径尺寸时，以圆周为尺寸界线，尺寸线通过圆心，并在尺寸数字前加注直径符号"ϕ"。圆弧直径尺寸线应画至略超过圆心，并只在尺寸线一端画箭头指向圆弧 圆柱或圆孔的直径尺寸，往往标注在非圆视图上，方法同线性尺寸。如果不便从转向轮廓线引尺寸界线，可只标一个箭头和尺寸界线

(续)

项目	例 图	尺 寸 注 法
圆弧		标注小于或等于半圆的圆弧半径尺寸时,尺寸线应从圆心出发引向圆弧,只画一个箭头,并在尺寸数字前加注半径符号"R"
		当圆弧的半径过大或在图纸范围内无法标出圆心位置时,可按图 a 所示的折线形式标注。当不需标出圆心位置时,则尺寸线只画靠近箭头的一段,如图 b 所示

注意:

① 标注圆的直径时,尺寸线应通过圆心,尺寸线的两个终端应画成箭头,在尺寸数字前应加注符号"ϕ"。当图形中只画出一半或略大于一半时,尺寸线应略超过圆心,此时仅在尺寸线的一端画出箭头。

② 标注圆弧的半径时,尺寸线的一端一般应画到圆心,以明确表明其圆心的位置,另一端画成箭头,在尺寸数字前加注符号"R"。

③ 当多个相同整圆或大于半圆的圆弧直径需要标注时,在"ϕ"前乘个数"n"。

④ 当多个相同半圆或小于半圆的圆弧半径需要标注时,在 R 前不乘个数,如图 1-15 所示的 R15,右侧对称的圆弧无需标注。

2) 球面尺寸的注法。标注球面直径或半径时,应在符号"ϕ"或"R"前再加注符号"S",如图 1-16 所示。

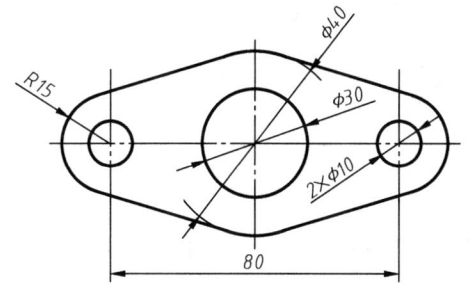

图 1-15 多个圆弧和整圆的注法

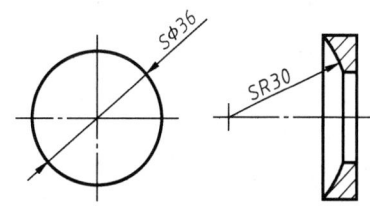

图 1-16 球面尺寸的注法

3) 小尺寸的注法。在图形上的较小尺寸,在没有足够的位置画箭头或注写数字时,可按图 1-17 所示的形式标注。标注小圆弧半径的尺寸线,不论其是否画到圆心,但其方向必须通过圆心。

【例 1-1】 找出图 1-18a 中错误的尺寸标注。

分析: 在图 1-18a 中,尺寸 45 是水平尺寸数字,应注写在尺寸线上方;尺寸 16 和 30 是垂直尺寸,尺寸数字应注写在尺寸线的左方,字头朝左;倾斜尺寸 5 应注写在尺寸线的右上方;尺寸 7 的尺寸线不应画在轮廓线的延长线上;尺寸 12 和 10 的尺寸线不应与其他图线重合;因有两个同样大小且尺寸为 ϕ12 的圆,则应注成 2×ϕ12;半径尺寸 R10 的尺寸线未通过圆心且与尺寸 30 的尺寸界线相交应避免;右下角小圆弧尺寸 5,应是漏了"R";30°角度尺寸

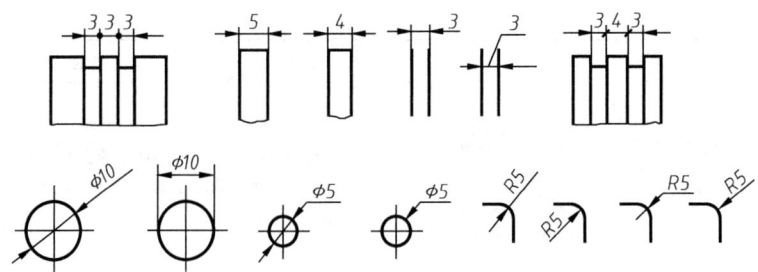

图 1-17 小尺寸的注法

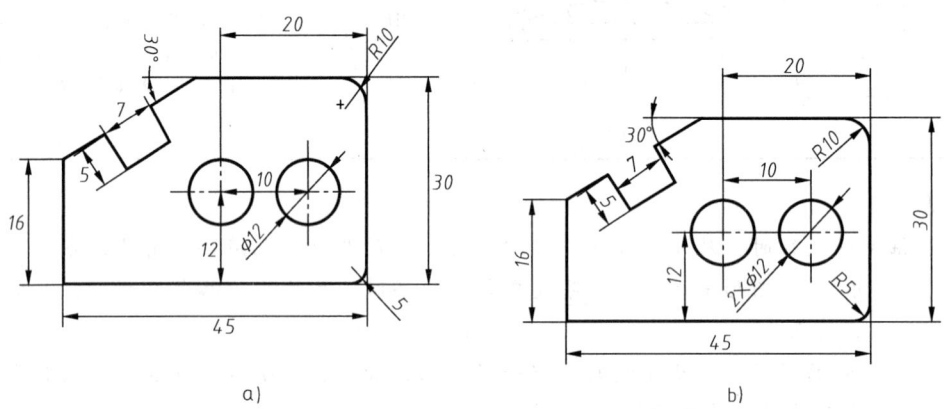

图 1-18 平面图形尺寸标注的正误对比

数字应水平书写。

正确的标注应如图 1-18b 所示。

1.2 几何作图

几何作图是指机械图样中常见的正多边形、圆弧连接以及锥度和斜度等几何作图问题。现介绍其中常用的作图方法。

1.2.1 等分圆周及作正多边形

1. 等分圆周

机件上等分圆周的结构比较常见，其中，用三角尺或圆规三、六等分圆周的作图方法如图 1-19 ~ 图 1-20 所示。

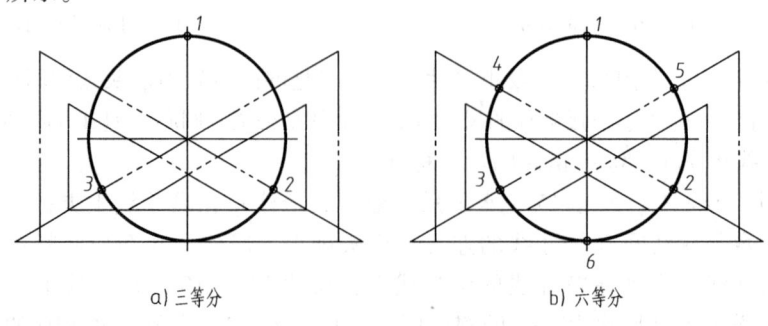

图 1-19 用三角尺等分圆周

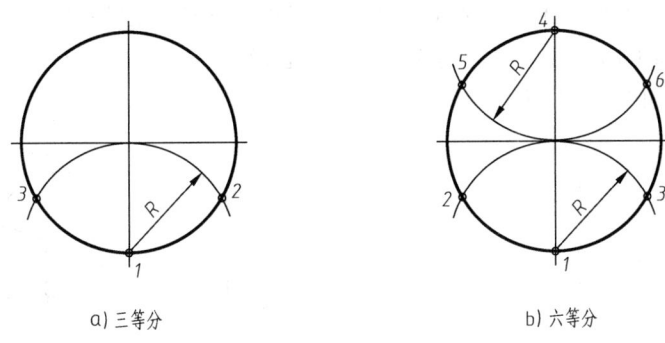

图 1-20 用圆规三、六等分圆周

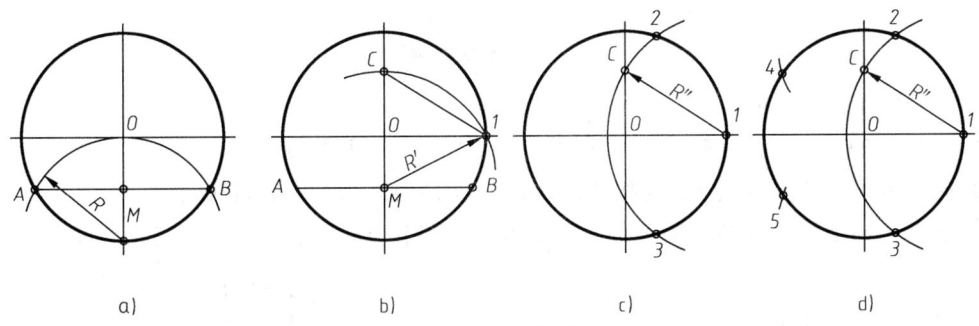

图 1-21 用圆规五等分圆周

用圆规五等分圆周作图步骤如下：

1) 如图 1-21a 所示，以圆的垂直中心线与圆相交的交点为圆心，取圆的半径 R 为半径画弧交圆周于点 A、B，连接 AB 交垂直中心线于点 M。

2) 如图 1-21b 所示，以点 M 为圆心，$M1$ 长度为半径画弧交圆的垂直中心线于点 C。

3) 如图 1-21c、d 所示，以 $1C$ 为弦长等分圆周得等分点 1、2、3、4、5，即完成作图。

2. 作正多边形

作正多边形的方法与等分圆周的方法相似，连接各等分点即为正多边形。

1.2.2 斜度和锥度

1. 斜度

1) 斜度。一直线（或平面）对另一直线（或平面）的倾斜程度称为斜度，如图 1-22a 所示，斜度的大小用它们夹角的正切值表示，即

$$斜度 = \frac{T-t}{l} = \frac{T}{L} = \tan\alpha$$

2) 斜度符号的画法如图 1-22b 所示。

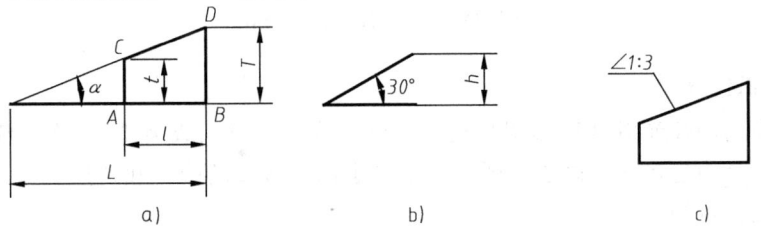

图 1-22 斜度概念、符号的画法和标注

3）斜度的标注方法如图 1-22c 所示。注意：图样上标注斜度符号时，其斜度符号的斜边应与图中斜线的倾斜方向一致。斜度的大小以 $1:n$ 表示。

4）斜度的画法如图 1-23 所示。

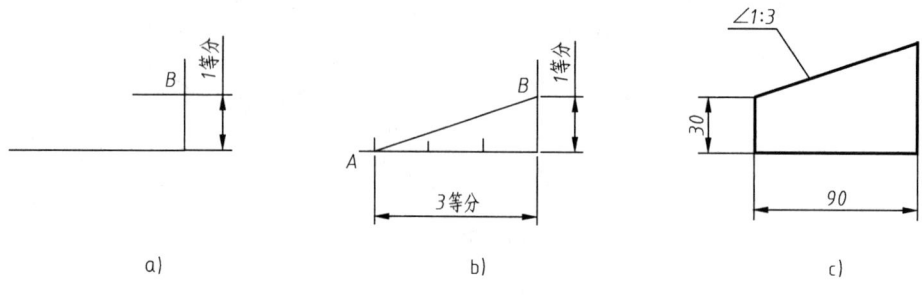

图 1-23 斜度的画法

作图方法和步骤如下：
① 作图 1-23a 所示的两垂直线，并向上量取 1 等分，得点 B。
② 向左量取 3 等分得点 A，连接 AB，则 AB 就是斜度为 1:3 的斜线。
③ 从点 A 向上作长为指定距离的直线，并在端点作 AB 的平行线，即完成斜度的画法。

2. 锥度

1）锥度。正圆锥底圆直径与其高度之比称为锥度（或正圆台的两底圆的直径差与其高度之比，如图 1-24 所示）。锥度的大小也是圆锥素线与轴线夹角的正切值的两倍。

$$锥度 = \frac{D}{L} = \frac{(D-d)}{l} = 2\tan\frac{\alpha}{2}$$

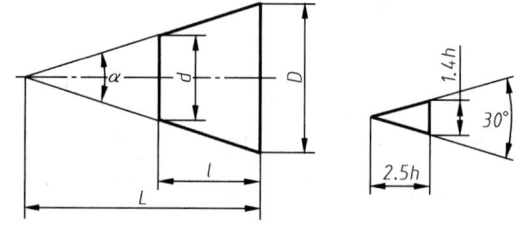

图 1-24 锥度概念和符号的画法

2）锥度符号的画法如图 1-24 所示。

3）锥度的标注方法如图 1-25 所示。注意：图样上标注锥度符号时，其锥度符号的尖端应与图中锥度的方向一致。锥度的大小以 $1:n$ 表示。

4）锥度的画法如图 1-25 所示。

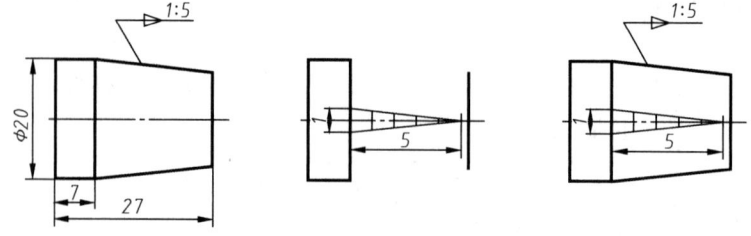

图 1-25 锥度的画法及其标注

1.2.3 圆弧连接

用已知半径的圆弧光滑（即相切）连接两已知线段（直线或圆弧），称为圆弧连接。这段已知半径的圆弧称为连接弧。画连接弧，关键是求出连接弧的圆心和切点。

根据平面几何可知：
1）半径为 R 的圆弧与已知直线 I 相切，圆心的轨迹是距离直线 I 为 R 的两条平行线 II 和

Ⅲ。当圆心为 O_1 时,由点 O_1 向直线 Ⅰ 所作垂线的垂足 K 就是切点,如图 1-26a 所示。

2)半径为 R 的圆弧与已知圆弧(半径为 R_1)外切,圆心的轨迹是已知圆弧的同心圆,其半径 $R_2 = R_1 + R$。当圆心为 O_1 时,连心线 OO_1 与已知圆弧的交点 K 就是切点,如图 1-26b 所示。

3)半径为 R 的圆弧与已知圆弧(半径为 R_1)内切,圆心的轨迹是已知圆弧的同心圆,其半径 $R_2 = R_1 - R$。当圆心为 O_1 时,连心线 OO_1 的延长线与已知圆弧的交点 K 就是切点,如图 1-26c 所示。

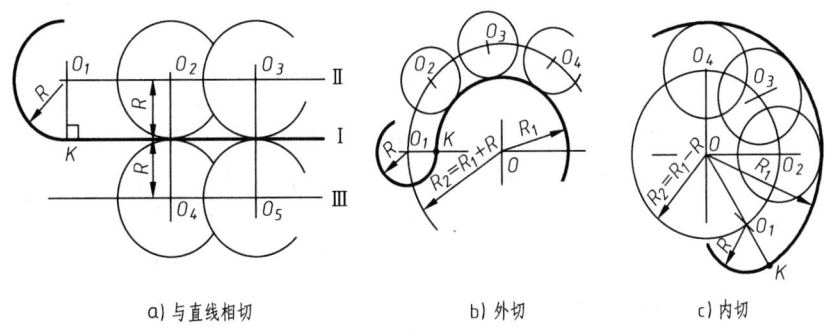

a)与直线相切　　　　b)外切　　　　c)内切

图 1-26　连接弧的切点和圆心

找出了圆心和切点后,就可画出与已知的相邻线段光滑连接的连接弧了。

【例 1-2】 作 $R40$ 的圆弧与已知半径为 $R30$ 的圆 O_1 外切和直线 L 相切,如图 1-27a 所示。

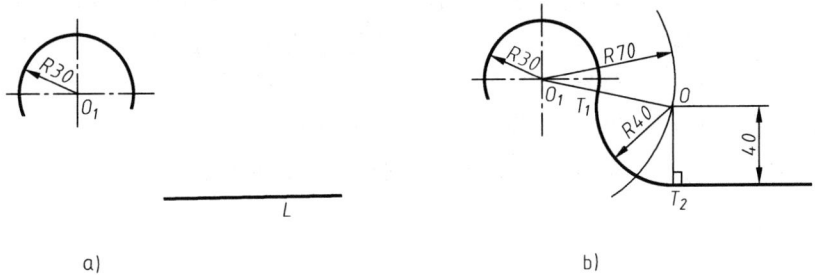

a)　　　　　　　　　　　　b)

图 1-27　圆弧连接的画法

作图方法和步骤如下:

① 找圆心。以点 O_1 为圆心,以 $R30 + R40 = R70$ 为半径画弧,使其与直线 L 相距为 40 的平行线相交于一点 O,则点 O 即为所求的连接圆弧 $R40$ 的圆心。

② 找切点。连接 OO_1,并过点 O 作直线 L 的垂线,分别得两切点 T_1 和 T_2。

③ 画连接弧。以点 O 为圆心,以 $R40$ 为半径,在两切点间画弧,则画出连接弧,如图 1-27b 所示。最后擦去多余线条。

1.2.4　椭圆的绘制

机械图样上常见一些非圆的平面曲线,如椭圆、双曲线、渐开线和摆线等。下面介绍最常见的平面曲线椭圆的绘制方法。

非圆曲线不能直接用尺规绘制,必须设法找出一系列属于曲线上的点。图 1-28a 所示为采用同心圆法作出的椭圆。绘图流程是:画直径分别为长、短轴长度的辅助圆;等分圆周;过大圆周等分点向内画铅垂线,过小圆周等分点向外画水平线,两线交点即椭圆上的点,

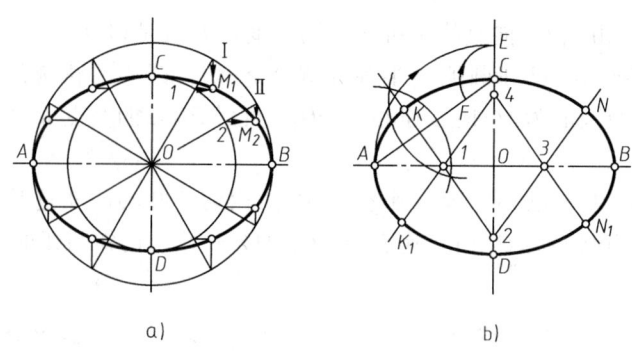

图 1-28 常用的椭圆作图方法

顺次连接椭圆上各点即完成椭圆。图 1-28b 所示为采用四心圆法作出的椭圆。绘图流程是：分别将已知的长、短轴尺寸对称量取在中心线上得端点 A、B、C、D；在 OC 上量取 $OE = OA$；连接 AC；在 AC 上量取 $CF = CE$；作 AF 的垂直平分线，分别与长、短轴交于 1、2 两点；作对称点 3、4；以点 2、4 为圆心，$2C$、$4D$ 为半径画两段大圆弧；以点 1、3 为圆心，$1A$、$3B$ 为半径画两段小圆弧；四段圆弧相切于点 K、K_1、N、N_1，完成用四段圆弧近似光滑连接的椭圆。

1.3　平面图形的分析及画法

为了正确地绘制平面图形，首先要对平面图形中各线段的有关尺寸或连接关系进行分析，通过确定线段的性质，明确作图步骤，才能准确、迅速地绘制平面图形。

1.3.1　平面图形的尺寸分析

平面图形中的尺寸，按其所起的作用，可分为两种。

1）定位尺寸——确定平面图形上各线段（线框）间相对位置的尺寸，如图 1-29 所示的尺寸 35、50 和 6。

2）定形尺寸——确定平面图形上各线段（线框）形状及其大小的尺寸，如图 1-29 所示直线的长度、圆的直径和圆弧的半径。图 1-29 中所有尺寸除上述定位尺寸外、其余的尺寸均属定形尺寸。必须指出的是，有的尺寸可能既是定形尺寸，又是定位尺寸。

标注尺寸时必须有起点，这个起点就称为尺寸基准。在平面图形中有长和高两个方向，每个方向至少有一个尺寸基准。平面图形上用作基准的可以是对称中心线、圆或圆弧的中心线以及图形的底边及较长的边线等。如图 1-29 所示，用同心圆的中心线作为长度方向的尺寸基准，以底边作为高度方向的尺寸基准。标注尺寸时，应先确定图形长度方向和高度方向的尺寸基准，然后依次注出各线段的定位尺寸和定形尺寸。

1.3.2　平面图形的线段分析

在平面图形中，按所给的尺寸是否齐全来分，一般将线段分为三类不同性质的线段。

1）已知线段。它们的定形、定位尺寸已完全给出，绘图时可根据这些尺寸将它们直接绘出。图 1-29 中 $\phi 12$、$\phi 24$ 及矩形线框 $ABCD$ 均属已知线段。

2）中间线段。它们的定形尺寸齐全而定位尺寸不全，画图时需要根据已给的尺寸及该线段与相邻线段的连接关系才能画出，如图 1-29 所示的 $R40$。

3）连接线段。它们没有定位尺寸，只有定形尺寸，画图时需根据和相邻线段的连接关系才能画出，如图 1-29 所示的 R15 和 R20。

1.3.3 平面图形的画图步骤

平面图形的画法步骤，如图 1-30 所示。

1）画基准线，如图 1-30a 所示。
2）画已知线段，如图 1-30b 所示。
3）画中间线段，如图 1-30c 所示。
4）画连接线段，如图 1-30d 所示。

1.3.4 平面图形的尺寸标注

平面图形尺寸标注的基本要求是正确、齐全和清晰。

如图 1-31 所示，标注的方法和步骤是：

1）先在水平和铅垂方向各选定一条直线作为尺寸基准，如图 1-31 中三角形所示。

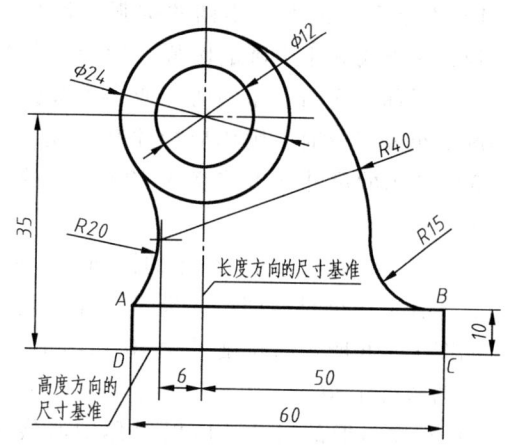

图 1-29　平面图形分析

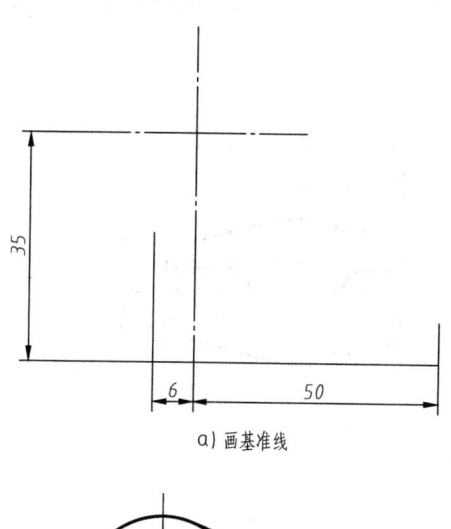

a) 画基准线

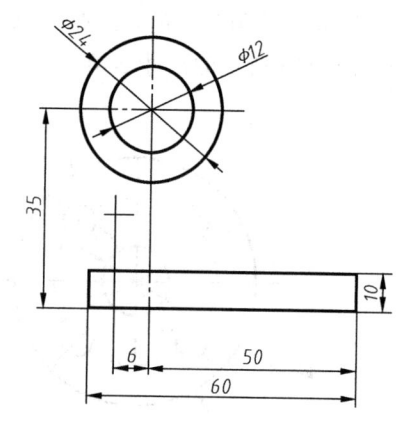

b) 画已知线段

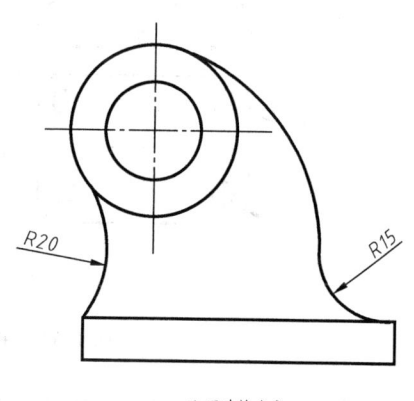

c) 画中间线段　　　　　　　d) 画连接线段

图 1-30　平面图形的画图步骤

2）确定图形中各线段的性质。
3）按已知线段、中间线段和连接线段的次序逐个标注尺寸。

平面图形尺寸标注时，应注意以下几点。

1) 对整个圆或大于半圆的圆弧一般标注其直径，小于或等于半圆的圆弧一般标注其半径。但当对称或均匀分布的两个或多个圆弧为同一圆的组成部分时，则仍应标注其直径，如图 1-32b 所示的尺寸 φ28 和图 1-32d 所示的尺寸 φ30。

2) 图形中对称或均匀分布的圆角或长槽，一般只注其中一个尺寸即可，也不必标注其数量，如图 1-32b 所示的宽度尺寸 10 和图 1-32c 所示的圆角尺寸 R6。

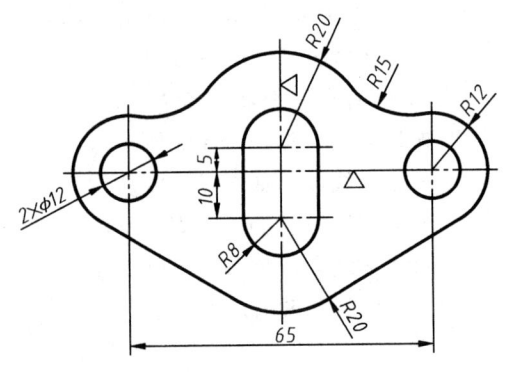

图 1-31　平面图形的尺寸标注

3) 对称图形的尺寸，应以对称中心线为基准而标注其尺寸，如图 1-32b 所示的尺寸 50、32、22 和 10，图 1-32c 所示的尺寸 50、33、20 和 38 和图 1-32d 所示的尺寸 32。

4) 在圆周上均匀分布的孔或带半圆的长槽，则应标注其圆心所在的圆的直径作为其定位尺寸，如图 1-32a 所示的尺寸 φ40。

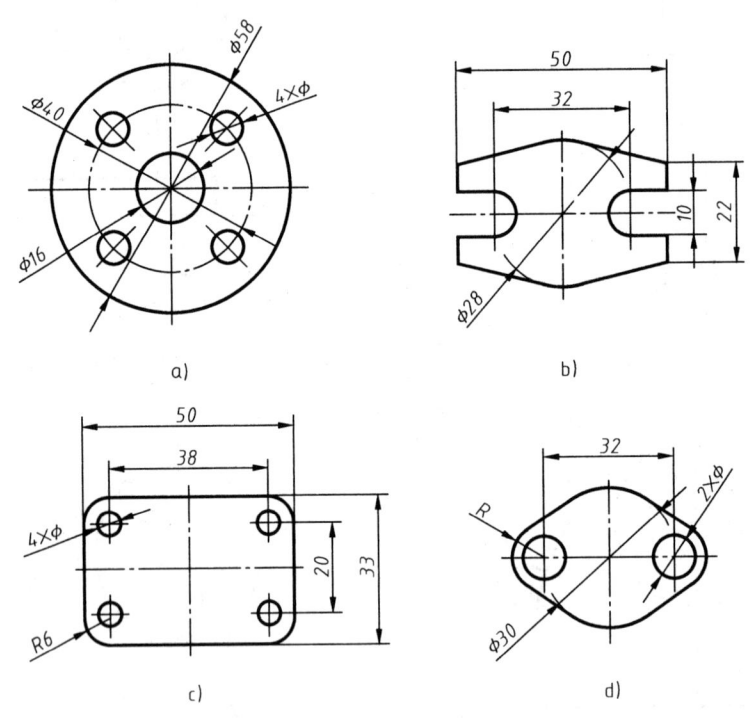

图 1-32　平面图形尺寸标注示例

【例 1-3】　绘制平面图形——垫片，并标注尺寸（图 1-33）。

1) 画中心线。画 φ48 圆和 R40 圆弧的水平中心线和垂直中心线。

2) 画 φ48、φ80 和 R62 的圆。

3) 画 R8 的圆弧。R8 的圆弧分别与 φ80 和 R62 的圆相外切。以点 M 为圆心，以 R40 + R8 = R48 画弧，以点 N 为圆心，以 R62 + R8 = R70 画弧，两弧相交即为 R8 的外切圆的圆心。

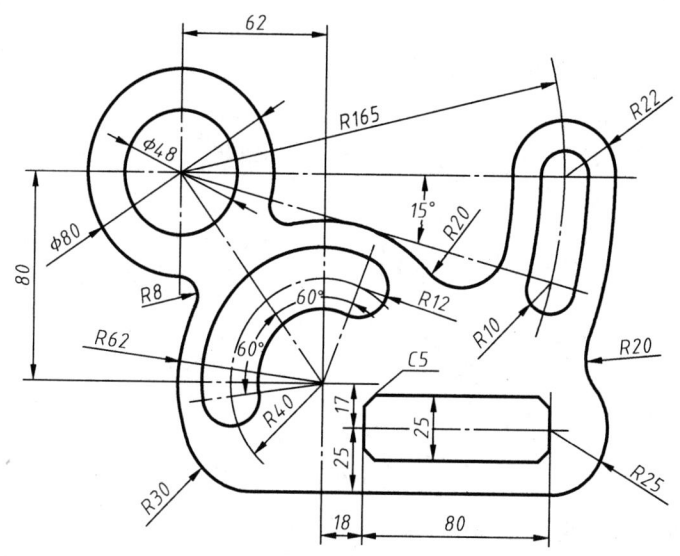

图 1-33 垫片

分别连接 O_1M、O_1N 交 $\phi80$ 和 $R62$ 的圆得两切点。以 O_1 为圆心，$R8$ 为半径在两切点之间画弧。

同理画出另一个 $R8$ 圆弧，擦去多余线段，如图 1-34a 所示。

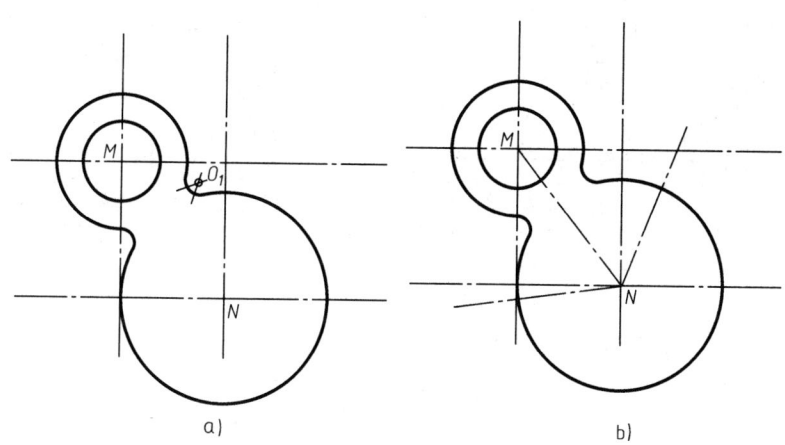

图 1-34 画 $R8$ 圆弧和两 60°中心线

4）连接两圆弧的中心线 MN，画出中心连线 MN 绕点 N 顺时针、逆时针旋转 60°位置的两中心线，如图 1-34b 所示。

5）画 $R40$、$R12$ 以及与之相切的圆，如图 1-35 所示。

① 以点 N 为圆心，画 $R40$ 的圆。

② 分别以点 A 和点 B 为圆心，以 $R12$ 为半径，画两个圆。

③ 以点 N 为圆心，分别以 $R40 + R12$ 为半径和 $R40 - R12$ 为半径画两个圆，如图 1-35a 所示。

④ 擦去多余的线，如图 1-35b 所示。

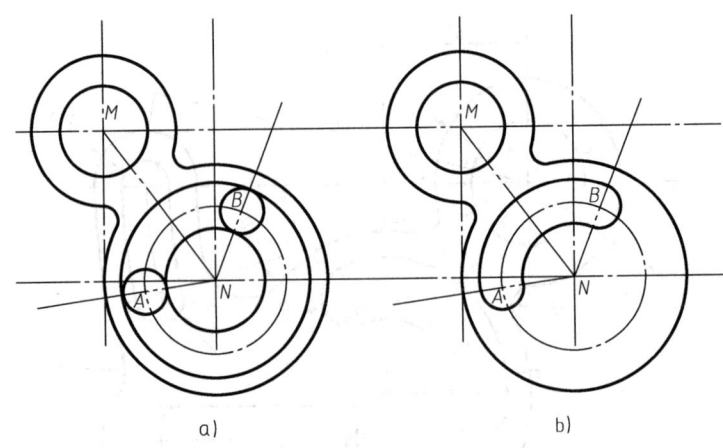

图 1-35　画 $R40$、$R12$ 及与之相切的圆

6）画最下面的直线和矩形，如图 1-36 所示。

① 画出与 $R40$ 的水平中心线之间距离为 17mm 的平行线，再分别向上和向下相距 12.5mm 绘制两水平线，画出与 $R40$ 的垂直中心线向右相距 18mm、80mm 的平行线，得到相关辅助直线，画出长 80mm 高 25mm 矩形，如图 1-36a 所示。

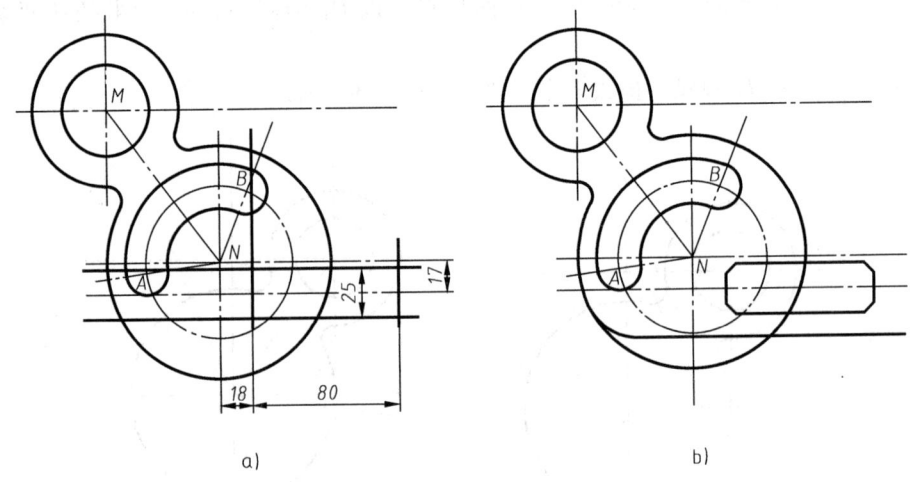

图 1-36　画最下面的直线和矩形

② 画倒角 $C5$，擦去多余线段，如图 1-36b 所示。

③ 画与 $R62$ 圆弧相内切又与直线相切的圆弧 $R30$。

在 $R40$ 的水平中心线下方作与 $R40$ 的水平线相距 42mm（17mm + 25mm）的水平线，作一圆角 $R30$，使之与 $R62$ 内切且和刚绘制的最下方平行线相切，如图 1-36b 所示。

7）画 $R25$ 的圆。圆心左右定位在矩形的右边线上，圆弧与底线相切，故将底线向上量出 25mm 确定圆心画出 $R25$ 的圆。

8）画出 $\phi 48$ 圆水平中心线绕点 M 顺时针转 15°的中心线。

9）以点 M 为圆心，以 $R165$ 为半径画中心线圆弧。

10）画 $R22$、$R10$ 的圆，如图 1-37a 所示。

11）以点 M 为圆心，以 $R187$（$R165 + R22$）为半径画圆弧，如图 1-37a 所示。

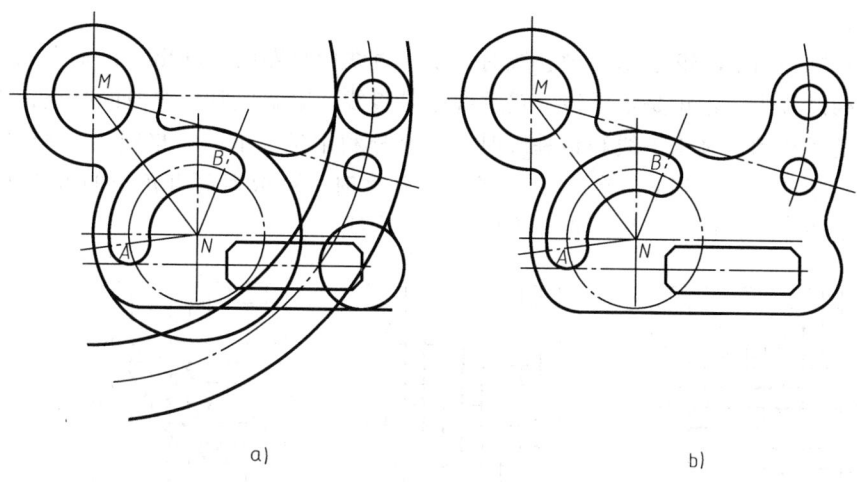

图 1-37 画 R25、R22 和 R10 圆，R143 和 R187 圆弧及连接弧 R20

12）以点 M 为圆心，以 R143（R165 − R22）为半径画圆弧，如图 1-37a 所示。

13）画 R143 与 R62 的连接弧 R20，如图 1-37a 所示。

14）画 R187 与右下方的 R25 的连接弧 R20，擦去多余的线条，如图 1-37b 所示。

15）以点 M 为圆心，分别以 R175（R165 + R10）为半径和 R155（R165 − R10）为半径画圆弧，与两圆弧 R10 相切，如图 1-38 所示。

16）标注各尺寸，完成作图，如图 1-33 所示。

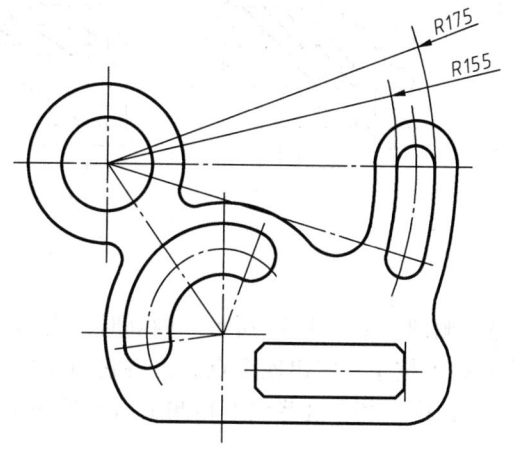

图 1-38 画 R175 和 R155 圆弧

1.4 徒手绘草图的方法和步骤

草图是要求不用绘图仪器和工具，采取目测比例徒手画出的一种图样。工程技术人员在初步方案的设计时，常用草图来表达自己的设计方案和构想。在工厂现场进行测绘时，工程技术人员也是采用徒手绘图。对徒手绘制的草图，仍应做到图形正确、图线粗细分明，且目测比例应尽可能接近实物。因此徒手绘图是工程技术人员必备的能力。为了保证徒手绘出合格的草图，必须掌握其绘制的方法和步骤。

徒手草图不是潦草的图，除比例一项外，其余必须遵守国家标准规定，要求做到图线清晰、粗细分明和字体工整等。

为便于控制尺寸大小，经常在网格纸上画徒手草图。网格纸不要求固定在图板上，为了作图方便可任意转动或移动。

1）握笔方式。手握笔的位置应比尺规绘图时高一些，以便运笔和观察目标。笔杆应与纸面成45°~60°角。

2) 画直线，如图1-39所示。画直线时，水平直线应自左向右画出，铅垂直线应自上向下画出。在画线过程中，不论是水平线、铅垂线还是斜线，眼睛应盯住线段的终点，小手指压住纸面，手腕随线移动。画水平线和铅垂线时，要充分利用坐标纸的方格线。画45°斜线时，应利用方格的对角线方向。当画30°、60°等常见的角度时，可根据两直角边的近似正切值为3/5、5/3，定出两端点，然后连接两点即为所画的角度线。

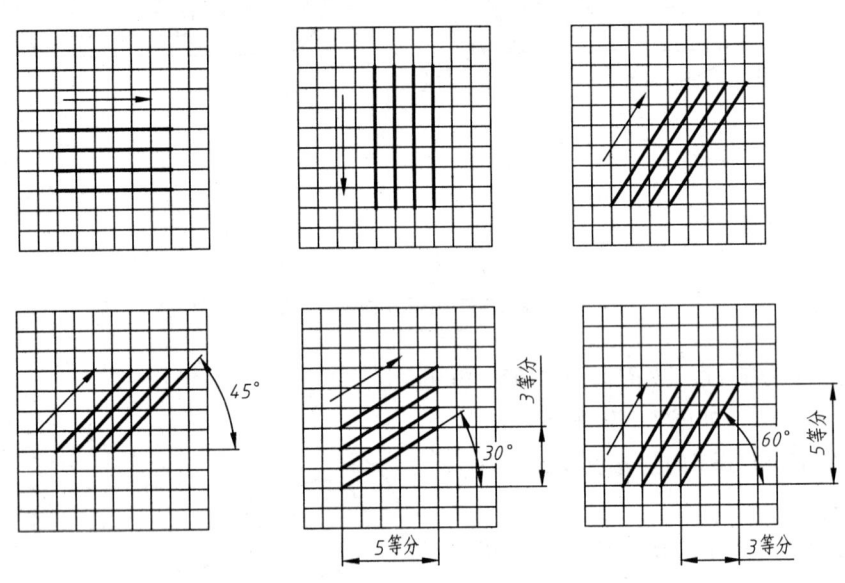

图1-39　直线的画法

3) 画圆，如图1-40所示。画圆时，先确定圆的中心。当所画圆的直径较小时，可用目测在中心线上按半径定出四个点，再将它们连成一个圆。当画直径较大的圆时，可先通过圆心画45°斜线，按半径在这些线上目测定出另外四个点，即由八点连接成圆。

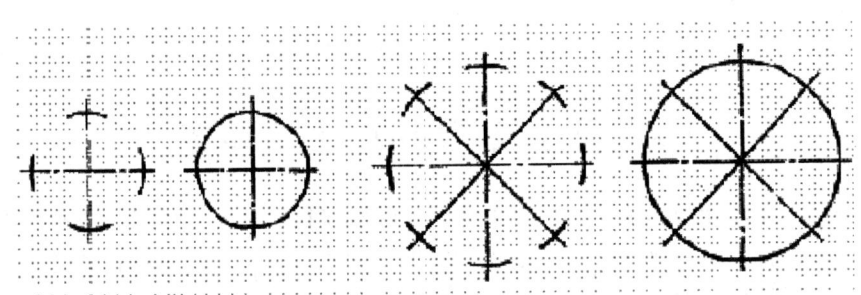

图1-40　圆的画法

4) 画椭圆。已知长短轴画椭圆，可按图1-41a所示方法：过长短轴端点作矩形 $EFGH$；连接矩形 $EFGH$ 的对角线，并在其上按目测 $O1:1E = O2:2F = O3:3G = O4:4H = 7:3$，取1、2、3、4；徒手顺次连接点 A、1、C、2、B、3、D、4、A，即为所求椭圆。

已知共轭直径作椭圆，则可按图1-41b所示方法：通过已知的共轭直径 AB、CD 的端点作

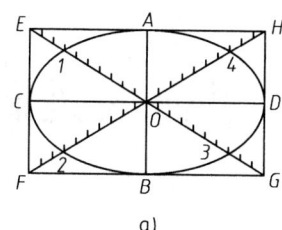 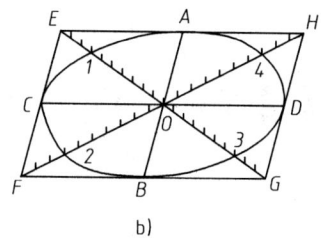

图 1-41 椭圆的画法

平行四边形 EFGH；然后用相同的方法，相应地在各半对角线上按目测取等于 7:3 的点 1、2、3、4；徒手顺次连接点 A、1、C、2、B、3、D、4、A，即为所求的椭圆。

第 2 章 点、直线、平面的投影

2.1 投影法的概念

空间物体在光线的照射下，就会在地面或墙壁上出现影子，这种日常生活中的自然现象称为投影。人们利用这种自然想象，加以抽象研究，归纳总结，经过长期的修改完善，形成了成熟的、科学的投影法理论，即投射线通过物体，向选定的面投射，并在该面上得到图形的方法。投影法是将空间物体表达在平面上的基本方法，是绘制机械工程图样的基础。根据投射线之间的角度，投影法可分为中心投影法和平行投影法两大类。

2.1.1 中心投影法

图 2-1a 所示为一个投影体系，设光源 S 为投影中心，平面 P 为投影面，在光源 S 和平面 P 之间有一空间物体 $\triangle ABC$，从光源 S 发出一束光线如 SA、SB、SC 称为投射线。投射线 SA 与投影面的交点 a，SB 与投影面的交点 b，SC 与投影面的交点 c 分别称为 A、B、C 三点在投影面上的投影。$\triangle abc$ 为 $\triangle ABC$ 在投影面上的投影。这种所有投射线都相交于投影中心的投影方法称为中心投影法。

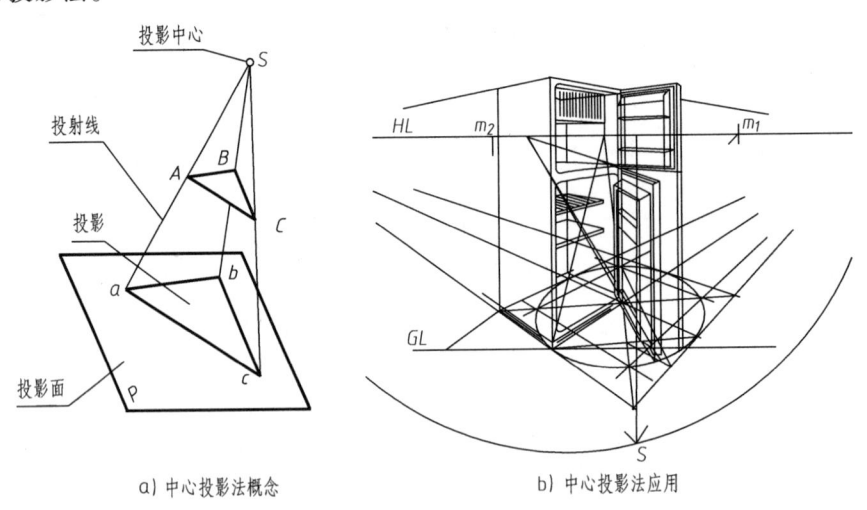

a) 中心投影法概念   b) 中心投影法应用

图 2-1 中心投影法

中心投影法的特点是，得到的投影图与投影中心离物体的远近有关。当物体靠近或远离投影中心时，其投影大小就会有变化，且一般不能表达物体的真实形状和大小，而且作图复杂。机械工程图样中，要求无论物体离投影中心远近，其投影都不变化。所以绘制机械图样不采用中心投影法。中心投影法一般用来画建筑物或产品的立体图（也称为透视图），如图 2-1b 所示。

2.1.2 平行投影法

如将光源 S 移至无穷远处，这时投射线相互平行，物体的投影就不受距离变化的影响，这种投射线都互相平行的投影方法称为平行投影法。平行投影法按照投射线和投影面的夹角不同可分为正投影法和斜投影法，具体如下。

（1）正投影法　投射线垂直于投影面，所得投影称为正投影，如图 2-2 所示。

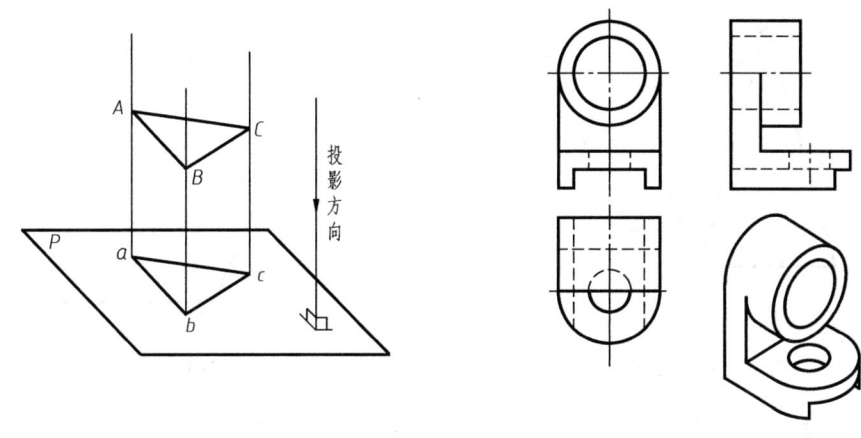

a) 正投影法概念　　　　　　　　b) 正投影法应用

图 2-2　正投影法

（2）斜投影法　投射线倾斜于（<90°）投影面，所得投影称为斜投影，如图 2-3 所示。

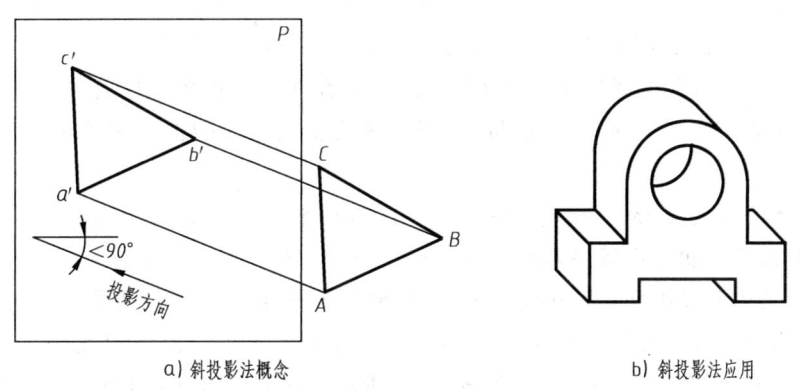

a) 斜投影法概念　　　　　　　　b) 斜投影法应用

图 2-3　斜投影法

在实际绘图时，人们将眼睛当作无穷远处的投影中心，视线当作正投影射线，把纸（屏幕）当作投影面，画在纸（屏幕）上的图形就是物体的正投影。

正投影法的特点是，能准确、完整地表达出形体的形状和结构，且作图简便，度量性较好，因此在工程上得到了广泛的运用。机械工程图样主要是用正投影法绘制的，所以正投影法是我们学习的主要内容，今后除特别说明外，所讲的投影均指<u>正投影</u>。

2.2　点的投影

如图 2-4 所示，点、直线、平面是构成形体的基本几何元素。点是构成立体最基本的几何要素，因此学习点的投影是学习直线、平面以及立体投影的基础。

点的投影仍是点，且是唯一的，如图 2-5 所示空间点 A 在 P 平面上的投影就是 a。但是，仅凭点在一个投影面上的投影并不能唯一确定点的空间位置。如图 2-5 所示，仅根据投影 b 并不能唯一确定空间点 B 与其对应，点 B 在点 C 的正上方，故 B、C 两点在 P 平面上的投影就重合在一起。由此可知，根据投影面 P 上的投影不能唯一确定空间点 B 或 C 的位置，也不能确定 B、C 两点在空间的上下关系和两点之间的距离。

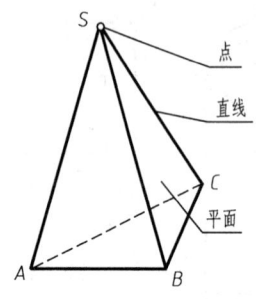
图 2-4　物体的几何元素分析

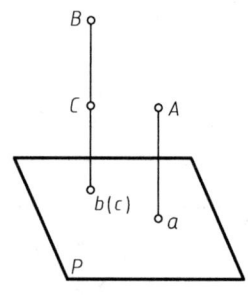
图 2-5　点的投影

1. 点在两投影面体系中的投影

点的一个投影仅能反映其两个方向的位置，由图 2-5 可见，P 平面上的投影可以确定点的左右和前后位置，如果再加一个与现有投影面垂直的投影面进行正投影，得到的新投影便可确定点的上下位置。

（1）两投影面体系及点的投影　图 2-6 所示为两投影面体系。规定正立摆放的投影面称为正投影面，简称正面，用 V 表示。水平摆放的投影面称为水平投影面，简称水平面，用 H 表示。两投影面的交线称为投影轴，用 OX 表示。若在两投影面体系中有一点 A，过点 A 作垂直于 V、H 面的投射线 Aa′、Aa，分别与 V、H 面相交得到点 A 的正面投影 a′ 和水平投影 a。

约定：

空间点用大写字母表示，如 A、B、C、…；其水平投影用相应小写字母表示，如 a、b、c、…；其正面投影用相应小写字母加一撇表示，如 a′、b′、c′…。

图 2-6a 所示为两投影面体系的立体图，为便于作图通常需要将两投影画在同一平面上，因此需要将投影面展开。按规定移去空间点 A，保持 V 面不动，而将 H 面绕两投影面的交线 OX 轴向下旋转到与 V 面在同一平面，如图 2-6b 所示，这样便得到点的两面投影图。由于不必要强调投影面范围的大小，因此实际画图时不画投影面的边框，a_X 也可以省略，如图 2-6c 所示。

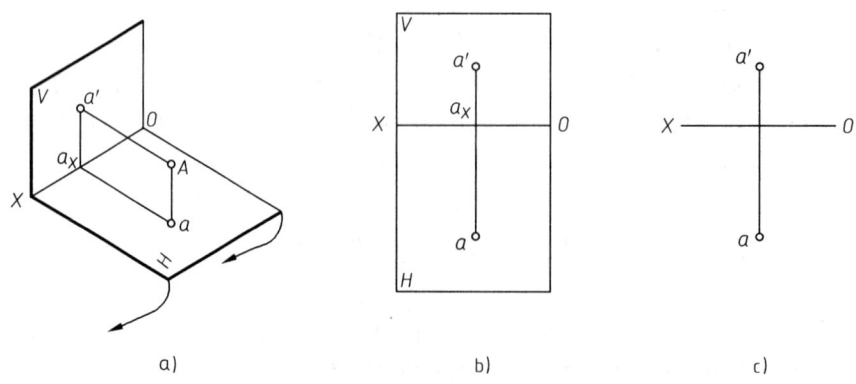

图 2-6　点的两投影面体系

（2）点在两面投影体系中的投影规律　从图2-6可知，投射线Aa'、Aa为一对相交直线，它们构成了一个与V、H面都垂直的平面，分别从点a'和点a向OX轴作垂线，均交于点a_X。经过展开$aa_X\perp OX$的关系不变，所以在点的两面投影图上，点a'、点a_X和点a在一条直线上。由此得出点的两面投影规律如下。

1）点的投影连线垂直于投影轴，即$a'a\perp OX$。

2）点的投影到投影轴的距离，等于该点到另一投影面的距离，即$a'a_X=Aa$，$aa_X=Aa'$。

已知点的两个投影，就能唯一确定其空间位置。已知点的一个投影和空间位置，根据投影规律也可以求出该点的另一个投影。

2. 点在三投影面体系中的投影

虽然点的两面投影已经能够确定其空间位置，但为了更清楚地表达物体的形状特征，通常需要建立三投影面体系。

（1）三投影面体系　在V、H两投影面体系基础上，在右面再加一个投影面，使其与V面和H面都垂直，称为侧投影面，简称侧面，用W表示，如图2-7a所示。三个相互垂直的V、H、W面就组成了三投影面体系。投影面之间的交线称为投影轴，V面与H面的交线为OX轴，简称X轴；H面与W面的交线为OY轴，简称Y轴；V面与W面的交线为OZ轴，简称Z轴。三轴垂直相交于一点O，称为原点。三轴构成直角坐标系（笛卡儿坐标系）。

三投影面的展开方法为：保持V面不动，沿OY轴裁开到原点O，将H面绕OX轴向下旋转$90°$，将W面绕OZ轴向右旋转$90°$，使它们与V面处在同一个平面上，即得到了点的三面投影图，如图2-7b所示。其中OY轴随H面旋转时，以Y_H表示；随W面旋转时，以Y_W表示，展开后，它们分别与OZ、OX轴在同一直线上。在画图时，通常投影面的边框线不画，而只画出其投影轴，如图2-7c所示。

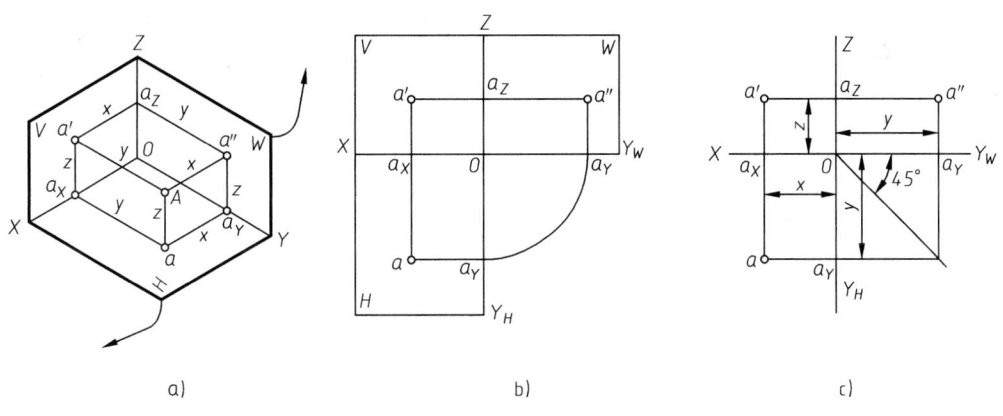

图2-7　点的三投影面体系

（2）点在三面投影体系中的投影及其规律　如图2-7a所示，在三投影面体系中有空间点A，过点A分别作垂直于V、H、W面的投射线Aa'、Aa和Aa''，投射线与V、H、W面的交点即为点A在相应投影面上的投影a'、a和a''。投射线Aa''为点A到W面的距离，反映点A的X坐标；Aa'为点A到V面的距离，反映点A的Y坐标；Aa为点A到H面的距离，反映点A的Z坐标。

从点的三面投影图上可以得出以下点的投影规律。

1）点的正面投影和水平投影的连线垂直于OX轴，即$a'a\perp OX$。

2）点的正面投影和侧面投影的连线垂直于OZ轴，即$a'a''\perp OZ$。

3) 点的水平投影到 OX 轴的距离等于侧面投影到 OZ 轴的距离,即 $aa_X = a''a_Z$。

点的投影规律表明了点的任一投影和其余两个投影之间的联系。根据第三条规律可知,过点 a 的水平线和过点 a″的垂直线必定交于过原点 O 且与水平线成 45°角的斜线上,这样点的三投影连线组成了一个矩形线框,如图 2-7c 所示。

(3) 由点的两个投影求第三投影 由图 2-7 可知,点的每一个投影反映了空间点的两个坐标,即 $a'(x, z)$、$a(x, y)$、$a''(y, z)$。分析可知,每两个投影中存在一个相同的坐标,同时每两个投影反映了点的三个坐标,因此点的三投影之间有着密切的关系。若已知点的两个投影,点的三个坐标就唯一确定,则点的第三个投影也就确定了。因此已知点的两个投影,总可以求出其第三投影,并且唯一。

下面举例说明确定点的三面投影的作图方法。

【例 2-1】 如图 2-8a 所示,在三投影面体系中有空间点 A(20, 23, 30)、点 B(30, 0, 12)、点 C(0, 29, 0),求各点的三面投影。

约定:

机械工程图样通常以 mm 为单位,一般省略标注 mm。

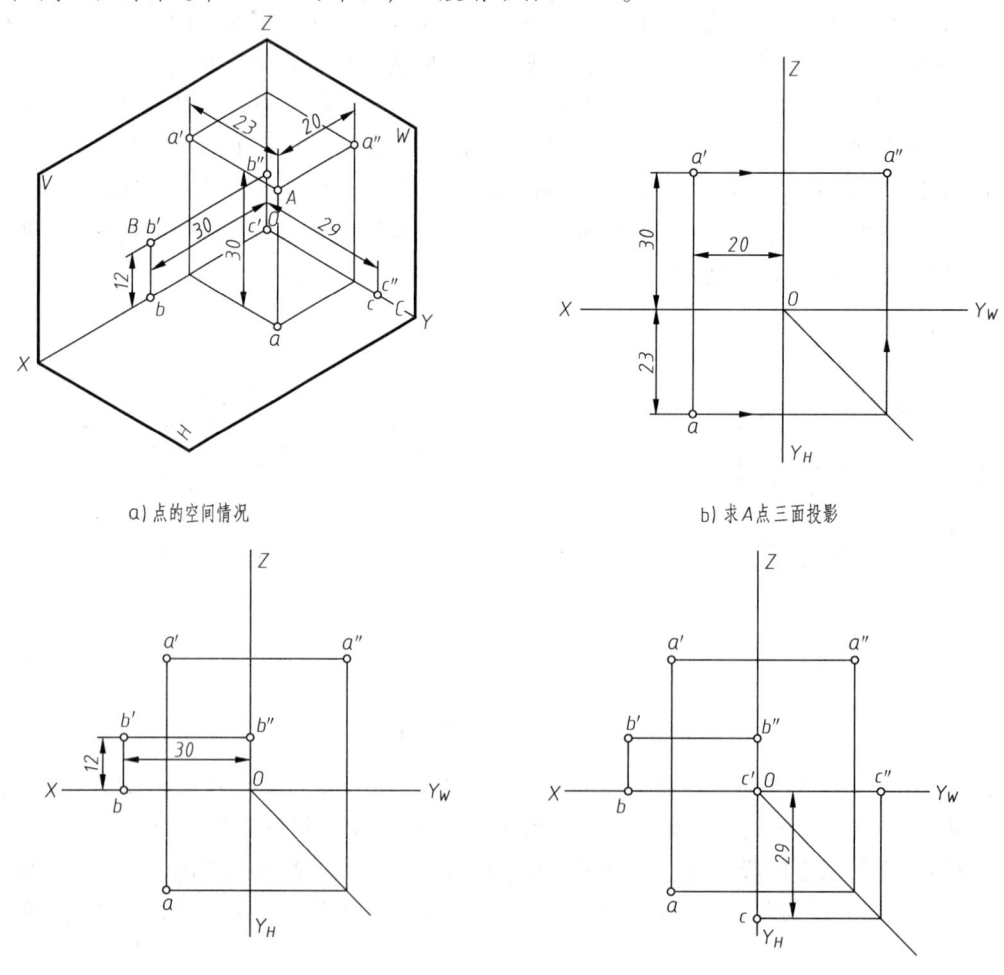

a) 点的空间情况

b) 求 A 点三面投影

c) 求 B 点三面投影

d) 求 C 点三面投影

图 2-8 已知点的三个坐标,求点的投影

作图方法和步骤:

1) 根据点 A 坐标,过原点向左距离 20 作铅垂线,向上距离 30 作水平线,两辅助线在正投影面的交点即为点 A 的正面投影 a';沿 OY_H 轴向前距离 23 作水平线,两辅助线在水平投影面的交点即为点 A 的水平投影 a;根据点的投影规律 $a'a'' \perp OZ$,$aa_X = a''a_Z$,借助 45°辅助线,求出点 A 的侧面投影 a''。擦去多余线,标注相应字母,完成点 A 的三面投影,如图 2-8b 所示。

2) 根据点 B 坐标,过原点向左距离 30 作铅垂线,向上距离 12 作水平线,两辅助线在正投影面的交点即为点 B 的正面投影 b';由于 Y 坐标为 0,点 b 在 OX 轴上,点 b'' 在 OZ 轴上。擦去多余线,标注相应字母,完成点 B 的三面投影,如图 2-8c 所示。可以明显看出,点 B 在 V 面上。

3) 根据点 C 只有 Y 坐标不为 0,故点 C 在 OY 轴上。过原点沿 OY_H 轴向前 29,即得点 C 的水平投影 c;其正面投影 c' 与原点重合;借助 45°辅助线,可得侧面投影 c'',c'' 在 OY_W 轴上。标注相应字母,完成点 C 的三面投影,如图 2-8d 所示。

注意:
表示点的投影的字母必须位于相应投影面的范围内。

【例 2-2】 已知点 A 的两个投影 a' 和 a''(图 2-9a),求其水平投影 a。

分析:由于已知点 A 的正面投影 a' 和侧面投影 a'',则点的空间位置可定,即点 A 的三个坐标 X、Y、Z 都已知,根据点的投影规律,$a'a \perp OX$,$aa_X = a''a_Z$,求出其水平投影 a。

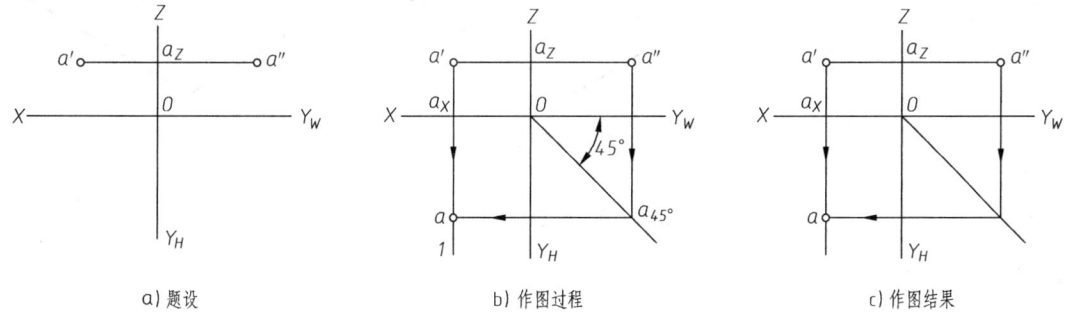

a) 题设　　　　　　　b) 作图过程　　　　　　　c) 作图结果

图 2-9 已知点的两投影求第三投影

作图方法和步骤:

1) 根据规律 $a'a \perp OX$,过点 a' 作直线 $a'1 \perp OX$。

2) 根据规律 $aa_X = a''a_Z$,过原点 O 作 45°辅助线,过点 a'' 向下作垂线交 45°辅助线于 $a_{45°}$,再向左作水平线与直线 $a'1$ 相交,交点即水平投影 a,如图 2-9b 所示。

3) 整理擦除多余线后完成作图,如图 2-9c 所示。

3. 两点的相对位置

两点的相对位置是指以其中一点为基准,另一点相对于该点的左右、前后、上下的位置关系,通常用两点的相对坐标,即坐标差来表示。X 方向坐标差(Δx)反映两点的左右关系(x 坐标大的视为左);y 方向坐标差(Δy)反映两点的前后关系(y 坐标大的视为前);z 方向坐标差(Δz)反映两点的上下关系(z 坐标大的视为上)。

【例 2-3】 如图 2-10a 所示,在三投影面体系中有 A、B 两点,已知各点坐标分别为 A(20,15,30),B(30,10,12),分析它们的相对位置,并在三投影面体系立体图中,画出两点的空间位置。

作图方法和步骤：

1) 分析两点的相对位置，从图 2-10a 中可见：

① 点 A 在点 B 之上，$z_A > z_B$，上下坐标差 $\Delta z = z_A - z_B = 30 - 12 = 18$。

② 点 A 在点 B 之前，$y_A > y_B$，前后坐标差 $\Delta y = y_A - y_B = 15 - 10 = 5$。

③ 点 A 在点 B 之右，$x_A < x_B$，左右坐标差 $\Delta x = x_A - x_B = 20 - 30 = -10$。

2) 求出点 A 的空间位置和三面投影。在三投影面体系立体图中，在各投影面上分别沿投影轴量取点 A 相应坐标，并作投影轴的平行线，同一投影面上两条辅助线交点即为点的一个投影。过点的投影，向离开投影面方向分别作相应轴的平行线，意义为投射线，投射线交点即为点 A 的空间位置。最后分别标注相应字母，完成作图，如图 2-10b 所示。

3) 求出点 B 的空间位置和三面投影。用同样的方法可求出点 B 的三面投影和空间位置，如图 2-10c 所示。

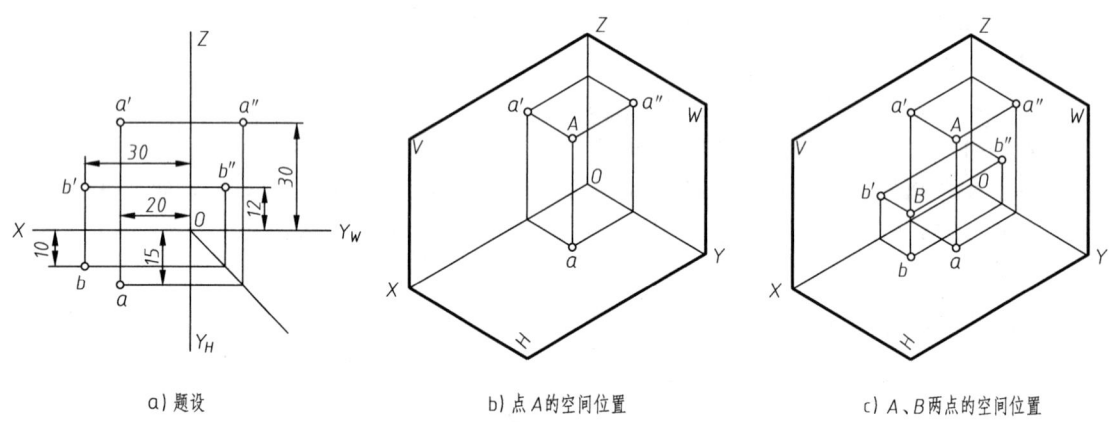

a) 题设　　　　　　b) 点 A 的空间位置　　　　　　c) A、B 两点的空间位置

图 2-10　两点的相对位置

注意：

点的 Y 坐标越大，即离 OX 轴向下越远，代表越靠前，离 OZ 轴向右越远，代表越靠前。

【**例 2-4**】 已知点 A 的三面投影如图 2-11a 所示，点 B 在点 A 的左方 16，后方 18，下方 20，求点 B 的三面投影。

分析： 根据题目可知点 B 相对于点 A 的相对坐标差 $\Delta x = 16$、$\Delta y = -18$、$\Delta z = -20$，用相对坐标可求出点 B 的投影。

作图方法和步骤：

1) 从投影连线 $a'a$ 向左量取 16 作 OX 轴垂线，从点 A 正面投影 a' 起，沿投影连线 $a'a$ 向下量取 20 作 OZ 轴垂线，两辅助线在 V 面的交点即点 B 的正面投影 b'。

2) 从点 A 水平投影 a 起，沿投影连线 $a'a$ 向后（向靠近 OX 轴方向）量取 18 作 OY_H 轴垂线，两辅助线在 H 面的交点即点 B 的水平投影 b。

3) 从点 A 侧面投影 a'' 起，沿投影连线 $a'a''$ 向后（向靠近 OZ 轴方向）量取 18 作 OY_W 轴垂线，两辅助线在 W 面的交点即点 B 的侧面投影 b''。

标注点 B 各投影的字母完成其三面投影，如图 2-11b 所示。

因此，已知一个点的三个（或两个）投影，又知道另一个点对第一点的相对坐标，就可以第一点为参考点，确定第二点的位置。

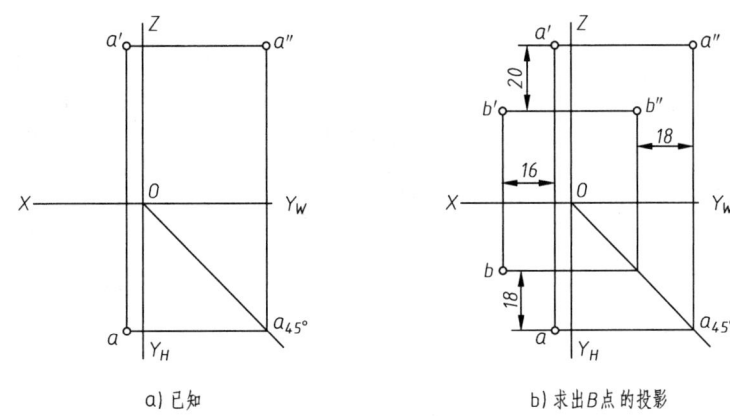

a) 已知   b) 求出B点的投影

图 2-11 根据点 B 与点 A 的相对位置求出点 B 的三面投影

4. 重影点的投影

当两点的某两个坐标相同时,该两点处于对某投影面的同一投射线上,因而这两点在该投影面上的投影重合,称为对该投影面的重影点。如图 2-12 所示的 A、B 两点,点 B 在点 A 的正右方,$y_A = y_B$,$z_A = z_B$,$x_A > x_B$,因此它们的侧面投影 a'' 和 b'' 重影为一点,正对 W 面从左向右看时,点 A 可见,点 B 不可见。按规定不可见的点的投影加上括号,即 "(b'')"。

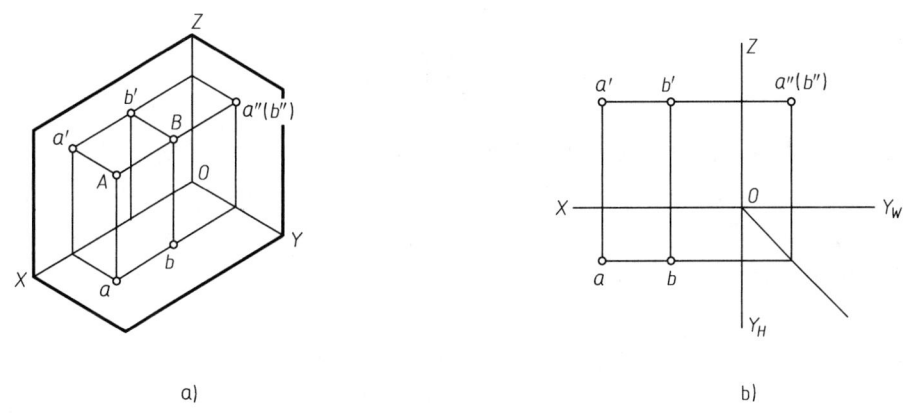

a)   b)

图 2-12 重影点

由此可见,在投影图上,如果两个点的投影重合时,相对于该投影面,距离(即对该投影面的坐标值)较大的那个点是可见的,而另一个点是不可见的。因此,常利用重影点来判别可见性的问题。

【**例 2-5**】 已知点 A 的三面投影(图 2-13a),点 B 在点 A 正下方 15,点 C 在点 A 正后方 8,求作点 B 和点 C 的三面投影。

分析:因为点 B 在点 A 正下方 15,则点 B 与点 A 的 x 坐标和 y 坐标都相同,只是 z 坐标比点 A 小 15,即 $\Delta z = -15$,点 B 与点 A 在 H 面上重影。而点 C 在点 A 正后方 8,则点 C 与点 A 的 x 坐标和 z 坐标都相同,只是 y 坐标比点 A 小 8,即 $\Delta Y = -8$,点 C 与点 A 在 V 面上重影。空间关系如图 2-13b 所示。

作图方法和步骤:

1) 从点 a'(或点 a'')向下距离 15 作 OZ 轴垂线,辅助线在 V 面上与投影连线 $a'a$ 的交点即点 B 的正面投影 b',在 W 面上与投影连线 $a''a_{45°}$ 的交点即点 B 的侧面投影 b'',点 B 的水平

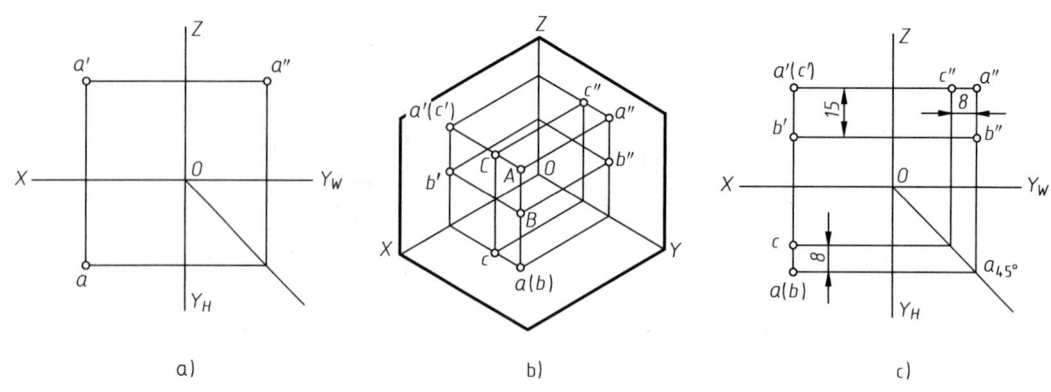

图 2-13 求作重影点的三面投影

投影 b 与点 A 水平投影 a 重合,点 a 可见,点 b 不可见。按规定标注点 B 各投影的字母,完成作图,如图 2-13c 所示。

2) 从点 A 水平投影 a 起,沿投影连线 a'a 向后距离 8 的位置,就是点 C 的水平投影 c,从点 A 侧面投影 a″起,沿投影连线 a'a″向后距离 8 的位置,就是点 C 的侧面投影 c″,点 C 的正面投影 c'与点 A 正面投影 a'重合,点 a'可见,点 c'不可见。按规定标注点 C 各投影的字母,完成作图,如图 2-13c 所示。

2.3 直线的投影

两点确定一条直线,将两点的同面投影用直线连接,就得到直线的投影。例如:图 2-14a 所示的直线 AB,要求作直线 AB 的三面投影,则先分别作出 A、B 两端点的投影,如图 2-14b 所示,再分别将同面投影连接成线,如图 2-14c 所示,即可得到直线 AB 的三面投影。一般直线的端点不再用小圆表示。

规定:

直线的投影用粗实线表示,而轴线、投影连线等均为细实线。

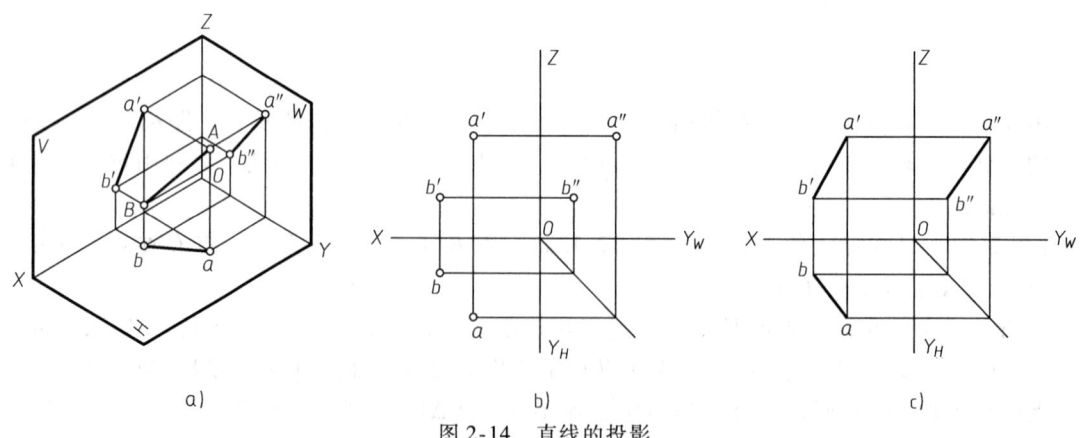

图 2-14 直线的投影

2.3.1 各类直线的投影特性

1. 直线的基本投影特性

1) 直线倾斜于投影面(图 2-15a),其投影仍为直线,但投影长度小于实长。

2）直线平行于投影面（图 2-15b），其投影仍为直线，且投影长度等于实长。
3）直线垂直于投影面（图 2-15c），其投影积聚成为一点。

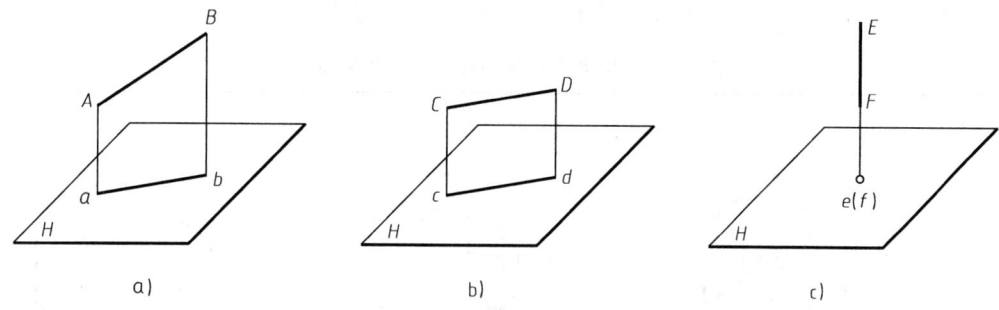

图 2-15 直线的基本投影特性

2. 直线在三投影面体系中的投影

空间直线在三投影面体系中对投影面的位置可分为特殊位置直线和一般位置直线。特殊位置直线又分为投影面垂直线和投影面平行线。下面分别介绍各种位置直线的投影特性。

规定：

直线与 V 面的倾角为 β，与 H 面倾角为 α，与 W 面的倾角为 γ。

（1）投影面垂直线　在三投影面体系中，垂直于一个投影面的直线称为投影面垂直线。由于三个投影面之间相互垂直的关系，这时该直线与其他两个投影面必然都平行。投影面垂直线又分为正垂线（$\perp V$ 面）、铅垂线（$\perp H$ 面）和侧垂线（$\perp W$ 面）。表 2-1 列出了投影面垂直线的投影及其投影特性。

表 2-1　投影面垂直线的投影及其投影特性

名称	正垂线	铅垂线	侧垂线
空间情况	(图示)	(图示)	(图示)
投影图	(图示)	(图示)	(图示)
投影特性	1. V 面投影积聚成一点 2. $ab \perp OX, a''b'' \perp OZ$ 3. $ab = a''b'' = AB$	1. H 面投影积聚成一点 2. $c'd' \perp OX, c''d'' \perp OY_W$ 3. $c'd' = c''d'' = CD$	1. W 面投影积聚成一点 2. $e'f' \perp OZ, ef \perp OY_H$ 3. $e'f' = ef = EF$

（2）投影面平行线　在三投影面体系中，只平行于一个投影面而与其他两个投影面都倾斜的直线称为投影面平行线。投影面平行线又分为正平线（∥V面）、水平线（∥H面）和侧平线（∥W面），表 2-2 列出了投影面平行线的投影及其投影特性。

表 2-2　投影面平行线的投影及其投影特性

名称	正 平 线	水 平 线	侧 平 线
空间情况			
投影图			
投影特性	1. $a'b' = AB$，即正面投影反映实长 2. $ab \parallel OX$, $ab < AB$; $a''b'' \parallel OZ$, $a''b'' < AB$ 3. V面投影反映了 α、γ	1. $cd = CD$，即水平投影反映实长 2. $c'd' \parallel OX$, $c'd' < CD$; $c''d'' \parallel OY_W$, $c''d'' < CD$ 3. H面投影反映了 β、γ	1. $e''f'' = EF$，即侧面投影反映实长 2. $e'f' \parallel OZ$, $e'f' < EF$; $ef \parallel OY_H$, $ef < EF$ 3. W面投影反映了 α、β

（3）一般位置直线　图 2-16 所示为一般位置直线 AB 的三面投影。由于一般位置直线对三个投影面均倾斜，因此在三个投影面上的投影都倾斜于投影轴，其与投影轴的夹角也不反映直线与投影面之间的倾角。直线的三面投影都小于实长，其长度为实长与相应倾角余弦的乘积，即 $ab = AB\cos\alpha$，$a'b' = AB\cos\beta$，$a''b'' = AB\cos\gamma$。

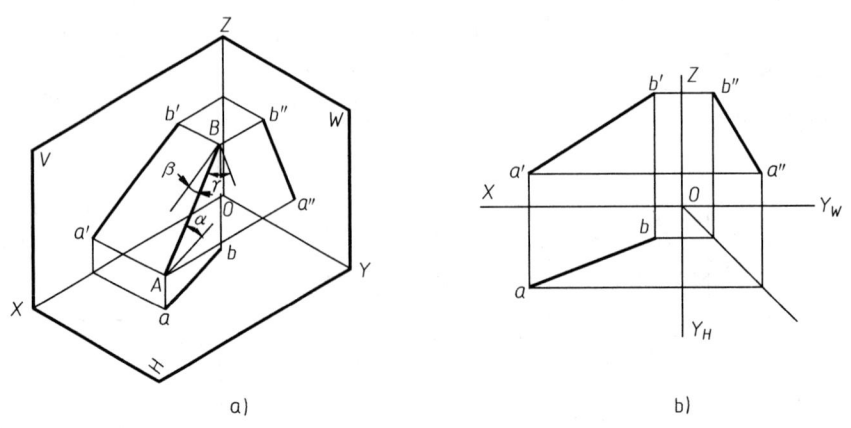

图 2-16　一般位置直线 AB 的三面投影

【例 2-6】　判断图 2-17 中各直线的空间位置。

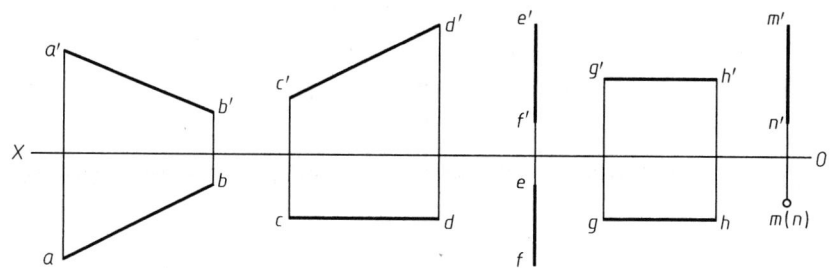

图 2-17 根据各直线的投影，判断其空间位置

判断如下：

1）根据 AB 的两个投影均与 OX 轴倾斜，可以判断此直线为一般位置直线。

2）根据 CD 的水平投影与 OX 轴平行，说明直线各点与 V 面等距，正面投影与 OX 轴倾斜，说明直线与 H 面倾斜，可以判断此直线为正平线。

3）根据 EF 的两个投影均与 OX 轴垂直，说明直线各点与 W 面等距，可以判断此直线为侧平线。

4）根据 GH 的两个投影均与 OX 轴平行，而 OX 轴垂直于 W 面，故直线垂直于 W 面，可以判断此直线为侧垂线。

5）根据 MN 的正面投影与 OX 轴垂直，水平投影积聚成一点，可判断 MN 垂直于 H 面，为铅垂线。

2.3.2 直线上点的投影

直线上点的投影特性：

（1）从属性　点在直线上，则点的各个投影必定在该直线的同面投影上；反之，点的各个投影在直线的同面投影上，则该点一定在直线上。如图 2-18 所示，直线 AB 上有一点 C，则点 C 的正面投影 c' 必定在直线 AB 的正面投影 a'b' 上；同理点 c 必定在 ab 上；点 c" 必定在 a"b" 上。

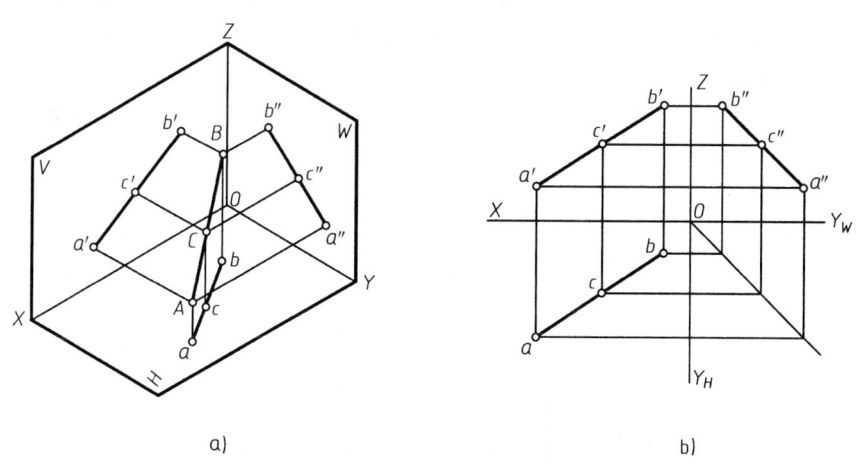

图 2-18 直线上点的投影

（2）定比性　直线上的点分割直线成两段，则两线段实长之比等于分割两线段的各个同面投影之比。如图 2-18 所示，直线 AB 上的点 C 分 AB 为两线段 AC 和 CB，两线段与其投影有下列定比关系：

$$\frac{AC}{CB} = \frac{ac}{cb} = \frac{a'c'}{c'b'} = \frac{a''c''}{c''b''}$$

【例 2-7】 如图 2-19a 所示,已知直线 AB 的两面投影,试在直线 AB 上取一点 C,使 $AC:CB = 3:2$。

分析: 作具有 3:2 比例的辅助线,再用相似三角形的方法,得到投影上的分点。

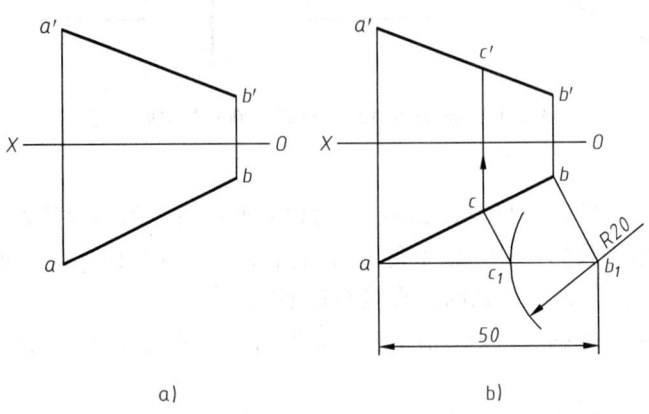

图 2-19 求直线上指定比例点 C 的投影

作图方法和步骤:

1) 过点 a 作一直线,长度是 5 的倍数,角度不限,如作水平线 ab_1 长度为 50,连接 b_1b 组成三角形 $\triangle ab_1b$。

2) 以点 b_1 为圆心,20 为半径画圆弧与辅助线 ab_1 相交于点 c_1,则 $ac_1:c_1b_1 = 3:2$。过点 c_1 作直线平行于 b_1b 与 ab 相交,建成与 $\triangle ab_1b$ 相似的三角形,交点即点 C 水平投影 c。

3) 根据投影规律 $c'c \perp OX$,在直线的正面投影 $a'b'$ 上定出点 c',如图 2-19b 所示。

【例 2-8】 已知侧平线 AB 及点 N 的两面投影(图 2-20a),判断点 N 是否在直线 AB 上。

分析: 由于直线 AB 是侧平线,点 N 的投影连线与直线投影重合,仅凭已知投影还不能明确判断结果,必须通过作图来作出判断。一般判断的方法有第三投影法和定比法。

方法一: 第三投影法

分别求出直线 AB 和点 N 的侧面投影,看结果是否符合直线上点的投影规律,即看点 n'' 是否在 $a''b''$ 上,结果如图 2-20b 所示,点 n'' 正好是两条投影连线和 $a''b''$ 的交汇点。

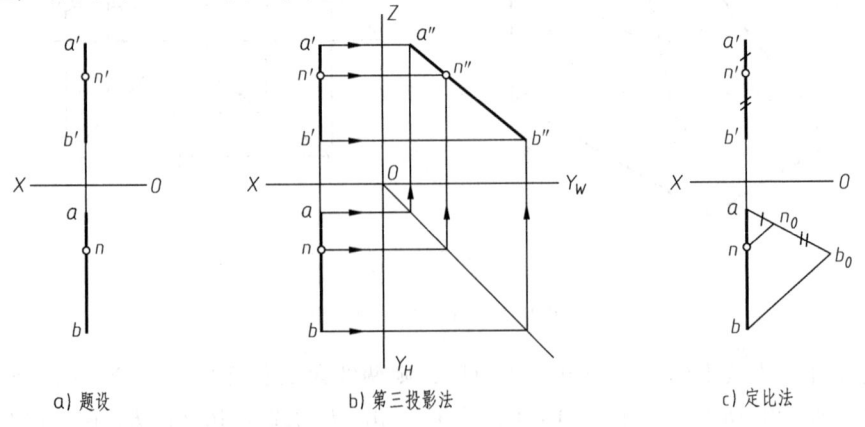

a) 题设 b) 第三投影法 c) 定比法

图 2-20 判断点是否在直线上

方法二：定比法

在水平投影上过点 a 任作一直线 ab_0，使 $ab_0 = a'b'$，并截取 $an_0 = a'n'$。连接 bb_0，过点 n_0 作 bb_0 的平行线，如图 2-20c 所示平行线正好与 ab 相交于点 n。

两种方法作图结果表明，点 N 在直线 AB 上。

2.3.3 两直线的相对位置

两直线在空间的相对位置有平行、相交、交叉三种情况，其中平行和相交两直线，均为同面直线，而交叉两直线不在同一平面上，又称为异面直线。

1. 平行两直线

若空间两直线相互平行，其各同面投影必定相互平行，且投影长度之比相等，端点字母顺序相同；反之若两直线的各同面投影都互相平行，则两直线在空间也一定平行，如图 2-21 所示。

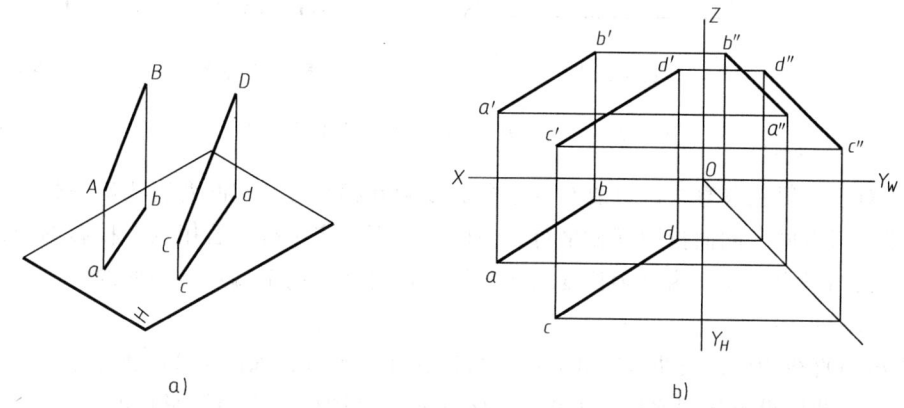

图 2-21 平行两直线

【例 2-9】 已知直线 AB 两投影 $a'b'$、ab 和直线 CD 的部分端点投影 c'、d，如图 2-22a 所示，完成直线 CD 的投影，使 $AB//CD$。

分析：只要过已知端点分别作已知直线同面投影的平行线即可。

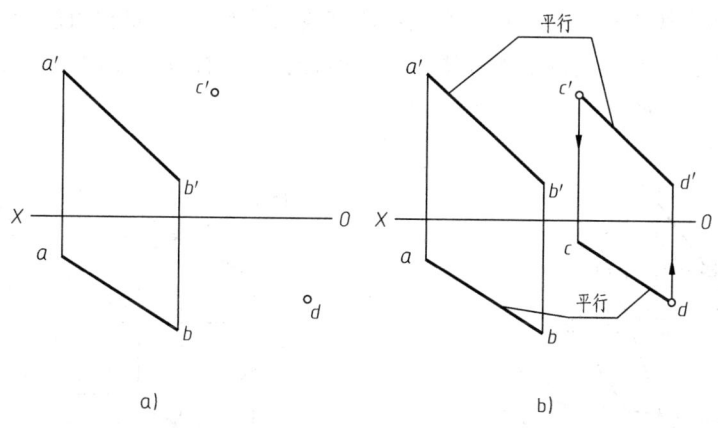

图 2-22 完成直线 AB 的平行线 CD 的两面投影

作图方法和步骤：

1）过点 c' 作直线平行于 $a'b'$，过点 d 向上作 OX 轴垂线，两直线相交点即为端点 D 的正面投影 d'。

2）过点 d 作直线平行于 ab，过点 c' 向下作 OX 轴垂直线，两直线相交点即为端点 C 的水平投影 c。

3）连接端点同面投影 c'd' 和 cd，完成直线 CD 的两面投影，如图 2-22b 所示。

【例 2-10】 已知直线 AB 和 CD 的两面投影，如图 2-23a 所示，判断两直线的相对位置。

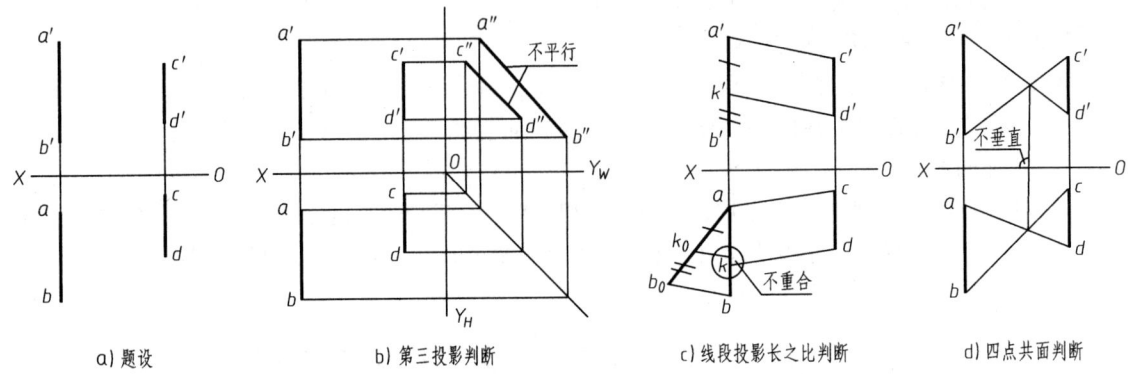

a) 题设   b) 第三投影判断   c) 线段投影长之比判断   d) 四点共面判断

图 2-23 判断 AB 与 CD 两直线的相对位置

分析：对于一般位置直线，只要有两个同面投影互相平行，空间两直线就平行。但对于投影面平行线，只有两个同面投影互相平行，空间直线不一定平行。若用两个投影判断，其中应包括反映实长的投影，或证明投影长度之比相等，还可证明四个端点是同面的。

作图方法和步骤：

1）作出两直线的侧面投影 a"b" 和 c"d"，两投影并不平行，如图 2-23b 所示。

2）作已知两面投影长度之比，如图 2-23c 所示。从图中看出两投影长度并不成定比。

3）交叉连接两直线端点的同面投影，投影的"交点"不符合一个点的投影规律，如图 2-23d 所示。

结论：两直线在空间并不平行。

2. 相交两直线

空间相交的两直线必有一个交点，交点为两直线的共有点。相交两直线的各同面投影必相交，且交点的投影符合直线上的点的投影规律，即符合从属性及定比性。反之，两直线在投影

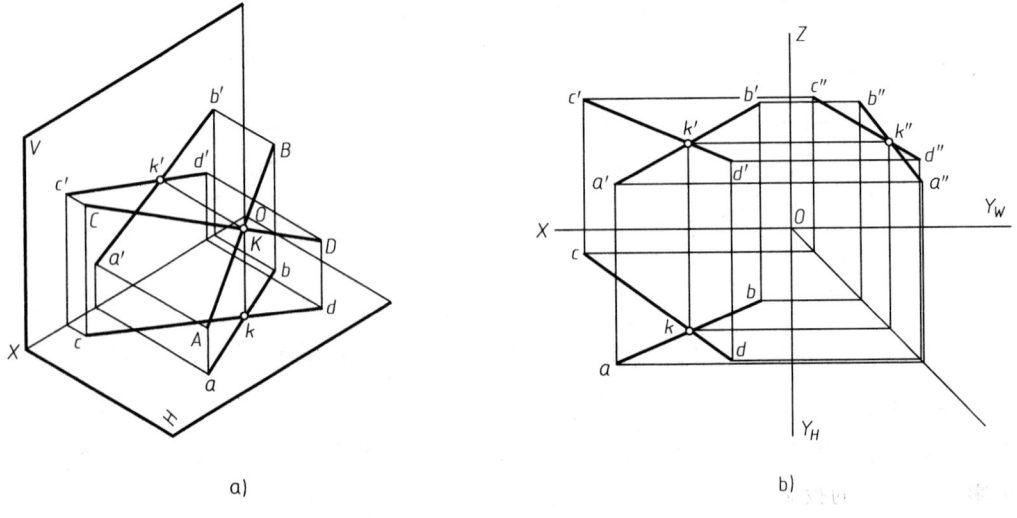

a)   b)

图 2-24 相交两直线的投影

图上的各同面投影都相交,且交点的投影符合直线上的点的投影规律,则两直线在空间必定相交。如图 2-24 所示,由于 AB 与 CD 相交于点 K,则直线的正面投影 a'b' 与 c'd'、水平投影 ab 与 cd、侧面投影 a″b″ 与 c″d″ 必分别相交于 k'、k、k″,且符合点的投影规律。

【例 2-11】 已知直线 AB 和点 C 的两面投影,如图 2-25a 所示,试过点 C 作正平线 CD 与直线 AB 相交。

分析:所作直线的投影既要满足投影面平行线的投影特性,又要满足相交直线的条件。

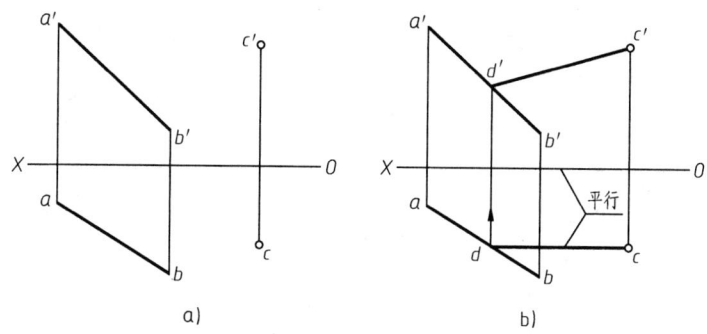

图 2-25 相交两直线的投影

作图方法和步骤:

根据正平线的投影特征是其水平投影平行于 OX 轴,过水平投影 c 作 OX 轴的平行线,由于没有其他条件限制,与 ab 的交点可认为是点 d。过点 d 向上作 OX 轴垂线,与 a'b' 的交点即为点 d'。用粗实线连接 c'd'、cd,标注相应端点字母,完成作图,如图 2-25b 所示。

3. 交叉两直线

若空间两直线既不平行也不相交,称为交叉两直线。如图 2-26 所示,AB、CD 两直线的水平投影 ab∥cd,但 a'b' 和 c'd' 延长后却相交,因此 AB、CD 为交叉两直线。

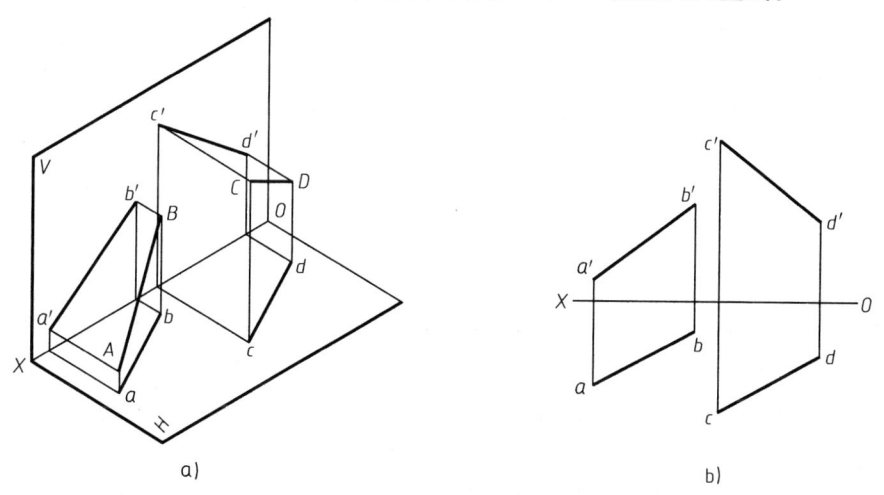

图 2-26 交叉两直线的投影(一)

如图 2-27 所示,两直线的同面投影也是相交的,但这些所谓的"交点"并不符合同一点的投影规律,所以 AB、CD 为交叉两直线。水平投影 ab 和 cd 的交点,其实是 AB 与 CD 上对 H 面的重影点 Ⅰ 和 Ⅱ 的投影 1(2)。同理投影 a'b' 和 c'd' 的交点,也是 AB 与 CD 对 V 面的重影点 Ⅲ 和 Ⅳ 的投影 3'(4')。

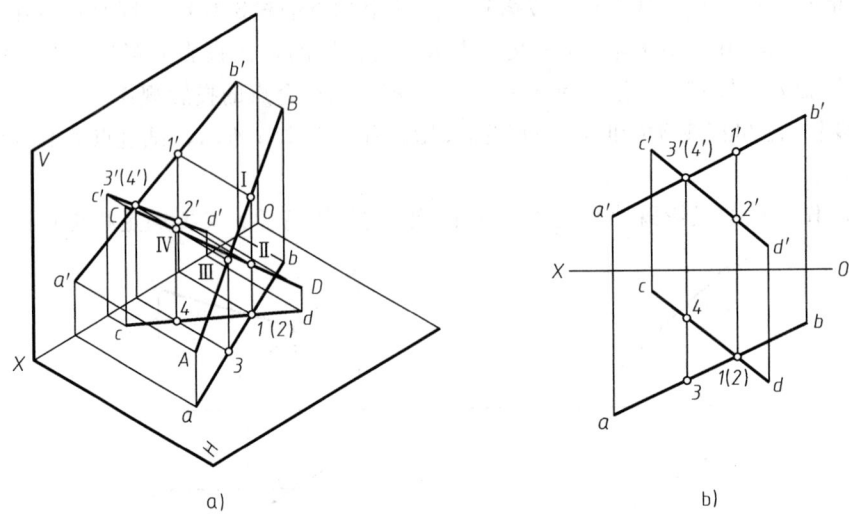

图 2-27 交叉两直线的投影（二）

交叉两直线的投影可能会有一组或两组是互相平行，但决不会三组同面投影都互相平行。如图 2-28a 所示，AB 和 CD 两直线的水平投影 $ab/\!/cd$，正面投影 $a'b'/\!/c'd'$，但侧面投影 $a''b''$、$c''d''$ 却相交，因此，AB、CD 为交叉两直线。

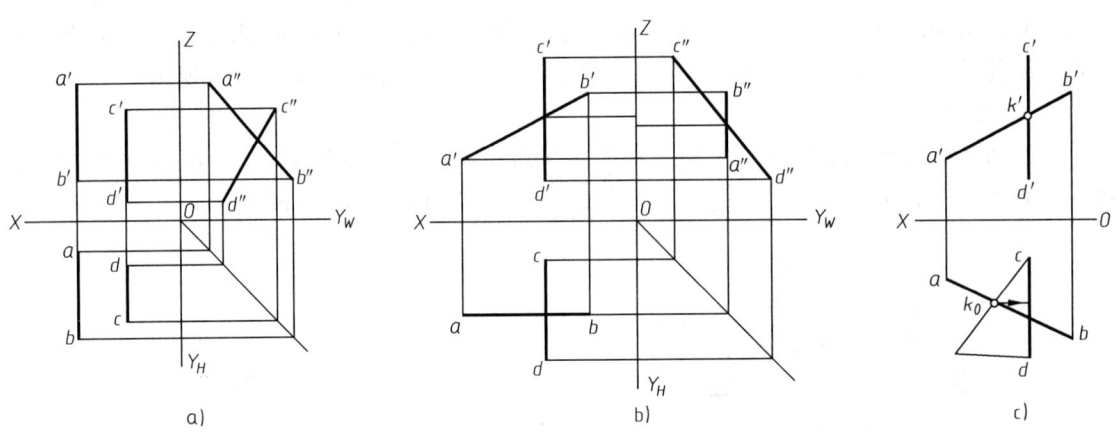

图 2-28 交叉两直线的投影（三）

对于一般位置的直线，如两直线在两个投影面上的投影都平行，则可判定两直线平行；如两直线在两个投影面上的投影都相交，且交点符合点的投影规律，则两直线一定相交。但对于特殊位置直线的相对位置，有时不能仅通过两个投影面的投影直接判断，还需要作第三投影面的投影来确定，如图 2-28b 所示。或者可通过定比法来确定，方法如图 2-28c 所示。

判断两直线是否平行，也可通过观察直线端点的位置来确定。在图 2-28a 中，a' 和 c' 在同侧，但 a 和 c 却不在同侧，端点字母顺序不相同，说明四点不共面，因此不可能平行。

【例 2-12】 已知交叉两直线 AB 和 CD 的两面投影，如图 2-29a 所示。试求出重影点的两面投影，并判别和标明其可见性。

分析：这是两条交叉的异面直线，直线投影的"交点"是两直线上相应两点的重影，根据两点相对于投影面的距离判别可见性。

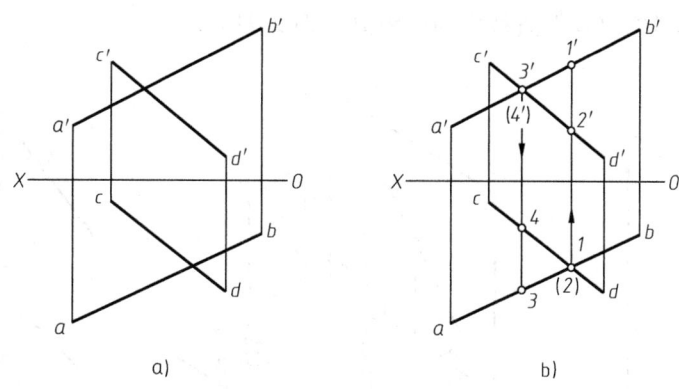

图 2-29 交叉两直线重影点的投影及可见性判断

作图方法和步骤：

1) 自直线的水平投影 ab 和 cd 的"交点"向上作 OX 轴的垂线，分别与 a'b' 和 c'd' 相交于点 1' 和点 2'，点 1' 在点 2' 正上方，故重影点水平投影 1 可见，点 2 不可见，如图 2-29b 所示。

2) 自直线的正面投影 a'b' 和 c'd' 的"交点"向下作 OX 轴的垂线，分别与 ab 和 cd 相交于点 3 和点 4，点 3 在点 4 正前方，故重影点正面投影 3' 可见，点 4' 不可见，如图 2-29b 所示。

注意：
按规定不可见重影点的投影要加上括号。

2.3.4 直角投影定理

两直线夹角的投影一般不能反映原角，但当两直线同时平行于某一投影面时，则在该投影面上的投影就可以如实反映原角的实际大小。当两直线垂直（垂直相交或垂直交叉），除了以上情况外，在特定条件下，投影可以反映直角。

当相交两直线互相垂直，且其中一条直线平行于某一投影面时，则两直线在该投影面中的投影一定成直角。此投影特性称为直角投影定理。此定理的逆定理也成立，即若两直线在同一投影面中的投影互相垂直，且其中一条直线平行于该投影面，则两直线在空间必互相垂直。

证明 如图 2-30 所示，$AB \perp BC$，其中 $AB /\!/ H$ 面，BC 倾斜于 H 面。因 $AB \perp Bb$ 及 $AB \perp BC$，则 $AB \perp$ 平面 $BbcC$。因为 $ab /\!/ AB$，所以 $ab \perp$ 平面 $BbcC$，因此 $ab \perp bc$，即 $\angle abc = \angle ABC = 90°$，证毕。当两直线是交叉垂直时，也符合上述投影特性。

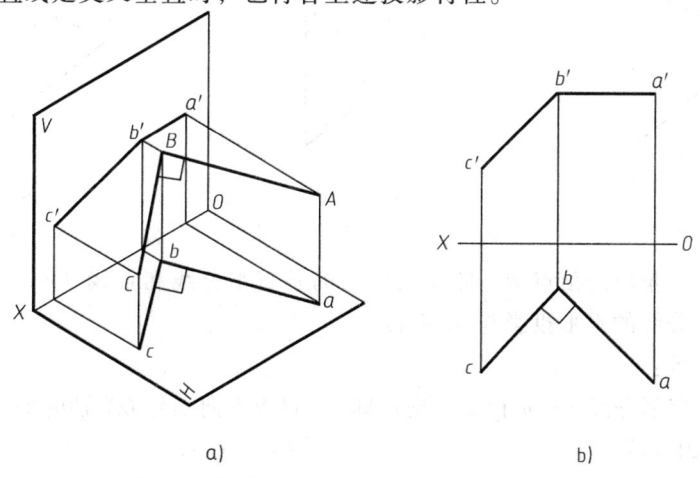

图 2-30 直角投影定理

【例 2-13】 求 AB、CD 两直线之间的距离（图 2-31a）。

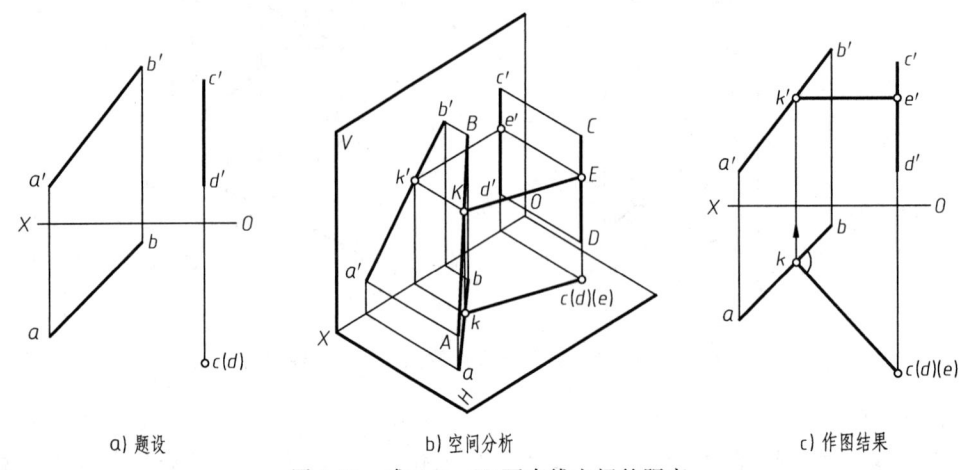

a) 题设　　　　　　　　b) 空间分析　　　　　　　　c) 作图结果

图 2-31　求 AB、CD 两直线之间的距离

分析：两直线之间的距离即它们公垂线的实长。本题直线 CD 是铅垂线，AB 是一般位置直线，所以它们的公垂线是一条水平线（图 2-31b），符合使用直角投影定理的条件。

作图方法和步骤：

设公垂线用 KE 表示，由直线 CD 的水平投影 cd 向 ab 作垂线交于点 k，过点 k 向上作 OX 轴垂线，与 a'b' 相交求得点 k'。再过点 k' 作 OX 轴的平行线与 c'd' 相交求得点 e'。用粗实线连接公垂线 k'e' 和 ke 的两面投影，并标注端点字母，完成作图（图 2-31c），KE 的水平投影 ke 即两直线距离的实长。

【例 2-14】 已知等腰三角形 ABC 的底边 AC 为一水平线（图 2-32a），顶点 B 位于直线 AM 上，求该等腰三角形的投影。

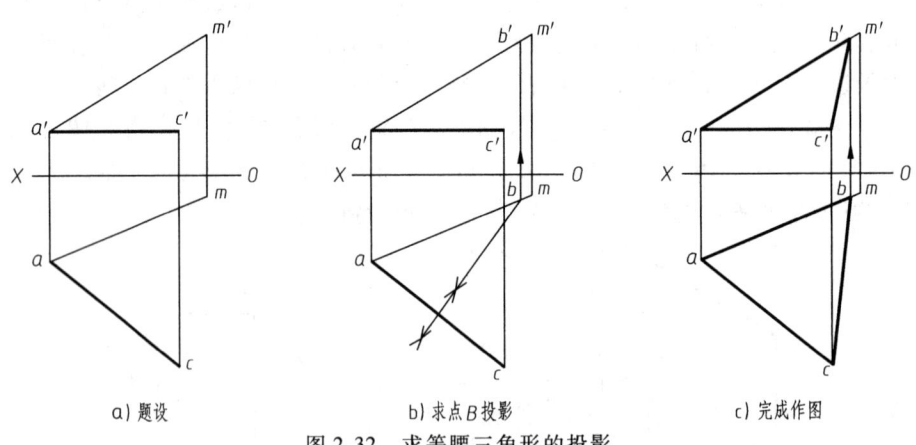

a) 题设　　　　　　　　b) 求点 B 投影　　　　　　　c) 完成作图

图 2-32　求等腰三角形的投影

分析：求等腰三角形的顶点 B，即求其底边的垂直平分线和直线 AM 的交点，因 AC 是水平线，故其垂直平分线的水平投影与 ac 垂直。

作图方法和步骤：

1）作 ac 的垂直平分线与 am 相交，交点即 b，过点 b 向上作 OX 轴的垂线，与 a'm' 的交点即为 b'，如图 2-32b 所示。

2）用粗实线连接 △ABC 各端点的同面投影，完成作图，如图 2-32c 所示。

2.4 平面的投影

2.4.1 平面的表示法

1. 用几何元素的投影表示平面

由初等几何学可知,不在同一直线上的三点可确定一个平面,因而平面的投影通常可以用确定该平面的几何元素的投影来表示,即用不在一直线上的三点、一直线和直线外的一点、相交两直线、平行两直线和任意平面图形的投影来表示平面,如图 2-33 所示。

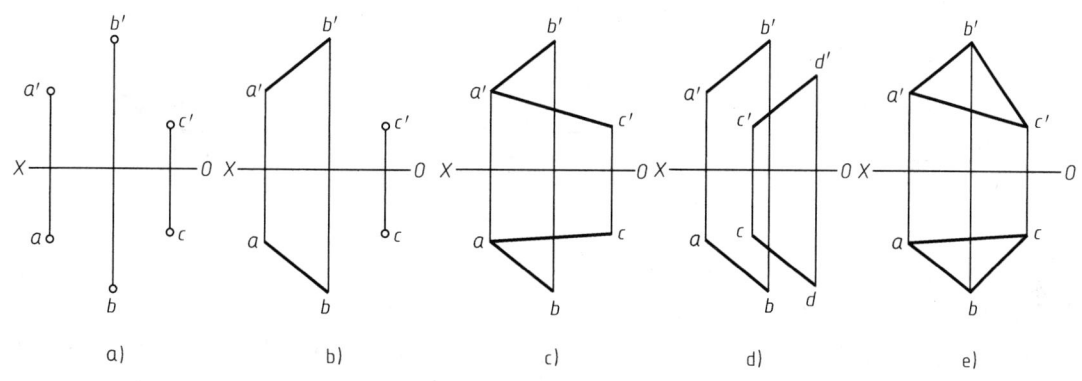

图 2-33 用几何元素的投影表示平面

由图 2-33 不难看出,不在一直线上的三点是决定平面位置的基本几何元素,其他各种表示法则是由此派生,并可以相互转换。通常以平面图形表示平面最为常用。

2. 用迹线表示平面

如图 2-34 所示,平面与投影面的交线,称为平面的迹线,也可以用迹线表示平面,称为迹线平面。例如平面 P 与 V 面的交线称为正面迹线,用 P_V 表示;与 H 面的交线称为水平迹线,用 P_H 表示;与 W 面的交线称为侧面迹线,用 P_W 表示。迹线是投影面上的直线,它在该投影面上的投影位于原处,用粗实线表示,并标注上述符号;它在另外两个投影面上的投影,分别在相应的投影轴上,不需作其他任何表示和标注。

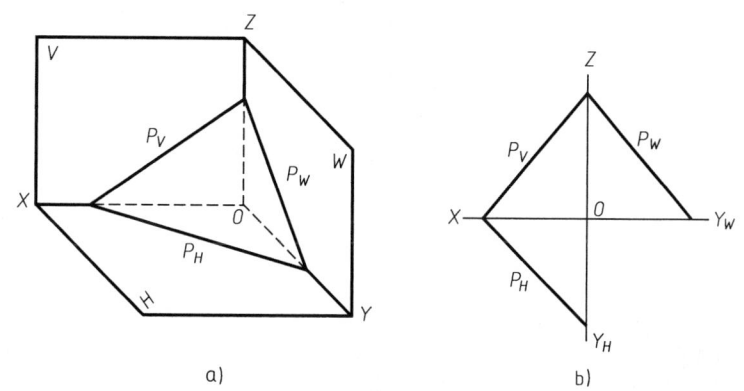

图 2-34 用迹线表示平面

2.4.2 各种位置平面的投影特性

1. 平面的基本投影特性

1) 平面垂直于投影面,其投影积聚为一条直线,平面上点或直线等的投影都重合在这条直线上,如图2-35a所示。

2)平面平行于投影面,其投影反映实形,如图2-35b所示。

3)平面倾斜于投影面,其投影呈类似形,如图2-35c所示。所谓类似形即在任何情况下平面与其投影的边数和边的平行关系不变,如图2-35c所示四边形的投影仍为四边形,绝不会成为三角形或五边形。

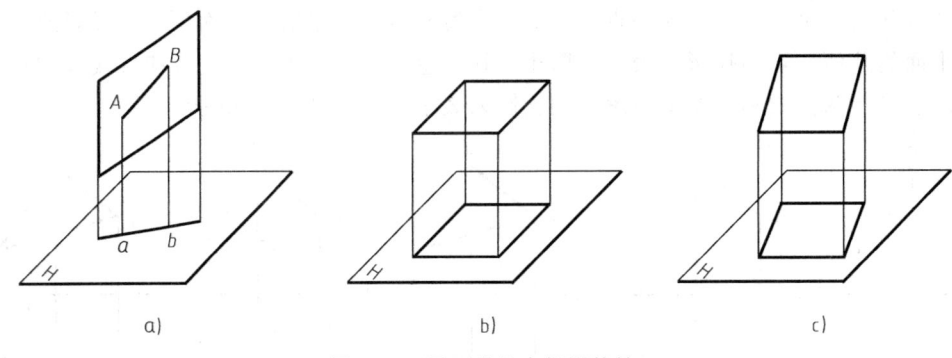

图2-35 平面的基本投影特性

2. 平面在三投影面体系中的投影

在三投影面体系中,平面可分为特殊位置平面和一般位置平面。特殊位置平面又分为投影面垂直面和投影面平行面,下面分别进行介绍。

(1)投影面垂直面 只垂直某一个投影面,而对另外两个投影面倾斜的平面称为投影面垂直面。垂直于V面的平面称为正垂面,垂直于H面的平面称为铅垂面,垂直于W面的平面称为侧垂面。投影面垂直面的投影特性见表2-3。

表2-3 投影面垂直面的投影特性

名称	空间情况	投影图	投影特性
正垂面			1. V面投影积聚为一倾斜直线,且反映α、γ 2. H、W面投影为类似形
			1. 正面迹线P_V具有积聚性,且反映了α、γ 2. 水平迹线$P_H \perp OX$;侧面迹线$P_W \perp OZ$

（续）

名称	空间情况	投影图	投影特性
铅垂面			1. H 面投影积聚为一倾斜直线,且反映了 β、γ 2. V、W 面投影为类似形
铅垂面			1. 水平迹线 QH 有积聚性,且反映了 β、γ 2. 正面迹线 $Q_V \perp OX$;侧面迹线 $Q_W \perp OY_W$
侧垂面			1. W 面投影积聚为一倾斜直线,且反映了 α、β 2. V、H 面投影为类似形
侧垂面			1. 侧面迹线 R_W 有积聚性,且反映了 α、β 2. 正面迹线 $R_V \perp OZ$;水平迹线 $R_H \perp OY_H$

从表 2-3 可知,由于投影面垂直面的一条迹线有积聚性,常用来确定平面的位置,而其他迹线一般不再画出。

（2）投影面平行面　平行于某一个投影面,同时垂直另外两个投影面的平面称为投影面平行面。平行于 V 面的平面称为正平面,平行于 H 面的平面称为水平面,平行于 W 面的平面称为侧平面。投影面平行面的投影特性见表 2-4。

表 2-4　投影面平行面的投影特性

名称	空间情况	投影图	投影特性
正平面			1. V 面投影反映实形 2. H 面、W 面投影积聚成一直线，且分别平行 OX 轴、OZ 轴
正平面			1. 无正面迹线 P_V 2. 水平迹线 P_H、侧面迹线 P_W 有积聚性，且 $P_H // OX$、$P_W // OZ$
水平面			1. H 面投影反映实形 2. V 面、W 面投影积聚成一直线，且分别平行 OX 轴、OY_W 轴
水平面			1. 无水平迹线 Q_H 2. 正面迹线 Q_V、侧面迹线 Q_W 有积聚性，且 $Q_V // OX$、$Q_W // OY_W$
侧平面			1. W 面投影反映实形 2. V 面、H 面投影积聚成一直线，且分别平行于 OZ 轴、OY_H 轴
侧平面			1. 无侧面迹线 R_W 2. 正面迹线 R_V、水平迹线 R_H 有积聚性，且 $R_V // OZ$、$R_H // OY_H$

由于投影面平行面总有两个投影具有积聚性，与相应的迹线重合，所以有时可用平面的有积聚性的迹线表示其位置。

（3）一般位置平面　即对三个投影面都倾斜的平面。图2-36所示为一般位置平面△ABC的投影，由于它对三个投影面都是倾斜的，因此一般位置平面的投影特性是三个投影（△abc、△a'b'c'和△a″b″c″）都是小于实形的类似形。

画图时，先画出三角形的三个顶点在三投影面上的投影，然后依次将它们的各同面投影连成三角形，如图2-36b所示。

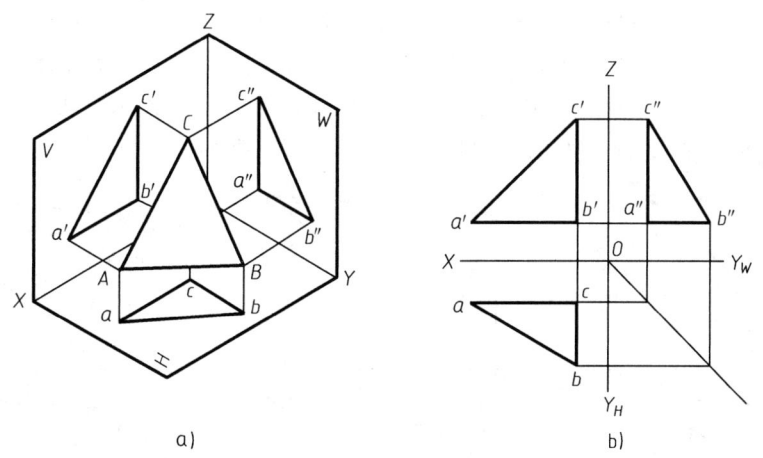

图2-36　一般位置平面的投影特性

一般位置平面在V、H、W面上都有迹线，都不平行于投影轴，并且每两条迹线相交于投影轴上的同一点，如前述图2-34所示。

应用上述各种位置平面的投影特性，分析图2-37中机件的表面，可以得出以下判断：

A—水平面；B—正平面；C—侧平面；D—侧垂面；E—正垂面；F—铅垂面；G——一般位置平面。

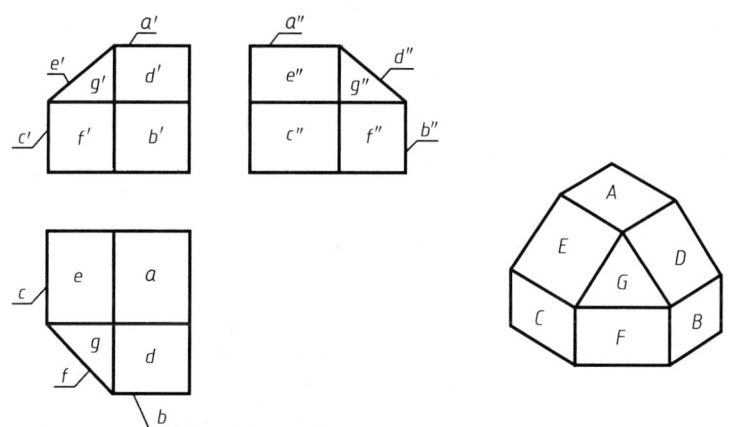

图2-37　各类位置平面实例

2.4.3　平面内的点和直线

1. 点和直线在平面内的条件

（1）点在平面内的条件　若点在平面内的一条直线上，则此点必定在该平面上。

(2) 直线在平面内的条件（符合下列条件之一）

1) 通过平面上的两个点。

2) 通过该平面内的一个点，且平行于该平面内的另一直线。

【例2-15】 已知点 C 和直线 AB 在平面 $\triangle DEF$ 内（图2-38a），试完成它们的另一个投影。

作图方法和步骤：

1) 求点 C 的水平投影 c。首先在 $\triangle d'e'f'$ 内过点 c' 作辅助线 $e'1'$，然后在 $\triangle def$ 内作辅助线水平投影 $e1$，根据投影规律在 $e1$ 上求得点 C 的水平投影 c，如图2-38b 所示。

2) 求直线 AB 的正面投影。首先在水平投影上作辅助线 da，与 $\triangle def$ 边线 ef 相交于点 2，在 $e'f'$ 上作点 $2'$，连接 $d'2'$ 并延长，与点 A 的投影连线相交得点 a'。然后作辅助线 db，与 $\triangle def$ 边线 ef 相交于点 3，在 $e'f'$ 上作点 $3'$，连接 $d'3'$ 并延长，与点 B 的投影连线相交得点 b'。最后用粗实线连接 $a'b'$，完成直线 AB 的正面投影，如图2-38c 所示。

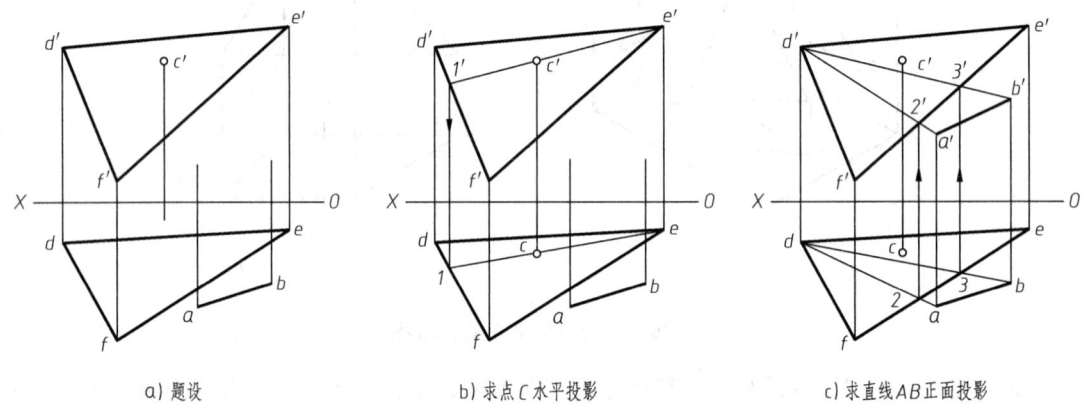

a) 题设　　　　　　　b) 求点 C 水平投影　　　　　　　c) 求直线 AB 正面投影

图 2-38　求作平面内点和直线的投影

【例2-16】 已知五边形 $ABCDE$ 的正面投影，以及 AB、BC 边的水平投影（图2-39a），其中 $ED // BC$，试完成五边形的水平投影。

分析：完成五边形的水平投影，关键是作出端点 D 和 E 的水平投影 d 和 e。可通过连接多边形的对角线，以及满足平行关系，找出端点 d 和 e。

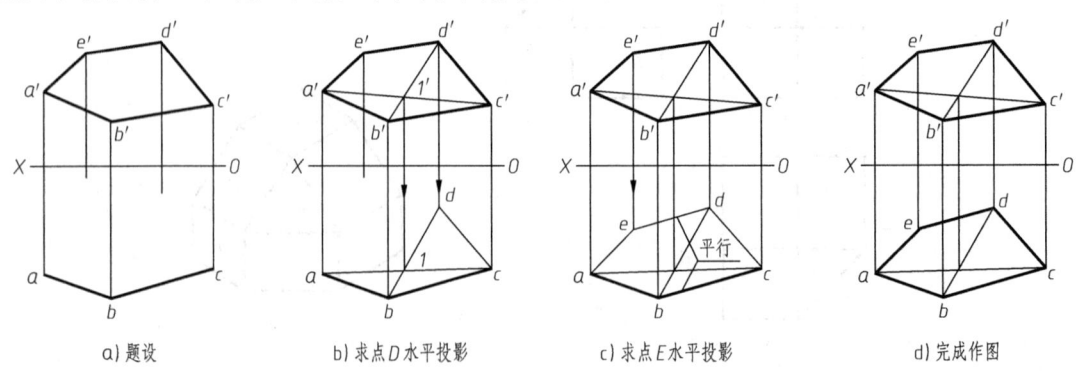

a) 题设　　　b) 求点 D 水平投影　　　c) 求点 E 水平投影　　　d) 完成作图

图 2-39　完成五边形的水平投影

作图方法和步骤：

1) 连 $a'c'$、$b'd'$ 成对角线正面投影，相交于点 $1'$。过点 $1'$ 向下作投影连线与对角线水平投影 ac 相交，得交点水平投影 1。连接点 b、1 并向后延长，过点 d' 向下作投影连线与 $b1$ 的延长线相交,得点 D 水平投影 d,连接 cd,如图 2-39b 所示。

2)根据 ED∥BC,过点 d 作 bc 的平行线,过点 e'向下作投影连线与平行线相交,得点 E 水平投影 e,连接 ae,如图 2-39c 所示。

3)擦除多余的线条,用粗实线依次连接五条边线,完成五边形 ABCDE 的水平投影,如图 2-39d 所示。

2. 作平面上的投影面平行线

在平面上可以作无数条直线,其中凡在平面上且平行于某一投影面的直线,称为平面上的投影面平行线。平面上投影面平行线的投影,既有投影面平行线的投影特性,又符合平面上直线的投影性质。同一平面上可作无数条投影面平行线,它们是相互平行的。图 2-40 所示为在平面△ABC 内作的水平线 CN 和正平线 AM 的两面投影。

【例 2-17】 已知平面△ABC 的两面投影,如图 2-41a 所示,试在平面内作与 H 面距离为 L 的水平线 EF。

分析:所有与 H 面距离为 L 的几何元素的轨迹为一个水平面,其正面投影(V 面迹线)为 OX 轴之上相距 L 的平行线,此面与平面△ABC 的交线即为所求。

作图方法和步骤:

作辅助水平面 P(迹线 P_V 表示)与 OX 轴相距 L,与△a'b'c' 相交与 e'f',利用直线上取点的作图原理,在△abc 的相应边线上求出水平投影 e、f,用粗实线连接 EF 的两面投影,完成作图,如图 2-41b 所示。

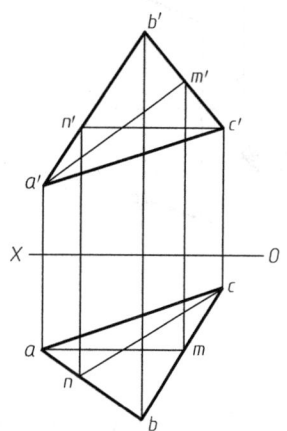

图 2-40 平面上的投影面平行线

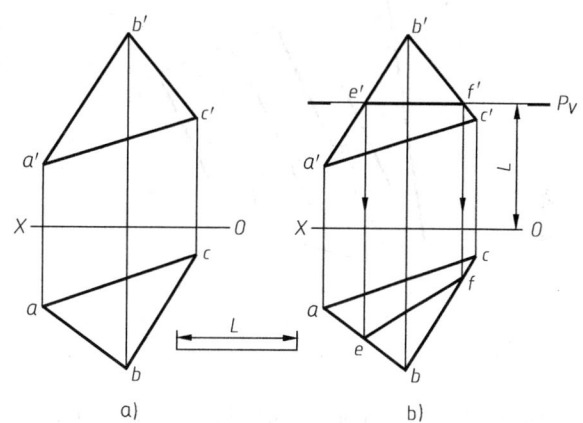

图 2-41 在平面上作与 H 面距离为 L 的投影面平行线

第3章 直线与平面、平面与平面的相对位置

直线与平面、平面与平面的相对位置可分为平行、相交和垂直三种情况，本章主要介绍它们的投影特性和作图方法。

3.1 平行问题

3.1.1 直线与平面平行

定理：若空间一直线与平面上的任一直线平行，则此直线必定与该平面平行。如图 3-1a 所示，直线 CD 平行于平面 P 上的直线 AB，所以直线 CD 必定与平面 P 平行。反之，如果直线 CD 与平面 P 平行，则在平面 P 内必能找到与直线 CD 平行的直线。

例如：在投影图上，BD 是平面 △ABC 内的一条直线，已知 e'f' // b'd'、ef // bd，则 EF // BD，所以直线 EF 平行于平面 △ABC，如图 3-1b 所示。

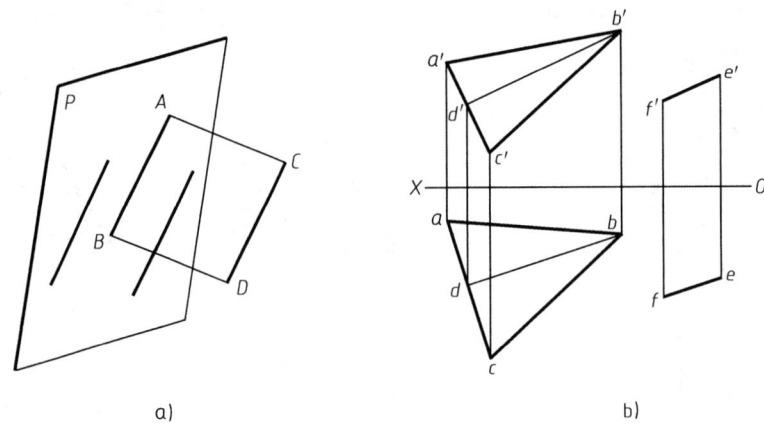

图 3-1 直线与平面平行

【例 3-1】 已知平面 △ABC 和平面外一点 E 的投影（图 3-2a），过点 E 作一水平线 EF，使其平行于平面 △ABC。

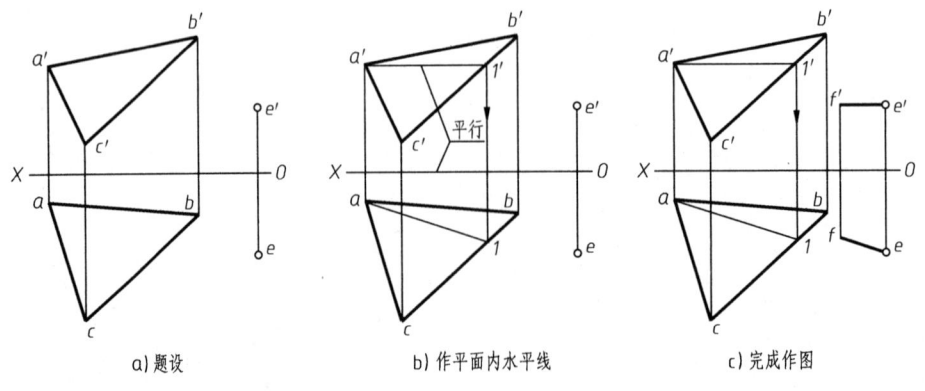

图 3-2 过点作水平线与平面平行

分析： 根据直线与平面平行的几何条件，所作直线应平行于平面△ABC内的水平线。在平面△ABC内可作无数条水平线，它们之间均相互平行。为作图方便，本题作过点A的水平线AⅠ，然后过点E作EF∥AⅠ，即为所求。

作图方法和步骤：

1) 过点a'作OX轴的平行线与$b'c'$相交于点$1'$，过$1'$向下作OX轴垂线与bc相交于点1，连接$a1$，AⅠ即为△ABC内过点A的一条水平线，其两面投影分别确定了所作直线EF的方向，如图3-2b所示。

2) 分别作$e'f'$∥$1'a'$，ef∥$1a$，即为所求，如图3-2c所示。

【例3-2】 已知平面△ABC和平面外一直线EF的两面投影（图3-3a），判断直线EF是否与给定平面△ABC平行。

分析判断： 因为直线EF的投影与铅垂面△ABC的有积聚性的投影相互平行，则直线EF与铅垂面△ABC平行，空间分析如图3-3b所示。

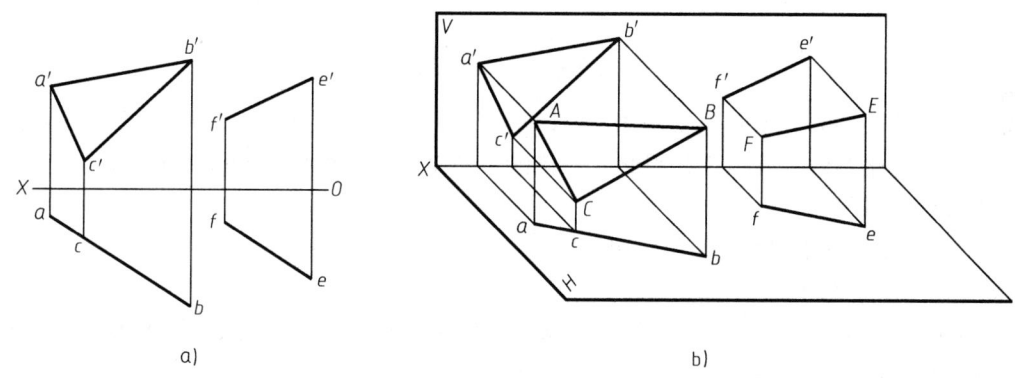

图3-3 判断直线与特殊位置平面是否平行

3.1.2 两平面平行

若一平面上的两条相交两直线，分别与另一平面上的两条相交直线对应平行，则两平面相互平行。如图3-4a所示，相交两直线AB、CD处在平面P上，相交两直线EF、GH处在平面Q上，如AB∥EF，CD∥GH，则平面P平行于平面Q。如果两平面平行，两平面上对应的相交直线的同面投影相互平行，如图3-4b所示。

利用这一几何条件，可以判别两平面是否平行，以及过已知点、直线作平面平行于已知平

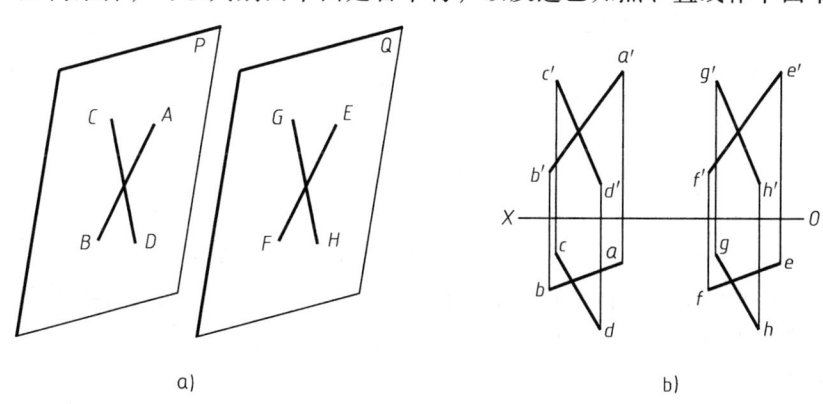

图3-4 两平面平行的条件

面。

【例 3-3】 过点 K 作一平面平行于由平行两直线 AB 和 CD 确定的平面（图 3-5a）。

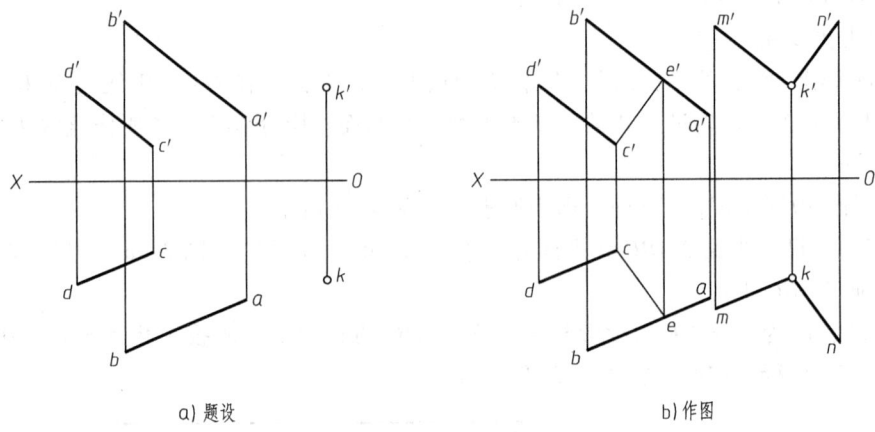

图 3-5 过点 K 作已知平面的平行面

分析：最简便的方法就是过点 K 作一对相交直线对应平行于已知平面内一对相交直线，由于已知平面由平行两直线确定，因此应先在已知平面内作一直线与 AB、CD 相交。

作图方法和步骤：

1）过点 c' 作任意角度直线与 $a'b'$ 相交于点 e'，过点 e' 向下作 OX 轴的垂线与 ab 相交于点 e，连接 ce，如图 3-5b 所示。

2）作 $k'n' /\!/ c'e'$，$kn /\!/ ce$；$k'm' /\!/ c'd'$，$km /\!/ cd$，由 KN 和 KM 两相交直线所确定的平面即为已知平面的平行面，如图 3-5b 所示。

【例 3-4】 试判断已知平面 $\triangle ABC$ 和平面 $\triangle DEF$ 是否平行（图 3-6a）。

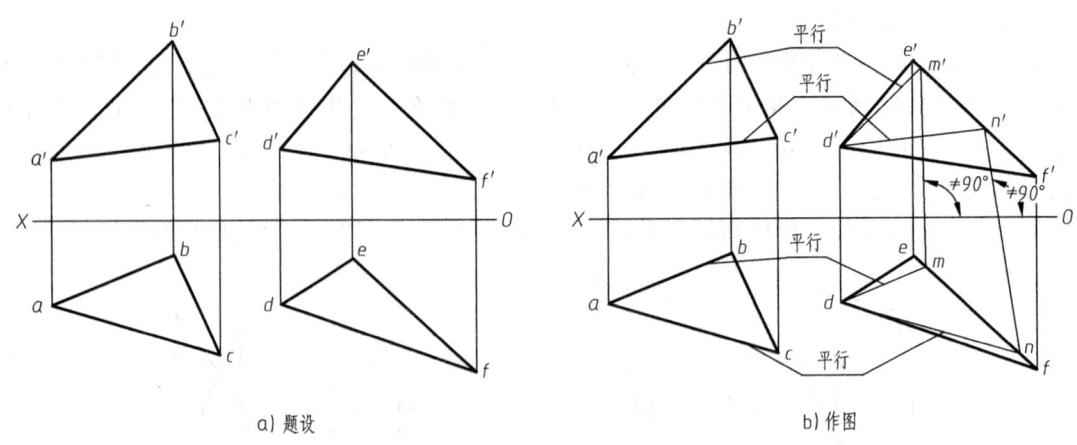

图 3-6 判断两一般位置平面是否平行

分析：可过一平面上一点作两相交辅助线，与另一平面的一对相交直线对应平行，如果能证明所作辅助线属于前一平面，则该两平面就互相平行。

作图方法和步骤：

1）过 $\triangle DEF$ 的端点 D 作一对相交直线 DM 和 DN，使其分别平行于 $\triangle ABC$ 中的边线 AB 和 AC，即 $d'm' /\!/ a'b'$，$dm /\!/ ab$；$d'n' /\!/ a'c'$，$dn /\!/ ac$，如图 3-6b 所示。

2) 判断直线 DM 和 DN 是否属于 $\triangle DEF$。从图 3-6b 中可见，连线 $m'm$、$n'n$ 均不垂直 OX 轴，不符合投影连线的规则，因此直线 DM 和 DN 不属于 $\triangle DEF$。

结论：平面 $\triangle ABC$ 和平面 $\triangle DEF$ 并不平行。

【例 3-5】 试判断已知平面 $\triangle ABC$ 和平面 $\triangle DEF$ 是否平行（图 3-7a）。

分析判断：从已知两平面的水平投影可知，这是两个铅垂面，而且有积聚性的水平投影平行，所以不用作图，可直接判断两个平面是平行的，空间分析如图 3-7b 所示。

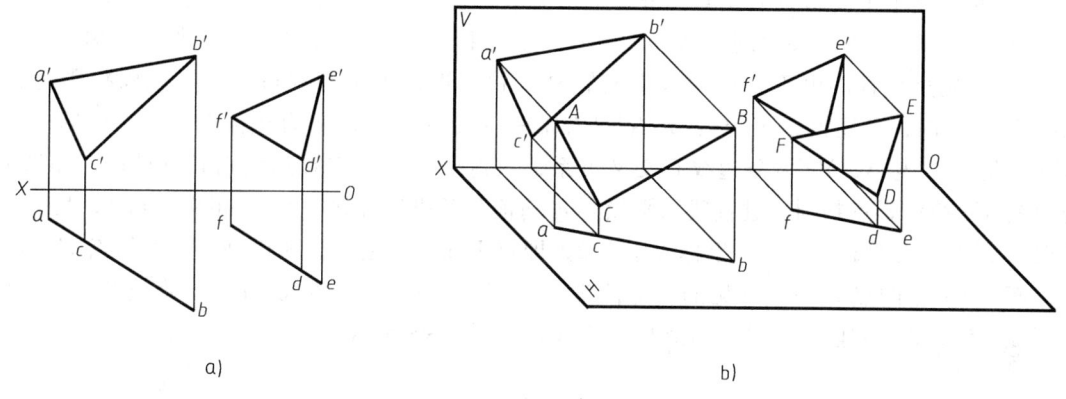

图 3-7 判断两特殊位置平面是否平行

3.2 相交问题

直线与平面如不平行，则一定相交于一点（图 3-8a）。该交点是直线与平面的共有点。它既属于直线，也属于平面。两平面如不平行，则一定相交于一条直线（图 3-8b）。该交线是两平面的共有线。求交线时，只要求出属于该交线上的两点（即两平面的两个共有点）或一个共有点和交线的方向即可求出交线。

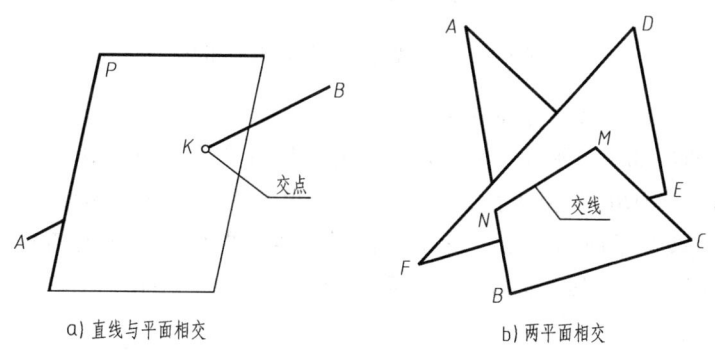

图 3-8 相交问题

根据直线或平面对投影面的位置，求直线与平面的交点及两平面交线的方法一般有利用投影的积聚性求交点或交线，或利用辅助平面法求交点或交线两种。

3.2.1 利用积聚性求交点或交线

当直线或平面垂直于某投影面时，它们在该投影面上的投影有积聚性。利用积聚性可以直接求出交点的一个投影，然后利用直线上取点或平面上取点的作图方法求出交点的另一个投影。

1. 投影面垂直线与一般位置平面相交

【例3-6】 求铅垂线 EF 与一般位置平面△ABC 的交点 K 并判别可见性（图3-9a）。

分析：因为水平投影 ef 积聚为一点，可知 EF 是铅垂线，交点 K 的水平投影 k 与 ef 重影。因为点 K 也是△ABC 内的一点，利用平面上取点的方法，求出交点 K 的正面投影 k′。

作图方法和步骤：

1) 铅垂线水平投影 ef 及交点 k 积聚为一点，用直线连接端点 a 和重影点 k，延伸至与 bc 交于点 d。过点 d 作 OX 轴的垂线交 b′c′于点 d′，连接 a′d′与 e′f′交于点 k′，如图 3-9b 所示。

2) 判别可见性。由于直线的水平投影具有积聚性，无须判别可见性。正面投影上，在△a′b′c′范围内，直线投影 e′f′与△a′b′c′只有唯一的交点 k′，以 k′为转折点，一侧可见，另一侧不可见。e′f′与△a′b′c′两条边线有交叉关系，只需要选一对重影点判别其可见性，如选 e′f′与边线 a′c′的重影点判别。过直线水平投影 ef 向前延长投影连线，与 ac 相交于点 1，另一点 2 积聚在 ef 上。很明显点 1 的 y 坐标大于点 2，即点Ⅰ在点Ⅱ之前，所以在 a′c′上的点 1′是可见的，而在 e′f′上的点 2′是不可见的，标注为 1′(2′)。因此 k′2′段被△a′b′c′遮挡是不可见的，应画成虚线，而 e′k′段全可见，应画成粗实线，如图 3-9c 所示。

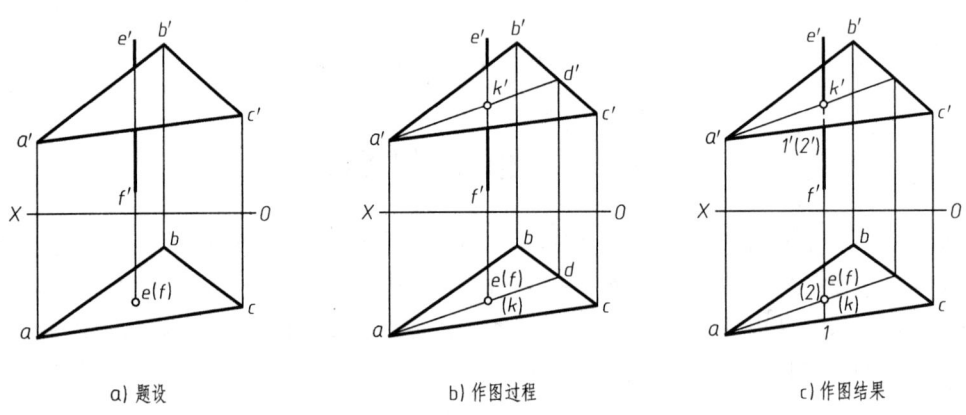

a) 题设　　　　　　　　b) 作图过程　　　　　　　　c) 作图结果

图 3-9　铅垂线与一般位置平面相交

2. 一般位置直线与特殊位置平面相交

【例3-7】 求直线 MN 与平面△ABC 的交点并判别可见性（图3-10a）。

分析：由于平面△ABC 为铅垂面，其水平投影积聚为一直线，因此，水平投影中 abc 与 mn 的交点 k 必为直线与平面的交点 K 的水平投影，然后再根据点 K 与直线 MN 的从属关系，利用直线上取点的方法求出其 V 面投影，空间分析如图 3-10b 所示。

作图方法和步骤：

1) 如图 3-10c 所示，点 k 在水平投影上可直接得出，过点 k 向上作 OX 轴垂线，在 m′n′上求得交点的正面投影 k′。

2) 判别可见性。从水平投影可看出 km 在△ABC 积聚投影 abc 的前面，则直线 KM 段应在平面△ABC 前面，故 KM 的 V 面投影 k′m′是可见的，因此应画成粗实线，而 k′n′段被平面遮住的部分 k′1′是不可见的，应画成虚线，如图 3-10d 所示。

3. 一般位置平面与投影面垂直面相交

当相交两平面中有一个平面的投影有积聚性时，即可利用有积聚性的投影来确定交线的一

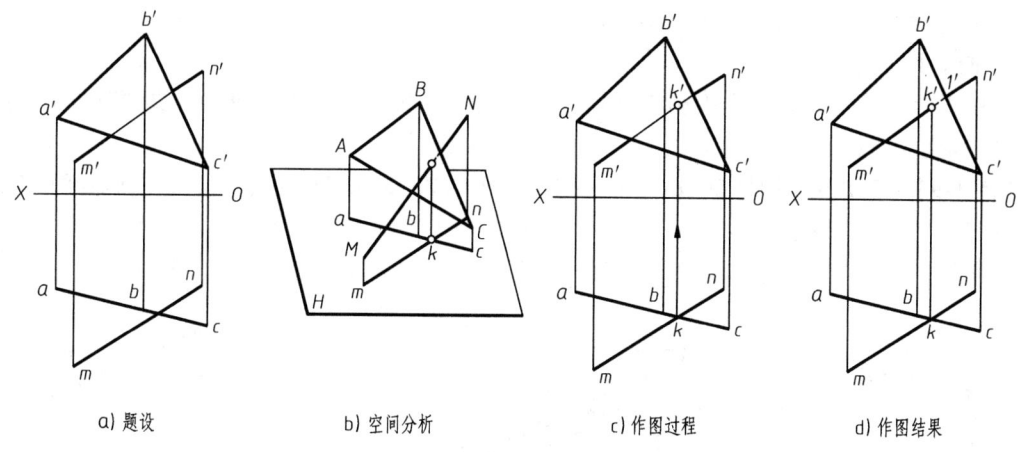

图 3-10 一般位置直线与铅垂面相交

个投影，交线的另一个投影可以按平面上取点、取线的方法求出。

【例 3-8】 求 △ABC 与 △DEF 的交线并判别可见性（图 3-11a）。

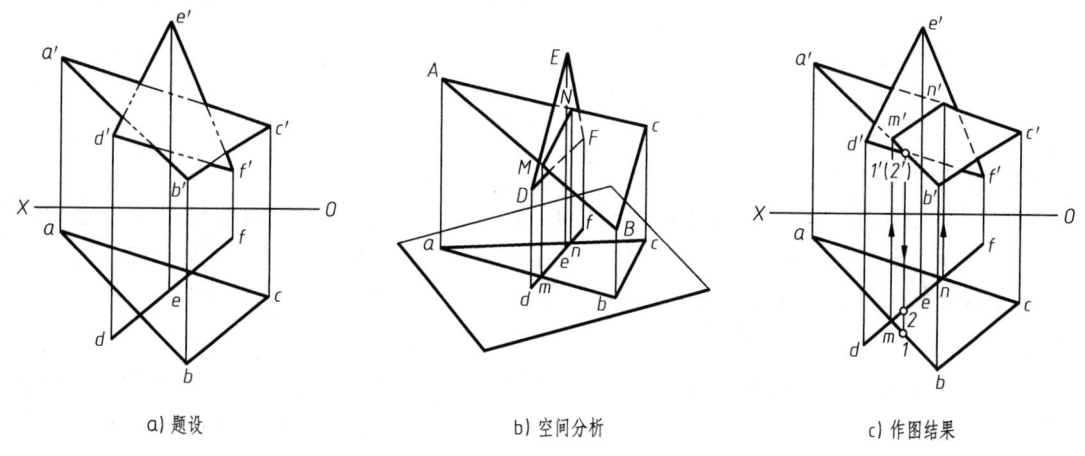

图 3-11 铅垂面与一般位置平面相交

分析：从图 3-11b 可知，△DEF 为铅垂面，水平投影积聚为一直线；△ABC 为一般位置平面，两个投影都是类似形。交线的水平投影一定与 △DEF 的水平投影重合，即在 def 与 △abc 重叠的共有部分。可利用属于直线上点的求法，在 △a'b'c' 的对应边线上求出交线的 V 面投影。

作图方法和步骤：

1) 设交线用 MN 表示，在水平投影上平面的积聚投影 def 与 ab 的交点为 m，与 ac 的交点为 n。过点 m 和点 n 向上作 OX 轴的垂线，与 a'b' 交点即 m'，与 a'c' 交点即 n'，连接 m'n'，即交线的正面投影，如图 3-11c 所示。

2) 判别可见性。取直线 AB 和 DF 在 V 面上的重影点 1'（2'），分辨可见性。过重影点 1'（2'）向下作 OX 轴垂线，与 ab 相交于较前点，应标为 1，与 df 相交于较后点，应标为 2，故 b'm' 为可见，同理 c'n' 为可见。因为交线 m'n' 是可见与不可见的分界线，以 m'n' 为界，a'm' 和 a'n' 被 △d'e'f' 遮挡的部分应画成虚线。由于过重影点的两线段的投影之可见性必不相同，因此可以确定其他各边的可见性，如图 3-11c 所示。

4. 两特殊位置平面相交

这里指两个平面对同一个投影面都具有积聚性的情况，这时两平面的交线同时也对此投影面具有积聚性。

【例 3-9】 已知相交两平面 ABCD 和 EFGH（图 3-12a），试求两平面的交线并判别可见性。

分析： 从图 3-12a 看，两平面 ABCD 和 EFGH 均为正垂面，两个正垂面的交线是一条正垂线，正面投影积聚为一点，其水平投影垂直于 OX 轴，空间分析如图 3-12b 所示。

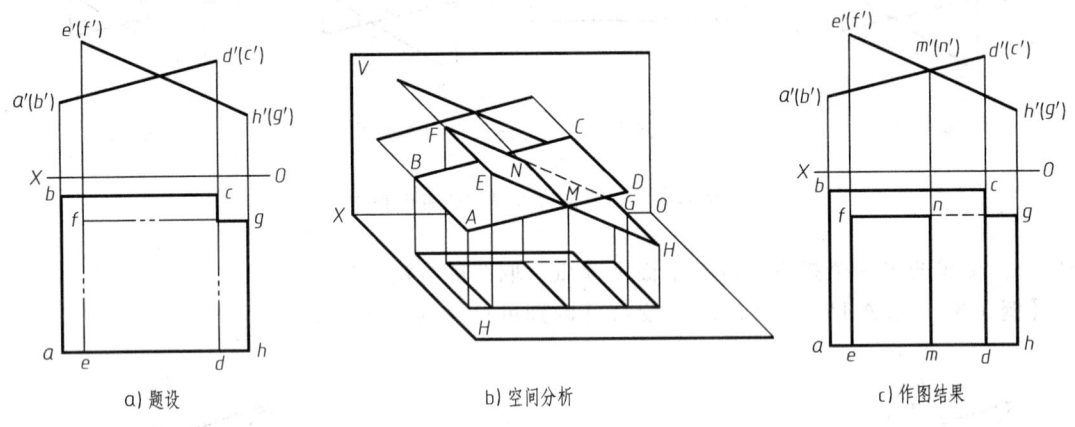

a) 题设　　　　b) 空间分析　　　　c) 作图结果

图 3-12　两个正垂面相交求交线

作图方法和步骤：

1）两平面的正面投影分别积聚成直线，两平面交线的正面投影可在直线的交点处直接得出。设交线用 MN 表示，$m'n'$ 积聚成一点。过 $m'n'$ 向下作 OX 轴的垂线，与两平面公共部分的交点连线即交线的水平投影 mn。设 m 在前，n 在后，则交线的正面投影应标注为 $m'(n')$，如图 3-12c 所示。

2）判别可见性。两平面的正面投影仅有一个共有点，不需判别可见性。水平投影的可见性，需要根据正面投影显示的高低位置判断。从正面投影看，以交线积聚投影 $m'(n')$ 为界，EFGH 左侧的正面投影 $e'f'n'm'$ 在 ABCD 的正面投影 $a'b'n'm'$ 之上，而右侧则正好相反。但在水平投影上还可以看到，两平面前边缘重影，后面 ABCD 比较大些，因此，以交线投影 mn 为界，EFGH 边线 FG 右侧被 ABCD 遮盖的范围内不可见，不可见部分应画成虚线，如图 3-12c 所示。

3.2.2　利用辅助平面法求交点或交线

当相交两几何元素都不垂直于投影面时，其投影均无积聚性，不能从投影图上直接利用积聚性作图，这时可利用辅助平面的方法来求交点或交线，其基本原理和作图步骤如下（图 3-13）：

1）过已知直线作一辅助平面。为作图方便，一般所作辅助平面应为特殊位置平面，如过 EF 作辅助平面 P 为一铅垂面。

2）作该辅助平面与已知平面的交线，如平面 P 与 △ABC 的交线 MN。

3）作该交线与已知直线的交点，即为已知直线与已知平面的交点，如 MN 与 EF 的交点 K。

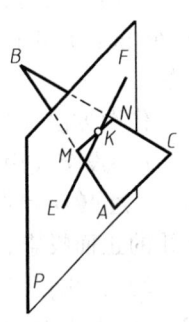

图 3-13　用辅助平面法求交点

1. 一般位置直线与一般位置平面相交

【例 3-10】 求直线 EF 与平面 △ABC 的交点并判别可见性（图 3-14）。

分析：直线 EF 为一般位置直线，$\triangle ABC$ 为一般位置平面，投影均无积聚性，需用辅助平面求交点。辅助面一般为过直线某一投影作投影面垂直面，通常用迹线表示。

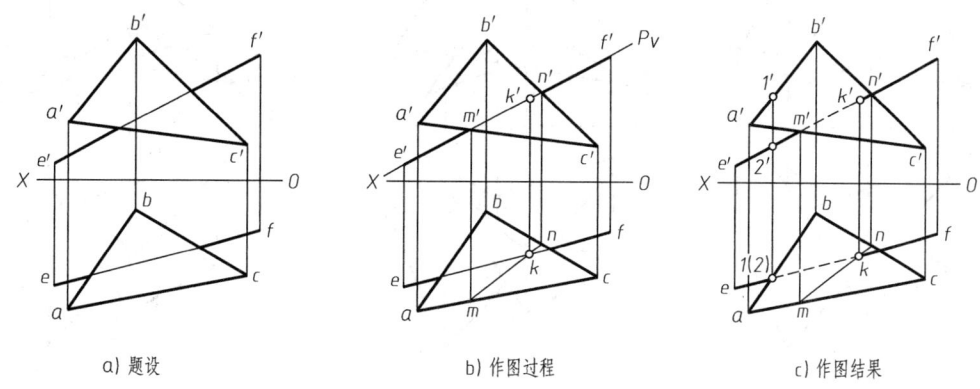

a) 题设　　　　　　　b) 作图过程　　　　　　　c) 作图结果

图 3-14　求一般位置直线与一般位置平面的交点

作图方法和步骤：

1) 过 EF 作一正垂辅助面 P。即作正垂面的正面迹线 P_V 与 $e'f'$ 重合。为与 $e'f'$ 区别，P_V 以细实线画出，如图 3-14b 所示。

2) 作平面 P 与 $\triangle ABC$ 的交线 MN。由于正垂面的正面迹线 P_V 有积聚性，$m'n'$ 与 P_V 重合，$m'n'$ 可直接由 P_V 与 $a'c'$、$b'c'$ 的交点确定。分别从点 m'、n' 向下作 OX 轴的垂线交 ac 于点 m、交 bc 于点 n，连接 mn，得交线 MN 的水平投影，如图 3-14b 所示。

3) 作交线 MN 与直线 EF 的交点 K。在 H 面投影上 mn 与 ef 的交点 k 即为交点 K 的水平投影；再过点 k 向上作 OX 轴的垂线与 $m'n'$ 相交，得出交点 K 的 V 面投影 k'，如图 3-14b 所示。

4) 判别可见性。直线 EF 的两面投影均有部分被平面 $\triangle ABC$ 遮挡，故需要分别判别可见性。仍使用重影点判别可见性的方法，如 I、II 是 AB 与 EF 对 H 面的重影点，其 H 面投影重合。从图 3-14c 中的 V 面投影可以看出，$a'b'$ 上的点 $1'$ 在上，$e'f'$ 上的点 $2'$ 在下，即 $z_I > z_{II}$，故点 1 可见，点 2 不可见。所以直线 EF 的 KII 段的 H 面投影 $k(2)$ 不可见，应画成虚线。用同样的方法可以判断直线 EF 的 KM 段的正面投影 $k'm'$ 应画成虚线，如图 3-14c 所以。

2. 一般位置平面与一般位置平面相交

两个一般位置平面相交，由于其投影均无积聚性，因此，交线也不能直接求出，同样需用辅助平面法求。求作时可将一平面中的某一边看成是一直线，利用一般位置直线与一般位置平面求交点的方法，求出交点。再取另一条边，同样方法求出交点，两交点同面投影连线即交线的投影。

【例 3-11】 求 $\triangle ABC$ 与 $\triangle DEF$ 的交线并判别可见性（图 3-15a）。

分析：选取 $\triangle ABC$ 的两条边 AB、AC，分别作它们与 $\triangle DEF$ 的交点，连接两交点即为所求的交线。

作图方法和步骤：

1) 分别包含 $\triangle ABC$ 的 AB、AC 作辅助平面 R、S（正垂面），求出辅助平面 R 与 $\triangle DEF$ 的交点 I（1，1'），II（2，2'）。同理求出辅助平面 S 与 $\triangle DEF$ 的交点 III（3，3'），IV（4，4'）。连接 12、34 分别交 ab 于点 m、交 ac 于点 n，再分别作 V 面投影 m'、n'，连接 $m'n'$、mn，得交线 MN 投影，如图 3-15b 所示。

2) 同前述，根据两三角形交叉边线上重影点对投影面的距离，判别可见性，结果如图 3-15c 所示。

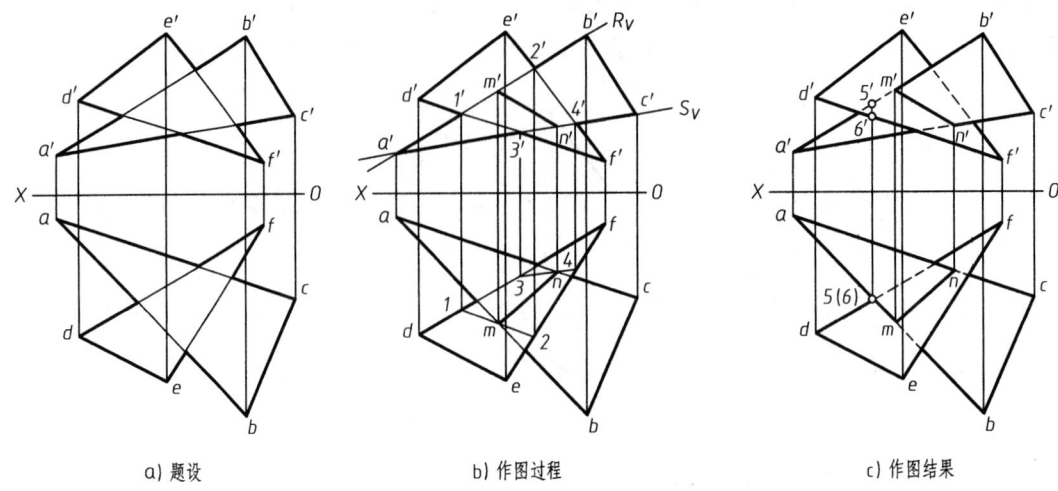

图 3-15 求两个一般位置平面的交线

3.3 垂直问题

3.3.1 直线与平面垂直

垂直于平面的直线被称为该平面的垂线或法线,解题时的关键是在投影图中如何定出法线的方向。

定理:直线与平面垂直,则直线垂直平面上的任意直线(过垂足或不过垂足)。应用直角投影定理,该直线的水平投影必垂直平面上水平线的水平投影,该直线的正面投影必垂直平面上正平线的正面投影。此定理的逆定理成立。

如图 3-16 所示,直线 EK 垂直平面 $\triangle ABC$,其垂足为 K。过点 K 可任作平面内的直线与 EK 垂直,如过点 K 作一水平线 DF,则 $EK \perp DF$,根据直角投影定理,有 $ek \perp df$。再过点 K 作一正平线 MN,则 $EK \perp MN$,同理 $e'k' \perp m'n'$。

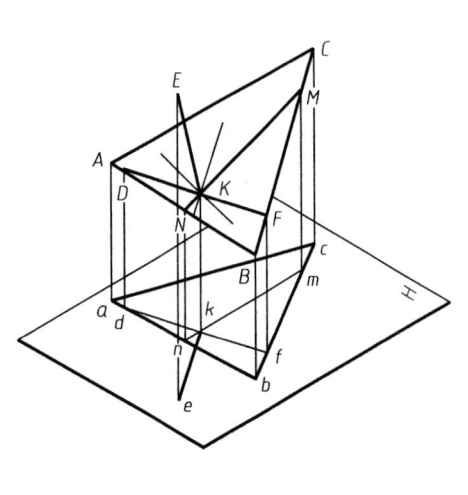
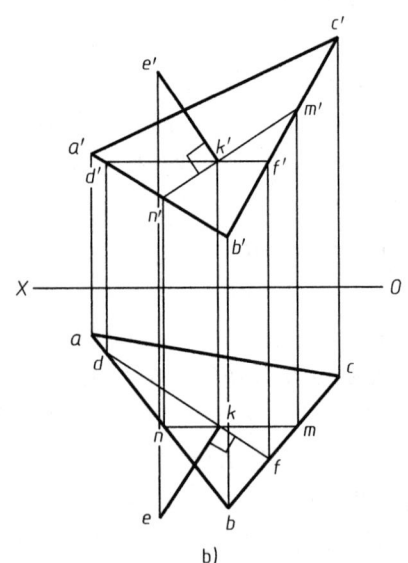

图 3-16 直线与平面垂直

【例 3-12】 试过定点 N 作给定平面 $\triangle ABC$ 的法线 MN（图 3-17a）。

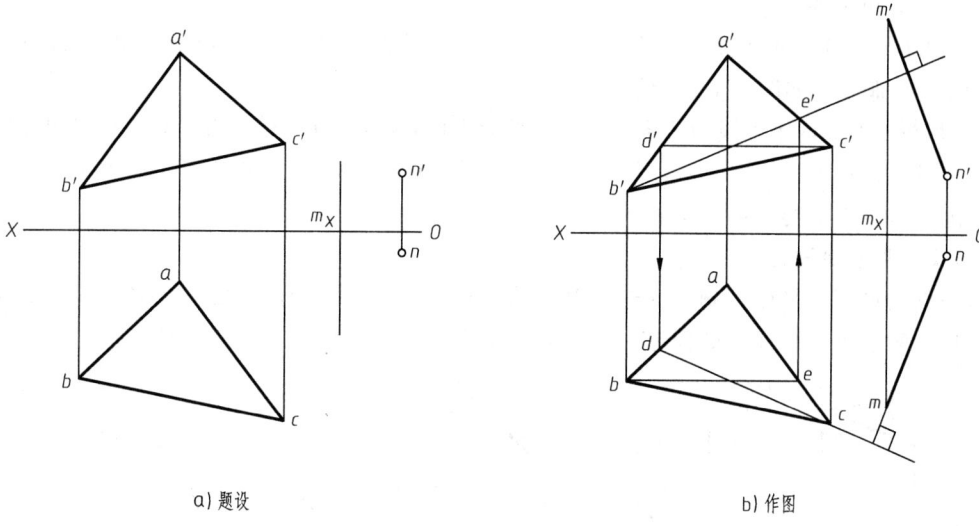

a) 题设　　　　　　　　　　　　b) 作图

图 3-17 过点作平面的垂线

分析：为方便应用直角投影定理，在 $\triangle ABC$ 内分别作正平线和水平线，然后使所作直线分别垂直于正平线的正面投影和水平线的水平投影，则所作直线与给定的平面垂直。

作图方法和步骤：

1) 在平面内任作一水平线 CD，其正面投影 $c'd' /\!/ OX$，过点 d' 向下作 OX 轴垂线与 ab 相交于点 d，连接 cd 即水平线 CD 的水平投影；在平面内任作一正平线 BE，其水平投影 $be /\!/ OX$，过点 e 向上作 OX 轴垂线与 $a'c'$ 相交于点 e'，连接 $b'e'$ 即正平线 BE 的正面投影，如图 3-17b 所示。

2) 过点 N 作已知平面的垂线。应用直角投影定理，过点 n' 作直线垂直于 $b'e'$，过点 n 作直线垂直于 cd。将过点 m_X 的投影连线分别延伸到与垂线相交，得垂线端点 m'、m，分别用粗实线连接 $m'n'$ 和 mn，完成 MN 的两面投影，如图 3-17b 所示。

【例 3-13】 已知由平行两直线 AB 和 CD 给定的平面（图 3-18a），试判断直线 MN 是否垂直于该平面。

分析：关键是验证直线 MN 是否能垂直给定平面的一对相交直线，为方便应用直角投影定理，应在平面内分别作正平线和水平线，然后验证所给直线是否分别垂直于正平线的正面投影

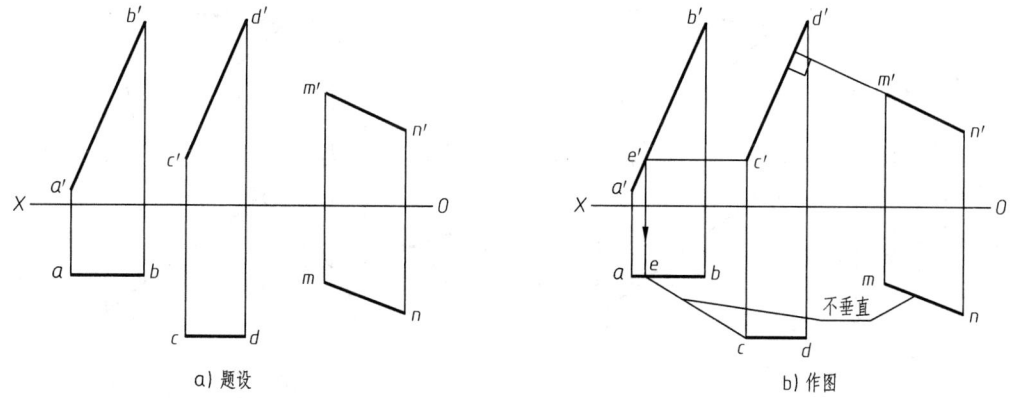

a) 题设　　　　　　　　　　　　b) 作图

图 3-18 判断直线是否垂直于平面

和水平线的水平投影。

作图方法和步骤:

1) 判断与平面内正平线的关系。已知 AB 或 CD 是正平线，量取 MN 的正面投影 m'n' 与 c'd' 的夹角正好垂直，如图 3-18b 所示。

2) 判断与平面内水平线的关系。在已知平面内作 c'e' 平行 OX 轴，按投影规律求出相应水平投影 ce，即给定平面的水平线，量取 MN 的水平投影 mn 与 ce 的夹角不垂直，如图 3-18b 所示。

结论：给定直线与平面不垂直。

3.3.2 两平面垂直

如一直线垂直一平面，则包含这一直线的所有平面都垂直于该平面。反之，如两平面互相垂直，则从属于第一平面上的任意一点向第二平面所作的垂线，必定属于第一平面。

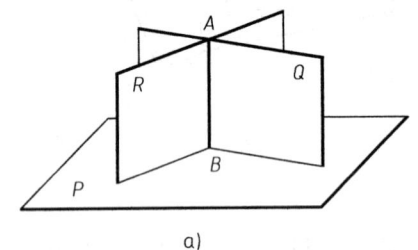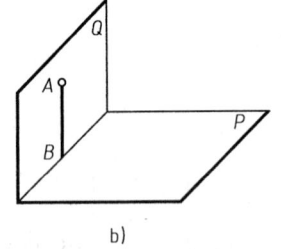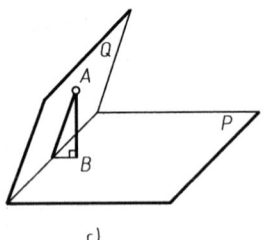

图 3-19 两平面垂直

如图 3-19a 所示，已知直线 $AB \perp$ 平面 P，则过直线 AB 的平面 Q 和平面 R 均垂直平面 P。又如图 3-18b 所示，平面 Q 垂直于平面 P，若点 A 属于平面 Q，过点 A 作 AB 垂直平面 P，则 AB 必属于平面 Q。再如图 3-19c 所示，过点 A 作 AB 垂直平面 P，但 AB 不在平面 Q 上，则平面 Q 与平面 P 一定不垂直。

【例 3-14】 已知铅垂面 △ABC、直线 ED 和点 K（图 3-20a），过点 K 作一平面垂直于 △ABC，并平行于 ED。

分析：只要过点 K 作直线垂直于 △ABC，则包含该直线的所有平面都垂直于 △ABC。由于 △ABC 是铅垂面，则过点 K 作 △ABC 的垂线 KN 必为水平线，其水平投影 $kn \perp abc$，正面投影 $k'n' \parallel OX$，再过点 K 作一直线 $KM \parallel ED$，则 KM、KN 两相交直线所组成的平面一定垂直 △ABC，并平行于 ED。

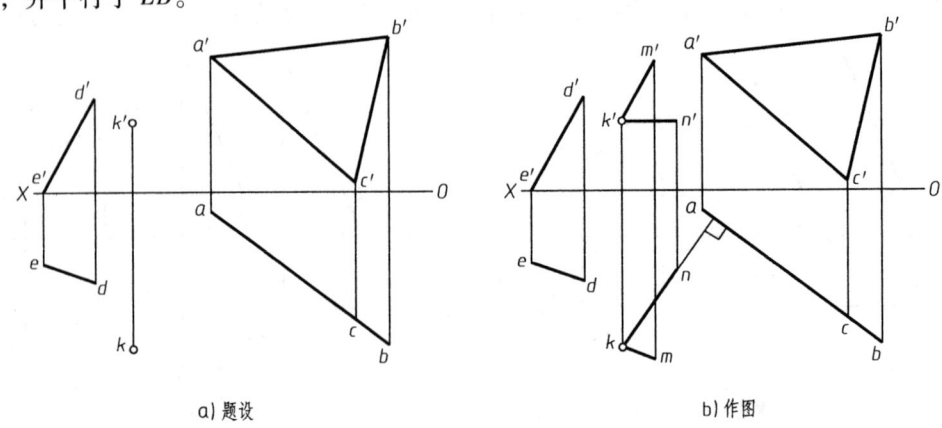

a) 题设　　　　　　　　　　b) 作图

图 3-20 过点作平面垂直于铅垂面且平行于已知直线

作图方法和步骤：

1) 过点 K 作直线 KN，使 $kn \perp abc$，$k'n' \parallel OX$，如图 3-20b 所示。

2) 作一直线 KM，使 $k'm' \parallel e'd'$，$km \parallel ed$，则两相交直线 KN 与 KM 所组成的平面即为所求，如图 3-20b 所示。

【例 3-15】 判断平面 △ABC 与相交直线 GH、KL 所确定的平面（图 3-21a）是否垂直。

分析：判断两平面是否垂直，只要在第一个平面内任取一点，向第二个平面作垂线，并判断垂线是否在第一个平面内。若在，两平面垂直；反之，则不垂直。

作图方法和步骤：

1) 在平面 △ABC 上过任一点 C 作直线垂直于相交直线 GH、KL 所确定的平面。由于 GH 是正平线，KL 是水平线，故所作垂线的正面投影垂直于 $g'h'$，垂线的水平投影垂直于 kl，如图 3-21b 所示。

2) 判断垂线是否属于平面 △ABC。先设垂线属于平面 △ABC，在正面投影上，与三角形边线 $a'b'$ 有一交点 d'，在 ab 上可求得点 d，但并不是垂线与 ab 的交点，故垂线不属于平面 △ABC，如图 3-21b 所示。

结论：两平面并不垂直。

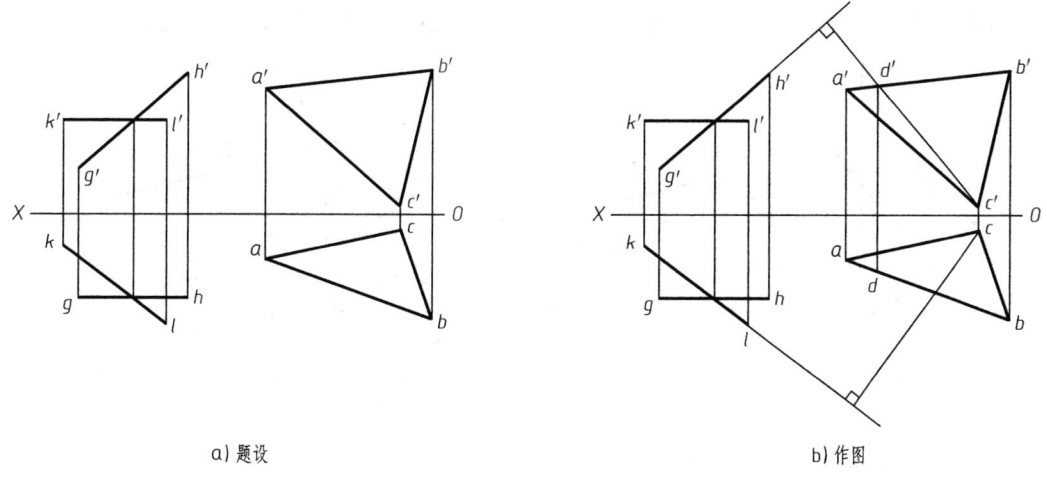

a) 题设　　　　　　　　　　　　　　b) 作图

图 3-21　判断两平面是否垂直

3.4　点、线、面综合解题

点、直线、平面综合解题是指在解题过程中需要综合运用前述点、直线、平面，特别是直线、平面相对位置的基本概念和作图方法。

求解点、直线、平面综合题时，不仅要熟练掌握各种基本作图原理和方法，而且应掌握正确的解题思路。要善于根据已知条件和要求，探讨并确定解题的方法和步骤。在综合题的解题步骤中，往往包含着若干个基本概念和作图方法，所以掌握前述各章节的基本概念和作图方法是解综合题必要的基础。这里着重讨论解题的方法和步骤。

3.4.1　解题的一般步骤

（1）分析题意　首先应仔细分析已知条件和欲求的结果及其对应满足的条件。要根据几何元素的投影特性，分析已知几何元素的空间位置和相互关系。

（2）确定解题方法和步骤 在分析题意的基础上，确定解题方法和步骤。即以有关的几何概念和定理以及有关的投影概念为依据，进行必要的逻辑推理、空间思维和空间分析。一般地说，应当在想象中建立起空间几何模型，也可借助于画轴测图或以简易模型（如以笔代线，以纸代面）帮助构思。

（3）投影作图 将设想的解题步骤逐步绘制在投影图上，求出最后结果，完成作图。

3.4.2 解题示例

根据题目的性质不同，可以有不同的解题方法，而且即使是同一问题往往也有多种解法。因此，在解题时要开拓思路，设想不同的解法，从中选择最佳方案。常用的解题方法有"轨迹法"和"反推法"。

所谓"轨迹法"就是根据已知条件和题目要求进行空间分析，分别求出满足题目各个要求的轨迹，如与两点等距离的点的轨迹为两点连线的中垂面；与某平面平行相距一定距离的直线轨迹为该平面的平行面。然后求出这些轨迹的交点或交线，则为所求答案。

所谓"反推法"则是先假设最后的解答已求出，然后应用有关的几何定理进行空间分析，找出最后答案与已知条件间的联系，并由此得到解题的方法和步骤。应该说这两种方法经常是相辅相成，不可分割的。

【例3-16】 作一直线与已知三直线相交，且有一交点 K 平分线段 FE（图3-22a）。

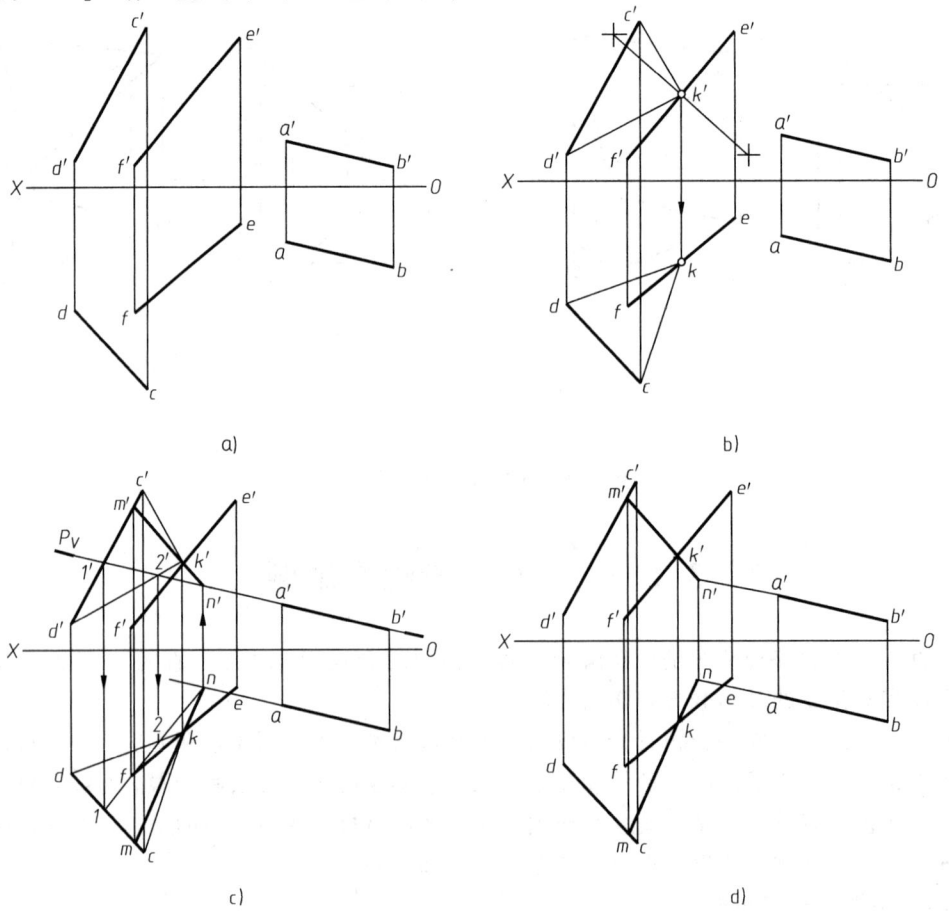

图 3-22 作直线与三直线都相交

分析：即求作直线上三个点分别在交叉的直线上，设与 AB 交点为 N，与 EF 交点为 K（平分点），与 CD 交点为 M。关键先求出 EF 的中点 K，并与 CD 组成平面△KCD，包含 AB 直线作辅助平面，求与△KCD 相交的直线，交线与 AB 的交点是线上一个端点 N，连接已求两点并延长与 CD 相交于一点，为所求另一端点 M。

作图方法和步骤：

1) 在 EF 上取中点 K（k、k'），连接 KCD 的同面投影，组成△KCD，如图 3-22b 所示。

2) 过 AB 的正面投影 a'b'作正垂辅助面 P，图中用正面迹线 P_V 表示，求辅助面 P 与△KCD 的交线。正面迹线 P_V 与△k'c'd'的交线直接给出，即与 c'd'的交点 1'和与 k'd'的交点 2'的连线，分别过点 1'、2'向下作 OX 轴垂线，在 cd 上求得点 1，在 kd 上求得点 2。连接 12，即平面 P 与△KCD 交线的水平投影，如图 3-22c 所示。

3) 求所作辅助交线与已知直线的交点。与 EF 的交点 K 已求出；延长 12 与直线 ab 延长线相交与点 n，在 a'b'延长线上可得点 n'；连接 nk 并延长可与 cd 相交于点 m，连接 n'k'并延长可与 c'd'相交于点 m'，MN 直线即为所求，如图 3-22c 所示。

4) 整理、删除作图线，完成作图，如图 3-22d 所示。

【**例 3-17**】 已知直线 KM 垂直于 AB，且点 K 与点 A、B 等距离。补全 KM 的两面投影（图 3-23a）。

分析：KM 必定在 AB 的中垂面上，可应用直角投影定理作图。

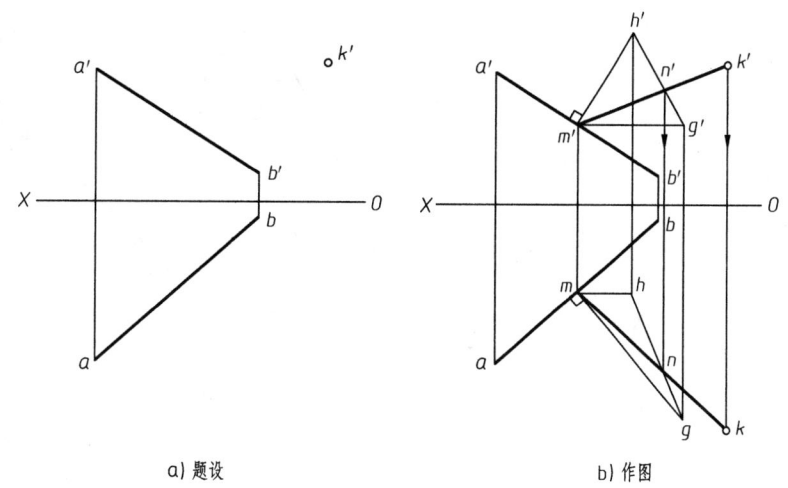

a) 题设　　　　b) 作图

图 3-23　作直线 KM 垂直于直线 AB

作图方法和步骤：

1) 作 AB 直线的中垂面。取 AB 直线的中点 M，作正平线 MH 和水平线 MG 的两面投影，所作两条直线确定了 AB 直线的中垂面，如图 3-23b 所示。

2) 为作图方便连接 h'g'和 hg，中垂面用△MHG 表示。连接 k'm'与 h'g'相交于点 n'，过点 n'向下作 OX 轴垂直线与 hg 相交于点 n。过点 k'向下作投影连线，连接 mn 并延长与投影连线相交，得点 K 水平投影 k，分别用粗实线连接 k'm'和 km，完成作图，如图 3-23b 所示。

第4章 投影变换

4.1 投影变换的方法

4.1.1 概述

在前面的章节中,我们分别讨论了点、直线和平面以及它们的相对位置的投影。在投影分析和解题过程中我们知道,当直线或平面相对于投影面处于特殊位置(垂直或平行)时,其投影或具有积聚性或反映其真实形状,见表4-1。但当它们处于一般位置时,它们的投影就没有这些特性,此时解题作图就比较困难。为此我们可将几何元素与投影面的相对位置变换成有利于解题的位置,这种变换的方法称为投影变换。

表4-1 空间几何元素对投影面处于有利于解题位置的一些情况

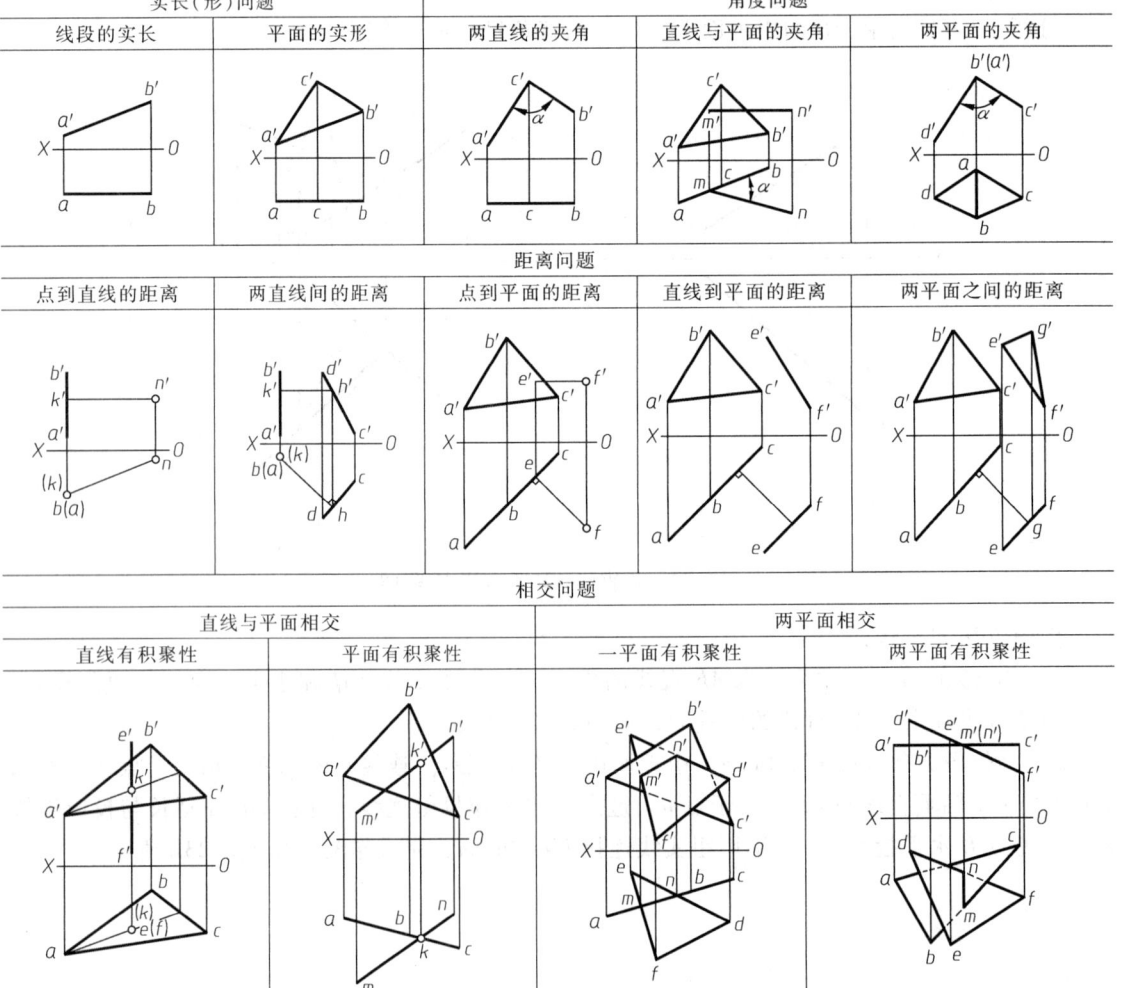

4.1.2 常用方法

当直线或平面处于不利于解题位置时,通常可进行投影变换,使变换后的位置有利于解题。常用的投影变换有换面法和旋转法。所谓换面法,即使空间几何元素保持不动,改变投影面的位置,使新的投影面与几何元素处于有利解题的位置,如图 4-1a 所示。所谓旋转法,即投影面保持不动,将几何元素绕某一轴旋转到相对于投影面处于有利解题的位置,如图 4-1b 所示。

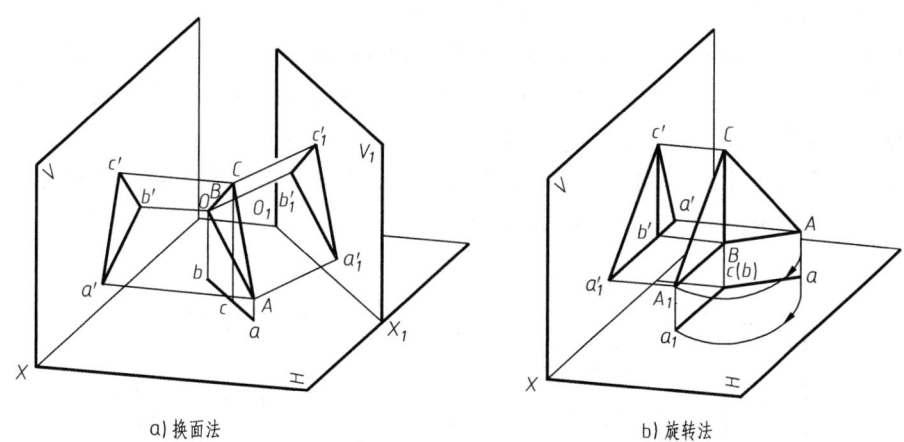

a) 换面法　　　　　　　　　b) 旋转法

图 4-1　投影变换常用方法

本章讨论换面法的投影规律与作图方法。

4.2　换　面　法

换面法就是保持空间几何元素在原投影体系中的位置不动,用新的投影面代替旧的投影面,使空间几何元素对新的投影面的相对位置变成有利于解题的位置,然后求出在新投影面上的投影,以达到方便解题的目的。如图 4-2 所示,处于铅垂位置的平面 △ABC 在 V/H 体系中的投影均不反映实形,现作一个与 H 面垂直的新投影面 V_1,使之平行于平面 △ABC,用以代替原来的 V 面,则 V_1 面和原 H 面构成一个新的两投影面体系 V_1/H。在新投影体系中,将平面 △ABC 向 V_1 面进行投影,则平面 △ABC 在 V_1 面上的投影反映实形。

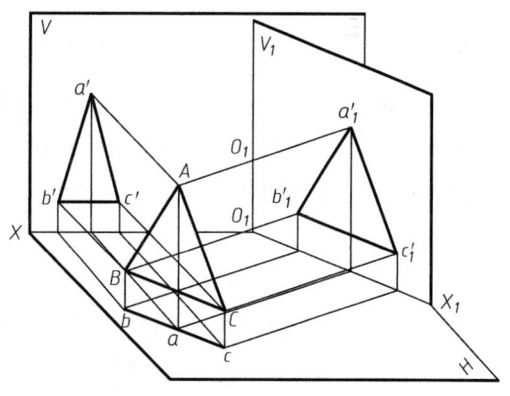

图 4-2　变换投影面法

注意:

新投影面的选择必须符合以下两个条件:

1) 新投影面必须处于有利于解题位置。
2) 新投影面必须垂直于原投影面体系中的一个投影面,以组成一个新的两投影面体系。

4.2.1 换面法的基本规律

点是最基本的几何元素,点的投影变换规律,是其他几何元素投影变换的基础。

1. 点的一次变换

（1）变换 H 面，y 坐标值不变　如图 4-3 所示，空间点 A 在原投影面体系 V/H 中的投影为 a'、a，现保持 V 面不变，用一个正垂面 H_1 替换 H 面，组成 V/H_1 新投影面体系，H_1 面和 V 面的交线 O_1X_1 为新投影轴。在新的投影体系中，过点 A 向 H_1 面作投射线，得点 A 在 H_1 面的投影 a_1。由于 V 面没有变换，所以点 A 在 V 面的投影 a' 位置不变，称为不变投影。由图 4-3 可以看出，点 A 的各个投影 a'、a、a_1 之间的关系如下：

1）点的新投影 a_1 和其不变投影 a' 连线垂直于新投影轴 O_1X_1，即 $a'a_1 \perp O_1X_1$。

2）新投影 a_1 到新投影轴 O_1X_1 的距离，等于原（即被更换的）投影 a 到原投影轴 OX 的距离，即点 A 的 y 坐标在变换 H 面时是不变的，$a_1a_{X1} = aa_X = Aa' = y_A$。

作图方法：在 V 面上点 a' 附近合适位置绘制 O_1X_1 线，过点 a' 作 O_1X_1 的垂线并延长，交 O_1X_1 于点 a_{X1}，截取 a_1a_{X1} 和 aa_X 相等，得点 a_1。

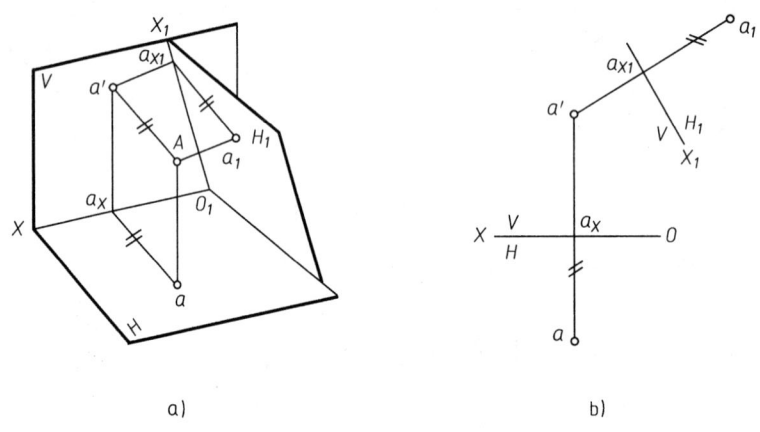

图 4-3　点的一次变换（变换 H 面）

（2）变换 V 面，z 坐标值不变　如图 4-4 所示，保持 H 面不变，用一个垂直于 H 面的新投影面 V_1 代替 V 面，即用新投影面体系 V_1/H 代替 V/H 体系，则点 A 在 V_1/H 体系中的新投影为 a'_1，a' 为原投影，a 为不变投影。由图 4-4 可以看出，点 A 的各个投影 a'、a、a'_1 之间的关系如下：

1）$a'_1a \perp O_1X_1$。

2）$a'_1a_{X1} = a'a_X = Aa = z_A$

其作图步骤与变换 H 面时相似，如图 4-4b 所示。

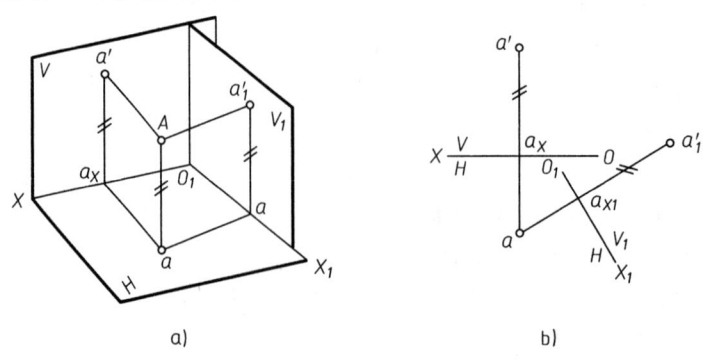

图 4-4　点的一次变换（变换 V 面）

综上所述，无论变换 H 面或 V 面，点的换面法的基本投影规律可归纳如下：

1）点的新投影与不变投影的连线垂直于新投影轴。

2）点的新投影到新投影轴的距离等于原（被代替的）投影到原投影轴的距离。

2. 点的二次变换

用换面法解题，有时变换一次投影面不能满足解题要求，需要在一次变换的基础上再进行一次（甚至多次）变换才能达到解题的目的。如图 4-5 所示，顺序变换两次投影面求点的新投影的方法，其原理和作图方法与变换一次投影面相同。但必须注意，要交替变换投影面，不能同时变换两个投影面，也不能两次都变换同一投影面，否则不能按点的投影规律来求出新投影，究竟先换哪个面以有利于解题来决定。

在投影图上，点的二次变换的作图步骤如图 4-5b 所示。

1）先作 O_1X_1 轴，以 V_1 面代替 V 面，在新投影面体系 V_1/H 中，求出新投影 a_1'，此时 a' 为原投影，a 为不变投影。

2）在 V_1/H 体系基础上，再作 O_2X_2 轴，以 H_2 面代替 H 面，在第二个新投影面体系 V_1/H_2 中，求出新投影 a_2，此时 a 为原投影，a_1' 为不变投影。

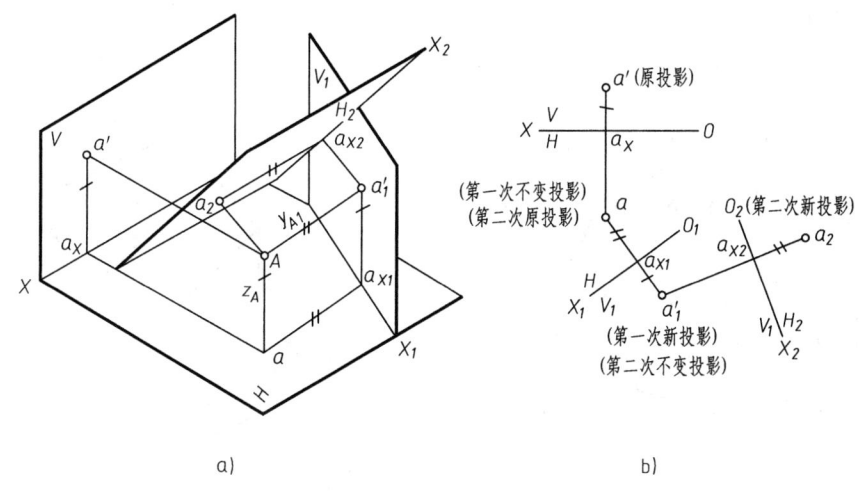

图 4-5　点的二次变换

4.2.2　换面法可以解决的六个基本问题

通过换面法可以将一般位置的直线和平面转换为特殊位置的直线或平面，或者将特殊位置的直线和平面转换为有利于求解的特殊位置，即通常所指的六个基本问题。

1. 将一般位置直线变换成投影面平行线

（1）求一般位置直线的实长和 α 角　若将一般位置直线变换为投影面平行线时，其新投影就能反映直线的实长及其对不变投影面的倾角。如图 4-6 所示，在 V/H 体系中，AB 为一般位置直线，如取铅垂面 V_1 平行 AB，建立新的投影面体系 V_1/H，这时 AB 变换为正平线，其在 V_1 面上的投影 $a_1'b_1'$ 反映实长，$a_1'b_1'$ 与 O_1X_1 轴的夹角反映直线对 H 面的倾角 α。根据投影面平行线的投影特性，建立新投影面体系 V_1/H 的关键是新投影轴 O_1X_1 应平行于原投影 ab。

注意：

设置新投影轴时，应使直线在新投影面体系中的两个投影分别位于新投影轴的两侧。

（2）求一般位置直线的实长和 β 角　如果要求出直线 AB 的实长和对 V 面的倾角 β，则要

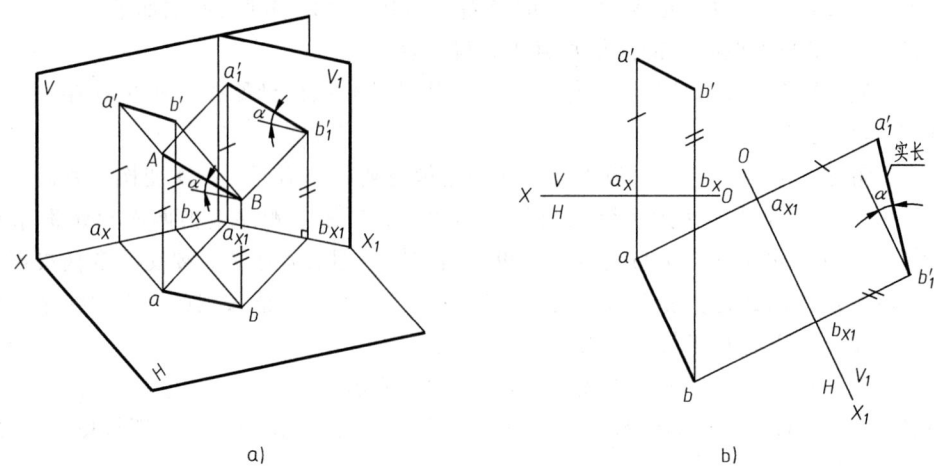

图 4-6 一般位置直线变换成新投影面（V_1 面）的平行线（求 α 角）

变换 H 面，建立 V/H_1 体系，使直线 AB 在新的投影面 H_1 上成为水平线。作图时应以 O_1X_1 // $a'b'$，如图 4-7 所示。

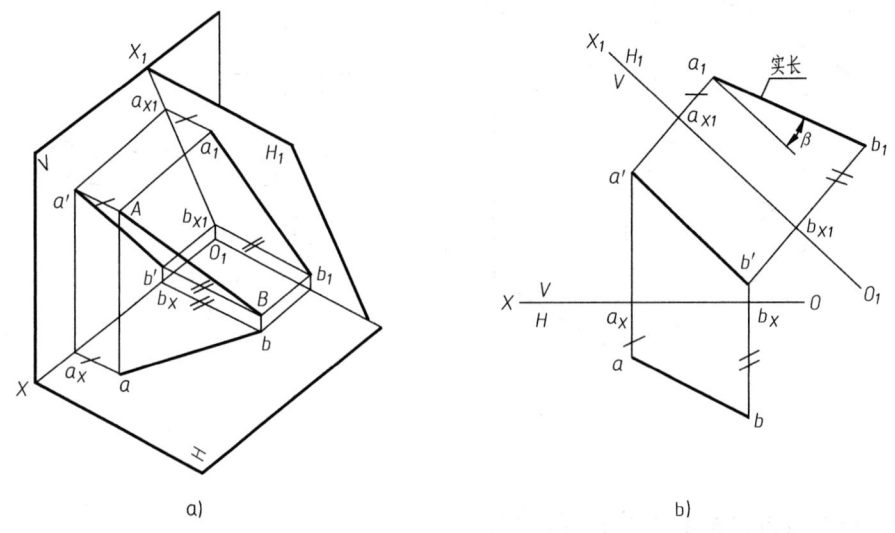

图 4-7 一般位置直线变换成新投影面（H_1 面）的平行线（求 β 角）

2. 将投影面平行线变换为投影面垂直线。

将投影面平行线变换为投影面垂直线，可使直线投影积聚为一个点，从而解决求两直线间的距离、直线和平面的交点等度量和定位问题。

分析投影面垂直线的投影特性可知，其反映实长的投影与投影轴垂直，因此建立新投影轴的关键是垂直于投影面平行线的反映实长的投影。

如图 4-8 所示，AB 为一水平线，要变换成投影面垂直线，可用垂直于 AB 的铅垂面代替 V 面，即作 $O_1X_1 \perp ab$，从而建立新投影体系 V_1/H。因为新投影面 V_1 垂直于 AB，故 AB 在 V_1 面上的投影积聚为重影点 $a_1'(b_1')$，AB 为新投影体系 V_1/H 中的正垂线。

如果已知直线为正平线，则需要变换 H 面，才能将其变换成投影面垂直线，具体作图过程可参考图 4-8 自行完成。

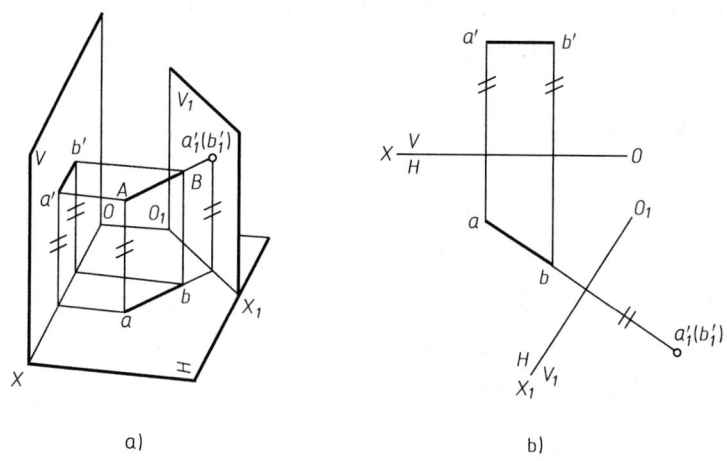

图 4-8 投影面平行线变换成新投影面（V_1 面）的垂直线

3. 把一般位置直线变换成投影面垂直线

若取新投影面与一般位置直线垂直，则此新投影面既不能垂直 V 面，又不能垂直 H 面，违反了新投影面的设置原则。由上述两个变换可知，将一般位置直线变换成投影面垂直线，必须经过二次变换，第一次是将一般位置直线变换成投影面平行线，第二次是将投影面平行线变换成投影面垂直线。

如图 4-9 所示，AB 为一般位置直线，先变换 V 面，使 V_1 面 // AB，则 AB 在 V_1/H 体系中是投影面平行（正平）线；再变换 H 面，使 H_2 面 ⊥ AB，则 AB 在 V_1/H_2 体系中为投影面垂直（铅垂）线。此题也可先变换 H 面，再换 V 面，作图过程类似，一般应根据解题的需要确定究竟采用何种顺序变换。

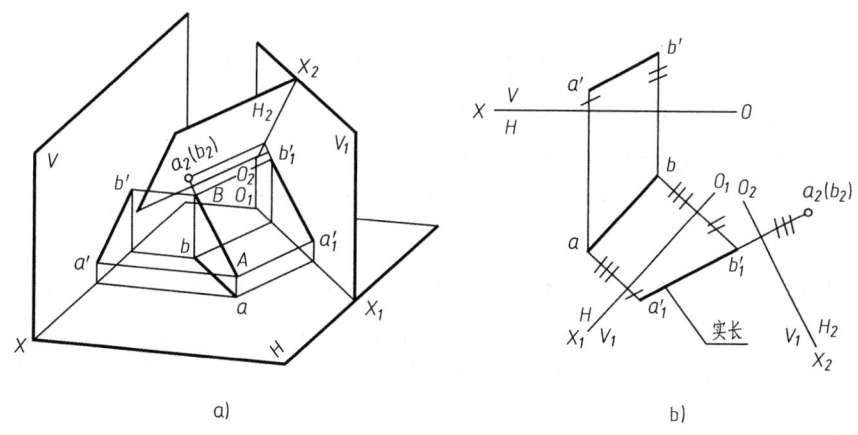

图 4-9 一般位置直线两次变换成投影面垂直线

4. 将一般位置平面变换成投影面垂直面

为使一般位置平面变为投影面垂直面，只需将属于该平面的任意一条直线变为新投影面的垂直线，从直线的换面方法可知，为简化作图，应在平面上任取一条投影面平行线为辅助线，然后取新投影面与辅助线垂直，则平面就是新投影面的垂直面。

如图 4-10a 所示，△ABC 为一般位置平面，如果要将其变换为正垂面，可在△ABC 上作一水平线,然后作 V_1 面与该水平线垂直,则 V_1 面一定也垂直 H 面,△ABC 在新投影面 V_1 上积聚成为一条直线,成为新投影体系中的正垂面。

其作图步骤如下:

1) 在△ABC 上任作一条水平线 CD。首先作 $c'd' /\!/ OX$,然后求出 cd。

2) 作 $O_1X_1 \perp cd$。

3) 作△ABC 在 V_1 面上的投影 $a_1'b_1'c_1'$。$a_1'b_1'c_1'$ 积聚为一直线,它与 O_1X_1 轴的夹角反映△ABC 对 H 面的倾角 α 的真实大小,如图 4-10b 所示。

如果要求△ABC 对 V 面的倾角 β,可在此平面上取一正平线,作 H_1 面垂直该正平线,则△ABC 在 H_1 面上的投影为一直线,它与 O_1X_1 轴的夹角反映平面对 V 面的倾角 β 的真实大小。具体作图过程可参考图 4-10 自行完成。

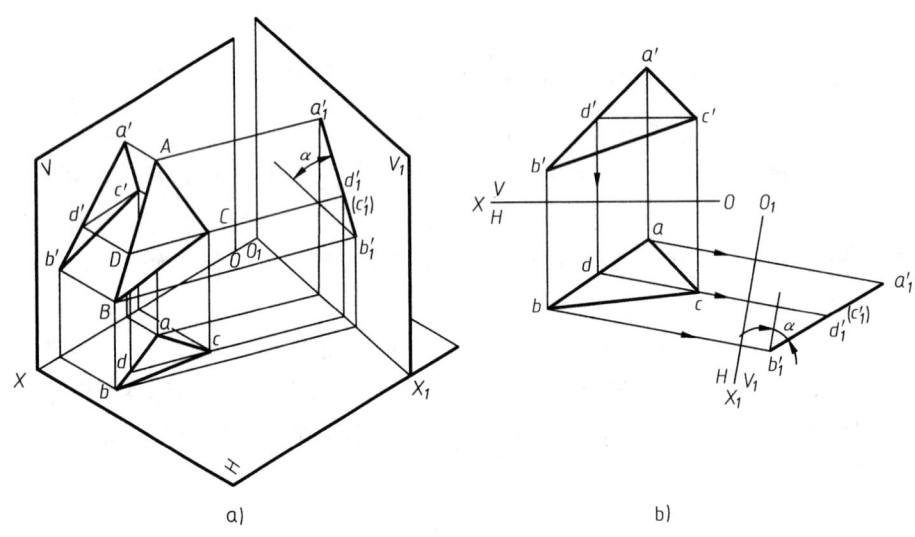

图 4-10 一般位置平面变换成投影面垂直面

5. 将投影面垂直面变换成投影面平行面

将投影面垂直面变换成投影面平行面的目的是求其实形,分析投影面平行面的特性可知,其具有积聚性的投影与投影轴平行,因此建立新投影轴的关键是平行于投影面垂直面的积聚成直线的投影。

如图 4-11 所示,在 V/H 投影面体系中有铅垂面△ABC,欲将其变换成投影面平行面,可作一铅垂面 V_1,使其与铅垂面△ABC 平行,则铅垂面△ABC 就变换成 V_1 面的平行面。这时 O_1X_1 轴应与铅垂面△ABC 在 H 面的投影(积聚成直线 abc)平行。具体作图步骤如下:

1) 作 $O_1X_1 /\!/ abc$。

2) 按投影变换的规律求出点 A、B、C 的新投影 a_1'、b_1'、c_1',用直线连接各点,则△$a_1'b_1'c_1'$ 即为△ABC 实形。

如果已知是正垂面,将其变换成投影面平行面,可作一正垂面 H_1,使其与正垂面平行,则正垂面就变换成 H_1 面的平行面。这时 O_1X_1 轴应与正垂面在 V 面的投影(积聚成直线)平行,具体作图可参照图 4-11 自行完成。

6. 将一般位置平面变换成投影面平行面

要将一般位置平面变换成投影面平行面,只作一次换面是不行的。因为若取一新投影面平

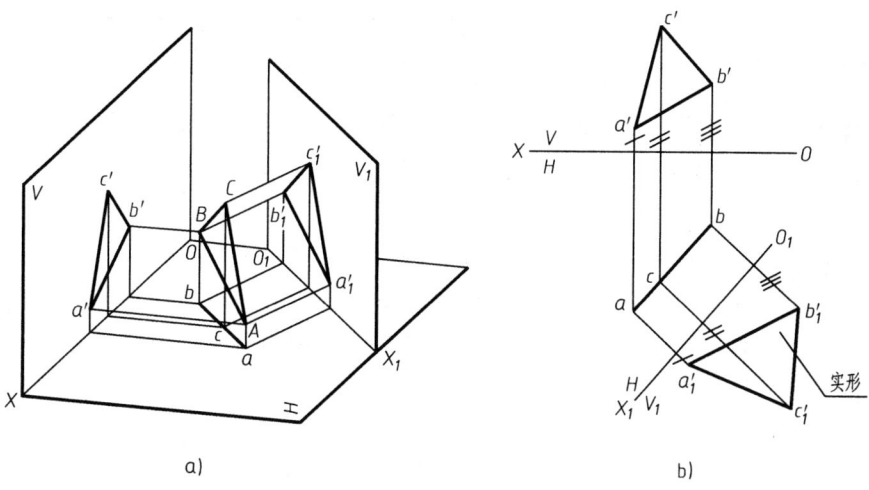

图 4-11 投影面垂直面变换成投影面平行面

行于一般位置平面,则这个新投影面在 V/H 体系中也必定是一般位置平面,它与 V 面及 H 面均不垂直,不符合设置新投影面的原则。要解决这个问题,必须更换两次投影面,即第一次把一般位置平面变换成投影面垂直面,第二次再把该垂直面变换成投影面平行面。

如图 4-12 所示,在 V/H 投影面体系中有一般位置平面 $\triangle ABC$,欲将其变换成投影面平行面,具体作图步骤如下:

1) 在 $\triangle ABC$ 上任取一条水平线 BD ($b'd'$,bd)。

2) 作新轴 $O_1X_1 \perp bd$,建立 V_1/H 投影体系。

3) 按点的投影变换规律求出端点的新投影 a'_1、b'_1、c'_1,则连接后位于一条直线上。

4) 作新轴 $O_2X_2 /\!/ a'_1b'_1c'_1$(积聚投影),建立 V_1/H_2 投影体系。

5) 按点的投影变换规律求出端点新投影 a_2、b_2、c_2,连接成 $\triangle a_2b_2c_2$,则 $\triangle a_2b_2c_2$ 反映 $\triangle ABC$ 的实形。

两次变换之后,$\triangle ABC$ 在 V_1/H_2 投影体系中成为 H_2 面的平行面。如果首先变换 H 面成为 H_1 面,再变换 V 面成为 V_2 面,$\triangle ABC$ 将变换为 V_2 面的平行面,同样反映实形。由于第一次变换可以得到平面与某投影面倾角,所以要根据题意选择变换方案。

综上所述,将直线和平面变换为有利于解题的位置,方案选择很重要,作图前应有明确的目标。表 4-2 列出了投影变换的方案选择,可供参考。

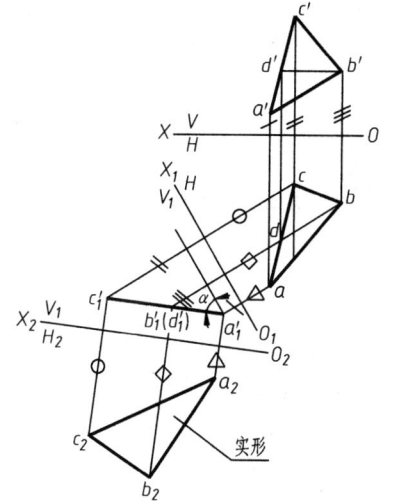

图 4-12 一般位置平面变换成投影面平行面

表 4-2 投影变换的方案选择

几何元素	变换前	变换次数	变换后	备 注
直线	投影面平行线	一次	投影面垂直线	新轴垂直于平行线反映实长的投影
	一般位置直线	一次	投影面平行线	新轴平行于直线的一个投影,可根据求 α 或 β 选择
		两次	投影面垂直线	第一次同上,第二次新轴垂直于一次变换为平行线的反映实长的投影

几何元素	变换前	变换次数	变换后	备注
平面	投影面垂直面	一次	投影面平行面	新轴平行于垂直面具有积聚性的投影
	一般位置平面	一次	投影面垂直面	新轴垂直于平面内平行线反映实长的投影
		两次	投影面平行面	第一次同上,第二次新轴平行于一次变换为垂直面的具有积聚性的投影

4.2.3 换面法应用实例

【例 4-1】 求点 K 到直线 AB 的距离(图 4-13a)。

分析:如图 4-13b 所示,只要将直线 AB 变为投影面的垂直线,则点 K 到 AB 的垂线 KM 必为该投影面的平行线,它在此投影面上的投影反映实长,即为所求距离,由已知可见 AB 是一般位置直线,需要两次变换。

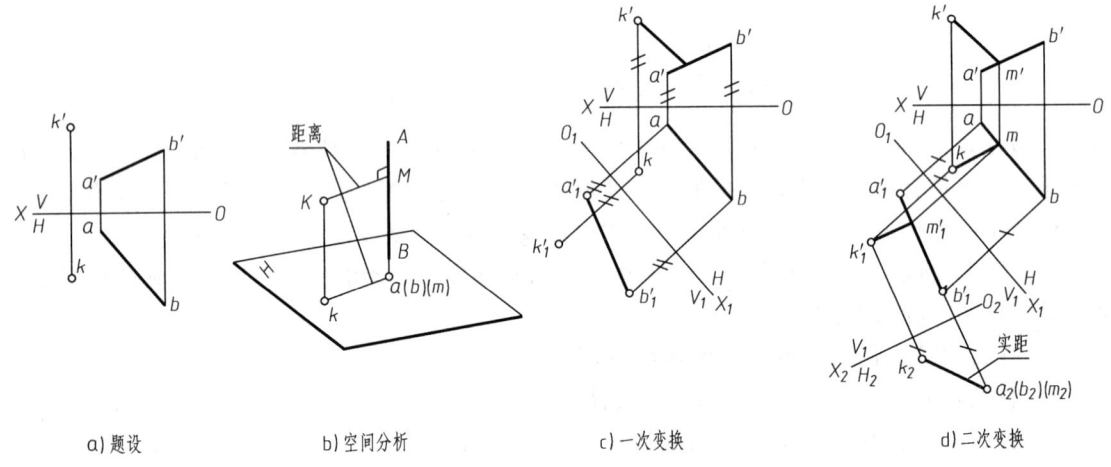

图 4-13 求点到直线的距离

作图方法和步骤:

1)将 AB 变换为 V_1 面的平行线。作 ab 的平行线,生成新轴 O_1X_1。分别过点 a、b、k 作 O_1X_1 轴的垂线,量取点 k'_1、a'_1、b'_1 到 O_1X_1 轴的距离等于点 k'、a'、b' 到 OX 轴的距离,连接 $a'_1 b'_1$,完成一次变换投影,如图 4-13c 所示。

2)将 AB 变为 H_2 面的垂直线。作 $a'_1 b'_1$ 的垂线生成新轴 O_2X_2。分别过点 a'_1、b'_1、k'_1 作 O_2X_2 轴的垂线,量取点 a_2、b_2、k_2 到 O_2X_2 轴的距离等于点 a、b、k 到 O_1X_1 轴的距离,完成 k_2、$a_2 b_2$(积聚为一点)二次变换投影,如图 4-13d 所示。

3)求点 K 到 AB 的距离。由于 $a_2(b_2)$ 积聚为一点,是 H_2 面的垂直线,则过点 k_2 作 $a_2(b_2)$ 的垂线必是 H_2 面的平行线,连接点 k_2 和 $a_2(b_2)$,垂足 m_2 也重影在积聚点上。k_2m_2 即为点 K 到 AB 的距离,如图 4-13d 所示。

4)返回完成各投影面投影。根据投影面平行线的投影特性,作 $k'_1 m'_1 /\!/ O_2X_2$ 与 $a'_1 b'_1$ 垂直相交,得点 m'_1。按点从属于直线的投影特性,将点 M 返回到 V/H 体系,得 KM 投影 $k'm'$、km,如图 4-13d 所示。

【例 4-2】 求一般位置直线 MN 与一般位置平面 $\triangle ABC$ 的交点 K,并判别可见性(图 4-14a)。

分析:已知直线和平面都处于不利于求交点的位置,可一次变换将 $\triangle ABC$ 变换成投影面垂直面,利用具有积聚性的投影可方便求出交点。

作图方法和步骤:

1) 将 △ABC 变换为 V_1 面的垂直面。作 △ABC 中的水平线 AE，投影为 a'e'（∥OX）、ae。作直线垂直于 ae，生成新轴 O_1X_1。按前述换面法作图规律，求出直线 MN 和 △ABC 在 V_1 面的投影。$\triangle a_1'b_1'c_1'$ 积聚在一条直线上，其与 $m_1'n_1'$ 的交点 k_1'，即为所求，如图 4-14b 所示。

2) 返回求出交点 K 各投影面投影。过点 k_1' 作直线垂直于 O_1X_1 轴，与 m n 的交点即为 k，再作直线垂直于 OX 轴与 m'n' 的交点即为 k'，如图 4-14b 所示。

3) 判别可见性，将不可见的一段用虚线表示，完成全图，如图 4-14b 所示。

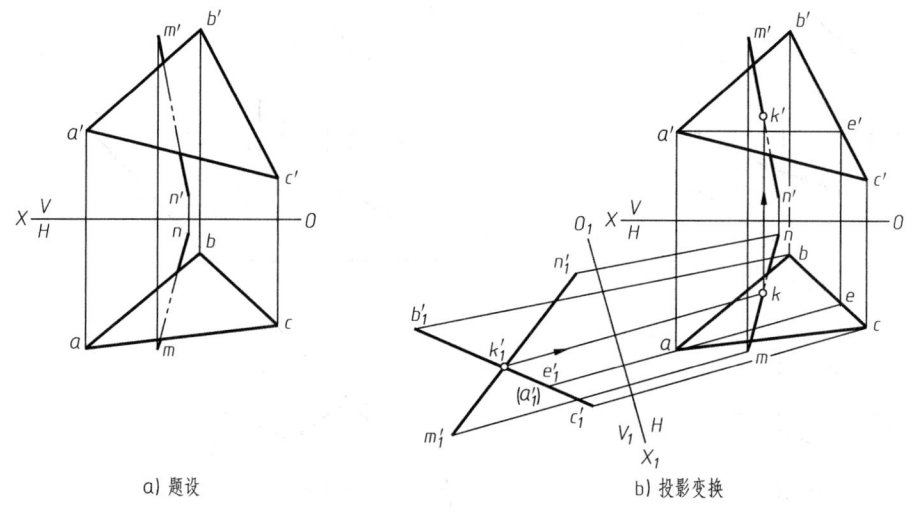

a) 题设   b) 投影变换

图 4-14 求一般位置直线与一般位置平面的交点

【例 4-3】 求 △ABC 和 △ABD 之间的夹角（图 4-15a）。

分析：当两三角形平面同时垂直于某投影面时，它们在该投影面上的投影分别积聚成两条直线，这两条直线的夹角即是两平面的夹角。作图时只要将两平面的交线变换为投影面的垂直线，便可求得它们的夹角，由于 △ABC 和 △ABD 的交线 AB 是一般位置直线，需要两次变换，空间分析如图 4-15b 所示。

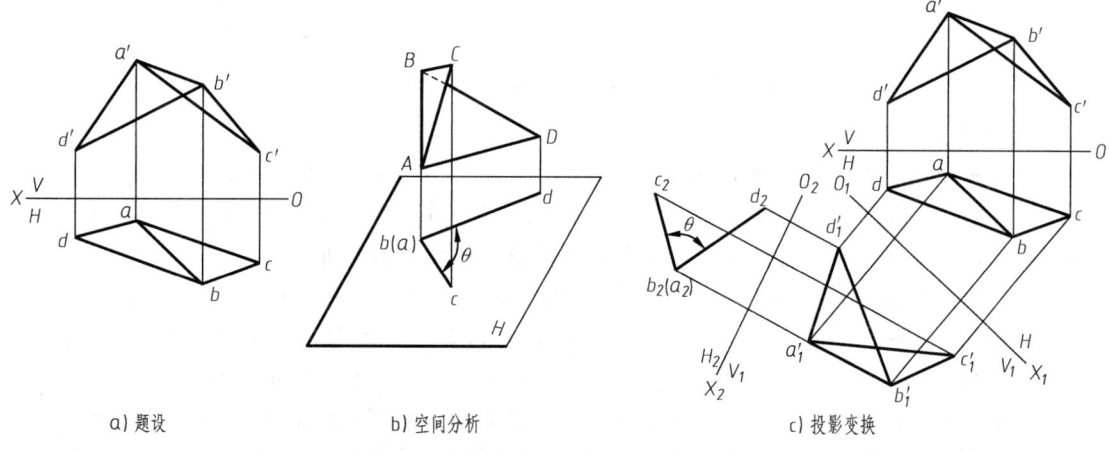

a) 题设   b) 空间分析   c) 投影变换

图 4-15 求两三角形平面之间的夹角

作图方法和步骤：

1) 第一次变换将交线 AB 变成 V_1 面的平行线，其他点随之变换，连接 $\triangle a_1'b_1'c_1'$ 和 $\triangle a_1'b_1'd_1'$。

2) 第二次变换将交线 AB 变成 H_2 面的垂直线，其他点随之变换，连接 $a_2b_2c_2$ 和 $a_2b_2d_2$（分别积聚成直线),则$\angle d_2a_2c_2$即为所求$\triangle ABC$和$\triangle ABD$之间的夹角,用θ表示,如图4-15c所示。

【例4-4】 求交叉两直线AB和CD间的距离(图4-16a)。

分析: 交叉两直线的距离即两直线公垂线的实长,由图4-16b所示空间分析可见,若将直线之一变换成投影面垂直线,则公垂线必平行于该投影面,在该投影面上的投影反映实长。

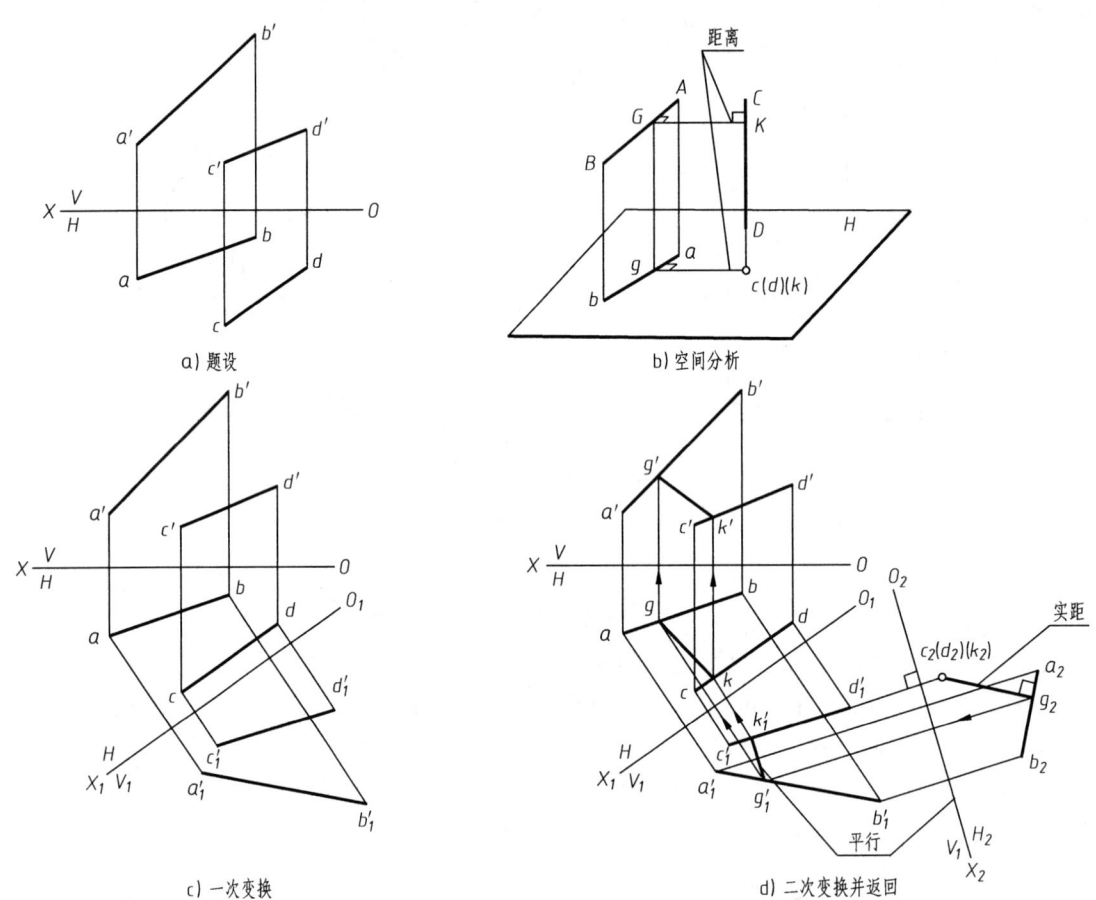

图4-16 求交叉两直线AB和CD间的距离

作图方法和步骤:

1) 一次变换将CD变换为V_1面的平行线。作cd的平行线生成新轴O_1X_1。分别过点a、b、c、d作O_1X_1轴的垂线,量取点a_1'、b_1'、c_1'、d_1'到O_1X_1轴的距离等于点a'、b'、c'、d'到OX轴的距离,连接$a_1'b_1'$、$c_1'd_1'$完成一次变换的投影,如图4-16c所示。

2) 二次变换将CD变为H_2面的垂直线。作$c_1'd_1'$的垂线生成新轴O_2X_2。分别过点a_1'、b_1'、c_1'、d_1'作O_2X_2的垂线,量取点a_2、b_2、c_2、d_2到O_2X_2轴的距离等于点a、b、c、d到O_1X_1轴的距离,完成a_2b_2、c_2d_2(积聚为一点)二次变换的投影,如图4-16d所示。

3) 作公垂线投影求距离。如图4-16b所示,公垂线约定用GK表示,CD上的垂足点K的二次变换投影k_2也积聚在c_2d_2上,过点k_2作a_2b_2垂线,交点即g_2。由于g_2k_2必是H_2面的平行线,故投影反映实距。

4) 返回完成公垂线各投影面上投影。返回在$a_1'b_1'$求得点g_1',根据投影面平行线的投影特性,过点g_1'作直线平行于O_2X_2轴,与$c_1'd_1'$垂直相交得点k_1'。按点从属于直线的投影特性,将点G、K返回到V/H体系,分别连线得GK投影$g'k'$、gk,如图4-16d所示。

第 5 章　立体的投影

基本立体是由表面按一定规律围成的实体。根据表面的几何性质，基本立体可分为平面立体和曲面立体两类。完全由平面围成的立体，称为平面立体。常见的平面立体有棱柱和棱锥，如图 5-1a 所示。表面有曲面的立体称为曲面立体。若曲面立体的曲面是回转面，则称为回转体。常见的回转体有圆柱、圆锥、圆球和圆环，如图 5-1b 所示。

a) 平面立体　　　　　　　　　　b) 曲面立体

图 5-1　立体

5.1　基本立体的投影

5.1.1　平面立体的投影

平面立体的表面都是多边形，最有代表意义的多边形称为底面，与底面相交的多边形侧面称为棱面。棱柱和棱锥是由棱面和底面围成的。相邻棱面的交线称为棱线。棱柱的棱线相互平行，棱锥的棱线汇聚于一点。绘制平面立体的投影，可归结为绘制组成其表面的各棱面和底面的投影，进一步说是要绘制组成这些面的棱线和顶点的投影。

国家标准规定：

当轮廓线的投影可见时，画粗实线。当轮廓线的投影不可见时，画虚线。当粗实线与虚线重合时，应画粗实线。

1. 棱柱

（1）棱柱的投影　棱柱是由上、下底面和棱面组成的，正棱柱的棱面垂直于底面，在绘制其投影图时，应注意摆放位置。可使棱柱表面尽可能多地平行或垂直于投影面。根据底面多边形的形状通常可分为三棱柱、四棱柱、五棱柱和六棱柱等。

图 5-2a 所示为一正六棱柱，其上、下底面都是水平面，它们的水平投影重合并反映正六边形实形，正面投影和侧面投影积聚成水平直线。六棱柱的六个棱面都是矩形，其前、后两个棱面为正平面，其余均为铅垂面。它们的水平投影都积聚在六边形的边线上，它们的正面投影前后重合为三个矩形，但只有前、后棱面反映实形，而其余棱面均是类似形。在侧面投影上，四个铅垂棱面的投影也重合为两个缩小的类似形（矩形），而前后两个正平棱面分别积聚为铅垂位置的直线。将其上、下底面及六个棱面的投影画出后即得正六棱柱的三面投影，如图 5-2b 所示。

由此可见，棱柱的投影特征是：在与底面平行的投影面上的投影为一与底面全等的多边形,反映棱柱形状特征,在另外两个投影面上的投影为若干矩形线框。

作图时先画反映底面实形的那个投影,然后再画其他两面投影,最后对棱线的投影判别可见性,按国家标准分别用粗实线或虚线表示。若棱线对于投影面是两不可见棱面的交线,则该棱线在该投影面上的投影为不可见,应画成虚线。

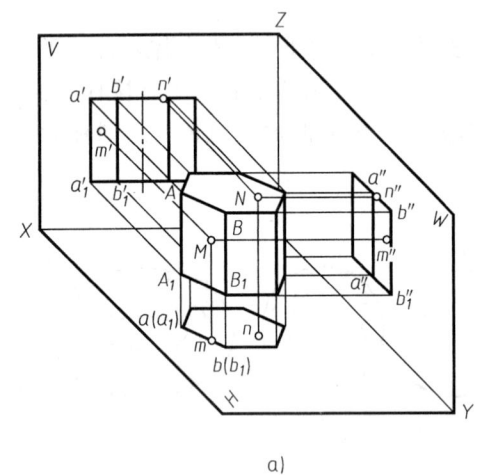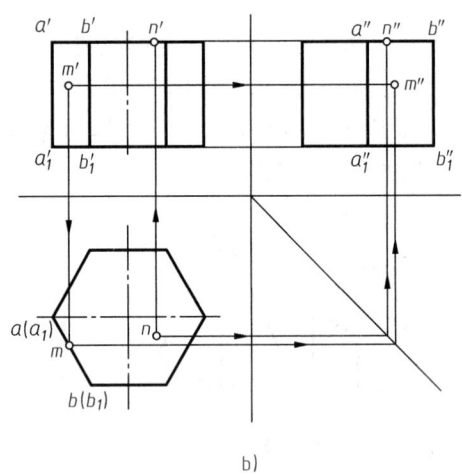

图 5-2　正六棱柱的三面投影及表面上取点

(2) 棱柱表面上取点　在平面立体表面上取点,其原理和方法与平面上取点相同。由于图 5-2 所示正六棱柱的各个表面都处于特殊位置,因此在表面上取点可利用积聚性作图。

如已知棱柱表面上点 M 的正面投影,求出其他两投影。由于点 m' 在矩形框内,且是可见的,因此点 M 必定在左前棱面 AA_1B_1B 上。该棱面为铅垂面,水平投影 aa_1b_1b 有积聚性,作图时应先在此积聚投影上求得点 m,再根据点 m' 和点 m,按点的投影规律求出点 m''。又如已知点 N 的水平投影,由于点 n 在六边形内,又是可见的,因此点 N 必在上底面内。而上底面的正面投影和侧面投影都具有积聚性,因此点 n'、n'' 可根据点的投影规律,在上底面的同面投影上求出。

【例 5-1】　已知正五棱柱的外接圆直径为 40mm,高为 25mm,底面平行于 H 面,画出该五棱柱的三面投影图。

作图方法和步骤:

1) 根据外接圆直径尺寸 40,画出五棱柱的水平投影正五边形,考虑到尽量减少其他投影的虚线,如图 5-3 水平投影图所示摆放。

2) 根据高度尺寸 25 以及直线和平面的投影规律,画出五棱柱的正面投影,如图 5-3 正面投影图所示,正面投影为三个可见的矩形,正中间虚线是最后一根棱线的投影。

3) 添加 45°辅助线,并按投影规律画出五棱柱的侧面投影,如图 5-3 侧面投影图所示,侧面投影为两个可见的矩形。

投影分析:水平投影五边形 $abcde$ 是上、下两个水平面的重影,反映实形。五条边线又是五个棱面的积聚投影,五个端点是五条棱线的积聚投影。正面投影中矩形 $d'd_1'e_1'e'$ 是正平面反映实形的投影,其侧面投影积聚成直线 $e''e_1''$(或 $d''d_1''$);矩形 $a'a_1'e_1'e'$ 与矩形 $d'd_1'c_1'c'$ 左右对称,是铅垂面的类似形,其侧面投影矩形 $a''a_1''e_1''e''$ 和矩形 $c''c_1''d_1''d''$ 重影,也是类似形。矩形 $a'a_1'b_1'b'$ 与矩形 $b'b_1'c_1'c'$ 左右对称,是铅垂面的类似形,由于均处于后方,正面投影不可见,其侧面投

影矩形 $a''a_1''b_1''b''$ 和矩形 $b''b_1''c_1''c''$ 重影，也是类似形。

完整的五棱柱三面投影如图 5-3 所示。

2. 棱锥

（1）棱锥的投影　棱锥是由底面和棱面组成的。根据底面多边形的形状通常可分为三棱锥、四棱锥、五棱锥和六棱锥等。

图 5-4a 所示为一正三棱锥，由底面△ABC 和过锥顶 S 的三个棱面△SAB、△SBC、△SAC 所围成。其中底面是水平面，其水平投影反映实形，正面投影和侧面投影分别积聚成水平直线。后棱面（△SAC）是侧垂面，其侧面投影 $s''a''c''$ 积聚成一条直线，水平投影△sac 和正面投影△$s'a'c'$ 均为其类似形。左右两棱面（△SAB、△SBC）都是一般位置平面，其三面投影分别是它们的类似形。三棱锥的棱线 SB 为侧平线，SA 和 SC 为一般位置直线。

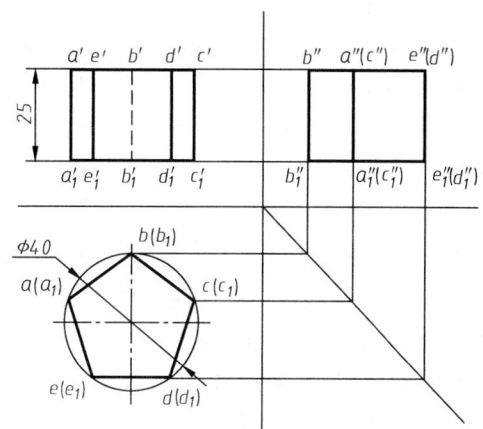

图 5-3　正五棱柱的三面投影

由此可见棱锥的投影特征是：在与棱锥底面平行的投影面上的投影的外轮廓为多边形，反映棱锥的特征，轮廓内根据棱锥的边数，为几个三角形。其余两个投影为一个或几个三角形的封闭线框。

画三棱锥体的三面投影时，应先画出底面△ABC 的三个投影，再画出锥顶 S 的三面投影 s、s' 及 s''，最后顺次连接锥顶 S 和底面三个顶点 A、B、C 的同面投影，即得到三棱锥的三面投影，如图 5-4b 所示。

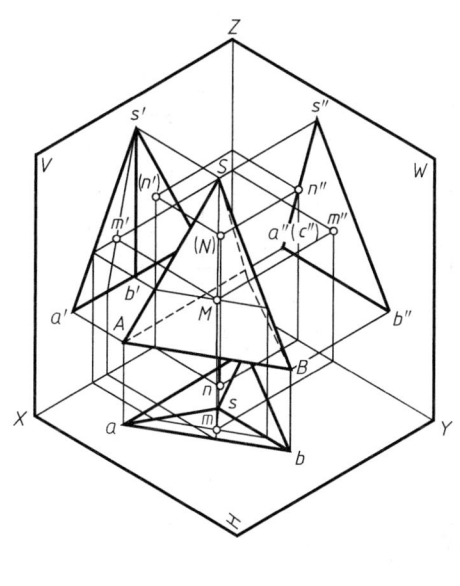
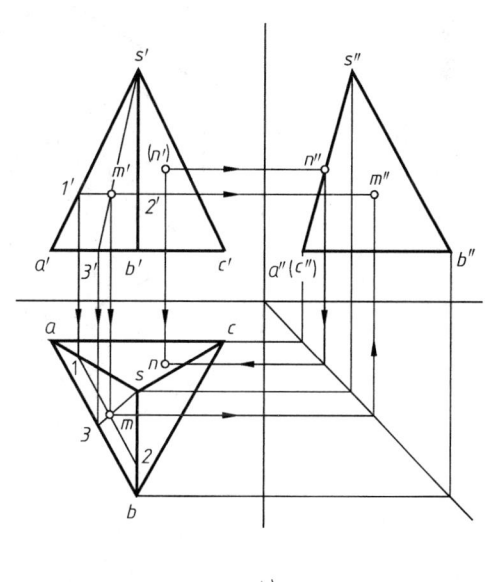

a)　　　　　　　　　　　　　　b)

图 5-4　正三棱锥的三面投影及表面上取点

（2）棱锥表面上取点　如图 5-4 所示，已知三棱锥表面的点 M 和点 N 的正面投影 m'、

n',求出两点的其他投影。

1)求点 M 的其余投影。根据可见性可判断点 M 在棱面 $\triangle SAB$ 上。该棱面是一般位置平面,可用一般位置平面上取点的方法,求得其他投影 m 和 m''。

方法一:过点 M 在 $\triangle SAB$ 上作 AB 的辅助平行线 Ⅰ Ⅱ,即首先作 $1'2' // a'b'$,再作 $12 // ab$,在辅助线的水平投影上求出点 m。再根据点 m、m' 求出点 m''。

方法二:过锥顶 S 和点 M 作一辅助线 SⅢ,即首先连接 $s'm'$,并延长与底面边线相交于点 $3'$,然后求出 $s3$,在辅助线水平投影上求出点 m。再根据点 m、m' 求出点 m''。两种方法求出的结果应一致。

2)求点 N 的其余投影。根据可见性可判断点 N 在位于后方的棱面 $\triangle SAC$ 上。该棱面是侧垂面,其侧面投影具有积聚性,可利用此作图。首先根据"高平齐"在棱面 $\triangle SAC$ 的侧面积聚投影上求出点 n'',再根据点 n'、n'' 求出点 n。

5.1.2 回转体的投影

由回转面或回转面与平面围成的曲面立体称为回转体。回转面是一动线绕一定线回转一周后形成的规则曲面,其动线称为母线,其定线称为轴线。母线处在旋转中的某一个位置时称为素线,母线上每一点运动轨迹都是圆,称为纬圆,纬圆平面垂直于回转轴线。

画回转体的投影图即画该回转体对各投影面的边缘轮廓线,轮廓线可能是平面的积聚投影,也可能是回转面的转向轮廓线。回转体的转向轮廓线是切于回转面的诸射线与投影面交点的集合,是回转面可见投影与不可见投影的分界线。

1. 圆柱

(1)圆柱的形成和投影 圆柱由圆柱面和上下底面围成,其中圆柱面由一直母线绕与它平行的轴线回转一周而成(图5-5a),上下底面分别为垂直于圆柱面的圆平面。

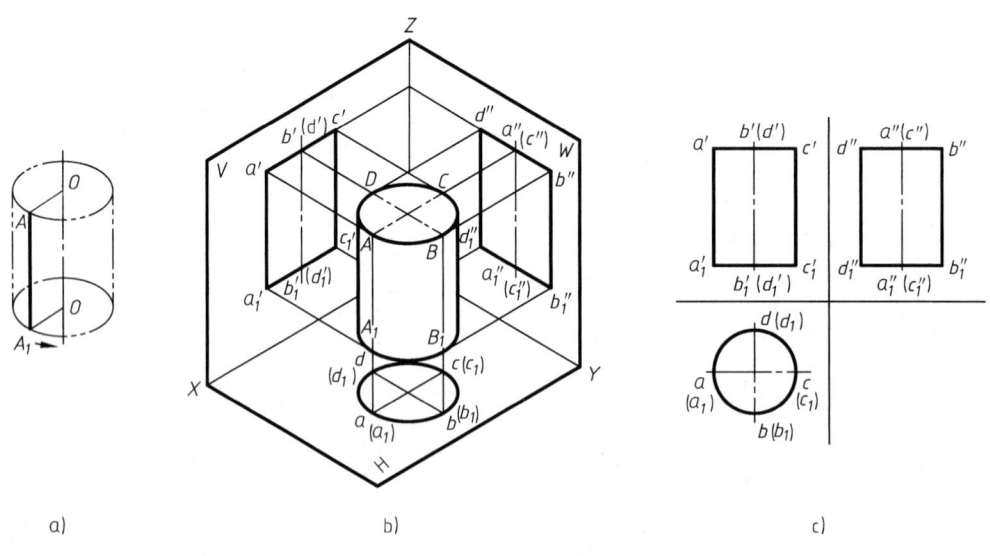

图 5-5 圆柱的三面投影

图5-5b 所示为轴线垂直于 H 面的圆柱,其上下底面为水平面,水平投影为一反映实形的圆,其正面和侧面投影积聚为两条长度等于直径的直线。圆柱面可以看成由无数条连续的素线组成,这些素线都是铅垂线,因此圆柱面的水平投影积聚为一圆周,在正面与侧面投影上要分别画出决定其投影范围的外形转向轮廓线的投影,这些线也是圆柱面上可见与不可见部分的分

界线。如正面投影上 $a'a'_1$、$c'c'_1$ 为最左、最右两条素线 AA_1、CC_1 的投影，称为对正投影面的转向轮廓线。以它们为界，前半个圆柱面正面投影可见，后半个圆柱面的正面投影不可见。它们的侧面投影与圆柱轴线的侧面投影重合，按规定省略不画，其水平投影积聚为两点，同样也不画出。

同理，在侧面投影中 $b''b''_1$、$d''d''_1$ 为最前、最后两条素线 BB_1、DD_1 的投影，称为对侧投影面的转向轮廓线。以它们为界，左边的半个圆柱面的侧面投影可见，而右边的半个圆柱面的侧面投影不可见。它们的正面投影与圆柱轴线重合，按规定省略不画，其水平投影积聚为两点，同样也不画出。

综上所述，可得圆柱的投影特征：在轴线所垂直的投影面上的投影为圆，其他两个投影是矩形。画圆柱的三面投影时，一般先画出各投影的轴线和中心线，然后画投影为圆的图形，最后再画出其他两个矩形，如图 5-5c 所示。

（2）圆柱表面上取点　当点在上下底面时，可按平面上取点的方法，直接求出；当点在圆柱面上，若点在转向轮廓线上时，可利用线上取点的原理，直接求出；若点在圆柱面素线上，可利用圆柱面积聚投影圆来求出点的投影。

如图 5-6 所示，已知点 I 在 H 面的投影 1，很明显点 I 在圆柱的最上轮廓线上，可在圆柱正面投影圆的最高点上求出点 $1'$；利用"宽相等"投影规律，在侧面投影最高转向轮廓线上求出点 $1''$。已知点 II 在 V 面的投影 $2'$，由于点 $2'$ 不在圆周上，并且是可见的，故点 II 在圆柱的前侧底面上。此面水平和侧面投影都有积聚性，利用"长对正、高平齐"可方便求出点 2、$2''$。已知点 III 在 H 面的投影 3，因为不可见，因此点 III 必定在下半个圆柱面上，其正面投影 $3'$ 必定落在有积聚性的下半个圆周上，由点 $3'$、3 用点的投影规律可求出点 $3''$，因为在左半圆柱，点 $3''$ 可见。

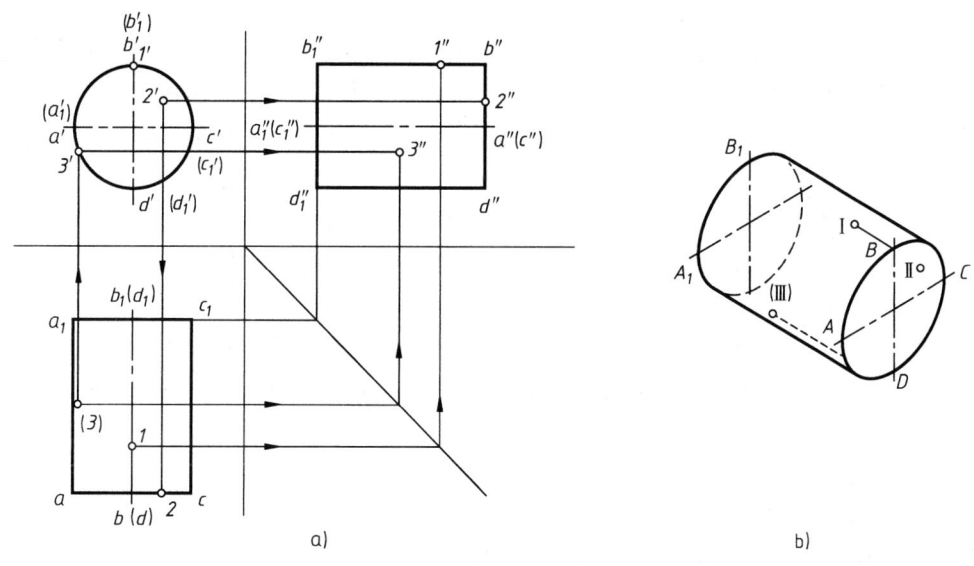

图 5-6　圆柱表面上取点

2. 圆锥

（1）圆锥的形成和投影　圆锥由底面和圆锥面所围成。圆锥面可看成是由一直线绕与它相交的轴线回转一周而成（图 5-7a），底面为垂直于轴线的圆平面。

如图 5-7b 所示，圆锥的轴线垂直于水平面，其底面的水平投影为一反映实形的圆，底面

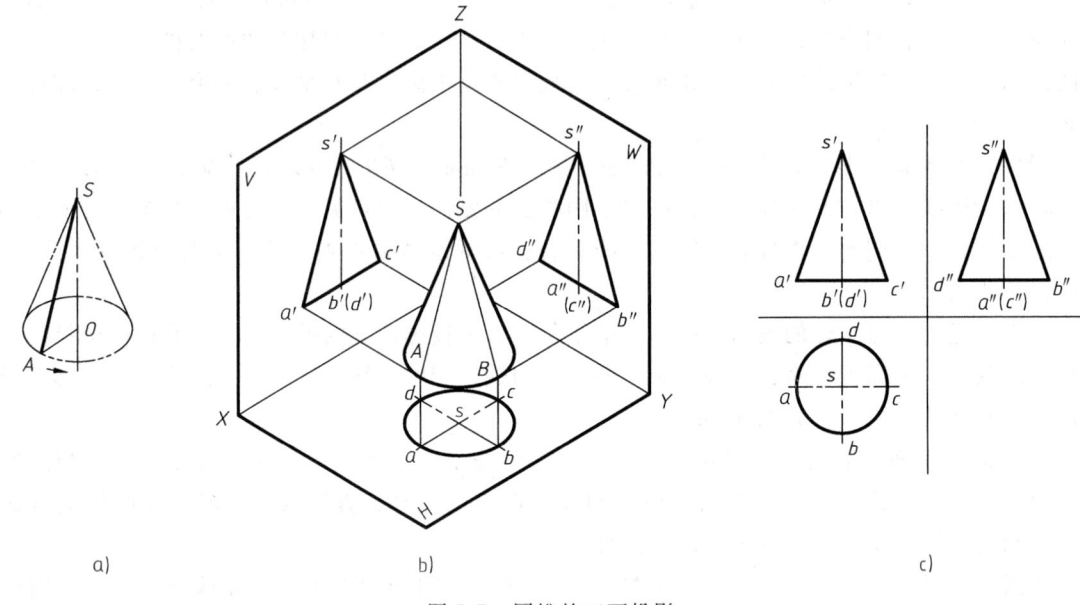

图 5-7 圆锥的三面投影

的正面投影和侧面投影分别积聚成平行于相应坐标轴的直线。圆锥面无积聚性,其水平投影在底面圆范围之内,正面投影和侧面投影分别为等腰三角形。三角形的等腰边分别为圆锥面的最左、最右、最前、最后的素线。如图 5-7b 所示,正面投影上为最左、最右两条素线 SA、SC 的投影 $s'a'$、$s'c'$,在侧面投影上为最前、最后两条素线 SB、SD 的投影 $s''b''$、$s''d''$。作图时,先画出底面的投影,再画出锥顶的投影,然后分别画出其外形转向轮廓线,即完成圆锥的各个投影,如图 5-7c 所示。

(2) 圆锥表面上取点 圆锥面在三个投影面上的投影都没有积聚性,所以在圆锥面上取点,首先要分析点所处的位置,如果点在转向轮廓线上,可利用线上点的投影规律求出,方法与圆柱面上取点相似;如果点在圆锥面的一般位置上,可利用其几何特征,通过在圆锥面上作简单辅助线求出。作辅助线的方法有两种:一种是素线法,即过锥顶的直线;另一种是纬圆法,即垂直于轴线的圆。具体作图方法在下面的例题中详细介绍。

【例 5-2】 已知圆锥面上点 M 和点 N 的正面投影 m'、n'(图 5-8a),求作点 M 和点 N 的水平投影和侧面投影。

分析:从点 M 的正面投影 m' 可知,点 M 在圆锥面的左前部分面上;又从点 N 的正面投影 n' 可知,点 N 在圆锥面的右后部分面上,均需要作辅助线才能求出其他投影,空间分析如图 5-8b 所示。

作图方法和步骤:

1) 用辅助素线法求点 m 和点 m''。

① 作辅助素线。过锥顶点 S 与点 M 作一辅助线 $SⅠ$ 交底面圆周于点 $Ⅰ$,求出 $SⅠ$ 的各面投影。即先过点 s'、m' 作一直线并延长使与底面圆的正面投影相交于点 $1'$,在水平投影的左前圆周上求出点 1,再根据点 $1'$、1 求出点 $1''$,连接 $SⅠ$ 的水平投影 $s1$ 和侧面投影 $s''1''$。

② 在辅助素线上作点 M 的投影。过点 m' 垂直向下作直线与 $s1$ 相交,交点即 m。再过点 m' 水平向右作直线与点 $s''1''$ 相交,交点即 m'',如图 5-8c 所示。

2) 用辅助纬圆法求点 n 和点 n''。

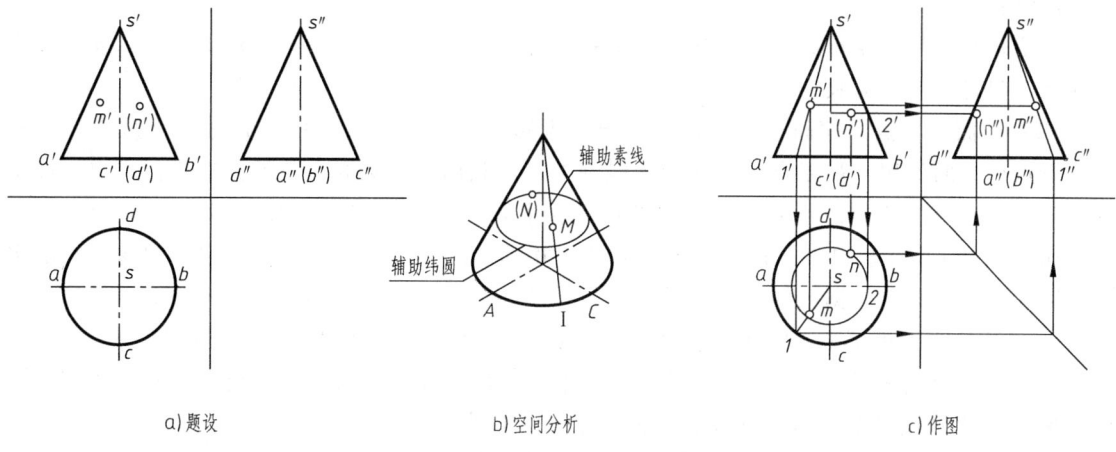

a) 题设　　　　　b) 空间分析　　　　　c) 作图

图 5-8　圆锥表面上取点的方法

① 作辅助纬圆。首先过点 n' 水平向右作直线与转向轮廓线 $s'b'$ 相交于点 $2'$，即纬圆正面投影与转向轮廓线 $s'b'$ 的交点。然后过点 $2'$ 垂直向下作直线与水平投影中心线相交于点 2。以点 s 为圆心，$s2$ 距离为半径，画辅助圆。

② 在辅助纬圆上作点的投影。过点 n' 垂直向下作直线与纬圆在右后部分相交，交点即水平投影 n。再过点 n' 水平向右作投影连线，过点 n 并借助 45°辅助线求得侧面投影 n''，如图5-8c所示。

3. 圆球

(1) 圆球的形成和投影　圆球由球面围成。球面可以看成由半圆绕其直径回转一周而形成（图5-9a）。

圆球的三个投影都是大小相同的圆（图5-9b），圆的直径等于球的直径。但三个圆是不同投射方向的转向轮廓线的投影。正面投影上的圆 A 是平行于 V 面的最大的圆，也是区分前、后球面的外形轮廓线；水平投影上的圆 B 是平行于 H 面的最大的圆，也是区分上、下球面的外形轮廓线；侧面投影上的圆 C 是平行于 W 面的最大的圆，也是区分左、右球面的外形轮廓线。作图时，可先用细点画线画出对称中心线，以确定球心的三个投影位置，再画出三个与球等直径的圆，如图 5-9c 所示。

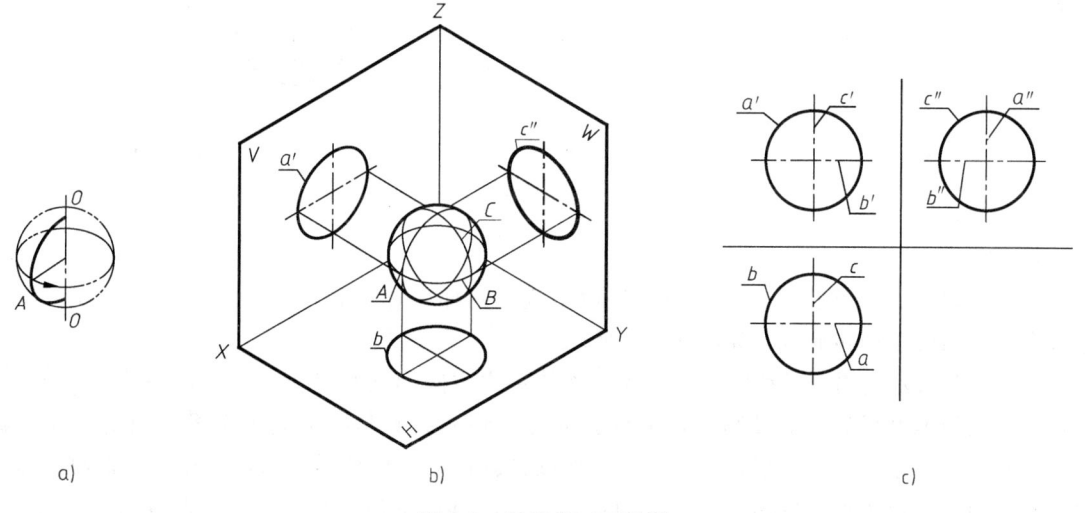

图 5-9　圆球的三面投影

注意:

对圆球的各转向轮廓线,只在显示外形轮廓时才画出,在另外两个投影面上,位置均在中心线上,规定不画出其投影。

(2) 球面上取点 球面在三个投影面上的投影都没有积聚性,所以在球面上取点,首先要分析点所处的位置,如果点在转向轮廓线圆上,可利用平面圆周上点的投影规律求出;如果点在球面的一般位置上,可利用其几何特征,通过在球面上作辅助纬圆求出。

如图 5-10a 所示,已知球面上点 K、N 和点 M 的正面投影 k'、n' 和 m',要求出这三点的水平投影和侧面投影。根据已知所作的空间分析如图 5-10b 所示,作图方法如图 5-10c 所示。

由于点 K 位于正投影面的转向轮廓线上,过点 k' 垂直向下作直线与水平投影的水平中心线相交,交点即点 K 的水平投影 k;过点 k' 水平向右作直线与侧面投影的铅垂中心线相交,交点即点 K 的侧面投影 k''。由于点 K 在球的左上方,投影均可见。

由于点 n' 不可见,故点 N 位于后半球面的水平投影面的转向轮廓线上。根据水平投影面转向轮廓线的投影特征和点的投影规律,求出点 N 的其他投影 n、n'',由于点 N 在球的右半球面,点 n'' 不可见。

分析已知的点 m' 可知,点 M 位于球面的前下部分,由于点 M 在一般位置上,可以利用球面上平行于投影面的圆作为辅助线来完成点的其他投影,本例使用正平辅助圆作图。具体为以圆心到点 m' 距离为半径画辅助圆,该圆与球的正投影面水平中心线相交于点 $1'$,此即水平转向轮廓线位置,在水平投影轮廓圆上求得点 1,作出辅助圆水平投影,过点 m' 垂直向下作直线与辅助圆水平投影相交得点 m,在下半球面上,点 m 不可见。利用点的投影规律由 m' 和 m 求出侧面投影 m'',在左半球面上,点 m'' 可见。

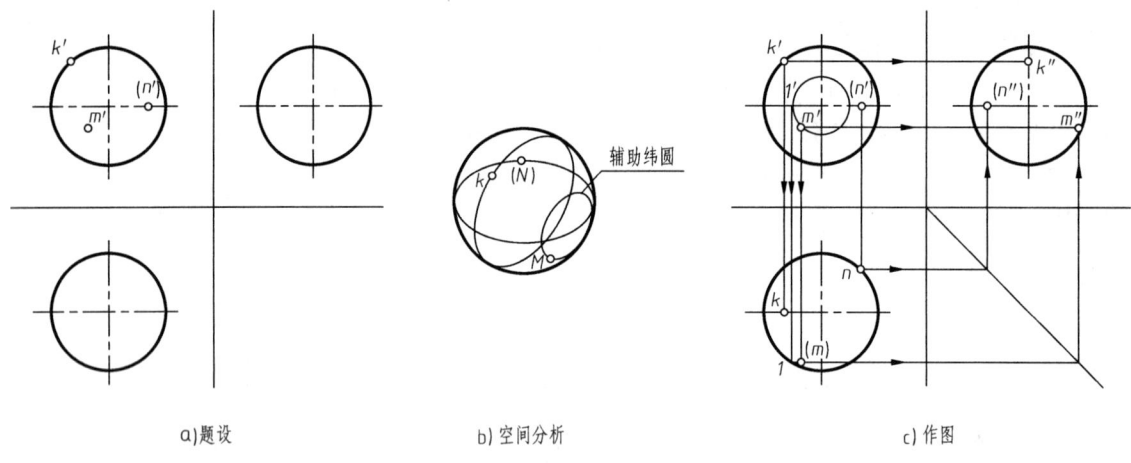

a) 题设　　　　b) 空间分析　　　　c) 作图

图 5-10 球面上取点的方法

4. 圆环

(1) 圆环的形成和投影 圆环由圆环面围成。圆环面是由圆母线绕与圆同一平面,但不通过圆心的回转轴回转而成,如图 5-11a 所示。

图 5-11b 所示为铅垂轴线圆环在三投影面体系中空间形状和各投影面上的投影。图 5-11c 所示为此圆环展开后的三面投影。水平投影的两个粗实线圆是圆环对水平投影面的转向轮廓线,大圆俗称赤道圆,小圆俗称喉圆。细点画线圆是内外环面分界线的水平投影。正面投影的两个圆是圆环平行于正面的两个素线圆的投影,是圆环面前后分界线。两个粗实线半圆及上、

下两条公切线为外环面对正投影面的转向轮廓线。两个虚线半圆及上、下两条公切线为内环面对正投影面的转向轮廓线。圆环的侧面投影与正面投影完全类似，这里不再作重复叙述。

对正面投影来说，外环面的前半部为可见，外环面的后半部及全部内环面都不可见；对侧面投影来说，外环面的左半部可见，外环面的右半部及全部的内环面都不可见；对水平投影来说，内、外环面的上半部可见，下半部不可见。

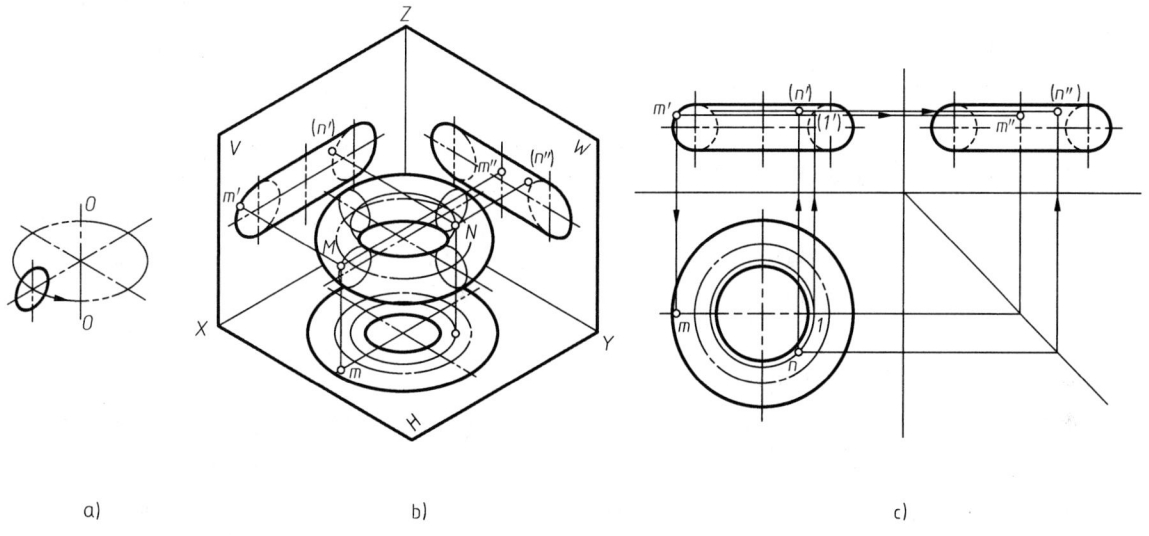

图 5-11　圆环的三面投影及表面上取点

（2）圆环面上取点　圆环面的各个投影均无积聚性，若要在圆环的表面上取点，首先要分析点所处的位置。如果点在转向轮廓线圆上，可利用平面圆上点的投影规律求出；如果点在圆环面的一般位置上，可利用其几何特征，通过在环面上作辅助纬圆求出。

如图 5-11c 所示，已知环面上点 M 的正面投影 m' 和点 N 的水平投影 n，要求出这两点的其余投影，作图方法如下。

由已知可见，点 M 位于左半圆环正投影面的转向轮廓线上。过点 m' 垂直向下作直线与水平投影的水平中心线相交，交点即点 M 的水平投影 m。由于在上半个圆环面上，点 m 可见。过点 m' 水平向右作直线与侧面投影的铅垂轴线相交，交点即点 M 的侧面投影 m''，由于在左半个圆环面上，点 m'' 可见。

由于点 N 在圆环面的一般位置，必须利用在圆环面上作辅助纬圆来完成点的其他投影。以圆环中心到点 n 距离为半径作辅助纬圆的水平投影，过纬圆与水平中心线的交点 1 向上作直线与圆环正投影面转向轮廓线相交，有上下两个交点，由于已知点 n 可见，故取上半圆环面上的交点 $1'$。作纬圆的正面投影，在其上求出点 n'。虽然点 N 在前半圆环面上，但在内环面上，故点 n' 不可见。依据点的投影规律求出点 N 的侧面投影 n''，由于在右半圆环面及内环面上，故点 n'' 不可见。

5.2　平面与立体相交

5.2.1　一般性质

如图 5-12 所示，平面与立体相交，可认为是立体被平面截切，通常称该平面称为截平面，立体被截切后的部分称为截切体，立体被截切后的断面称为截断面，截平面与立体表面的交线称为截交线。

截交线的基本性质：

1）截交线既在截平面上，又在立体表面上，是截平面和立体表面的共有线，截交线上的每一个点都是截平面和立体表面共有点。

2）立体是由其表面围成的封闭形体，所以截交线必然是由一条或多条由直线或平面曲线围成的封闭平面图形。

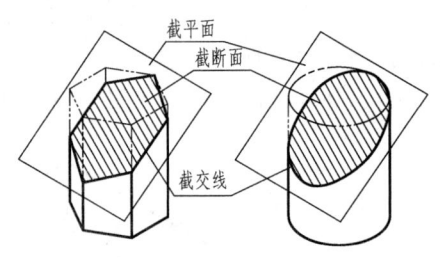

图 5-12　平面与立体相交

3）截交线的形状决定于立体表面的形状和截平面与立体的相对位置。

根据截交线的性质，求截交线可归结为求截平面与立体表面的一系列共有点，然后依次连接即可。求截交线的方法，既可利用投影的积聚性直接作图，也可通过作辅助线（面）的方法求出。

5.2.2　平面与平面立体相交

因为平面立体的表面由若干平面围成，所以平面与平面立体相交时的截交线是一个封闭的平面多边形，多边形的顶点是截平面与平面立体棱线的交点，多边形的每条边是平面立体的棱面与截平面的交线。因此求作平面立体上的截交线，可以归纳为先求出截平面与平面立体各棱线的交点，然后将各点依次连接起来，即得截交线。

注意：

只有两点在同一个表面上时才能连接，可见棱面上的两点用粗实线连接，不可见棱面上的两点用虚线连接。

【例 5-3】　三棱锥被正垂面截切，完成截切后的各投影（图 5-13a）。

分析：如图 5-13a 所示，三棱锥 S-ABC 被一正垂面所截切，截交线的正面投影具有积聚性，截交线的其他投影可通过求截平面与各棱面的交线求得。具体作图任务是求正垂面与各棱线的交点 Ⅰ、Ⅱ、Ⅲ，然后连接成三角形，空间分析如图 5-13b 所示。

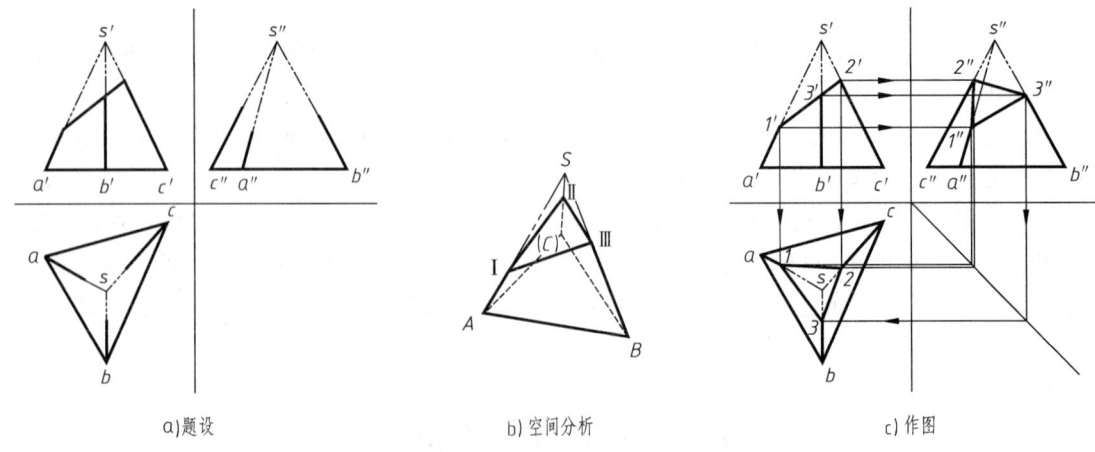

a) 题设　　　　　　b) 空间分析　　　　　　c) 作图

图 5-13　平面与三棱锥相交

作图方法和步骤：

1）求正垂面与 SA、SB、SC 的交点。正垂面与各棱线的交点 Ⅰ、Ⅱ、Ⅲ 的正面投影，即

与 $s'a'$、$s'c'$、$s'b'$ 的交点 $1'$、$2'$、$3'$，可直接得到。根据线上取点的方法作出其他投影，如图 5-13c 所示。作图时可过点 $1'$、$2'$ 分别作 OX、OZ 轴的垂线，在相应棱线上求出交点的投影，顺序不分先后。但求交点 Ⅲ 的投影时，则必须先水平向右作 OZ 轴的垂线，与 $s''b''$ 相交得到侧面投影 $3''$，再根据点的投影规律，在 sb 上求得水平投影 3。

2）连接各点的同面投影即得截交线的三个投影。

注意：

完成截交线的投影后，还应整理棱线的投影，棱线的端点应画到与截交线的交点。

5.2.3 平面与回转体相交

1. 平面与圆柱相交

平面与圆柱相交时，根据截平面与圆柱轴线的相对位置不同，截交线的形状有三种情况，见表 5-1。

表 5-1 圆柱的截交线

截平面位置	平行于轴线	垂直于轴线	倾斜于轴线
空间形体	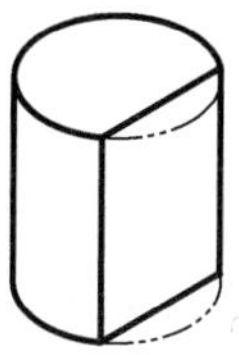	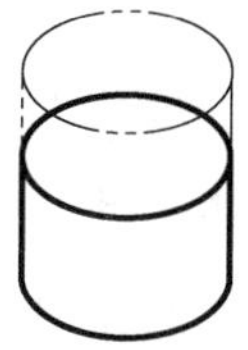	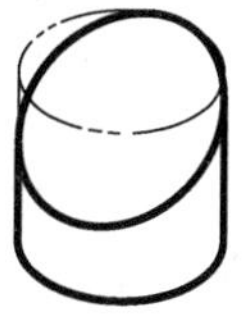
截交线形状	矩形	圆	椭圆
投影图	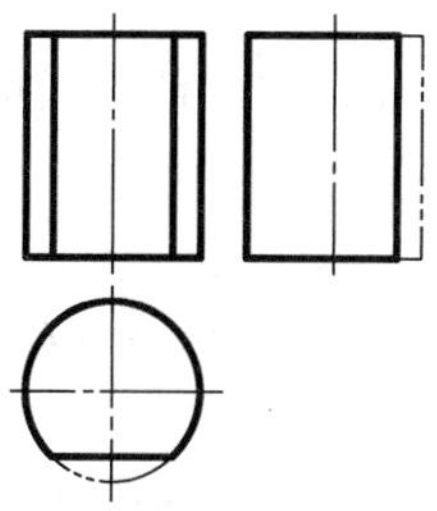	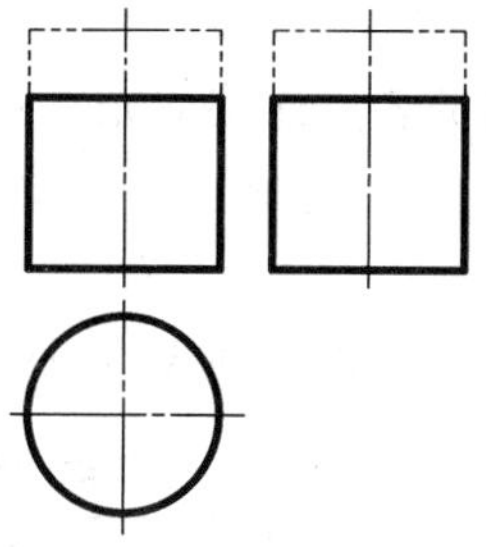	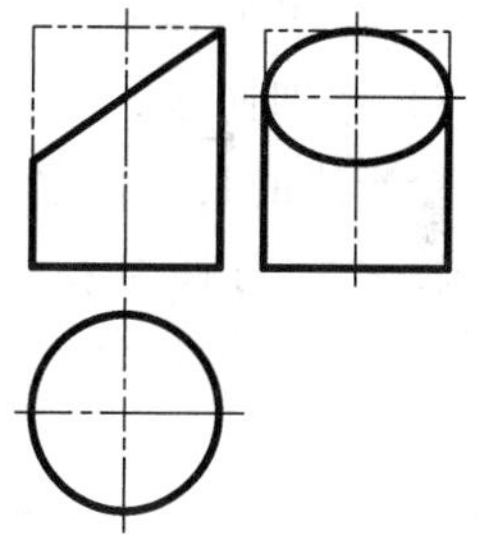

求平面与圆柱相交的截交线，实际上就是求截平面与圆柱表面的共有线，截交线的形状如果是矩形和圆，可以方便画出。截交线的形状如果是椭圆，就要分别求出能确定椭圆范围和形状的点。一般先求特殊位置的点，通常是椭圆的最高、最低、最前、最后、最左、最右点，以及转向轮廓线上的点。再求出一般位置点，然后依次光滑连接各点，并判断可见性，即完成截交线的投影。

【例 5-4】 已知铅垂轴线的圆柱被正垂面所截（图 5-14a），补全截切圆柱的投影。

分析： 如图 5-14a 所示，圆柱被正垂面所截，由于平面与圆柱的轴线斜交，因此截交线为一椭圆。截交线的正面投影积聚为一斜线，截交线的水平投影积聚于圆周，可直接得到，故只需要补画出截交线的侧面投影，根据表 5-1 分析其仍是椭圆，可根据截交线正面和水平投影，求点连线画出，空间分析如图 5-14b 所示。

作图方法和步骤：

1）求特殊点。椭圆长轴上的两个端点 A、E 是截交线的最低点和最高点，也是最左点和最右点，位于圆柱正面投影的转向轮廓线上。椭圆短轴的两个端点 C、G 是截交线上的最前点和最后点，位于圆柱侧面投影的转向轮廓线上。利用积聚性可求出它们的正面投影 a'、e'、c'、g' 和水平投影 a、e、c、g，再根据点的投影规律，在侧面投影上求出它们的侧面投影 a''、e''、c''、g''，如图 5-14c 所示。

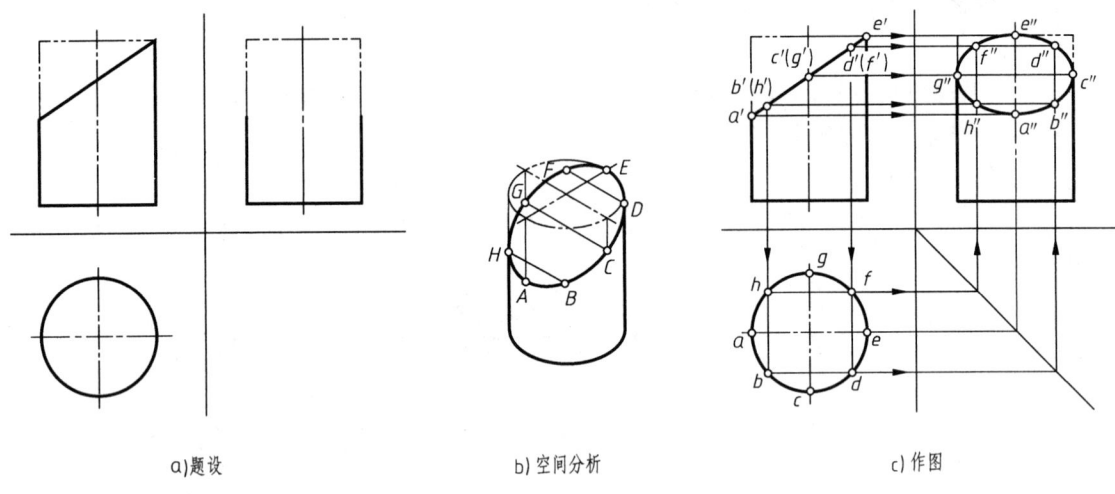

a) 题设　　　　　　　b) 空间分析　　　　　　　c) 作图

图 5-14　平面与圆柱斜交

2）求一般位置的点。在特殊点之间作出适量的一般位置点 B、D、F、H，在水平投影中的圆上可直接得到它们的水平投影 b、d、f、h，在正面投影的斜线上可直接得到它们的正面投影 b'、d'、f'、h'，顺序不分先后，然后由正面投影和水平投影求出它们的侧面投影 b''、d''、f''、h''，如图 5-14c 所示。

3）整理连线。顺次将求出的各点连接成光滑的椭圆曲线，完成截交线的侧面投影，调整转向轮廓线的长短使之与椭圆相接，完成全图，如图 5-14c 所示。

2. 平面与圆锥相交

平面与圆锥相交，根据截平面与圆锥轴线的相对位置不同，截交线有五种情况，见表 5-2。

表 5-2　圆锥的截交线

截平面位置	过锥顶	垂直于轴线	倾斜于轴线 $\beta > \phi$	倾斜于轴线 $\phi = \beta$	平行或倾斜于轴线 $\beta < \phi$ 或 $\beta = 0$
空间形体					
截交线形状	三角形	圆	椭圆	抛物线 + 直线	双曲线 + 直线
投影图					

当圆锥截交线为圆和直线时,其投影可直接作出。若截交线为椭圆、抛物线或双曲线时,统称为圆锥曲线。当截平面倾斜于投影面时,椭圆、抛物线、双曲线的投影,一般仍为椭圆、抛物线和双曲线,但有变形,其作图方法同平面与圆柱斜交的截交线的方法类似。

求圆锥截交线上的一般点可用辅助素线法和辅助纬圆法求得。辅助素线法是参照表 5-2 中截平面过锥顶的情形,辅助纬圆法是参照表 5-2 中截平面垂直于轴线的情形,具体在例题中讲述。

【例 5-5】 完成侧平面截铅垂轴线圆锥后截交线的投影 (图 5-15a)。

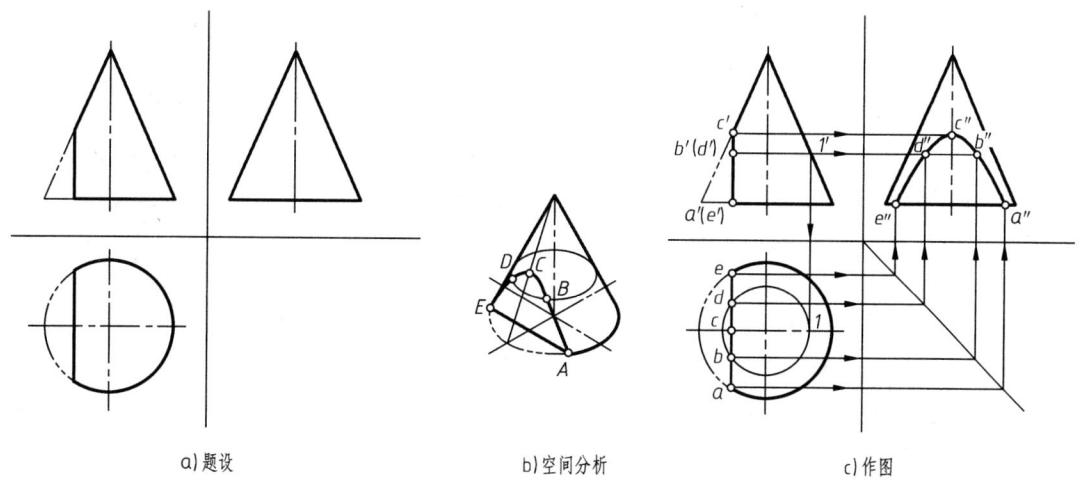

a) 题设　　　　　b) 空间分析　　　　　c) 作图

图 5-15　侧平面与圆锥相交

分析:截平面为侧平面,且与圆锥轴线平行,截交线由双曲线和直线组成,空间分析如图 5-15b 所示。双曲线的侧面投影反映实形,直线的正面投影积聚在圆锥底面的投影上;它们的水平投影和正面投影均积聚在截平面的投影上。因此,只需求出截交线的侧面投影。

作图方法和步骤:

1) 求特殊点。截交线的最高点 C 是圆锥的最左素线与截平面的交点,其正面投影可直接得到。该点的水平投影 c 在截平面水平投影与中心线的交点处。过点 c' 向侧面投影上铅垂轴线作垂线,垂足即 c''。截交线的最低点 A、E 是圆锥底圆与截平面的交点,由于底圆与截平面的正面投影都有积聚性,点 a'、e' 就在底圆与截平面积聚投影的交点处,可直接得到。截平面水平投影也具有积聚性,该两点的水平投影 a、e 在截平面与底圆水平投影的交点处,也可直接得到。由点 a、e 分别借助 45°辅助线,可在底圆的侧面投影上求出点 a''、e''。

2) 求一般点。可用辅助圆法求得。在截交线正面投影的特殊点之间,任作一条垂直于铅垂轴线的辅助线,即辅助纬圆的正面投影,其与截平面正面投影的交点标记为 b'、d'。过与转向轮廓线的交点 $1'$ 垂直向下作直线,与水平投影的水平中心线相交于点 1,以底圆中心为圆心,中心到 1 的距离为半径画圆,即辅助纬圆的 H 面投影。该圆与截平面的投影相交于点 b、d。根据点 b、d 和点 b'、d' 可求出侧面投影 b''、d''。一般点的数量可根据曲线的长短酌情确定,一般对称的曲线总是成对作出一般点。

3) 整理、连线。最后将所求特殊点和一般点依次连接成光滑曲线,根据可见性,判断图线的虚实性。本例截交线在左半部分圆锥上,侧面投影可见,完成截交线后的投影如图 5-15c 所示。

3. 平面与圆球相交

平面与圆球的交线一定是圆，由于截平面的位置不同，其截交线的投影可能是直线、圆或椭圆，见表5-3。

表 5-3 圆球的截交线

截平面位置	平行于 V 面	平行于 H 面	垂直于 V 面
空间形体	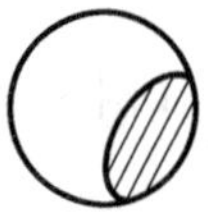	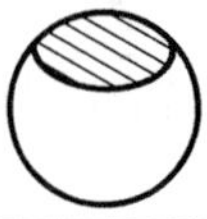	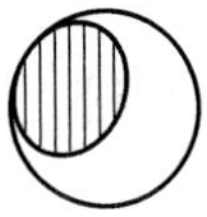
截交线投影	正平圆和直线	直线和水平圆	直线和椭圆
投影图	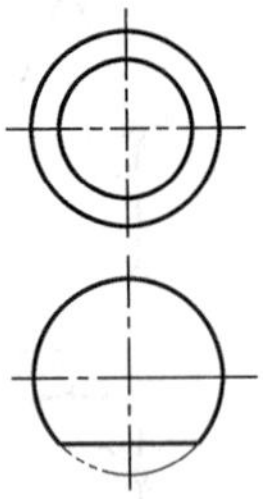	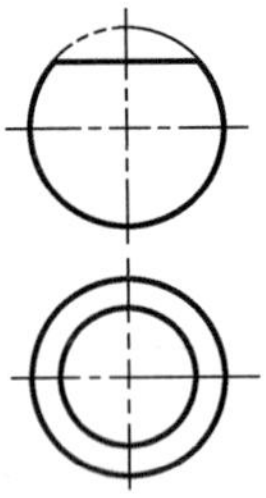	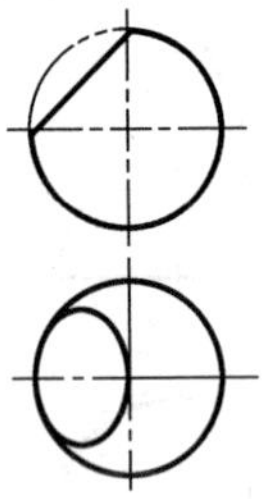

【例 5-6】 完成正垂面 P 截切圆球的截交线（图 5-16a）。

分析：圆球被正垂面截切，截交线的正面投影积聚为一直线，水平投影和侧面投影均为椭圆。

作图方法和步骤：

1) 求特殊点（图 5-16b）。一般是求截平面与外轮廓的交点，其中点 A、B 在前后分界圆上，A 是最左、最低点，B 是最右、最高点。点 C、D 在左右分界圆上，点 G、H 在上下分界圆上。特殊点的正面投影可在截平面积聚投影上直接得到，根据 a'、b'、c'、d'、g'、h'，按球转向轮廓线上求点的方法，求出水平投影 a、b、c、d、g、h 和侧面投影 a''、b''、c''、d''、g''、h''。

2) 求一般点（图 5-16c）。即在特殊点之间求出一些截平面和球面的共有点，过球心作截交线正面投影垂线，垂足 $3'$、$(4')$ 即椭圆长轴的两个端点，Ⅲ 是最前点，Ⅳ 是最后点，应明确求出。过 $3'$、$(4')$ 作水平纬圆，在该圆上求得点 3、4；根据点的投影规律，在侧面投影上求出点 $3''$、$4''$。用纬圆法再求几个一般点，如图 5-16c 中的点 Ⅰ、Ⅱ、Ⅴ、Ⅵ，一般点数量自定。

3) 连接曲线、整理轮廓线。依次连接特殊点和一般点的同面投影，画出截交线的水平投影和侧面投影。整理水平投影上转向轮廓线，使其与点 g、h 相接为左极限；整理侧面投影上转向轮廓线，使其与点 c''、d'' 相接为上极限，如图 5-16d 所示。

5.2.4 组合截交线

根据工程设计的需要，截平面与立体的相交形式可分为：单体单面，即一个基本立体被一个截平面所截切而成；单体多面，即一个基本立体被多个截平面所截切而成；多体多面，即几个基本立体组成一个机件，被多个截平面所截切而成。前面已对单体单面截切体的投影进行了讲述，下面举例说明单体多面和多体多面截切体投影的绘制。

【例 5-7】 求四棱锥被两个平面截切后的水平投影和侧面投影（图 5-17a）。

分析：四棱锥被水平面和侧平面组合截切，截交线的正面投影均积聚为直线，水平投影和

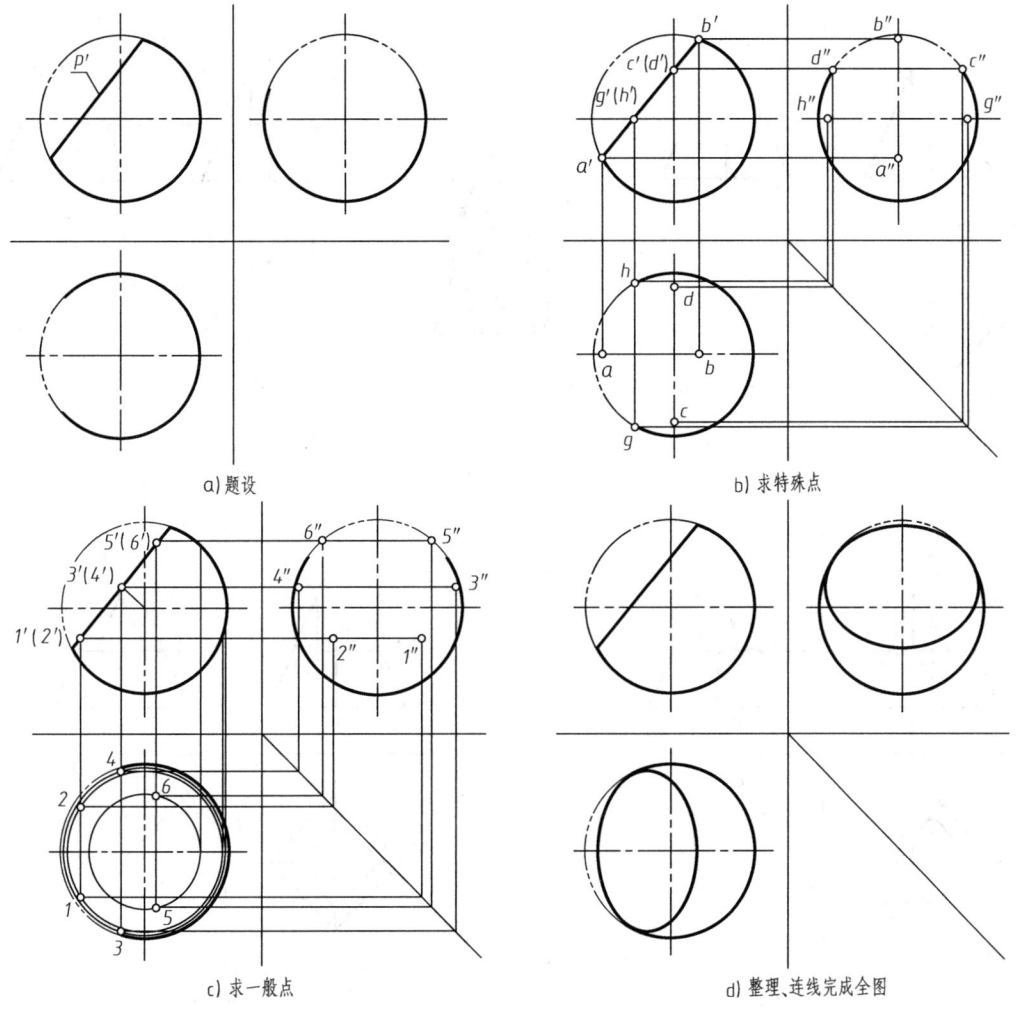

图 5-16　正垂面与圆球相交

侧面投影分别为多边形或积聚投影，空间分析如图 5-17b 所示。

作图方法和步骤：

1）求特殊点（图 5-17c）。一般是求截平面与棱线的交点，其中 SA 上交点 Ⅰ 和 SB 上交点 Ⅵ 可根据线上取点的方法，在棱线的水平投影和侧面投影直接求出，顺序不分先后。而 SC 和 SD 上交点 Ⅱ 和 Ⅴ，则应先在棱线的侧面投影上求出，再借助 45°辅助线，在棱线的水平投影上求出。

2）求一般点（图 5-17d）。一般指不在棱线上的点，此题指两面截交线的交点，设用 Ⅲ、Ⅳ 表示。由于水平截平面与四棱锥产生的截交线，在各棱锥面上与相应底边平行，在水平投影上反映得最清楚，即 12∥ac，15∥ad。同理，在右侧两个棱锥面上，应有 45∥bd，23∥cb。两截平面正面投影的交点重影为 3′(4′)，过重影点作投影连线可在水平投影截交线上求出点 3、4。借助 45°辅助线，在水平截平面的侧面投影上求得点 3″、4″。

3）连接交线、整理轮廓线。依次连接截交点的同面投影，画出截交线的水平投影和侧面投影。整理各轮廓线，水平投影上未被截切的棱线一定画出，侧面投影中棱线 s″b″还剩 6″b″部分，其中水平截平面之上一段不重影，且不可见，用虚线表示，如图 5-17e 所示。

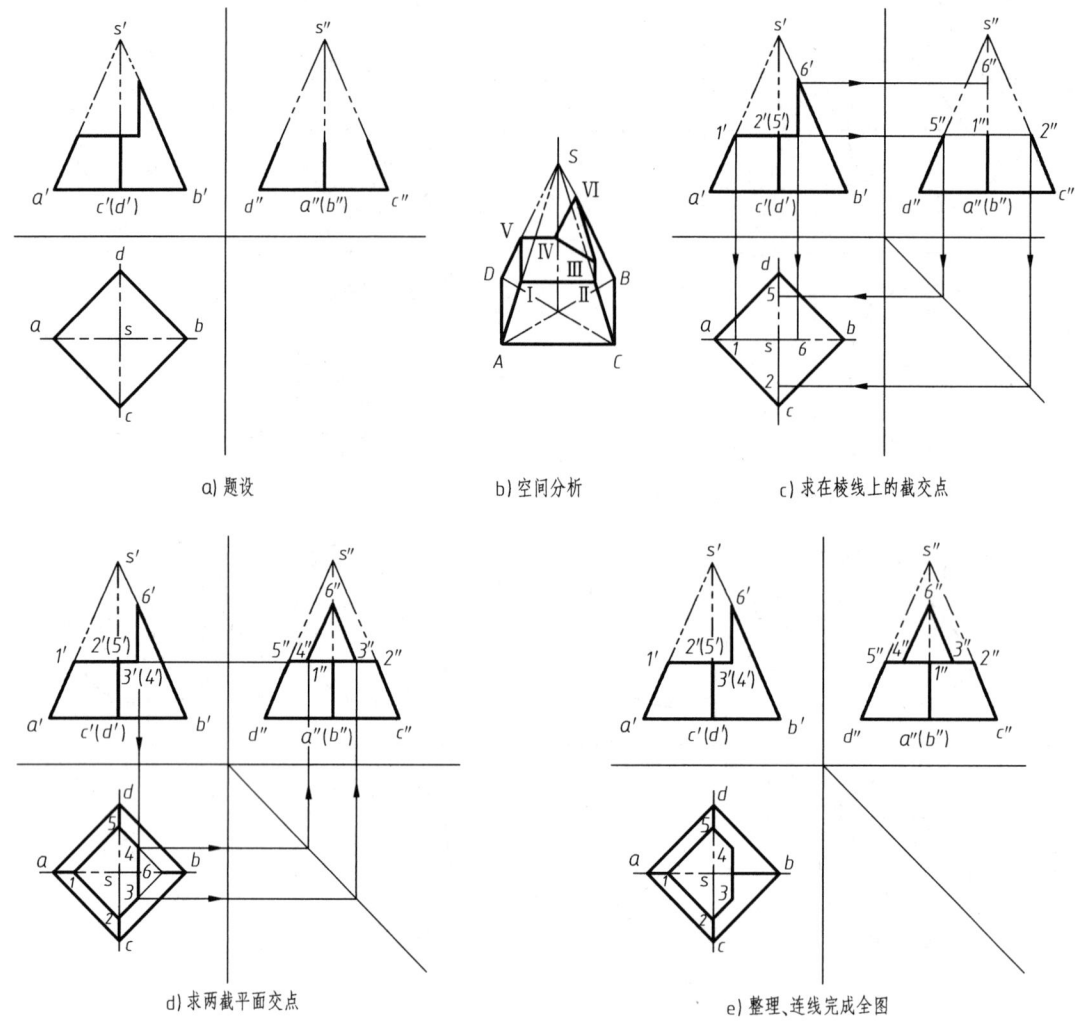

图 5-17 两个平面截切四棱锥

【例 5-8】 求圆柱被多个面所截切后的投影（图 5-18a）。

分析： 圆柱表面被侧平面截切产生两条素线 FG、HI；被水平面截切产生两段圆弧；被正垂面截切产生一段椭圆弧，空间分析如图 5-18b 所示。截交线的正面投影均积聚为直线，截交线的水平投影积聚于圆周，可直接得到。截交线的侧面投影可根据其正面和水平面的投影分别求出。

作图方法和步骤：

1) 先画出完整圆柱的侧面投影，为一个矩形，然后按从高向低的顺序逐个截平面画出截交线的水平投影和侧面投影。

2) 画侧平面截切的交线。截切后在圆柱面上产生两条素线 HI、FG，$(h'i')$、$f'g'$ 积聚在侧平截面的正面投影上可直接得到。由正面投影向下画垂线，在水平投影圆周上的交点即素线的水平投影 $h(i)$、$f(g)$，由投影规律画出侧面投影 $h''i''$、$f''g''$。整个侧平截面的侧面投影是矩形，水平投影是一条具有积聚性的直线。

3) 画水平面截切的交线。截切后在圆柱面上产生两段圆弧 EI、DG。分别过点 d'、g' 或点

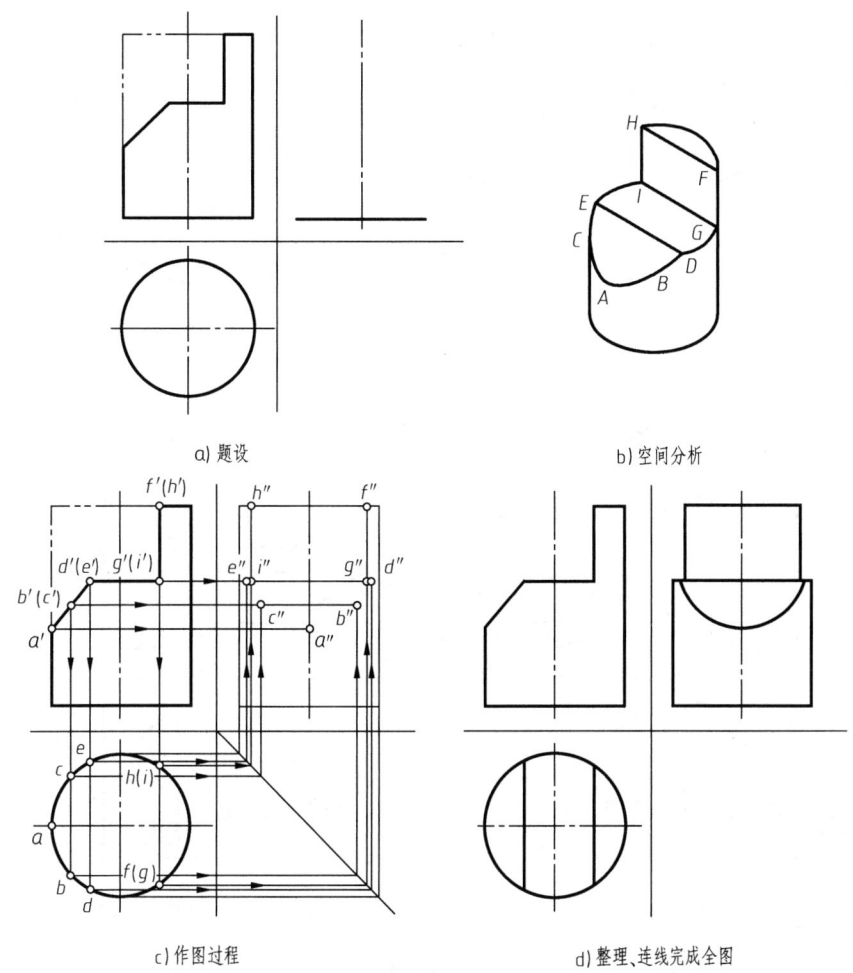

图 5-18 多个平面截切圆柱

e'、i'向下作 OX 轴垂线,在已知圆周上分别得交点 d、g、e、i,即圆弧的水平投影。由投影规律求出侧面投影 e''、i''、d''、g'',整个水平截面的侧面投影为长度等于直径的直线,位置由正面投影对齐画出。

4) 画正垂面截切的交线。截切后在圆柱面上生成椭圆。椭圆的水平投影积聚在已知圆周上。画椭圆的侧面投影应求出一系列点,此题椭圆上点 A 是最低特殊点,D、E 是最高特殊点,B、C 是两个一般点。然后依次连接各点画出光滑曲线。求截交线的过程如图 5-18c 所示。

5) 整理、加深。水平投影上,补画水平截面和正垂截面相交产生的正垂交线 de。以及侧平截面的积聚投影。侧面投影上,以水平截面为界,删去之上部分转向轮廓线和部分顶面的投影,用粗实线加深各线,至此完成全图,如图 5-18d 所示。

【例 5-9】 求同轴组合回转体被两个平面截切后的水平投影(图 5-19a)。

分析:同轴线的圆锥和圆柱被两个平面截切,其轴线是侧垂线,截平面分别为水平面和正垂面。水平截面分别截切到圆锥、小圆柱和大圆柱,截交线的正面投影和侧面投影积聚为直线,水平投影反映实形。由于水平截面与圆锥和圆柱的轴线平行,则截交线的水平投影在圆锥部分反映双曲线实形,在两个圆柱上的投影为开口的矩形;正垂截面只截切到大圆柱,截交线的正面投影积聚为一直线,侧面投影积聚在圆周上,水平投影为椭圆的一部分,空间分析如图

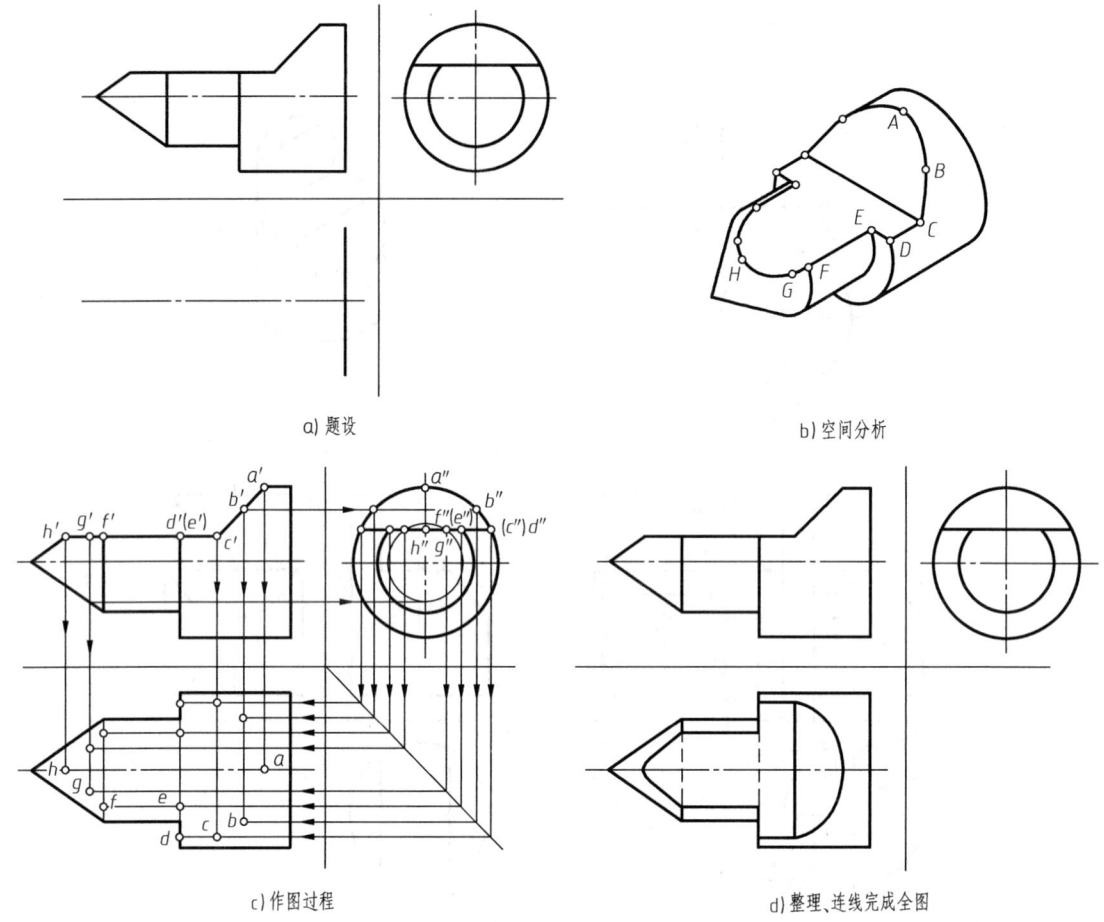

图 5-19 多个平面截圆锥和圆柱的投影

5-19b 所示。

作图方法和步骤：

1）先画出同轴圆锥、圆柱的水平投影。

2）求特殊点（只标出前半部分），如图 5-19c 中的点 A、C、D、E、F、H 的各投影。

3）求一般点（只标出前半部分），如图 5-19c 中的点 B、G 的各投影。

4）在水平投影上连接截交线各段投影。从左向右，连接点 h、g、f，画出水平截面在圆锥部分截交线（双曲线）。连接点 f、e 成直线，即水平截面在小圆柱上截交线。连接点 d、c 成直线，即水平截面在大圆柱上截交线。连接点 c、b、a，画出正垂截面在大圆柱上截交线（椭圆）。最后画出两截平面之间的交线。

5）整理图线。将截交线范围内圆锥与圆柱的交线以及大小圆柱之间的台阶面的水平投影改成虚线，完成截切后同轴回转体的水平投影，如图 5-19d 所示。

【例 5-10】 完成开槽六棱柱的投影（图 5-20a）。

分析：由已知可见六棱柱有一开口朝上的通槽，槽底为水平面，两个槽侧面为侧平面。通槽的正面投影已知，三个面都具有积聚性；水平投影中，槽底是八边形实形，两个槽侧面均积聚为直线；侧面投影中，槽底面积聚成一条直线，两个槽侧面为完全重叠的矩形，空间分析如图 5-20b 所示。

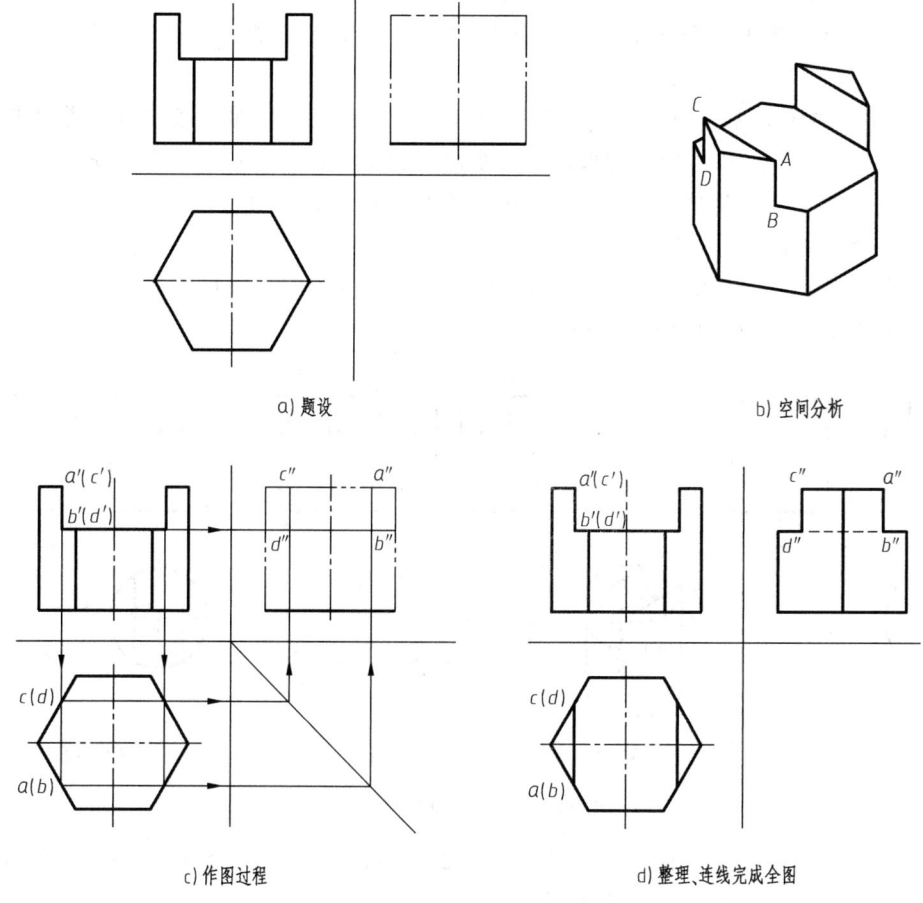

图 5-20 开槽六棱柱的投影

作图方法和步骤：

1）作切槽的水平投影。过槽两侧面向下作 OX 轴垂线，与六棱柱的水平投影六边形前后四个棱面相交，交线即槽侧面的积聚投影；槽底面分别与六棱柱前后六个棱面以及槽侧面相交，截面形状为八边形，如图 5-20c 所示。

2）作切槽的侧面投影。过槽底面正面投影向右作 OZ 轴垂线，与六棱柱前后两棱面相交，交线即槽底面的积聚投影。两个槽侧面的侧面投影为重叠的矩形，上下两条边分别积聚在棱柱顶面和槽底面上，前后两条边为铅垂线 AB、CD 的侧面投影 $a''b''$、$c''d''$，如图 5-20c 所示。

3）整理、连线。开槽六棱柱水平投影各线均可见，用粗实线表示；侧面投影中，通槽之上前后以 $a''b''$、$c''d''$ 为界，删去切除部分图线，槽之下是完整六棱柱投影；槽底面在 $a''b''$、$c''d''$ 之间被遮挡，用虚线表示，如图 5-20d 所示。

【例 5-11】 完成开槽圆柱的各投影（图 5-21a）。

分析：圆柱上方的切口槽是由左右对称的两个侧平面和一个水平面组合截切而成的。两个侧平面截圆柱体的截交线都是矩形，其正面投影和水平投影均积聚为直线，侧面投影反映矩形实形。水平面与圆柱面的截交线是两段圆弧，与两个侧平面交线是两段直线，其正面投影和侧面投影积聚为直线，水平投影反映实形，空间分析如图 5-21b 所示。

作图方法和步骤：

1) 作切槽的水平投影。过槽两侧面的正面投影向下作 OX 轴垂线，与圆柱水平投影圆相交，相交两条直线即侧平面积聚投影。槽底水平面投影分别与槽侧面和圆柱面重影，不必再添加图线。

2) 作切槽的侧面投影。切槽的两个侧面与圆柱面的交线分别是两条素线ⅠⅡ和ⅢⅣ，其正面投影 1′2′ 及 3′4′ 积聚在槽侧面的投影上，水平投影 12 及 34 都在圆周上积聚成点，根据正面投影和水平投影，求出侧面投影 1″2″、3″4″。槽底面的侧面投影为一条等于直径长的直线。作图过程如图 5-21c 所示。

3) 整理、加深。水平投影只要加深两条直线；侧面投影中，擦掉槽底之上的圆柱转向轮廓线，然后按是否可见分别用粗实线和虚线画出，如图 5-21d 所示。

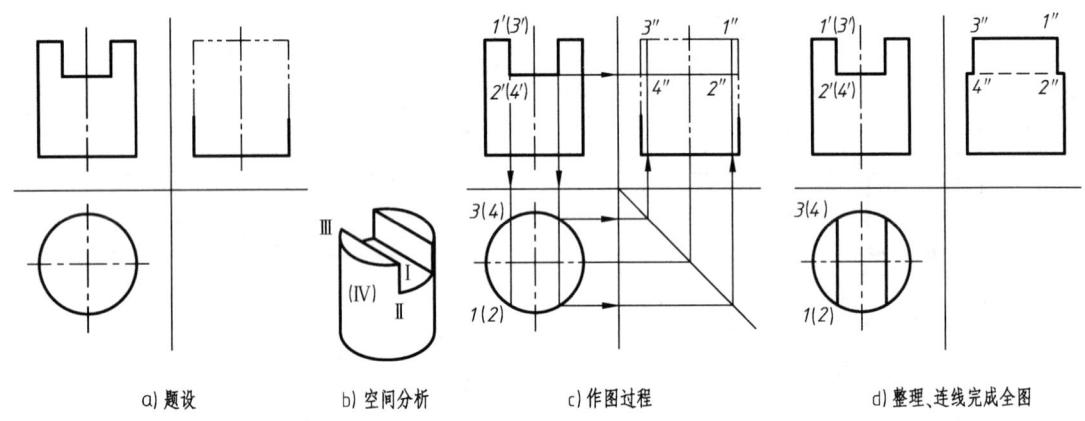

图 5-21　开槽圆柱体的投影

圆柱是机械零件中最常见的基本形体，图 5-22 所示为两例与开槽圆柱非常类似的组合截切体，分析思路和作图可参考例题 5-11。

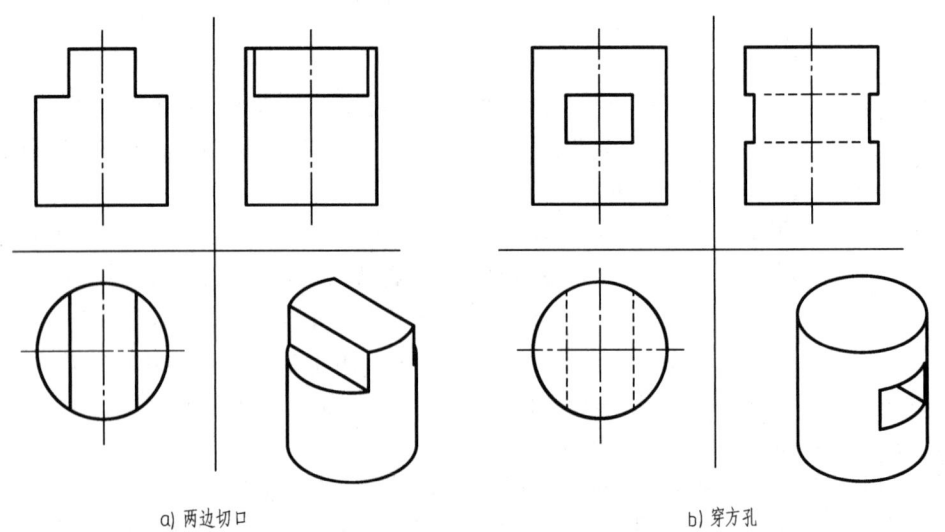

图 5-22　圆柱被多面截切常见形式

【例 5-12】　已知圆锥如图 5-23a 所示，完成多面切割后圆锥的投影。

分析：切割后的圆锥可以看作被上下两个水平面和一个扩展后过锥顶的正垂面所截切的结

果。两水平面都垂直于轴线，其截交线为圆；正垂面过锥顶，其截交线为两条素线。

作图方法和步骤：

1) 作两水平面的截交线。截交线水平投影分别为圆实形，圆的直径通过特殊点Ⅰ和Ⅱ求得；侧面投影积聚为两条长等于相应直径的直线，如图5-23c所示。

2) 作正垂面的截交线。截交线正面投影积聚为一条直线，其他两个投影为两条素线加上与上下两截平面的交线组成的多边形，分别按投影关系求出交点A、B、C、D的各投影，如图5-23c所示。

3) 整理、连线。根据可见与否，用粗实线和虚线连接各线，并在侧面投影中删除两水平截面之间的转向轮廓线，完成所求，如图5-23d所示。

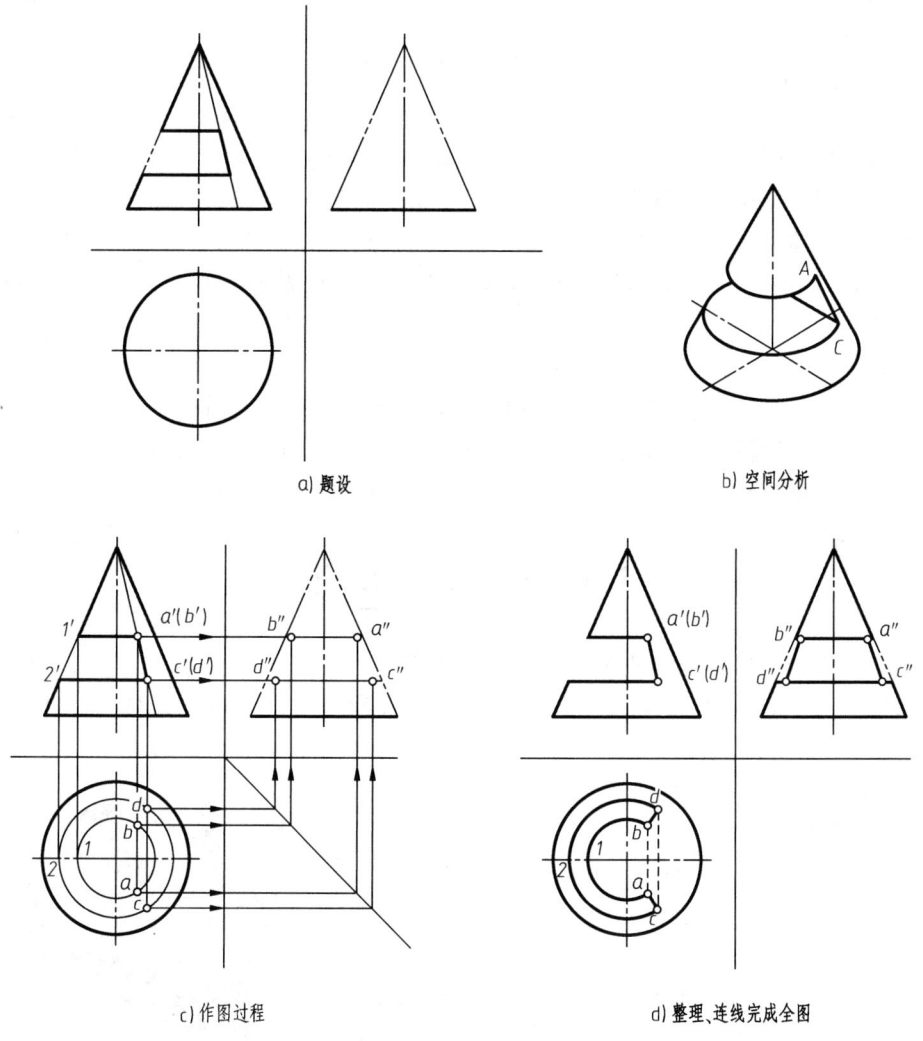

图 5-23 多面切割圆锥

【例 5-13】 完成开槽半圆球的水平投影和侧面投影（图5-24a）。

分析：半球上方的切口槽是由左右对称的两个侧平面P和一个水平面Q组合截切而成的，各截平面与球面的交线都是圆弧，根据截平面对投影面的位置，投影分别是圆弧和直线，空间分析如图5-24a所示。

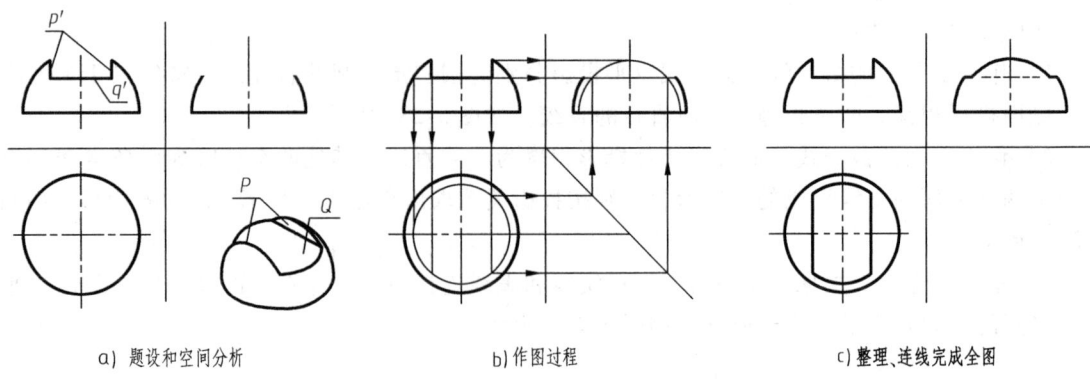

a) 题设和空间分析　　　　b) 作图过程　　　　c) 整理、连线完成全图

图 5-24　开槽半圆球

作图方法和步骤：

1) 作切槽的水平投影。槽底与球面截交线的水平投影为前后两段圆弧，延长其正面投影与球正面转向轮廓线相交，可得到圆弧的半径；槽两侧面的水平投影积聚为两段直线，位置与其正面投影对正。圆弧和直线的范围，由水平圆与两段直线的交点确定，如图 5-24b 所示。

2) 作切槽的侧面投影。切槽的两个侧面与球面的交线在侧面投影上为圆弧，半径从槽侧面与球正面转向轮廓线交点作投影连线，与侧面投影的中心线相交得到；切槽底面在侧面投影上积聚为一直线，如图 5-24b 所示。

3) 整理、加深。水平投影截交线均可见。侧面投影中，槽侧面两圆弧重叠，按可见画出；槽底面中间部分被槽左侧面遮挡，故不可见。根据是否可见，分别用粗实线和虚线画出各线，最后注意，球侧面转向轮廓线在槽底之上被切去，应擦掉，如图 5-24c 所示。

5.3　两回转体相交

两立体相交称为相贯，两立体表面的交线称为相贯线，如图 5-25 所示。若有平面立体参与的相贯问题，可用前一节叙述的求截交线的方法解决，本节只讨论如何求两回转体的相贯线。

5.3.1　相贯线概述

1. 两回转体相贯线的性质

1) 相贯线是两回转体表面的共有线，也是两回转体表面的分界线，所以相贯线上所有的点是两回转体表面的共有点。

2) 一般情况下，两回转体的相贯线是封闭的空间曲线（图 5-26a），在特殊情况下可以不封闭，也可能为平面曲线（图 5-26b、c），甚至是直线（图 5-26d、e）。相贯线的形状，由两相交回转体的表面形状、大小及相对位置决定。

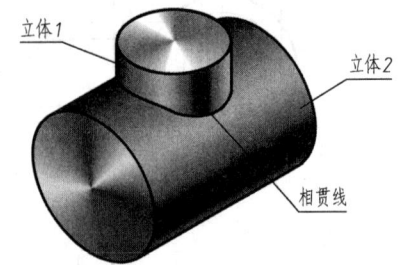

图 5-25　相贯线

2. 相贯线的求法

根据相贯线的上述性质，相贯线的画法归结为求两回转体表面的一系列共有点，再依次将

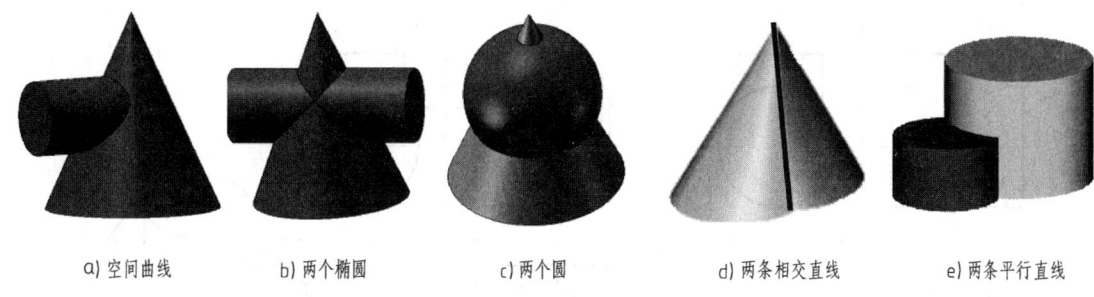

a) 空间曲线　　　b) 两个椭圆　　　c) 两个圆　　　d) 两条相交直线　　　e) 两条平行直线

图 5-26　相贯线的性质

各点的同面投影按空间顺序及可见性区分连成粗实或虚的光滑曲线即可。

求相贯线的方法通常可分为两种:

(1) 积聚投影法　相交两回转体，如果有一个表面投影具有积聚性时，就可利用该回转体投影的积聚性求出两回转面的一系列共有点，然后依次连成相贯线。

(2) 辅助平面法　根据三面共点原理，作辅助平面与两回转体相交，求出两辅助截交线的交点，即为相贯点，然后依次连成相贯线。

5.3.2　利用积聚性求相贯线

1. 作图方法

当相交的两回转体中有一个是圆柱，且其轴线为投影面垂直线时，则该圆柱的一个投影积聚为圆，相贯线在该投影面的投影积聚在该圆上，为一已知投影，可根据表面上取点的方法求出其他投影。

【例 5-14】　求作轴线垂直相交的两圆柱的相贯线（图 5-27a）。

分析：由于两圆柱轴线垂直相交，铅垂轴线圆柱的水平投影积聚为圆，则相贯线的水平投影积聚在水平圆上。侧垂轴线圆柱的侧面投影积聚为圆，又因相贯线是两圆柱的共有线，则侧面投影积聚在铅垂小圆柱侧面转向轮廓线之间的侧平圆弧部分，因此只需要求出相贯线的正面投影。

作图方法和步骤:

1) 求特殊点。两圆柱正面投影的转向轮廓线的交点 Ⅰ、Ⅲ 是相贯线上的最高点，也分别是相贯线上的最左和最右点，正面投影 1′、3′ 可直接求得。水平投影 1、3 和侧面投影 1″、3″ 可在圆与相应中心线交点处直接求得。侧面投影上，小圆柱侧面转向轮廓线与大圆的交点 Ⅱ、Ⅳ 是相贯线上的最前点、最后点，也是相贯线上的最低点，其侧面投影 2″、4″ 可直接求出。水平投影 2、4 也可在小圆与中心线交点处直接求得，再由点 2″、4″ 求出点 2′、4′。求特殊点过程如图 5-27b 所示。

2) 求一般点。相贯线上的一般点可利用积聚性和投影关系求解，首先在侧面投影中取点 5″、6″；借助 45°辅助线，在水平投影的小圆上求得点 5、6；然后由点 5″、6″ 及点 5、6 求出点 5′、6′。同样的方法再求一对一般点 Ⅶ、Ⅷ。求一般点过程如图 5-27c 所示。

3) 由于该相贯线前后对称，所以在正面投影中，相贯线可见的前半部分和不可见的后半部分重合，且左右对称。用粗实线依次光滑连接各点即可得相贯线的正面投影，如图 5-27d 所示。

2. 讨论圆柱相贯线的几种情况

(1) 正交两圆柱直径相对变化对相贯线的影响　相贯线总是朝大圆柱的轴线方向弯曲，

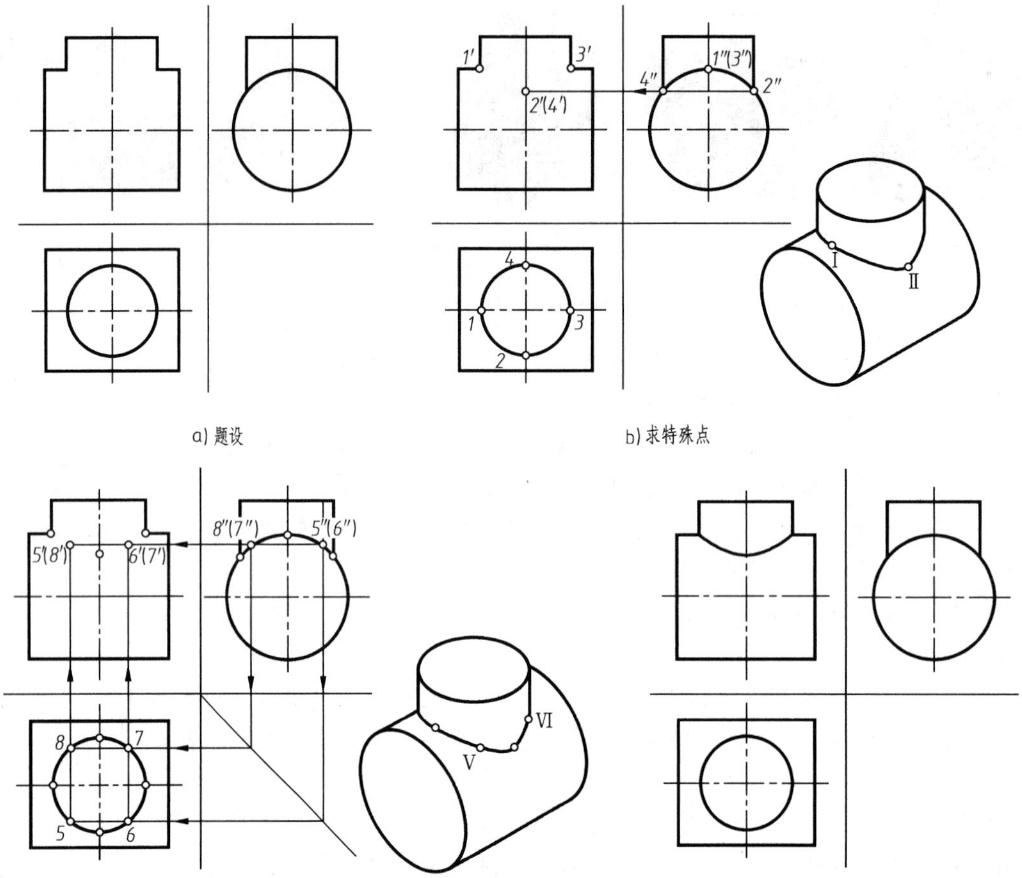

a) 题设　　　　　　　　　　　　b) 求特殊点

c) 求一般点　　　　　　　　　　d) 整理、连线完成全图

图 5-27　两圆柱正交的相贯线

见表 5-4。当小圆柱的直径逐渐增大，直至两圆柱直径相等时，相贯线的正面投影由曲线变成直线。此时相贯线由空间曲线转变为平面曲线椭圆，当椭圆所在的平面与投影面垂直，投影就积聚成直线。

表 5-4　正交两圆柱直径相对变化对相贯线的影响

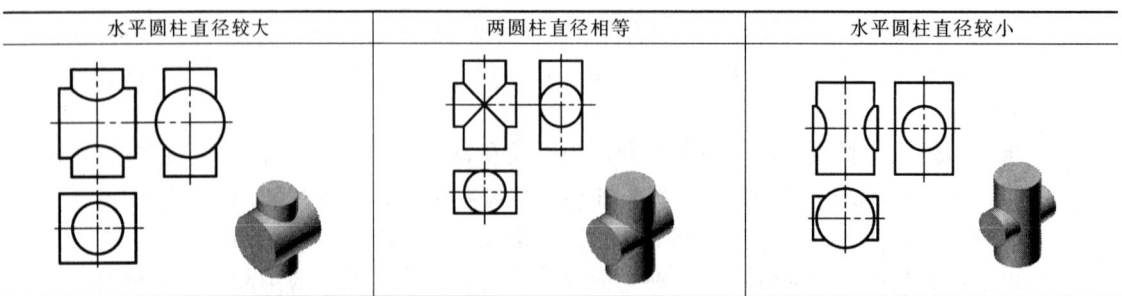

水平圆柱直径较大	两圆柱直径相等	水平圆柱直径较小

（2）内、外表面参与相交对相贯线的影响　两圆柱相交可能是两外表面相交、外表面与内表面相交、两内表面相交三种形式，见表 5-5。三种情况中，除了可见性可能不同以外，如果两圆柱面的形状、大小和相对位置均相同，则相贯线的形状和求法也是相同的。

表 5-5 内、外表面参与相交对相贯线的影响

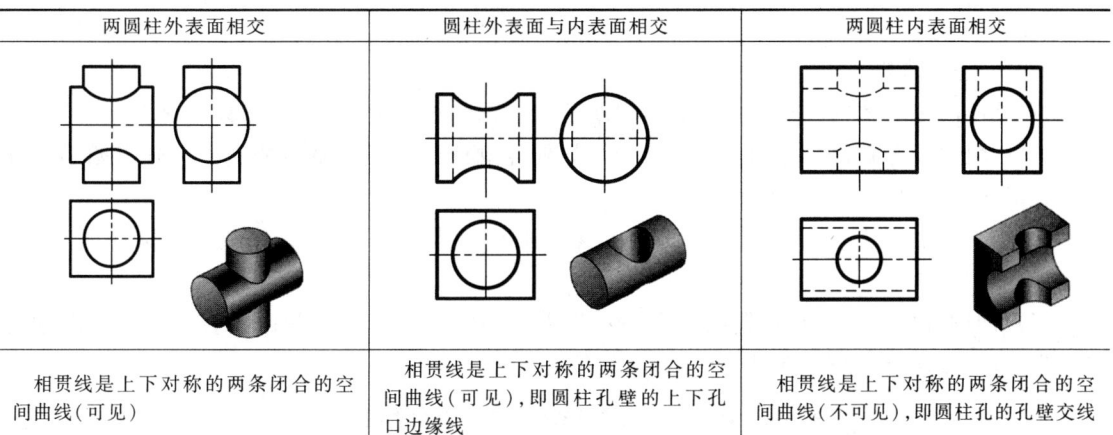

两圆柱外表面相交	圆柱外表面与内表面相交	两圆柱内表面相交
相贯线是上下对称的两条闭合的空间曲线（可见）	相贯线是上下对称的两条闭合的空间曲线（可见），即圆柱孔壁的上下孔口边缘线	相贯线是上下对称的两条闭合的空间曲线（不可见），即圆柱孔的孔壁交线

【例 5-15】 已知两圆柱轴线垂直相交，内外表面都相贯，求其正面投影（图 5-28a）。

分析：由已知可见，两个圆柱的外表面直径相等，故相贯线是特殊情况，即两段垂直于 V

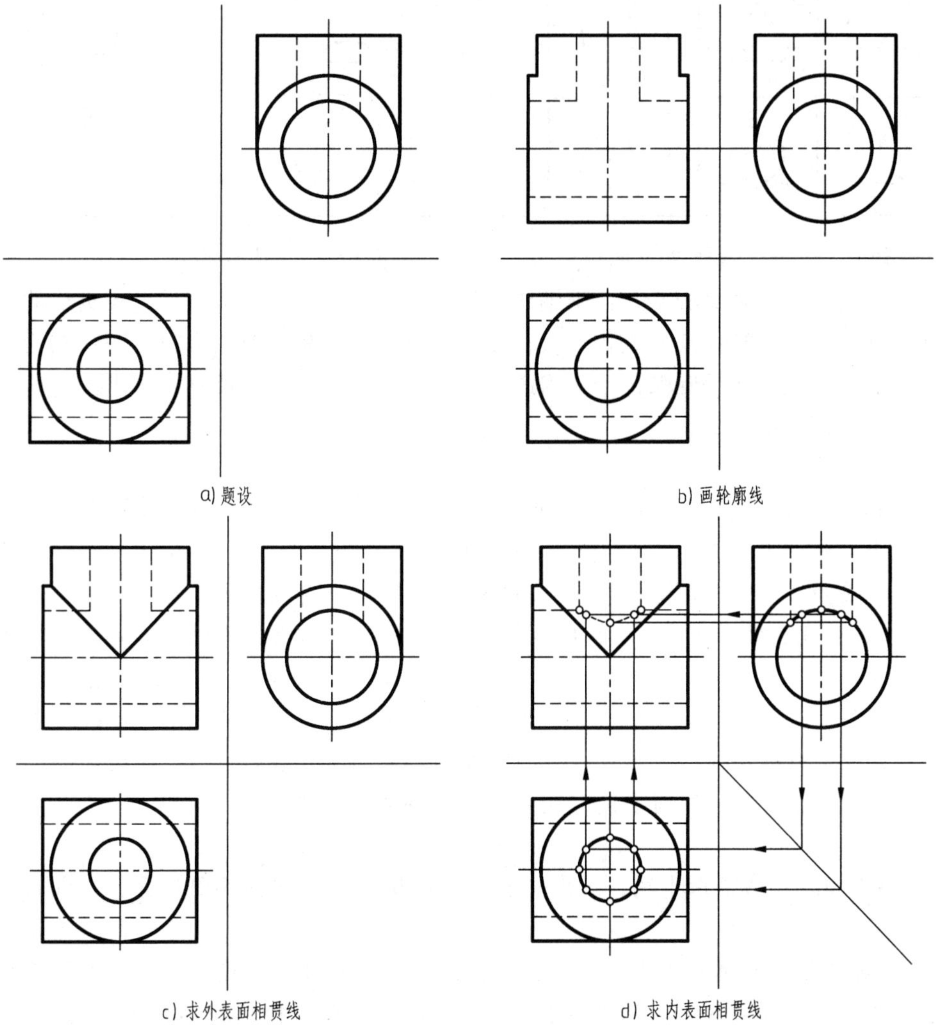

a) 题设 b) 画轮廓线

c) 求外表面相贯线 d) 求内表面相贯线

图 5-28 两圆柱内外表面的相贯线

面的椭圆弧，投影为两条45°直线。内表面上侧垂轴线的圆柱孔直径比铅垂轴线圆柱孔大，因此相贯线向下弯。

作图方法和步骤：

1）画出两圆柱体内、外表面的转向轮廓线和端面的正投影，如图5-28b所示。

2）用粗实线分别连接外圆柱对正投影面转向轮廓线的交点和轴线的交点，画出两圆柱外表面的相贯线，如图5-28c所示。

3）用表面取点法求两圆柱内表面相贯点，画出相贯线（虚线），完成全图，如图5-28d所示。

（3）两圆柱轴线的相对位置发生变动对相贯线的影响　当相交两圆柱直径不变，但轴线的相对位置不同时相贯线的形状会发生较大变化，见表5-6。

表5-6　两圆柱轴线的相对位置变动对相贯线的影响

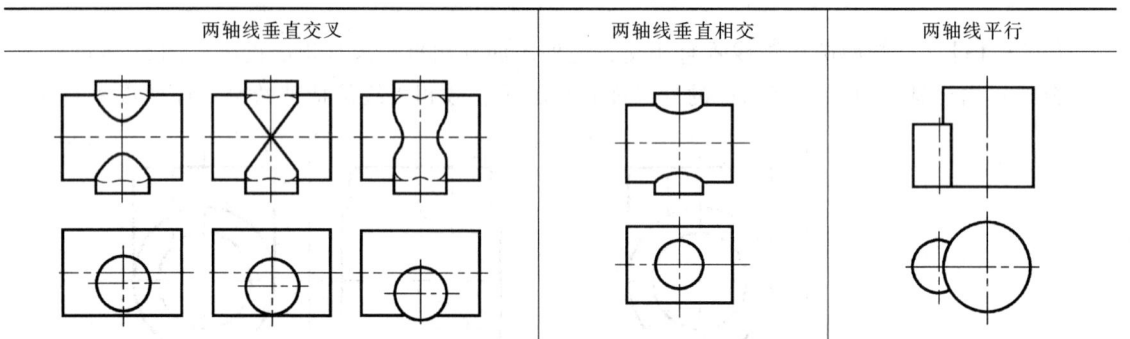

【例5-16】　已知两圆柱轴线垂直交叉，完成其正面投影（图5-29a）。

分析：两圆柱轴线垂直交叉，铅垂轴线圆柱直径较小，全部参加相贯，相贯线的水平投影积聚在水平圆上。侧垂轴线圆柱直径较大，部分参加相贯，相贯线侧面投影积聚在铅垂小圆柱侧面转向轮廓线之间的侧平圆弧部分，因此只需要求出相贯线的正面投影。由表5-6可知，偏交圆柱相贯线正面投影不重叠。

作图方法和步骤：

1）求特殊点。一般指各转向线上的点，铅垂圆柱最前一条素线与大圆柱交点为相贯线最前点、最低点，侧面投影1″、水平投影1可直接得到，过点1″作OZ轴垂线，在铅垂圆柱轴线正面投影上得到点1′。铅垂圆柱最左、最右两条素线与大圆柱交点为可见与不可见分界点，水平投影2、3和侧面投影2″、3″可直接得到，过点2″、3″作OZ轴垂线，在铅垂圆柱正面转向线投影上得到点2′、3′。侧垂圆柱最上一条素线与铅垂圆柱交点是两个最高点，水平投影4、5和侧面投影4″、5″可直接得到，过点4、5向上作OX轴垂线，在侧垂圆柱正面转向线投影上得到点4′、5′。铅垂圆柱最后一条素线与大圆柱交点为相贯线最后点，侧面投影6″和水平投影6可直接得到，过点6″作OZ轴垂线，在铅垂圆柱轴线正面投影上得到点6′。作图过程如图5-29b所示。

2）求一般点。用表面取点法，求出一般点，数量自定，如图5-29c所示的点Ⅶ、Ⅷ的求作过程。

3）连接相贯线，整理轮廓线。本例点Ⅱ、Ⅲ之前的相贯线可见。点Ⅱ、Ⅳ和点Ⅲ、Ⅴ之间相贯线不可见。点Ⅳ、Ⅴ之后相贯线不可见。另外，由于小圆柱偏前，转向轮廓线均可见。大圆柱上面一条转向线到小圆柱转向线之内后不再可见。按判别结果分粗实线或虚线描点连

a) 题设　　　　b) 求特殊点

c) 求一般点　　　　d) 整理、连线完成全图

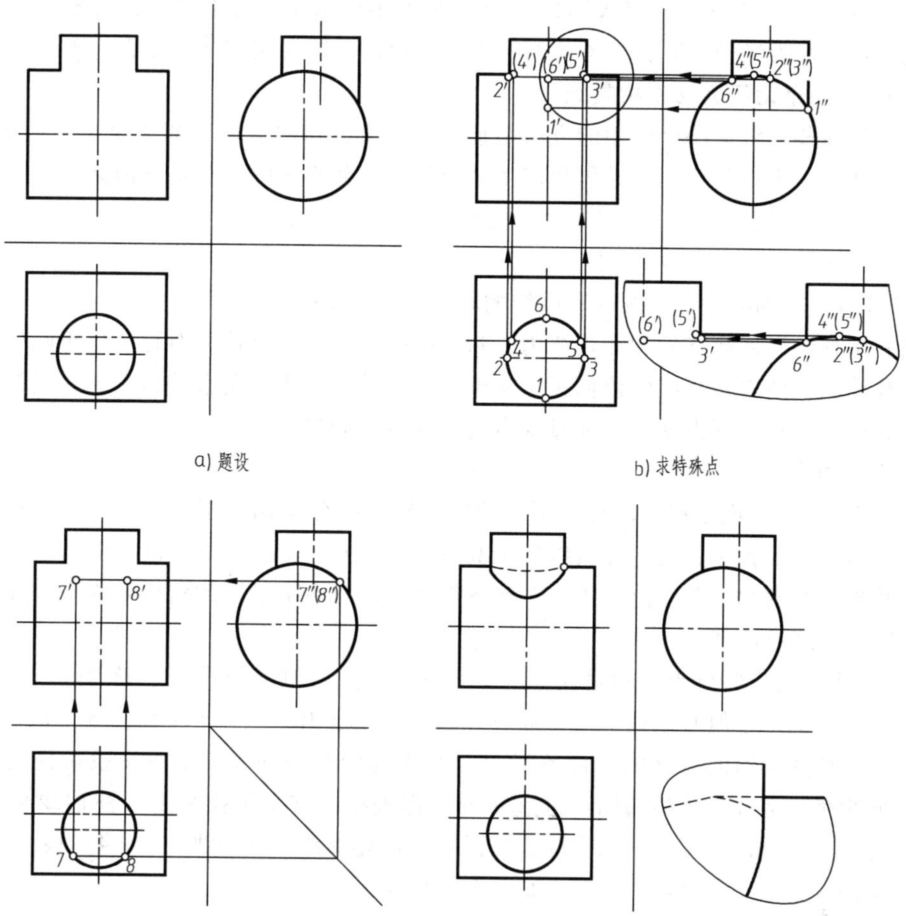

图 5-29　两圆柱偏交的相贯线

线，完成相贯线和转向线正面投影，如图 5-29d 所示。

3. 正交两圆柱相贯线的近似画法

为了简化作图，国家标准规定：在不致引起误解的情况下，图形中的相贯线可以用近似画法，即对当两圆柱正交且直径相差较大时，两圆柱表面的相贯线，允许简化为用圆弧代替。但当两圆柱的直径相差不大时，一般不宜采用这种方法。

具体画法是以两圆柱中半径较大的圆柱的半径为半径画出一段圆弧即可。如图 5-30 所示，

a) 定圆心　　　　b) 画圆弧

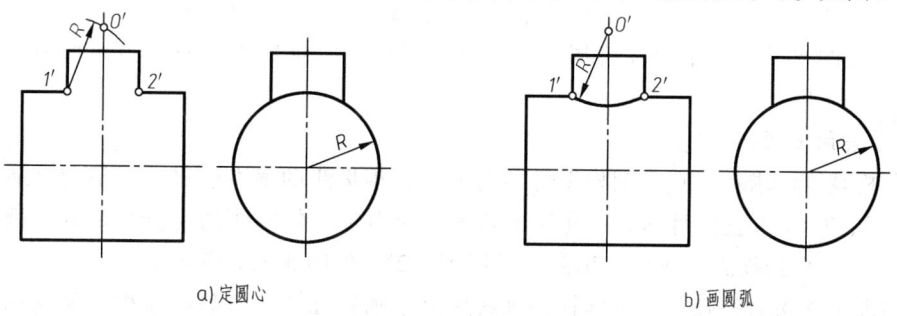

图 5-30　相贯线的简化画法

以圆弧必经点 1′或 2′为圆心,以大圆柱的半径 R 为半径画弧,与小圆柱轴线相交于点 o';再以点 o' 为圆心,R 为半径,向着大圆柱的轴线方向画弧,即为相贯线的正面投影。

5.3.3 利用辅助平面法求相贯线

求两回转体相贯线另一个常用的方法是辅助平面法,即假想用一个平面(称为辅助平面)截切两个回转体,平面与两个回转体都产生截交线,两截交线的交点是三面共有点,即相贯线上的点。辅助平面的选择原则是使辅助平面与两回转体表面交线的投影都是最简单的线条(如直线和圆)。以下分别举例说明。

【例 5-17】 求轴线正交的圆柱和圆锥的相贯线(图 5-31a)。

分析: 圆柱与圆锥相交后的相贯线为一封闭的空间曲线,且前后对称。由于圆柱面在侧面上投影积聚为圆,所以相贯线的侧面投影积聚在侧面的圆周上,可直接得到。相贯线的正面投影和水平投影需要借助辅助平面,通过求点连线的方法画出。

作图方法和步骤:

1)求特殊点。正面投影上圆柱和圆锥的转向轮廓线分别相交于点 1′、2′,即相贯线上两个前后分界点的正面投影,也是相贯线的最高点和最低点。点 1″、2″为圆柱侧面投影圆与轴线的交点。根据投影规律,分别过点 1′、2′向下作垂线,与水平投影的前后对称中心线相交,得出点 1、2,如图 5-31b 所示。

2)辅助平面法求特殊点。相贯线上两个上下分界点的侧面投影 3″、4″为圆柱的侧面投影圆和水平中心线交点,但其他投影需要通过作辅助平面求出。选择水平面为辅助面。在正面投影上,过圆柱轴线作辅助面 P 的正面迹线 P_v,P 面与圆柱的交线就是水平投影面的转向轮廓线,与圆锥的交线是过点 A 的纬圆。过点 a' 向下作垂线,与水平投影上圆柱轴线相交于点 a。以中心线交点为圆心,作过点 a 的纬圆,与圆柱转向轮廓线的交点即点 3、4。根据投影规律,由点 3、4 向上在 P_v 上求出点 3′、4′,如图 5-31b 所示。

3)辅助平面法求一般点。在特殊点之间可求一系列一般点,如在相贯线上取前后对称的一对点Ⅴ、Ⅵ,侧面投影 5″、6″可直接得到。过点Ⅴ、Ⅵ作辅助平面 Q,用上述方法求出水平投影 5、6 和正面投影 5′、6′。用同样的方法再求出一般点Ⅶ、Ⅷ,求一般点如图 5-31c 所示。

4)依次光滑连线并判别可见性。相贯线前后对称,正面投影前后重合,用粗实线光滑连接;水平投影中,以 3、4 为分界点,左半部分的相贯线不可见,用虚线光滑连接;右半部分相贯线可见,用粗实线光滑连接。

5)整理、调整。水平投影中,圆锥底圆被圆柱遮挡部分用虚线表示,调整圆柱的转向轮廓线,使之与相贯线相接于 3、4 两点,至此完成全图,如图 5-31d 所示。

【例 5-18】 求铅垂圆柱与半球相交的相贯线(图 5-32a)。

分析: 由图 5-32a 可知,参与相贯的圆柱的轴线垂直于水平面,因此圆柱的水平投影积聚为圆,相贯线的水平投影重合在圆周上,可直接得到。而相贯线正面投影和水平投影,必须"求点连线"画出。

作图方法和步骤:

1)分析观察法求特殊点。圆柱全部参与相贯,相贯线的最左、最右、最前、最后点的水平投影 1、2、3、4 可直接得到。圆柱和半球正投影面转向轮廓线的交点是最低、最高点的正面投影 1′、2′,根据投影规律可求出侧面投影 1″、2″,如图 5-32b 所示。

2)辅助平面法求特殊点。过圆柱的轴线作侧平辅助面 P,与圆柱面相交为侧投影面上的转向轮廓线,与球相交为过点 A 的半个侧平圆。半圆与圆柱侧面转向轮廓线的交点即点

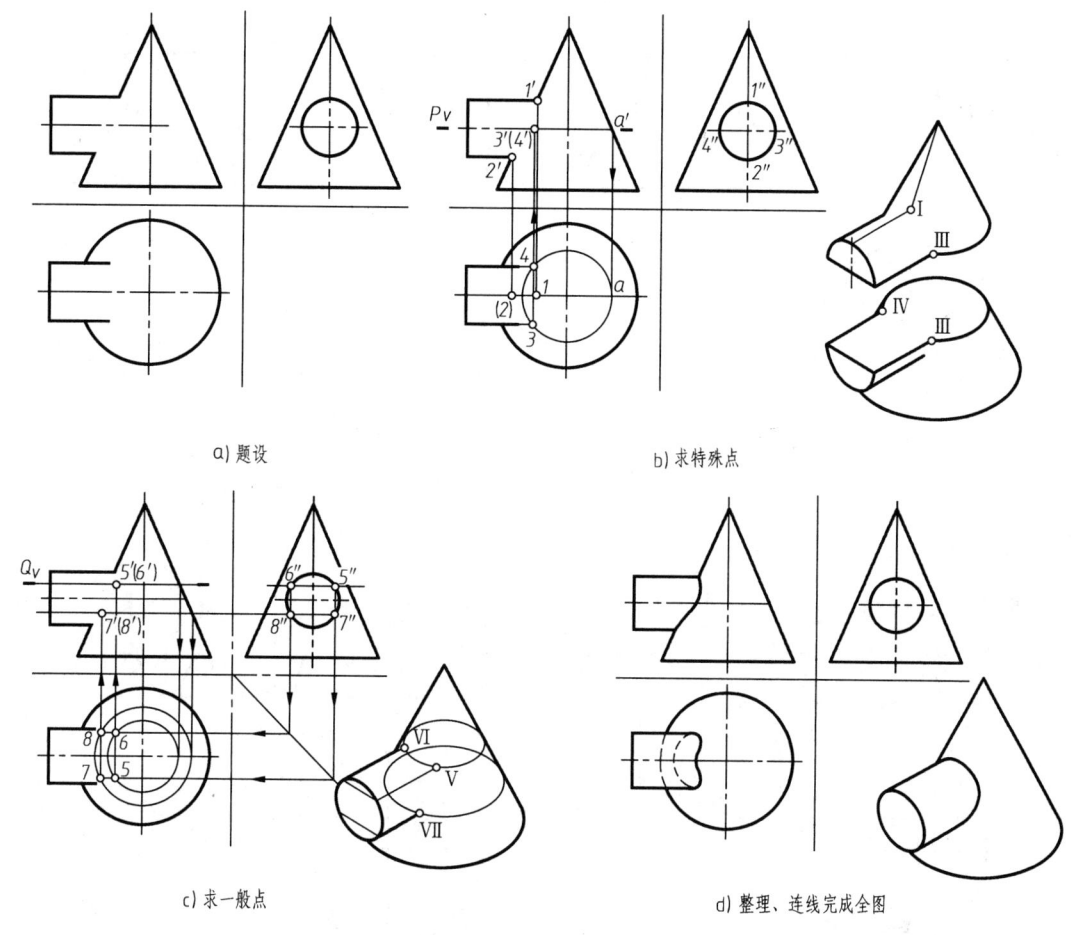

图 5-31 轴线正交的圆柱和圆锥的相贯线

3″、4″。由点 3″、4″向正面投影上圆柱的轴线作垂线,可得点 3′、4′,如图 5-32b 所示。

3) 求一般点。在特殊点之间作侧平辅助面 Q,它与圆柱相交于一对素线,前后距离由 Q_H 在水平投影上与圆柱投影相交得到。Q 面与球面相交为过点 B 的半个侧平圆,素线与半圆的交点 5″、6″即为共有点 Ⅴ、Ⅵ 的侧面投影。根据投影规律求出其正面投影 5′、6′。同样方法再求一对一般点 Ⅶ、Ⅷ,如图 5-32c 所示。

4) 顺次连接各点并判别可见性。由于相贯体前后对称,相贯线正面投影的前半部分与后半部分重叠,只要依次用粗实线连接各点画出可见部分相贯线即可。相贯线侧面投影不对称,以点 3″、4″为界,之下的相贯点都在圆柱和圆球公共可见部分,故可见用粗实线连接各点;之上的相贯点都在圆柱和圆球不公共可见部分,故不可见用虚线连接各点,画出的相贯线,如图 5-32d 所示。

5) 整理轮廓线。正面投影 1′、2′之间两回转体相贯成一体,不应再画球面正面转向轮廓线的投影;侧面投影上,半圆球转向轮廓线被圆柱遮挡不可见,转向轮廓线之间应画虚线,如图 5-32d 所示。

5.3.4 相贯线的特殊情况

相贯线一般情况是封闭的空间曲线,特殊情况可能是平面曲线或直线。图 5-33 所示为一些相贯线的特殊情况。两回转体有一个公共轴线,相交时它们的相贯线都是垂直于轴线的圆。

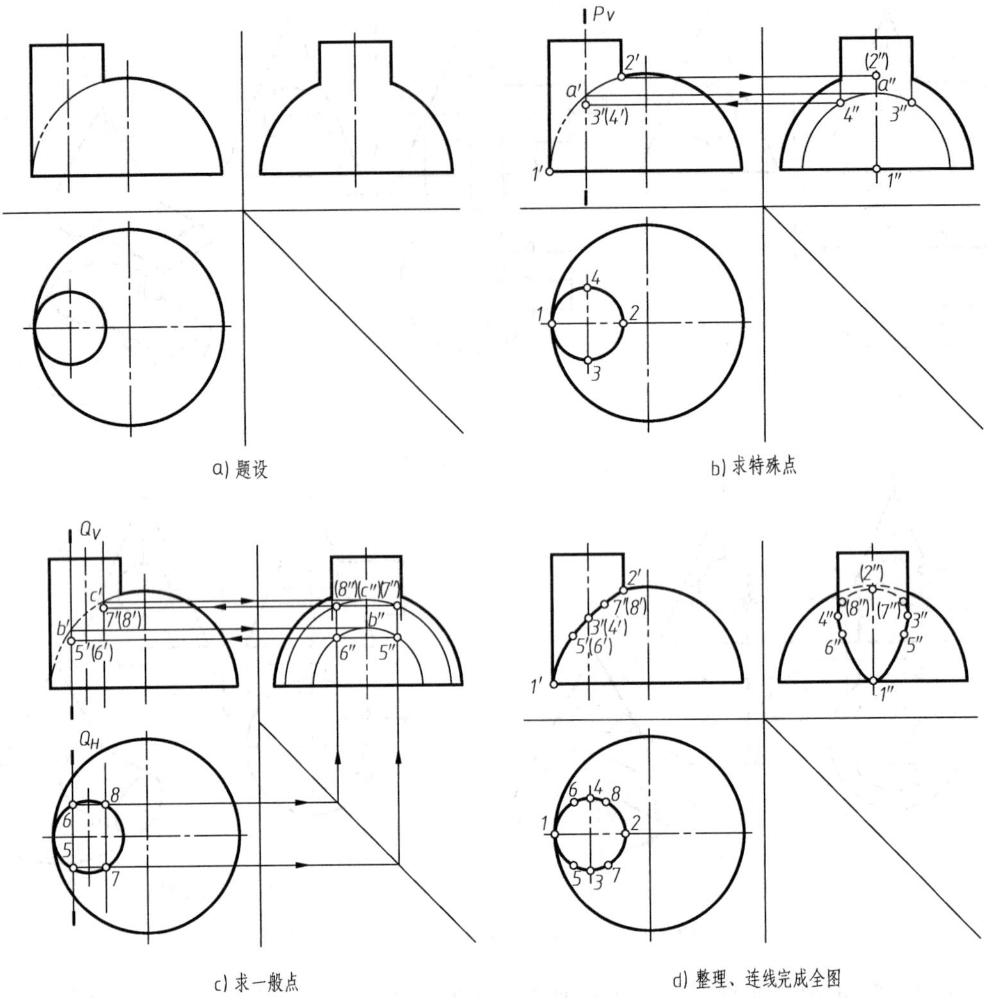

图 5-32 圆柱与圆球相交

当回转体轴线平行于投影面时,相贯线在此投影面上投影积聚为直线,如图 5-33a～c 所示。当两个回转体被圆球公切时,它们的相贯线是椭圆,如此时回转体轴线平行于投影面时,相贯线在此投影面上投影积聚为直线,如图 5-33d 所示。当两圆锥体共锥顶或两圆柱体轴线平行

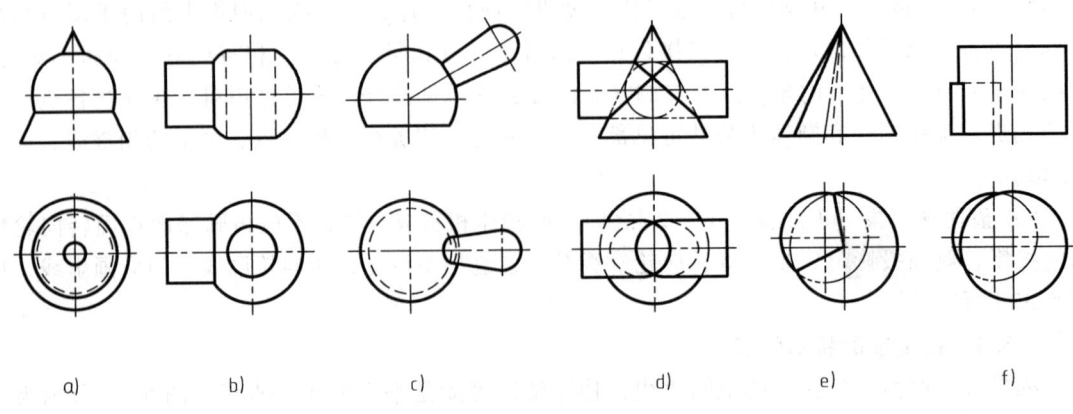

图 5-33 相贯线的特殊情况

时,它们的相贯线是直线,如图5-33e、f所示。

5.3.5 组合相贯线

三个或三个以上的立体相交,其表面形成的交线,称为组合相贯线,工程上有时会遇到具有组合相贯线的零件,这些相交的立体仍构成一个整体,仍是一个相贯体。组合相贯线的各段相贯线,分别是两个立体表面的交线;而两段相贯线的连接点,则必定是相贯体上的三个表面的共有点。

【例5-19】 求图5-34中三个圆柱的交线。

分析: 由图5-34a可知,铅垂圆柱A和B同轴,水平圆柱C与圆柱A、B都正交,产生的相贯线都是空间曲线。水平圆柱C还与圆柱B的顶面相交,产生两条侧垂方向的素线段。素线段的两个端点是三面共有点,空间分析如图5-34b所示。

作图方法和步骤:

1)求作相贯线上的特殊点,即转向轮廓线上的相贯点,如图5-34c所示点Ⅰ~Ⅲ和点Ⅷ的各投影。

2)求交线分界点。圆柱B的顶面与水平圆柱C相交产生的两条侧垂交线,其端点是两条

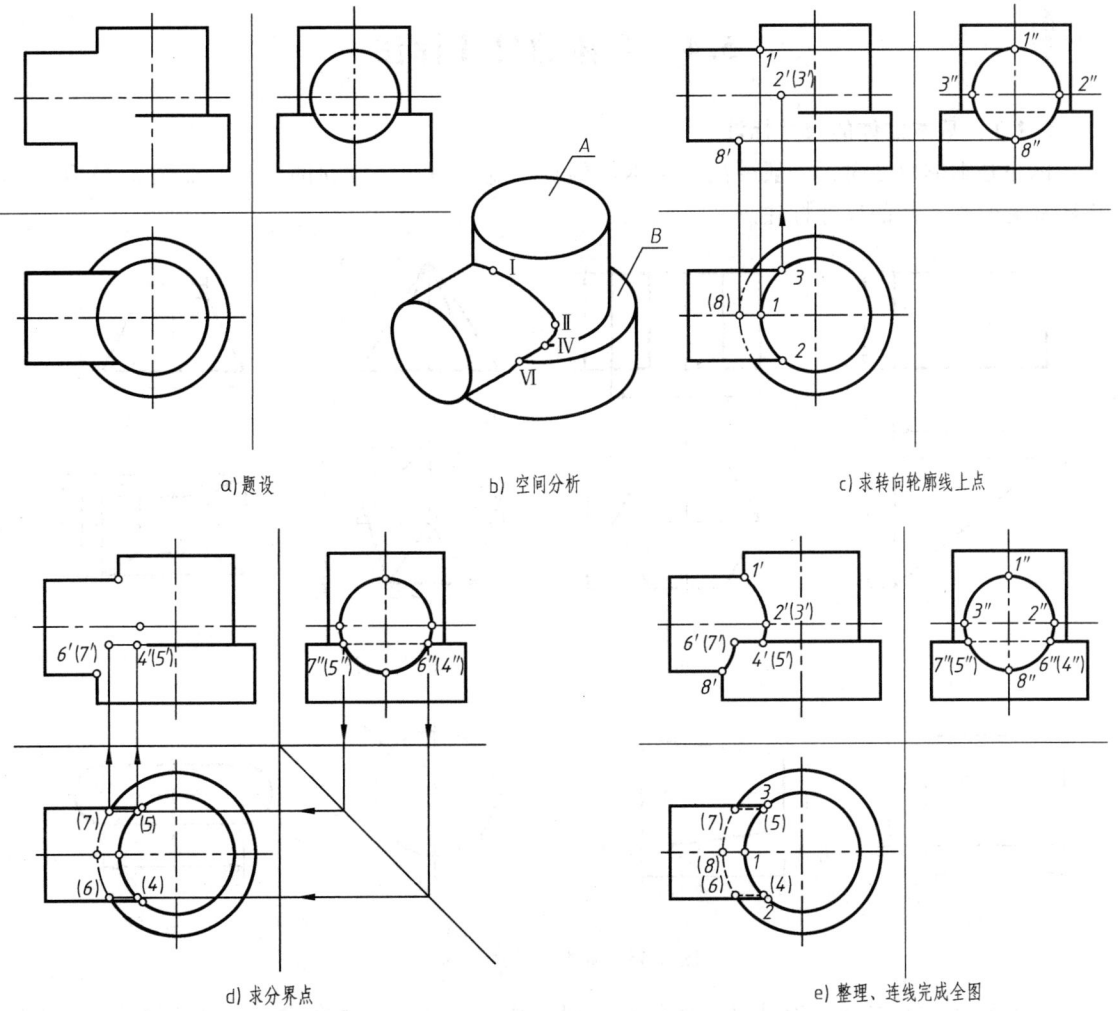

图5-34 三个圆柱的组合相贯线

相贯线的分界点,其侧面投影积聚为两个点6″(4″)、7″(5″),位置在侧面投影上可直接得到。借助45°辅助线,在水平投影两铅垂圆柱的积聚投影圆上,求得它们的水平投影4、5、6、7。垂直向上在圆柱 B 上端面的正面投影上,求得它们的正面投影4′(5′)、6′(7′),如图5-34d 所示。

3) 画相贯线投影。由于相贯线的水平投影和侧面投影都积聚在圆周上,可直接得到,只需作正面投影。相贯体前后对称,相贯线正面投影前后重合,只需用粗实线依次连接1′、2′、4′,完成水平圆柱 C 与铅垂圆柱 A 相贯线的正面投影;用粗实线依次连接点6′、8′,完成水平圆柱 C 与铅垂圆柱 B 相贯线的正面投影,如图5-34e 所示。

4) 画截交线Ⅳ Ⅵ、Ⅴ Ⅶ的投影,其正面投影和侧面投影积聚在圆柱 B 端面的投影上,不必单独画出,分别连接点4、6和点5、7即截交线水平投影。由于截交线在水平圆柱 C 的下半部分,因此其水平投影是虚线,如图5-34e 所示。

5) 整理、检查,完成全图。圆柱 B 上端面的正面投影要延伸到与截交线重影;圆柱 B 下端面被水平圆柱 C 遮挡部分,水平投影是虚线;仔细检查各转向线是否正好到相贯点,完成全图,如图5-34e 所示。

5.4 立体的尺寸标注

5.4.1 基本立体的尺寸标注

标注基本体尺寸时,一般要注出基本体的长、宽、高三个方向的尺寸。如图5-35 所示为几种常见的基本体的尺寸标注。

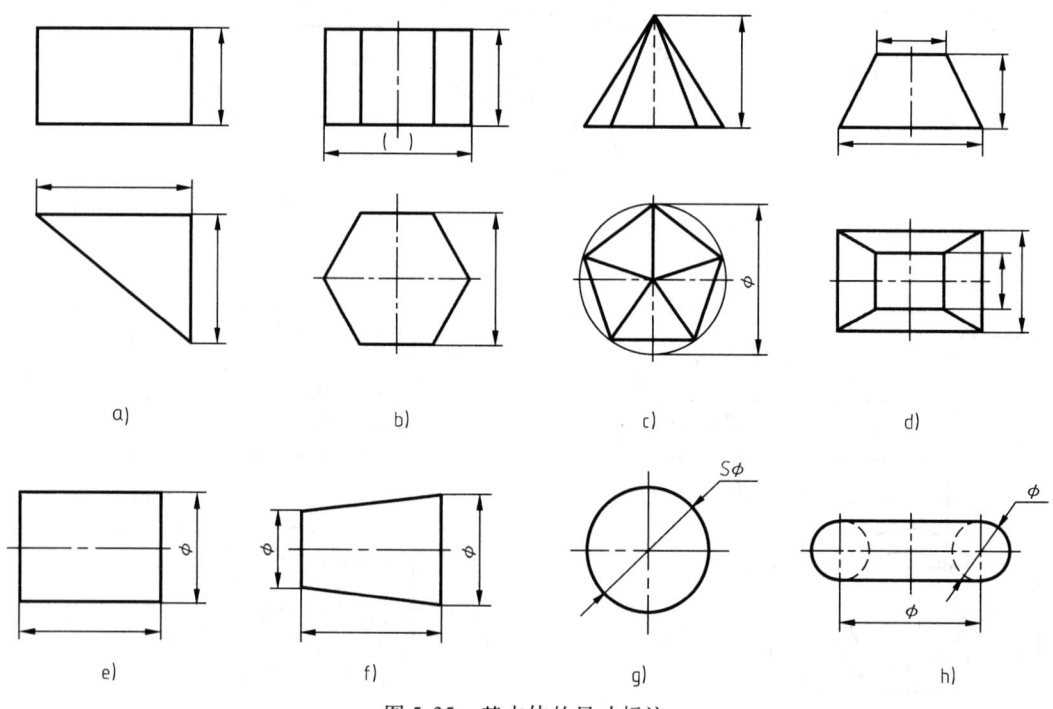

图 5-35 基本体的尺寸标注

从图5-35可以看出,有些基本体的长、宽、高三个尺寸有两个或三个是关联的,如六棱柱的六边形的对边宽与对角距相关联(可以由对边宽算出对角距),则只标对边宽(或对角距），若标另一个尺寸可带括号，表示是参考尺寸。标注圆柱、圆锥（台）的尺寸时，一般在非圆的视图上标注其底面直径（数值前注直径符号"φ"）和高度，确定其大小，其他视图上不注尺寸。对于圆球，其三个尺寸相同，只要在一个视图上标注尺寸，并在直径符号"φ"前加注符号"S"，以表明球面直径。

5.4.2 截断体的尺寸标注

对于截断体，由于被截平面截切，往往会出现切口和开槽等结构，因此，除了要标注出基本形体的尺寸外，还应标注出截平面的位置尺寸，但不必标注出截交线的尺寸。

1. 带斜面和切口的基本体的尺寸标注

这类形体除注出基本体的尺寸外，还要标注出确定斜面和切口平面位置的尺寸。因为斜面和切口交线是由截平面位置确定的，是截平面截断形体而产生的截交线，若注其尺寸，即属错误尺寸，如图 5-36 所示带"×"的尺寸都是错误的。

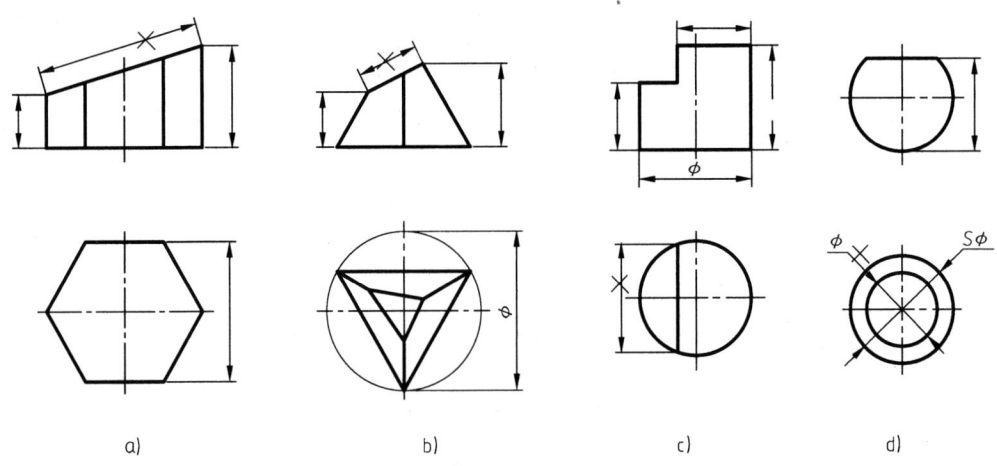

图 5-36 带斜面和切口的基本体的尺寸标注

2. 带凹槽的基本体的尺寸标注

这类形体除了标注出基本体的尺寸外，还必须标注出槽的大小和位置尺寸，如图 5-37 所示截交线上带"×"的尺寸都是错误的。

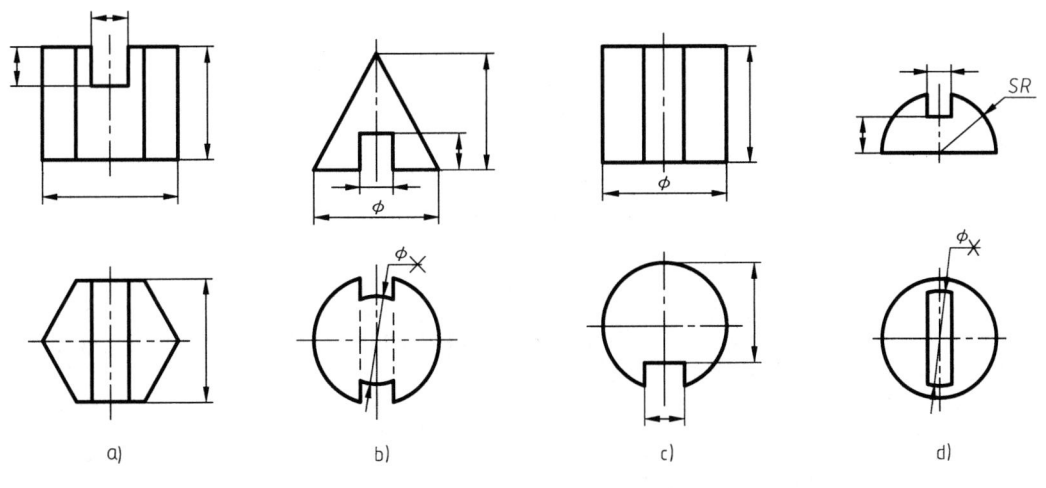

图 5-37 带凹槽的基本体的尺寸标注

5.4.3 相贯体的尺寸标注

对于相贯体，因为是由两基本体相交得到的，也只有当相交两基本体的形状、大小及相对位置确定以后，形成的相贯线的形状、大小及相对位置才能完全确定下来，所以除了要标注出相交两基本体的尺寸外，还应以轴线为基准注出确定两基本体相对位置的尺寸，但同样也不必注出相贯线的尺寸，如图 5-38 所示带"×"的尺寸都是错误的。

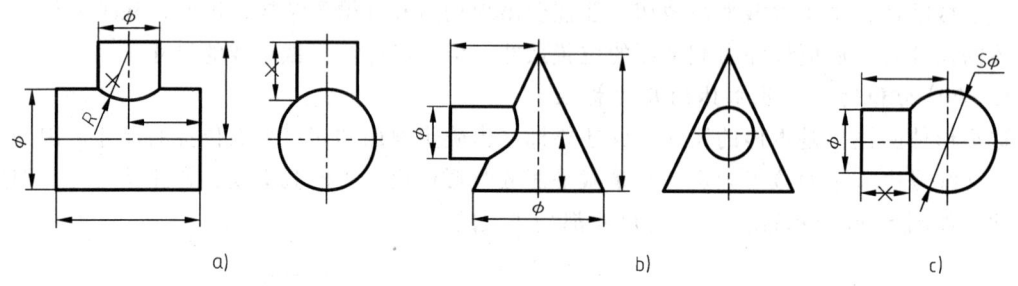

图 5-38 相贯体的尺寸标注

第6章 组合体的视图

组合体是由若干基本立体或常见简单体通过一定方式组合而成的形体。组合体的形状体现着常见机器零件的设计构想,是简化了工艺结构的机器零件的几何模型。本章主要讨论组合体视图的画法、组合体视图的尺寸注法、读组合体视图的方法以及组合体的构形设计。本章是学习的重点和难点。学好这部分内容,将为绘制和阅读机械图样打下重要基础。

6.1 三视图的形成及其投影规律

6.1.1 三视图的形成与投影

根据有关国家标准规定,绘制机械图样时,采用正投影法将物体向投影面投射所得图形,称为视图。如图6-1a所示,将物体置于三投影面体系中,在三个投影面上的投影,称为三视图。其中正面投影,即从前向后投射,在 V 面上得到的图形称为主视图;水平投影,即从上

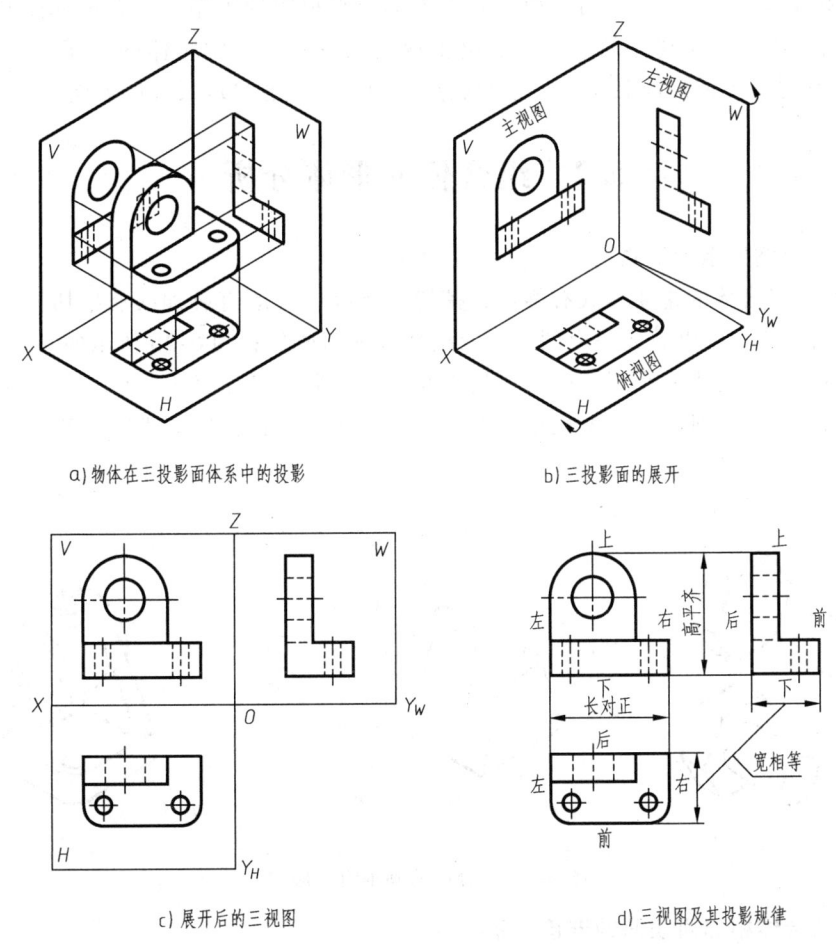

a) 物体在三投影面体系中的投影　　　　　b) 三投影面的展开

c) 展开后的三视图　　　　　　　　d) 三视图及其投影规律

图6-1　物体三视图的形成及其投影规律

向下投射，在 H 面上得到的图形称为俯视图；侧面投影，即从左向右投射，在 W 面上得到的图形称为左视图（也称为侧视图）。从本章开始我们将物体的投影图称为视图。

在第 2 章点的三面投影时就已介绍，三个投影面必须展开（图 6-1b），按规定展开的三视图如图 6-21c 所示。展开后不必画出投影面的边框线和投影轴，同时也无须标注视图和投影面的名称，如图 6-1d 所示。

6.1.2 三视图的投影规律

在三投影面体系中，通常规定物体左右方向的尺寸称为长，前后方向的尺寸称为宽，上下方向的尺寸称为高。如图 6-1d 所示，在三视图中，主视图反映物体上下、左右之间的位置关系，即反映了物体的高度和长度；俯视图反映了物体左右、前后的位置关系，即反映了物体的长度和宽度；左视图反映了物体上下、前后的位置关系，即反映了物体的高度和宽度。

由此得出物体三视图之间的投影规律：

主、俯视图——长对正。

主、左视图——高平齐。

左、俯视图——宽相等。

"长对正、高平齐、宽相等"是画图和看图必须遵循的最基本的投影规律，不仅整个物体的投影要符合这个规律，物体局部结构的投影也必须符合这个规律。在应用这个投影规律作图时，要注意物体的上、下、左、右、前、后六个部位与视图的关系，如在俯视图和左视图中，靠近主视图的一边都反映物体的后面，远离主视图的一边则反映物体的前面。因此，在根据"宽相等"作图时，不但要注意量取尺寸的起点，而且要注意量取尺寸的方向。

6.2 组合体的形体分析

6.2.1 组合体的组合形式

基本体组成组合体的主要形式有叠加、挖切以及混合（既有叠加又有挖切）的三种形式。图 6-2a 所示的立体，可以看成是由圆柱和六棱柱叠加而成的；图 6-2b 所示的立体，可以看成是先从长方体前后各切去一个三棱柱，再从中间挖去一个四棱台后形成的；图 6-2c 所示立体，可以看成是由Ⅰ、Ⅱ、Ⅲ、Ⅳ、Ⅴ简单体叠加而成，而Ⅰ、Ⅱ、Ⅴ又都被挖切了圆柱，此为常见的既有叠加又有挖切的混合形式。

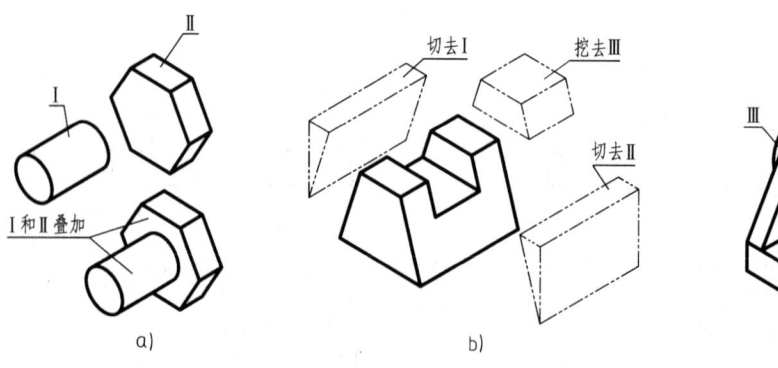

图 6-2 组合体的基本组合形式

6.2.2 组合体相邻两表面的连接关系

组合体中相互叠加（也称结合）的两个基本体相邻表面的连接关系有以下几种情况。

1) 相邻两形体的表面平齐，连成一个平面，结合处没有界线，在视图上不可画出两表面的界线，如图 6-3a 所示。
2) 相邻两形体表面相错（不共面），在视图上要画出两表面间的界线，如图 6-3b 所示。
3) 相邻两形体表面相切，平面与曲面光滑过渡，在视图上切线不应画出，如图 6-3c 所示。
4) 相邻两形体表面相交，相交处应画线，如图 6-3d 所示。

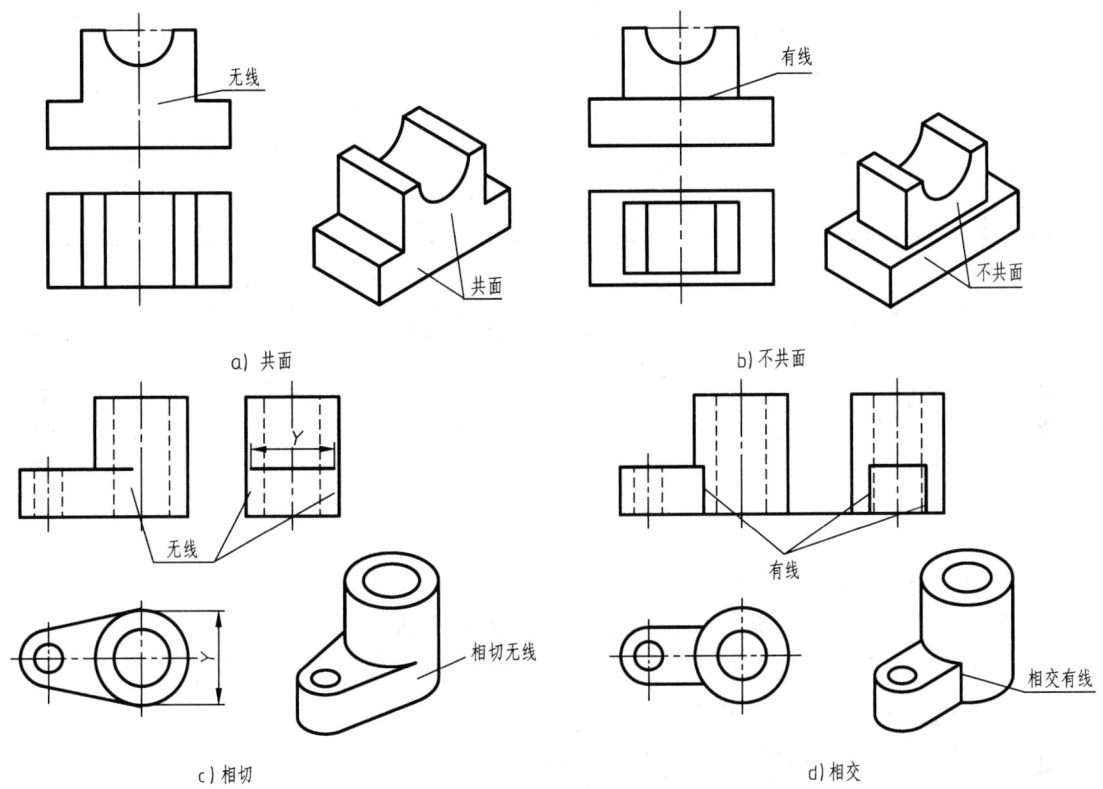

图 6-3 基本体相邻两表面连接关系的投影

6.2.3 挖切组合体的常见形式

挖切式组合体是指对基本体进行切割、开槽、穿孔后形成的形体。随着截切面的位置不同，视图表达也不同。四棱柱和空心圆柱是机件上应用非常广泛的形体，并且为适应不同的功能要求，常常会有缺口、开槽和穿孔等结构。图 6-4 所示为四棱柱和空心圆柱被挖切形成的组合体的结构和三视图。

根据设计需要，机件往往是混合形式的组合，一个机件常常同时有切割、开槽（矩形槽、梯形槽或 U 形槽）以及穿孔（方孔或圆孔）等结构，也常常是不同形式的叠加和挖切组合，所以要综合分析，分别对待。

6.2.4 形体分析法

形体分析法是组合体画图、读图和标注尺寸的基本方法。

(1) 形体分析法的概念　形体分析法就是在画、读组合体的视图时，假想将组合体分解为若干基本体（这些基本体可以是完整的也可以是不完整的）或简单体，分析各基本体的形状、组合形式和相对位置，分析基本体之间的分界线的特点和画法，弄清组合体的形体特征，再将它们组合起来，构成一个完整的组合体。这种分析方法称为形体分析法。

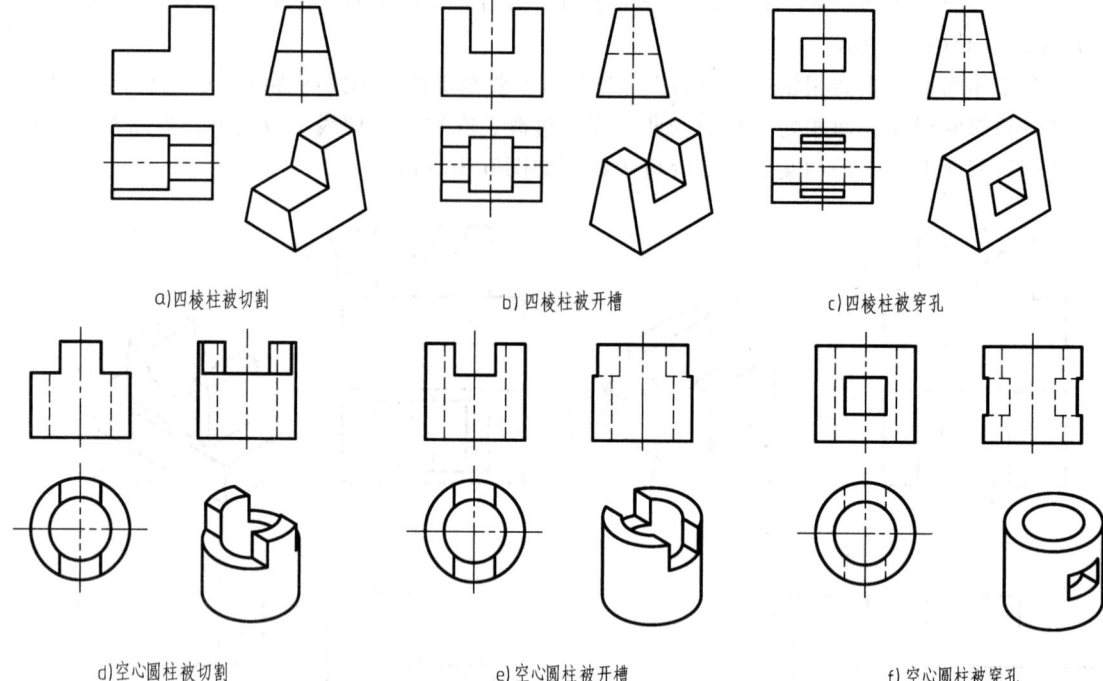

图 6-4　基本体挖切组合常见形式

（2）形体分析法的内容及步骤

1）分析形体组成部分的形状即各组成部分是何种基本体。
2）分析各组成部分的构成形式（叠加、切割、混合）。
3）分析各组成部分之间的相对位置关系（上、下、左、右、前、后）。
4）分析相邻基本体的表面连接关系（平齐、相切、相交等）。
5）分析形体是否在某一方向上对称（对称时应画出对称线）。

6.3　组合体视图的画法

虽然组合体形状的繁简不一，但画组合体视图的步骤通常如下。

1）形体分析。

2）主视图选择。首先将组合体自然、平稳安放，并且使主视图最能反映组合体主要形状特征以及各基本体间相对位置，并且尽量减少视图中的虚线。

3）选择比例，确定图幅。画图时应尽量采用 1:1 的比例，根据组合体的长、宽、高所占面积，并考虑标注尺寸及适当的间距，选择合适的标准图幅。

4）布图。按照组合体各视图大小，画出基准线以确定各视图的位置，应力求布局匀称。根据形状特征，基准线一般是对称中心线、轴线和有代表性的平面投影。

5）绘制底稿。根据组合体的组合方式，用细实线逐一画出各基本体（和简单体）的图形，并正确处理各形体之间表面的连接关系，还要注意组合成整体后，内部不应再画轮廓线。画图时应从反映各形体形状和位置特征的视图开始画起，一般先画主要部分，再画次要部分；先画大形体，再画小形体；先画大轮廓，再画小细节。

6) 检查、加深。完成底稿之后,逐一形体仔细检查,确认无误后将图线按规定线型加深。

下面举例说明组合体三视图的画法和步骤。

【例 6-1】 试画图 6-5 所示轴承座的三视图。

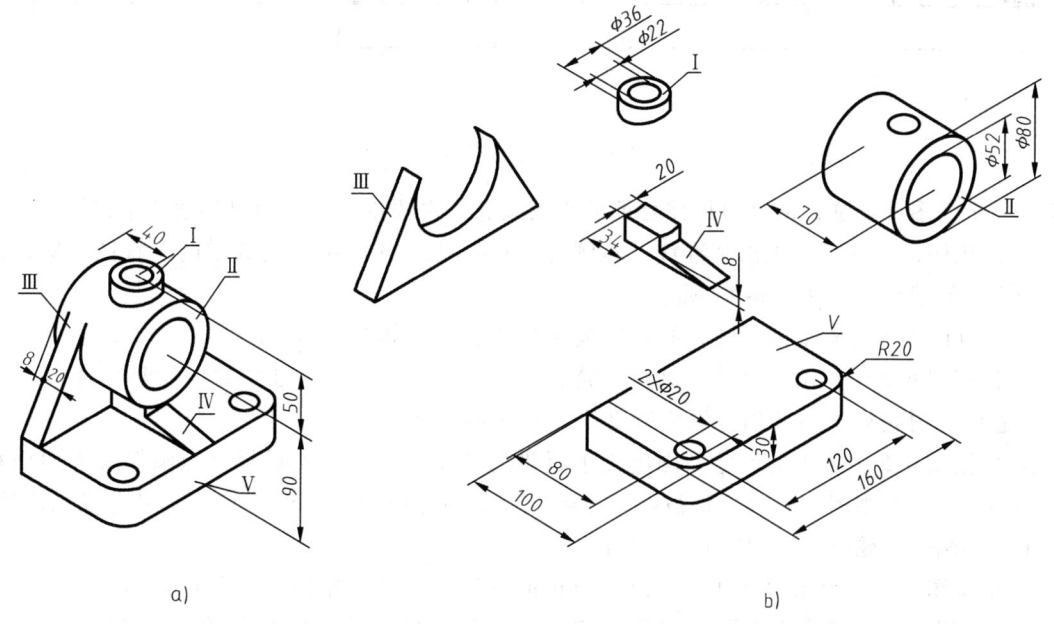

图 6-5 轴承座及其形体分析

作图方法和步骤

1) 形体分析。本题是以叠加组合为主的组合体,轴承座可分解为小圆筒凸台Ⅰ、圆筒Ⅱ、支承板Ⅲ、肋板Ⅳ、底板Ⅴ五个部分。在底板Ⅴ上面用支承板Ⅲ和肋板Ⅳ支承圆筒Ⅱ,支承板Ⅲ的左右两侧面与圆筒Ⅱ外表面相切,后面与底板Ⅴ后面平齐,肋板Ⅳ的左右两侧面与圆筒Ⅱ的外表面相交并有交线,后面与支承板Ⅲ的前面相贴合,圆筒Ⅱ的后面凸出底板Ⅴ和支承板Ⅲ的后面,带孔的小圆筒凸台Ⅰ与圆筒Ⅱ相贯,内、外表面均具有相贯线。

画轴承座的三视图,即在形体分析的基础上,逐个画出上述五个基本体的投影,然后再将它们叠加起来,综合考虑它们之间的表面连接关系和相对位置关系,弄清什么时候有线,什么时候没有线,以及形体之间的相融关系。

2) 选择主视图。确定主视图一般应符合以下原则。

① 符合自然安放位置。

② 反映形体特征,也就是在主视图上能清楚地表达组成该组合体的各基本体的形状及它们之间的相对位置关系。

③ 尽量减少其他视图中的虚线。

图 6-6 所示为轴承座几种主视图选择方案,其中图 6-6a、b 所示方案既考虑主视图本身特征清晰明了,又兼顾其他视图尽量减少虚线,是常用的较好方案。而图 6-6c 所示方案会使左视图出现较多虚线,图 6-6d 所示方案使主视图本身就有很多虚线,均不宜采用。本例采用图 6-6b 所示方案为主视图,其他视图相应确定。

3) 分步绘制图形。一般画形体的顺序为先实后空、先大后小、先画轮廓、后画细节,并

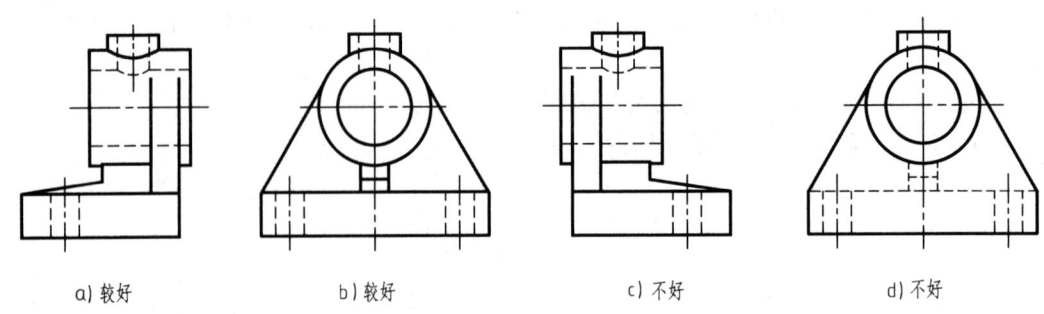

a) 较好　　　　b) 较好　　　　c) 不好　　　　d) 不好

图 6-6　主视图选择

且注意三个视图配合画，从反映形体特征的视图画起，再按投影规律画出其他两个视图。

① 选比例，定图幅，画出基准线。本例选1∶1比例，A3图幅，按选定的主视图方案，画出三个视图的基准线，如图 6-7a 所示。

② 根据图 6-5 中给出的尺寸，画出底板Ⅴ的三视图，如图 6-7b 所示。

③ 根据图 6-5 中给出的尺寸，画出圆筒Ⅱ的三视图，由于圆筒Ⅱ位置向后超出底板Ⅴ后面，注意俯视图底板Ⅴ被遮挡范围内有虚线，如图 6-7c 所示。

④ 根据图 6-5 中给出的尺寸，画出支承板Ⅲ的三视图，注意支承板Ⅲ与圆筒Ⅱ外表面相切处不画切线，俯视图中支承板Ⅲ被圆筒Ⅱ遮挡范围内是虚线，支承板与圆筒组合成一体处，圆筒不应再画转向轮廓线，如图 6-7d 所示。

⑤ 根据图 6-5 中给出的尺寸，画出肋板Ⅳ的三视图，注意左视图中肋板Ⅳ与圆筒Ⅱ组合处，应与主视图根据"高平齐"的投影规律，画出截交线，圆筒Ⅱ不应再画转向轮廓线。俯视图中肋板Ⅳ被圆筒Ⅱ遮挡范围内是虚线。肋板Ⅳ与支承板Ⅲ组合成一体处，应不画分界线，如图 6-7e 所示。

⑥ 根据图 6-5 中给出的尺寸，画出小圆筒凸台Ⅰ的三视图，注意左视图中小圆筒凸台Ⅰ与圆筒Ⅱ的内外表面都有相贯线的投影，应根据可见性画出，如图 6-7f 所示。

【例 6-2】　试画出图 6-8a 所示组合体的三视图。

作图方法和步骤：

1）形体分析。本题是典型的挖切式组合体，可视为由四棱柱在左侧切去三棱柱Ⅰ，在下方挖去四棱柱Ⅱ，在上方挖去一个四棱台Ⅲ而形成。

2）主视图选择。为清晰表达该组合体结构特征，选择图 6-8a 中箭头所指方向为主视图投射方向。

3）分步绘制图形。

① 恢复原形，画出四棱柱的三视图，如图 6-8b 所示。

② 画在左侧切去三棱柱Ⅰ之后的图形。首先依据尺寸在主视图中擦去左上角图线；再根据"长对正"的关系，在俯视图中画出截切后在顶面产生的交线；而由于积聚性，左视图不需要添画图线，如图 6-8c 所示。

③ 画在下方挖去四棱柱Ⅱ之后的图形。挖切后在组合体上形成一个向下开口的方槽，槽的两个侧面是正平面，顶面是水平面。首先在左视图中，根据尺寸画出方槽三个面的积聚投影；根据"高平齐"的关系，在主视图中画出槽顶的正面投影；根据"宽相等、长对正"的关系，在俯视图中画出槽两侧面的水平投影，由于槽左出口与正垂面相交，俯视图左出口投影不具有积聚性，注意投影的分段虚实性，如图 6-8d 所示。

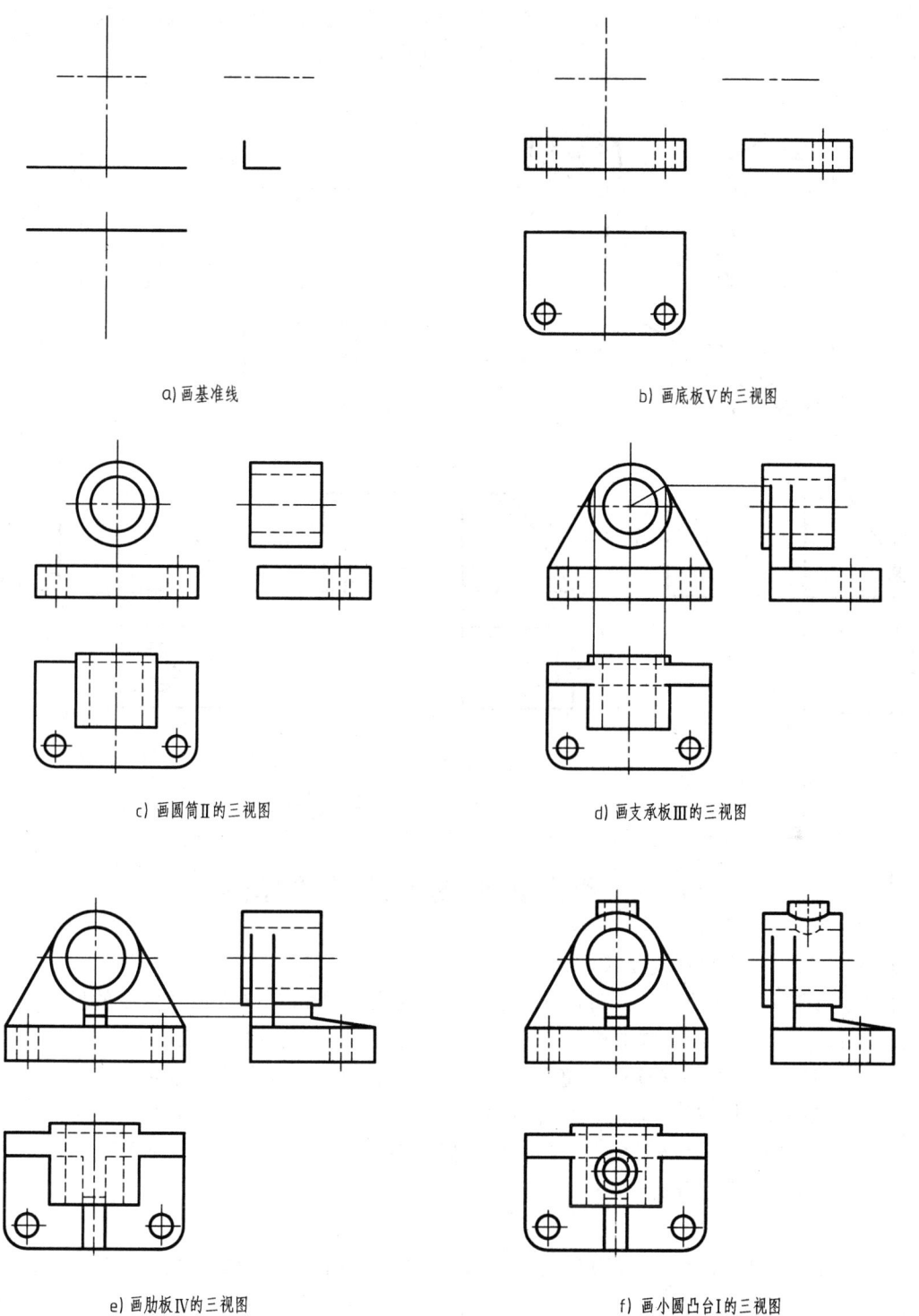

图 6-7 轴承座的作图过程

④ 画在上方挖去四棱台Ⅲ之后的图形，挖切后在组合体上形成一个向上开口的梯形槽，槽的两个侧面是侧垂面，底面是水平面。首先在左视图中，根据尺寸画出梯形槽三个面的积聚投影；根据"高平齐"的关系，在主视图中画出槽底的正面投影；根据"宽相等、长对正"

的关系,在俯视图中画出槽两侧面的水平投影,由于槽两侧面是侧垂面,俯视图投影不具有积聚性,要逐一线条画出多边形,至此完成全图,如图6-8e所示。

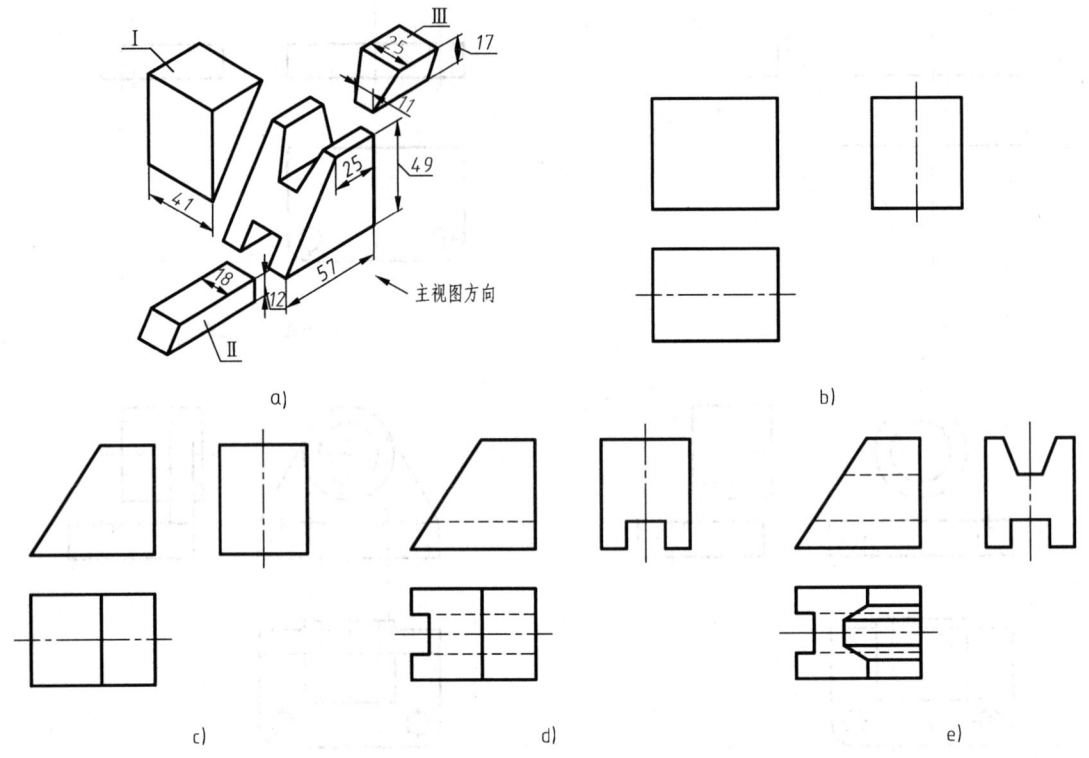

图6-8 画挖切式组合体的方法和步骤

6.4 组合体视图上的尺寸标注

6.4.1 尺寸标注的基本要求

视图主要表示机件的形状,而机件各部分的真实大小及相对位置要靠标注的尺寸来确定,因此图样上所注尺寸是加工制造机件的重要依据。标注尺寸应做到以下几点:

(1) 正确——尺寸标注必须严格遵守国家标准《机械制图》中的有关规定。
(2) 完整——尺寸必须完全确定组合体的形状和大小,不遗漏,一般也不要重复。
(3) 清晰——各尺寸都必须配置在适当的位置,布局整齐、清晰,以便于看图。

6.4.2 组合体尺寸分类

1. 组合体尺寸分类

由于组合体是由若干基本体有机组合而成,因此从形体分析角度看,组合体的尺寸主要有下面三种。

(1) 定形尺寸 确定组合体中各基本体形状大小的尺寸。
(2) 定位尺寸 确定组合体中各基本体之间相对位置的尺寸。
(3) 总体尺寸 确定组合体总长、总宽、总高的尺寸。但有些形体由于某端部是回转面结构,这些方向一般不直接标注总体尺寸。

2. 尺寸基准的概念

标注或度量尺寸的起点称为基准。确定基本体在组合体中的位置，需要从长、宽、高三个方向定位，标注每一个方向定位尺寸都应选取基准。一般选用组合体的中心对称面、底面、重要的面、较大的面及轴线为尺寸基准。当各基本体的相互位置对称时，可以省略一些定位尺寸。

例如：图 6-9 所示组合体的尺寸标注，其中尺寸 $R20$、$\phi26$、12 为竖板的定形尺寸，尺寸 80、45、15、$R10$、$2\times\phi10$ 为底板的定形尺寸；尺寸 40 为竖板上回转体的高度定位尺寸，尺寸 60、35 为底板上两个小孔的长度和宽度的定位尺寸；总长尺寸为 80，总宽尺寸为 45，由于竖板上边缘是回转结构，一般不直接注出组合体总高，而是由尺寸（$40 + R20$）间接给出。

说明：

形体组合在不对称分布的方向上要从尺寸基准起注出定位尺寸，如图 6-9 所示尺寸 40 和 35。对称分布的方向上不直接从对称面起标注定位尺寸，而是注出对称距离，如图 6-9 所示尺寸 60。

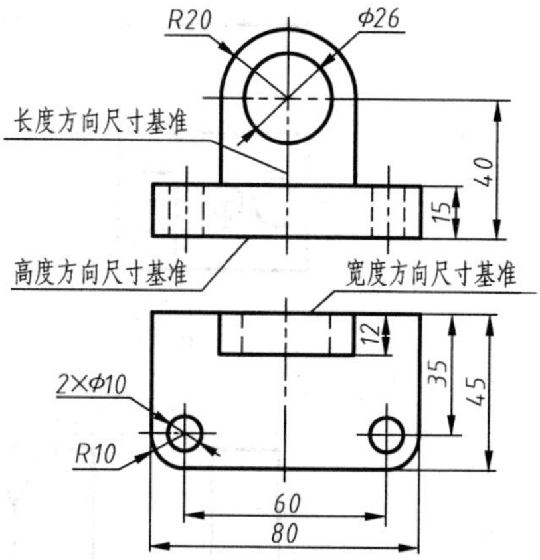

图 6-9 尺寸基准和分类

6.4.3 标注组合体尺寸的方法和步骤

1. 标注组合体尺寸的一般步骤

1）形体分析。

2）选尺寸基准，选定三个方向的尺寸基准。

3）标注出各形体的定形尺寸和定位尺寸，注意三个方向都要定位。

4）调整总体尺寸。

5）检查、完善。

标注定形或定位尺寸顺序不分先后。

2. 组合体尺寸标注举例

【例 6-3】 标注图 6-10a 所示组合体的尺寸。

标注的方法和步骤：

1）形体分析。该组合体为在 L 形折板 Ⅰ 中挖掉三棱柱 Ⅱ，形成 V 形槽；挖掉小圆柱 Ⅲ，形成圆孔；挖掉四棱柱和半圆柱组合 Ⅳ，形成 U 形槽而成，如图 6-10b 所示。

2）选择长、宽、高三个方向的尺寸基准，标注基本体的定位尺寸。按该组合体结构特征，选择最右轮廓面为长度方向的尺寸基准，选择底面为高度方向的尺寸基准，选择前后对称面为宽度方向的尺寸基准。由于挖切掉的几个基本体前后方向对称布置，宽度方向均不需定位尺寸。U 形槽与小孔在底板中上下穿通，V 形槽开口与侧板顶面平齐，高度方向也不需定位尺寸。长度方向从尺寸基准标注小圆孔轴线的定位尺寸 56，以及小圆孔与 U 形槽半圆柱轴线中心距尺寸 27 即可，如图 6-10c 所示。

3）标注 L 形折板 Ⅰ 的定形尺寸，如图 6-10d 所示。

4）标注各挖切基本体的定形尺寸，标注 V 形槽的宽和高尺寸；U 形槽的槽宽或半径选择之一标注，不必重复；小圆孔则必须标注直径尺寸，如图 6-10e 所示。

5）分析、整理。汇总前几步标注的定位和定形尺寸，考虑组合体的总体尺寸，可以看出

L形折板Ⅰ的长、宽、高尺寸,就是该组合体的总长、总宽和总高尺寸。组合体完整的尺寸如图 6-10f 所示。

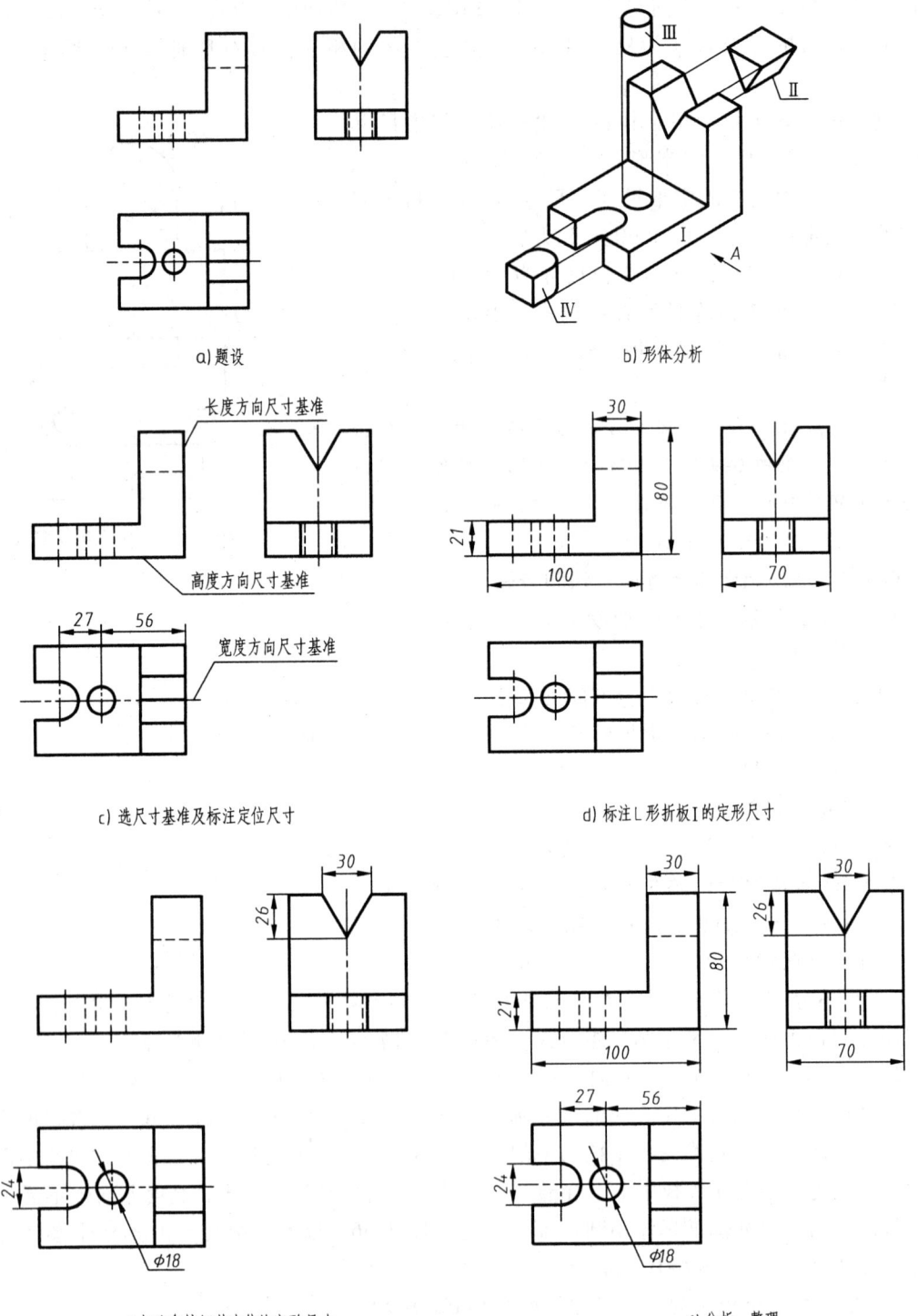

图 6-10 组合体尺寸标注实例一

【例 6-4】 标注图 6-11a 所示组合体的尺寸。

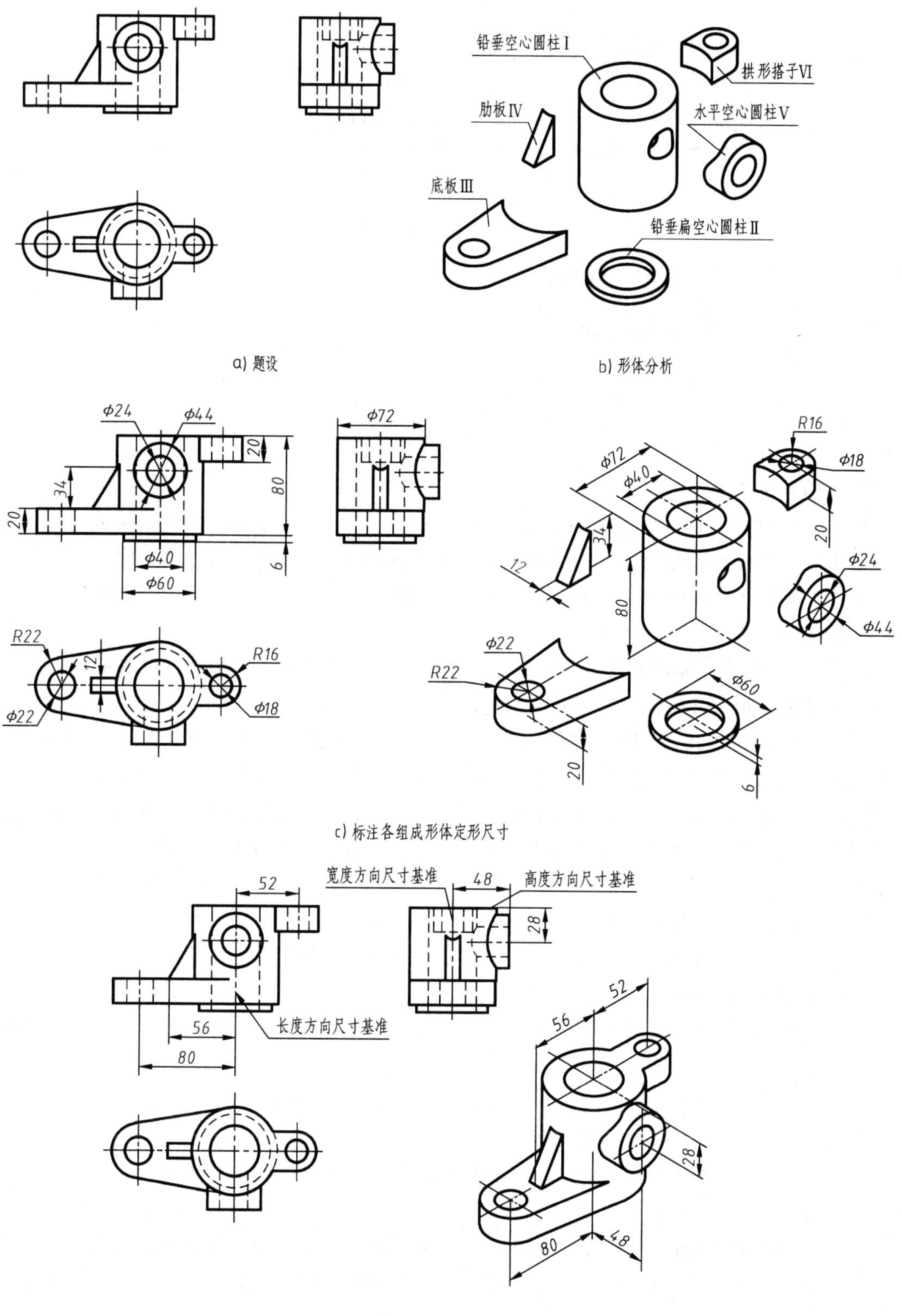

a) 题设

b) 形体分析 — 铅垂空心圆柱Ⅰ、拱形搭子Ⅵ、肋板Ⅳ、水平空心圆柱Ⅴ、底板Ⅲ、铅垂扁空心圆柱Ⅱ

c) 标注各组成形体定形尺寸

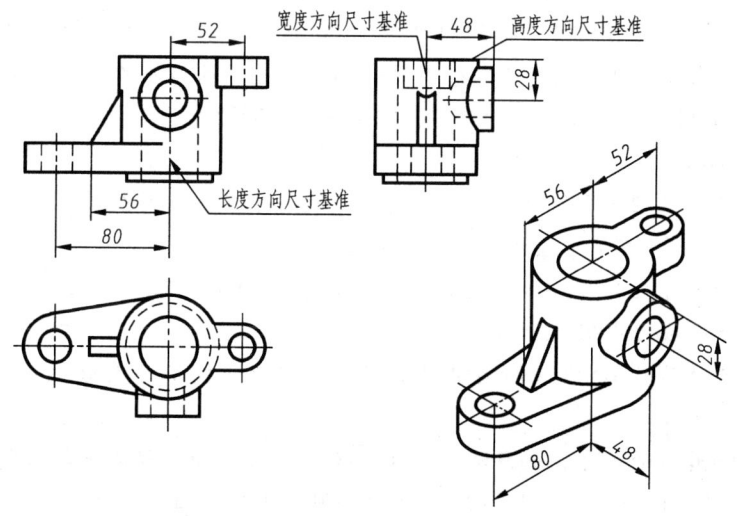

d) 确定尺寸基准,标注各组成形体的定位尺寸

图 6-11 组合体尺寸标注实例二

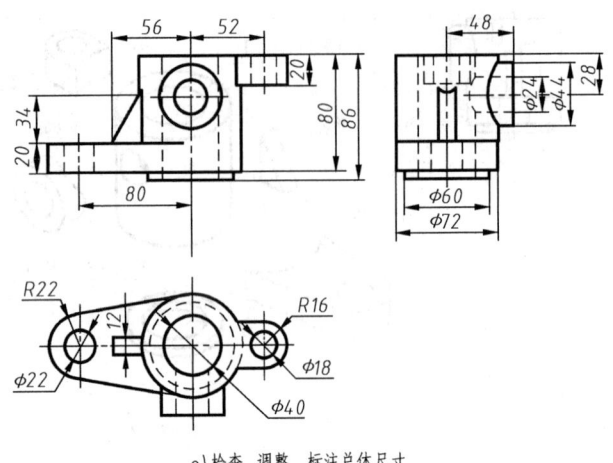

e) 检查、调整，标注总体尺寸

图 6-11 组合体尺寸标注实例二（续）

标注的方法和步骤：

1) 形体分析。该组合体为铅垂空心圆柱Ⅰ在上，铅垂扁空心圆柱Ⅱ在下同轴叠加；底板Ⅲ在左侧与圆柱Ⅰ相切叠加，二者底面平齐；底板Ⅲ和圆柱Ⅰ由肋板Ⅳ加强；水平空心圆柱Ⅴ与铅垂空心圆柱Ⅰ在正前方垂直相贯；拱形搭子Ⅵ与铅垂空心圆柱Ⅰ在右上方相交，顶面平齐，如图 6-11b 所示。

2) 标注各组成形体定形尺寸。根据"清晰、易懂"的原则，在较合适的视图上逐个标注各组成形体的定形尺寸，如图 6-11c 所示。

3) 确定尺寸基准，标注各组成形体的定位尺寸。本例选铅垂同轴空心圆柱的轴线作为长度和宽度方向的尺寸基准，选铅垂空心圆柱Ⅰ的顶面为高度方向的尺寸基准。自各方向尺寸基准起，标注各形体间定位尺寸。该组合体除水平空心圆柱外，在宽度方向是对称的，所以底板和搭子上的孔以及肋板，在宽度方向不需要标注定位尺寸，如图 6-11d 所示。

4) 检查、调整，标注总体尺寸。标注总高尺寸 86 时，应剔除扁空心圆柱Ⅱ的高度尺寸 6，避免形成封闭链。由于长度和宽度方向边缘具有回转结构，所以不直接注出总长和总宽尺寸。经过调整，最后完成的组合体的尺寸标注，如图 6-11e 所示。

调整思路（图 6-11e）：

1) 要把大多数尺寸注在视图外面，与两视图有关的尺寸应注在两视图之间，如图中几个高度尺寸 20、80、86，标注在主、左视图之间比较好。

2) 同方向连续的尺寸应共线，如主视图底板高度尺寸 20 和肋板高度尺寸 34 应共线、肋板定位尺寸 56 和搭子定位尺寸 52 应共线。

3) 同一形体的尺寸尽量集中在一个视图上，故水平空心圆柱Ⅴ的定形、定位尺寸集中标注在左视图上。

4) 完整的同轴回转体的尺寸，最好集中注在非圆视图上，如左视图中的标注。但应避免在虚线上标注尺寸，故有时应适当调整，故铅垂空心圆柱内孔的直径尺寸 φ40 仍选择标注在投影为圆的俯视图上。

5) 圆弧或半圆尺寸应注在反映该形体形状的视图上，并考虑同一形体尺寸集中标注的原则，底板和搭子的圆弧及圆孔定形尺寸集中标注在俯视图上。

6）尽量避免尺寸线与别的尺寸界线相交，也应避免把尺寸界线拉得太长，如图中相互平行的尺寸，应按顺序小尺寸在内，大尺寸在外。

图 6-12 所示为机件常见的安装板结构的尺寸标注方法，在标注有此类结构的组合体尺寸时可以借鉴。

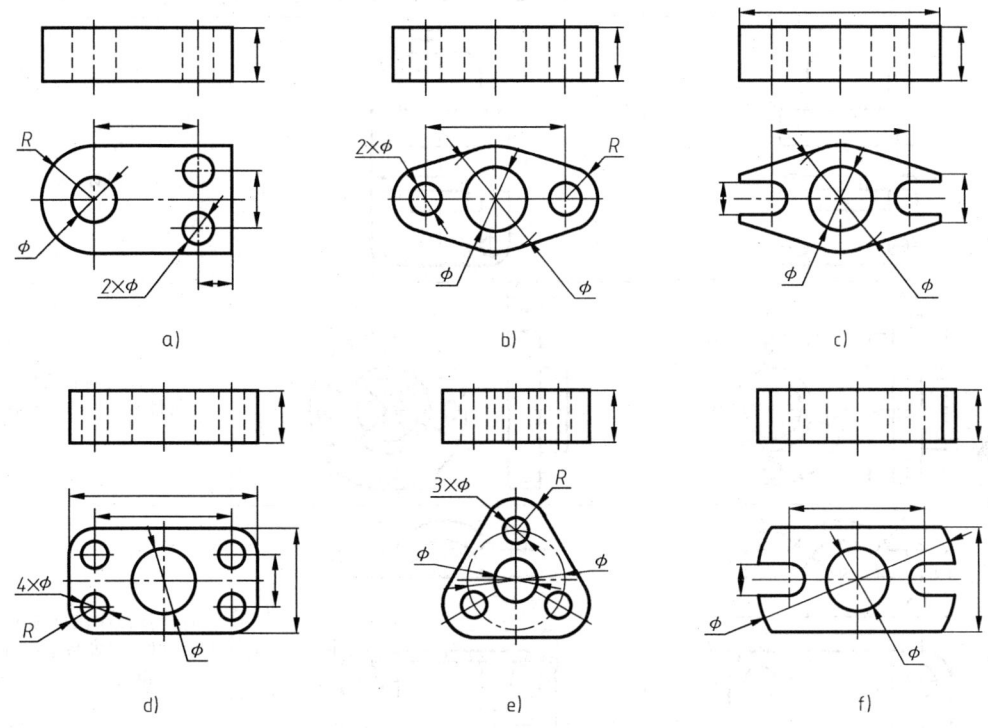

图 6-12　机件常见的安装板结构的尺寸标注方法

初学者在标注组合体尺寸时可能出现一些不足和错误，表 6-1 列举了尺寸标注的正误对照，可对比阅读。

表 6-1　组合体尺寸标注正误对照

正确标注	不好或错误标注	说　　明
		半径尺寸应标注在反映圆弧的视图上
		分离的两段圆弧同心，应标注直径尺寸

正确标注	不好或错误标注	说 明
		（续）
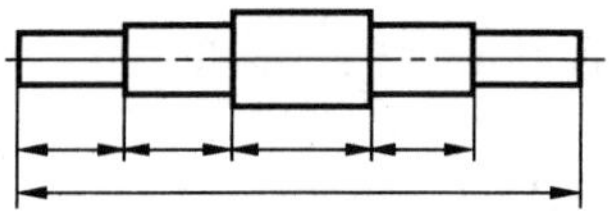	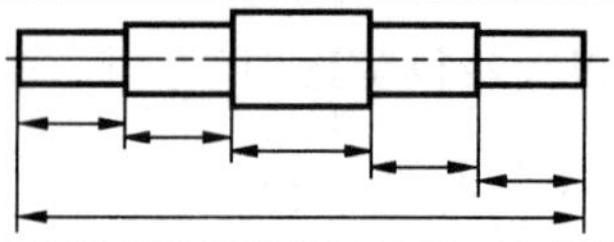	同一方向上连续标注的几个尺寸应尽量配置在少数几条线上，而且应避免尺寸线封闭
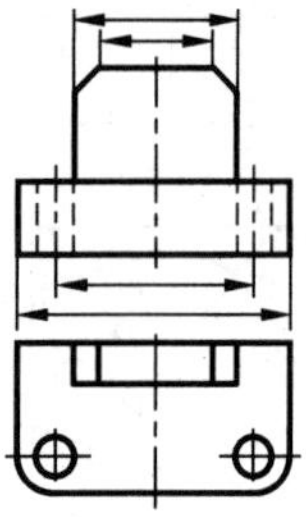	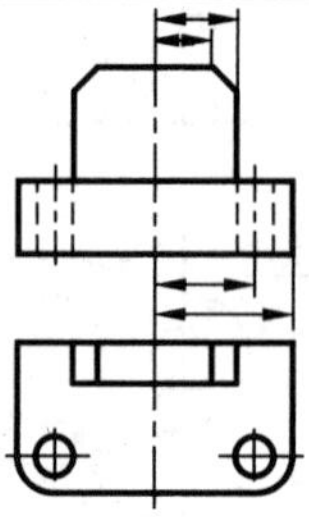	形体上的对称尺寸，应以对称中心线为尺寸基准对称性标注，不能只标一边
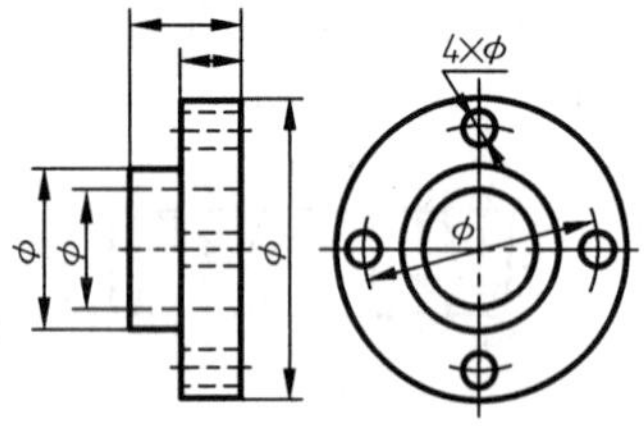	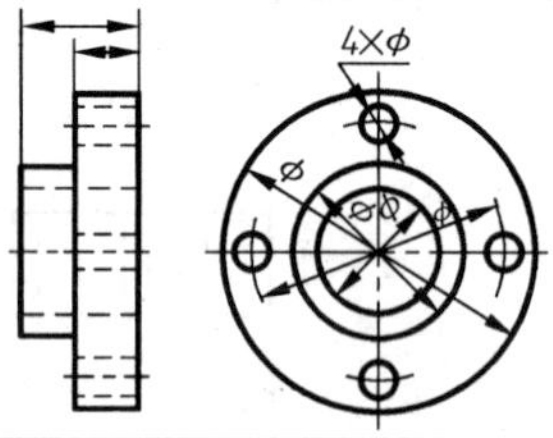	为了清晰，同心圆柱的直径尺寸，最好注在非圆的视图上
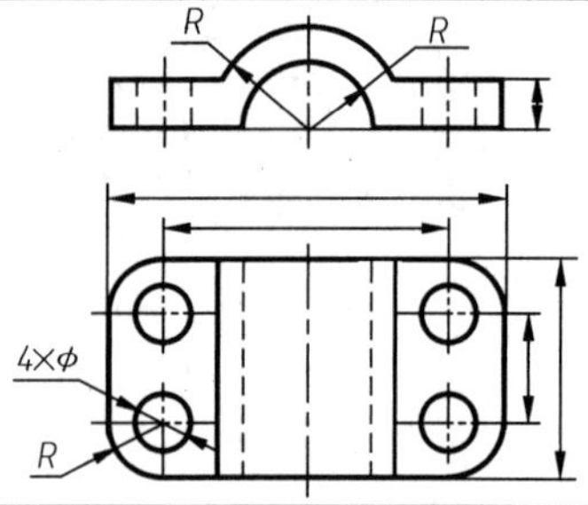	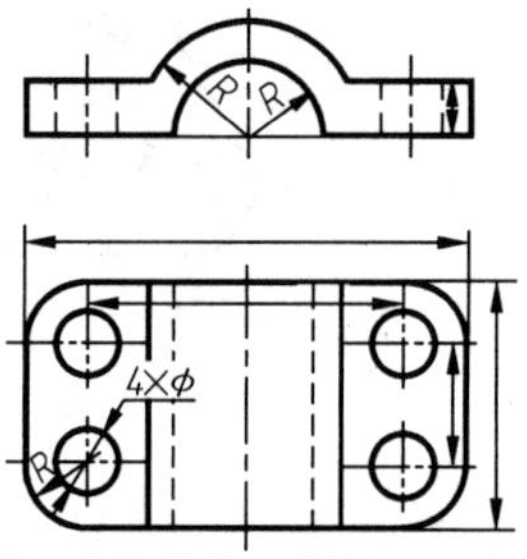	应尽量标注在视图外面，以免尺寸线、尺寸数字与视图的轮廓线相交
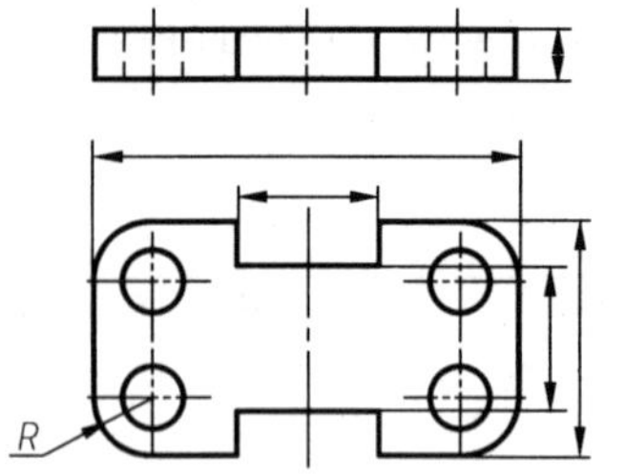	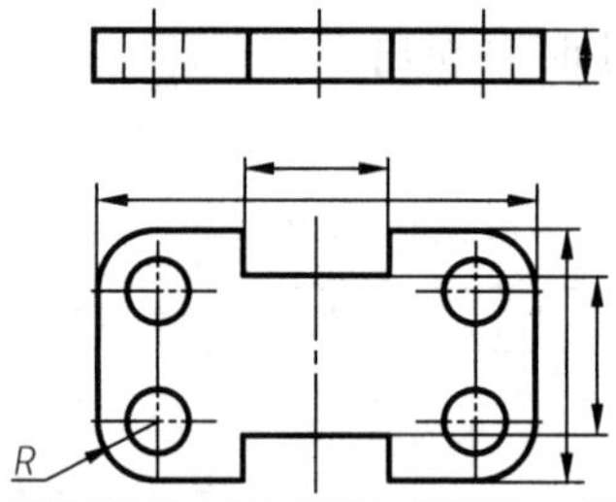	相互平行的尺寸，应按大小顺序排列，小尺寸在内，大尺寸在外

6.5 读组合体视图的基本方法

读图和画图是学习本课程的两个主要环节。读组合体视图是画组合体视图的逆过程，是由组合体视图，运用正投影特性和投影规律，想象出空间物体的形状和结构。所以要正确、迅速地读懂视图，必须掌握读图的基本要领和基本方法，培养空间想象能力和构思能力，通过不断实践，逐步提高读图能力。

6.5.1 读图的基本要领

1. 将几个视图联系起来看

一般情况下，一个视图不能唯一确定物体的形状，如图6-13a、b所示一个视图都相同，联系不同的另一个视图，便可想象出各自的形状。有时两个视图也不一定能确定物体的形状，如图6-13c所示，它们的主俯视图相同，联系左视图来想象、判断，才能认出各自的形状特征。因此读图时，必须几个视图联系起来进行分析、构思、设想、判断，才能想象出物体的形状。

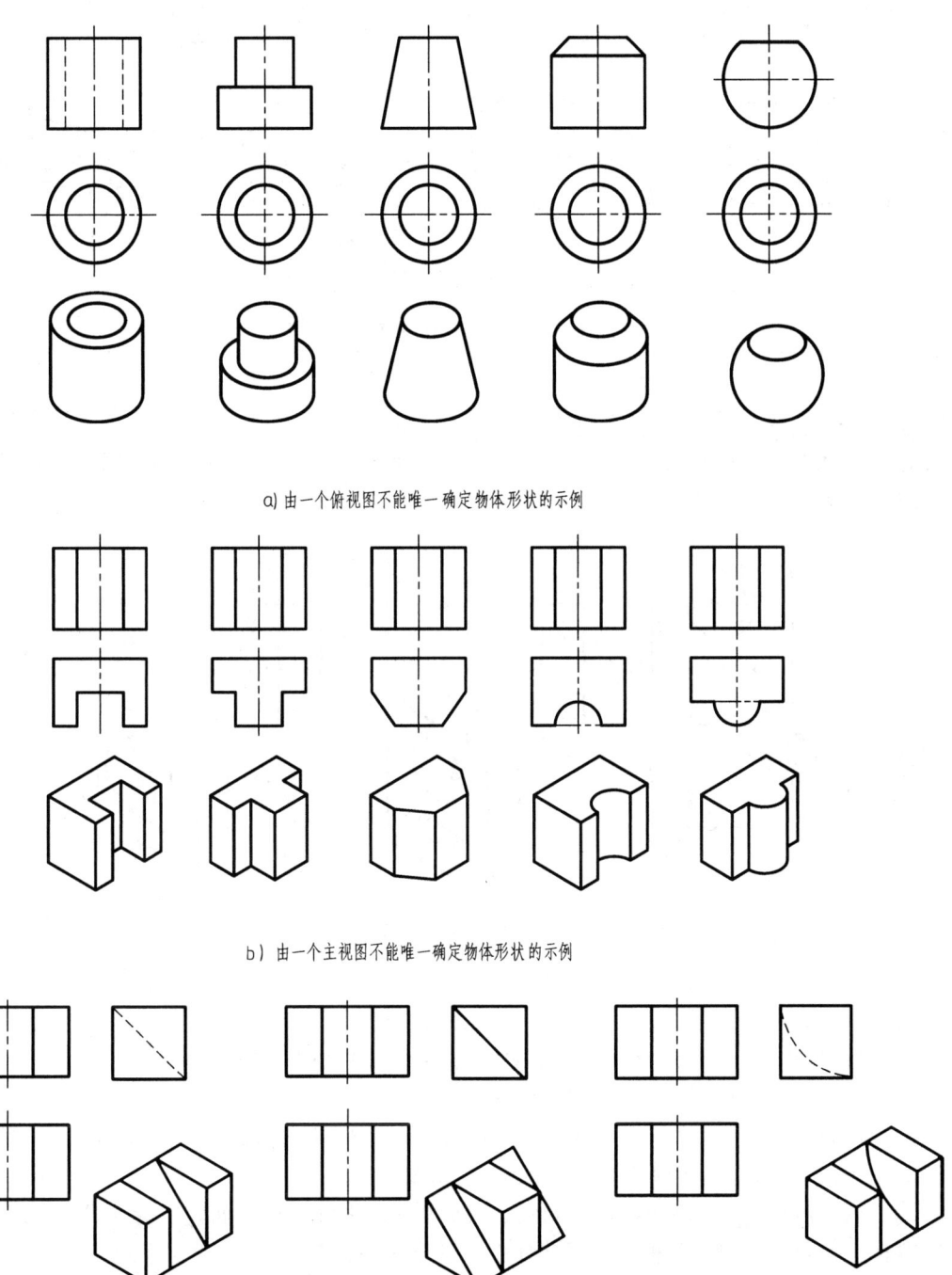

a) 由一个俯视图不能唯一确定物体形状的示例

b) 由一个主视图不能唯一确定物体形状的示例

c) 由主、俯两个视图不能唯一确定物体形状的示例

图6-13 将几个视图联系起来看

2. 抓住反映形状特征的视图来看

如图 6-14 所示,其俯视图反映形状特征最明显,只要与主视图联系起来就可知道该物体的形状结构。因此我们必须抓住反映形状特征的视图来看,正确想象出物体的形状结构。

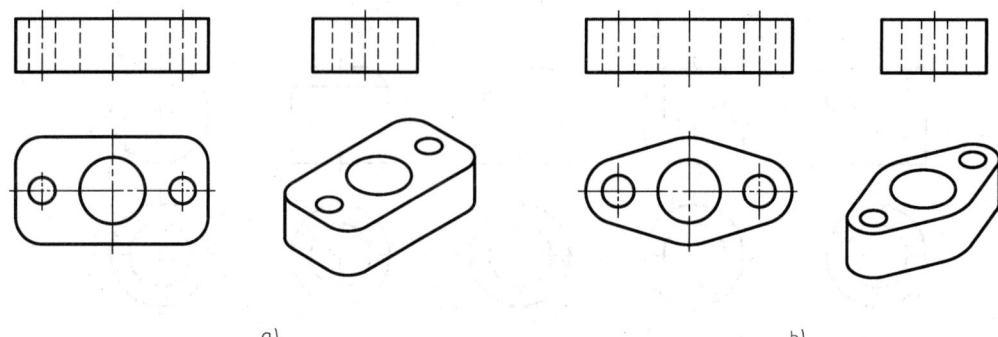

图 6-14　抓住反映形状特征的视图

3. 抓住反映其位置特征的视图来看

如图 6-15 所示,如果只看主、俯视图,则形体上Ⅰ与Ⅱ部分无法确定哪个是凸台,哪个是孔。而左视图明显反映出形体上Ⅰ与Ⅱ部分位置特征,只要把主视图和不同的左视图联系起来,便可以确定哪个是凸台,哪个是孔。

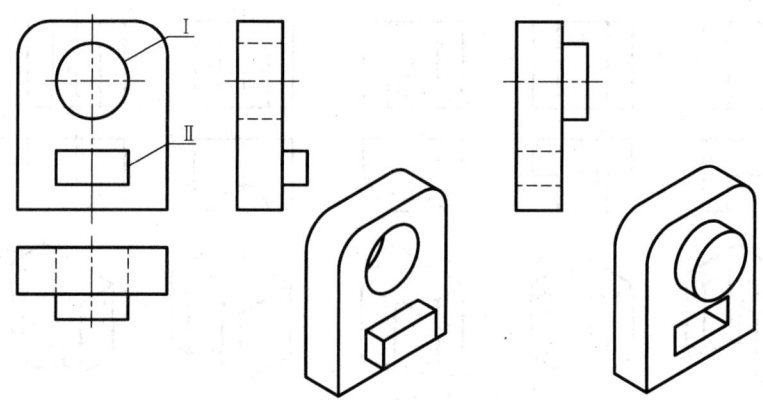

图 6-15　抓住反映其位置特征的视图

4. 弄清视图上图线和线框的含义

视图上的每一条线可以是物体上下列要素的投影。

1) 两表面交线。图 6-16b 所示主视图上直线 n' 是平面 A 与 B 交线的正投影;图 6-16c 所示主视图上直线 n' 是曲面 A 与平面 B 交线的正投影。

2) 垂直面、平行面的积聚投影。图 6-16b 所示主视图上直线 e' 是侧平面 E 在 V 面的积聚投影;俯视图上直线 c 是铅垂面 C 在 H 面上的积聚投影。

3) 转向轮廓线。图 6-16a 所示视图上直线 n' 是圆柱面 B 对 V 面转向轮廓线的投影。

视图上的每一个封闭线框可以是物体上下列要素的投影。

1) 平面。图 6-16b 所示主视图上封闭线框 a' 是物体上铅垂面 A 的正投影;封闭线框 b' 是物体上正平面 B 的正投影。

2) 曲面。图 6-16a 所示主视图上封闭线框 b' 是物体上圆柱面 B 的正投影。

3) 曲面及其他平面。图 6-16a 所示主视图上封闭线框 d' 是物体上 D 部分投影,表示平面与圆柱面相切连接。

视图上任何相邻两封闭线框必定是物体上下列要素的投影。

1）相交两面。图 6-16b 所示主视图上封闭线框 a' 与 b' 是两个相交平面 A 与 B 的投影。

2）前后两面。图 6-16b 所示主视图上封闭线框 b' 与 d' 是前后两平面 B 与 D 的投影。

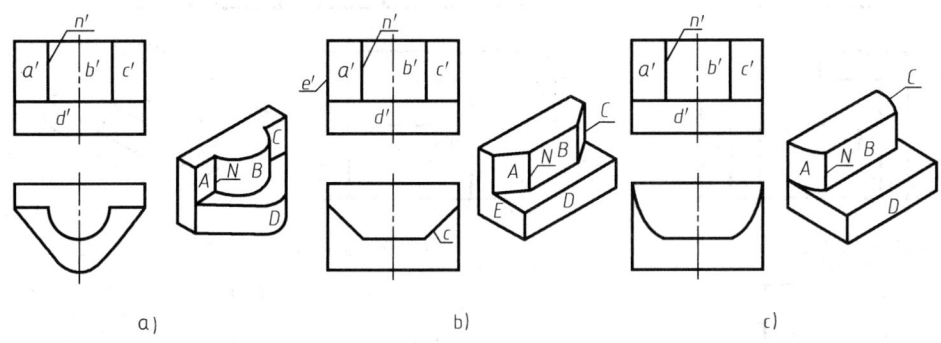

图 6-16　弄清视图上图线和线框的含义

6.5.2　读图的基本方法

1. 形体分析法

形体分析法是读组合体视图的最基本的方法，通常是在最能反映组合体形状特征的视图上着手。首先将此视图按照形体轮廓线构成的线框分割成几个平面图形，它们通常是各简单形体表面的投影；然后按照投影规律找出它们在其他视图上对应的图形，从而想象出各简单立体的形状；同时根据各简单形体间的相对位置，表面连接关系，综合想象出整体形状。现以图 6-17 所示为例，说明读图的方法和步骤。

【例 6-5】　已知组合体的主、俯视图（图 6-17a），画出它的左视图。

读图及补画左视图的步骤：

1）读视图，分形体，划线框。该组合体有四个组成部分，分别是底板Ⅰ、折板Ⅱ、三棱柱肋板Ⅲ和竖板Ⅳ。由于底板、折板和竖板宽度一致，没有分界线，可按形体特征画出假想线划分，如图 6-17b 所示。

2）找投影，想形状，补画视图。

① 补画底板Ⅰ的左视图。根据"长对正"的投影规律，将主视图上线框Ⅰ所对应的形状，在俯视图上找出对应的投影，可以看出底板是一块带有长圆形通孔的四棱柱，画出左视图，如图 6-17b 所示。

② 补画折板Ⅱ的左视图。从主视图上线框Ⅱ可知，折板形状为⌐形，根据投影规律在俯视图找出对应投影，可以看到左前角和左后角都被铅垂面截切。在左视图底板上方，画出叠加上去的折板图形，底板顶面被遮挡，改成虚线，如图 6-17c 所示。

③ 补画肋板Ⅲ的左视图。从主视图上线框Ⅲ可见，肋板特征形状为直角三角形，在俯视图上对应的投影是矩形，因此可以判断肋板是直角三棱柱，其左视图也是矩形，由于被折板遮挡，肋板的前轮廓面投影为虚线，如图 6-17d 所示。

④ 补画竖板Ⅳ的左视图。将主视图上线框Ⅳ与俯视图对正，可以看到竖板结构形状为四棱柱，并且在前上方有一通孔，根据标注的"ϕ"确定是圆孔，在左视图底板上方，画出叠加上去的竖板图形，如图 6-17e 所示。

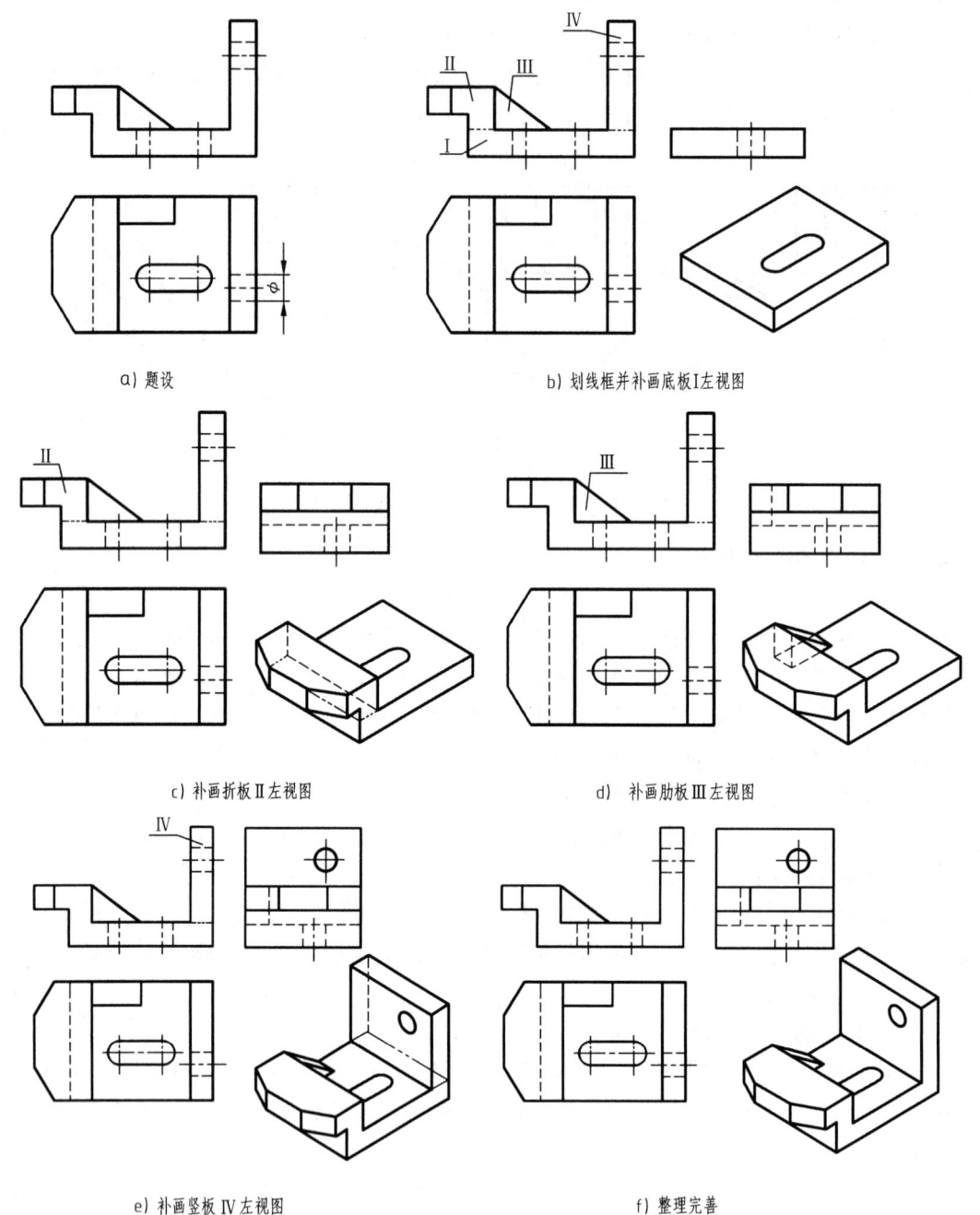

图 6-17 用形体分析法读图实例一

3) 整理、完善,画出完整的三视图。删掉对各形体的标注,擦除分线框时加的假想线,完整的组合体三视图如图 6-17f 所示。

【例 6-6】 已知组合体的主、左视图(图 6-18a),画出它的俯视图。

读图及补画俯视图的步骤:

1) 读视图,分形体,划线框。从主视图上看,有三个粗实线大线框,联系其他视图,将整体分成 A、B、C 三个简单形体,然后按各形体逐一分析读图。

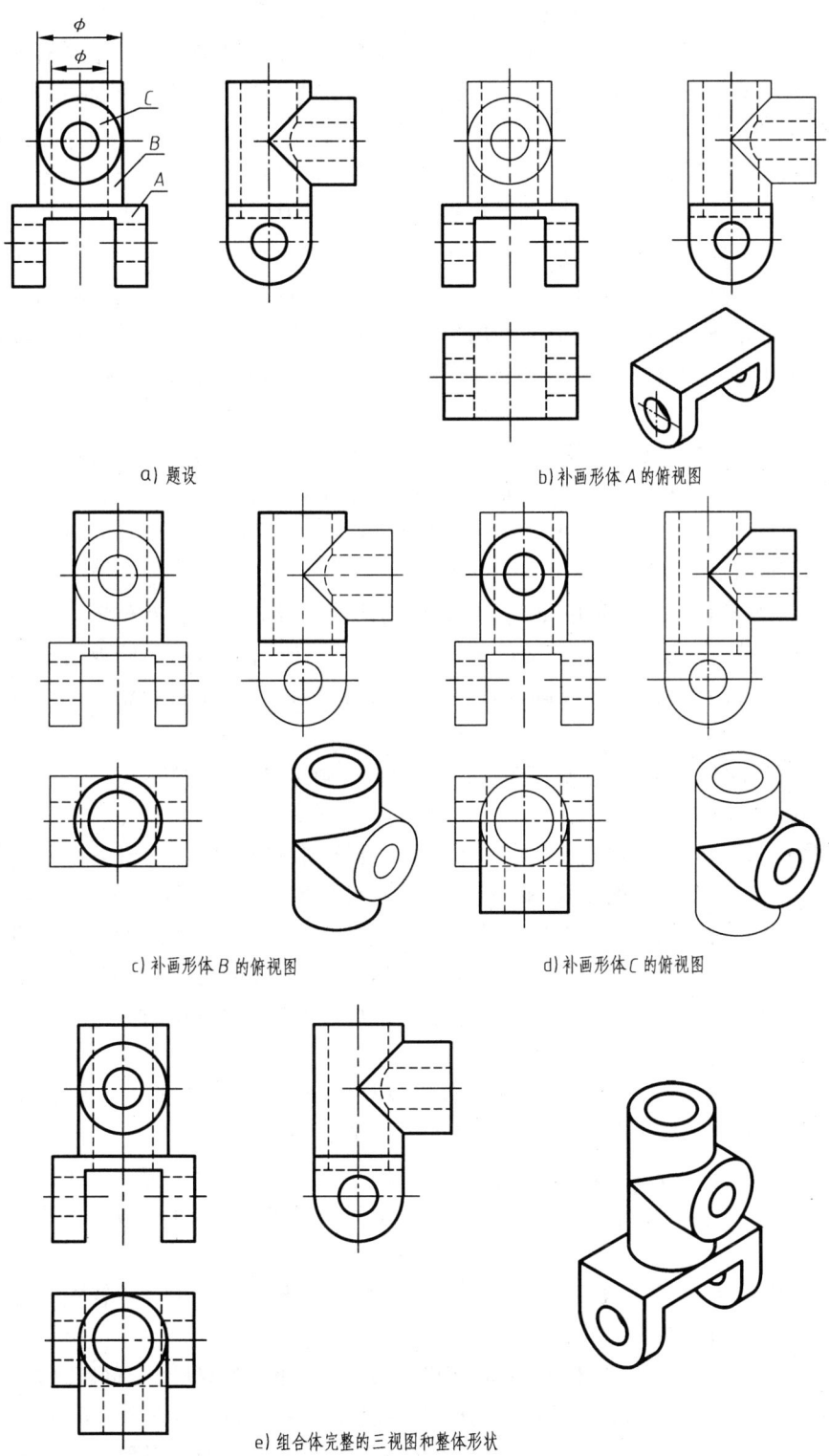

a) 题设　　　　　　　　　　b) 补画形体 A 的俯视图

c) 补画形体 B 的俯视图　　　d) 补画形体 C 的俯视图

e) 组合体完整的三视图和整体形状

图 6-18　用形体分析法读图实例二

2) 找投影，想形状，补画视图。

① 补画形体 A 俯视图。根据主视图形体 A 的线框，由"高平齐"的投影规律找出其在左视图上的投影。主、左视图联系看，可知该形体为底板，底板的上面是一个长方体平板，左右两侧是下部分为半圆柱形和上部分为长方体的耳板，耳板上各有一个圆柱形通孔。由此可画出俯视图，如图 6-18b 所示。

② 补画形体 B 俯视图。形体 B 的主、左视图为长方形线框，因为在长方形上部注有直径符号 Φ，可知它是一个轴线垂直于 H 面的圆柱，虚线表示中间有穿通底板的圆柱孔，底板前面、后面都分别与圆柱体相切。由此可画出俯视图，如图 6-18c 所示。

③ 补画形体 C 俯视图。形体 C 主视图为两个同心圆线框，对照左视图明显的内外表面相贯线特征可知，它是一个轴线垂直于 V 面的空心圆柱。圆柱外表面的直径与铅垂轴线的圆柱相等，圆柱内表面的直径比铅垂轴线的圆柱孔小，由此可画出形体 C 的俯视图，如图 6-18d 所示。

3) 对投影，明关系。读图不仅要想象出各部分的形状，还应抓住特征视图。对投影，明关系，即明各部分之间的相对位置和表面连接关系。图 6-18c 中的左视图，由两直径相等的圆柱相交的相贯线和两不等直径的圆柱孔的相贯线知它们是相贯体，再由图 6-18c 的主、左视图知，形体 B 在形体 A 的中间上方。

4) 综合起来想整体。根据底板和两个圆柱体的形状以及它们的相对位置，可以想象出这个组合体的整体形状，由于垂直于 V 面的圆柱高于底板，所以在圆柱的俯视图范围内，应将底板前面表面的有积聚性的投影改画为虚线。组合体完整的三视图和整体形状如图 6-18e 所示。

【例 6-7】 已知组合体的主、俯视图（图 6-19a），画出它的左视图。

读图及补画左视图的步骤：

1) 读视图，分形体，划线框。从主视图上看，从下到上有 Ⅰ、Ⅱ、Ⅲ 三个粗实线封闭线框，对应俯视图，有四条平行的粗实侧垂线，说明此组合体有四个平行的正平面。线框 Ⅰ 对应前数第一条、第二条侧垂线之间的凹字形柱体，位置最前、最低；依次向后，线框 Ⅱ 对应第二条、第三条侧垂线之间的多边形柱体，位置偏后、偏高了一些；线框 Ⅲ 对应第三条、第四条侧垂线之间的半圆形柱体，位置最后、最高。这是一个典型的挖切式组合体。

2) 找投影，想形状，补画视图。

① 根据恢复原形法的思路，可以先画出没有挖切之前的形体，对应已知视图可知是一个长方形四棱柱，补画的左视图和空间形状如图 6-19b 所示。

② 根据主视图上线框 Ⅱ 外廓形状并以俯视图上第一条、第二条侧垂线之间距离为深度，从前向后挖切一多边形柱体，最前方形成线框 Ⅰ 所示凹字形体，更新的左视图和空间形状如图 6-19c 所示。

③ 根据主视图上线框 Ⅱ 中部的圆及俯视图对应的两条虚线，在相应位置上穿孔，更新的左视图和空间形状如图 6-19d 所示。

④ 根据主视图上线框 Ⅲ 的半圆形状并以俯视图上第二条、第三条侧垂线之间距离为深度，向后挖去半个圆柱，得到完整的线框 Ⅱ 所示正平面形状，更新的左视图和空间形状如图 6-19e 所示。

⑤ 根据主视图上线框 Ⅲ 的小半圆形状并以俯视图上第三条、第四条侧垂线之间距离为深度，向后挖去半个圆柱，完成全部组合，更新的左视图和空间形状如图 6-19f 所示。

⑥ 整理完善之后组合体三视图如图 6-19g 所示。

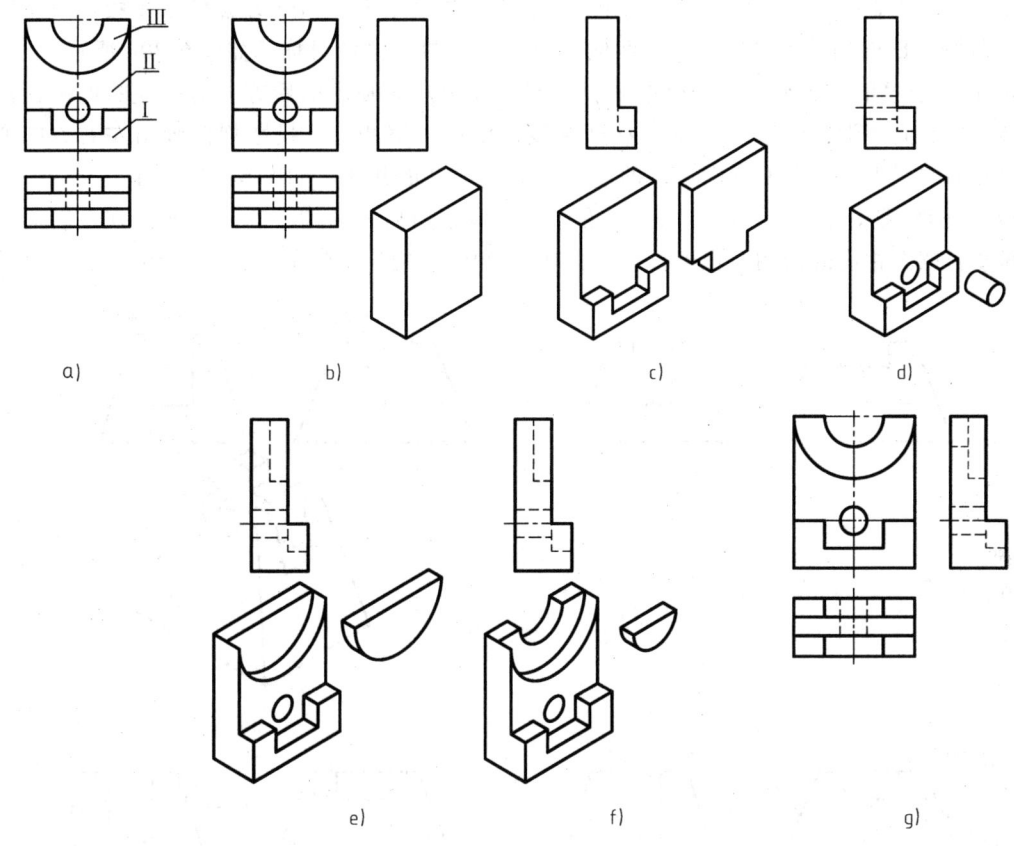

图 6-19 用形体分析法读图实例三

2. 线面分析法

任何物体都是由平面或平面与曲面围成的，而平面（或曲面）可由线段构成。线面分析法读图，就是利用线、面的投影特征，分析物体表面的形状和相对位置，从而想象出组合体的整体形状。下面举例说明线面分析法读图的步骤。

【例 6-8】 已知组合体的主、左视图（图 6-20a），补画俯视图。

读图及补画俯视图的步骤：

1）分析整体形状和组成表面。观察已知视图可知，该组合体是左右、前后分别对称的四棱台，上部前后方向和左右方向均开了通槽，其中左右方向通槽深一些。四棱台左右两侧面为正垂面 P，主视图投影积聚成直线，左视图为多边形的类似形；四棱台前后两侧面为侧垂面 Q，左视图投影积聚成直线，主视图为多边形的类似形；左右方向通槽的两个侧面为正平面，槽底为水平面，在左视图中投影均积聚成可见的直线，槽底在主视图中积聚为虚线；前后方向通槽的两个侧面为侧平面，槽底为水平面，在主视图中投影均积聚成可见直线，槽底在左视图中积聚为虚线，由于被另一通槽挖断，虚线中间不连续。空间分析如图 6-20b 所示。

2）根据不同位置平面的投影特性画出平面的投影。

① 画正垂面 P 的水平投影。从左视图可知 P 面是一个八条边的多边形，在已知视图上用数字依次标出多边形各端点，作八个端点的水平投影，按顺序连接后即得到 P 面的水平投影，左右两侧 P 面的水平投影镜像对称，如图 6-20c 所示。

② 画侧垂面 Q 的水平投影。从主视图可知 Q 面也是一个八条边的多边形，有两条斜边与 P 面共用。在已知视图上用数字依次标出多边形其余端点，作这几个端点的水平投影，按顺序连接后即得到 Q 面的水平投影，前后两侧 Q 面的水平投影镜像对称，如图 6-20d 所示。

③ 画两个通槽的水平投影。根据"长对正"投影规律画出前后方向通槽左右两侧面的积聚投影，槽底面矩形的前后有部分与 Q 面共线；根据"宽相等"投影规律画出左右方向通槽前后两侧面的积聚投影，槽底面矩形的左右有部分与 P 面共线，如图 6-20e 所示。

3）分析整理，完成俯视图。由于左右向通槽深于前后向通槽，前后向通槽在左右向通槽之内间断，擦去相应的槽侧面积聚投影，完成组合体完整的俯视图，如图 6-20f 所示。

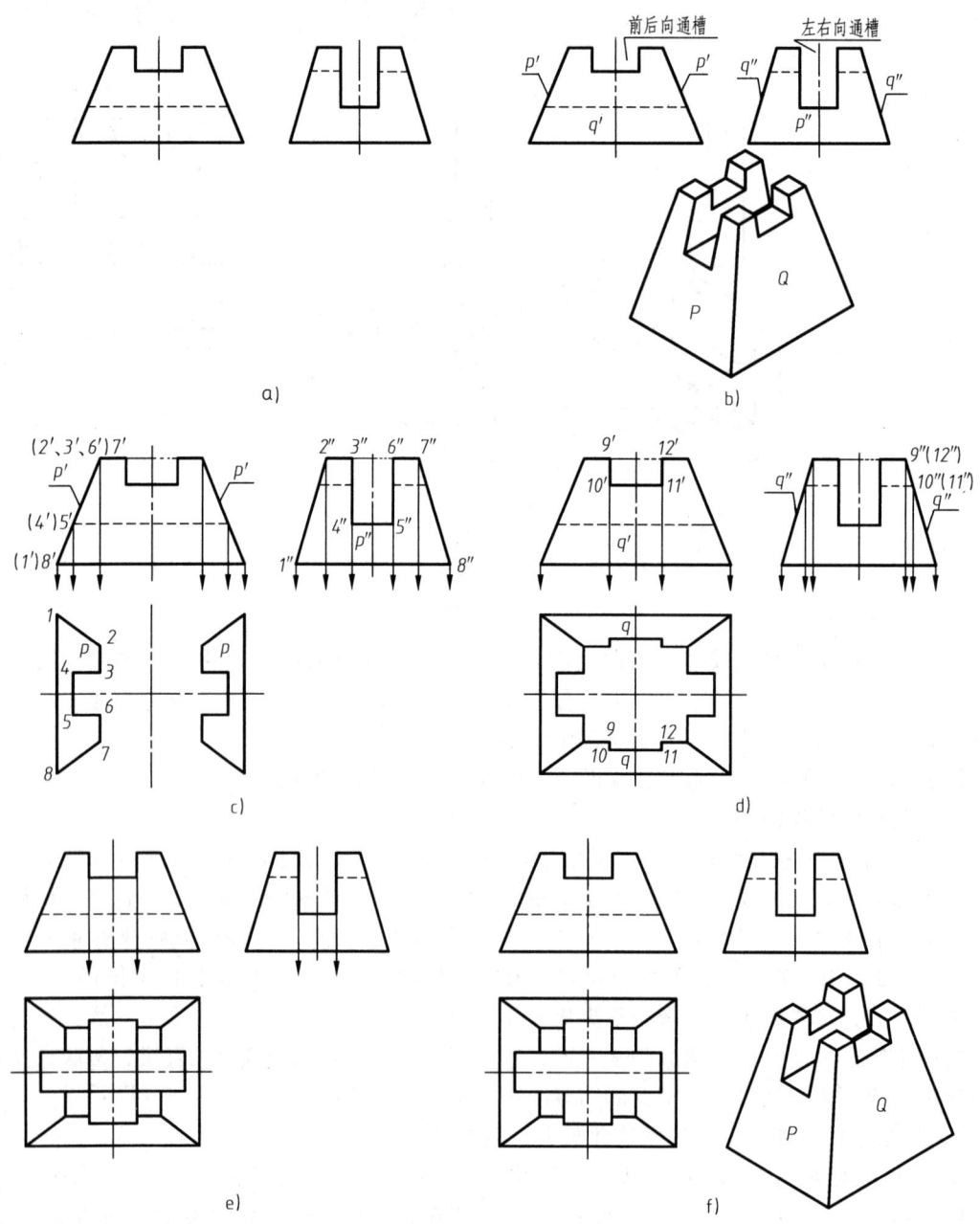

图 6-20 线面分析法读图实例

3. 补漏线

以上的读图练习是已知组合体的两个视图，要求补画第三视图，这个过程一般称为"知二求三"，是一种对读图和画图的综合训练。另外，通常还会进行补画视图中缺漏图线的练习，简称"补漏线"。这些漏线有时明显是某部分结构的投影，有时几个部分都会缺少一些图线，因此是对洞察力、细心和耐心的综合训练。

【例 6-9】 补画组合体视图中所缺的图线（图 6-21a）。

1）形体和相对位置分析。主视图形状特征最明显，可以看出该组合体由底板和竖板两部分叠加而成。底板呈┐形。竖板上部为部分圆柱，并有一个同心的正垂轴线圆柱孔。竖板左轮廓面为与圆柱相切的正垂面；右轮廓面为与圆柱相切的侧平面。竖板居底板的左后角安放。

2）补漏线。

① 竖板左轮廓面与底板顶面斜交，左视图上应有一段粗实线；右轮廓面与底板顶面正交，左视图上应有一段虚线。左视图漏画这些交线的投影，根据可见性和粗实线优先原则，用粗实线画出，如图 6-21b 所示线段 1″2″。

② 竖板上正垂轴线圆柱孔和┐形底板内侧的侧平面的水平投影漏画，根据"长对正"的投影规律分别画出。因均不可见，用虚线表示，如图 6-21b 俯视图所示。

③ ┐形底板内侧水平面的侧面投影漏画，根据"高平齐"的投影规律，用粗实线画出。
至此已补全组合体视图中的漏线，完整的三视图如图 6-21b 所示。

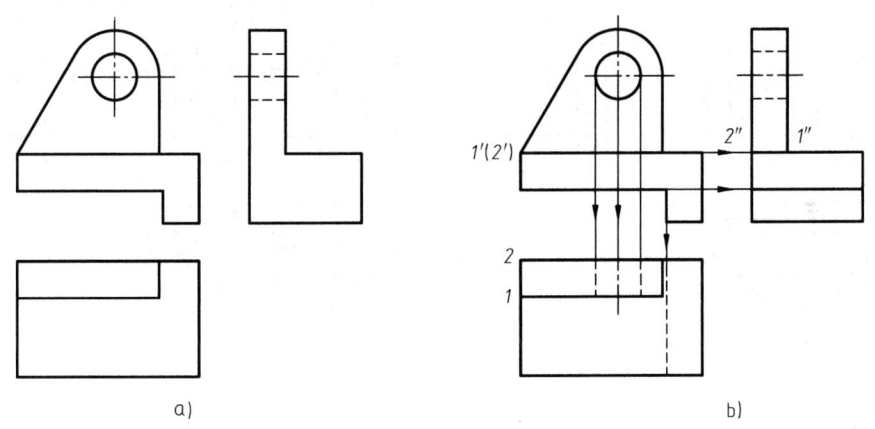

图 6-21 补漏线实例一

【例 6-10】 补画组合体视图中所缺的图线（图 6-22a）。

1）形体分析。从已知的图形可确定，该物体是长方体被挖切组合而成。主视图显示，物体左上角被正垂面切掉一个三棱柱。左视图显示，物体前、后中部挖切了大小相同、位置对称的左右方向方槽，故呈现工字形形状。

2）补漏线。左视图显示，每个方槽由两个水平面和一个正平面组成，主视图上前后槽投影重叠，现漏画方槽顶面和底面的投影，根据平面的投影特性，按"高平齐"的规律，用粗实线画出。

正垂面截切后的图形，在主视图上的投影积聚成一直线；在左视图上的投影反映类似形，根据正垂面投影特性，在俯视图上的投影也反映类似形。根据"长对正、宽相等"的规律，用粗实线画出工字形形状。

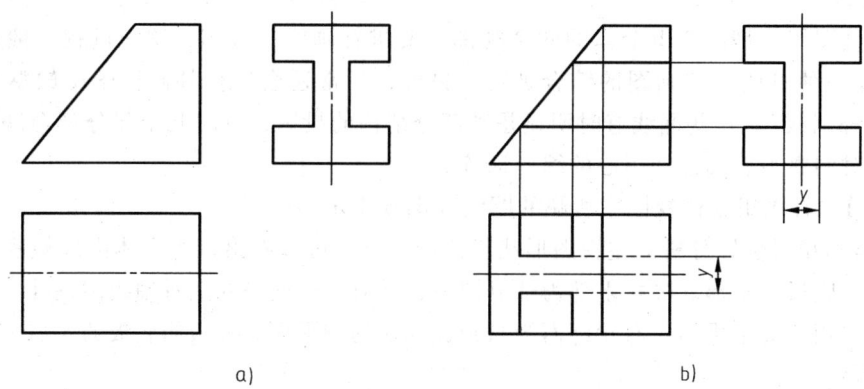

图 6-22 补漏线实例二

方槽在俯视图上的投影，主要是两个正平位置的内侧面的积聚投影，由"宽相等"画出。从槽顶面与两个内侧面交点开始向右均不可见，用虚线表示。

至此已补全组合体视图中的漏线，完整的三视图如图 6-22b 所示。

【例 6-11】 补画组合体视图中所缺的图线（图 6-23a）。

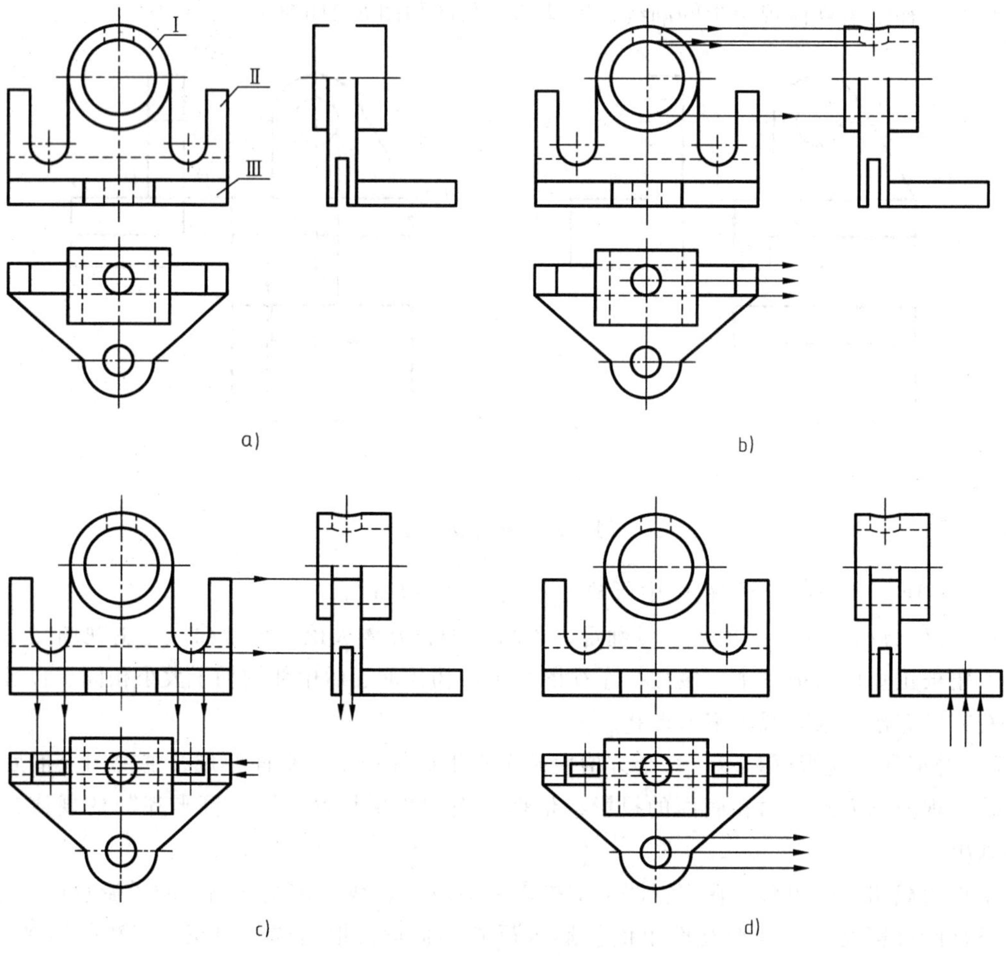

图 6-23 补漏线实例三

1)形体分析。分析已知三视图的形状特征、投影关系及相对位置可确定,该组合体可以分成圆筒Ⅰ、支承板Ⅱ和底板Ⅲ三部分。支承板Ⅱ和底板Ⅲ共底面,组合后形成 L 形结构;圆筒Ⅰ偏后一定距离安放在支承板Ⅱ上方,整体结构左右对称。

2)补漏线。

① 补画圆筒Ⅰ上的漏线。从主视图和俯视图可以确定地看出,圆筒结构是正垂轴线空心圆柱,上半部分筒壁上有一个铅垂轴线小孔,这两个视图投影完整。观察左视图,明显漏掉了两个圆柱内表面以及相贯线的投影,按照投影关系补画漏线,如图 6-23b 所示。

② 补画支承板Ⅱ上的漏线。从主视图明显看出支承板是长方体结构,中间支承在圆筒的正下方,左右对称挖切了两个 U 形槽;从左视图还可以看到,支承板还开有向下开口的左右向通槽。俯视图和左视图都有一些漏线,按照投影关系补画漏线,如图 6-23c 所示。

③ 补画底板Ⅲ上的漏线。从俯视图明显看出底板结构是三棱柱和半圆柱组合,还有一个铅垂轴线的通孔。主视图和俯视图投影完整,左视图有漏线,按照投影关系补画漏线,如图 6-23d 所示。

至此已补全组合体视图中的漏线,完整的三视图如图 6-23d 所示。

6.6 组合体的构形设计

前几节关于组合体的画图和读图主要分为三类:给定空间物体,准确表达为三视图;给出确定了形状、位置的组合体两视图,补画第三视图;给出组合体并不完整的三视图,补画缺漏的一些图线。而组合体构形设计是指在一定基础上,发挥创造力和想象力,想物、构物、画图的过程。构形设计的目的是进一步提高想象力,培养创新思维。

6.6.1 组合体构形基础

1. 组合体构形原则和要求

1)保证正确的投影关系。

2)尽量使用基本体构形,构形设计应力求和谐、美观。

如图 6-24 所示,卡车或台灯的构形,多采用棱柱体、圆柱、圆台或圆球等基本体。

3)保证连续实体,结构准确合理。构思的组合体形体必须是连续的,且便于加工成形,

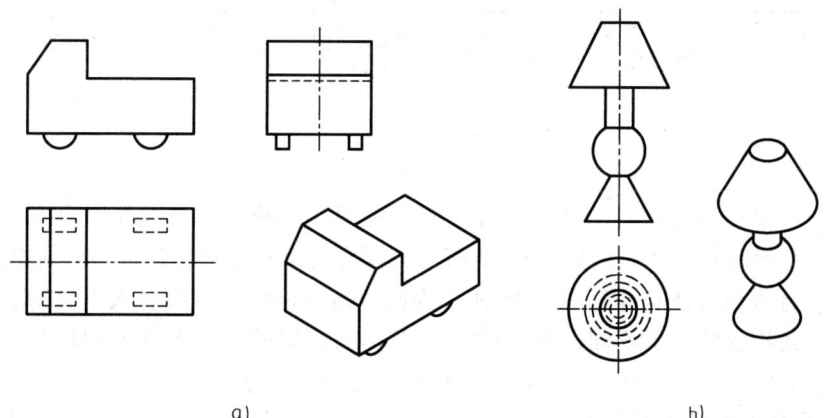

a)　　　　　　　　　　　　　　　　　b)

图 6-24　构形应尽量使用基本体

形体间不能以点、线、面或圆连接，封闭的内腔不便于成形，不要采用。图6-25所列举的一些不合理设计应避免。

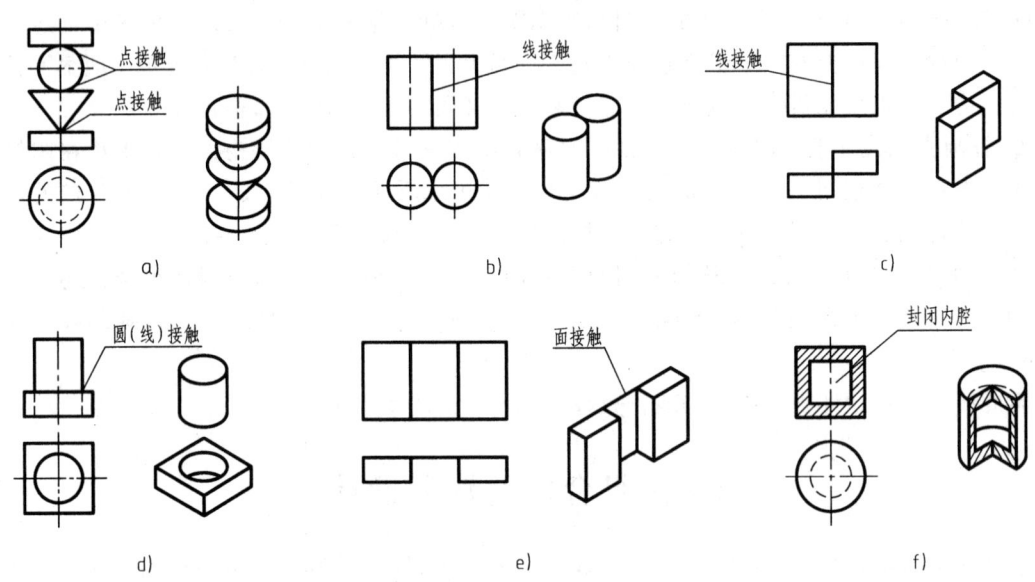

图6-25 构形应为连续的、可加工的实体

2. 组合体构形设计基本方法

（1）按叠加型组合体构建　例如已知组合体的主视图和俯视图，按叠加组合方式构建了三种形体，其左视图和立体形状如图6-26所示，当然还可任意构建许多不同的组合体。

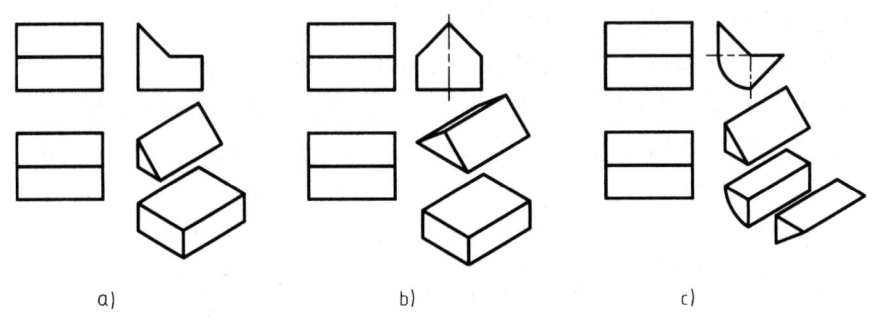

图6-26 叠加式构形

（2）按挖切型组合体构建　已知组合体的主视图和俯视图，按挖切组合方式构建了另外三种形体，其左视图和立体形状如图6-27所示，同样还可任意构建许多不同的组合体。

（3）按综合型组合体构建　图6-28所示为已知组合体的主视图，按综合组合（既有叠加又有挖切）方式构建的三个不同的组合体，可以看到它们的俯视图和左视图均不相同，立体形状也有很大差异。放开思路，还可以构思出许多符合已知条件的组合体。

6.6.2 组合体构形举例

构形构思的方法有对形体表面凹凸、正斜、曲面或平面的联想构思组合体，由基本体相交、相贯等组合方式的联想构思组合体。依据给定的条件进行构形设计，条件不同构形设计的

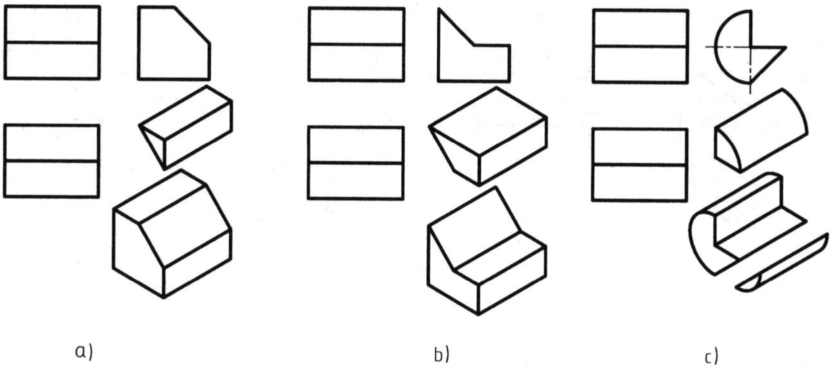

图 6-27 挖切式构形

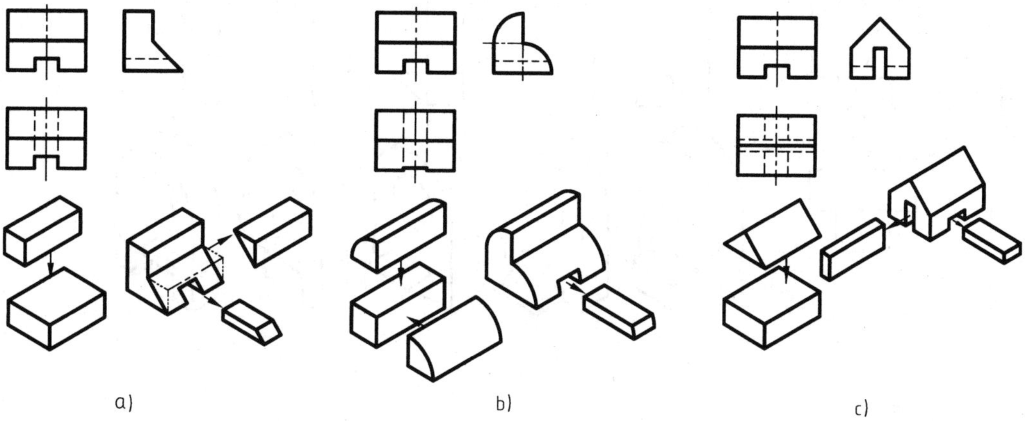

图 6-28 综合式构形

方式也不相同,通常主要有以下几种。

1)根据形体的一个视图,构思并设计多种不同形状的组合形体。图 6-29a 所示为一例组合体的主视图以及对其的分析,图 6-29b～f 所示为不同思路构建的组合体三视图和立体形状。

2)根据形体的两个视图,构思并设计多种不同形状的组合形体。图 6-30a 所示为一例组合体的主视图和俯视图,并对其进行了分析,图 6-30b～f 所示为不同思路构建的组合体的左视图和立体形状。

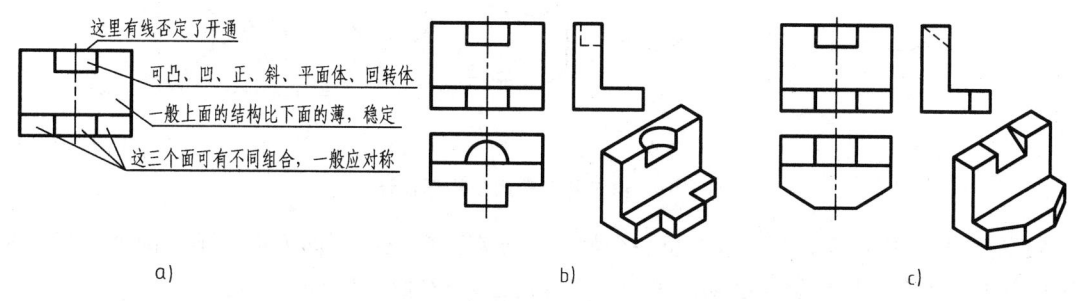

图 6-29 知一求多构形设计

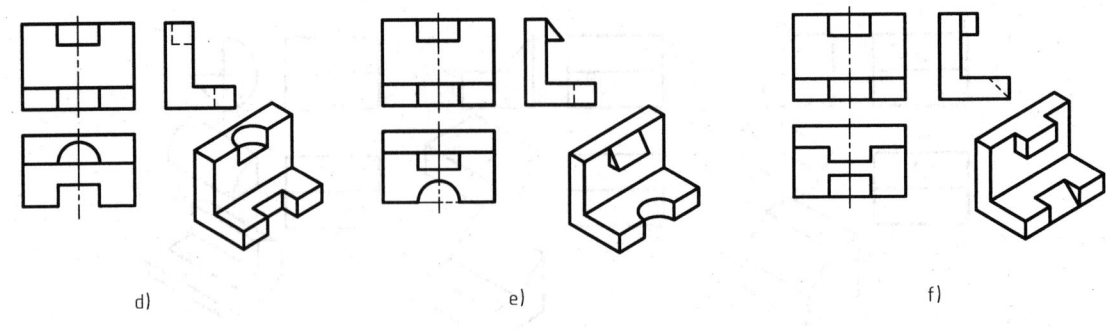

图 6-29 知一求多构形设计（续）

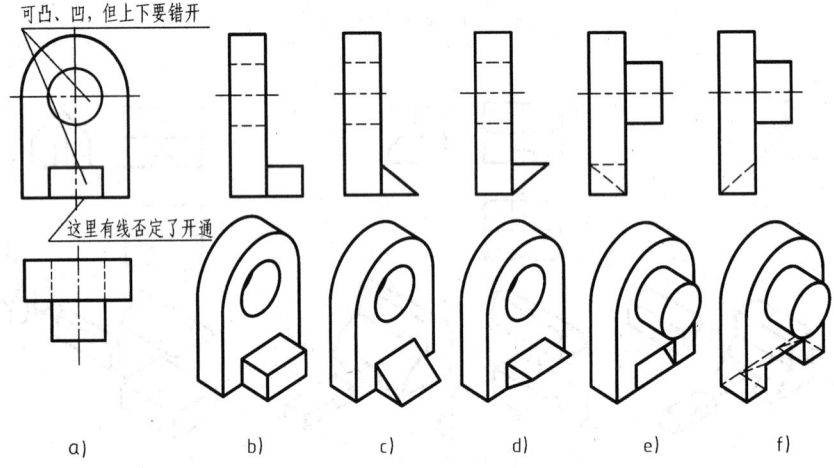

图 6-30 知二求多构形设计

3）通过给定形体的外形轮廓线进行构形设计。此类设计给定了形体的外形轮廓线，并未限制轮廓内添加多少线，以及什么形状和可见与否，因为不能超出外轮廓，一般是以挖切形式进行构形设计，如图 6-31 所示。

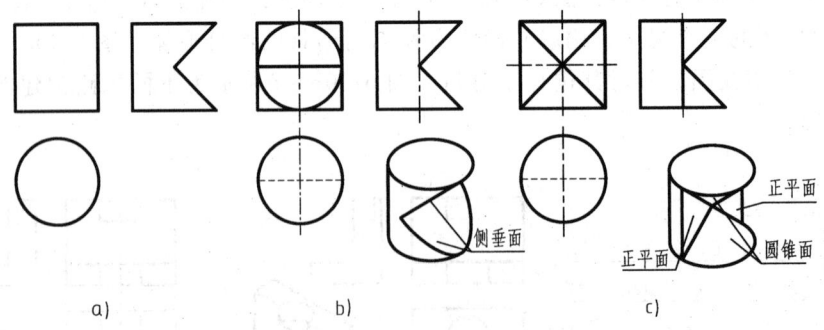

图 6-31 给定外形轮廓线构形设计

4）分向穿孔构形设计。要求构思一个物体能分别沿着三个不同方向，不留间隙地通过平板上已知的三个孔，即构思与已知的三个投射方向上外轮廓相符的组合体。

图 6-32a 所示一个模板，三个方向的外廓形状必须分别为矩形、三角形和圆形才能通过。

图中分析了单向可能符合要求的几种形体，但要同时满足三个方向都能穿过孔的形体是圆柱被对称挖切之后所形成，其空间投影和三视图如图 6-32b、c 所示。

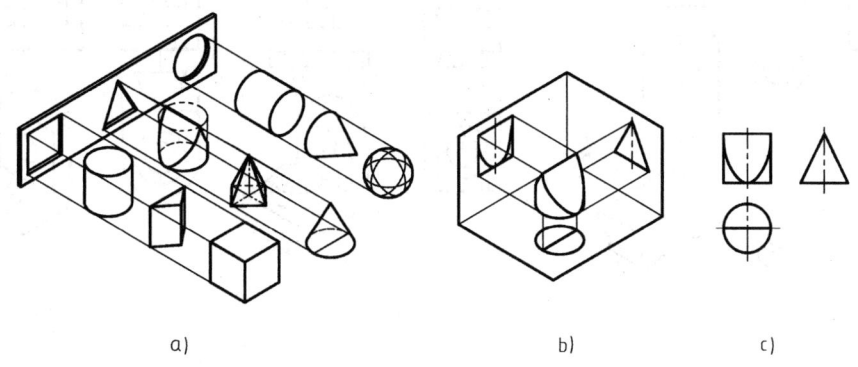

图 6-32　分向穿孔构形设计

5）根据已知的一组三视图表达的组合形体，构思并设计另一组三视图表达一个与之嵌合的组合形体。已知图 6-33a 所示组合体，设计出一个新的形体，使之与已知组合体嵌合后成为一个完整的圆柱。分析可知，已知形体是圆柱被穿孔、多次挖切而成，图 6-33b 所示为挖切掉的全部形体，即所求嵌合体，由于切掉部分位于前上方，所以直接按原投射方向表达，主视图不够清晰，如将主视投射方向转 180°，清晰程度得到很大的改善，如图 6-33c 所示。

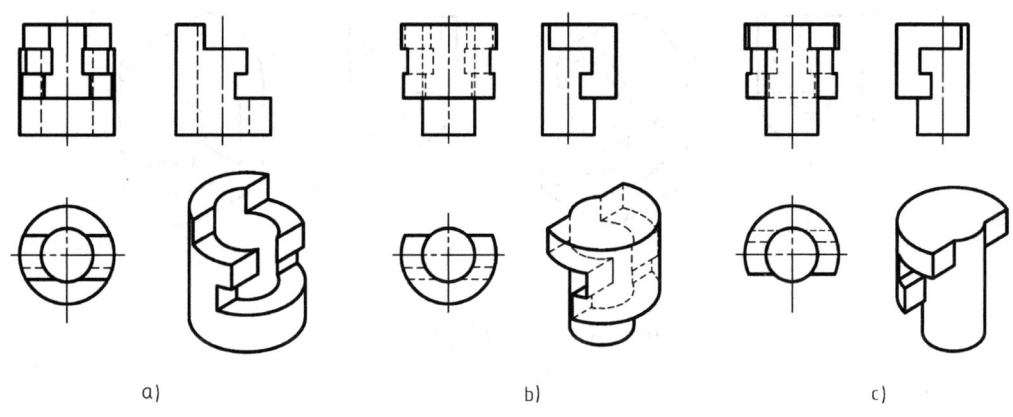

图 6-33　嵌合体构形设计

6）通过给定的几个基本体进行各种不同位置的组合想象，构思并设计多种不同形状的组合形体。图 6-34a 所示为三个简单形体，图 6-34b、c 所示为构建的两种常见组合体形式，进一步构思还可以有不同位置的组合。

7）相近形体的构思构形。对有些组合体的结构只需稍作很少的变动，就可以构思出一个非常相近的新组合体。已知图 6-35a 所示组合体，如果俯视图变成图 6-35b 所示，其上部形体发生很大改变，新构思组合体的三视图和空间形体如图 6-35b 所示。

通过讨论组合体的构形设计，可以看到构建组合体各形体的形状（平曲、凹凸）、大小、相对位置（相切、相交、对称、平行、垂直、倾斜等）和虚实（空形体、实形体）的任一因素发生变化，都将引起组合体的变化。继续充分发挥想象力，激励构形的灵感，一定可以多构思新颖、独特的形体。

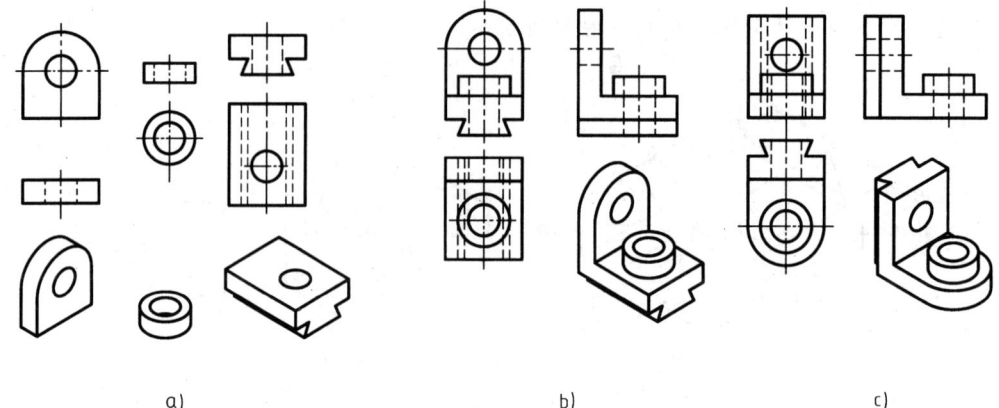

图 6-34 不同相对位置组合构形设计

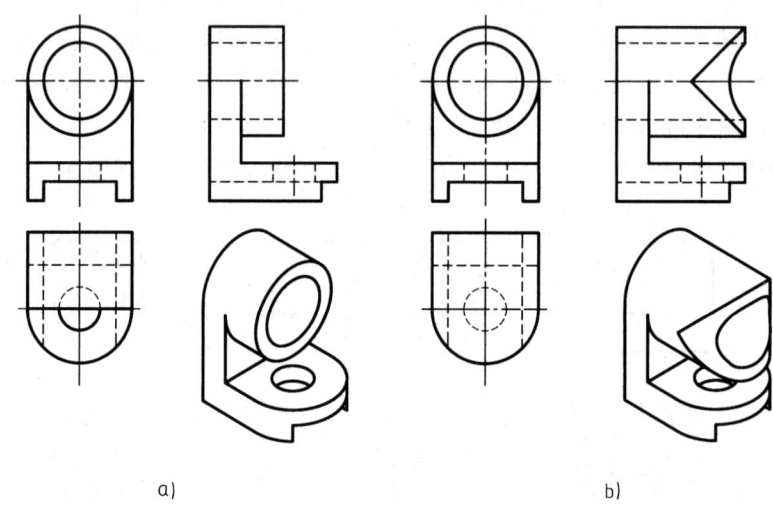

图 6-35 相近形体构形设计

第7章 轴测投影图

物体的视图是物体在相互垂直的两个或三个投影面上的多面正投影图（图7-1a），能正确地表达物体的形状和大小，度量性好，而且作图方便，是工程上应用得最广泛的图样，但是它的直观性差，缺乏立体感，不经过专门学习不容易看懂。GB/T 14692—2008《技术制图 投影法》规定：轴测投影是将物体连同其参考直角坐标系，沿不平行于任一坐标面的方向，用平行投影法将其投射在单一投影面上所得的具有立体感的图形，轴测投影也称轴测投影图或轴测图，如图7-1b所示。轴测投影图是一种富有立体感的单面投影图，它能在一个投影面上同时反映出物体的长、宽、高三个方向的形状，并接近人们的视觉习惯，立体感强。但轴测图不能确切地反映物体真实的形状和大小，度量性差，手工作图也比较麻烦，并且作图较正投影复杂，因而在生产中作为辅助图样，用来帮助人们读懂正投影图，通过比较图7-1，可以清楚地看到轴测图的这些优缺点。

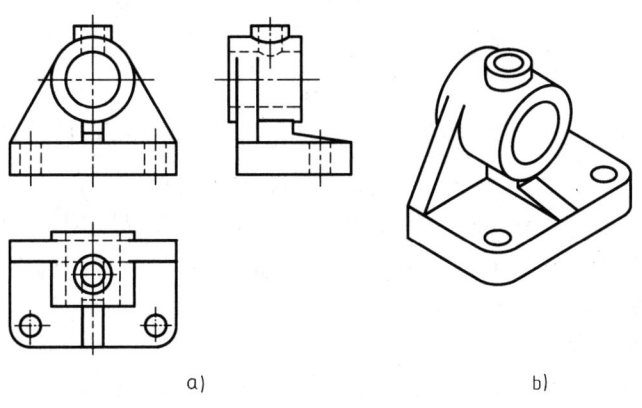

图 7-1 三视图与轴测投影图

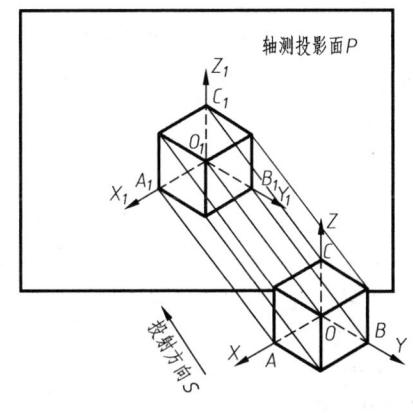

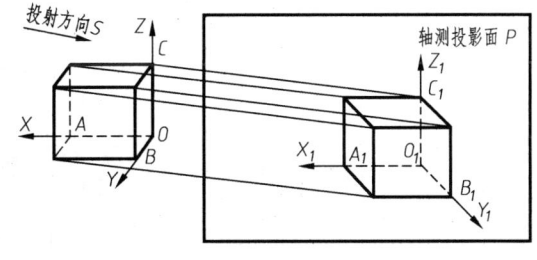

图 7-2 正轴测图的形成　　　　图 7-3 斜轴测图的形成

7.1 轴测投影图

7.1.1 轴测投影的形成和基本要求

生成轴测图的投影面 P 称为轴测投影面，空间直角的坐标轴 OX、OY、OZ 在轴测投影面 P 上的投影 O_1X_1、O_1Y_1、O_1Z_1 称为轴测投影轴，简称轴测轴，如图 7-2、图 7-3 所示。

GB/T 14692—2008《技术制图 投影法》还规定：轴测图中，应用粗实线画出物体的可见轮廓，必要时可用细虚线画出物体的不可见轮廓；三根轴测轴应配置成便于作图的特殊位置，绘图时轴测轴随轴测图同时画出，也可省略不画。

轴测图有以下两种基本形成方法。

1）投射方向 S 与轴测投影面 P 垂直，将物体放斜，使物体上的三个坐标平面和 P 面都斜交，如图 7-2 所示，然后进行投射。这种用正投影法得到的轴测投影图称为正轴测投影图或正轴测图。

2）投射方向 S 与轴测投影面 P 倾斜，为了便于作图，通常取 P 面平行于 XOZ 坐标平面，如图 7-3 所示，然后进行投射。这种用斜投影法得到的轴测投影图称为斜轴测投影图或斜轴测图。

7.1.2 轴间角、轴向伸缩系数

1. 轴间角

相邻两轴测轴之间的夹角 $\angle X_1O_1Y_1$、$\angle X_1O_1Z_1$、$\angle Y_1O_1Z_1$ 称为轴间角。

2. 轴向伸缩系数

如图 7-2、图 7-3 所示，在空间三坐标轴上，分别取长度 OA、OB、OC，它们的轴测投影长度为 O_1A_1、O_1B_1、O_1C_1，令 $p=O_1A_1/OA$，$q=O_1B_1/OB$，$r=O_1C_1/OC$，则 p、q、r 分别称为 OX、OY、OZ 轴的轴向伸缩系数。

7.1.3 轴测图的分类

1）按照投射方向与轴测投影面的夹角的不同，轴测图可以分为

① 正轴测图——轴测投射方向（投影线）与轴测投影面垂直时投射所得到的轴测图。

② 斜轴测图——轴测投射方向（投影线）与轴测投影面倾斜时投射所得到的轴测图。

2）按轴向伸缩系数是否相等又分成三种：当三根轴测轴的轴向伸缩系数都相等时，称为等轴测图，简称等测；两根相等时，称为二轴测图，简称二测；三根都不相等时，称为三轴测图，简称三测。这样正轴测图又可分为正等轴测图、正二轴测图、正三轴测图；斜轴测图又可分为斜等轴测图、斜二轴测图、斜三轴测图。

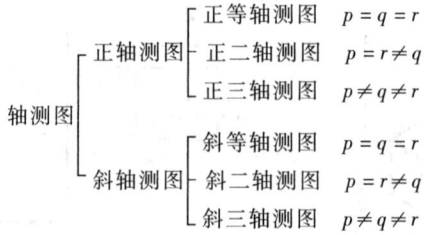

工程中用得较多的是正等测和斜二测。本章只介绍这两种轴测图的画法。

7.1.4 轴测投影的基本性质

由于轴测图是采用平行投影法画出的，因此具有平行投影的基本投影特性。

1. 平行性

即空间互相平行的直线，其轴测投影后仍互相平行。空间平行于坐标轴的线段，其轴测投影后仍平行于相应的轴测轴。

2. 定比性

物体上平行于坐标轴的线段，其轴测投影与原线段之比，等于相应的轴向伸缩系数。

画轴测图时，凡平行于坐标轴的线段，应沿着相应的轴测轴或平行轴测轴的方向量取，再乘以轴向伸缩系数画出。沿着轴线方向测量，这就是轴测图的名字之由来。

7.2 正等轴测图

7.2.1 正等轴测图的轴间角和轴向伸缩系数

1. 轴间角和轴向伸缩系数的基本概念

正等轴测图简称正等测，其三个轴间角均相等，即 $\angle X_1 O_1 Y_1 = \angle X_1 O_1 Z_1 = \angle Y_1 O_1 Z_1 = 120°$。如图 7-4a 所示，作图时，通常将 $O_1 Z_1$ 轴画成铅垂线，使 $O_1 X_1$、$O_1 Y_1$ 轴与水平成 30°角。

根据数学推导的结果，正等轴测图的轴向伸缩系数为 $p = q = r \approx 0.82$，用这种轴向伸缩系数画出的轴测图与立体的大小基本相同，但在画图时每量一个尺寸均要乘以 0.82，因此画图比较麻烦。为了简化作图，一般圆整轴向伸缩系数，取 $p = q = r = 1$，用这种圆整后的系数作图，三个轴向的尺寸放大了 $1/0.82 = 1.22$ 倍，如图 7-4c 所示。比较图 7-4b 和图 7-4c 可知，同一立体采用不同轴向伸缩系数时，画出的立体感不变，只是大小略有不同。但因轴测图是辅助图样，为画图方便，一般采用圆整后的伸缩系数作图。按照 GB/T 4458.3—2013，本书后面的例题伸缩系数均采用 1。

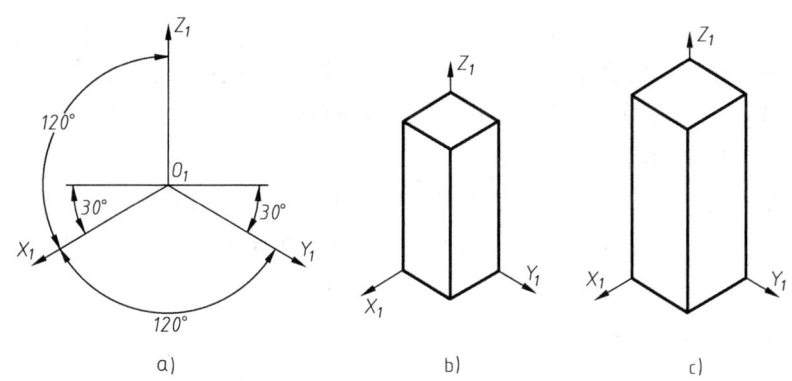

图 7-4 正等轴测图轴间角和轴向伸缩系数

2. 正等轴测图的基本画法

通常可按以下步骤作图：

1) 根据物体结构特点，选定坐标原点位置，一般定在物体的对称轴上或某端点，通常放在顶面或底面处，这样对作图有利。

2) 画轴测轴，通常将 $O_1 Z_1$ 轴画成铅垂线，$O_1 X_1$、$O_1 Y_1$ 轴与水平方向成 30°角。

3) 沿轴按坐标作点、直线的轴测图，一般自上而下逐步画出，不可见线通常不画。

7.2.2 平面立体正等轴测图

【例 7-1】 已知长方体的主、俯视图（图 7-5a），作此长方体的正等轴测图。

作图过程：

1）在主视图和俯视图上建立直角坐标系，画出 OX、OY、OZ 轴，如图 7-5b 所示。

2）建立正等轴测轴，将 O_1Z_1 轴画成铅垂线，O_1X_1、O_1Y_1 轴与水平方向成 30°角，如图 7-5c 所示。

3）根据轴测投影"平行线段投影后仍平行"的特性，沿 O_1X_1 轴量取长方体上与 OX 轴平行的边长 $O_1A_1 = 80mm$；沿 O_1Y_1 轴量取长方体上与 OY 轴平行的边长 $O_1B_1 = 30mm$，作底面轴测图；沿 O_1Z_1 轴量取长方体上与 OZ 轴平行的边长 $O_1C_1 = 50mm$，作长方体的高，如图 7-5c 所示。分别作与高平行的棱线，完成几个可见平面的轴测图，如图 7-5d 所示。

4）加深各可见棱线，并擦除轴测轴，完成此平面立体的轴测图，如图 7-5e 所示。

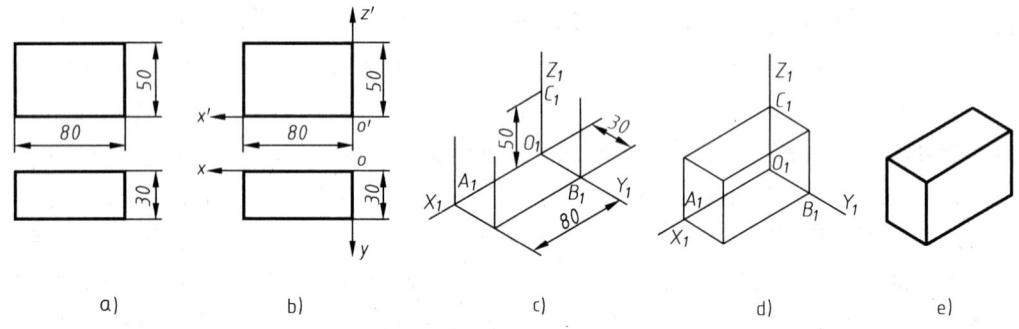

图 7-5 长方体正等轴测图作图过程

【例 7-2】 已知正六棱柱的主、俯视图（图 7-6a），作正六棱柱的正等轴测图。

作图过程：

1）确立直角坐标系，将直角坐标系原点 O 放在顶面的中心位置，如图 7-6a 所示。

2）画出轴测轴，并采用坐标量取的方法，得到顶面在坐标轴上各点的轴测投影，即点 1_1、4_1、a_1、b_1，如图 7-6b 所示。

3）分别过点 a_1、b_1 作 O_1X_1 轴的平行线，采用坐标量取的方法得到顶面其余各点的轴测投影，即点 2_1、3_1、5_1、6_1，并连接各顶点，如图 7-6c 所示。

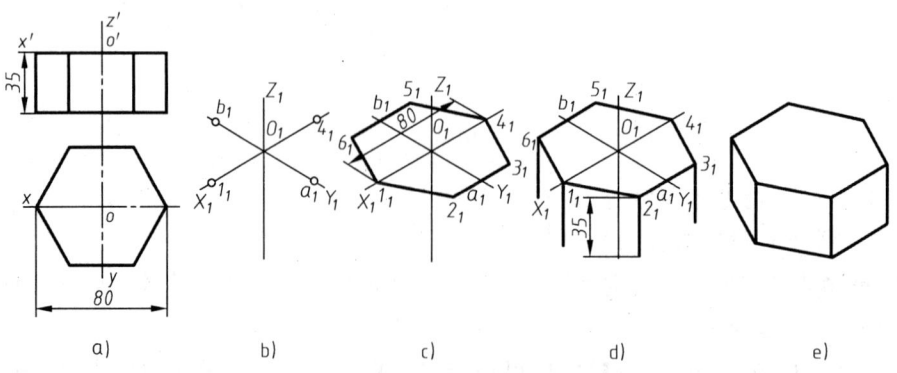

图 7-6 正六棱柱正等轴测图作图过程

4) 从顶面点 1_1、2_1、3_1、6_1 沿 O_1Z_1 轴向下量取高度,得到底面上对应的可见顶点的轴测投影,并作相应连线,如图 7-6d 所示。

5) 连接各点,擦去多余图线,用粗实线加深各可见轮廓线,得到正六棱柱的轴测投影,如图 7-6e 所示。

7.2.3 曲面立体正等轴测图

1. 平行于坐标面的圆的正等轴测图

一般情况下,坐标面上或平行坐标面上的圆,其正等轴测图为椭圆。图 7-7 所示为平行于三个坐标面的圆的正等轴测图。

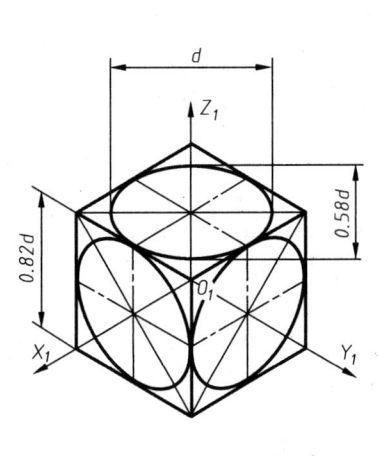
a) 采用轴向伸缩系数 0.82

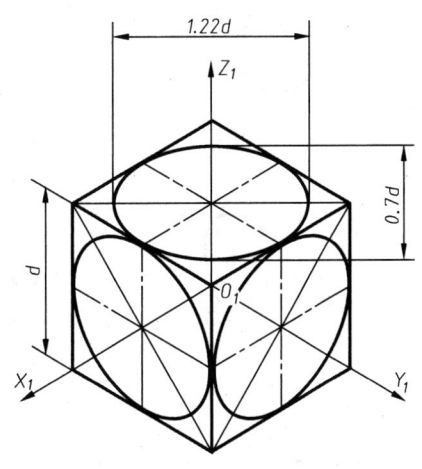
b) 采用简化轴向伸缩系数 1

图 7-7 平行于三个坐标面的圆的正等轴测图

正等轴测图中的椭圆的手工画法,通常采用近似画法,常用的是四心法,现以水平圆的正等轴测图为例,说明作图方法,具体过程见表 7-1。

表 7-1 四心法作椭圆

步骤	图 例	说 明
1		以圆心 O 为坐标原点,中心线 ab 为 OX 轴,中心线 cd 为 Oy 轴
2		过点 O_1 作中心线 A_1B_1 平行于 O_1X_1,作 C_1D_1 平行于 O_1Y_1,再以直径 D 为距离,分别作中心线的平行线,相交成菱形(即外切正方形的正等轴测图) 菱形的对角线分别为椭圆长、短轴的位置

(续)

步骤	图例	说明
3		过菱形短对角线端点 1、2，分别连 $1B_1$、$2A_1$ 交长轴（长对角线）于 3、4 两点，则点 1、2、3、4 即为四圆弧的圆心
4		分别以点 1、2 为圆心，$1B_1$（或 $2A_1$）为半径画大圆弧 B_1C_1、A_1D_1，以点 3、4 为圆心，$3A_1$（或 $4B_1$）为半径画小圆弧 A_1C_1、B_1D_1，完成椭圆
5		正平面圆轴测图，根据坐标面的轴测轴，作菱形，其余作法与水平椭圆相同
6		侧平面圆轴测图，根据坐标面的轴测轴，作菱形，其余作法与水平椭圆相同

【例 7-3】 根据圆柱的主、俯视图（图 7-8a），作其正等轴测图。

作图方法和步骤：

1) 作圆柱顶面的轴测轴 O_1X_1、O_1Y_1，如图 7-8b 所示。

2) 按表 7-1 的四心法作四个圆心，画出各段圆弧，作该圆柱顶面的正等测圆，如图 7-8c 所示。

3) 将圆柱顶面用四心法找出的四个圆心，沿 O_1Z_1 垂直向下距离 90mm 找出下底面的四个圆心，画出圆柱底面的正等测圆，如图 7-8d 所示。

4) 作两个轴测圆的公切线，擦除不可见线及辅助线，完成图形，如图 7-8e 所示。

2. 圆角的正等轴测图

在产品设计中，经常会遇到绘制

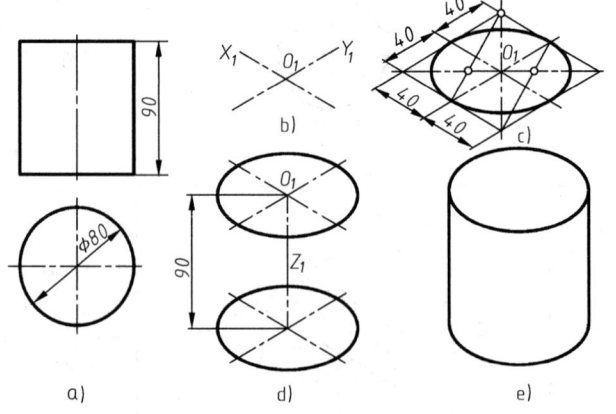

图 7-8 圆柱正等轴测图的作图过程

圆角的情况。平行于坐标平面的圆角，实质上是平行于坐标平面的圆的一部分。因此，圆角的轴测图即是椭圆的一部分。特别是常见的 1/4 圆的圆角，其正等轴测图正好是四心法画椭圆的四段圆弧中的一段。

图 7-9a 所示为一带圆角的平板，下面以作其正等轴测图为例，说明圆角的正等轴测图的画法。

【例 7-4】 根据带圆角的平板的主、俯视图（图 7-9a），画出其正等轴测图。

作图方法和步骤：

1）画出平板顶面方角四边形的正等轴测图，分别以半径 R 为距离作相应边的平行线，从而求出切点 A_1、B_1、C_1、D_1，如图 7-9b 所示。

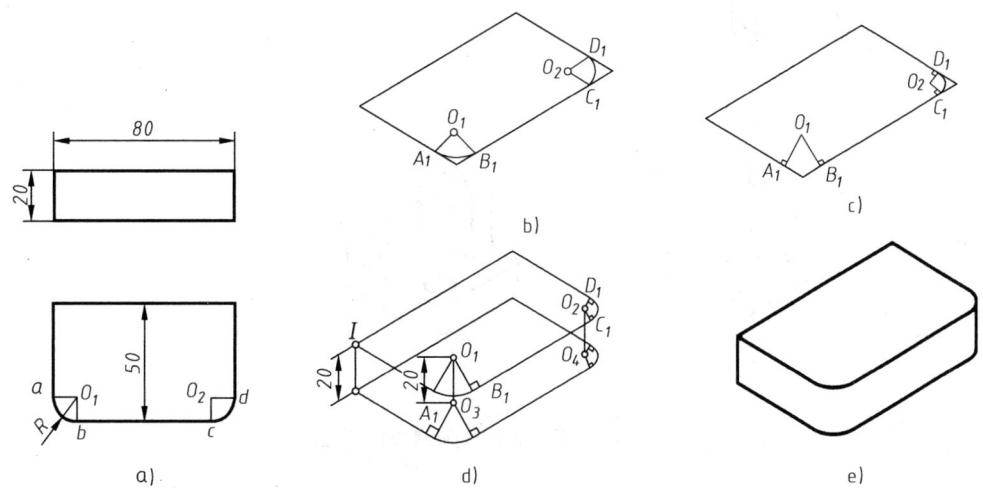

图 7-9 有圆角平板正等轴测图的作图过程

2）过切点 A_1、B_1 分别作相应棱线的垂线，得交点 O_1，同理，过切点 C_1、D_1 分别作相应棱线的垂线，得交点 O_2，如图 7-9b 所示。

3）以点 O_1 为圆心，以 O_1A_1 为半径，在点 A_1、B_1 之间作圆弧；同理，以点 O_2 为圆心，以 O_2C_1 为半径，在点 C_1、D_1 之间作圆弧，如图 7-9c 所示。

4）将圆心 O_1、O_2 分别向下垂直平移平板的高度 20，得到点 O_3、O_4，分别以点 O_3、O_4 为圆心，分别以 O_1A_1 为半径、O_2C_1 为半径画圆弧，如图 7-9d 所示，补全底面四边形。在平板的右侧作向下的公垂切线，擦去多余图线，加深可见轮廓线即完成平板的轴测图，如图 7-9e 所示。

【例 7-5】 图 7-10a 所示为一支架的正投影图，作其正等轴测图。

作图方法和步骤：

1）形体分析，确定坐标轴，选择画轴测图的方法。如图 7-10a 所示，支架是由底板、竖板组成。上面一块竖板的顶部是圆柱面，挖有一个通孔，下半部分为长方体与圆柱相切；下面一块底板为长方体，挖有两个圆形通孔。因支架左右对称，可取后边的中点为原点，确定如图 7-10a 所示的直角坐标系。

2）作底板的正等轴测图（底板的作法如图 7-9 所示，圆孔的作法见表 7-1），得图 7-10b。

3）作支架的上半部分的圆柱面，采用四心法作前表面上的半个椭圆和内孔椭圆，再沿 O_1Y_1 方向，将圆心向后移动竖板的宽度尺寸，作后表面上的半个椭圆和内孔椭圆，如图 7-10c 所示。如能确定后表面内孔椭圆不可见，则不画。然后作两个椭圆外表面的公切线，作支架的下半部分与圆柱相切的长方体,如图 7-10d 所示。

4)擦去多余的线,加深可见轮廓线,完成支架全图,如图 7-10e 所示。

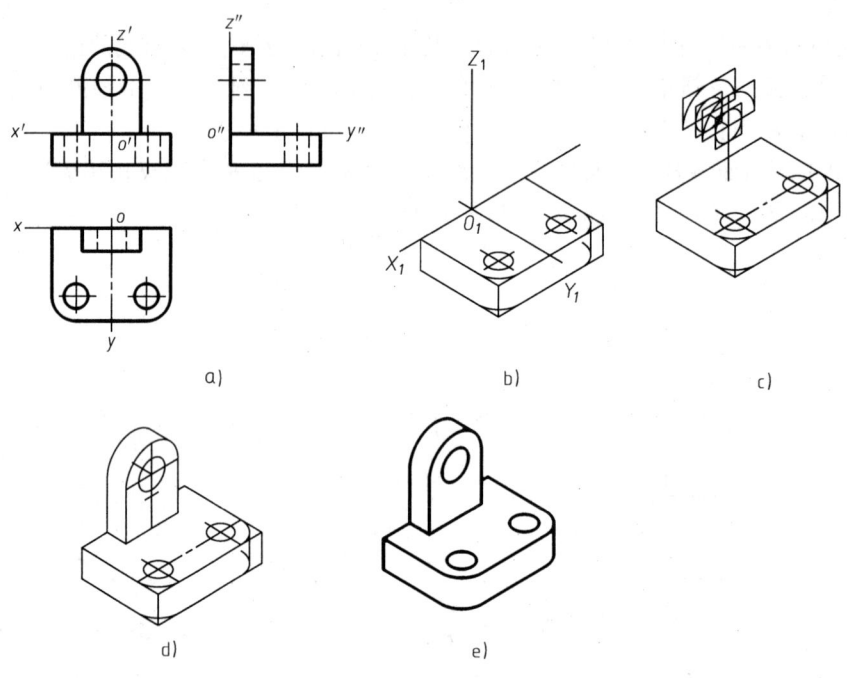

图 7-10　支架的正等轴测图作图过程

7.3　斜二轴测图

7.3.1　斜二轴测图的轴间角和轴向伸缩系数

斜二轴测图是最常用的斜轴测图,通常是使物体放正,使 XOZ 坐标面平行于轴测投影面 P,采用斜投影法得到图形,简称斜二测图。斜二轴测图的 $\angle X_1O_1Z_1 = 90°$,$\angle X_1O_1Y_1$ 与 $\angle Y_1O_1Z_1 = 135°$,即 O_1Y_1 轴与水平线成 $45°$ 角。沿 O_1X_1 和 O_1Z_1 的轴向伸缩系数均为 1,即 $p = r = 1$,而沿 O_1Y_1 的轴向伸缩系数 $q = 0.5$。可以看出 XOZ 坐标面以及与它平行的平面上的任何图形在 P 面上的投影都反映实形,而采用 $p = r = 2q = 1$ 的轴向伸缩系数,使斜二轴测图的立体效果较真实,如图 7-11 所示。

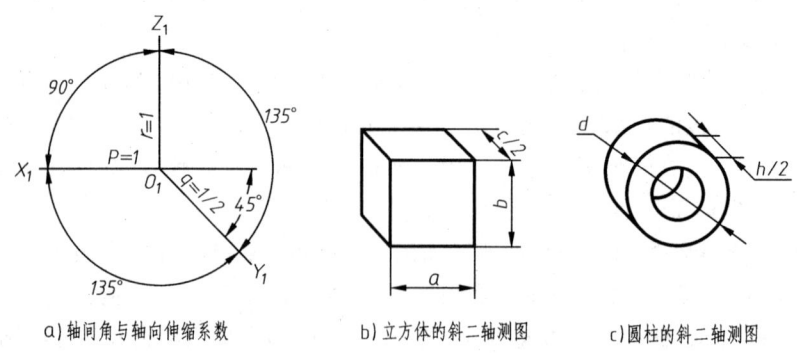

a) 轴间角与轴向伸缩系数　　b) 立方体的斜二轴测图　　c) 圆柱的斜二轴测图

图 7-11　斜二轴测图基本参数

7.3.2 斜二轴测图的画法

在斜二轴测图中，由于凡是平行于轴测投影面 $X_1O_1Z_1$ 的图形均能反映实形，特别是物体上与 $X_1O_1Z_1$ 坐标面平行的圆（设直径为 d），其斜二测投影还是圆，大小不变。因此当物体在某一个方向的形状比较复杂，特别是有较多的圆或曲线时，一般将此方向平行于 $X_1O_1Z_1$ 轴测面，即平行于 V 面，这样作图方便。而与 $X_1O_1Y_1$ 与 $Y_1O_1Z_1$ 坐标面平行的圆，其斜二测投影都是椭圆，所以当物体的这两个方向有圆时，一般不用斜二轴测图，而采用正等轴测图。

【例7-6】 已知组合体的视图（图7-12a），画出该组合体的斜二轴测图。

作图方法和步骤：

1) 形体分析，确定坐标轴，选择画轴测图的方法。该组合体是由一个底板和一个圆柱前后叠加而成的，底板上左边有一个半圆柱面，右边有一个大圆柱面，上下有两平面和它们相切，左边挖有一个小圆柱形通孔。另右边在底板上叠加的一个大圆柱凸台，凸台上也有一个圆柱通孔。这些圆都正好是同一个方向的，即与正投影面平行，所以采用斜二轴测图作图时这些圆和弧都是实形，作图方便。选定底板的前面和大圆柱的轴线交点为坐标原点，建立直角坐标系，如图7-12a所示。

2) 建立斜二测坐标轴 $X_1Y_1Z_1$，在 O_1X_1 轴上，定出圆心 O_1 的位置，画出直径为 $\phi 200$ 的圆；从点 O_1 沿 O_1X_1 轴方向向左量取 365mm 定出 $\phi 66$、$R64$ 的圆心，画出直径为 $\phi 66$、半径为 $R64$ 的圆；从点 O_1 向后作 O_1Y_1 轴，将底板的 OY 方向尺寸 106 乘以 $q=0.5$，即 53mm，向后量出 53mm，作 $X_2O_2Z_2$ 轴测面，在 O_2X_2 轴上以点 O_2 为圆心，画出直径为 $\phi 200$ 的圆，同理作左边的 $R64$ 圆弧；分别作圆的公切线，如图7-12b所示。

3) 从点 O_1 沿 O_1Y_1 轴方向向前，将 OY 方向尺寸 208 − 106 = 102（mm）乘以 $q=0.5$，即 51mm，作凸台圆心 O_3，画出直径为 $\phi 200$、$\phi 136$ 的两个圆；画出 $\phi 200$ 公切线，如图7-12c所示。

4) 擦去多余的线条，加深可见的轮廓线，完成图形，如图7-12c所示。

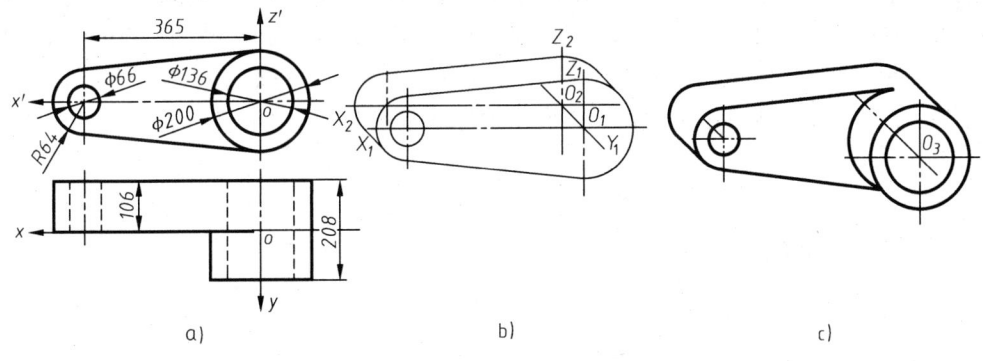

图 7-12 组合体斜二轴测图

第8章 机件的常用表达方法

在生产实际中，当机件的形状和结构比较复杂时，如果仍用前面所讲的主、俯、左三视图，很难将它们的内外形状准确、完整、清晰地表达出来。为了满足这些要求，GB/T 4458.1—2002、GB/T 4458.6—2002 等国家标准规定了各种画法——视图、剖视图、断面图、局部放大图、简化画法和其他规定画法等，本章将结合实例着重介绍一些机件的常用表达方法。

技术图样应采用正投影法绘制，并优先采用第一角画法。绘制技术图样时，应首先考虑看图方便。根据物体的结构特点，选用适当的表达方法，在完整、清晰表达物体形状的前提下，力求制图简便。在图中应用粗实线画出物体的可见轮廓，必要时，还可用细虚线画出物体的不可见轮廓。

8.1 视 图

国家标准规定视图的种类有基本视图、向视图、斜视图和局部视图，可按需选用。

8.1.1 基本视图和向视图

1. 基本视图

对于形状比较复杂的机件，用两个或三个视图尚不能完整、清楚地表达它们的内外形状时，则可根据国家标准规定，在原有的三个投影面的基础上，再增设三个投影面，组成一个正六面体，形成六个投影面。这六个投影面称为基本投影面。机件处在正六面体内，向基本投影面投射所得到的视图，称为基本视图。除了前面介绍的三个视图外，新增加的三个基本视图是：从右向左投射得到的视图为右视图，从下向上投射得到的视图为仰视图，从后向前投射得到的视图为后视图。六个基本视图必须按国家标准规定的方法展开，如图 8-1 所示。展开后的六个基本视图的配置关系如图 8-2 所示，这时基本视图之间仍然应符合"长对正、高平齐、宽相等"的投影规律。如果在同一张图纸上按图 8-2 所示配置基本视图时，一律不标注视图的名称。

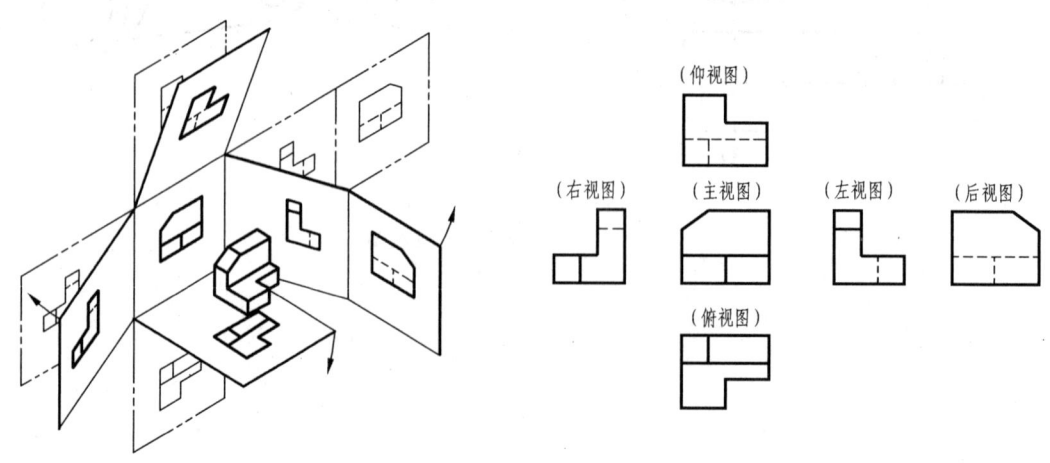

图 8-1 六个基本视图形成及其展开　　　　图 8-2 六个基本视图的配置关系

此外，除后视图以外，各视图的里边（靠近主视图的一边）均表示机件的后面，各视图的外边（远离主视图的一边）均表示机件的前面，即"里后外前"。

在实际画图时，应根据机件的复杂程度选用合适的基本视图，不是任何机件都需要六个基本视图。图 8-3a 所示机件的左视图虚线很多，而图 8-3b 选用了主、左、右三个视图表示机件的主体和左、右凸缘的形状，左右两个视图中省略了不必要的虚线，图形表达清晰，一目了然。

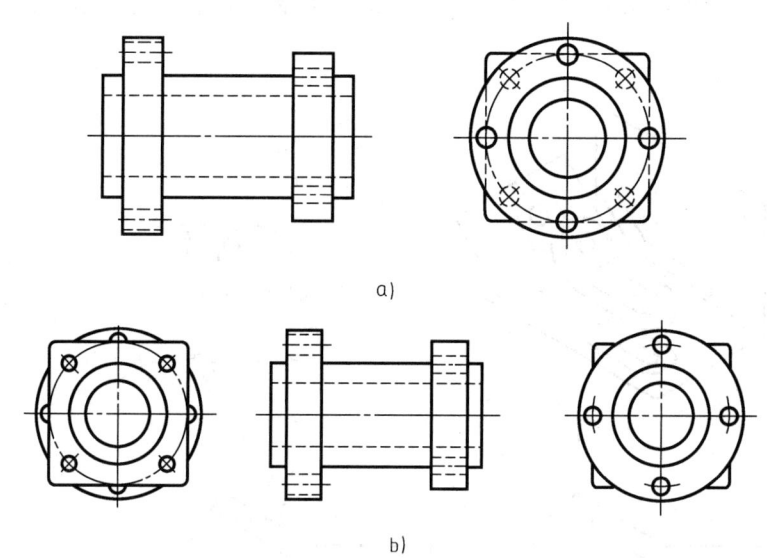

图 8-3 基本视图的应用举例

2. 向视图

如果为了更合理地布局，允许不按图 8-2 所示配置视图，或者各视图不画在一张图纸上，这种自由配置的视图称为向视图。作图时应在向视图的上方标出视图的名称"×"（"×"为大写拉丁字母），在相应视图的附近用箭头指明投射方向，并标注相同字母，如图 8-4 所示。

在实际绘图时，应在保证完整、清晰地表示机件形状，力求制图简便的原则下，根据被表达机件的形状特征选择用几个视图，并进行合理配置。

8.1.2 斜视图

图 8-5a 所示的机件右边倾斜部分的上下表面均是正垂面，它对其余几个投影面是倾斜的，因此投影不反映实形，给画图和看图带来麻烦，也不便于标注尺寸。为了画出反映该部分实形的视图，可设置一个与倾斜部分

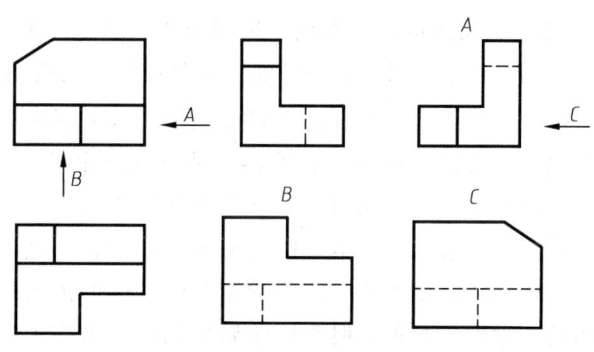

图 8-4 向视图及其标注

平行的投影面，再将倾斜部分向这个投影面投射，所得到的视图表达了该部分的实形，这种将机件向不平行于基本投影面的平面投射所得到的视图称为斜视图。斜视图中一般仅能表达倾斜部分的实形，而原来平行于基本投影面的一些结构，在斜视图上却不能反映实形，因此这些投

影应省略不画。

斜视图通常按向视图的配置形式配置,最好符合投影关系,并在斜视图上方标出视图的名称"×",在相应的基本视图附近用箭头垂直于倾斜表面指明投射方向,并标注上同样的字母,如图 8-5c 所示。为便于作图,在不至于引起误解的情况下,允许将斜视图旋转配置,并在斜视图上方画出旋转符号,其箭头方向应与实际旋转方向一致,这时标注在视图上方的大写拉丁字母应紧靠旋转符号的箭头端,如图 8-5d 所示,也允许将旋转角度(只能小于 90°)标注在字母之后,如图 8-5d 所示。旋转符号是半径为字高的半圆形箭头,其尺寸和比例如图 8-5b 所示。

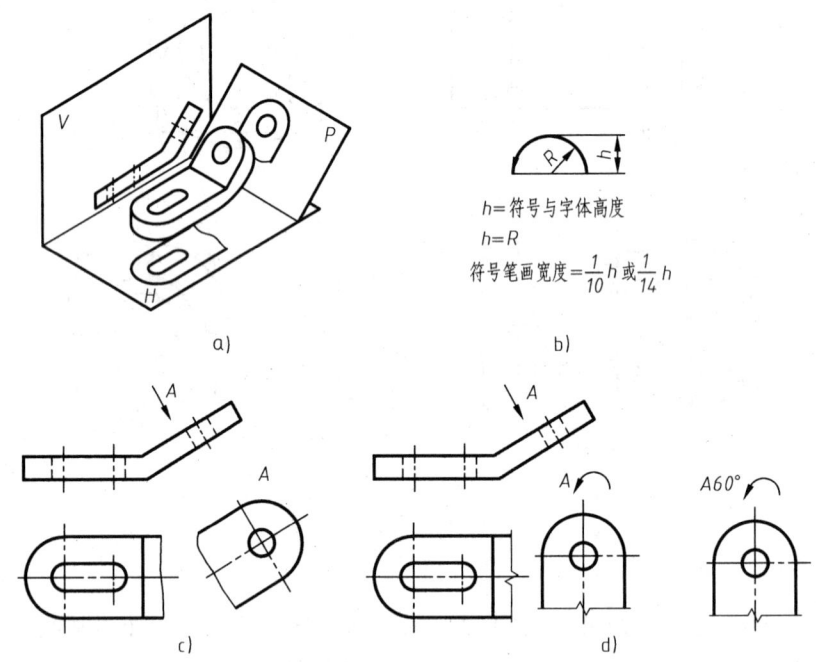

图 8-5 斜视图和局部视图两种配置形式及旋转符号

8.1.3 局部视图

图 8-5a 所示的机件在用主视图和 A 向斜视图表达之后,在俯视图中不反映实形的投影就不必再画出来了,只画出机件的一部分投影,用波浪线断开。这种将机件的某一部分向基本投影面投射所得到的视图,称为局部视图,通常用来局部地表达机件的外形,如图 8-5c 所示的俯视图,图 8-6 所示的 A 局部视图,左边凸缘的局部视图。

局部视图通常按基本视图的配置形式配置,这时不需要标注,如图 8-5 所示的俯视图。也可按向视图的配置形式配置,但要标注局部视图的名称和投射方向(方法如向视图),如图 8-6 所示的 A 局部视图的配置。

斜视图和局部视图的断裂边界一般应以波浪线表示,如图 8-5c 所示和图 8-6 所示左边凸缘的局部视图,但当所表示的倾斜或局部结构是完整的,外

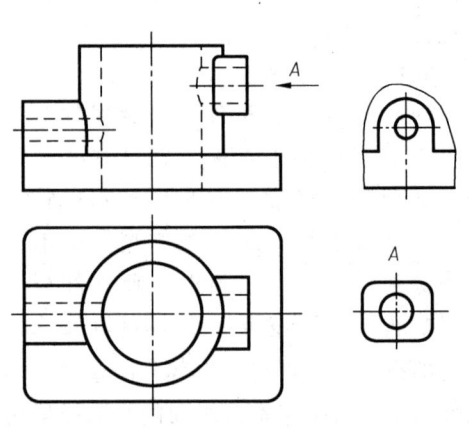

图 8-6 局部视图

轮廓线又成封闭时，波浪线可以省略不画，如图 8-6 所示 A 局部视图。当断裂边界为一侧时，也可用双折线表示，如图 8-5d 所示。

8.2 剖 视 图

8.2.1 剖视图的概念

剖视图主要用于表达机件中不可见的结构形状。当视图中存在虚线与虚线、虚线与实线重叠而难以用视图表达机件的不可见部分的形状时，以及当视图中虚线过多，影响到清晰读图和标注尺寸时，常用剖视图表达。如图 8-7 和图 8-8b 所示的机件，其主视图上就出现较多表示机件内孔的虚线，使图形显得很不清晰，要解决这个问题，通常采用剖视的方法。

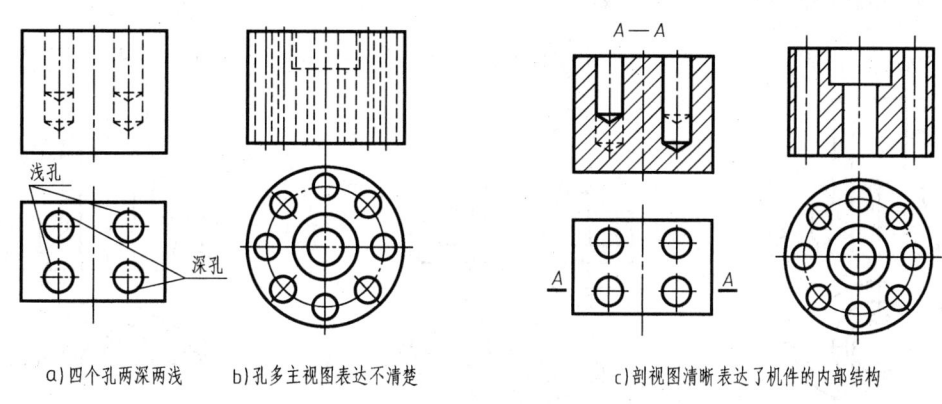

a) 四个孔两深两浅　　b) 孔多主视图表达不清楚　　c) 剖视图清晰表达了机件的内部结构

图 8-7　用视图表达机件的局限性

假想用剖切面剖开机件，将处在观察者和剖切面之间的部分移去，而将其余部分向投影面投射，所得到的图形称为剖视图（简称剖视）。如图 8-8a、c 所示，采用正平面作为剖切平面，在机件的前后对称面处假想将它剖开，移去剖切平面前面的部分，使机件内部的孔、槽等内部结构显示出来，从而在主视图上得到剖视图。显然由于假想移去了遮挡部分，在剖视图中原来不可见的轮廓线可以画成实线，极大地改善了图形表达的清晰度。

8.2.2 剖视图的画法

1. 剖视图的画法步骤

（1）确定剖切面的位置　画剖视图时，应首先选择最合适的剖切位置，以便充分地表达机件的内部结构形状。剖切面一般应平行于相应的投影面，并尽可能通过较多的内部结构（孔、槽）的轴线或机件的对称平面，如图 8-8a 所示。

（2）画剖视图　如图 8-8 所示，根据剖视图的概念，将机件处在观察者和剖切面之间的部分（也即机件的前半部分）移去，再将其余部分（即后半部分）向正投影面投影，原主视图的虚线部分就变成可见的了，作图时只要将相应虚线改换成粗实线即可。由于剖切面是假想的，所以对每次剖切而言，只将某个视图画成剖视，其他视图仍按完整视图投射。

（3）画剖面符号或剖面线　为了清楚地区分机件的实体部分和空心部分，以便想象出机件的内外部结构形状，在剖视图中，剖切面与机件的接触部分称为剖面区域，在剖面区域中应按表 8-1 中的规定绘制剖面符号。国家标准规定了机械图样中各种材料应采用的剖面符号及其

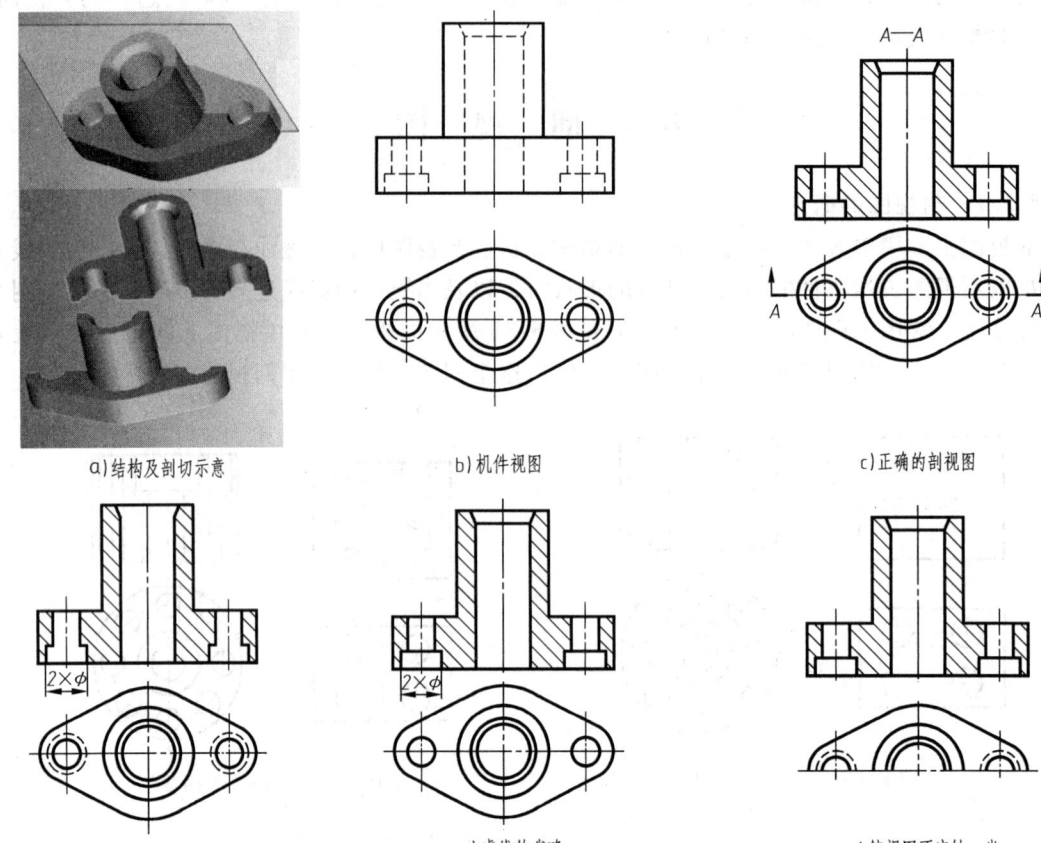

图 8-8 剖视图的画法

表 8-1 常用材料的剖面符号 （GB/T 4457.5—2013）

材料	符号	材料	符号
金属材料（已有规定剖面符号者除外）		木质胶合板（不分层数）	
线圈绕组元件		基础周围的泥土	
转子、电枢、变压器和电抗器等的叠钢片		混凝土	
非金属材料（已有规定剖面符号者除外）		钢筋混凝土	
型砂、填砂、粉末冶金、砂轮、陶瓷刀片、硬质合金刀片等		砖	
玻璃及供观察用的其他透明材料		格网（筛网、过滤网等）	
木材 纵断面		液体	
木材 横断面			

注：1. 剖面符号仅表示材料的类别，材料的名称和代号必须另行说明。
　　2. 叠钢片的剖面线方向，应与束装中叠钢片的方向一致。
　　3. 液面用细实线绘制。

画法。常用材料的剖面符号见表 8-1。金属是机件最常用的材料,其剖面符号为与水平方向成 45°角且间隔均匀的细实线,称为剖面线。同一机件各剖视图的剖面线应做到间隔相等、方向相同。当图形的主要轮廓与水平方向成 45°角或接近 45°角时,该图形的剖面线可以画成与水平方向成 30°角或 60°角的平行线,且其倾斜的方向仍与其他图形的剖面线方向一致,其余视图的剖面线还画成与水平成 45°角,这样可以避免因剖面线与主要轮廓平行而造成读图上的误解。剖面线的间隔应根据剖面区域的大小选择。若剖面区域大,应使间隔适当稀疏;若剖面区域小,应使间隔适当密集,但两条平行线之间的最小间隙不得小于 0.7mm。

若不需要在剖面区域中表示材料类别时,可采用习惯用剖面线表示。剖面线应以适当角度的细实线绘制,最好与主要轮廓线或剖面区域的对称线成 45°角,如图 8-9 所示。

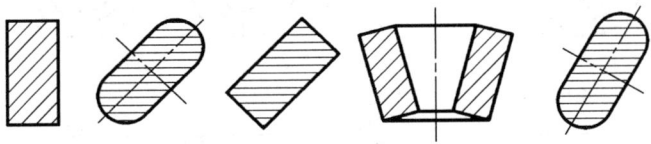

图 8-9 通用剖面线的画法

手工绘图时,需要借助于丁字尺和 45°角三角板均匀平移画出剖面线。

2. 剖视图的标注

剖视图一般应进行标注,剖视图标注的三要素为剖切线、剖切符号、字母,国家标准对剖视图的标注规定如下。

1) 一般应在剖视图的上方标注剖视图的名称"×—×"(×为大写的拉丁字母),在相应的视图上用剖切线(用细点画线表示)指示剖切面的位置,用剖切符号(用短粗线表示,一般线宽为 1~1.5mm,线长为 5~10mm)指示剖切面两端的起、讫和转折位置及投射方向(用箭头垂直画在短粗线外侧两端),在剖切面的起、讫和转折处标注相同的字母"×",剖切符号之间的剖切线可省略不画。剖切符号一般应画在图形轮廓的外侧,且尽量不与图形轮廓相交,如图 8-8c 和图 8-10 所示。

2) 当剖视图按投影关系配置,中间又没有其他图形隔开时,可以省略箭头,如图 8-10 所示左视图的 A—A 剖视图。

3) 当剖切面通过机件的对称平面或基本对称的平面,且剖视图按投影关系配置,中间又没有其他图形隔开时,不必标注,如图 8-8e 和图 8-10 主视图所示。

3. 画剖视图的注意事项

画剖视图时还必须注意以下几点。

1) 由于剖切是假想的,实际上机件仍是完整的,所以其他视图仍应完整画出,如图 8-8f 所示,俯视图不应画一半。若机件在几个视图上都用剖视图表示,每次剖切都应按完整的机件进行,即与其他的剖切无关,如图 8-10 所示。采用多个剖视图表达机件时,剖面线的方向和间隔应保持一致。

2) 画剖视图时,剖切面后面的可见轮廓线必须用粗实线画出,切不可漏画台阶面或内表

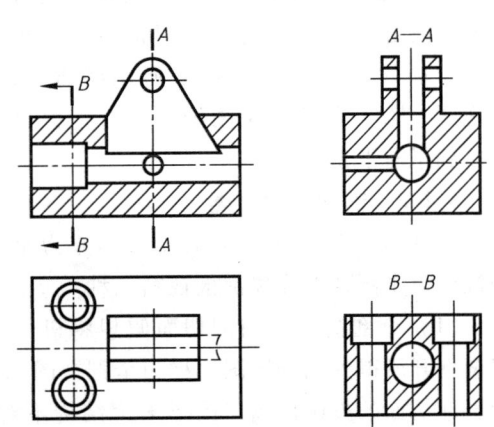

图 8-10 用多个剖视图表达机件

面交线的投影,初学者很容易遗漏,应该引起注意。在图 8-8d 主视的剖视图中,沉孔部分就漏了台阶的可见轮廓线,请与图 8-8c 仔细对照比较。常见孔后线的正误对照如图 8-11 所示。

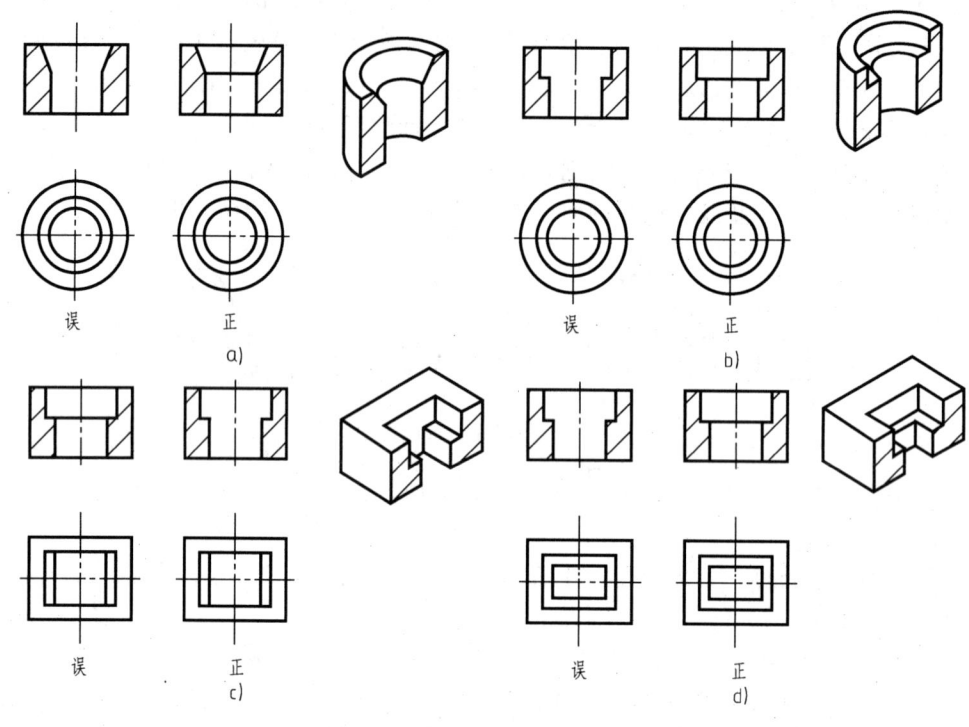

图 8-11 常见孔后线的正误对照

3)在剖视图中已表达清楚的结构和形状,在其他视图中一般不必画出该结构或形状的虚线。如图 8-8c 所示俯视图中的虚线圆,当在主视图中已标注尺寸 $2×\phi$ 后,圆孔结构已表达清楚,因此在俯视图中的虚线圆应省略不画,如图 8-8e 所示。

4)剖视图中的虚线一般不必画出,但为表达某个结构或形状时,则应在剖视图中画出必要的虚线。如图 8-12 所示,为表达机件底板的厚度,应在主视图中用虚线表示。

5)剖视图的配置方法与视图相同,既可按基本视图的标准配置形式配置,也可按向视图配置方法,按需要配置在有利于合理布局的位置。如图 8-10 所示的 $B—B$ 剖视图,为了合理利用图纸,从右视位置调整到了右下角。

8.2.3 剖视图的分类

剖视图一般按剖切范围的大小分为全剖视图、半剖视图和局部剖视图三种。

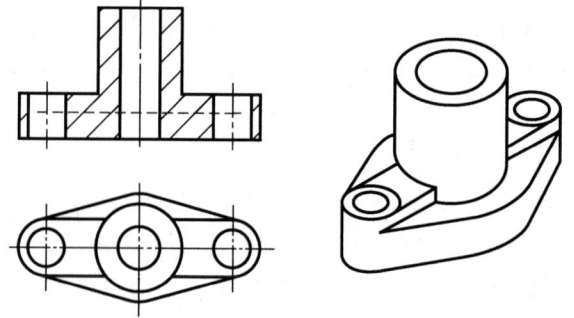

图 8-12 剖视图中的虚线

(1)全剖视图 用剖切面假想将机件完全剖开所得到的剖视图,称为全剖视图。全剖视图用于表达内形复杂,外形比较简单,在平行于剖切面的投影面内,图形多为结构不对称的机件,如图 8-10 所示的主视图是全剖视图。或有对称平面但外形简单的机件,如图 8-8 和图 8-12 所示。

（2）半剖视图 当机件具有对称平面时，在垂直于对称平面的投影面上投影所得的图形，可以对称中心线为界，一半画成剖视图用以表示机件的内部结构形状，另一半画成视图用于表达机件的外部结构形状，这种组合的图形称为半剖视图，如图8-13所示。

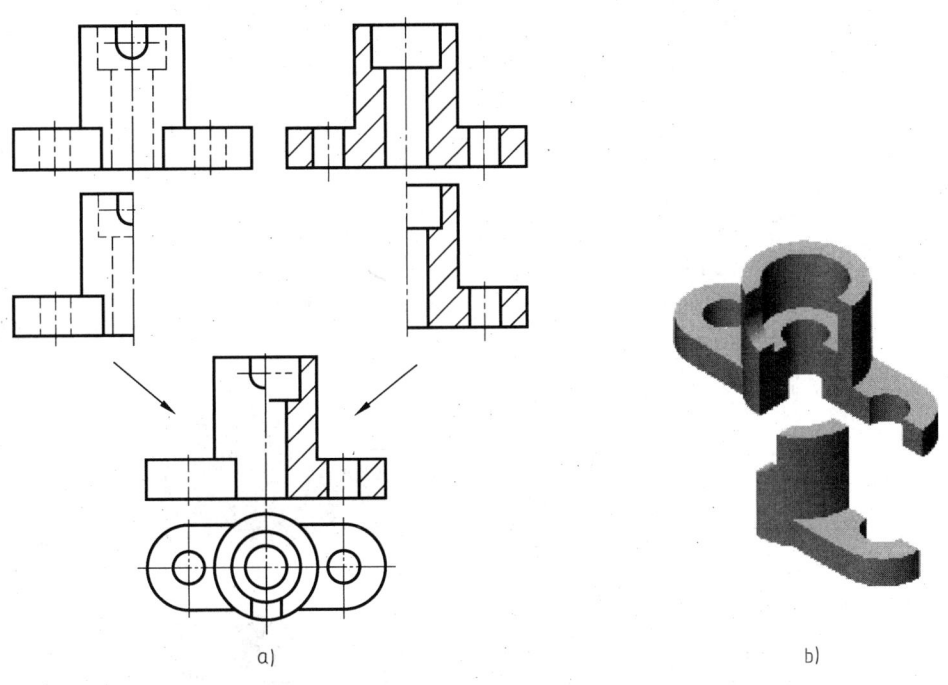

图8-13 机件的半剖视图

如果机件的形状接近于对称，且不对称部分已另有图形表达清楚时，也可以画成半剖视图，如图8-14所示。

画半剖视图时应注意三点：

1）凡是在剖切的半个视图上剖到的内部结构（即已由虚线改画成粗实线的），在不剖的半个视图上表示相应部分的虚线应省略不画，如图8-13a所示。

2）半剖视图上半个剖视和半个视图的分界线应是细点画线，不应画成其他线型。

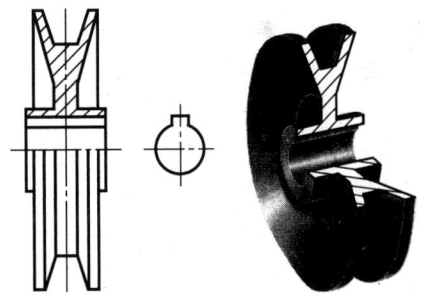

图8-14 接近对称的机件的半剖视图

3）半剖视图的标注与全剖视图相同，如图8-15所示。

（3）局部剖视图 当机件尚有部分的内部结构形状未表达清楚，又没有必要画成全剖视图，或者机件的内、外结构都需要表达，需表达的内外结构位置上不重叠，不适合作半剖视图时，可用剖切面局部地剖开机件，所得到的剖视图称为局部剖视图，如图8-16所示。当剖切面的剖切位置明确时，局部剖视图不必标注。

局部剖视图的剖切位置和剖切范围根据需要来定，是一种比较灵活的表达方法。图8-17 a~c所示的几个机件，因图形正中有轮廓线，不宜作半剖，用局部剖视图表达就很方便，但根据机件结构的不同特点，剖切范围要合理选择。但要注意，在一个视图中，局部剖视的数量不宜太多，以免使图形过于破碎。

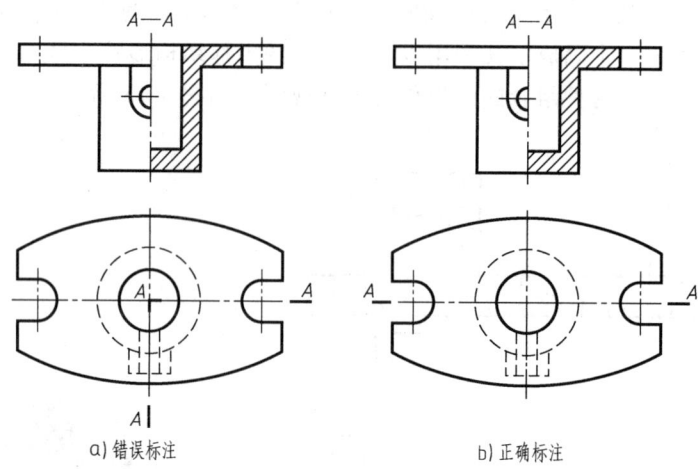

图 8-15 半剖视图的标注

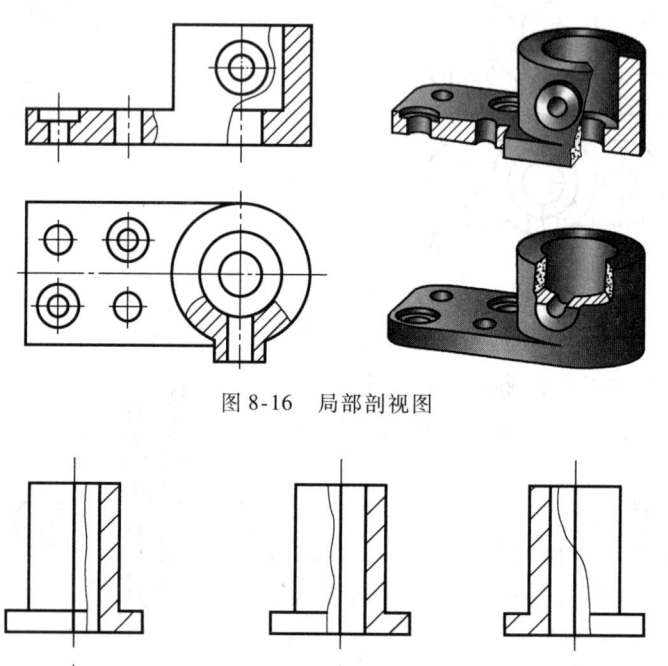

图 8-16 局部剖视图

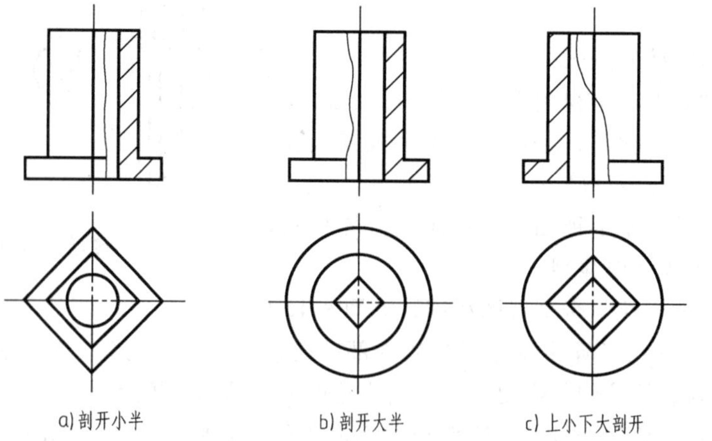

图 8-17 局部剖视图范围的选择

画局部剖视图应注意以下三点：

1）一般用波浪线或双折线表示剖切范围，波浪线或双折线好比机件断裂处的投影，因此要画在机件的实体部分，而不能穿越中空处，也不能超出视图的轮廓线外，如图 8-18a、b、f、g 所示的正、误对照。

2)波浪线不得和图形上的轮廓线重合,也不应彼此替代,也不能画在其他图线的延长线上,如图 8-18c、d、f、g 所示。

3)当被剖切结构是回转体时,可以将该结构的轴线作为剖切部分的分界线,如图 8-18e 所示。

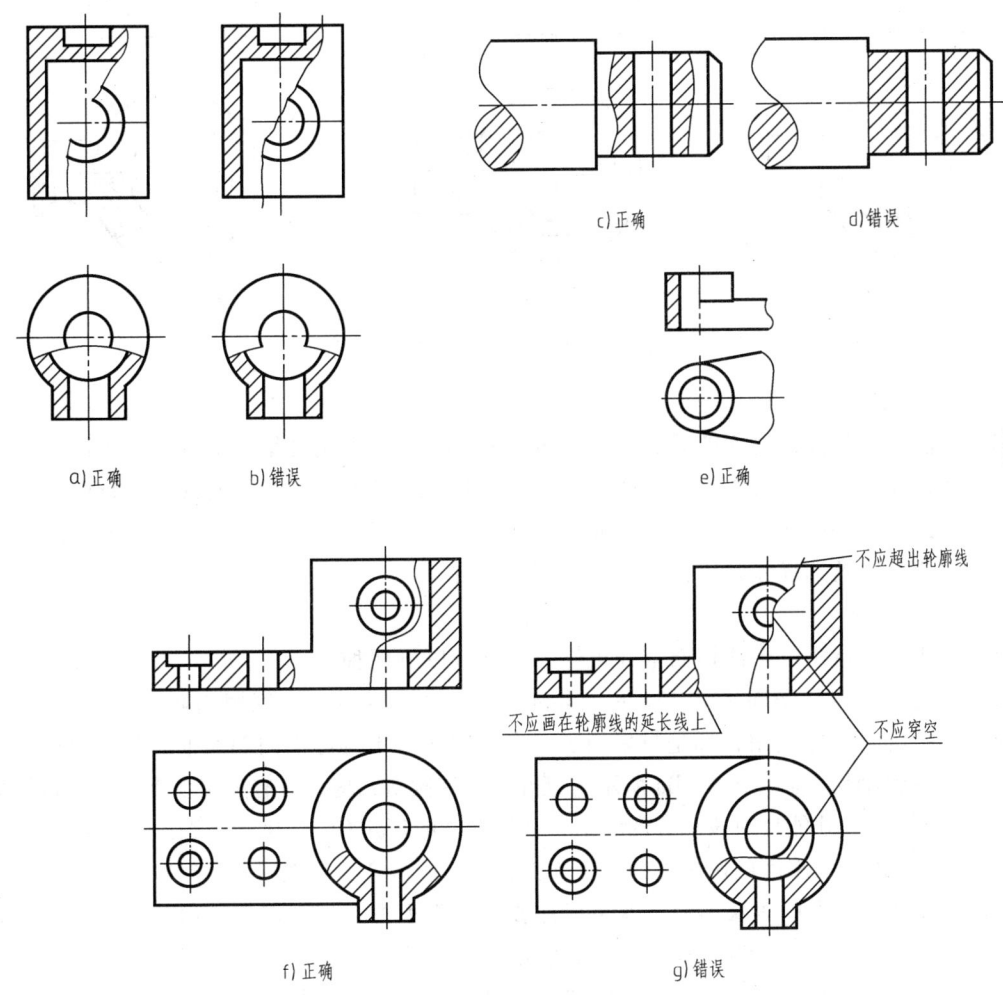

图 8-18 波浪线画法的正误对照

【例 8-1】 已知机件如图 8-19a 所示,分别将其主、俯视图改画成局部剖视图。

分析:为了表达中间的圆柱孔和右边凸缘上的圆柱孔的投影,主视图选择用局部剖视图,则过前后对称面作局部剖切,保留右上角凸缘结构外形;为了表达右上角凸缘中圆柱孔及沉孔的深度,则在俯视图上过凸缘上圆柱孔的水平轴线作局部剖切,保留左边大圆柱及沉孔的投影。

作图过程:

1)在主、俯视图上确定剖切位置,画出波浪线。
2)擦除主视图波浪线右边的虚线和俯视图波浪线右边的倒角圆,如图 8-19b 所示。
3)将主、俯视图剩余的虚线改画为粗实线。
4)对主视图和俯视图上局部剖视的截断面区域画剖面线,如图 8-19c 所示。

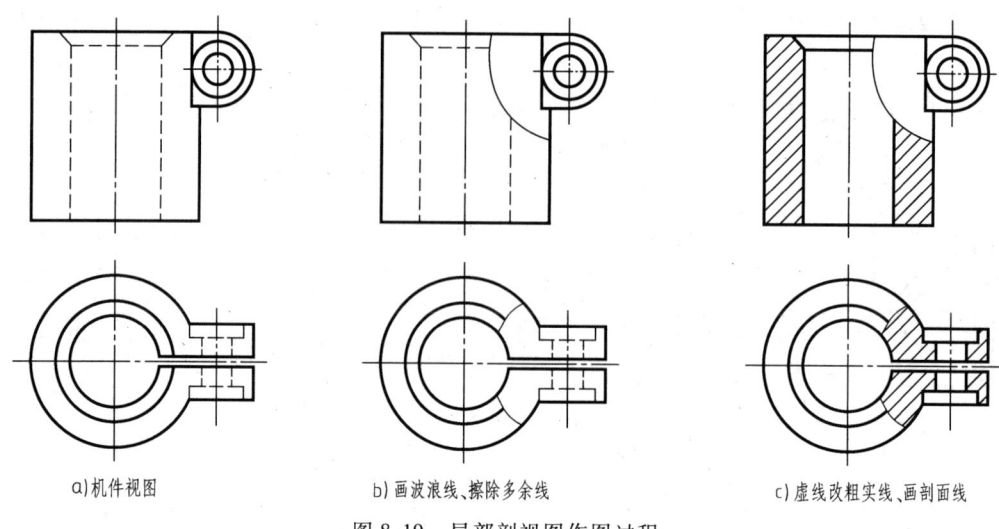

a) 机件视图　　　　　　b) 画波浪线、擦除多余线　　　　　　c) 虚线改粗实线、画剖面线

图 8-19　局部剖视图作图过程

8.2.4　剖切方法

剖切方法主要研究剖切面的设置问题。画剖视图时，根据机件结构的特点，可以用单一或几个剖切面，几个剖切面可以是相交的，也可以是相互平行的，甚至同时既有平行的，又有相交的。一个剖切面一般平行于基本投影面，但也可以不平行于任何基本投影面。不论剖切面如何设置，剖切范围的选择原则仍按前面所介绍的进行。

1. 单一剖切面

单一剖切面是指用一个剖切面剖开机件，通常有以下两种。

（1）单一基本剖切平面　如图 8-8（全剖视图）、图 8-13（半剖视图）和图 8-16（局部剖视图）所示的每个剖视图，都是只采用了一个平行于基本投影面的剖切平面剖切而得。

（2）单一斜剖切平面　图 8-20a 所示的机件上部有倾斜结构，只有采用垂直于该倾斜结构的剖切平面进行剖切，才能反映该部分的实形，如图 8-20b 所示的 A—A 剖视图。这种用不平行于任何基本投影面的剖切平面剖切机件的方法称为斜剖，所得到的剖视图称为斜剖视图。

斜剖视图与斜视图的画法类似，既可以按投影关系配置在与剖切符号相对应的位置，也可以将它配置在其他适当的位置，如图 8-20b 所示，也允许将斜剖视图旋转配置，如图 8-20c 所示，并在旋转后的斜剖视图上方画出旋转符号，其画法规则如前所述。

（3）单一柱面剖切　按 GB/T 4458.6—2002 规定：采用柱面剖切机件时，剖视图应按展开绘制。

注意：

由于此机件倾斜结构的方向正好与水平方向成 45°角，因此在 A—A 斜剖视图上的剖面线调整成与水平方向 30°角或 60°角比较合适，但倾斜方向应与该机件其他剖视图上的剖面线一致。

2. 几个平行的剖切平面

当机件上有较多的内部结构（如孔、沟槽等），而它们的轴线或对称面又处于几个相互平行的平面上时，可以假想用几个与基本投影面相互平行的剖切平面，过它们的轴线或对称面剖开机件，这样的剖切方法习惯上称为阶梯剖，如图 8-21 所示的 A—A 剖视图就是阶梯剖的全剖视图，而图 8-22 所示的 A—A 剖视图是阶梯剖的局部剖视图。

画阶梯剖视图时，必须注意以下四点：

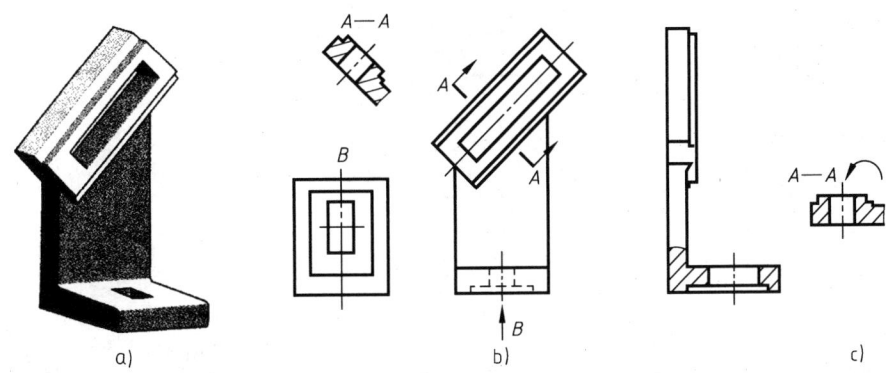

图 8-20 机件倾斜结构采用斜剖视图表达

1)几个相互平行的剖切平面应在位置上错开,形成 90°转折,所绘制的剖视图规定要表示在同一个图形上,但不能画出转折处的投影,图 8-21c 和图 8-23c 所示属于错误画法。

2)要正确选择剖切平面转折的位置,图形内不应出现不完整要素。如图 8-23d 所示,由于左边孔只被剖切了一半,所以剖视图上出现了不完整孔的投影,属于错误画法。只有当机件上的两个要素在图形上具有公共对称中心线或轴线时,可以各画一半,此时应以对称中心线或轴线为界,如图 8-24 中的 A—A 剖视图所示。

3)剖切平面的转折处不应与机件的轮廓线(即图形中的实线或虚线)重合,如图 8-23e 所示属于错误画法。

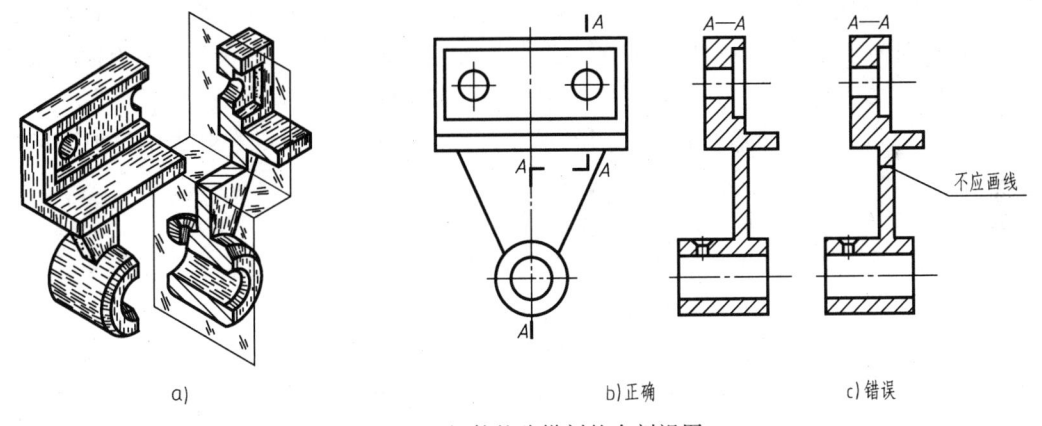

图 8-21 机件的阶梯剖的全剖视图

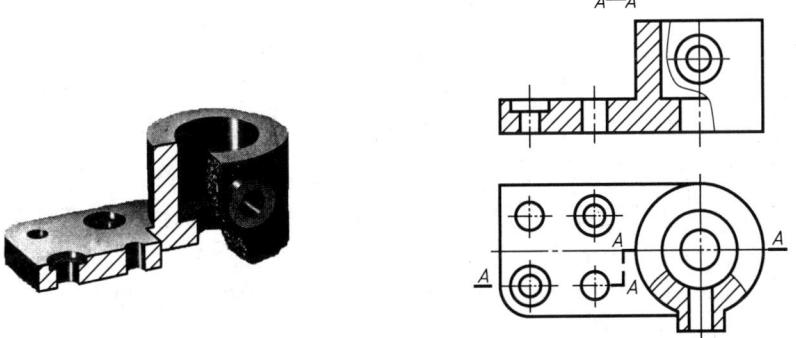

图 8-22 机件的阶梯剖的局部剖视图

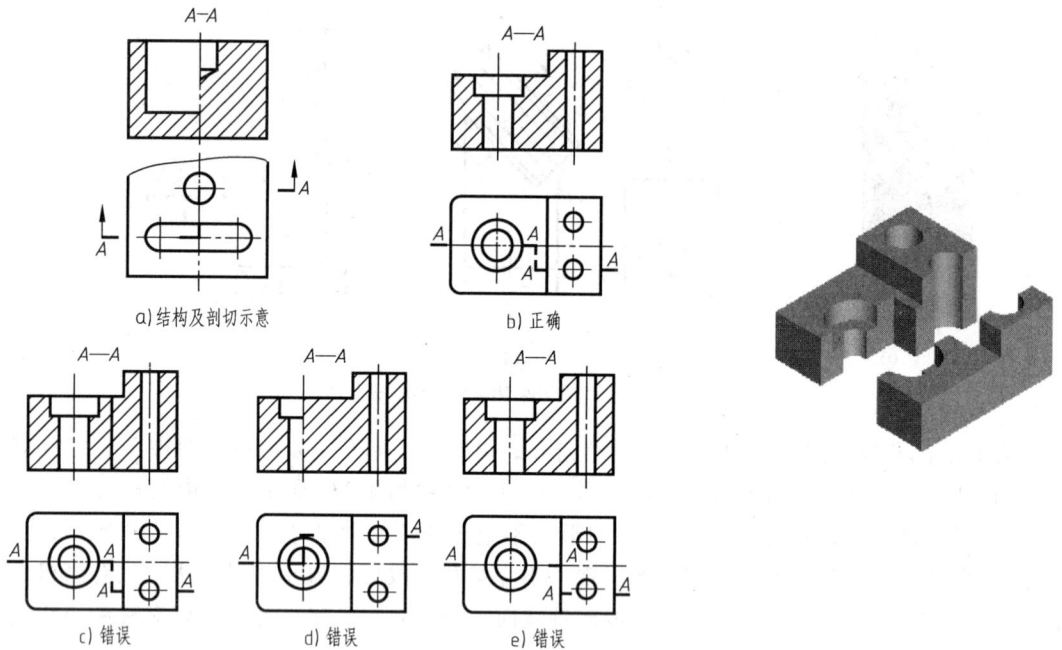

图 8-23　阶梯剖视图画法的正误对照

图 8-24　阶梯剖中特许的不完整要素

4）阶梯剖视图必须按规定标注，标注时在剖切平面的起、讫和转折处画上剖切符号，在起、讫端剖切符号上加箭头表示投射方向，并注上相同的字母。但当转折处位置有限，又不至于引起误解时，允许省略字母。在所画的剖视图的上方用同样的字母标注其名称"×—×"。如果所画的剖视图按投影关系配置，中间又没有其他图形隔开，可以省略表示投射方向的箭头，如图 8-23b 所示。

3. 几个相交的剖切平面

用几个相交且交线垂直于某一基本投影面的剖切平面剖开机件，这样获得剖视图的方法习惯上称为旋转剖。采用这种方法画剖视图时，先假想按剖切位置剖开机件，然后将由倾斜于选定投影面的剖切平面剖开的结构及其有关部分，旋转到与选定投影面平行，再进行投射。

图 8-25 所示为一法兰盘，不能用一个剖切平面同时剖开几种不同类型的孔。如果用相交于回转轴线的正平面和侧垂面，分别剖开相应位置的孔，并把侧垂面剖开的结构连同有关部分旋转到与正平面平行，然后再进行投射，便得到既反映实形又便于画图的旋转剖视图。

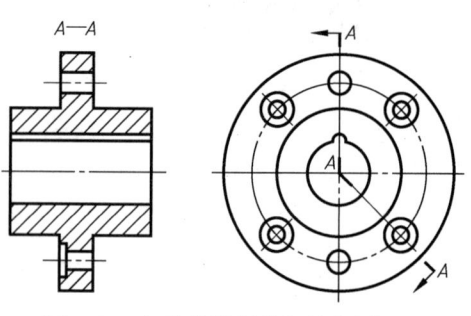

图 8-25　机件旋转剖获得的全剖视图

对于具有明显回转轴线的盘、盖类和摇臂类（图 8-26）的机件，当其内部结构处于两个相交的剖切平面时，均适合于旋转剖视图。

图 8-26 所示的 A—A 剖视图中对机件肋板的画法，是按国家标准规定进行了处理，具体规定将在本章第四节中介绍。

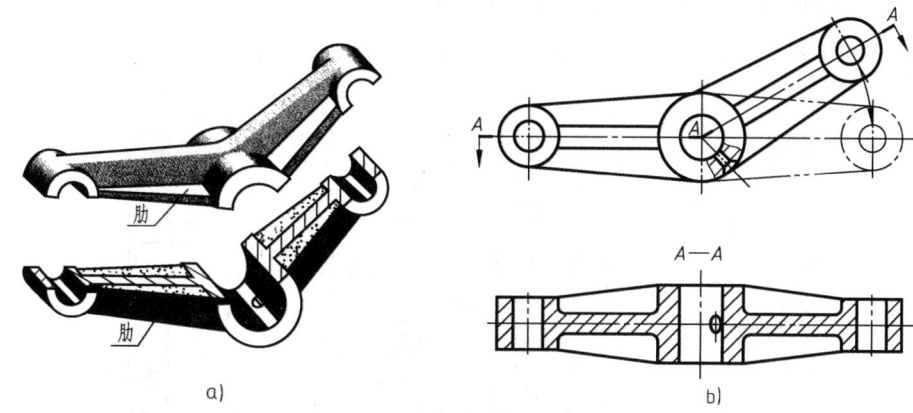

图 8-26 机件的旋转剖及剖切后的结构画法

画旋转剖视图时,应注意以下五点:

1) 剖切平面后的其他结构一般仍按原来位置投射画出,如图 8-26 所示的油孔。

2) 应尽量避免剖切出不完整要素,当剖切后产生不完整要素时,应将此部分按不剖绘制,如图 8-27 所示右边的三个臂位置交错,铅垂面剖切时中间的臂只剖到一部分,出现了不完整要素,此时应将该部分按不剖处理。

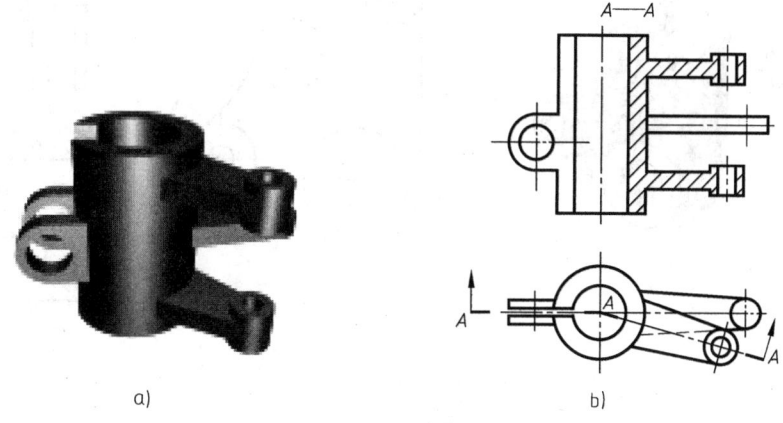

图 8-27 剖切出产生不完整要素的画法

3) 旋转剖视图必须标注,即在剖切平面的起、讫和转折处画上剖切符号,在起、讫端剖切符号上加箭头表示投射方向,并注上相同的字母。但当转折处位置有限,又不至于引起误解时,允许省略字母。在所画的剖视图的上方用同样的字母标注其名称"×—×"。

4) 两组或两组以上相交的剖切平面,在剖切符号交汇处用大写字母"O"标注,如图 8-28 所示。

5) 当连续用几个平面旋转剖时一般采用展开画法。图 8-29 所示为用四个垂直于正面的相交平面剖切机件,将各剖面区域及有关结构展开在与所选定的投影面(侧平面)平行的平面内,再进行投射,这种剖视图的标注与其他剖视图的标注原则相同,但在剖视图上要标注成"×—×展开"。

4. 组合的剖切面

当机件的内部结构形状比较复杂,单独用旋转剖或单独用阶梯剖都难于有效地表达清楚时,可以将前面的几种剖切方法组合起来使用。剖切面不但可以是平面,还可以是柱面,但它们必须都垂直于同一个基本投影面,这种用组合的剖切面剖开机件的方法一般称为复合剖。图

8-30 中 A—A 和图 8-31 均为复合剖的全剖视图。

复合剖必须加标注，其方法与旋转剖、阶梯剖的标注方法相同。

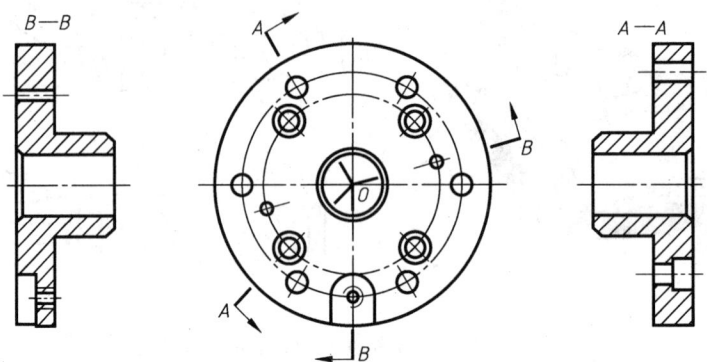

图 8-28 两组相交的剖切平面的标注方法

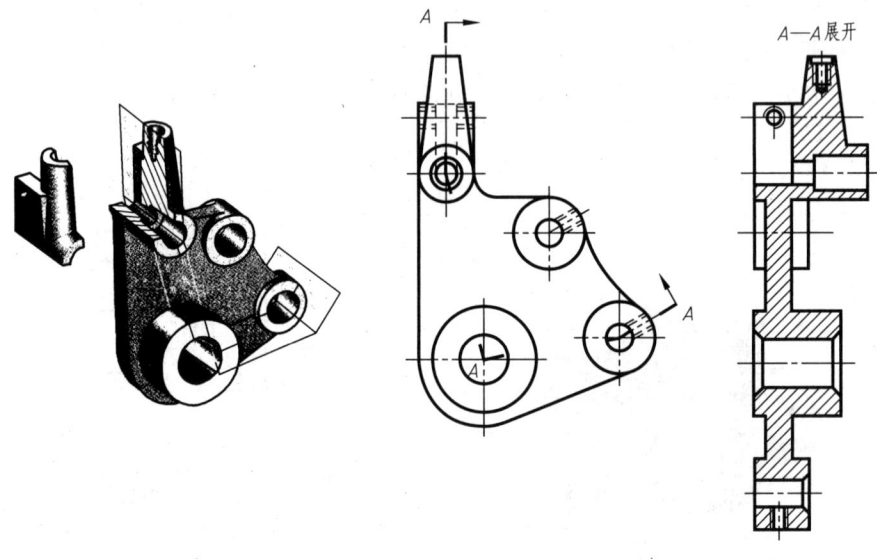

a) b)

图 8-29 几个相交平面剖切的展开画法和标注方法

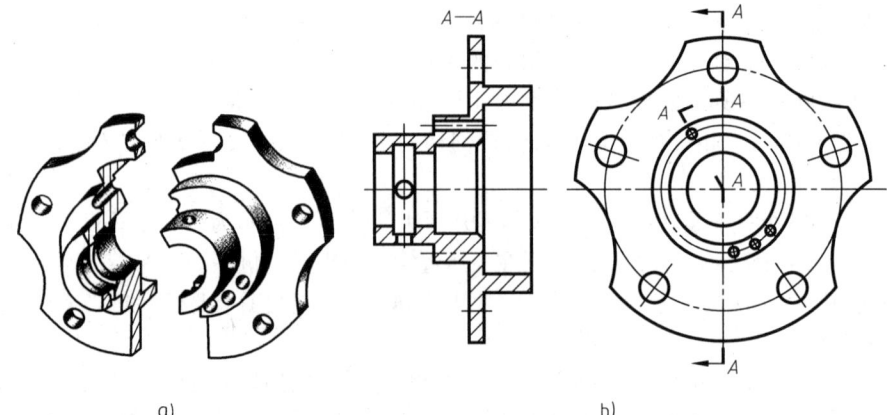

a) b)

图 8-30 机件采用复合剖的形式之一

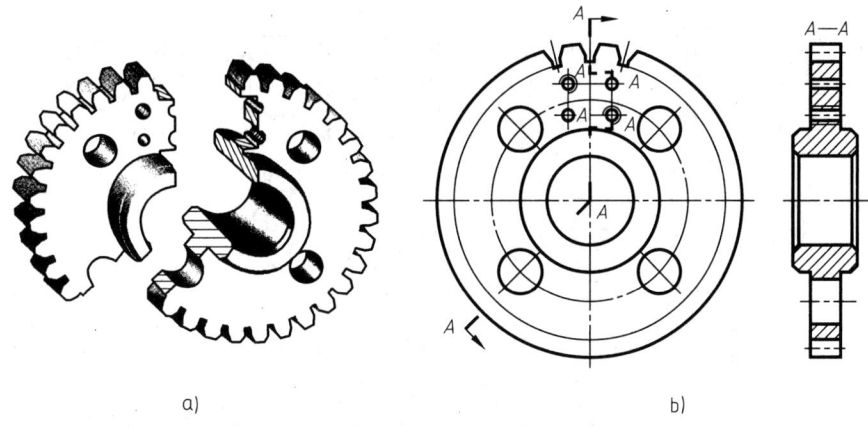

图 8-31 机件采用复合剖的形式之二

8.3 断 面 图

8.3.1 基本概念

假想用剖切平面将机件的某处切断,仅画出剖切平面与机件接触部分的图形,这种图形称为断面图,简称断面。断面图主要用来表示机件某处断面的形状,如图 8-32 所示。

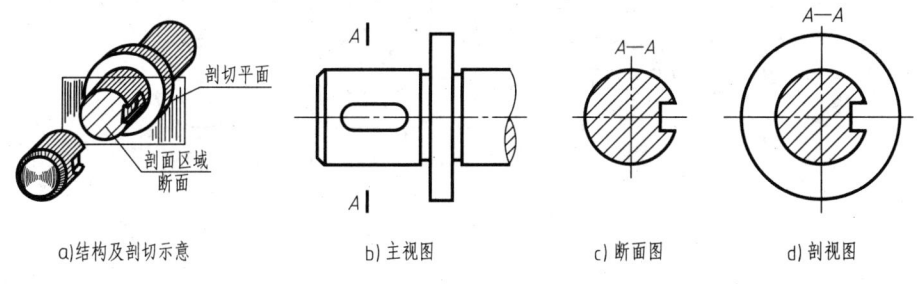

图 8-32 断面图与剖视图的区别

断面图与剖视图的区别在于:断面图是机件上被剖切处断面的投影,而剖视图则是剖切后机件的投影,如图 8-32c、d 所示的区别。

8.3.2 断面图的种类

断面图分为移出断面图和重合断面图两种。

1. 移出断面图

画在视图外的断面图称为移出断面图。移出断面图的轮廓线用粗实线绘制。

画移出断面图的几点规定:

1) 为了便于看图,移出断面图尽量配置在剖切符号或剖切线(指示剖切面位置的线,用点画线表示,常省略)的延长线上,也可将它画在图纸其他适当位置,如图 8-33 所示。

2) 断面图对称时也可画在视图的中断处,如图 8-34 所示。

3) 剖切平面应与被剖切部分的主要轮廓线垂直,为此有时需要由两个或多个相交的剖切平面剖切得出移出断面图,这种情况断面图中间一般应断开,如图 8-35 所示。

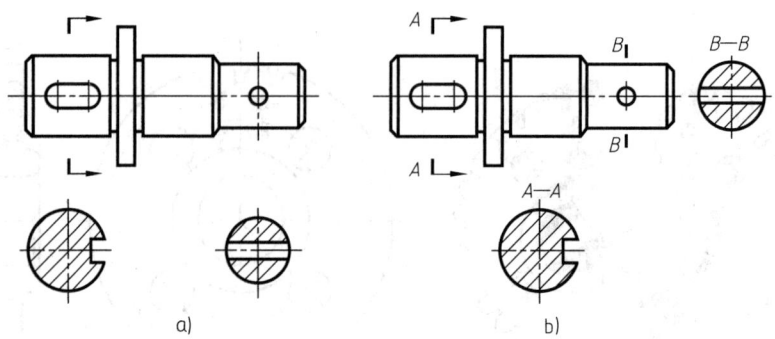

图 8-33　移出断面图的布置及标注

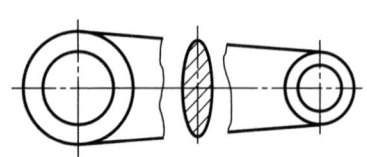

图 8-34　移出断面图配置在视图中断处

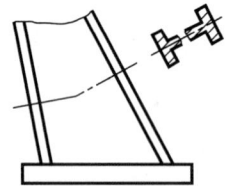

图 8-35　相交剖切平面剖切的移出断面图

4) 当剖切平面通过回转面形成的孔或凹坑的轴线时,孔或凹坑本身按剖视图绘制(即要画出这些结构及其后面的可见轮廓线),如图 8-36 所示。

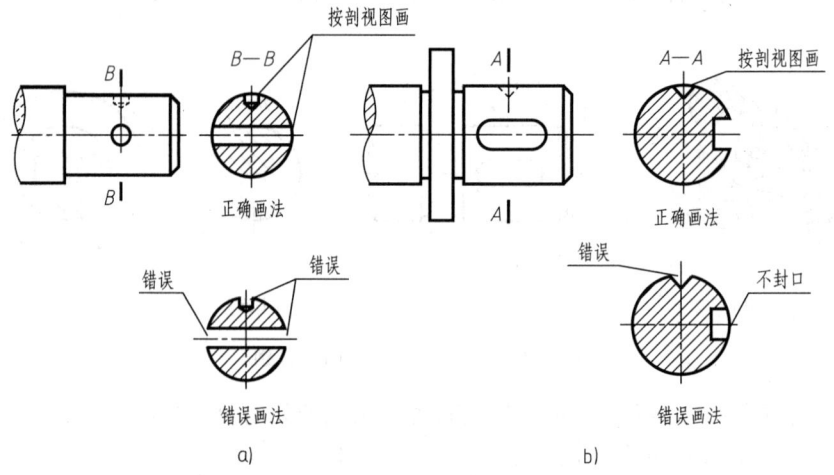

图 8-36　由回转面形成的孔或凹坑的断面画法

5) 当剖切平面通过非圆孔会导致出现完全分离的两个断面时,这些结构本身应按剖视图绘制,如图 8-37 所示。

2. 重合断面图

画在视图内的断面图称为重合断面图。重合断面图的轮廓线用细实线绘制,如图 8-38 所示。当视图中的轮廓线与重合断面图的图形重叠时,视图的轮廓线仍应连续画出,不可间断。

3. 断面图的标注

断面图的标注和剖视图的标注类似,一般应在移出断面图的上方用大写的拉丁字母标注断面图的名称"×—×",在相应视图上用剖切符号表示剖切位置,用箭头表示投射方向,并标注相同的字母。剖切符号之间的剖切线可省略不画。在不至于引起误解的情况下,断面图的标注也可以省略。对各种情况的移出断面图和重合断面图的配置及标注，可见表 8-2。

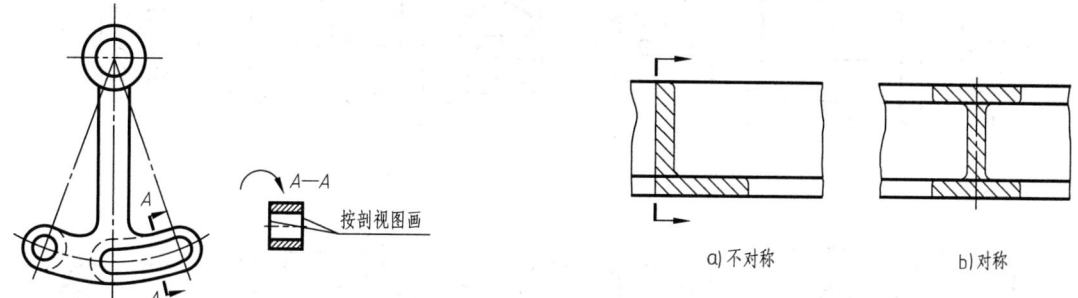

图 8-37　断面完全分离时按剖视图画　　　　　图 8-38　重合断面图

表 8-2　断面图的配置及标注

断面图种类	断面图位置	图形对称	图形不对称
移出断面图	画在剖切符号延长线上	不必标注，如图 8-33a 所示	标注剖切符号和表示投射方向的箭头，省略字母，如图 8-33a 所示
	不画在剖切符号延长线上	标注剖切符号和字母，省略箭头，如图 8-33b 所示	标注剖切符号、箭头和字母，如图 8-33b 所示
	按投影关系配置	标注剖切符号和字母，如图 8-33b 所示	标注剖切符号和字母，如图 8-36b 所示
	画在视图中断处	图形对称不需标注，如图 8-34 所示	
重合断面图	直接画在视图内剖切位置处	不必标注，如图 8-38b 所示	标注剖切符号和表示投射方向的箭头，如图 8-38a 所示，也可省略

必要时，允许将移出断面图画在任意位置，并允许将图形旋转，使对称中心线或主要轮廓线为水平或铅垂位置，标注方法同上，但要在断面图上方加注旋转符号，如图 8-37 所示 $A—A$ 断面图。

【例 8-2】　画出图 8-39a 所示机件的 4 个移出断面图，作图尺寸从图中量取，其中②处键槽深 3.5mm；③处通孔的轴线与水平方向成 45°角；④处键槽深 3mm。

作图过程：

1）首先画出各断面的中心线，①、②断面图布置在剖切位置的延长线上，④断面图布置在左视图位置，③断面图在②断面图的右面。

2）各断面图轮廓圆分别从主视图中用圆规量取（图 8-39b 所示的粗实线的圆），然后再画出，如图 8-39c 所示。

3）按主视图的尺寸将各断面上的小孔、键槽等结构的轮廓线画到相应位置，如图 8-39d 所示。

4）整理完成小孔、键槽等结构的投影（图 8-39e）。

5）画各断面图的剖面线。

6）按规定进行必要的标注。

a. 画剖切符号。由于①处断面的图形对称，且配置在剖切线延长线上，不必画剖切符号。②、③、④三处均不能省略。

b. 书写字母。由于②处断面图布置在剖切符号的延长线上，不必标注字母。在③、④处断面的剖切符号旁和断面图上方注写对应的字母，如图 8-39e 所示。

注意：

图 8-39 中①、③、④三处断面中造成分离为几部分的相应结构，均按规定作剖视处理。

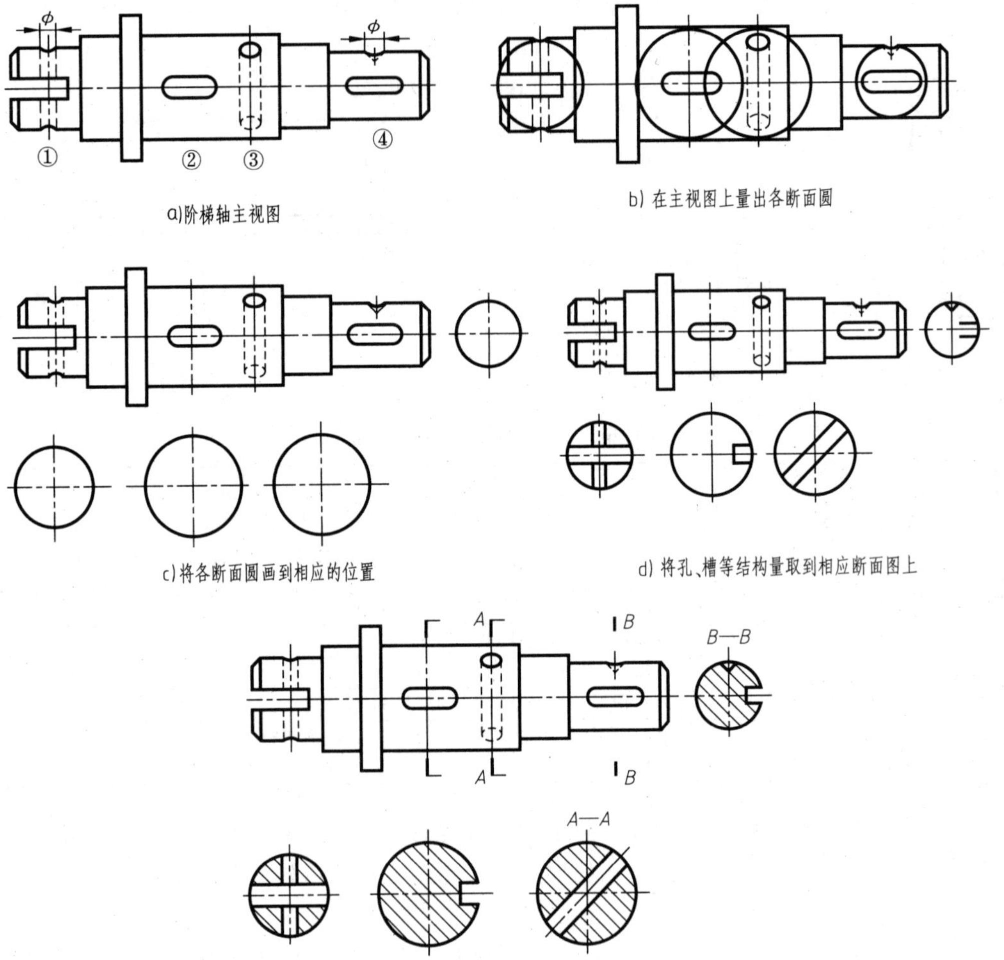

a) 阶梯轴主视图

b) 在主视图上量出各断面圆

c) 将各断面圆画到相应的位置

d) 将孔、槽等结构量取到相应断面图上

e) 完成各断面图

图 8-39 画机件断面图举例

8.4 其他表达方法

8.4.1 局部放大图

机件上的一些细小结构在视图上由于过小而造成表达不清，也不便于标注尺寸，这时可以将过小部分的图形放大表示。这种将机件的部分结构用大于原图形所采用的比例画出的图形称为局部放大图。局部放大图可以画成视图、剖视图或断面图，其与被放大部分的表达方式无关，如图 8-40 所示。局部放大图应尽量配置在被放大部位的附近。

绘制局部放大图时，一般应用细实线圈出被放大部位。当同一机件上有多

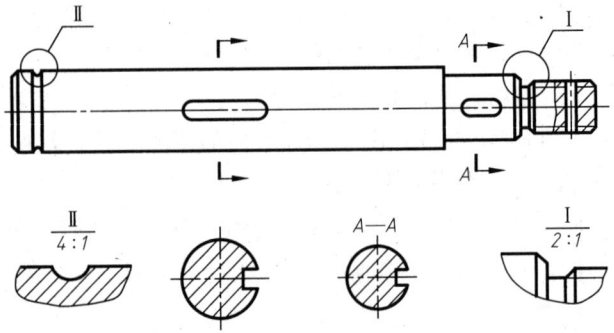

图 8-40 机件的局部放大图

个被放大部分时,应用罗马字母依次标明被放大部位,并在局部放大图的上方标出相应的罗马字母和所采用的比例。图 8-40 中共有 Ⅰ、Ⅱ 两处局部放大图,Ⅰ 处采用比例为 2:1,Ⅱ 处采用比例为 4:1。当机件上被放大部分仅一个时,在局部放大图的上方只需要注明所采用的比例。

8.4.2 简化画法

简化画法是在视图、剖视图、断面图等图样的基础上,对机件上某些特殊结构和结构上某些特殊情况,通过简化图形(包括省略和简化投影等)和省略视图等办法来表示,达到在便于看图的前提下,力求制图简便的目的。国家标准规定了一系列简化画法,下面摘要介绍一些常用的简化画法。

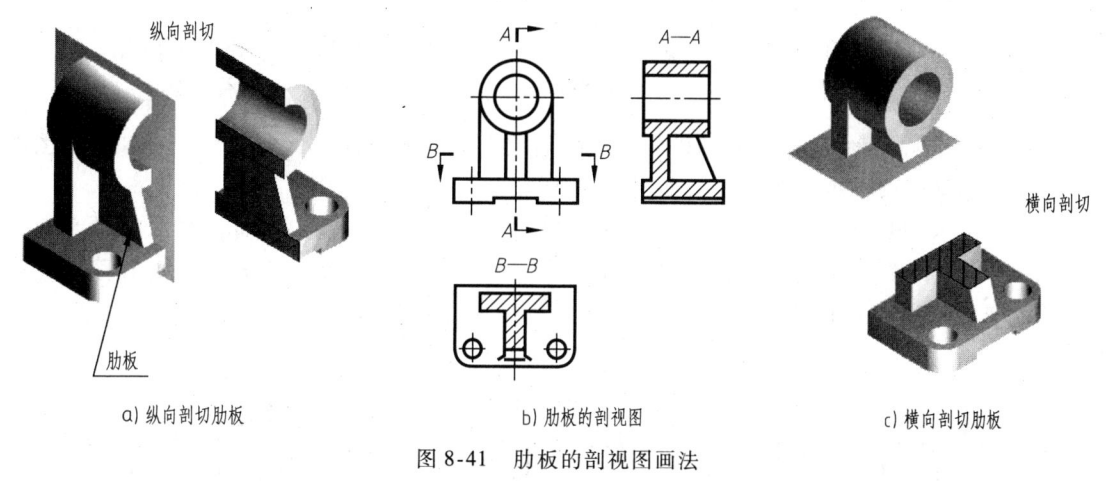

a) 纵向剖切肋板　　　　b) 肋板的剖视图　　　　c) 横向剖切肋板

图 8-41　肋板的剖视图画法

1) 对于机件上的肋、轮辐及薄壁等结构,如按纵向剖切,即剖切平面通过这些结构的基本轴线或对称平面时,这些结构都不画剖面线,而用粗实线将它们与其邻接部分隔开。图 8-41a 中剖切平面纵向通过肋板,所以图 8-41b 中 A—A 剖视图中的肋板不画剖面线;图 8-41c 中剖切平面横向通过肋板,所以图 8-41b 中 B—B 剖视图中的肋板画剖面线。

2) 当机件回转体上均匀分布的肋、轮辐和孔等结构且不处于剖切平面上时,可将这些结构旋转到剖切平面上画出,且对均布

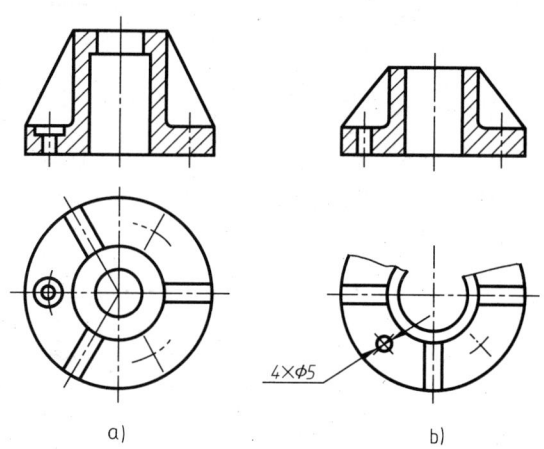

图 8-42　均匀分布的肋和孔等结构的简化画法

的孔只需详细画出一个,其余的用细点画线画出其中心位置即可,如图 8-42 所示。

3) 在不致引起误解时,对于对称机件的视图可只画一半(图 8-43)或接近一半(图 8-42b),甚至可以只画四分之一。对只画一半或四分之一的视图,应在对称中心线的两端画出两条与其垂直的平行细实线,如图 8-43 所示。

4) 当机件具有若干相同结构(如齿、槽等),并按一定的规律分布时,只需画出几个完整的结构,其余用细实线连接,但在图中必须注明该结构总数,如图 8-44 所示。

5) 若干直径相同且成规律分布的孔(圆孔、螺孔、沉孔等),可以只画出一个或几个,其余只需用中心线表示其中心位置,并在图中注明孔的总数,如图 8-45 所示。

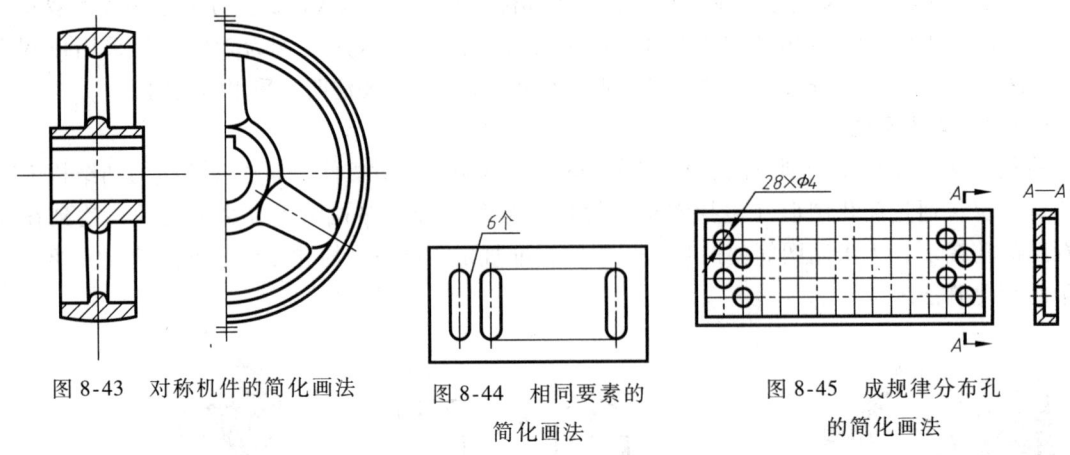

图 8-43　对称机件的简化画法　　　图 8-44　相同要素的简化画法　　　图 8-45　成规律分布孔的简化画法

6）在不致引起误解时，机件图中的移出断面图允许省略剖面线，但剖切位置和断面图的标注必须遵照第三节中的有关规定，如图 8-46 所示。

7）当平面图形不能充分表达平面时，可用细实线绘出对角线表示平面，如图 8-47 所示。

8）机件上的滚花部分，可在轮廓线附近用粗实线完全或部分地表示出来，并在图中注明该结构的要求，如图 8-48 所示。

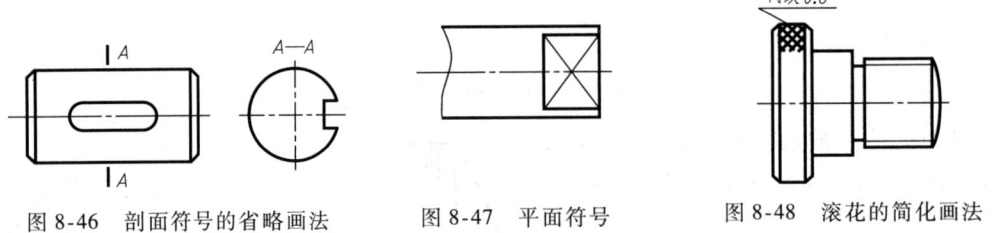

图 8-46　剖面符号的省略画法　　　图 8-47　平面符号　　　图 8-48　滚花的简化画法

9）较长的机件（轴、杆、型材、连杆等）沿长度方向的形状一致或按一定规律变化时，可断开后缩短绘制，其断裂边界用波浪线绘制，但要标注实际尺寸，如图 8-49 所示。断裂边界也可用双折线或细双点画线绘制。

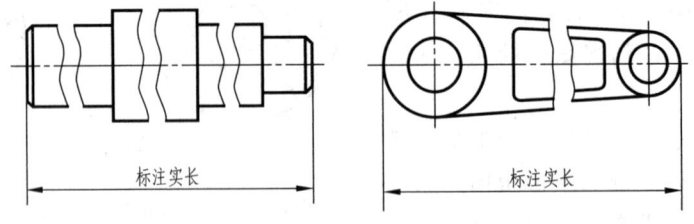

图 8-49　较长机件的简化画法

10）机件上较小结构，如果在一个图形上已经表示清楚，在其他图形上可以简化或省略。如图 8-50a 所示，断面图已表示清楚轴的左端被四个平面对称截切，但上、下截交线与转向线距离很近，主视图上可以省略不画。如图 8-50b 所示，主视图上本应有四个交线圆，可简化为只画大、小圆；俯视图上几处与小圆锥孔的相贯线很不明显，可以简化为用转向线代替。

11）在不致引起误解时，机件中的小圆角、锐边的小倒角或 45° 倒角允许省略不画，但必须标明尺寸或在技术要求中说明，如图 8-50c 所示。

12）机件上斜度不大的结构，如在一个图中已表达清楚，在其他图形中可按小端画出，

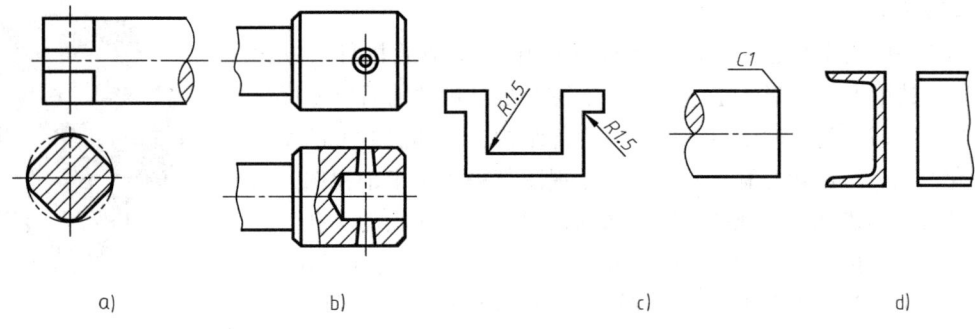

图 8-50 较小结构的省略或简化画法

如图 8-50d 所示。

13）与投影面倾斜角度小于或等于 30°角的圆或圆弧，其投影可用圆或圆弧代替其类似形椭圆，如图 8-51 所示，但俯视图上各圆的圆心位置应按投影关系来决定。

14）圆柱形法兰和类似机件上均匀分布的孔，可按图 8-52 所示的方法表示。

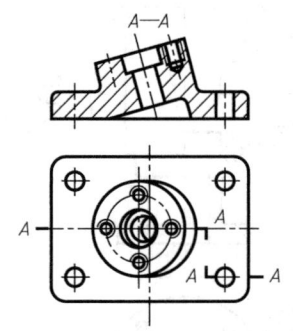

图 8-51 较小倾斜角度圆或圆弧的简化画法

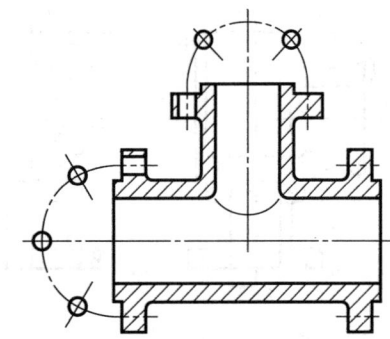

图 8-52 圆柱形法兰上均布孔的简化画法

15）在需要表示剖切平面前面的结构时，这些结构按假想投影的轮廓线（即双点画线）画出，如图 8-53 所示机件左边的长圆形槽在左视全剖视图中的画法。

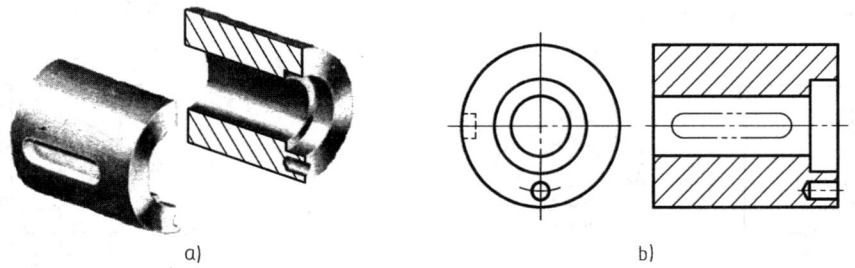

图 8-53 剖切平面前的结构的简化画法

8.5 表达方法综合应用

在绘制机械图样时，应根据机件的具体情况运用视图、剖视图和断面图等各种表达方法，使得机件各部分的结构与形状均能在表达完整、清晰的基础上，图形数量较少。同一个机件往往可以选择几种不同的表达方案。

图 8-54 所示为阀体的轴测图，以下有四种表达方案表达该阀体（图 8-55～图 8-58）。

方案分析：

图 8-54 所示阀体是一个内、外形状都比较复杂的机件。方案一（图 8-55）选用了主、俯、左三视图，主视图是过机件前后对称面剖切的全剖视图，较好地反映了机件的主要内部结构，顶部法兰上的小孔采用了简化画法，按剖切绘制；俯视图和左视图都采用了半剖视图，兼顾了内、外形状的表达，左视图还用局部剖视图表达了底板的小孔。方案二（图 8-56）的投射方向与方案一相同，用 C 向视图代替了左视图，只画出最需要表达的凸缘形状；同时将主视图改成局部剖视图，既表达了主要内部结构，又表达了上、下两板上的小孔；俯视图没有改

图 8-54　阀体

变。方案三（图 8-57）是在方案二的基础上，将俯视图改成了全剖视图，为表达顶部法兰形状，加了一个 D 向视图。应该说前三个表达方案均比较好，尤其方案三从作图简便和看图清晰等方面均考虑较周全。方案四（图 8-58）采用了主、俯视图两个图形表达机件，虽然图形表达较紧凑，但机件的形状特征和各部分的相对位置表达不够清晰，应该不是一个好的方案。

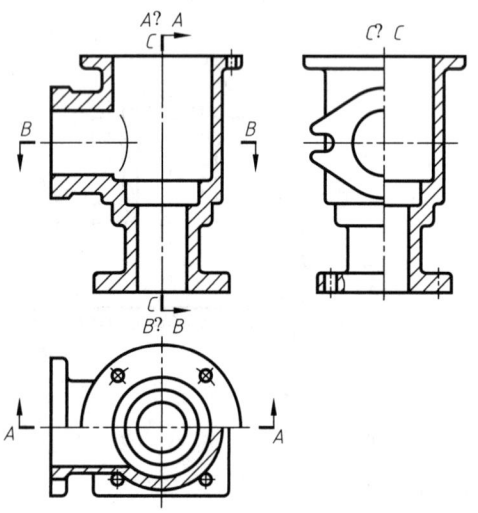

图 8-55　阀体表达方案之一

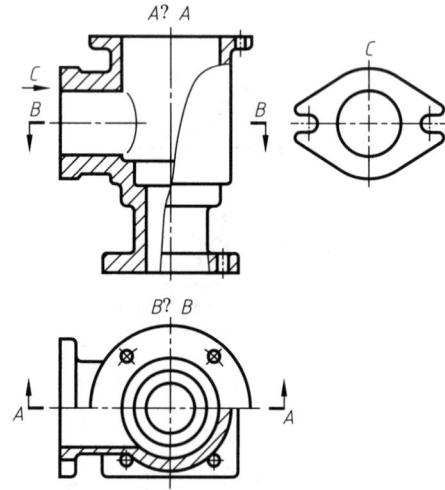

图 8-56　阀体表达方案之二

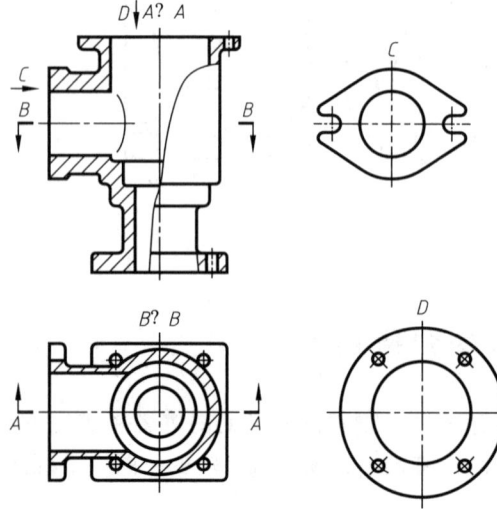

图 8-57　阀体表达方案之三

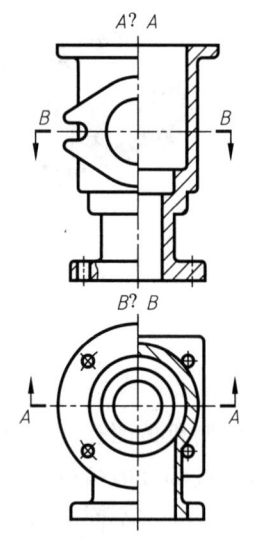

图 8-58　阀体表达方案之四

【例 8-3】 根据给出的三视图（图 8-59a），用适当的表达方法表达该机件。

作图方法和步骤：

1）形体分析。根据该机件的三视图并经过形体分析发现该机件是由上面的空心圆柱、中间的十字肋板、下面一块斜板组成，其立体图如图 8-59b 所示。

从三视图中发现该机件虚线很多，看图不清晰，而且斜板在三个视图上都不反映实形，斜板上小圆孔投影为椭圆。

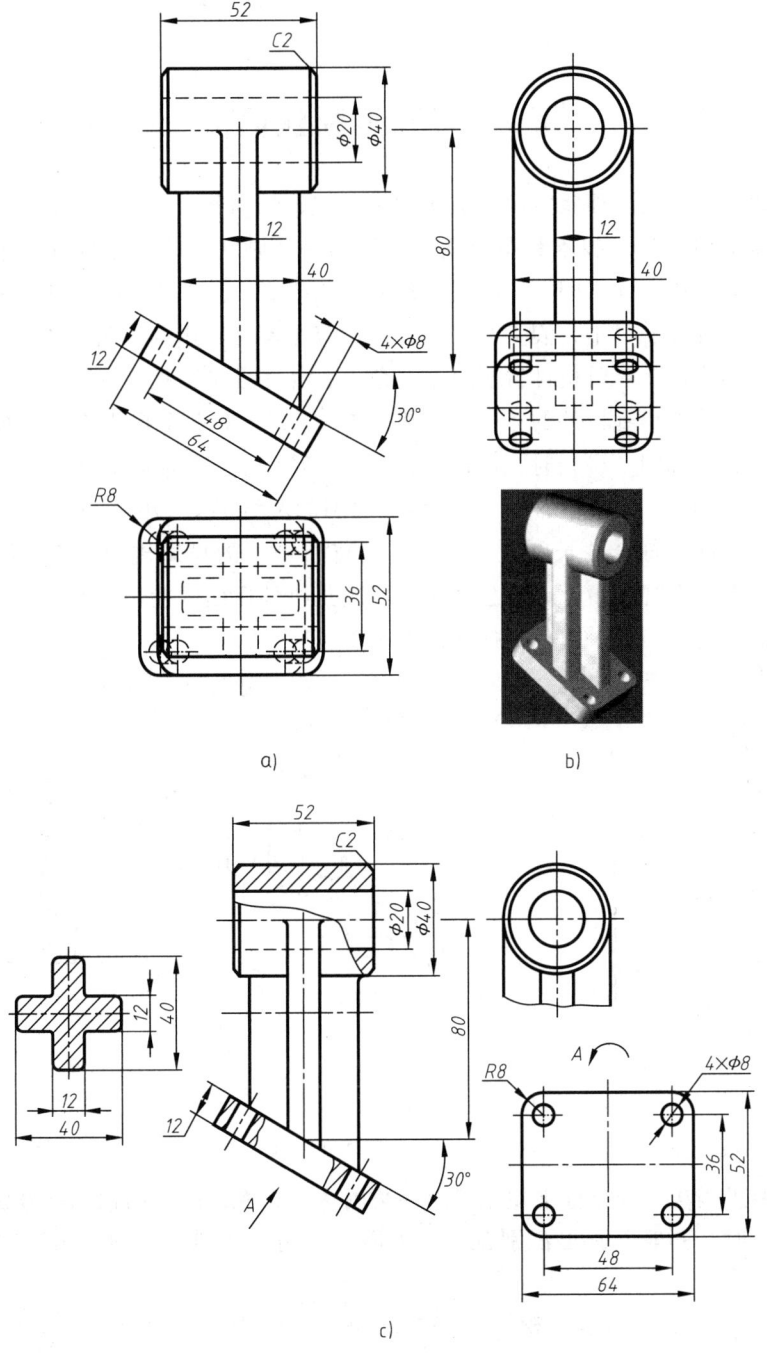

图 8-59 机件的表达方案选择

2) 表达方案的选择。在原有的主视图上采用两处局部剖,这样主视图既表达了 $\phi 20$ 通孔和斜板上的小圆孔,也表达了斜板的倾斜情况和空心圆柱与肋板斜板相连的情况。这样该机件大部分结构已表达清楚了,还剩下上部空心圆柱的形状和它与肋板的连接关系、斜板的形状和四个小圆孔的分布、十字型肋板情况没表达。采用了 A 向斜视图表达了斜板的形状和四个小圆孔的分布,采用了一个移出断面图表达了十字形肋板的结构,采用了局部视图表达了上部空心圆柱的形状和它与肋板的相连关系。由于斜板和肋板已表达清楚,省掉了俯视图和左视图。最后略调整尺寸位置,如斜板上尺寸 48、36、64、52、R8 和四个小圆孔的直径,以及肋板断面尺寸 40、12,如图 8-59c 所示。

8.6 第三角画法简介

用水平和铅垂的两投影面将空间分成了四个区域,分别称为第一、二、三、四分角,如图 8-60 所示。国家标准规定,技术制图应优先采用第一角画法,即将机件置于第一分角内,并使机件处于观察者和投影面之间,从而得到相应的正投影图,即本书前面所讲的方法。国际上还有很多国家,如美国、日本、澳大利亚、加拿大等国家常采用第三角画法。

第三角画法的方法是:将机件置于第三分角内,并使投影面处于观察者和机件之间,假想投影面是透明的,从而得到机件的正投影。机件在 V、H、W 三个投影面上的投影,分别称为主视图、俯视图、右视图。展开时,保持 V 面不动,H 面绕 OX 轴向上旋转 90°角,W 面绕 OZ 轴向前旋转 90°角,如图 8-61a 所示。展开后三视图的配置形式如图 8-61b 所示,在第三角画法的三视图之间,同样符合"长对正、高平齐、宽相等"的投影规律。需要注意的是,在第一角画法的俯视图和左视图中,靠近主视图的一边是机件后面的投影;在第三角画法的顶视图和右视图中,靠近前视图的一边是机件前面的投影。

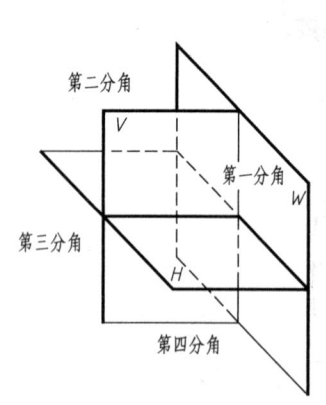

图 8-60 四个分角

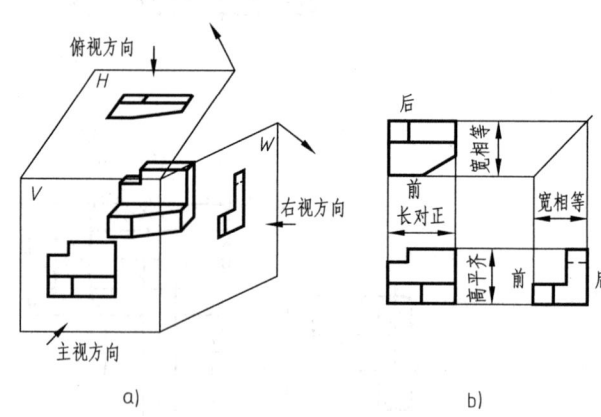

图 8-61 第三角画法三视图的形成和投影规律

为了区别两种画法,国家标准规定了第一角画法和第三角画法的识别符号如图 8-62 所示,采用第一角画法时,一般不画出识别符号;采用第三角画法时,必须画出第三角投影的识别符号。

采用第三角画法的六个基本视图及其配置如图 8-63 所示,按这样配置时一律不注视图名称。

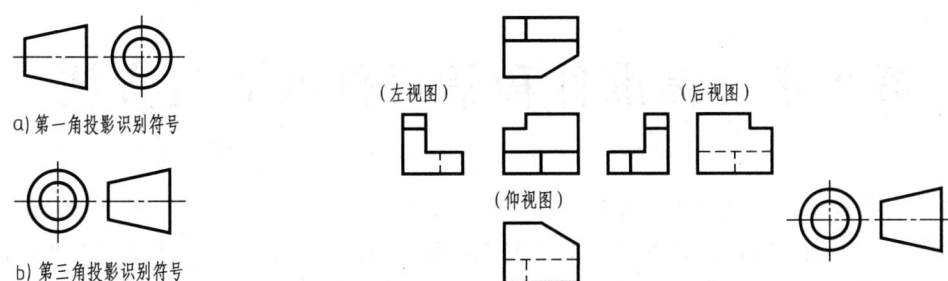

图 8-62 投影识别符号　　　　图 8-63 第三角画法的六个基本视图及其配置

第9章 标准件和常用件的表达方法

在各种机器设备上,经常用到如螺栓、螺钉、螺柱、螺母、垫圈、销、键、滚动轴承、齿轮、弹簧等各种不同的零件。这些零件对各种机器都是通用的,它们的应用范围非常广泛,需要量很大。为了便于制造和使用,降低成本,简化制图工作,国家标准对有些零件的结构型式、尺寸规格和技术要求制订了统一规定,并由专门的工厂大量生产,这类零件称为标准件。而对有些零件的结构型式、尺寸规格部分地作了标准化规定,这类零件称为常用件。本章将分别讨论这两类零件的规定画法和标记。

9.1 螺纹的种类和常用表达方法

螺纹是机器上的一种常见结构,国家标准已对常用的几种螺纹标准化。本节主要介绍螺纹的规定画法和标注方法。

9.1.1 螺纹的形成

如图 9-1 所示,在圆柱或圆锥表面上,沿着螺旋线所形成的、具有相同轴向断面的连续凸起和沟槽的结构称为螺纹。

在圆柱或圆锥表面上形成的螺纹,称为圆柱螺纹或圆锥螺纹。在圆柱(锥)外表面上形成的螺纹称为外螺纹,在圆柱(锥)内表面上形成的螺纹称为内螺纹。内、外螺纹成对使用,可用于紧固连接或管路连接、传递运动和动力、位移放大和机械微调等。本节主要介绍圆柱螺纹。

各种螺纹都是根据螺旋线原理加工而成的。螺纹加工大部分采用机械化批量生产。当小批量、单件产品的螺纹加工时,外螺纹可采用车床加工,如图 9-2 所示。内螺纹可以在车床上加工,也可以先在工件上钻孔,再用丝锥攻制而成,如图 9-2 和图 9-3 所示。

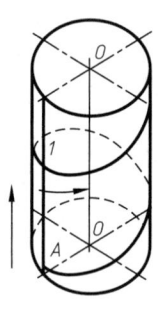

图 9-1 螺纹形成的原理图

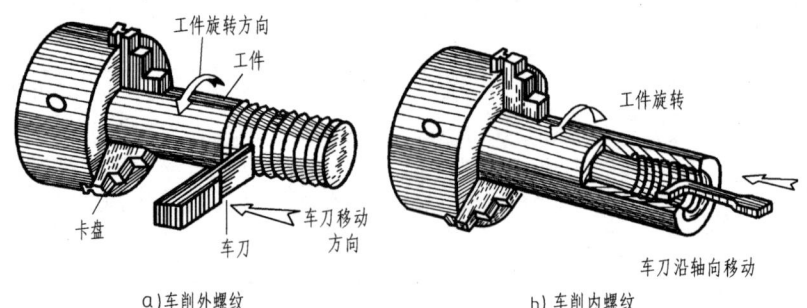

a)车削外螺纹   b)车削内螺纹

图 9-2 车削螺纹

9.1.2 螺纹的结构要素

1. 牙型

在通过螺纹轴线的剖切平面上得到的螺纹轮廓形状(图 9-5)称为螺纹的牙型。常用的牙型有三角形、梯形、锯齿形和矩形，如图9-4所示。在螺尾处螺纹的牙型是不完整的。

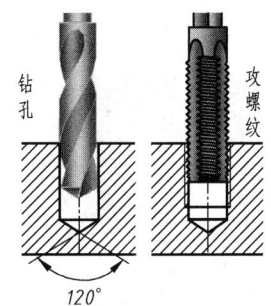
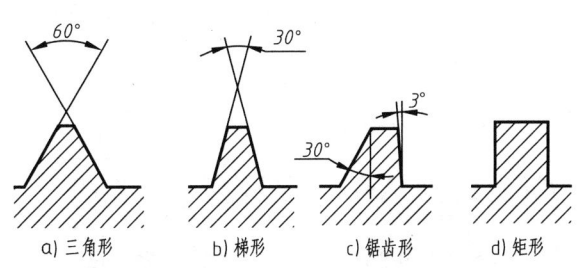

图9-3 丝锥加工内螺纹

图9-4 螺纹的牙型

2. 直径

螺纹直径有大径、小径和中径，如图9-5所示。

（1）大径 螺纹的最大直径，与外螺纹牙顶或内螺纹牙底相重合的假想圆柱的直径。外螺纹的大径代号为 d，内螺纹的大径代号为 D。

（2）小径 与外螺纹牙底或内螺纹牙顶相重合的假想圆柱的直径。外螺纹的小径代号为 d_1，内螺纹的小径代号为 D_1。

（3）中径 是一个假想圆柱直径，该圆柱的母线通过牙型上沟槽和凸起的宽度相等之处，中径圆柱的素线称为中径线。外螺纹的中径代号为 d_2，内螺纹的中径代号为 D_2。

代表螺纹规格尺寸的直径称为公称直径，一般指螺纹的大径。

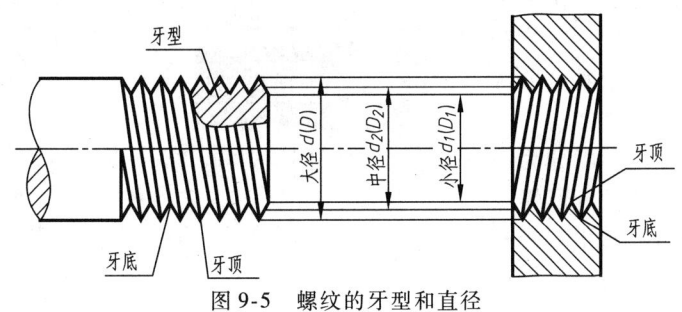

图9-5 螺纹的牙型和直径

3. 螺距

在中径圆柱的素线上，相邻两牙对应两点间的轴向距离（图9-6），用 P 表示。

4. 导程

在中径圆柱的素线上，同一条螺旋线上相邻两牙对应两点间的轴向距离（图9-6），常用 P_h 表示。

5. 线数

螺纹有单线和多线之分。沿一条螺旋线所形成的螺纹称为单线螺纹；沿两条或两条以上螺旋线所形成的螺纹称为多线螺纹。螺旋线的数目称为线数，常用 n 表示。

从图9-6中可以看出，螺纹的螺距、导程和线数的关系为

$$P_h = n \times P$$

单线螺纹的线数 $n=1$，所以导程 $P_h=$ 螺距 P。

6. 旋向

螺纹分右旋和左旋两种：顺时针方向旋入的螺纹称为右旋螺纹；逆时针方向旋入的螺纹称

为左旋螺纹，如图 9-7 所示。

只有内、外螺纹的上面六个结构要素完全相同时，它们才能旋合在一起。

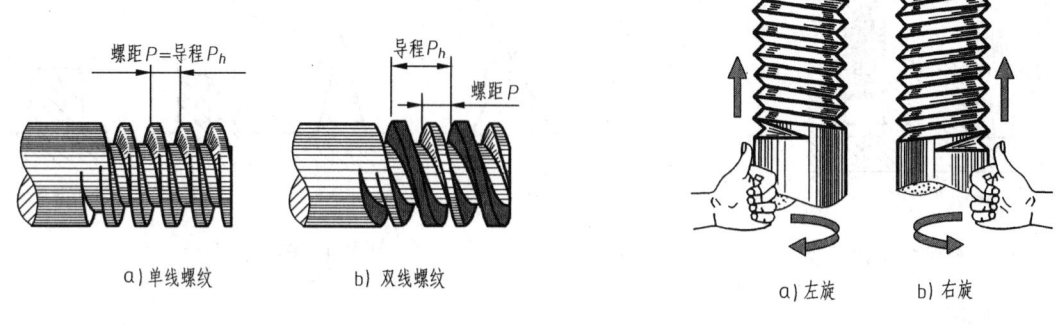

a) 单线螺纹　　b) 双线螺纹

图 9-6　螺纹的螺距、导程和线数

a) 左旋　　b) 右旋

图 9-7　螺纹的旋向

7. 螺尾、退刀槽、倒角

在加工螺纹时，从开始退刀到完全退出车刀会形成一部分牙底较浅不完整的螺纹，称为螺尾，螺尾是不能旋合的，为消除螺尾，可在螺纹终止处做出比螺纹稍深的退刀槽，如图 9-8 所示。为了便于内、外螺纹的装配，常在螺纹的端头加工出一小段圆锥面，一般为 45°，称为螺纹的倒角。

9.1.3　螺纹的种类

由于螺纹的应用极为广泛，因此螺纹有很多种类，这里仅作简单介绍。

按螺纹用途分类，一般可分为连接螺纹和传动螺纹。

按螺纹的牙型分类，可分为三角形螺纹、梯形螺纹、锯齿形螺纹和矩形螺纹（图 9-4），其中三角形螺纹的用途为连接，后三种牙型的用途均为传动。

a) 螺尾　　b) 退刀槽

图 9-8　螺尾和退刀槽

牙型为三角形的螺纹可分为普通螺纹和管螺纹，根据生产需要，普通螺纹又可以分为粗牙螺纹和细牙螺纹，即在相同的大径下，有几种不同规格的螺距，其中螺距最大的一种，称为粗牙螺纹，（d（D）>68mm 时无粗牙）；管螺纹又可以分为 55°密封管螺纹、55°非密封管螺纹和 60°密封管螺纹。

按结构要素是否符合标准规定分为标准螺纹（牙型、大径和螺距都符合标准）、特殊螺纹（牙型符合标准，大径或螺距不符合标准）和非标准螺纹（牙型不符合标准）。标准螺纹包括普通螺纹、管螺纹、梯形螺纹和锯齿形螺纹等，这些螺纹都有自己的特征代号，见表 9-1。矩形螺纹是非标准螺纹，没有自己的特征代号。

9.1.4　螺纹的规定画法

用正投影法表达结构时，若如实绘出螺纹结构，则比较麻烦。由于螺纹是标准结构，图样上没有必要按真实的投影画出。因此，为了方便绘图和读图，国家标准确定了螺纹的规定画法。在画图时，只需用规定的线型来表示螺纹的大径、小径和终止线即可表示螺纹。

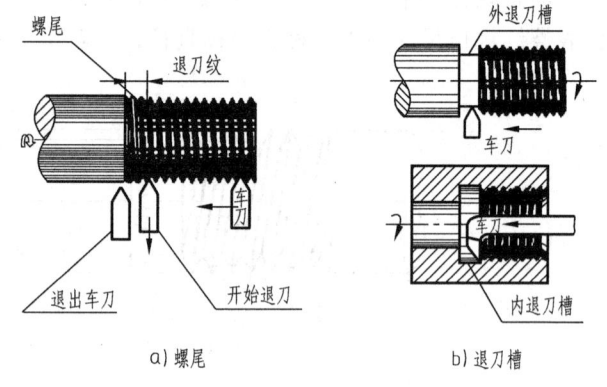

表 9-1 常用螺纹的特征代号及用途

螺纹种类			特征代号	牙型图	用途
连接螺纹	普通螺纹	粗牙	M	60°	最常用的连接螺纹
		细牙			用于细小的精密或薄壁零件
	55°非密封管螺纹		G	55°	用于水管、油管、气管等薄壁管子上,用于管路的连接
	55°密封管螺纹	圆锥内	RC		
		圆锥外	R_1(与圆柱内螺纹旋合) R_2(与圆锥内螺纹旋合)		
		圆柱内	RP		
传动螺纹	梯形螺纹		Tr	30°	用于各种机床的丝杠,作传动用
	锯齿形螺纹		B	30° 3°	只能传递单方向的动力

1. 外螺纹的画法

如图 9-9a 所示,画外螺纹时,在反映螺纹轴线的视图上,牙顶(螺纹大径)的投影用粗实线表示,牙底(螺纹小径)的投影用细实线表示,细实线在倒角区也应画出。有效螺纹的终止界线(简称螺纹终止线)用垂直于轴线的粗实线表示,注意螺纹终止线两端应与大径线相交。螺尾部分一般不必画出,当需要表示螺尾时,该部分用与轴线成30°的细实线画出。在投影为圆的视图上,螺纹牙顶圆的投影用粗实线表示,牙底圆的投影用约3/4圈的细实线表示(空出约1/4圈的位置不作规定),此时,倒角圆的投影不应画出。小径通常画成大径的0.85倍(但大径较大或画细牙螺纹时,小径数值可查阅有关表格)。

有外螺纹的管子,一般沿轴线将其局部剖开,如图 9-9b 所示。此时,被剖开部分的螺纹终止线只画出表示牙型高度的一小段。

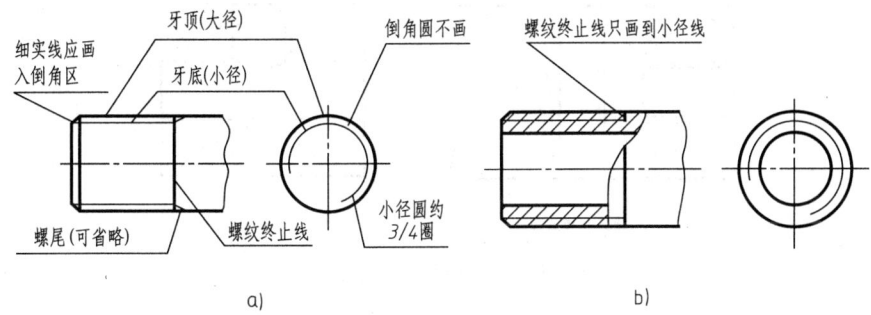

图 9-9 外螺纹的规定画法

2. 内螺纹的画法

如图 9-10a 所示,画内螺纹时,反映螺纹轴线的视图通常画成剖视图,螺纹的牙顶(螺纹小径)的投影用粗实线表示,牙底(螺纹大径)的投影用细实线表示,细实线在倒角区不应画出。在投影为圆的视图上,螺纹牙顶圆(小径)的投影用粗实线表示,牙底圆(大径)的投影用约 3/4 圈的细实线表示，倒角圆的投影不应画出。绘制不穿通的螺纹孔时，一般应将钻孔深度与螺纹部分的深度分别画出，螺纹终止线用垂直于轴线的粗实线表示，螺纹终止线两端应与大径线相交。螺尾部分与外螺纹相同，一般也不必画出。钻孔底部的锥顶角接近 120°，所以孔的锥顶角画成 120°，如图 9-10b 所示。

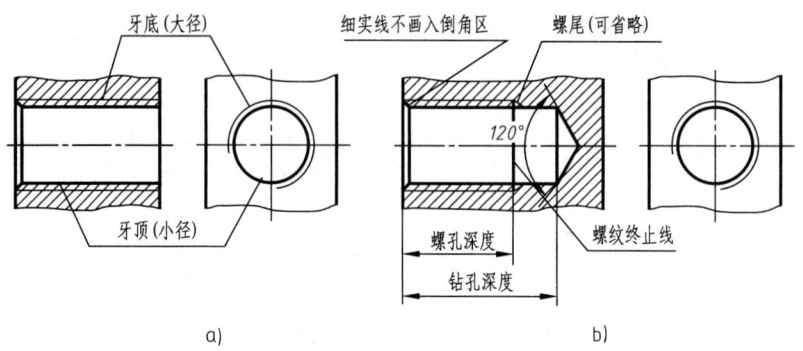

图 9-10 内螺纹剖切的画法

无论是外螺纹或是内螺纹，在剖视图或断面图中的剖面线都应画到粗实线为止，如图 9-9b 和图 9-10 所示。当需要表示螺纹牙型时，可按图 9-11 所示的形式绘制。螺纹相贯线的表示法如图 9-12 所示。不可见螺纹的所有图线用虚线绘制，如图 9-13 所示。

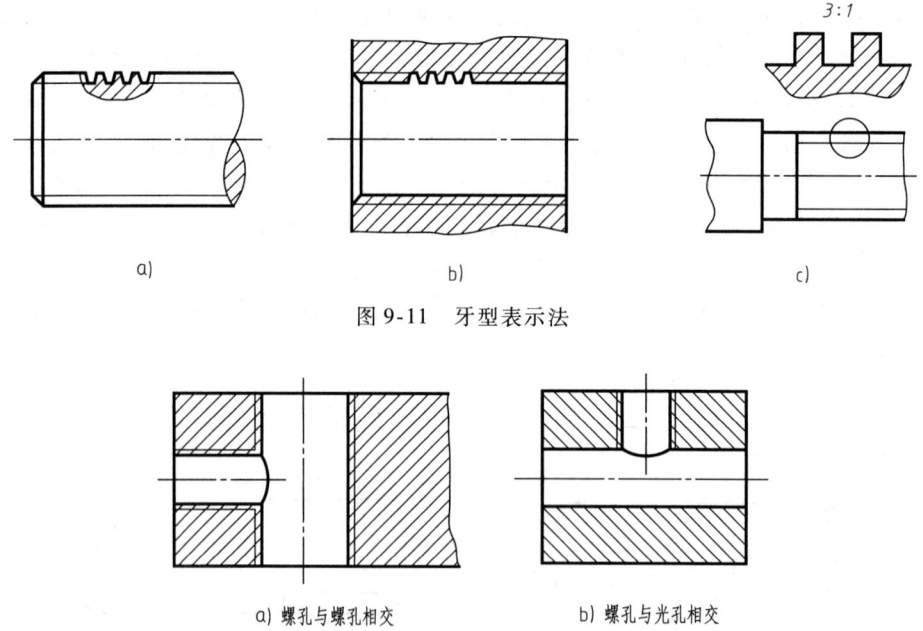

图 9-11 牙型表示法

图 9-12 螺纹相贯线的表示法

3. 螺纹连接的画法

以剖视图表示内、外螺纹的连接时，其旋合部分应按外螺纹的画法绘制，其余部分仍按各自的画法绘制，如图 9-14 和图 9-15 所示。

9.1.5 螺纹的标注

采用规定画法后，螺纹的种类、牙型、螺距、旋向和线数都无法在图形上表示出来，因此必须对螺纹进行标注。常用螺纹的标注见表 9-2。

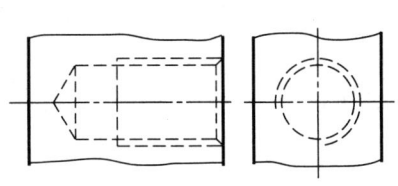
图 9-13 不可见螺纹画法

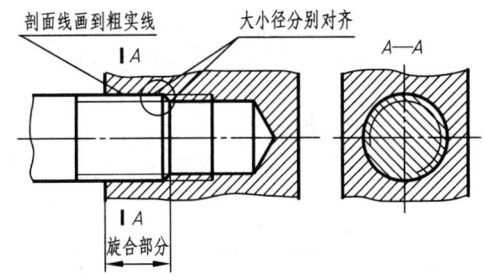
图 9-14 不穿通螺孔的螺纹连接画法

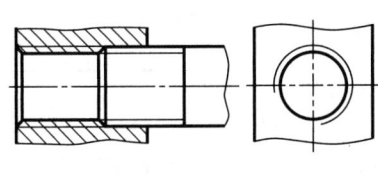
a)

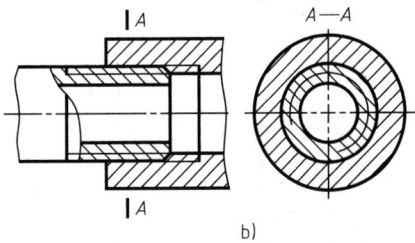
b)

图 9-15 穿通螺孔的螺纹连接画法

表 9-2 常用螺纹的标注

螺纹种类		标注图例	标注含义说明
连接螺纹	普通螺纹	M12-6h	粗牙普通外螺纹,公称直径为12mm,右旋,单线,中径、顶径公差带代号为6h,中等旋合长度
		M12×1-6H	细牙普通内螺纹,公称直径为12mm,螺距为1mm,右旋,单线,中径、顶径公差带代号为6H,中等旋合长度
		M12×1-5g6g-S-LH	细牙普通外螺纹,公称直径为12mm,螺距为1mm,左旋,中径公差带代号为5g,顶径公差带代号为6g,短旋合长度
	55°非密封管螺纹	G1A-LH	圆柱外管螺纹,A级,左旋,尺寸代号为1(指管口通径为1in = 25.4mm,螺纹尺寸须查国家标准中相关表得)
		G1/2	圆柱内管螺纹,右旋,尺寸代号为1/2

(续)

螺纹种类		标注图例	标注含义说明
连接螺纹	55°密封管螺纹	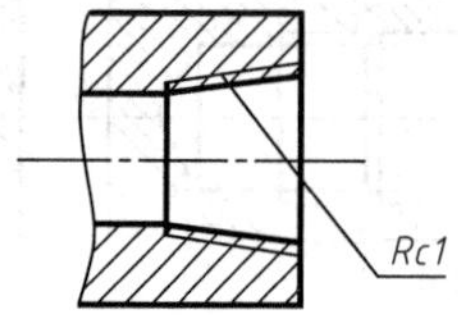 Rc1	圆锥内螺纹,右旋,尺寸代号为1
		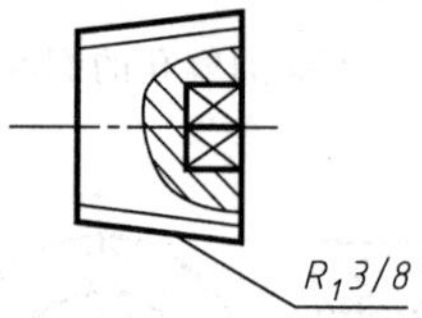 R₁3/8	与圆柱内螺纹相配合的圆锥外螺纹,右旋,尺寸代号为3/8
		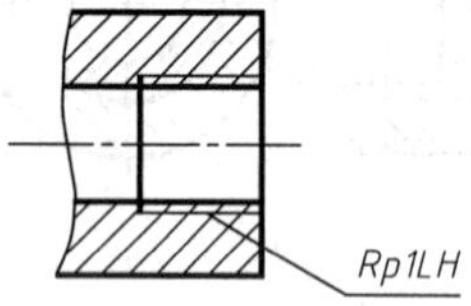 Rp1LH	与圆锥外螺纹相配合的圆柱内螺纹,左旋,尺寸代号为1
传动螺纹	梯形螺纹	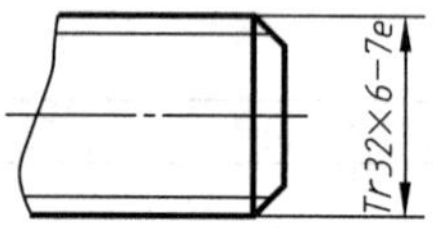 Tr32×6-7e	梯形螺纹,公称直径为32mm,螺距为6mm,右旋,单线,中径公差带代号为7e,中等旋合长度
	锯齿形螺纹	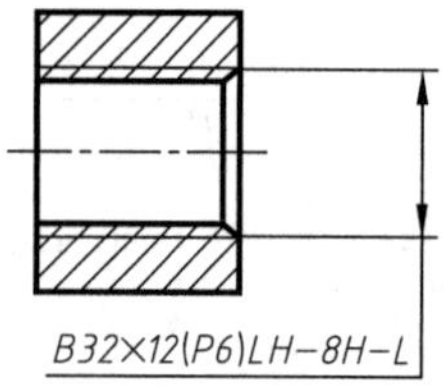 B32×12(P6)LH-8H-L	锯齿形螺纹,公径直径为32mm,导程为12mm,螺距为6mm,左旋,双线,中径公差带代号为8H,长旋合长度

1. 普通螺纹的标注

普通螺纹的完整标记内容和格式是 普通螺纹代号 - 公差带代号 - 旋合长度代号 - 旋向代号。其中普通螺纹代号的内容包括 螺纹特征代号 M 公称直径 × 螺距。

说明:

1) 公称直径为螺纹的大径。

2) 同一公称直径螺纹对应着一种粗牙螺距和几种细牙螺距,因此粗牙螺距不必标注,细牙螺距必须标注。

公差带代号包括 中径公差带代号 顶径公差带代号。

说明:

1) 公差带代号的格式为 标准螺纹公差等级数字 基本偏差代号字母。

2) 表示外螺纹的偏差代号用小写字母,表示内螺纹的偏差代号用大写字母。

3) 当中径和顶径公差带代号相同时,只标注一个代号。

4) 常用的中等公差精度螺纹(公称直径≥1.6mm 的 6g 和 6H)不标注公差带代号。

旋合长度代号包括长旋合 L、中等旋合 N、短旋合 S。

说明：

旋合长度是指相互旋合的内、外螺纹，沿螺纹轴线方向旋合部分的长度，一般均采用中等旋合长度，因此不必标注代号 N。

右旋螺纹的旋向不必标注，左旋螺纹必须标注旋向代号"LH"。

例如：M10-5H 表示一个公称直径为 10mm、中径和顶径公差代号为 5H、旋向为右旋、中等旋合长度的粗牙普通内螺纹；M10-5g6g-S 表示一个公称直径为 10mm、中径公差代号为 5g、顶径公差代号为 6g、右旋、短旋合长度的粗牙普通外螺纹。

2. 梯形螺纹的标注

梯形螺纹的完整标记内容和格式是 梯形螺纹代号 - 中径公差带代号 - 旋合长度代号 。其中梯形螺纹代号的内容包括 螺纹特征代号 Tr 公称直径 × 螺距或导程（P 螺距） 旋向 。

说明：

1) 单线梯形螺纹标注螺距，多线梯形螺纹标注"导程（P 螺距）"，其余含义同普通螺纹。

2) 梯形螺纹只标注中径公差带代号，格式同普通螺纹。

3) 梯形螺纹只有长旋合 L 和中等旋合 N，N 一般不标注。

例如：Tr36×6LH 表示单线梯形螺纹，梯形螺纹的牙型特征代号为 Tr，螺纹的公称直径为 36mm，螺距为 6mm，LH 表示左旋，如果是右旋螺纹，则省略标注，如 Tr36×6；Tr36×12（P6）LH-8e-L，梯形螺纹的牙型特征代号为 Tr，公称直径为 36mm，导程为 12mm，P6 表示螺距为 6mm，同时也说明该梯形螺纹是双线，LH 表示左旋，右旋不标注，8e 是中径公差代号，L 是长旋合长度。表 9-2 中为具体标注示例。

3. 锯齿形螺纹的标注

锯齿形螺纹的标注与梯形螺纹的标注相似，螺纹特征代号为 B，标注示例见表 9-2。

4. 管螺纹的标注

管螺纹的完整标记内容和格式是 螺纹特征代号 尺寸代号 公差等级代号 。

说明：

1) 管螺纹的螺纹特征代号有 55°非密封管螺纹 G，55°密封管螺纹——R_1 和 R_2（圆锥外螺纹）、R_C（圆锥内螺纹）、R_P（圆柱内螺纹）和 60°密封管螺纹 NPT。

2) 由于管子的孔径和壁厚均有标准，因此管螺纹的尺寸代号并不是螺纹的大径，而近似地等于管子孔径的英寸数值，根据尺寸代号可从相关标准中查出该螺纹的大径、小径和螺距。

例如，可从附录 B 的表 4 中查出 60°密封管螺纹的大径、小径和螺距。

3) 55°非密封管螺纹的外螺纹有 A、B 两种公差等级，应该标注。而内螺纹只有一种公差等级，因此不必标注。

4) 对于 55°非密封管螺纹 G 和 60°密封管螺纹 NPT，当螺纹为左旋时，应在标记最后加注"LH"，并用"-"隔开；对于密封管螺纹（R_1、R_2、R_C、R_P），当螺纹为左旋时，应在标记最后加注"LH"。

例如：RP_1/2LH，其中 R_P 表示圆柱内螺纹，1/2 表示尺寸代号，LH 表示左旋，右旋不注 G1/2-LH 表示尺寸代号为 1/2 的左旋非密封管螺纹（内螺纹）；G1/2A 表示尺寸代号为 1/2、公差等级为 A 的右旋非密封管螺纹（外螺纹）。

5. 非标准螺纹的标注

矩形螺纹属于非标准螺纹，必须画出牙型并标注全部尺寸，如图 9-16 所示。

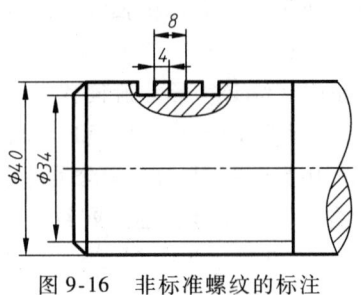

图 9-16　非标准螺纹的标注

9.2　螺纹紧固件及其连接画法

螺纹紧固件通常包括螺栓、双头螺柱、螺钉、螺母、垫圈等，如图 9-17 所示。这些零件上一般都加工有螺纹，以便将机器的零、部件连接在一起。由于它们应用广泛、种类较多，在结构、型式、尺寸方面均已标准化，称为标准件。每一种螺纹紧固件都有专用的规定标记，根据标记可以在国家标准中查到它们的结构、型式和全部尺寸，因此对这些标准件不需要单独画出零件图，只需要根据标记进行选用。但由于在装配图中要表达出零件与零件之间的连接方式，必须按规定画出这些螺纹紧固件的连接图。

螺纹紧固件连接是一种可拆的连接，常用的形式有螺栓连接、螺柱连接和螺钉连接。

画螺纹紧固件连接图时，应遵守如下三条基本规定。

1）两零件的接触表面只画一条线，不接触表面必须画两条线。

2）对于紧固件和实心零件（如螺钉、螺栓、螺母、垫圈、键、销及实心零件的球、轴等），若剖切平面通过它们的基本轴线时，这些零件都不画成剖视图，仍画成外形图；需要剖时可画成局部剖视图。

3）相邻两被连接件的剖面线方向应相反，必要时可以相同，但必须相互错开或间隔不一

图 9-17　螺纹紧固件

致；在同一张图样上，同一零件的剖面线在各个视图上，其方向和间隔必须画成一致。

螺纹紧固件的规定标记格式为

|名称| |标准编号| |规格或公称尺寸| × |公称长度|-|产品型式|-|性能等级|-|产品等级|-|表面处理|

一般采用的简化标记格式为

|名称| |标准编号| |规格或公称尺寸| × |公称长度|

其中|标准编号|包括|GB/T| |标准号|—|颁布年号|，年号通常可省略。"GB"为国家标准的汉语拼音缩写，"T"为推荐的汉语拼音缩写。

常用螺纹紧固件的图例及标记见表 9-3。

表 9-3 常用螺纹紧固件的图例及标记

图 例	名称及规定标记	图 例	名称及规定标记
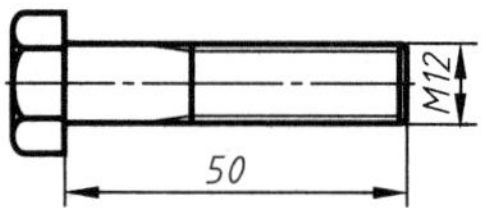	名称：六角头螺栓 标记： 螺栓 GB/T 5782 M12×50	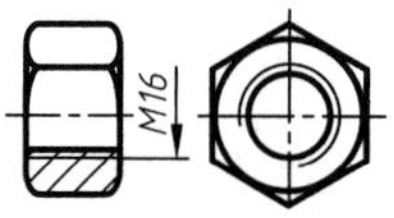	名称：I 型六角螺母 标记： 螺母 GB/T 6170 M16
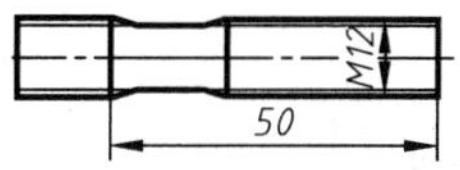	名称：双头螺柱 标记： 螺柱 GB/T 899 M12×50	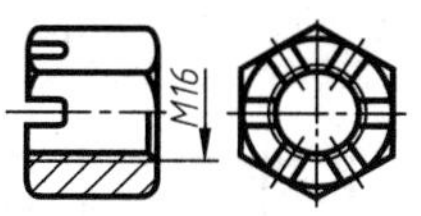	名称：I 型六角开槽螺母 标记： 螺母 GB/T 6178 M16
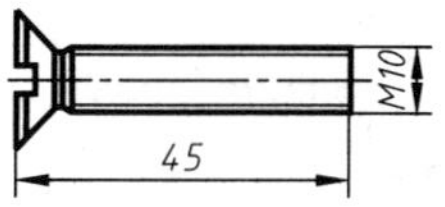	名称：开槽沉头螺钉 标记： 螺钉 GB/T 68 M10×45	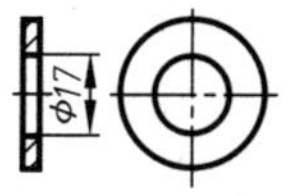	名称：平垫圈 标记： 垫圈 GB/T 97.1 16
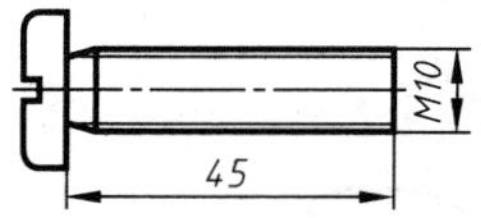	名称：开槽圆柱头螺钉 标记： 螺钉 GB/T 65 M10×45	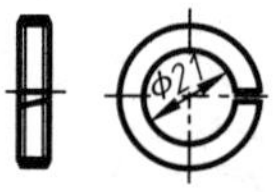	名称：弹簧垫圈 标记： 垫圈 GB/T 93 20
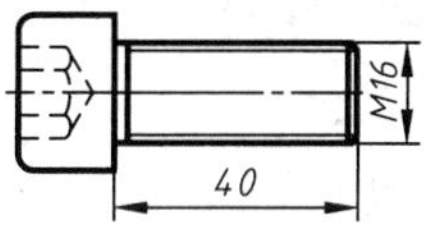	名称：内六角圆柱头螺钉 标记： 螺钉 GB/T 70.1 M16×40	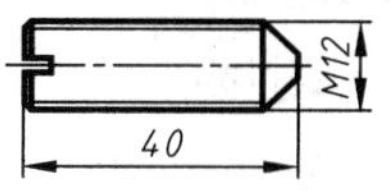	名称：开槽锥端紧定螺钉 标记： 螺钉 GB/T 71 M12×40

采用螺纹紧固件连接的主要形式有螺栓连接、双头螺柱连接和螺钉连接，下面介绍它们的连接画法。

9.2.1 螺栓连接

螺栓连接常用的螺纹紧固件是螺栓、螺母和垫圈，它们的种类很多，常用的是六角头螺栓、六角螺母、平垫圈和弹簧垫圈。根据标记可以从附录中查得六角头螺栓、六角螺母和平垫圈的尺寸，在画螺纹连接图时按所查尺寸和装配关系画出它们。为作图方便，还可按推荐的简化画法近似画出。六角螺母和六角头螺栓头部由于端面倒角（圆锥面）使得六棱柱表面产生截交线（双曲线），在比例画法中，通常以圆弧代替双曲线。六角头螺栓的画法示例如图 9-18 所示，六角螺母和垫圈的画法示例如图 9-19 所示。

螺栓连接由螺栓、螺母和垫圈组成，通常用来连接不太厚的零件。在被连接的两个零件上制出比螺栓公称直径稍大（约 $1.1d$）的通孔，螺栓穿过通孔后套上垫圈，再拧紧螺母即为螺栓连接。其中垫圈的作用是防止拧紧螺母时损伤被连接零件的表面，并使螺母的压力均匀分布

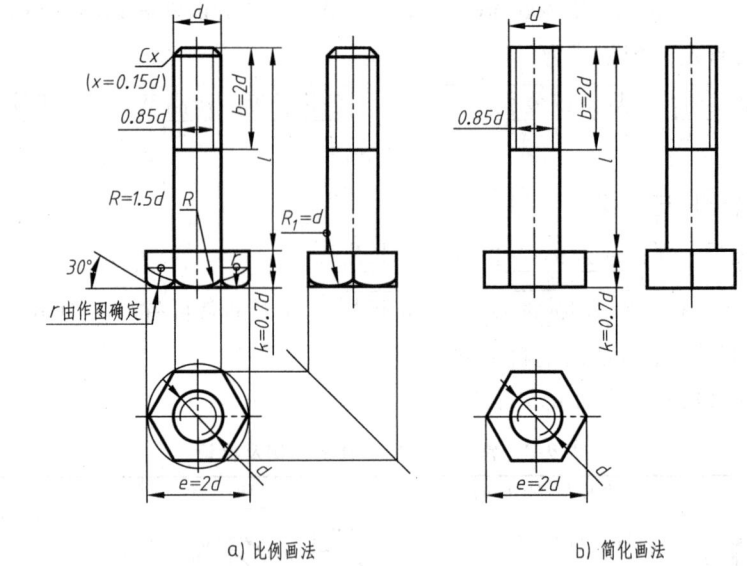

a) 比例画法　　　　　　　　b) 简化画法

图 9-18　六角头螺栓的画法示例

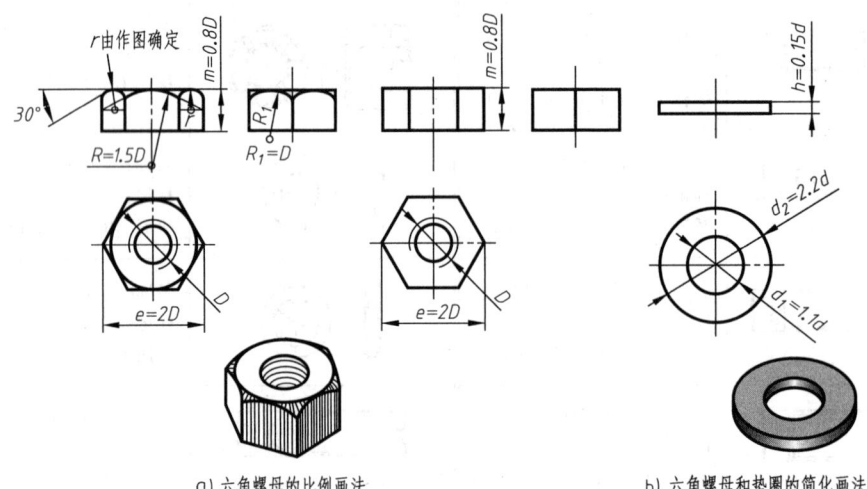

a) 六角螺母的比例画法　　　　b) 六角螺母和垫圈的简化画法

图 9-19　六角螺母和垫圈的画法示例

到零件的表面。

画螺栓连接图时，应根据螺栓的型式、公称直径和被连接零件的厚度，从有关标准中查出相关尺寸，或者如前所述按推荐比例计算出螺栓、螺母和垫圈的相关尺寸，其中 l 为螺栓的公称长度，计算方法如下：

螺栓公称长度 $l =$ 被连接零件总厚度 $t_1 + t_2 +$ 垫圈厚度 $h +$ 螺母高度 $m + (0.2 \sim 0.3)d$

式中，d 为螺栓的公称直径，$(0.2 \sim 0.3)d$ 指螺栓顶端应露出螺母的高度。根据上式计算出的螺栓长度还必须按附录 C 中螺栓长度系列选择接近的标准长度。螺栓连接的画法如图 9-20 所示。

为了将连接关系表达清楚，通常将紧固件轴线所平行的投影面的视图画成全剖视图，由于螺栓、螺母和垫圈均是标准件，按规定当剖切平面过它们的轴线时，这些标准件不画成剖视图，画成外形图。各零件之间的接触面均画成一条线。剖视图中被连接的两个零件的剖面线方向应相反。

【例9-1】 已知在螺栓连接中,被连接零件的厚度 $t_1 = 30\text{mm}$、$t_2 = 25\text{mm}$,螺栓 GB/T 5782 M20×1、螺母 GB/T 6170 M20、垫圈 GB/T 97.1 20,采用 1:1 比例画出螺栓连接的主、俯视图。

解:

1) 画螺栓连接时,按图 9-18 和图 9-19 中的比例计算各紧固件有关尺寸。

垫圈厚度 h　　　　　$h = 0.15d = 0.15 \times 20\text{mm} = 3\text{mm}$;

垫圈外径 d_2　　　　$d_2 = 2.2 \times 20\text{mm} = 44\text{mm}$;

螺母高度 m　　　　　$m = 0.8D = 0.8 \times 20\text{mm} = 16\text{mm}$;

螺母的对角尺寸 e　　$e = 2D = 2 \times 20\text{mm} = 40\text{mm}$。

螺栓的六角头尺寸:

① 对角尺寸 e　　　　$e = 2d = 2 \times 20\text{mm} = 40\text{mm}$;

② 高度 k　　　　　　$k = 0.7d = 0.7 \times 20\text{mm} = 14\text{mm}$;

螺栓顶端应露出螺母的高度 $a = (0.2 \sim 0.3)d = (0.2 \sim 0.3) \times 20\text{mm} = 4 \sim 6\text{mm}$;

螺栓的有效长度 $l = t_1 + t_2 + h + m + (0.2 \sim 0.3)d = 30\text{mm} + 25\text{mm} + 3\text{mm} + 16\text{mm} + 4 \sim 6\text{mm} = 78 \sim 80\text{mm}$;

查附录中的螺栓 GB/T 5782,在 l 公称(系列值)中取 $l = 80\text{mm}$。

2) 按比例画法画螺栓连接图,其作图步骤如下。

① 画被连接零件的主、俯视图。画被连接零件的主、俯视图,主视图采用通过孔轴线的全剖视图,光孔的直径为螺栓的公称直径 d 的 1.1 倍,俯视图可不画出光孔的投影,因为会被遮挡,如图 9-21a 所示。

② 画俯视图和螺栓的主视图。根据上述计算,绘制出螺母和垫圈及螺栓的外螺纹的俯视图,如图 9-21b 所示。

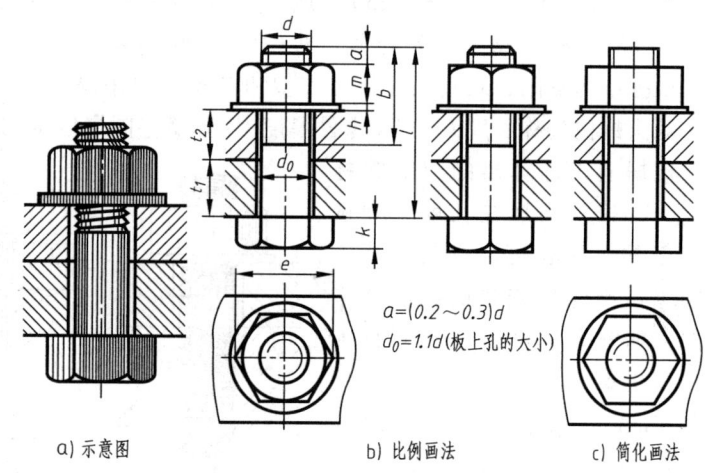

a) 示意图　　b) 比例画法　　c) 简化画法

图 9-20　螺栓连接的画法

画螺栓的主视图:螺栓穿过两被连接件的光孔,螺栓头部与被连接件的下端面是接触面,画一条线,螺栓的外表面与光孔的内表面是不接触的两表面,要画两条线;螺栓是紧固件,在图中画成外形图,不剖,被螺栓挡住的线条由于是虚线,也不画,没有挡住的线条要画,如图 9-21b 所示。

③ 画垫圈、螺母的主视图。用同样的方法画出垫圈、螺母,它们都是紧固件,在图中都作不剖处理,也即只画出外形图。螺栓被垫圈、螺母挡住的部分是虚线,不画,如图 9-21c 所示。

9.2.2 双头螺柱连接

双头螺柱连接由双头螺柱、螺母和垫圈组成,通常用于被连接零件太厚或由于结构上的限制不宜用螺栓连接的场合。被连接零件中较厚的一个加工出不通螺孔,另一个零件加工出比双头螺柱公称直径稍大(约 1.1d)的通孔。

双头螺柱两端都有螺纹,一端必须全部旋入被连接零件的螺孔内,称为旋入端;另一端称

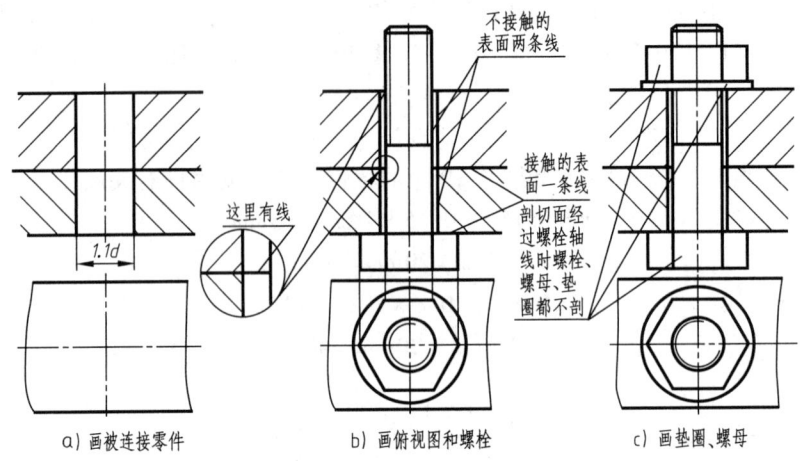

图 9-21 螺栓连接图绘制过程

为紧固端,它穿过另一个被连接零件的通孔,然后套上垫圈,再拧紧螺母,即为双头螺柱连接。图 9-22 中选用了弹簧垫圈,具有防松作用。

旋入端长度 b_m 与被旋入零件的材料有关,双头螺柱有四种标准:$b_m = 1d$ 用于钢和青铜,见 GB/T 897—1988;$b_m = 1.25d$(或 $b_m = 1.5d$)用于铸铁,见 GB/T 898—1988(或 GB/T 899—1988);$b_m = 2d$ 用于铝合金,见 GB/T 900—1988。

根据结构不同,双头螺柱分为 A 型和 B 型(见附录 D),A 型是车制,B 型是辗制。

双头螺柱公称长度 l = 光孔零件厚度 t + 弹簧垫圈厚度 s + 螺母高度 $m + (0.2 \sim 0.3)d$

根据上式计算出的双头螺柱长度,再按双头螺柱长度系列选择接近的标准长度。双头螺柱连接的画法与螺栓连接的画法基本相同,如图 9-22 所示。注意拧入零件端的螺纹终止线应与两零件接触面投影线重合。螺孔深度 $H_1 = b_m + 0.5d$;钻孔深度 $H_2 = H_1 + (0.2 \sim 0.5)d$。弹簧垫圈在自由状态时,其开口槽方向与水平成 70°的夹角,从左上向右下倾斜。假想螺母拧紧后把弹簧垫圈全部压平,开口的倾斜角可按 60°简化绘制。

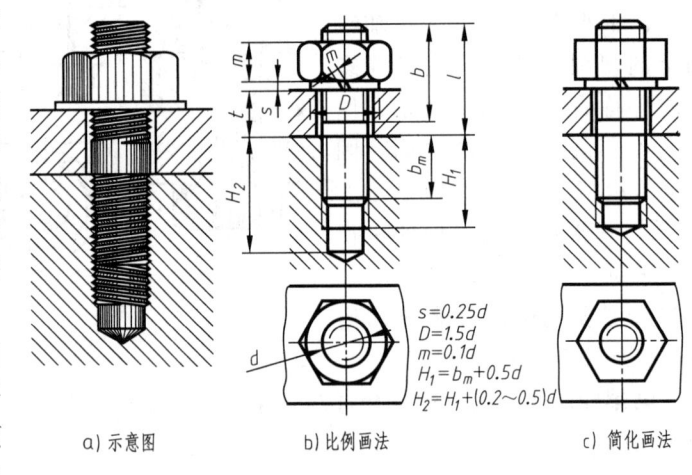

图 9-22 双头螺柱连接的画法

9.2.3 螺钉连接

螺钉连接一般用于受力不大而又不需经常拆装的场合。首先在较厚的零件上加工出一个不通螺孔,另一个零件加工出比螺钉公称直径稍大(约 $1.1d$)的通孔,然后将螺钉的螺纹端穿过通孔旋进螺孔从而连接两个零件,拧紧后靠螺钉的头部把两连接件压紧。

螺钉按用途分为连接螺钉和紧定螺钉。连接螺钉根据头部形状不同,可分为开槽圆柱头螺钉、开槽沉头螺钉和内六角圆柱头螺钉等,可根据不同用途选用。紧定螺钉按拧动槽型式不同可分为开槽紧定螺钉和内六角紧定螺钉。紧定螺钉的端部形状有平端、锥端、凹端和圆柱端等。各种螺钉的型式和尺寸见附录 E 的表 7 ~ 表 10。

图 9-23 所示为沉头螺钉连接的画法，螺钉公称长度的计算方法为

$$螺钉公称长度\ l = 光孔零件的厚度\ t + 螺钉拧入深度\ b_m$$

据上式计算出的螺钉长度，还应按螺钉长度系列选择接近的标准长度。螺钉旋入零件的深度 b_m 与双头螺柱相同，应根据零件的材料而定。为保证连接可靠，应当在螺钉旋紧后，其末端距螺纹孔的螺纹终止处还有一定距离。螺钉头部槽口的投影，在反映螺钉轴线的视图上，应画成垂直于投影面；在投影为圆的视图上，则应画成与中心线倾斜 45°。

在绘制上述各种螺纹紧固件的连接图时，经常容易犯一些错误，见表 9-4，在学习时应特别注意。

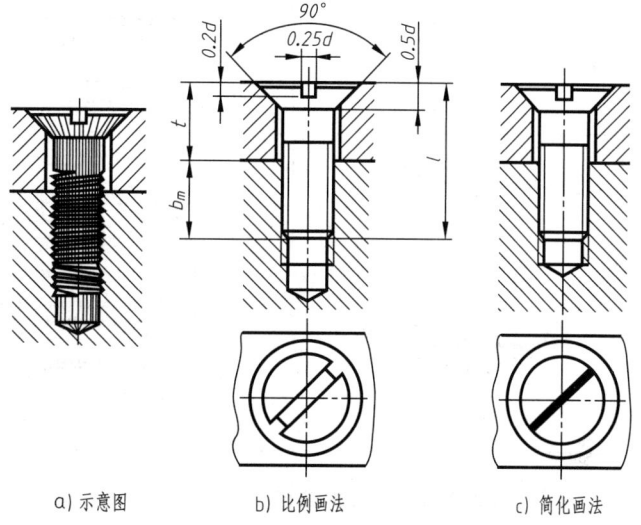

图 9-23 沉头螺钉连接的画法

表 9-4 螺纹紧固件连接图中的正确画法与错误画法

名称	正确画法	错误画法	说明
六角头螺栓连接			①螺栓长度选择不当，螺纹末端应超出螺母 $(0.2 \sim 0.3)d$ ②螺纹漏画，终止线漏画 ③通孔部分漏画连接零件之间的分界线
双头螺柱连接			①螺纹长度 b 太短，螺母不能把被连接零件并紧，必须使 $l - b < t$ ②双头螺柱必须将拧入金属端的螺纹拧到底，螺纹终止线与螺孔顶面投影线对齐 ③螺孔画错 ④120°锥坑应画在钻孔直径上 ⑤弹簧垫圈开口槽方向错
螺钉连接			①通孔直径要大于螺孔大径，$d_0 = 1.1d$，这样便于装配，不会损伤螺纹。图上漏画通孔的投影 ②螺孔深度不够，并漏画钻孔

9.3 键及其联结画法

9.3.1 键的种类和标记

键通常用来联结轴与轴上的转动零件（如齿轮、带轮等），以便使它们一起转动。键起到

传递转矩的作用。键可以制成标准件,也可直接与轴制成一体称为花键。制成标准件的键的种类有普通型平键、半圆键和钩头型楔键,见表9-5。

表 9-5 常用键的结构型式和标记示例

名称	图例	标记示例
普通型平键 A型	A型	GB/T 1096 键 $b \times h \times L$
半圆键		GB/T 1099.1 键 $b \times h \times D$
钩头型楔键	1:100	GB/T 1565 键 $b \times L$

9.3.2 键联结的装配图画法

1. 普通型平键联结的装配图画法

图 9-24 所示为普通型平键联结的情况,联结时必须在轮毂和轴上分别加工出键槽,将普通型平键先嵌入轴上的键槽内,平键的高度 h 大于轴上的键槽的深度 t_1,因此键的上半部伸到轴的外部。然后将伸出部分的平键对准轮毂上的键槽(必须是通槽),连同轴一起装入轮毂的孔和键槽内,这样就可以保证轴与轮子一起转动。

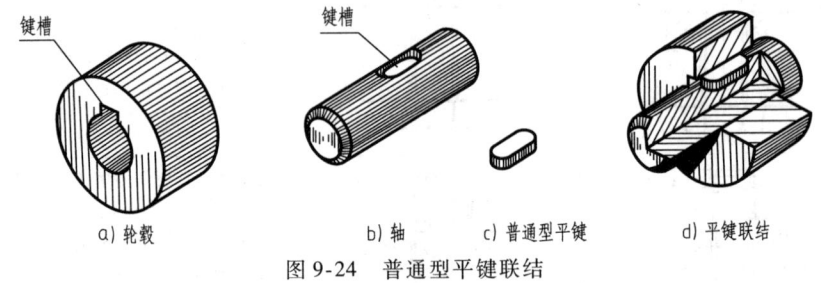

a) 轮毂　　b) 轴　　c) 普通型平键　　d) 平键联结

图 9-24　普通型平键联结

普通型平键是标准件,根据其端部的形状不同分为普通 A 型平键、普通 B 型平键和普通 C 型平键,其结构型式、尺寸和技术要求在国家标准中有统一规定,见附录 H。普通型平键的规格尺寸为宽度 b、高度 h 和长度 L,其标注格式如下:

| 标准编号 | 键 | 型式 | 规格尺寸 $b \times h \times L$ |

例如:

GB/T 1096 键 B18×11×100

表示键宽 $b=18$ mm、键高 $h=11$ mm、键长 $L=100$ mm 的普通 B 型平键。普通 A 型平键使用较广泛,标记"A"一般省略不标。

普通型平键的宽度 b 和高度 h 是根据被联结轴的直径在附录 H 中选取,而长度 L 则按轮毂的长度根据标准选取。轮毂和轴上的键槽宽 b 与键的宽度 b 相同,轮毂和轴上键槽深度 t_2 和 t_1,以及这些尺寸的极限偏差均应在附录 H 中选取。图 9-25 所示轴与轮毂上键槽的画法和尺

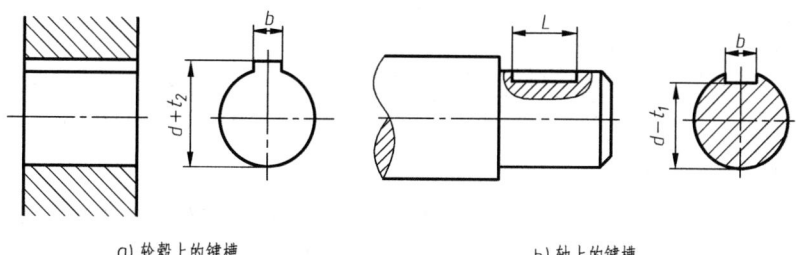

a) 轮毂上的键槽　　　　　　b) 轴上的键槽

图 9-25　轴与轮毂上键槽的画法和尺寸标注

寸标注。图 9-26 所示为普通型平键联结的装配图画法。

2. 半圆键和钩头型楔键联结的装配图画法

半圆键联结的装配图画法与普通型平键联结的装配图画法相似，如图 9-27 所示。钩头型楔键联结的装配图画法如图 9-28 所示。在钩头型楔键联结中，键的斜面与轮毂上键槽的斜面紧密接触，因此图中不应有间隙。

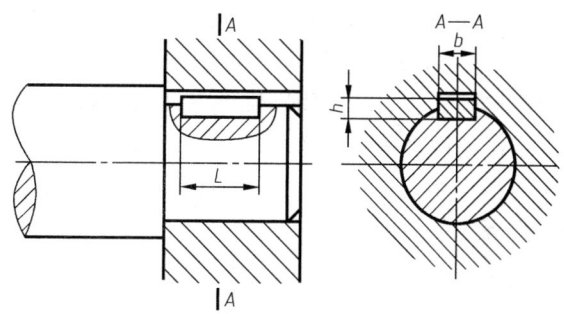

图 9-26　普通型平键联结的装配图画法

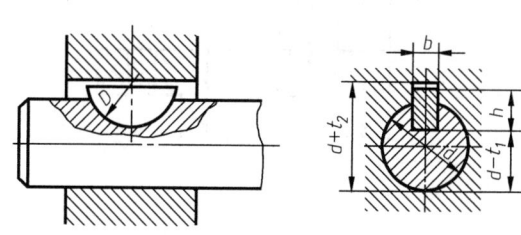

图 9-27　半圆键联结的装配图画法

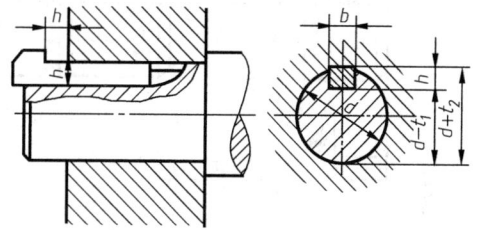

图 9-28　钩头型楔键联结的装配图画法

9.4　销及其连接画法

销连接属于可拆卸连接，销也是标准件，常用的销有圆柱销（GB/T 119.1—2000、GB/T 119.2—2000）、圆锥销（GB/T 117—2000）和开口销（GB/T 91—2000），如图 9-29 所示。圆柱销和圆锥销通常用于零件之间的连接和定位，而开口销则用来防止螺母松动。

常用三种销的结构型式、尺寸注法以及规定标记见附录 I 中的表 18~表 20。

a) 圆柱销　　　　　　b) 圆锥销　　　　　　c) 开口销

图 9-29　三种常用的销

例如：

销 GB/T 119.1　10 h8×60

表示公称直径 $d=10\text{mm}$、公差为 h8、公称长度 $l=60\text{mm}$、材料为钢、不淬火、不经表面处理的圆柱销。

销 GB/T 119.2　6×30

表示公称直径 $d=6\text{mm}$、公差为 m6、公称长度 $l=30\text{mm}$、材料为钢、普通淬火（A 型）、表面氧化处理的圆柱销。

销 GB/T 117　6×30

表示公称直径 $d=6\text{mm}$、公称长度 $l=30\text{mm}$、材料为 35 钢、热处理硬度 28～38HRC、表面氧化处理的 A 型圆锥销。圆锥销有两种：A 型（磨削）；B 型（切削式冷镦）。

图 9-30 所示为圆柱销的连接画法，表示了用圆柱销连接轴和齿轮。图 9-31 所示为圆锥销的连接画法，表示了用圆锥销保证箱盖和底座间相对位置的准确，故通常称为定位销。被连接或定位的两个零件的销孔均是一起加工的，所以在各零件图上标注销孔直径时，应加注"配作"两个字。连接一般采用剖视图，图中剖切平面通过轴线，实心轴作局部剖切，销是标准件按规定作不剖处理。

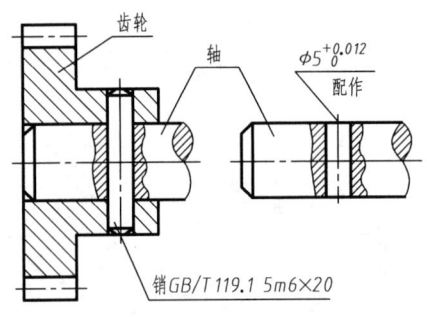

图 9-30　圆柱销的连接画法

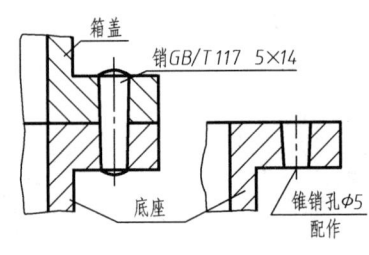

图 9-31　圆锥销的连接画法

圆锥销的公称直径指其小端的直径。装圆锥销的孔应先按公称直径用钻头钻出圆柱孔，再用与圆锥销相同锥度的铰刀精加工成圆锥孔。圆锥销孔应在直径尺寸前加注"锥销孔"三个字。

图 9-32 所示为开口销的连接图。使用螺栓或螺柱连接时，为防止螺母松动而使连接失效，可采用开槽螺母并加开口销。为配合使用须在螺柱上开出一小孔，螺母拧入后，使通槽对准螺柱上

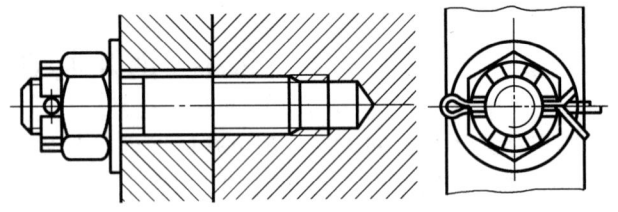

图 9-32　开口销的连接图

的小孔，开口销从槽口的一端插入，穿过小孔，从槽口的另一端伸出，然后把开口销的长、短两尾端扳开，使它不能从小孔滑出，螺母便不会松动。

9.5　齿轮的画法

齿轮传动在机械传动中应用很广泛，它既可以用来传递动力，也可以用来变换转速和旋转

方向,以及改变运动方式。根据传动轴的相对位置不同,常见的齿轮传动形式有三种(图9-33)。

1)圆柱齿轮传动——用于平行轴之间的传动,如图9-33a所示。
2)锥齿轮传动——用于垂直相交轴间的传动,如图9-33b所示。
3)蜗杆传动——用于垂直交叉轴间的传动,如图9-33c所示。

本书主要介绍直齿圆柱齿轮、直齿锥齿轮和蜗杆蜗轮的参数及其画法。

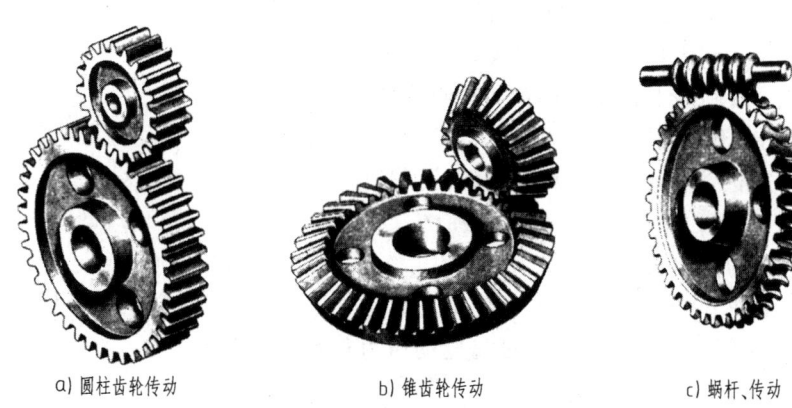

图9-33 常见的齿轮传动形式

9.5.1 圆柱齿轮

若圆柱齿轮的轮齿方向与齿轮轴线平行,称为直齿圆柱齿轮;若圆柱齿轮的轮齿方向与齿轮轴线倾斜,称为斜齿圆柱齿轮;而成人字形状的双向斜圆柱齿轮称为人字圆柱齿轮。下面以直齿圆柱齿轮为重点,介绍圆柱齿轮的基本参数和画法。

1. 直齿圆柱齿轮的基本参数和各部分尺寸计算

图9-34所示为圆柱齿轮各部分名称和代号。

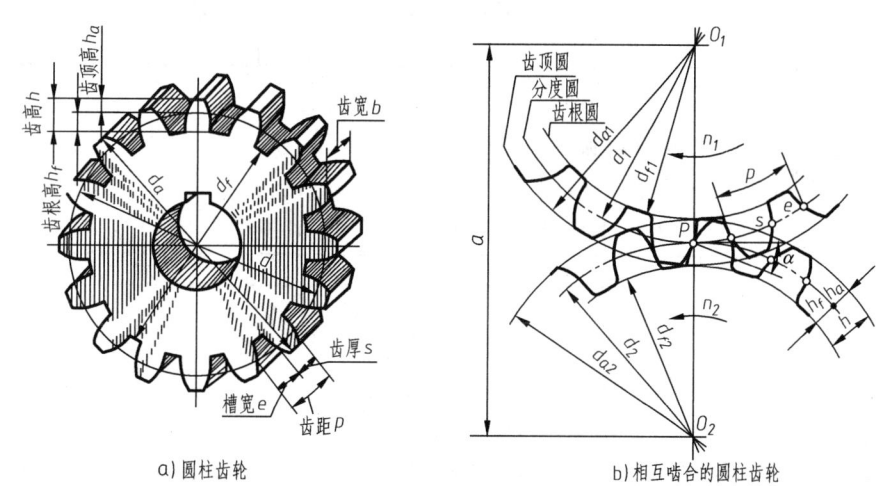

图9-34 圆柱齿轮各部分名称和代号

齿顶圆(直径 d_a)——通过轮齿顶部的圆。
齿根圆(直径 d_f)——通过轮齿根部的圆。

分度圆（直径 d）——设计计算齿轮各部分尺寸的基准圆，在该圆周上齿厚和槽宽相等。

节圆（直径 d'）——当齿轮啮合时，两齿轮的连心线 O_1O_2 与齿廓有一接触点 P（称为节点），以 O_1P、O_2P 为半径分别作两个圆，称为节圆。齿轮传动时可以假想是两个节圆作无滑动的纯滚动。节圆直径只有在装配后才能确定，一对装配准确的标准齿轮，其节圆和分度圆重合，即 $d = d'$。

齿顶高 h_a——分度圆到齿顶圆之间的径向距离。

齿根高 h_f——分度圆到齿根圆之间的径向距离。

齿高 h——齿顶圆到齿根圆之间的径向距离，$h = h_a + h_f$。

齿距 p——在分度圆周上，相邻两齿对应点间的弧长。

齿厚 s——在分度圆周上，每一齿的弧长。

槽宽 e——在分度圆周上，两齿相邻两侧的弧长。

对于标准齿轮，$s = e$，$p = s + e$。

齿宽 b——轮齿的轴向长度。

压力角 α——也称齿形角，轮齿在分度圆上啮合点 P 处的受力（法线）方向和该点瞬时运动（切线）方向之间的夹角。我国标准齿轮的压力角规定为 $20°$。

齿数 z——一个齿轮的总的轮齿个数。

模数 m——是设计和制造齿轮的重要参数，模数与轮齿有关参数的关系如下：

由于齿轮的分度圆周长为 $\pi d = zp$，所以 $d = zp/\pi$。

令 $m = p/\pi$，则 $d = mz$，式中 m 称为模数。

由于 π 是常数，所以 m 的大小取决于 p，而 $p = s + e = 2s$，即 m 越大，齿厚 s 越大，轮齿承载能力就越强。为了便于设计和制造，模数的数值已经标准化和系列化，标准模数值见表 9-6。

表 9-6　标准模数值（GB/T 1357—2008）　　　　　　　　（单位：mm）

第一系列	1.25	1.5	2	2.5	3	4	5	6	8	10	12	1
	16	20	25	32	40	50						
第二系列	1.125	1.375		1.75	2.25	2.75		3.5		4.5	5.5	
	(6.5)	7	9	11	14	18	22	28		36	45	

注：选取模数时，应优先采用第一系列，其次是第二系列，括号内的模数尽可能不用。

一对啮合的齿轮，它们的模数和压力角必须相同。

直齿圆柱齿轮的各部分尺寸的计算公式见表 9-7。

表 9-7　直齿圆柱齿轮的各部分尺寸的计算公式

各部分名称	代号	计 算 公 式
分度圆直径	d	$d = mz$
齿顶高	h_a	$h_a = m$
齿根高	h_f	$h_f = 1.25m$
齿顶圆直径	d_a	$d_a = m(z + 2)$
齿根圆直径	d_f	$d_f = m(z - 2.5)$
齿距	p	$p = \pi m$
齿厚	s	$s = \dfrac{1}{2}\pi m$
中心距	a	$a = \dfrac{1}{2}(d_1 + d_2) = \dfrac{1}{2}m(z_1 + z_2)$

传动比 i——传动比 i 为主动齿轮的转速 n_1（r/min）与从动齿轮的转速 n_2（r/min）之

比，或从动齿轮的齿数与主动齿轮的齿数之比，即
$$i = n_1/n_2 = z_2/z_1$$
中心距 a ——两圆柱齿轮轴线之间的最短距离称为中心距，即
$$a = (d_1 + d_2)/2 = m(z_1 + z_2)/2$$

2. 单个圆柱齿轮的画法

齿轮的核心结构轮齿是在专用机床上用齿轮刀具加工出来的，其齿廓曲线可能是渐开线、摆线等曲线。如果这些结构按照真实投影画出十分麻烦，而且又没有必要，所以轮齿按国家标准（GB/T 4459.2—2003）规定绘制，其余部分按真实投影绘制，如图 9-35 所示。齿顶圆和齿顶线用粗实线表示，分度圆和分度线用细点画线表示；齿根圆用细实线表示，但一般在图中可以省略不画；齿根线在剖视图中用粗实线表示，在平行于轴线方向的外形视图中用细实线表示，也

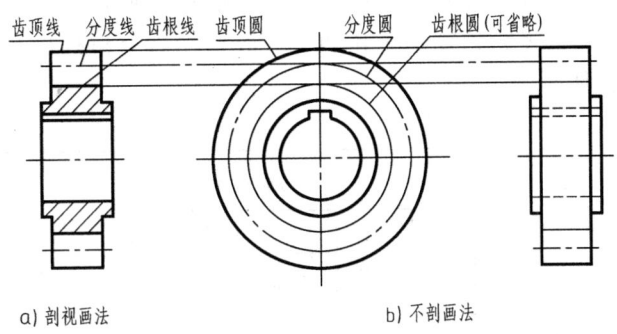

图 9-35 单个直齿圆柱齿轮的画法

可省略不画。由于轮齿部分为标准结构，当剖切平面通过齿轮的轴线时，无论是否剖切到轮齿，一律按不剖处理。

3. 圆柱齿轮的啮合画法

圆柱齿轮的啮合画法如图 9-36 所示。在垂直于圆柱齿轮轴线的投影面的视图中，两啮合齿轮的节圆应相切，即两个细点画圆相切；啮合区内齿顶圆均用粗实线绘制，必要时啮合区内两段齿顶圆的圆弧省略不画；齿根圆均用细实线绘制，一般省略不画。在通过齿轮轴线的剖视图上，轮齿仍按不剖处理，齿轮的啮合区部分两分度线重合，用细点画线画出；齿根线均用粗实线画出；两齿轮的齿顶线，一条画成粗实线，另一条画成细虚线，表示被遮挡。因为 $h_f - h_a = 1.25m - m = 0.25m$，所以齿顶线与齿根线之间应有 $0.25m$ 的间隙，放大投影如图 9-37 所

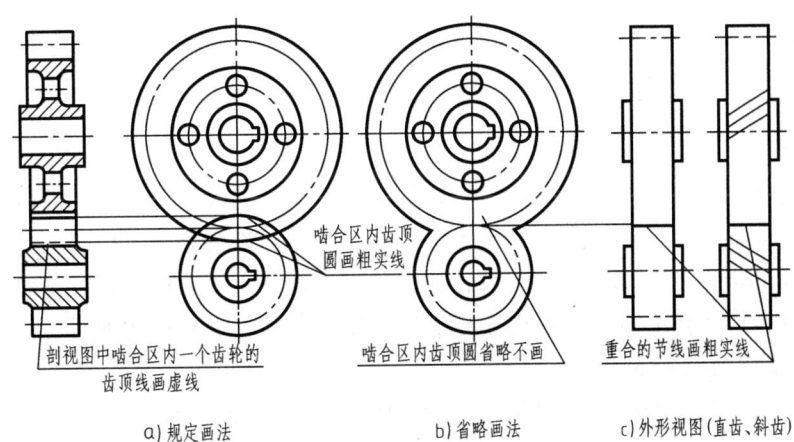

图 9-36 圆柱齿轮的啮合画法

示。在不剖切的外形视图上，啮合区的齿顶线和齿根线均不必画出，只在节线位置画出一条粗实线，以表示两个齿轮的分界线；对于斜齿或人字齿等，还需画出表示齿线方向的细实线，如图 9-36c 所示。

齿轮的零件工作图一般用两个视图或一个视图加上局部视图表示，取平行于齿轮轴线方向的视图作为主视图，且采取全剖视或半剖视。图 9-38 所示为一张直齿圆柱齿轮的零件工作图，一般要在右上角列出相关参数。

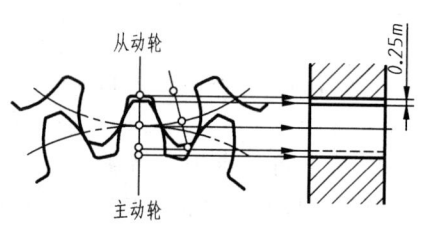

图 9-37　啮合区的投影

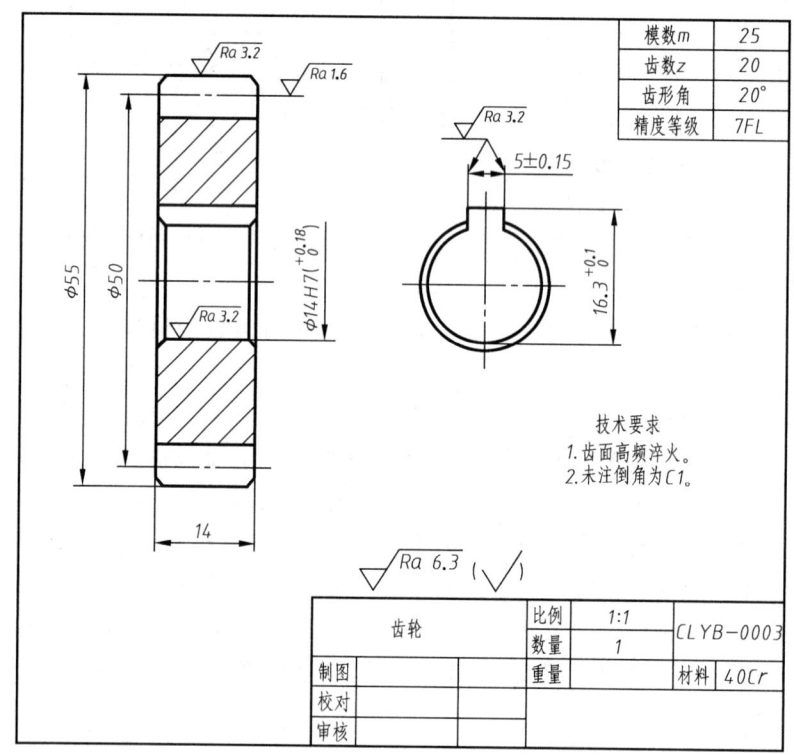

图 9-38　直齿圆柱齿轮的零件工作图

9.5.2　直齿锥齿轮

锥齿轮通常用于垂直相交的两轴之间的传动，按齿向可分为直齿和斜齿，以直齿最为常用。由于锥齿轮的轮齿分布在圆锥面上，所以轮齿的齿厚一端大，一端小，沿齿宽方向，模数也随着齿厚的变化而变化，故轮齿在全长上的模数、齿高和齿厚等都不相同。国家标准规定以大端的模数作为标准模数，以它来确定齿轮的有关尺寸。锥齿轮大端的模数系列与圆柱齿轮的模数系列（表 9-6）略有不同。锥齿轮各部分几何要素的名称如图 9-39 所示。

1. 单个直齿锥齿轮的画法

直齿锥齿轮的作图步骤如图 9-40 所示，主视图常采用全剖视图。

作图步骤：

第一步：定出分度圆直径 d 和分度圆锥角 δ，如图 9-40a 所示，大端背锥素线与分度圆锥

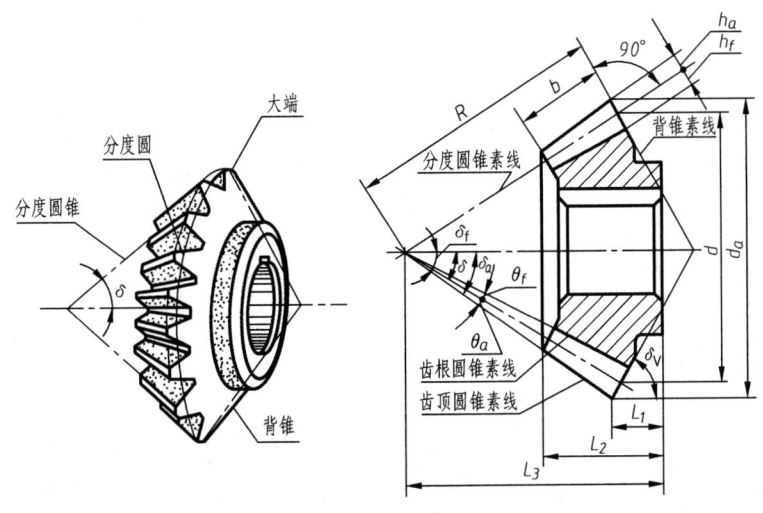

图 9-39 锥齿轮各部分几何要素的名称

素线垂直。

第二步：定出齿顶圆锥角 δ_a 和齿根圆锥角 δ_f，画出齿顶线（圆）和分度线（圆）以及齿根线，并定出齿宽 b，由此投影画出小端齿顶圆，如图 9-40b 所示。

第三步：画出其他投影轮廓，如图 9-40c 所示。

第四步：画剖面线，加深轮廓线，擦除作图线，如图 9-40d 所示。

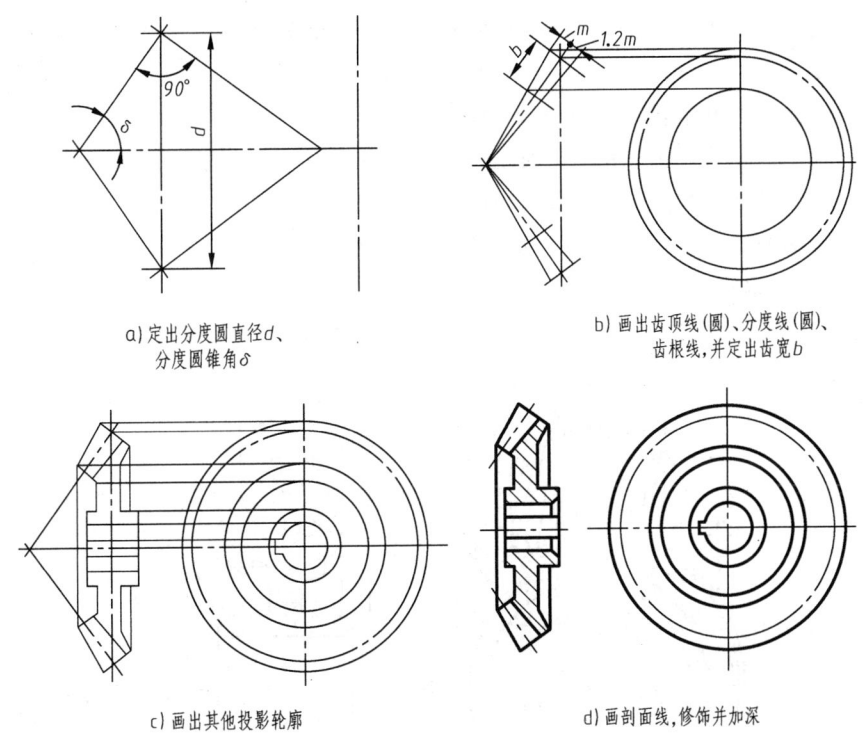

a) 定出分度圆直径 d、分度圆锥角 δ

b) 画出齿顶线(圆)、分度线(圆)、齿根线，并定出齿宽 b

c) 画出其他投影轮廓

d) 画剖面线,修饰并加深

图 9-40 直齿锥齿轮的作图步骤

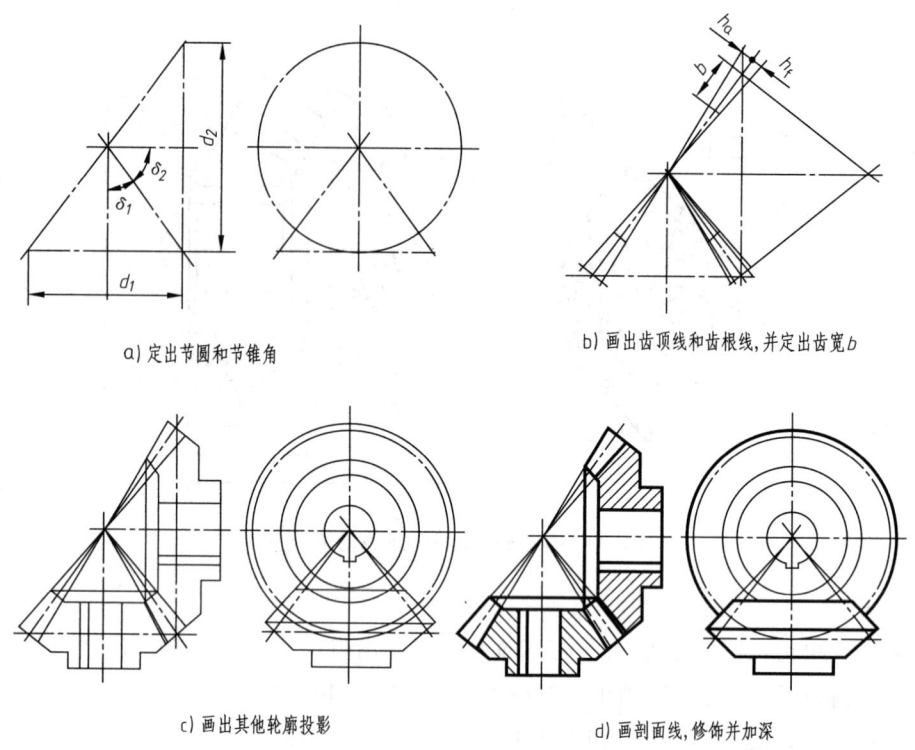

a) 定出节圆和节锥角

b) 画出齿顶线和齿根线,并定出齿宽 b

c) 画出其他轮廓投影

d) 画剖面线,修饰并加深

图 9-41 直齿锥齿轮啮合的画图步骤

2. 直齿锥齿轮啮合画法

直齿锥齿轮啮合的画图步骤如图 9-41 所示,其轮齿部分和啮合区的画法与直齿圆柱齿轮的画法类同。

第一步:定出节圆和节锥角,如图 9-41a 所示。

第二步:画出齿顶线和齿根线,并定出齿宽 b,如图 9-41b 所示。

第三步:画出其他轮廓投影,如图 9-41c 所示。

第四步:画剖面线,加深轮廓线,如图 9-41d 所示。

9.5.3 蜗杆、蜗轮

蜗杆、蜗轮用于垂直交叉的两轴之间的传动,如图 9-42 所示。它的传动比大、机构紧凑、

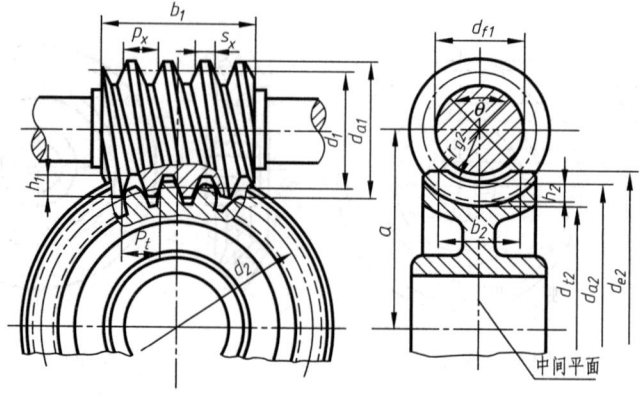

图 9-42 蜗杆传动

传动平稳,但传动效率较低。最常见的蜗杆是圆柱形蜗杆,外形很像一段梯形螺纹的螺杆。蜗杆有单头和双头,由一个轮齿沿圆柱面上一条螺旋线运动形成单头蜗杆,将两个轮齿沿圆柱面上不同的螺旋线运动则形成双头蜗杆。根据螺旋线的旋向不同,分为左旋蜗杆和右旋蜗杆。蜗轮与斜齿轮相似。为了改善蜗轮与蜗杆的接触情况,常将蜗轮表面做成内环面。蜗轮的齿数 z_2 远大于蜗杆齿数 z_1,蜗杆旋转一周时蜗轮只转过一个齿或两个齿,通常蜗杆为主动,蜗轮为从动,故蜗杆、蜗轮机构常用于减速齿轮箱中。

1. 蜗杆、蜗轮的主要参数和几何尺寸计算

蜗杆的轴向齿距 p_x 应与蜗轮的端面齿距 p_t 相等,所以蜗杆的轴向模数 m_x 与蜗轮的端面模数 m_t 也相等。蜗杆直径系数 q = 分度圆直径 d_1/模数 m。如图 9-43 所示,q 与导程角 γ 之关系为

$$\tan\gamma = \frac{p_z}{\pi d_1} = \frac{z_1 p_{x1}}{\pi d_1} = \frac{z_1 \pi m}{\pi m q} = \frac{z_1}{q}$$

一对相互啮合的蜗杆、蜗轮,除了模数与压力角分别相等外,蜗杆导程角 γ 与蜗轮螺旋角 β 大小相等,旋向相同。

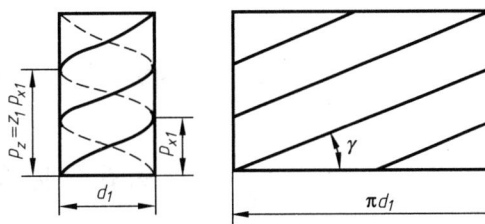

图 9-43 蜗杆直径系数 q 与导程角 γ 之关系

2. 蜗杆的画法

蜗杆轮齿部分的画法与圆柱齿轮基本相同。蜗杆常用一个主视图表示,根据需要可采用局部剖视图表示几个轮齿的形状,如图 9-44 所示。

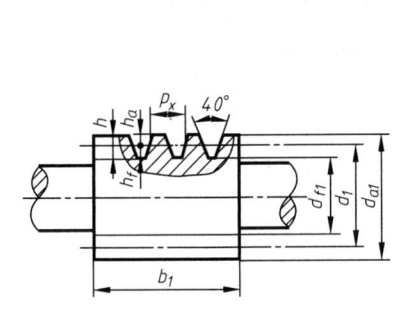

图 9-44 蜗杆的主要尺寸和画法

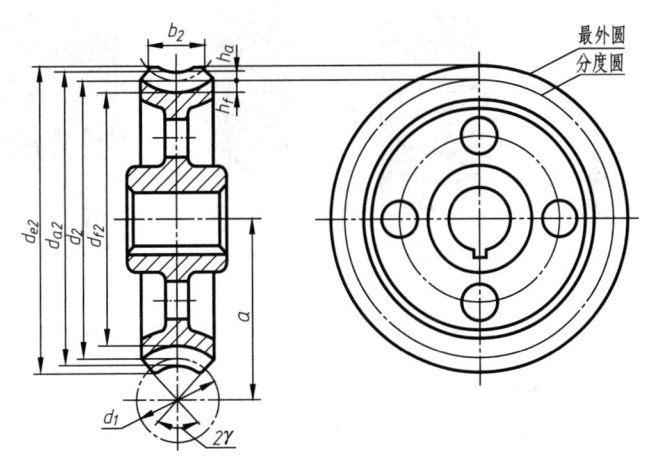

图 9-45 蜗轮的画法和主要尺寸

3. 蜗轮的画法

蜗轮的画法也与圆柱齿轮基本相同,主视图通常采用全剖视图,投影为圆的视图中,只画出最外圆和分度圆,不画齿顶圆和齿根圆,如图 9-45 所示。

4. 蜗杆、蜗轮的啮合画法

图 9-46a 所示为蜗杆、蜗轮啮合的外形视图画法。图 9-46b 所示为蜗杆、蜗轮啮合的剖视图画法。在主视图中,剖切平面通过蜗轮轴线并与蜗杆轴线垂直,蜗杆齿顶用粗实线绘制,蜗轮被蜗杆遮挡部分的细虚线省略不画;在左视图中,蜗轮的分度圆与蜗杆的分度线相切,其他与圆柱齿轮啮合画法相似。

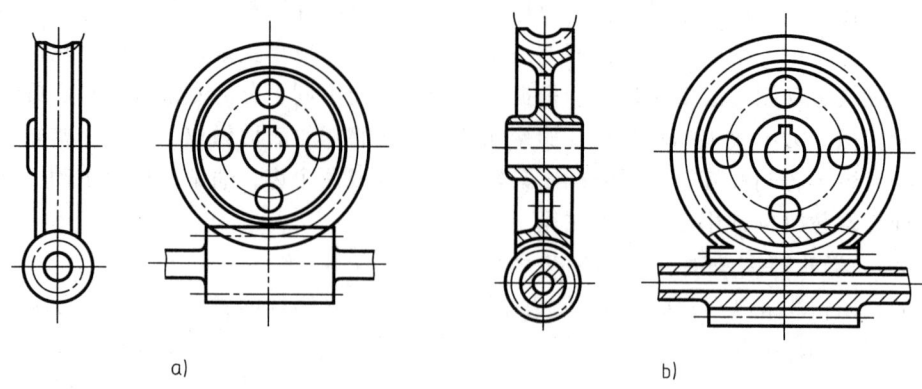

图 9-46 蜗杆、蜗轮的啮合画法

9.6 弹簧的画法

弹簧主要用来减振、夹紧、测力和储存能量（如钟表发条等）。弹簧受外力后能产生较大的弹性变形，去除外力后能恢复原状。图 9-47 所示为几种常用的弹簧，图中前三种都属于螺旋弹簧类，本节仅介绍圆柱螺旋压缩弹簧的画法和尺寸计算。

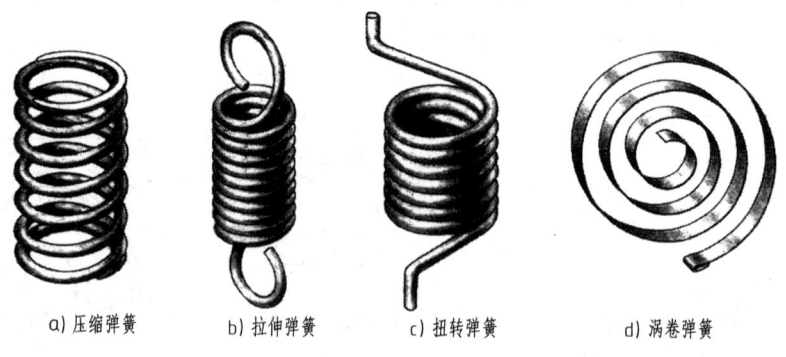

a) 压缩弹簧　　b) 拉伸弹簧　　c) 扭转弹簧　　d) 涡卷弹簧

图 9-47 常用的弹簧

1. 圆柱螺旋压缩弹簧的参数名称和尺寸计算

圆柱螺旋压缩弹簧的参数名称和代号（图 9-48）如下：

簧丝直径 d——制造弹簧的钢丝直径。

弹簧外径 D_2——弹簧外圈的直径。

弹簧内径 D_1——弹簧内圈的直径，$D_1 = D_2 - 2d$。

弹簧中径 D——弹簧内、外圈的平均直径，$D = (D_2 + D_1)/2 = D_2 - d = D_1 + d$。

支承圈数 n_z——为使压缩弹簧工作时受力均匀，保证中心线垂直于支承端面，制造时两端常并紧且磨平，这部分圈数仅起支承作用，故称支承圈。一般取支承圈数 $n_z = 1.5$、2、2.5。2.5 圈用得最多，即两端各并紧 1/2 圈，且磨平 3/4 圈。

有效圈数（工作圈数）n——除支承圈外，保证相等节距的圈数称为有效圈数。

总圈数 n_1——有效圈数与支承圈数之和称为总圈数。

节距 t——除支承圈以外，相邻两圈对应点间的轴向距离。

自由高度 H_0——弹簧不受外力时的高度，$H_0 = nt + (n_z - 0.5)d$。即当 $n_z = 1.5$ 时，$H_0 = nt + d$；当 $n_z = 2$ 时，$H_0 = nt + 1.5d$；当 $n_z = 2.5$ 时，$H_0 = nt + 2d$。

簧丝展开长度 L——弹簧钢丝胚料的长度，$L = n_1\sqrt{(\pi D)^2 + t^2}$。

旋向——簧丝绕线方向，有左、右旋两种，无规定时一般制成右旋。

2. 圆柱螺旋压缩弹簧的规定画法

若按真实投影绘制弹簧很复杂，为了简化作图，国家标准（GB/T 4459.4—2003）规定了弹簧的画法。圆柱螺旋压缩弹簧的剖视图画法如图 9-48a 所示，其视图画法如图 9-48b 所示。在平行于弹簧轴线的投影面的视图中，螺旋弹簧各圈的轮廓线应画成直线。螺旋弹簧均可画成右旋，对必须保证的旋向要求应在"技术要求"中注明。有效圈数在 4 圈以上的圆柱螺旋压缩弹簧，两端可只画 1~2 圈（支承圈不计在内），中间部分可以省略，而用通过中径线的点画线连接起来，并允许适当缩短图形的长度。如要求两端并紧且磨平时，不论支承圈的圈数多少和末端贴紧情况如何，均按图 9-48 所示情况绘制。

螺旋弹簧各圈之间虽然有空隙，但在装配图中，弹簧被看作是个实心的物体，被弹簧挡住的结构一般不画出，可见部分应从弹簧的外轮廓线或从弹簧钢丝剖面的中心线画起，如图 9-49a 所示。型材尺寸较小（直径或厚度在图形上等于或小于 2mm）的弹簧，如被剖切，断面可用涂黑表示，如图 9-49b 所示，或采用示意图的形式（即单线）画出，如图 9-49c 所示。

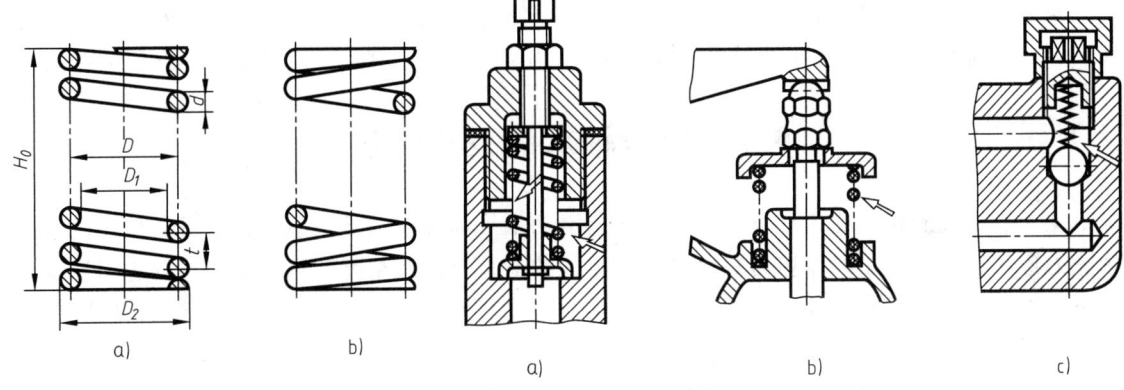

图 9-48　圆柱螺旋压缩弹簧的画法　　　　图 9-49　装配图中弹簧的画法

下面举例说明圆柱螺旋压缩弹簧的作图步骤。

【例 9-2】 已知簧丝直径 $d = 6$mm，外径 $D_2 = 50$mm，节距 $t = 12.3$mm，有效圈数 $n = 6$，支承圈数 $n_z = 2.5$，右旋，画出此弹簧的图形。

1）计算作图数据。

弹簧中径 $D = D_2 - d = 50\text{mm} - 6\text{mm} = 44\text{mm}$

自由高度 $H_0 = nt + 2d = 6 \times 12.3\text{mm} + 2 \times 6\text{mm} = 85.8\text{mm}$

2）作图步骤。

① 用点画线，以 $H_0 = 85.8$mm 和 $D = 44$mm 为长、宽尺寸，画出矩形 $ABCD$；在矩形中画出弹簧轴线，如图 9-50a 所示。

② 以点 D 为圆心，画一个直径 $d = 6$mm 的小圆；距点 A 向下移 3mm，画出同样的小圆，使小圆与顶线相切于点 A；画出小圆水平中心线；将点 D 的小圆的上半圆删除；距点 D 向下移 6mm，画出同样的小圆和水平中心线，使之与点 D 小半圆正下方相切；用同样方法画出下部

相同的小圆,至此已画出支承圈部分,如图 9-50b 所示。

③ 以节距 $t = 12.3$mm 为相对位移,在右边的中径线上画出同样的三个小圆及中心线,圆心分别是点 1、2、3;向下(上)画出水平中心线,距离为 $(1/2)t = 6.15$mm,使之与左边的中径线相交于点 4、5;在这两点画出同样小圆;再以节距 $t = 12.3$mm 为相对位移,分别画出 6、7 两个点的小圆及中心线,至此已按简化画法画出有效圈数部分的簧丝截面圆,如图 9-50c 所示。

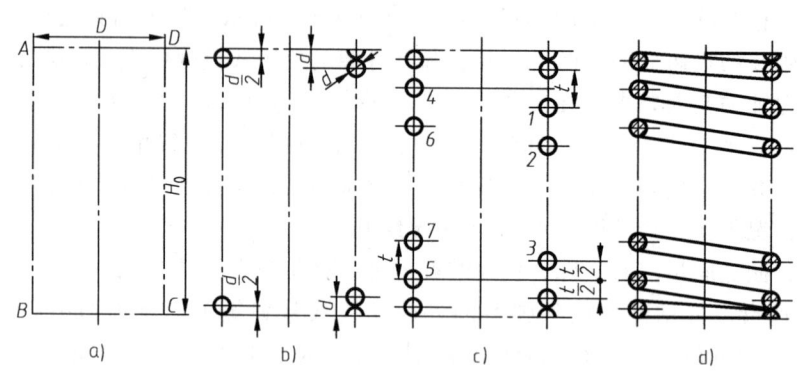

图 9-50　圆柱螺旋压缩弹簧的作图步骤

④ 按右旋的方向作相应圆的切线;弹簧两端磨平,故在上下两端画出与轴线垂直的直线,其中一端画成半圈长;在各个簧丝截面圆内画出通用剖面线,如图 9-50d 所示,至此完成作图。

9.7　滚动轴承的表达方法

支承旋转轴的机件称为轴承。轴承可分为滑动轴承和滚动轴承。滚动轴承具有较小的起动摩擦力矩和运转时较小的摩擦力矩,能在较大的载荷、转速及精度范围内工作,并容易满足不同要求等优点,在机器、仪表中得到广泛应用。滚动轴承是标准组件,使用时根据设计要求,按国家标准规定的代号选用。

滚动轴承的种类很多,但结构大致相同,一般由外圈、内圈、滚动体及保持架组成,如图 9-51a 所示。内圈装在旋转轴上,随轴一起转动;外圈装在机体或轴承座内,一般固定不动;滚动体有滚珠、圆柱滚子、圆锥滚子和滚针,排列在内、外圈(上、下圈)之间滚道中,当内圈转动时,它们在滚道中滚动;保持架用来将滚动体隔开,并保证其相互间的位置。

滚动轴承按内部结构和承受载荷方向不同分为三类。

1) 向心轴承——主要承受径向载荷。

2) 推力轴承——主要承受轴向载荷。

3) 向心推力轴承——可以同时承受径向载荷和轴向载荷。

9.7.1　常用滚动轴承的型式和规定画法

滚动轴承是标准组件,在装配图中通常根据其主要外形尺寸画出外形轮廓,轮廓内采用简化画法(通用画法和特征画法)或规定画法绘制,本书只简介规定画法和特征画法。

1. 深沟球轴承(GB/T 276—2013)

深沟球轴承是一种向心轴承,其结构如图 9-51a 所示,类型代号为 60000,各主要尺寸 d、D、B 的数值查阅附录 K 的表 22。图 9-51b、c 所示为此类轴承的规定画法和特征画法。

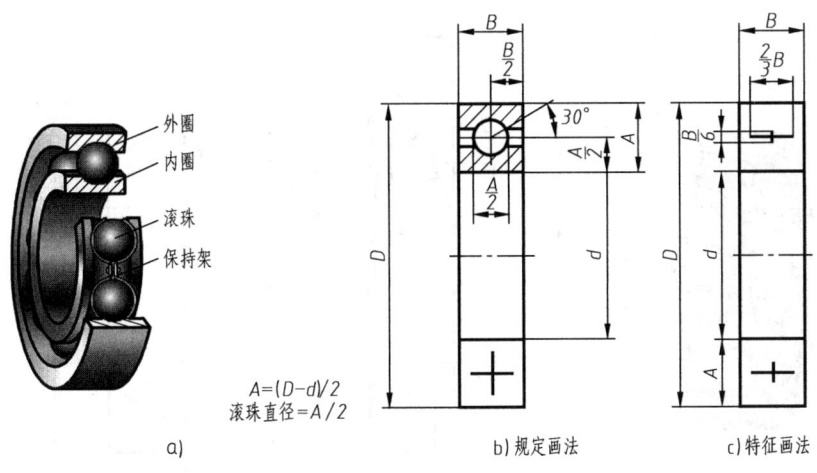

图 9-51 深沟球轴承

2. 推力球轴承（GB/T 301—1995）

推力球轴承是一种只能承受单方向轴向载荷的推力轴承，其结构如图 9-52a 所示，类型代号为 51000，各主要尺寸 d、d_1、D、T 的数值查阅附录 K 的表 23。图 9-52b 所示为此类轴承的规定画法和特征画法。

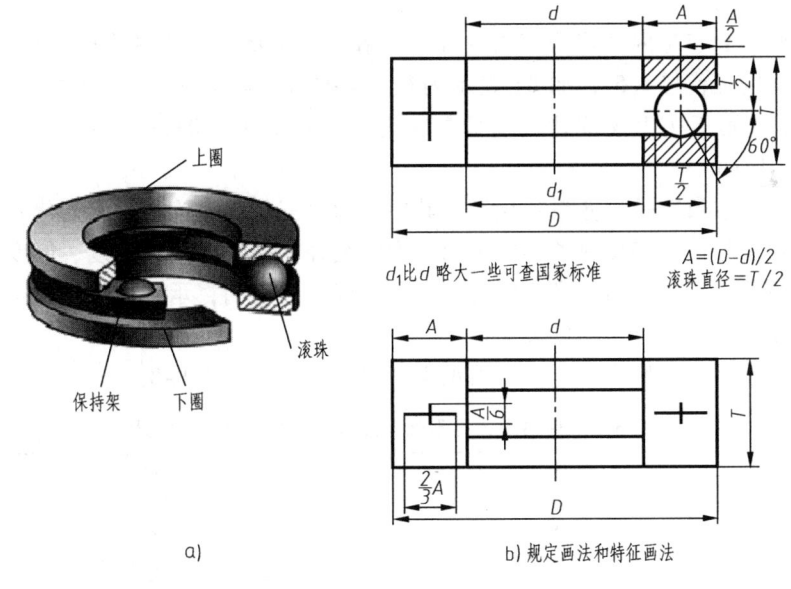

图 9-52 推力球轴承

3. 圆锥滚子轴承（GB/T 297—1994）

圆锥滚子轴承是一种向心推力轴承，其结构如图 9-53a 所示，类型代号为 30000，各主要尺寸 d、D、T、B、C 的数值查阅附录 K 的表 24。图 9-53b、c 所示为此类轴承的规定画法和特征画法。其中圆锥滚子可以近似画成圆柱体，α 角可一律近似画成 15°。

9.7.2 滚动轴承的基本代号

滚动轴承是标准组件，各种类型及尺寸等均由代号表示。轴承代号按顺序由前置代号、基

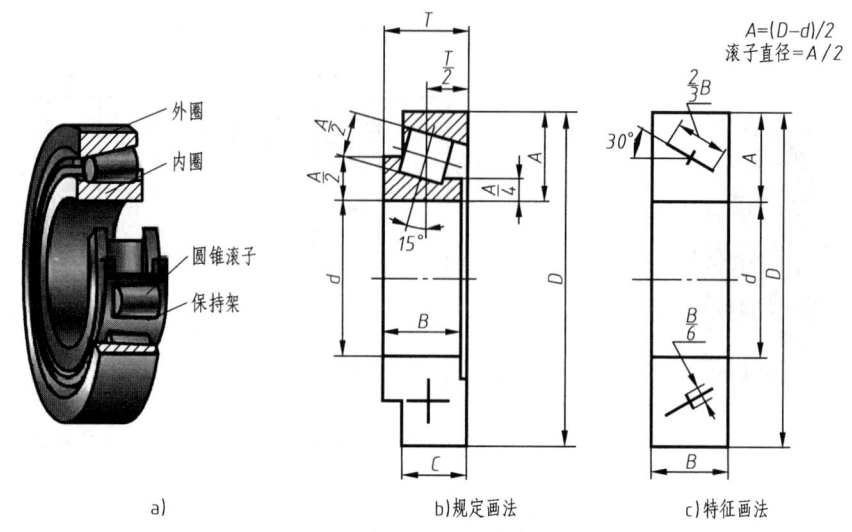

图 9-53 圆锥滚子轴承

本代号、后置代号构成。前置、后置代号是轴承在结构形状、尺寸、公差、技术要求等有改变时，在其基本代号左右添加的补充说明。基本代号表示轴承的基本类型、结构和尺寸，是轴承代号的基础。基本代号由轴承类型代号、尺寸系列代号和内径代号构成，通常用 5 位数字表示，从右往左依次为：

最右边的两位数字是内径代号。当内径尺寸在 20～495 mm 范围内时，代号数字为 04～99，内径尺寸 = 内径代号 × 5，如 04 表示内径 $d = 04 \times 5mm = 20mm$。对内径尺寸在 10～17 mm 的四种轴承，则不按上述规律，代号数字为 00、01、02、03，分别表示内径 $d = 10mm$、12mm、15mm、17mm。

右起第三、四位数字是尺寸系列代号，其中右起第三位数字为直径系列代号，右起第四位数字为宽度系列代号，它们反映了同种轴承在内圈孔径相同时外圈的宽度、厚度的不同及滚动体大小不同。显然，尺寸系列代号不同的轴承其外廓尺寸不同，承载能力也不同。上述三种轴承的最常用的几种尺寸系列代号见表 9-8。

右起第五位数字为类型代号，常用轴承类型代号的意义见表 9-8。

表 9-8 常用轴承的类型代号及最常用的尺寸系列代号

轴承类型	类型代号	常用的尺寸系列代号
深沟球轴承	6	(0)2,(0)3,(0)4
推力球轴承	5	12,13,14
圆锥滚子轴承	3	02,03,22

注：表中"( )"中的数字表示在组合代号中省略。

如上所述，滚动轴承的标记格式为 名称 代号 标准编号 。

下面举例说明几种常用的滚动轴承的规定标记及基本代号所表示的意义。

滚动轴承　6210　GB/T 276—2013

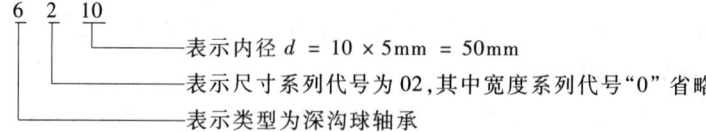

滚动轴承 51203 GB/T 301—1995

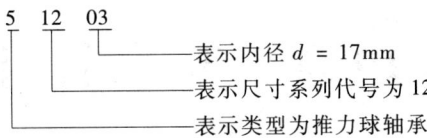

滚动轴承 32214 GB/T 297—1994

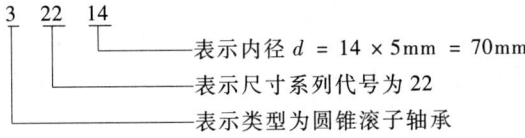

第 10 章 零 件 图

机器或部件由各种零件按一定的装配关系和要求组成。图 10-1 所示为齿轮泵部件的分解图，其中的螺栓、内六角圆柱头螺钉、螺母、键、圆柱销等为标准（部）件，齿轮为常用件，这些均已在第 9 章详细介绍，其他零件根据在齿轮泵中的作用，设计成不同的形状，通常称为一般类零件。

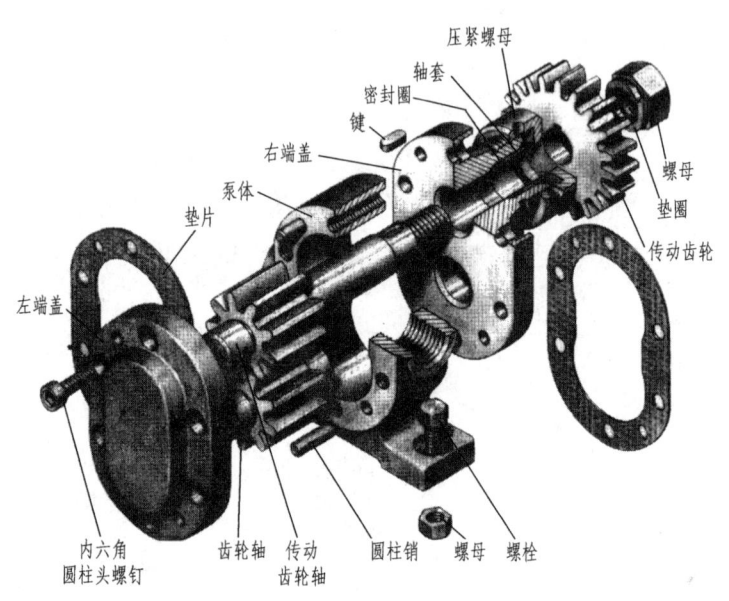

图 10-1 齿轮泵部件的分解图

10.1 零件图的作用和内容

零件是组成机器和部件的基本单位。表示单个零件的结构形状、大小和有关技术要求的图样称为零件图。零件图是加工零件的依据，机器中一般类零件都必须画出它们的零件图，以提供制造、加工、检验的依据，因此零件图是最重要的技术文件之一，应能充分表达设计者的意图，并考虑结构和制造的可能性、合理性。

图 10-2a 所示为一个球阀的立体图。球阀是管道系统中控制流体流量和启闭的部件，是由 13 种零件按一定的装配关系和要求装配组成的。当球阀的阀芯处于图 10-2a 所示的位置时，阀门全部开启，管道畅通。转动扳手带动阀杆和阀芯旋转 90°时，则阀门全部关闭，管道断流。制造这个球阀时就必须有球阀的各个零件图。图 10-2b、d 所示为球阀的阀杆和阀芯的零件图，图 10-46a 所示为阀盖的零件图，球阀的阀体零件图如图 11-13 所示。

由图 10-2b、d 所示阀杆和阀芯零件图可以看出，一张完整的零件图通常包括下列基本内容：

（1）一组图形 综合运用各种符合国家标准规定画法的视图、剖视图、断面图、局部放

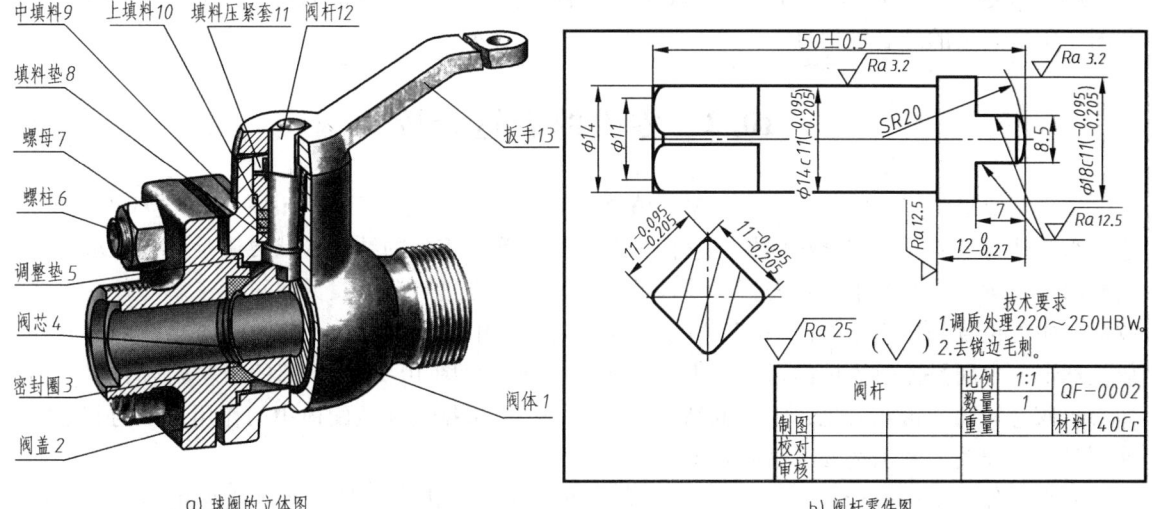

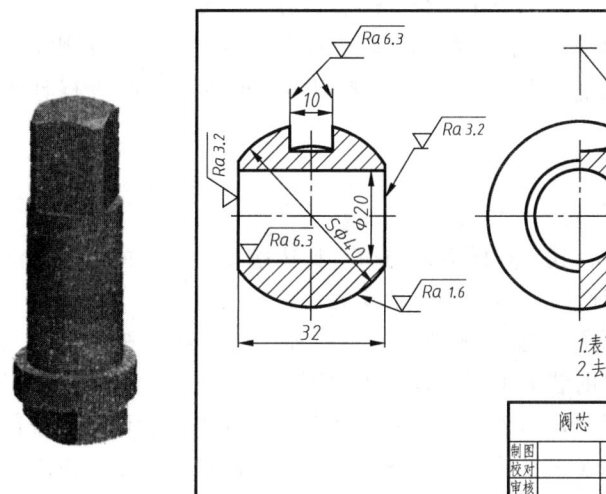

图 10-2 球阀的分解图和阀杆、阀芯的零件图及立体图

大图等一组图形，把零件的内、外形状和结构确切、完整、清晰地表达出来。图 10-2d 所示的阀芯用全剖的主视图和半剖的左视图将阀芯的内外结构形状完全表达清楚。

（2）一组尺寸 应正确、完整、清晰、合理地标注出零件的结构形状大小及其相对位置，提供制造、检验时所需全部尺寸。图 10-2d 阀芯的主视图中标注的中间的通孔的尺寸为 $\phi20$，标注的尺寸 32 和 $S\phi40$ 确定了阀芯的轮廓形状，上部凹槽的形状和位置通过主视图中尺寸 10 和左视图中尺寸 $R34$、14 来确定。

（3）技术要求 用规定的符号、数字、字母和文字注解，说明零件在制造、检验过程中应达到的各项技术（质量）上的要求，如表面粗糙度、尺寸公差、几何公差、热处理、表面处理及其他要求。图 10-2d 所示阀芯中注出了表面粗糙度尺寸 $Ra1.6$、$Ra3.2$、$Ra6.3$，以及表面热处理要求为高频淬火 50~55HRC 和表面要求为去锐边毛刺。

（4）标题栏　注明零件的名称、数量、材料、比例，以及单位名称、图样代号和设计、制图、审核人员的签名等信息。

10.2　零件的表达分析

零件图要求将零件的结构形状完整、清晰地表达出来。在前面，曾讨论过组合体的视图，但是组合体与零件是不完全相同的，它们的区别之一就是零件的结构形状要满足设计要求和工艺要求。要满足这些要求，首先要对零件的结构形状特点进行分析，并尽可能了解零件在机器或部件中的位置和作用，如图10-2e所示的阀芯是球阀中的关键零件，它与阀体接触部分的外形是球形，中间是流通流体的通孔，上部的凹槽与阀杆（图10-2c）下部的凸块配合，以便阀杆带动阀芯转动。由此可见，零件的结构形状和大小是根据它在装配体中的作用以及与其他零件之间的装配关系和工艺要求来确定的。

根据零件的结构形状和大小，先选择主视图，再确定其他视图，灵活地采用视图、剖视图、断面图以及其他各种表达方法，将零件表达清楚。由此可见，完整清晰地表达零件结构形状的关键是合理地选择主视图和其他视图，确定一个比较合理的表达方案。要做到这一点，一般需要做出几种方案进行比较。需要指出的是：视图选择不是随意的，应按某些原则和规律进行深入细致的分析比较。下面就主视图和其他视图的选择以及典型零件的视图选择进行具体分析。

10.2.1　选择表达方案的一般原则

1. 主视图的选择

主视图是表达零件的一组视图中的核心，其选择的合理与否直接影响整个方案的繁简与清晰，从便于读图这一要求出发，在选择主视图时应确定零件的安放位置和投射方向。

（1）确定零件的安放位置　应使主视图尽可能反映零件的主要加工位置或在机器中的工作位置。加工位置是零件在主要加工工序中的装夹位置，选择主视图时与加工位置一致是便于加工者读图方便。一般对轴套类、盘盖类等回转体零件，主要是在车床上加工，所以通常按这些工序的加工位置选择零件的主视图，即轴线水平放置，如图10-2b所示阀杆，为使主视图反映加工位置而将轴线水平放置；对复杂的盖类、箱体类、叉架类零件，因为结构形状比较复杂，加工工序较多，加工时装夹位置不断变化，所以不能选择加工位置作为主视图方向，一般常选择其工作位置作为主视图，这样与零件在机器或部件中安装和工作时所处的位置相同，读图比较直观，便于安装，如图10-49所示液压缸缸体零件图，主视图反映了液压缸的工作位置。

（2）确定主视图的投射方向　当零件安放好以后，可从该零件前、后、左、右四个方向投射获得视图，如图10-3a所示A、B、C、D四个方向。要从中选择最明显地表达零件的主要结构和各部分之间相对位置关系的一面作为主视图。显然图10-3a所示的A、C向最能反映出该零件的形状特征。图10-4所示为最好的表达方案。

2. 表达方案的确定

选择其他视图时，以主视图为基础，根据零件形状的复杂程度和结构特点，以完整、清晰的表达各部分结构为主线，优先考虑基本视图，采用相应的剖视、断面等方法，使每个视图都有一个表达重点。对于零件尚未表达清楚的局部形状或细部结构，则可选择必要的局部视图、断面图、斜视图或局部放大图等来表达。

一般情况下，视图的数量与零件的复杂程度有关，零件越复杂，视图数量越多。对于同一个零件，特别是结构复杂的零件，可选择不同的表达方案，经比较归纳后，确定一个最佳的方案。

10.2.2 典型零件的表达分析

零件的结构千变万化，但就其结构和加工方法上的特点，可将零件分为轴套类零件、轮盘类零件、箱体类零件和叉架类零件，同种类型的零件在表达方法上具有共同的特点。

1. 轴套类零件

轴类零件的主要功能是安装、支承传动件，传递运动和动力。由于轴类零件的等强度要求，轴类零件的加工及其轴上零件的安装和固定要求，一般将轴设计成阶梯形，其结构特点为由同轴回转体组成，且轴向尺寸大于径向尺寸，在沿轴线方向通常有轴肩、倒角、螺纹、退刀槽、键槽、销孔等结构要素。图 10-3a 所示的减速器从动轴，其主要功用是装在减速器中，支承齿轮传递转矩（或动力），并与外部设备连接。为了使从动轴能够满足设计和工艺要求，它的结构形成过程如图 10-3b 所示。

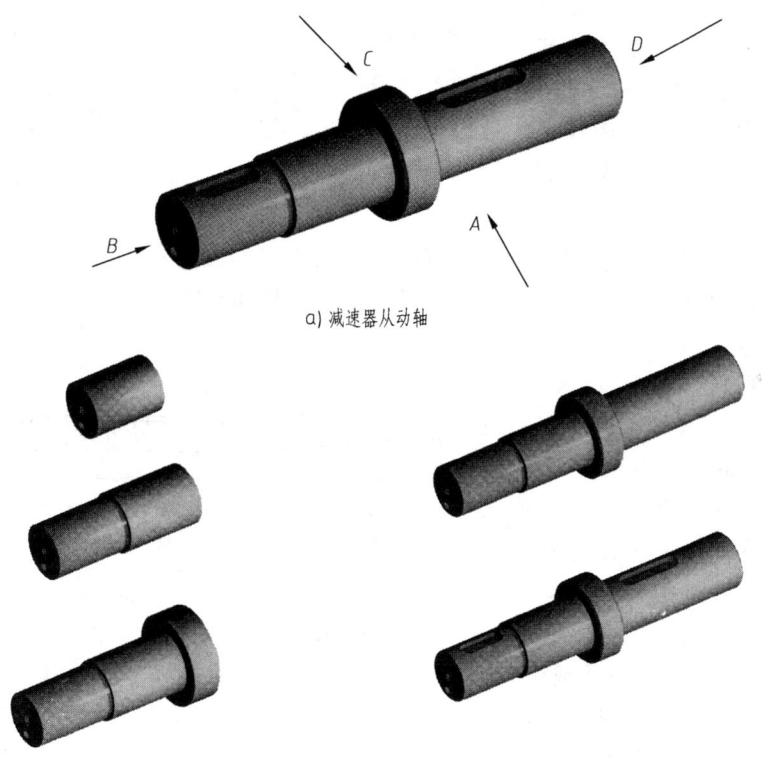

a) 减速器从动轴

b) 减速器从动轴结构形成过程

图 10-3　轴结构分析

轴类零件主要是在车床上加工，加工时零件水平放置。因此它们一般只有一个主视图，表示轴上各段的长度、直径及各种结构的轴向位置。主视图按加工位置摆放，也即轴线水平放置，便于加工者读图。一般用一个基本视图表达整体结构形状和相对位置，实心轴一般不剖，空心轴往往采用全剖视。另外，常用断面图、局部剖视图、局部放大图等表达方法表示键槽、退刀槽和其他槽、孔等结构。

图 10-4 所示为减速器从动轴的主视图选择：该轴按加工位置摆放，将轴线水平放置，把

直径较小的一端放在左边，采用垂直于轴线的方向作为主视图的投射方向，既把各段圆柱的相对位置和形状大小表示清楚，同时也反映出轴肩、砂轮越程槽、倒角、键槽等结构和位置。因左边有螺纹孔和销孔及键槽要表达，故将两平键的键槽朝向上方（如是一个平键槽，应将平键槽朝向正前方），主视图采用了两个局部剖分别表达了左边的螺纹孔、销孔、键槽和右边的键槽。其他表达方法的选择：轴的各段为圆柱，在主视图上为大小不一的矩形，只要标注直径尺寸"$\phi \times \times$"便能表达清楚，一般不必再画出其他基本视图。为了表示键槽的深度，分别画出两个移出断面图，右砂轮越程槽采用了5:1的局部放大图表达，平键槽的形状由两个局部视图表达。至此轴的全部结构形状已表达清楚。

图10-5所示为车床尾座的顶尖套筒，是一个套类零件，这类零件的构形特点与轴类似，也是由回转体构成的，所不同的是套类零件一般是中空的，即有同轴线的孔。套的加工位置也是轴线水平摆放。因此视图选择与轴基本相同，为了表达内部的孔、槽，套类零件多采用剖视图，图10-5的主视图画成全剖视图。为了表示右端面均匀分布的三个螺纹孔、

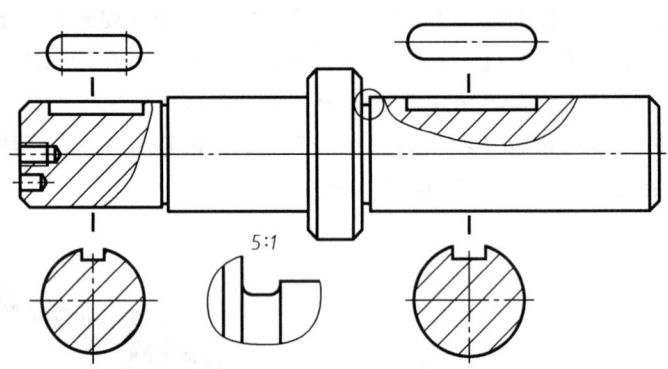

图10-4 减速器从动轴的表达方案

两个销孔的位置，以及上面小槽的形状和宽度，采用了 B 向视图（也可画右视图），销孔深度可用标注尺寸的方法解决。为了表达下面一条长槽的形状和宽度，以及套筒后壁上的沉孔又加画了 A—A 剖视图。

2. 轮盘类零件

轮盘类零件包括端盖、阀盖、齿轮、带轮、法兰盘等，这类零件的基本形体一般为回转体或其他几何形状的扁平的盘状体，通常还带有各种形状的凸缘、均布的圆孔和肋等局部结构，如图10-6所示的阀盖。

轮盘类零件的毛坯有铸件或锻件，机械加工以车削为主，主视图一般按加工位置水平放置，但有些较复杂的盘盖，因加工工序较多，主视图也可

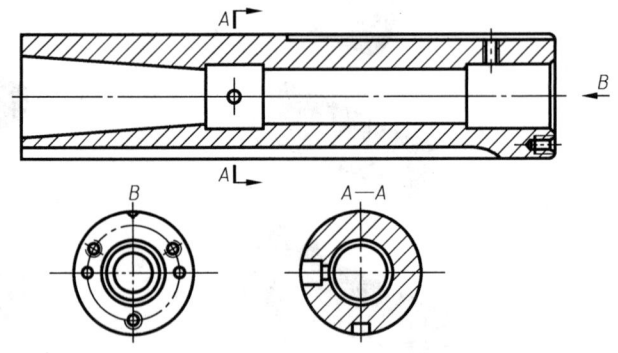

图10-5 顶尖套筒的表达方案

按工作位置放置，如图10-7所示的箱盖。为了表达零件内部结构，主视图常取全剖视。

图10-6a所示的阀盖，A 向能够表达阀盖的主要结构和各部分之间的相对位置，B 向尽管反映了方形凸缘及其上面的安装孔的位置，但不能反映其各部分的结构形状，故阀盖主视图选择 A 向好。

轮盘类零件一般需要两个以上基本视图表达，除主视图外，为了表示零件上均布的孔、槽、肋、轮辐等结构，还需选用一个端面视图（左视图或右视图），如图10-6b所示，就增加了一个左视图，以表达凸缘和四个均布的通孔。此外，为了表达细小结构，有时还常采用局部

放大图。

轮盘类零件的形状有时也会因相接触零件的形状而设计为矩形等。图10-7所示为蜗轮减速箱箱盖的表达方案,可见它是一个矩形平板零件,箱盖四角做成圆角,并有安装螺钉的沉孔。箱盖底面应与箱体顶面密切接触,因此必须加工,为了减少加工面积,四周做成凸缘。箱盖顶面左上有长方形凸台,并有加油方孔,凸台上有四个螺孔,便于加油孔盖的装拆。箱盖顶面的四周棱边为了满足工艺要求做成圆角。由于被加工位置并不以车削为主,画主视图时按箱盖的工作位置放置。为了表达箱盖厚度的变化、四周的凸缘和加油孔、螺孔的形状和位置,主视图画成了全剖视图。俯视图表示箱盖的外形和箱盖上加油孔、凸台、沉孔等结构形状和位置。为节省图幅,采用了断开画法。由于前后对称,俯视图也可只画一半。由于主视图未能表达四角的沉孔,加画A—A局部剖视图表达沉孔的深度。

根据以上对轮盘类零件特点的分析,基本可归纳出轮盘类零件常用的表达方案。

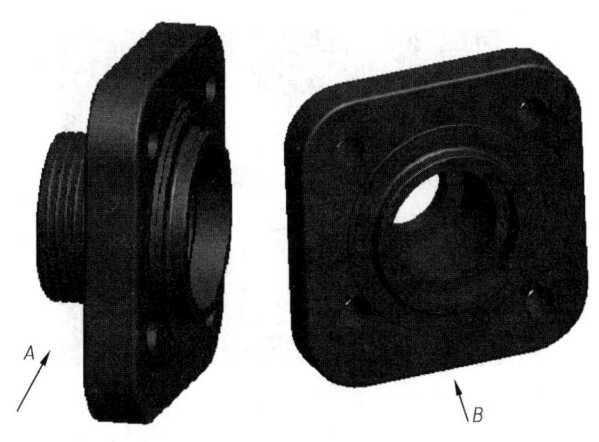

a) 阀盖立体图

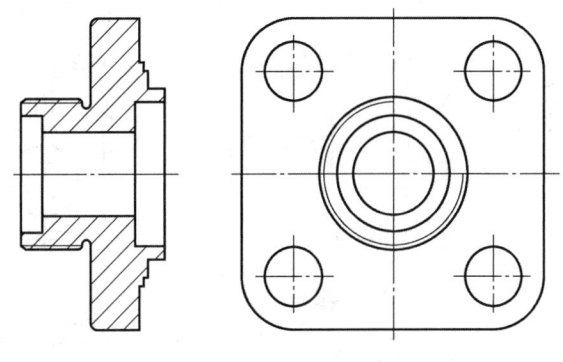

b) 阀盖的表达方案

图10-6 阀盖的视图选择

(1) 零件摆放和投射方向 这类零件主要在车床上加工,选择主视图时一般将轴线水平横放。对于加工时并不以车削为主的箱盖,可按工作位置放置(图10-7),并选择垂直于轴线的方向作为主视图的投射方向。

(2) 表达方法 通常采用两个基本视图,主视图常用剖视图表示孔、槽等内部结构,另一视图补充表示外形轮廓和均布的孔、槽等结构的形状和相对位置。

3. 箱体类零件

箱体类零件主要有阀体、泵体、减速器箱体等结构较复杂的零件。箱体类零件一般都是部件的主体零件,用来支承和包容其他零件,所以多为中空的壳体,并有轴承孔、凸台、肋板、底板、连接法兰以及箱盖、轴承端盖的连接螺孔等结构,其结构形状复杂,一般采用铸造的方法制造毛坯。

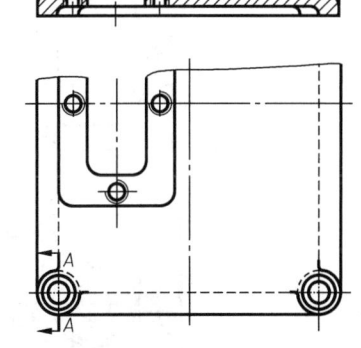

图10-7 箱盖的表达方案

由于箱体类零件加工工序较多,加工位置多变,所以在选择主视图时,主要根据工作位置原则和形状特征原则来考虑,并采用剖视图以重点反映其内部结构,如图10-8中的主视图所示。

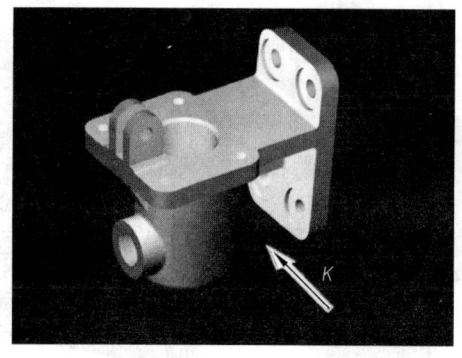
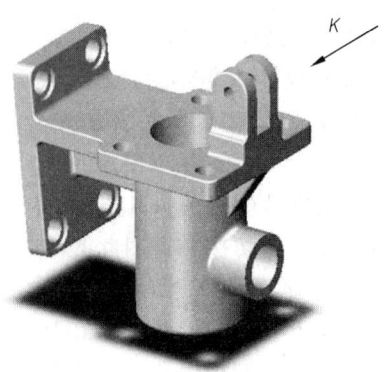

a) 手压滑油泵体的立体图

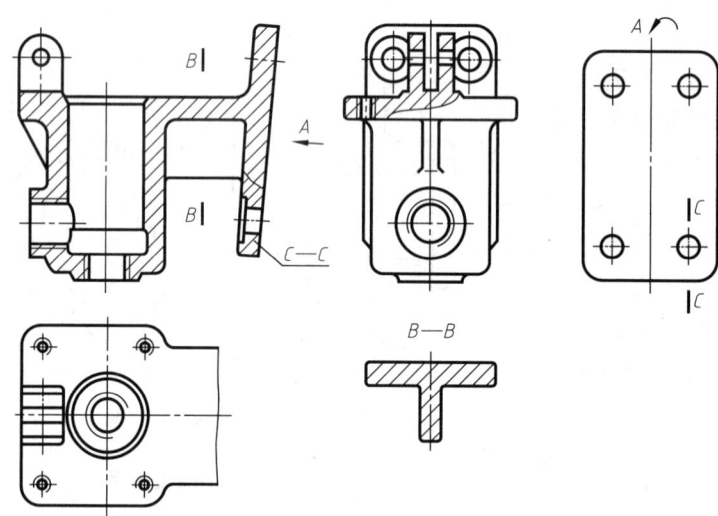

b) 手压滑油泵体方案一

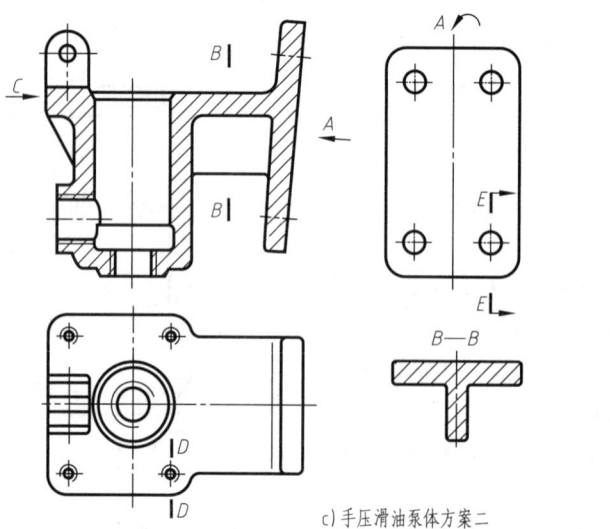

c) 手压滑油泵体方案二

图 10-8 手压滑油泵体图

图 10-8a 所示为手压滑油泵体的立体图，它是手压滑油泵的主要零件，泵体由安装板、顶板、圆筒、支架、凸台、竖肋板、三角形肋板七部分组成。手压滑油泵体的结构复杂，加工工序较多，主视图应按工作位置摆放；应选择明显反映泵体各部分结构形状和相对位置的方向作为主视图的投射方向，因此手压滑油泵体的主视图选择 K 方向作为主视图投射方向。如图 10-8b 所示，因在主视图方向上泵体的内腔结构复杂，外形简单，主视图采用基本视图上的全剖视图，可清晰地反映泵体内腔、支架的形状，圆筒、安装板、竖肋板、三角形肋板、顶板、凸台的结构形状及其相对位置；因支架两圆孔和顶板螺纹孔这两个结构位置靠近，故在左视图中采用了局部剖；为表达安装板上沉孔的深度，在全剖的主视图的基础上在安装板部位采用了剖中剖，这种表达方法主次分明、结构清晰，同时也减少了视图的数量；由于安装板是倾斜结构，所以采用了斜视图 A 向旋转表达了安装板的形状和上面四个圆孔的分布位置和大小；由于安装板已在斜视图上表达，故俯视图采用了局部视图省略了安装板的投影，这样俯视图表示了顶板的形状和上边四个螺纹孔的分布位置及大小；左视图表达了支架与顶板之间的相对位置、顶板螺纹孔以及支架厚度和其上圆孔的大小、凸台的形状；对竖板的厚度用 $B-B$ 移出断面图表达。手压滑油泵体的全部视图如图 10-8b 所示。

箱体类零件由于其结构的复杂，它的表达方案不是唯一的。图 10-8c 所示为手压滑油泵体的另一表达方案。方案一用了 5 个图，方案二用了 7 个图。方案一视图配置比较集中，各视图表达目的较明确；方案二视图配置比较零碎，不如前者便于读图，方案清晰。因此在选择箱体类零件的表达方案时，应多考虑几种方案并进行比较，选择其中最清晰、最易读图的方案。

通过分析可归纳箱体类零件的表达特点是：

(1) 零件摆放和投射方向　由于该类零件加工工序较多，一般按工作位置放置，以最能反映形状特征、主要结构和各组成部分相互关系的方向作为主视图的投射方向，因此主视图多为剖视图。

(2) 表达方法　根据零件的复杂程度，选择图形数量，通常至少需要三个基本视图，并过主要孔轴线剖切，另外加一些局部视图、向视图、斜视图、断面图等表达方法。注意每个视图都应有表达的重点内容。但对于有些特别复杂的箱体，有时需要采用三个以上视图，并配合其他各种表达方法才能表达清楚。本着尽量使选用视图数量为最少的原则，在基本将零件的主要结构表达清楚的前提下，可通过标注相关尺寸的方法，补充说明尚未表达清楚的部分结构，不再加画更多的图形。

4. 叉架类零件

叉架类零件大都用来支承或拨动其他零件，其结构形状也比较复杂和不规则，一般具有肋、板、杆、筒、座、凸台和凹坑等结构。常见的此类零件有拨叉、摇臂、支架、吊架等。

大多数叉架类零件的主体都具有工作、安装和连接三个部分。图 10-9a 所示轴承座的上方圆筒中的轴孔是用来支承轴的，是工作部分。轴承座的下部分的是安装板，板上的两个孔为安装孔。支承板和肋板是轴承座的连接部分，通过它把上方的圆筒与下方的安装板连接起来。圆筒上方的凸台中的螺孔是用来加润滑油的。

轴承座的结构较复杂，其主视图选择应该以工作位置摆放，从表达轴承座的形状特征考虑，主视图可选 A 向和 B 向为投射方向，如图 10-9c、d 所示。比较两个主视图，A 向反映了支承板和圆筒的形状及各部分的位置，整体效果好；B 向反映了圆筒的结构和肋板的形状，但图面布置不匀称，整体效果不好。图 10-9b 左视图采用全剖视图，表达了圆筒上两正交的孔的结构和肋板的形状及安装板的凹槽深度。为了表达支承板和肋板的连接情况和相互关系，可用

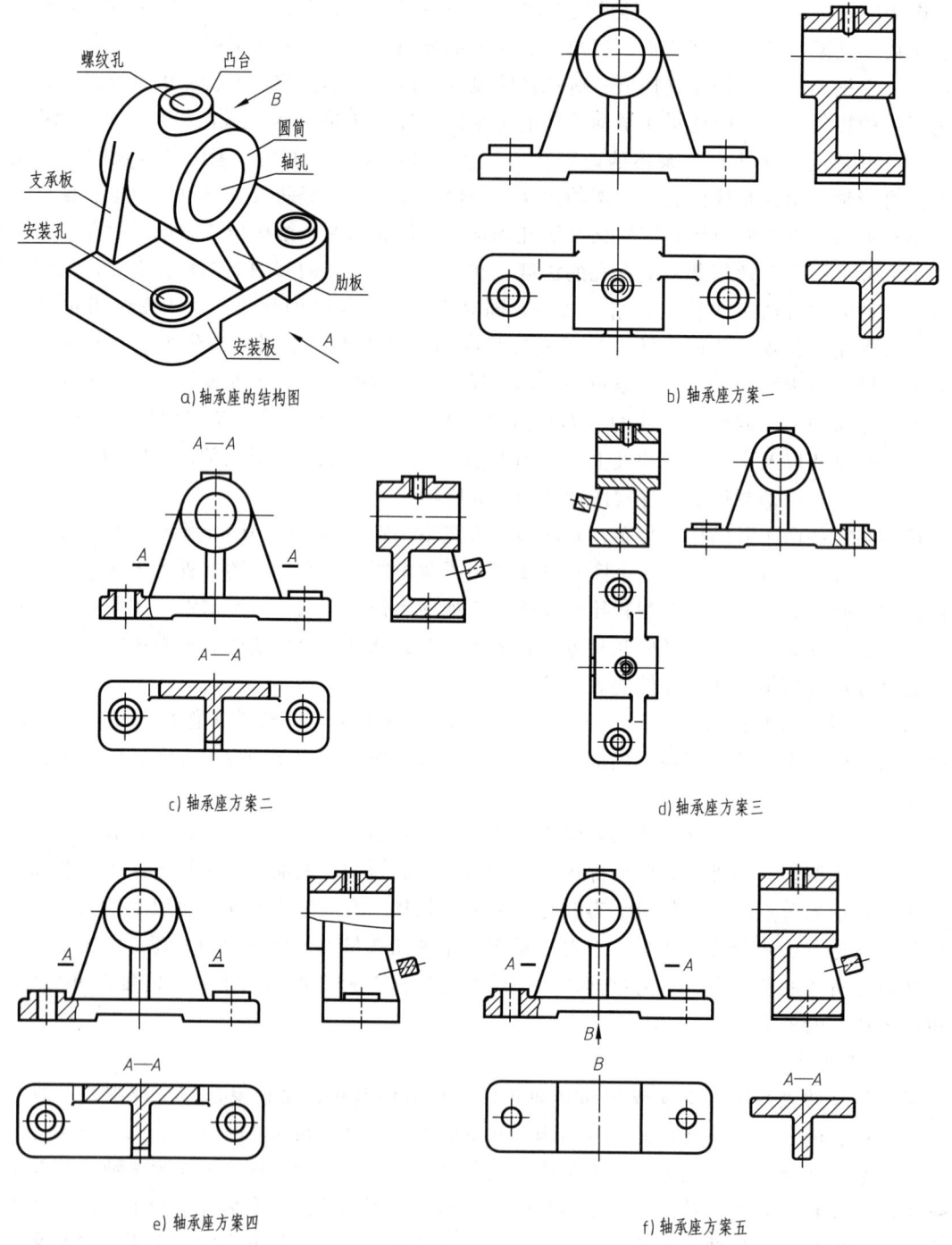

图 10-9　轴承座的表达方案

移出断面图表达,此时只剩下安装板的形状和安装板上的孔未表达,如果用俯视图,圆筒部分已在主、左视图上表达清楚了,俯视图如再表达就重复了(图 10-9b),因此俯视图取 A—A 剖视图,将断面图和俯视图结合起来,如图 10-9c 所示轴承座方案二。轴承座的五种方案中还有其他两种方案,从中发现轴承座的方案四左视图缺乏整体感,方案五底面槽重复表达,增加了一个断面图,由此可见轴承座的方案二表达较清晰和简练、整体感最好。

通过分析可归纳出叉架类零件的表达特点是：

（1）零件摆放和投射方向　由于此类零件往往在不同的机床上加工，故通常以工作位置摆放，常根据结构特征选择主视图投射方向，以表达它的形状特征、主要结构和各组成部分的相互关系。

（2）表达方法　此类零件至少需要两个基本视图，一般采用局部剖视表达工作部分和安装部分的内部结构。对于连接部分和凸缘等形状不太规则的结构，还会使用断面图、局部视图等适当的方法，完整、清晰地表达。

从手压滑油泵体和轴承座的表达方案来看，复杂的零件，其表达方案往往不是唯一的，需要对有关因素进行综合分析比较，最终选择出较优方案，一般应考虑下面四个方面。

1）投射方向的选择要注意"比较与综合"，以能最清楚地显示零件形状特征的方向为主视图的投射方向。

2）便于读图，不能图省事或单纯强调视图数量少。

3）方案表达注意零件的整体性，避免在同一视图上过多地使用局部视图和局部剖视，致使图形支离破碎，甚至影响重点结构的表达。

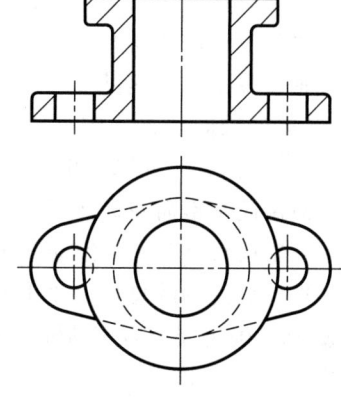

图 10-10　零件图中的虚线

4）应"尽量避免使用虚线表达零件的结构"，但当画虚线不影响视图的清晰，并可省略另一个视图或能使某一部分结构形状表示得更完整，可少量使用虚线，如图 10-10 所示。

10.3　零件图上的尺寸标注

10.3.1　正确选用尺寸基准

零件图上的尺寸是该零件的最后完工尺寸，是加工、检验的重要依据。除了要符合前面所述的正确（符合标准）、完整、清晰的要求外，还必须使零件的尺寸标注合理，即标注的尺寸能满足设计和加工工艺的要求。要满足这些要求需要在后续课程和实践中积累许多专业知识，在此只强调必须正确选择尺寸基准。

所谓尺寸基准就是标注或度量尺寸的起点，尺寸基准分为设计基准和工艺基准。

设计基准：在设计零件时用来确定零件在机器或部件中位置的一些点、线或面。如图 10-11b 所示，齿轮定位轴肩为轴的沿轴线方向尺寸的设计基准，它是装配齿轮时齿轮沿轴线方向定位时用的，也即有了这个轴肩齿轮不能向左移动。

选择面作为设计基准的通常有零件上较大的加工面、零件的对称面、底板的安装面、与其他零件装配的结合面、重要的支承面、端面和轴肩。如图 10-14a 所示，高度方向的尺寸设计基准是安装底面，也是较大的加工面，长度方向的设计基准是左右的对称中心面。选择线作为设计基准的通常有轴和孔的轴线、对称中心线等。如图 10-11a 所示，为使轴转动平稳及轴上的零件要有正确的位置，轴上各段圆柱均要求在同一轴线上，因此设计基准就是轴线。轴线是轴上直径方向的尺寸基准，通常也称为径向基准。从这个基准出发，标注了直径方向的尺寸 $\phi 70^{+0.021}_{+0.002}$、$\phi 75^{+0.021}_{+0.002}$、$\phi 60^{+0.060}_{+0.041}$。

工艺基准：为保证零件制造精度，零件在加工、测量时使用的基准称为工艺基准。工艺基准往往是一些端面，轴线等。如图 10-11a 所示，由于加工时两端用顶尖支承，因此轴线既是直径尺寸的设计基准，也是加工和测量直径方向尺寸的工艺基准，以轴线为基准，分别标注各段圆柱的直径。又如图 10-11b 所示，轴的右端面为测量轴长度方向尺寸的一个工艺基准。

为减少加工和测量误差，一般应使工艺基准和设计基准重合，否则应在保证设计要求的前提下尽量满足工艺要求。

由于每个零件都有长、宽、高三个方向的尺寸，因此每个方向上至少各有一个主要尺寸基准。但根据设计、加工、测量的要求，一般在同一方向还要附加一些辅助基准，主要基准与辅助基准之间应有尺寸联系。如图 10-11b 所示，轴上一般装有圆柱齿轮和滚动轴承，安装它们的定位轴肩应是重点考虑的主要基准选择，为了保证轴上零件的正确定位（齿轮的正确啮合），齿轮的轴向位置比较重要，因此选择安装齿轮的定位轴肩是轴向尺寸的主要设计基准（沿着轴线方向的尺寸基准也称为轴向基准，尺寸称为轴向尺寸）。重要尺寸尽量从设计基准注起，故由此基准向左标注了尺寸 20，决定左端滚动轴承定位轴肩；向右标注尺寸 78，决定安装齿轮轴段长度和右端滚动轴承定位轴肩；标注尺寸 295，决定右端面，并以右端面为辅助测量基准，标注轴的总长尺寸 351。另外标注轴向尺寸 105，确定安装输出齿轮轴段长度；标注尺寸 58，确定安装右滚动轴承段的长度，通常这段还应包括轴套的长度。

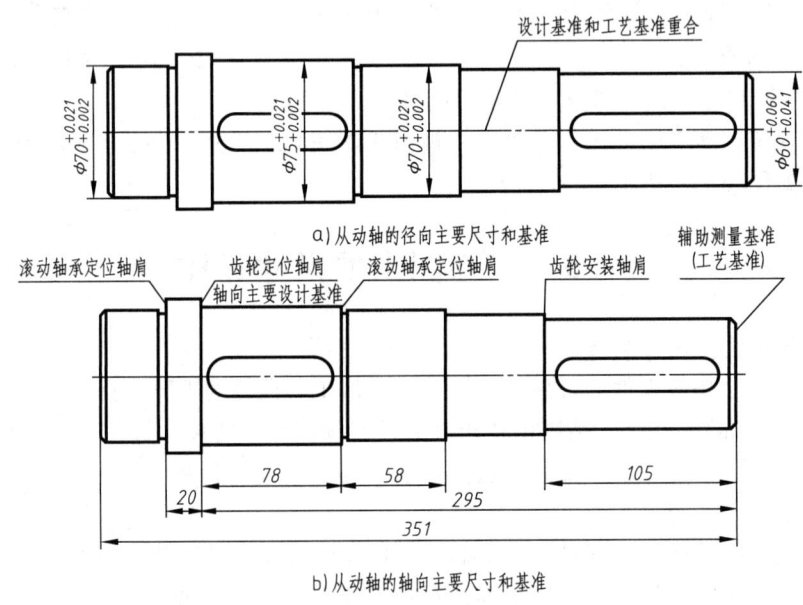

图 10-11 基准的选择

【例 10-1】 如图 10-12 所示，标注减速器从动轴的尺寸。

分析：

1) 对于回转体零件标注尺寸时，其高度和宽度方向就是其直径方向，因此主要基准的选择通常是轴线作为直径方向尺寸的基准，也即径向基准，由此基准出发标注直径尺寸 $\Phi 55k7$（$^{+0.032}_{+0.002}$）、$\phi 60k6$（$^{+0.021}_{+0.002}$）、$\phi 90$，如图 10-12b 所示；长度方向应将重要的端面作为主要基准，从图 10-12a 中可以看出，右端 $\phi 60k6$（$^{+0.021}_{+0.002}$）这段有键槽，用来安装齿轮的，为了保证轴上齿轮有正确的定位，因此选择安装齿轮的定位轴肩作为轴向尺寸的主要基准，即轴向基准，从轴向基准出发标注右端尺寸 160、轴环的长度 29、键槽的定位尺寸 24 和退刀槽尺寸 5×1，再从轴的左端面作为辅助基准，标注了轴的总长尺寸 350 和左端轴的长度尺寸 80，如图 10-12c

所示。

2) 其他尺寸的标注。从径向基准出发标注左端面螺纹孔与销孔的定位尺寸 18，螺纹孔尺寸 M10-6H▽15/孔▽20 和销孔尺寸 ϕ8H7▽12 配作；左键槽在主视图上标注长度尺寸 50、在断面图上标注宽度尺寸 16、并由高度尺寸 $49_{-0.2}^{\ 0}$（标注）可算出左键槽深度尺寸为 $55-49=6$；同理标注了右键槽的尺寸长 70、宽 18，并由高度尺寸 $53_{-0.2}^{\ 0}$（标注）可算出右键槽的深度尺寸为 $60-53=7$；其他尺寸的标注如图 10-12a 所示。

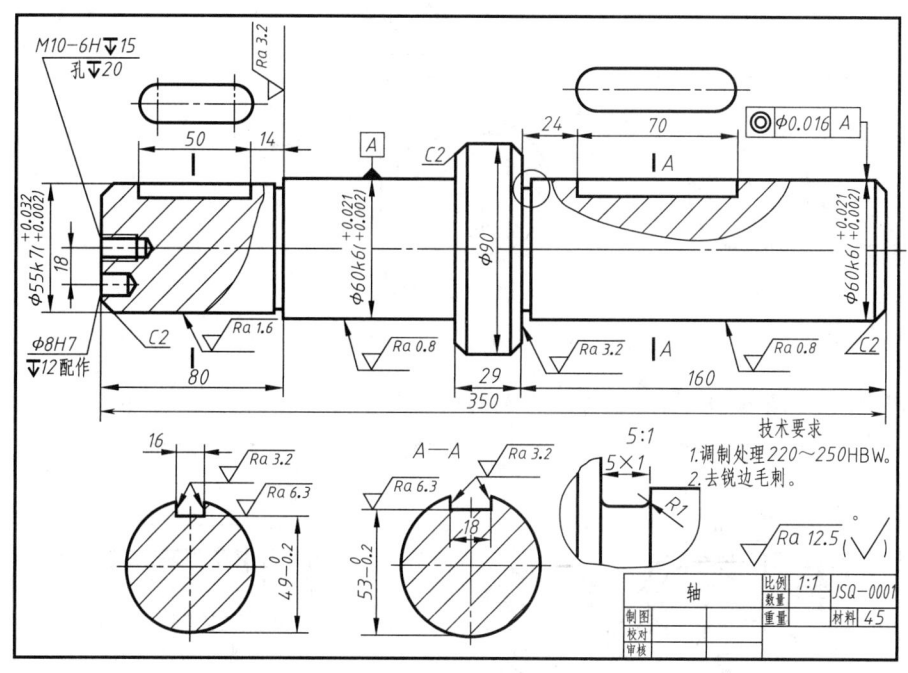

a) 减速器从动轴零件图

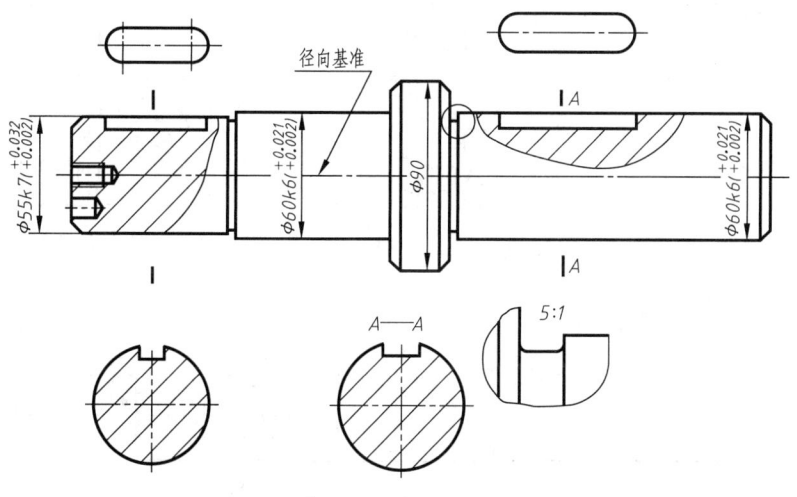

b) 从动轴的径向基准和主要尺寸

图 10-12 减速器从动轴尺寸标注示例

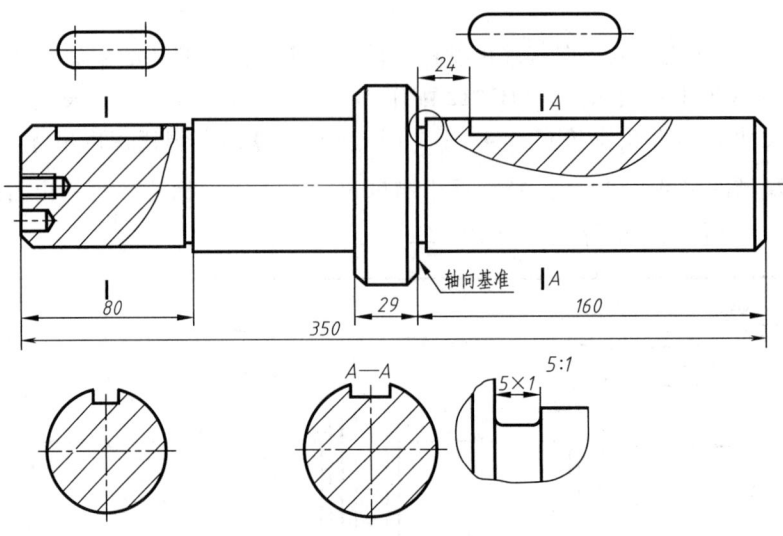

c) 从动轴的轴向基准和主要尺寸

图 10-12 减速器从动轴尺寸标注示例（续）

【例 10-2】 如图 10-13 所示，标注支架的尺寸。

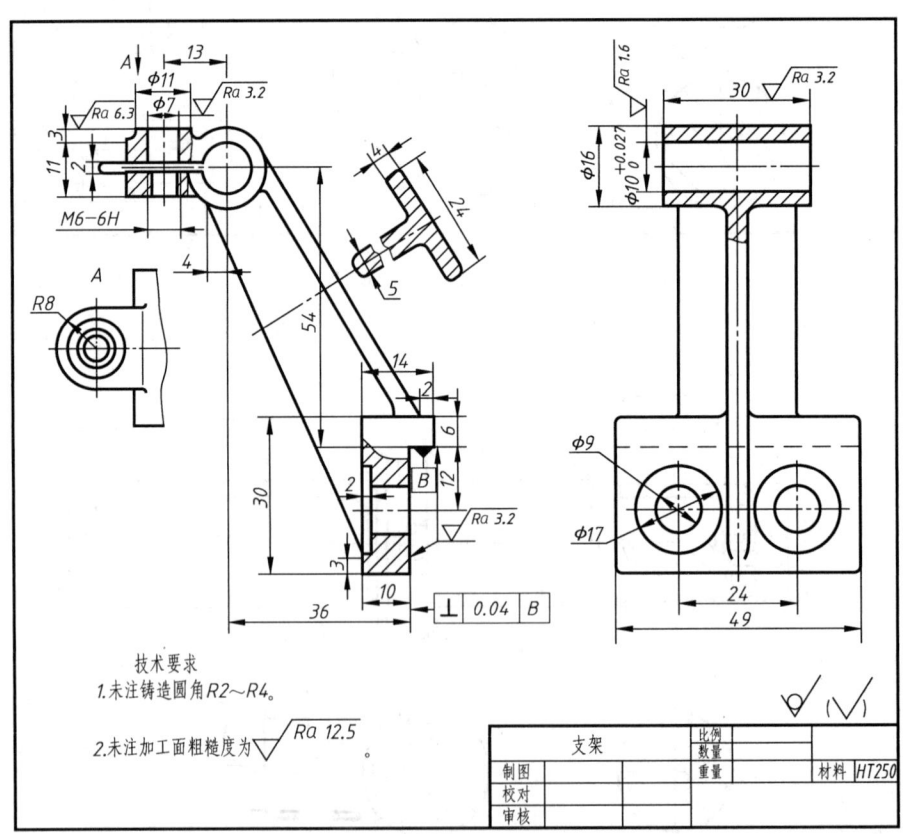

图 10-13 支架尺寸标注示例

分析：对于非回转体类零件，标注尺寸时通常选用较大的加工面、重要的安装面、与其他零件的结合面或主要结构的对称面作为主要基准。如图 10-13 所示，在标注支架类零件的尺寸时，通常选用安装基面或零件的对称面作为尺寸基准。在图 10-13 所示支架中，由于轴承孔 $\phi 10^{+0.027}_{\ 0}$ 轴线到相互垂直的安装面间的距离直接影响被支承轴的装配精度，因此必须选用 Γ 形固定板的垂直安装面作为长度方向的尺寸基准，水平安装面作为高度方向的基准，以保证装配位置准确。由于支架是前后对称结构，故选用支架的前后对称面作为宽度方向的尺寸基准。标注尺寸的顺序如下：

1) 长度和高度方向的主要尺寸标注。由长度和高度方向主要尺寸基准出发，标注尺寸 36 和 54 以确定轴承孔的位置，标注了轴承孔的径向尺寸 $\phi 10^{+0.027}_{\ 0}$ 和圆柱外径尺寸 $\phi 16$。

2) 长度和高度方向的其他尺寸标注。从长度基准出发标注尺寸 10 确定了安装板的长度，从高度基准向下标注尺寸 12 确定了安装孔的中心位置，向上标注尺寸 6 确定了安装板的高度。从长度基准出发标注尺寸 36 确定了轴承孔的垂直轴线为长度方向的辅助基准，标注尺寸 13 确定夹紧螺孔 M6-6H 和 $\phi 7$、$\phi 11$ 的长度方向位置，标注尺寸 R8 确定了凸缘的形状；从高度基准出发标注尺寸 54 确定了轴承孔的水平轴线为高度方向的辅助基准，标注尺寸 2 和对称的尺寸 11，确定凸缘高度方向位置。

3) 宽度方向的主要尺寸标注。如左视图上标注的轴承孔宽度尺寸 30；安装板宽度尺寸 49；安装孔中心距尺寸 24；以及移出断面图上的宽度尺寸 24 和 5。

其他尺寸请读者自行分析。

10.3.2 标注尺寸的重要原则

标注尺寸时，应尽可能考虑到工艺上的各种要求，如零件的加工、测量和装配时的要求。

1. 结构上的重要尺寸必须直接注出

重要尺寸是指零件上对机器的使用性能和装配质量有关的尺寸，这类尺寸应从设计基准直接注出。图 10-14 所示的高度尺寸 32 ±0.08 为重要尺寸，应直接从高度方向主要基准直接注出，以保证精度要求。

2. 考虑加工工艺要求

零件加工需要经过多种工序时，同一工序用到的尺寸应一起考虑，标注时尽可能集中，如图 10-15 所示把车削与铣削所需要的尺寸分开标注，轴的轴向尺寸主要是在车床上加工的，轴上的键槽是在铣床上加工的，将轴向尺寸标在上方，下方为铣削尺寸。

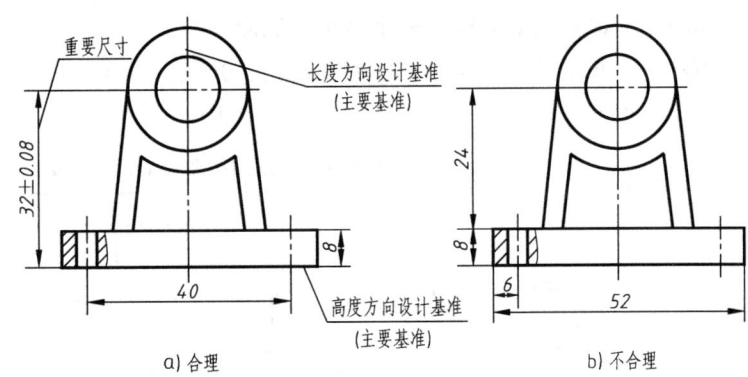

图 10-14 重要尺寸从设计基准直接注出

3. 考虑测量要求

尺寸标注有多种方案，但要注意所注尺寸是否便于测量，如图 10-16 所示结构，两种不同标注方案中，不便于测量的标注方案是不合理的。

4. 尺寸不要注成封闭形式

图 10-17 所示为由三段圆柱组成的阶梯轴，设各段长度分别为 A、B、C，总长为 L。若按图 10-17a 所示标注，即尺寸形成首尾相接的封闭形式，称为封闭尺寸链。以封闭形式标注尺寸，每一个尺寸将受到其他尺寸的影响而难于保证，所以应该避免，即这四个尺寸中必须去掉

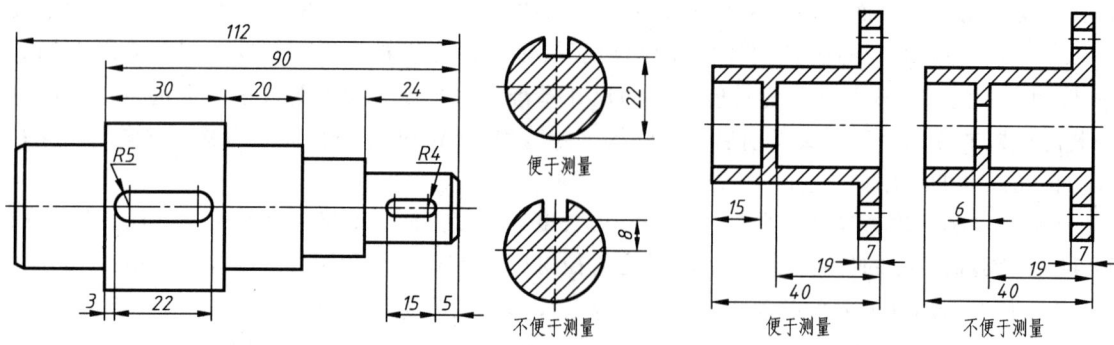

图 10-15　按加工工艺标注尺寸　　　　　图 10-16　考虑尺寸测量方便

一个，但究竟去掉哪个尺寸也将直接影响零件的误差大小。若按图 10-17b 所示的形式去掉总长，由于各段尺寸 A、B、C 在加工时都有一定误差，则该轴最后得到的总长 L 的误差为这三个误差的总和。考虑到轴在加工前取料的要求，以及轴的总长误差不宜太大，因此必须首先考虑注上总长 L，而在尺寸 A、B、C 中去掉一个最不重要的尺寸，如图 10-17c 所示去掉尺寸 C，这样加工时，尺寸 L、A、B 的误差就全部集中在不重要的尺寸 C 处，这样既保证重要尺寸的精度，又能降低加工成本。

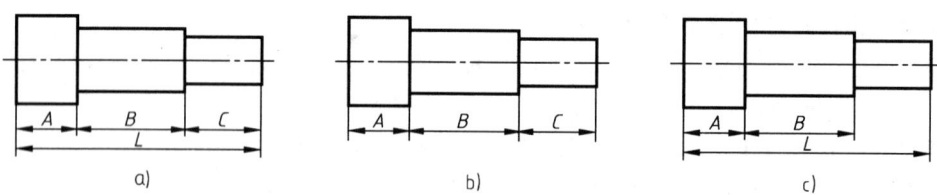

图 10-17　轴向尺寸不要注成封闭形式

10.3.3　零件上常见结构要素的尺寸标注

零件上一些常见的结构要素，如螺纹孔、光孔、沉孔、键槽、锥孔、退刀槽与砂轮越程槽等，应按一定的标注方式进行尺寸标注，见表 10-1。

表 10-1　常见结构要素的尺寸注法

结构类型		标注方法	标注说明
螺孔	通孔	3×M6-6H	3×M6 表示公称直径为 6mm，有规律分布的三个螺纹孔 可以旁注，也可直接注出
	不通孔	3×M6-6H▽10	螺纹孔深度可以与螺纹孔直径连注，也可分开注出 符号▽表示深度
	不通孔	3×M6-6H ▽10孔▽12	需要注出孔深时，应明确标注孔深尺寸

（续）

结构类型		标 注 方 法	标 注 说 明
光孔	一般孔	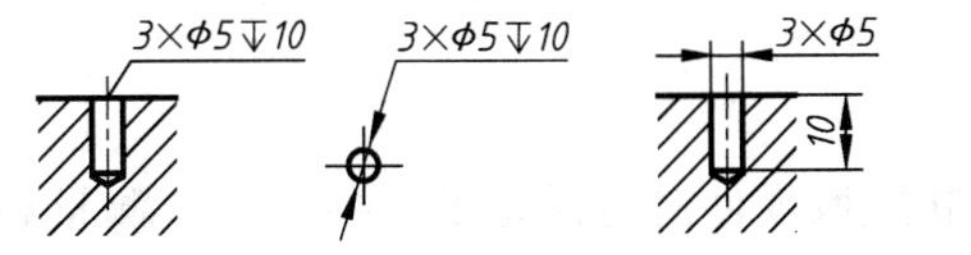3×Φ5↧10 3×Φ5↧10 3×Φ5 10	3×ϕ5 表示直径为 5mm，有规律分布的三个光孔 孔深可以与直径连注，也可分开注出
光孔	精加工孔	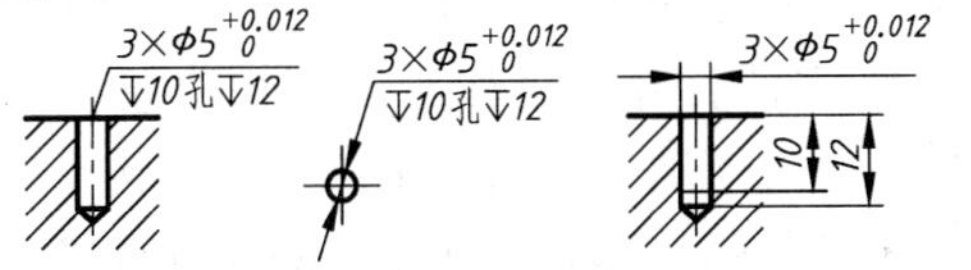3×Φ5$^{+0.012}_{0}$ ↧10孔↧12 3×Φ5$^{+0.012}_{0}$ ↧10孔↧12 3×Φ5$^{+0.012}_{0}$ 10 12	光孔深为 12mm，钻孔后需要精加工至 ϕ5mm，深度为 10mm
光孔	锥销孔	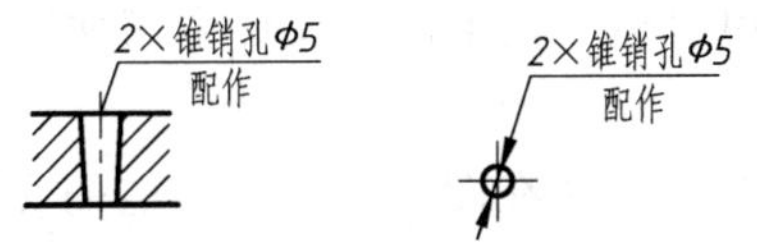2×锥销孔Φ5 配作 2×锥销孔Φ5 配作	ϕ5 为与锥销孔相配的圆锥销小头直径，锥销孔通常是相邻两零件装配后一起加工的
沉孔	锥形沉孔	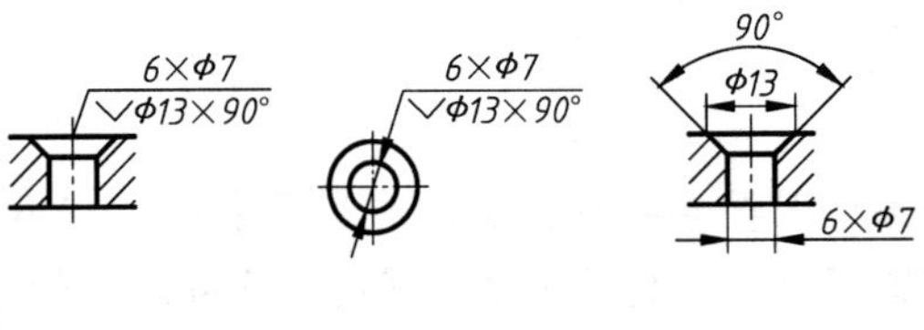6×Φ7 ⌵Φ13×90° 6×Φ7 ⌵Φ13×90° 90° Φ13 6×Φ7	6×ϕ7 表示直径为 7mm 有规律分布的六个孔。锥形沉孔的尺寸可以旁注，也可直接注出 符号∨表示锥形沉孔
沉孔	柱形沉孔	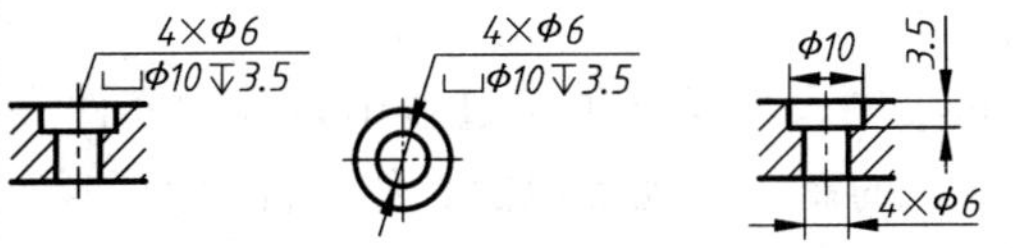4×Φ6 ⌴Φ10↧3.5 4×Φ6 ⌴Φ10↧3.5 Φ10 3.5 4×Φ6	4×ϕ6 表示的意义同上，柱形沉孔的直径为 ϕ10mm，深度为 3.5mm，均需注出。 符号⌴表示柱形沉孔或锪平
沉孔	锪平面	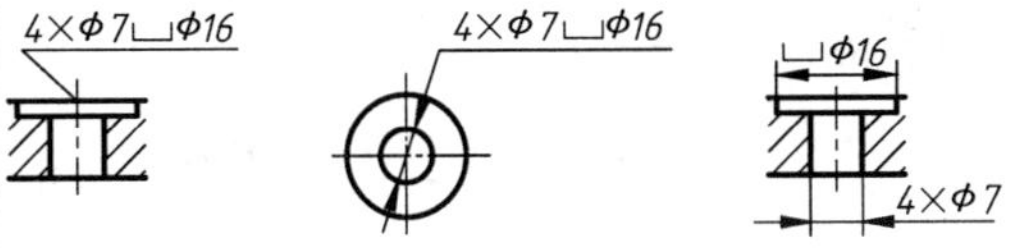4×Φ7⌴Φ16 4×Φ7⌴Φ16 ⌴Φ16 4×Φ7	锪平面 ϕ16mm 的深度不需标注，一般锪平到不出现毛面为止
平键键槽		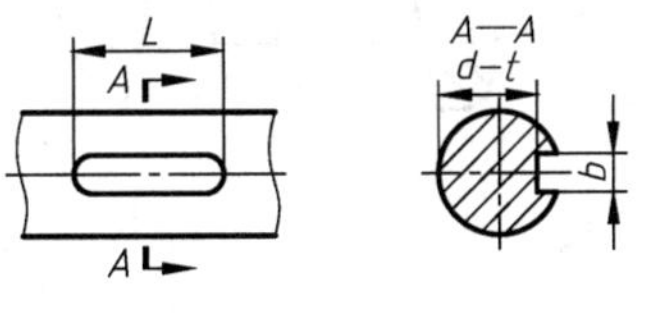L A A A—A d−t b	标注 $d-t$ 便于测量（d 为轴的直径，t 为键槽深度）
退刀槽及砂轮越程槽		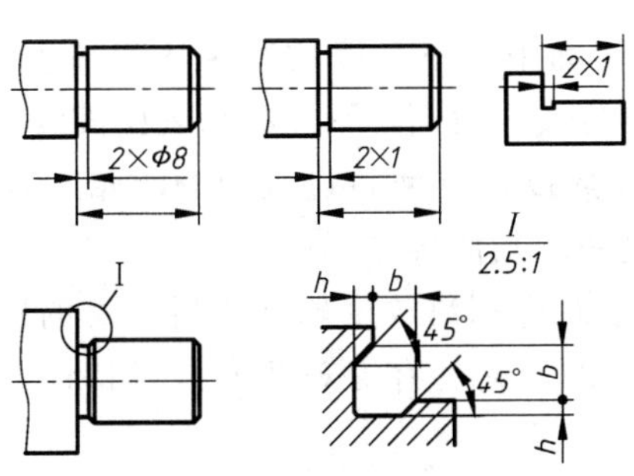2×Φ8 2×1 2×1 I I 2.5:1 h b 45° 45° b h	退刀槽一般可按“槽宽×直径”（左上图）或“槽宽×槽深”（上中、上右图）的形式标注 砂轮越程槽常用局部放大图表示（下图），其尺寸数值可查阅机械设计手册

10.4 零件图上的技术要求

10.4.1 零件图上技术要求的内容

零件图中除了图形和尺寸外，还有制造该零件时应满足的一些加工、测量和检验要求，通常称为"技术要求"，如表面粗糙度、尺寸公差、几何公差以及材料热处理等。在机械图样上，为保证零件装配后的使用要求，除了对零件各部分结构给出尺寸公差、几何公差的要求外，还要根据功能需要对零件的表面质量——表面结构给出要求。表面结构是表面粗糙度、表面波纹度、表面缺陷、表面纹理和表面几何形状的总称。表面结构的各项要求在图样上的表示法在 GB/T 131—2006《产品几何技术规范（GBS） 技术产品文件中表面结构的表示法》中均有具体规定。

零件的技术要求一般采用规定的代号或符号标注在图样上，也可能用文字注写在图样的空白处。下面仅对零件表面结构、极限与配合、几何公差作简要介绍。

10.4.2 零件的表面结构

1. 基本概念

零件在加工制造过程中，由于受到各种因素的影响，零件的实际表面具有不规则的状态，看起来很光滑的表面，如果借助放大装置便会看到高低不平的状况。实际表面的轮廓可分解为粗糙度轮廓（R 轮廓）、波纹度轮廓（W 轮廓）和原始轮廓（P 轮廓），各种轮廓所具有的特性都与零件的表面功能密切相关。

（1）粗糙度轮廓 零件表面在加工过程中，由于在加工过程中刀具和零件表面间的摩擦、切屑分离时的塑性变形以及工艺系统中存在的高频振动等原因，使零件表面存在着间距较小的轮廓峰谷。这种周期很小的零件表面上具有的较小间距的峰谷所组成的微观几何形状特性称为表面粗糙度（图 10-18）。表面粗糙度对零件的耐磨性、抗腐蚀性、密封性、抗疲劳能力都有影响，它是评定零件表面质量的一项重要指标。

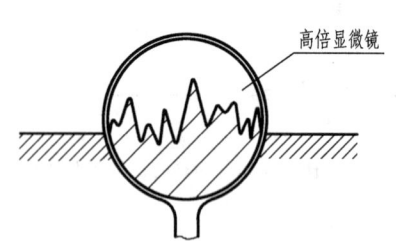

图 10-18 表面粗糙度概念

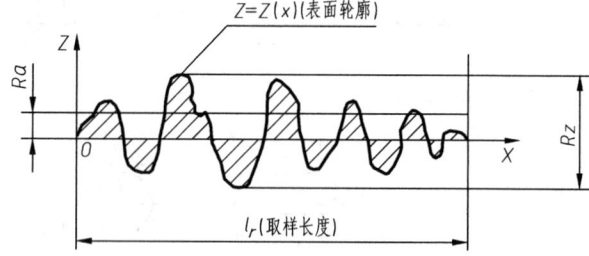

图 10-19 轮廓算术平均偏差 Ra

（2）波纹度轮廓 波纹度轮廓是表面轮廓中的不平度的间距比粗糙度大得多的那部分。这种间距较大的、随机的或周期形式的成分构成的表面不平度称为表面波纹度。表面波纹度主要是由于在加工过程中加工系统的振动、发热以及在回转过程中的质量不均衡等原因而形成的，具有较强的周期性，属于微观和宏观之间的几何误差。

（3）原始轮廓 原始轮廓是忽略了粗糙度轮廓和波纹度轮廓之后的总的轮廓。它主要是由于机床、夹具本身所具有的形状误差所引起的。它具有宏观几何形状特性，如工件的平面不平、圆截面不圆等。

零件的表面结构特性是粗糙度、波纹度和原始轮廓特性的统称，是评定零件表面质量和保证其表面功能的重要技术指标。

2. 表面结构的参数

GB/T 3505—2009《产品几何技术规范（GPS）表面结构 轮廓法 术语、定义及表面结构参数》中规定了表面粗糙度的主要评定参数有轮廓算术平均偏差 Ra 及轮廓的最大高度 Rz，优先采用 Ra。

轮廓算术平均偏差 Ra 是指在一个取样长度 l_r 内纵坐标 $Z(x)$ 绝对值的算术平均值，如图 10-19 所示，其计算公式为

$$Ra = \frac{1}{l_r} \int_0^{l_r} |Z(x)| dx$$

轮廓的最大高度 Rz 是指在一个取样长度内，最大轮廓峰高和最大轮廓谷深之和。Rz 值不如 Ra 能准确反映几何特征。Rz 与 Ra 联用，可对某些不允许出现较大加工痕迹的零件表面和小零件表面质量加以控制。

Ra 的数值越大，则表面越粗糙，加工成本就越低，一般使用在零件上的不重要表面。随着 Ra 的数值不断变小，则表面越光洁，而加工成本则越高，使用在零件上的重要表面。因此，在满足零件使用要求的前提下，应合理选用参数值。

GB/T 1031—2009《产品几何技术规范（GPS）表面结构 轮廓法 表面粗糙度参数及其数值》中规定了轮廓算术平均偏差 Ra 和轮廓最大高度 Rz 的数值系列，见表 10-2。

表 10-2　表面结构参数数值　　　　　　　　　　（单位：μm）

表面结构参数	数值系列
Ra	100、50、25、12.5、6.3、3.2、1.6、0.8、0.4、0.2、0.1、0.05、0.025、0.012
Rz	1600、800、400、200、100、50、25、12.5、6.3、3.2、1.6、0.8、0.4、0.2、0.1、0.05、0.025

一般常用零件在加工中最常用的 Ra 值为 $25 \sim 0.4 \mu m$ 之间的 7 种，下面扼要说明其一般的使用情况。

$0.4 \mu m$——常用于重要的配合面，如高速回转的轴和轴承孔等。

$1.6 \mu m$、$0.8 \mu m$——常用于较重要的配合面，如安装滚动轴承的轴和孔，有导向要求的滑槽等。

$3.2 \mu m$——常用于传动零件的轴、孔配合部分，以及低中速的轴承孔、齿轮的齿廓表面等。

$6.3 \mu m$——常用于不十分重要但有相对运动的部位或较重要的接触面，如低速轴的表面、相对速度较高的侧面、重要的安装基面和齿轮、链轮的齿廓表面等。

$12.5 \mu m$——常用于尺寸精度不高、没有相对运动的部位，如不重要的端面、侧面、底面等。

$25 \mu m$——常用于一般不重要的加工部位，如油孔、穿螺栓用的光孔、不重要的底面、倒角等。

3. 标注表面结构的图形符号

图样上表示零件表面结构的符号见表 10-3。

表 10-3　表面结构的图形符号

符　号	意义及说明
✓	基本符号，未指定工艺方法的表面，当通过一个注释解释时可单独使用

(续)

符　号	意　义及说明
∀	扩展图形符号,用去除材料的方法获得的表面,仅当其含义是"被加工表面"时可单独使用
∀	扩展图形符号,用不去除材料的方法获得的表面,也可用于保持上道工序形成的表面,不管这种状况是通过去除材料或不去除材料形成的
∀ ∀ ∀	完整图形符号,当要求标注表面结构的补充信息时,应在基本图形符号或扩展图形符号的长边上加一横线,以便注写对表面粗糙度的各种要求
∀ ∀ ∀	工件轮廓各表面的图形符号,当在某个视图上构成封闭轮廓的各表面具有相同的表面结构要求时,应在完整图形符号上加一小圆圈,标注在图样中工件的封闭轮廓上。如图 10-20 所示,图中的表面结构符号是指对图形中封闭轮廓的六个面的共同要求(不包括前后面)。如果标注会引起歧义时,各表面应分别标注

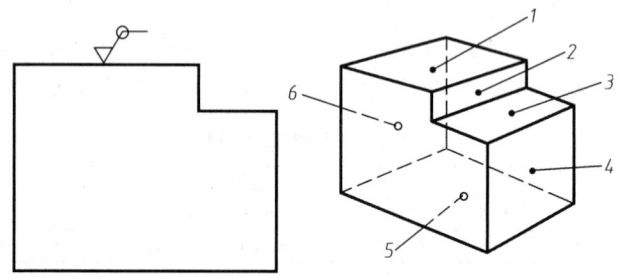

图 10-20　对周边各面有相同的表面结构要求的注法

表面结构符号的画法如图 10-21 所示,表面粗糙度符号的尺寸见表 10-4。

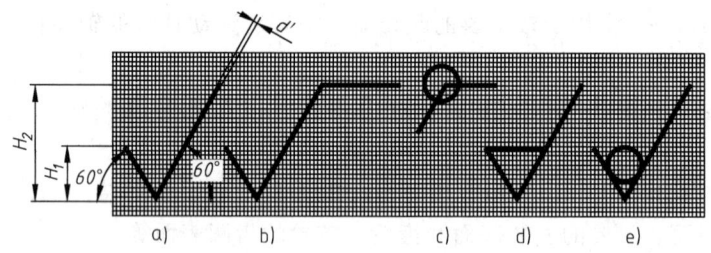

图 10-21　表面结构符号的画法

表 10-4　表面结构符号的尺寸　　　　　　　　　　　　　　　　　（单位：mm）

数字和字母高度 h(见 GB/T 14690)	2.5	3.5	5	7	10	14	20
符号线宽 d'	0.25	0.35	0.5	0.7	1	1.4	2
字母线宽 d							
高度 H_1	3.5	5	7	10	14	20	28
高度 H_2(最小值)[①]	7.5	10.5	15	21	30	42	60

注：图样的尺寸数字和字母的高度为 h,则高度 H_1 等于比 h 大一号的字体的高度,高度 H_2 的最小高度应比 $2h$ 稍大一点。图形符号的线宽 $d'=$ 字母线宽 $d=h/10$mm。

① H_2 取决于标注内容。

4. 表面结构要求在图形符号中的注写位置

为了明确表面结构要求,除了标注表面结构参数和数值外,必要时应标注补充要求,补充要求包括传输带、取样长度、加工工艺、表面纹理及方向、加工余量等。这些要求在图形符号中的注写位置如图 10-22 所示。位置 a 注写表面结构的单一要求;位置 b 注写两个或多个表面结构要求;位置 c 注写加工方法;位置 d 注写表面纹理和方向;位置 e 注写加工余量。

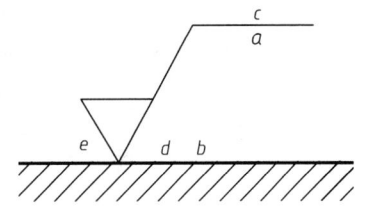

图 10-22 补充要求的注写位置 ($a \sim e$)

5. 表面结构代号

表面结构符号中注写了具体代号及参数值等要求后称为表面结构代号。表面结构代号及其含义示例见表 10-5。

表 10-5 表面结构代号及其含义示例

序号	代号示例	含义/解释
1	∇ Ra 3.2	用不去除材料方法获得的表面,Ra 的上限值为 $3.2\mu m$,默认传输带,评定长度为 5 个取样长度(默认),"16% 规则"(默认),在文本中表示为 NMR:Ra 3.2
2	∇ Ra max 1.6	用去除材料方法获得的表面,Ra 的上限值为 $1.6\mu m$,默认传输带,"最大规则",在文本中表示为 MRR:Ra 1.6
3	∇ 0.025-0.8/Ra 1.6	用去除材料方法获得的表面,Ra 的上限值为 $1.6\mu m$,传输带 $0.025 \sim 0.8mm$,评定长度为 5 个取样长度(默认),"16% 规则"(默认)
4	∇ Ra max 3.2 / Rz 1 max 12.5	用去除材料方法获得的表面,Ra 上限值为 $3.2\mu m$,默认传输带,评定长度为 5 个取样长度(默认);Rz 上限值为 $12.5\mu m$,评定长度为 1 个取样长度,"最大规则"
5	∇ U Ra 3.2 / L Ra 1.6	用去除材料方法获得的表面,双向极限要求,上限值 Ra 为 $3.2\mu m$,下限值 Ra 为 $1.6\mu m$,均为默认传输带,评定长度为 5 个取样长度(默认),"16% 规则"(默认)
6	∇ Rz 3 6.3	用去除材料方法获得的表面,Rz 的上限值为 $6.3\mu m$,默认传输带,评定长度为 3 个取样长度,"16% 规则"(默认)

6. 表面结构要求在图样上的标注

1)表面结构要求对每一表面一般只标注一次,并尽可能注在相应的尺寸及其公差的同一视图上。除非另有说明,所标注的表面结构要求是对完工零件表面的要求。

2)表面结构注写和读取方向与尺寸的注写和读取方向一致。表面结构要求可标注在轮廓线上,其符号应从材料外指向并接触表面。必要时,表面结构符号也可用带箭头或黑点的指引线引出标注(图 10-23)。

3)在不致引起误解时,表面结构要求可以标注在特征尺寸的尺寸线上(图 10-24)。

4)表面结构要求可标注在几何公差框格上方(图 10-25)。

5)圆柱和棱柱表面的表面结构要求只标注一次(图 10-26a)。如果每个棱柱表面有不同的表面结构要求,则应分别单独标注(图 10-26b)。

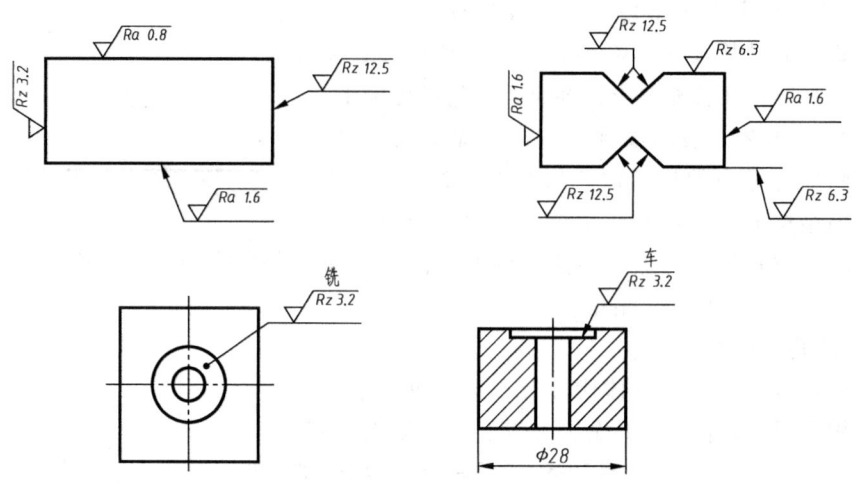

图 10-23　表面结构要求标注在轮廓线或指引线上

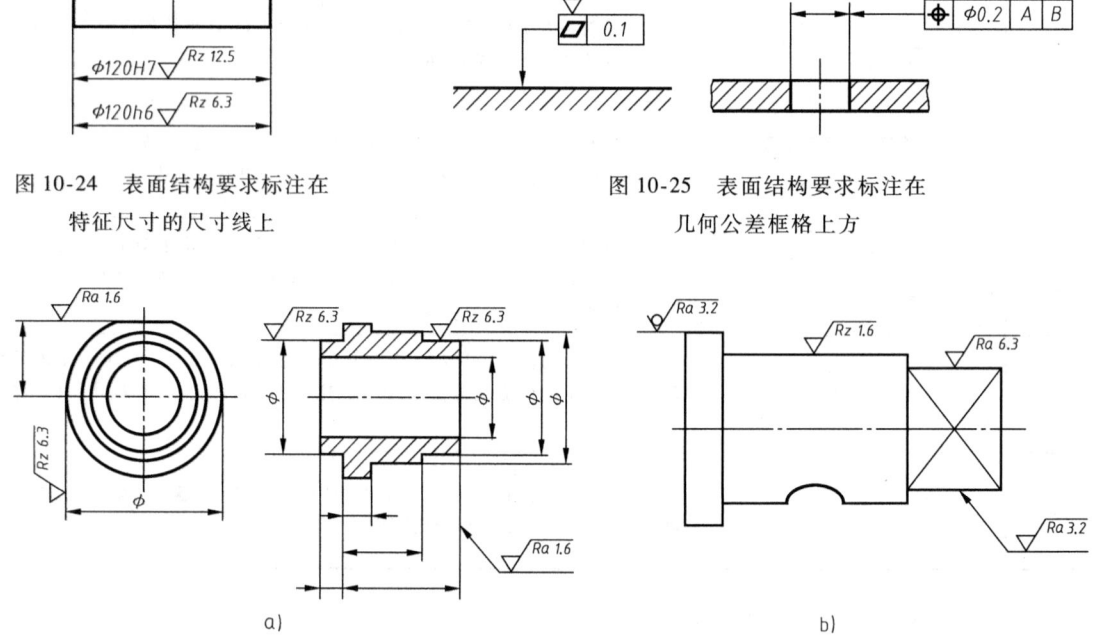

图 10-24　表面结构要求标注在
特征尺寸的尺寸线上

图 10-25　表面结构要求标注在
几何公差框格上方

图 10-26　圆柱和棱柱表面结构要求的标注

　　6）有相同表面结构要求的简化标注。如果在工件的多数（包括全部）表面有相同的表面结构要求，则其表面结构要求可统一标注在图样的标题栏附近，此时（除全部表面有相同要求的情况外），表面结构要求的符号后面应有：

　　① 在圆括号内给出无任何其他标注的基本符号（图 10-27a）。

　　② 在圆括号内给出不同的表面结构要求（图 10-27b）。

　　7）多个表面有共同要求的注法。当多个表面具有相同的表面结构要求或图纸空间有限时，可用带字母的完整符号，以等式的形式，在图形或标题栏附近，对有相同表面结构要求的

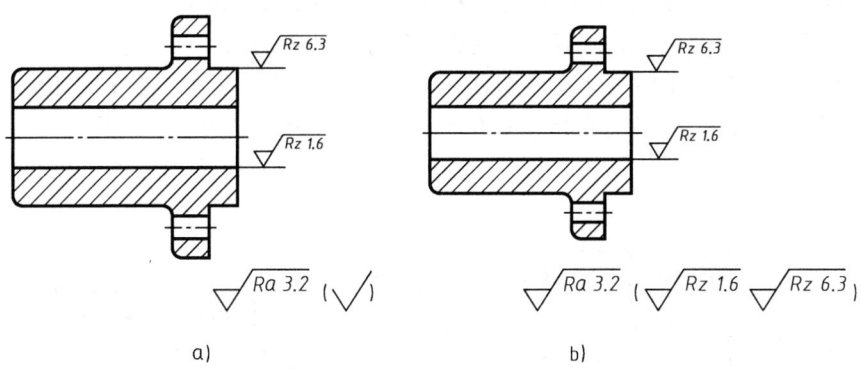

图 10-27 大多数表面结构有相同表面结构要求的简化标注

表面进行简化标注（图 10-28）；也可只用表面结构符号，以等式的形式给出。

8）两种或多种工艺获得的同一表面的注法。由几种不同的工艺方法获得的同一表面，当需要明确每种工艺方法的表面结构要求时，可按图 10-29 所示进行标注（图中 Fe 表示基体材料为钢，Ep 表示加工工艺为电镀）。

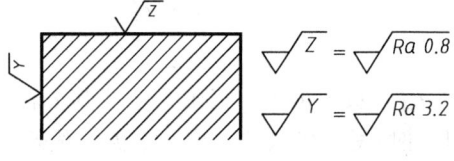

图 10-28 多个表面有共同要求的简化标注

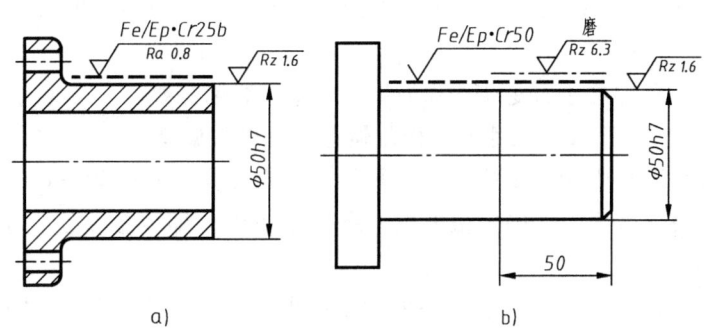

图 10-29 多种工艺获得同一表面的注法

10.4.3 极限与配合

极限与配合是检验产品质量的重要技术指标，是保证使用性能及互换性的前提，是零件图和装配图中的重要的技术要求。

1. 互换性概念

在同一批相同规格的零件中，不用选择可任取一件，不经修配就能装在机器上，并达到规定的性能和使用要求，零件的这种性质就称为互换性。零件具有互换性，因而便于装配和维修，有利于组织生产协作，有利于提高经济效益。机器或部件中的零件，不论是标准件或非标准件要具有互换性，还需要由极限制与配合制来保证。

2. 公差的定义及有关术语

零件在制造过程中，由于加工和测量等因素的影响，完工后的尺寸与公称尺寸总会存在一定的误差，为了保证零件的互换性，必须将零件的尺寸控制在允许的变动范围，这个允许的尺寸变动量称为尺寸公差，简称公差。

现以图 10-30 中 $\phi 50^{+0.025}_{\ \ 0}$ 为例，说明尺寸与尺寸公差的基本概念及相关的基本术语。

（1）公称尺寸　由设计者确定的理想形状要素的尺寸，如 $\phi 50$。

（2）实际尺寸　零件制成后，通过测量这批尺寸中获得的任一个尺寸。

（3）极限尺寸　允许零件尺寸变化的两个界限值称为极限尺寸，分上极限尺寸和下极限尺寸，如 $\phi 50^{+0.025}_{\ \ 0}$ 中的上极限尺寸为 $\phi 50.025$，下极限尺寸为 $\phi 50$。

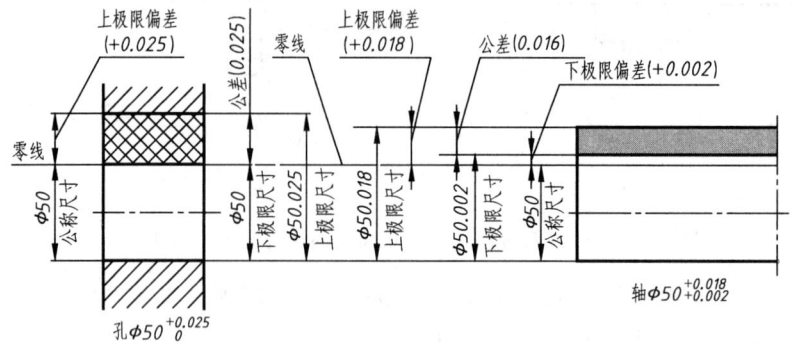

图 10-30　尺寸与尺寸公差的基本概念

（4）极限偏差　极限尺寸减其公称尺寸所得的代数差称为极限偏差。上极限尺寸减其公称尺寸所得的代数差，称为上极限偏差，孔、轴的上极限偏差分别用 ES 和 es 表示。下极限尺寸减其公称尺寸所得的代数差，称为下极限偏差，孔、轴的下极限偏差分别用 EI 和 ei 表示。极限偏差可以为正值，也可以为负值，还可以为零。$\phi 50^{+0.025}_{\ \ 0}$ 中的上极限偏差为 +0.025，下极限偏差为 0。

（5）尺寸公差　允许尺寸的变动量称为尺寸公差，简称公差。

公差 = 上极限尺寸 - 下极限尺寸 = 上极限偏差 - 下极限偏差

公差是一个没有正负号的绝对值，如 $\phi 50^{+0.025}_{\ \ 0}$ 中的公差 = +0.025 - 0 = 0.025。

（6）零线　在公差带图中，确定偏差的一条基准直线，即零偏差线。通常以零线表示公称尺寸，如图 10-31 所示。

（7）公差带　由代表上、下极限偏差的两条线所限定的一个区域。图 10-31 所示为公差带图。

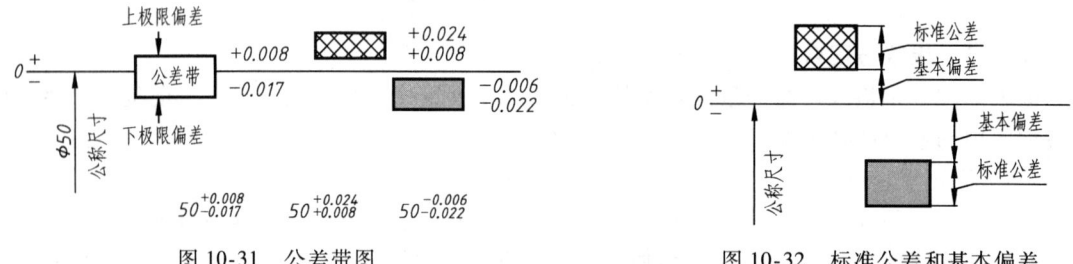

图 10-31　公差带图　　　　　　　图 10-32　标准公差和基本偏差

（8）标准公差和基本偏差：公差带包括"公差带大小"与"公差带位置"这两个要素。国家标准规定，"公差带大小"和"公差带位置"分别由标准公差和基本偏差来确定。如图 10-32 所示。

1）标准公差：由国家标准所列的，用以确定公差带大小的任一公差称为标准公差，用"IT"表示，从 IT01、IT0、IT1 至 IT18 共分 20 个等级。同一公称尺寸，公差等级数字从小到大，精度逐渐降低。同一公差等级，公称尺寸从小到大，标准公差数值逐渐变大，但应认为具有同等的精度。

2）基本偏差：用以确定公差带相对于零线位置的那个极限偏差称为基本偏差。它可以是上极限偏差或下极限偏差，一般是指靠近零线的那个极限偏差。图10-33 所示为孔和轴的基本偏差系列，位于零线以上的公差带，其基本偏差为下极限偏差；位于零线以下的公差带，其基本偏差为上极限偏差。公差带另一端均未封口，也即另一偏差显然由标准公差等级来确定。

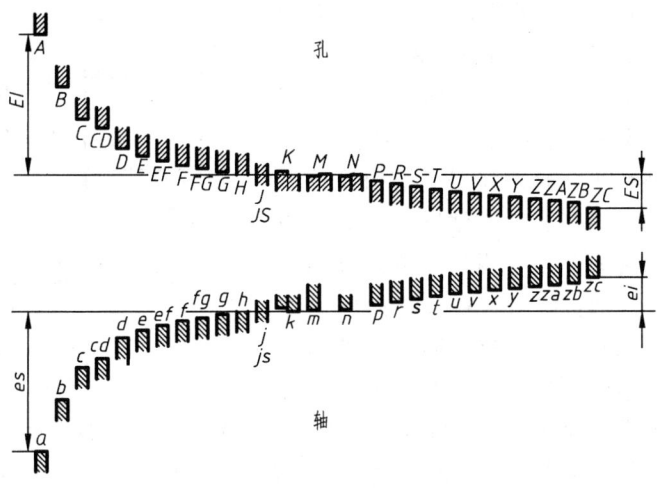

图 10-33　孔和轴的基本偏差系列

（9）公差带代号　基本偏差代号与公差等级代号的组合称孔（轴）的公差带代号，如孔的公差带代号 H8（其中 H 为孔的基本偏差代号，8 表示孔的标准公差等级为 8 级），轴的公差带代号 f7（其中 f 为轴的基本偏差代号，7 表示轴的标准公差等级为 7 级）等。

3．配合

（1）配合及其种类　公称尺寸相同的相互结合的孔和轴公差带之间的关系称为配合（图10-34），配合种类有以下三种：

1）间隙配合：具有间隙（包括最小间隙等于零）的配合。此时孔的公差带完全在轴的公差带之上。

2）过盈配合：具有过盈（包括最小过盈等于零）的配合。此时孔的公差带完全在轴的公差带之下。

3）过渡配合：可能具有间隙或过盈的配合。此时孔、轴的公差带重叠。

（2）基准制　在制造配合的零件时，如果孔和轴两者的基本偏差都任意变动，则情况变化极多，不便于零件的设计和制造。使其中一种零件作为基准件，它的基本偏差固定，通过改变另一种非基准件的基本偏差，来获得各种不同性质配合的制度称为配合制度。国家标准规定了两种配合基准制，基孔制和基轴制。

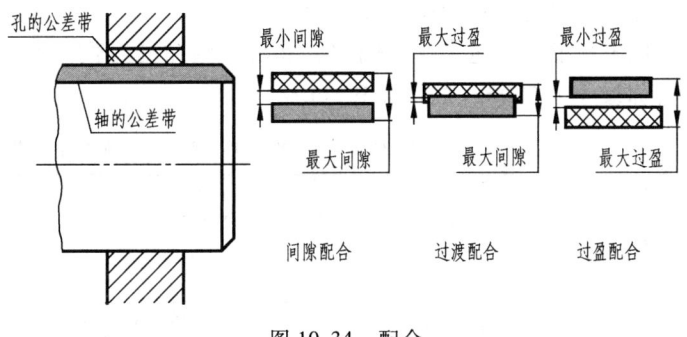

图 10-34　配合

1）基孔制：基本偏差为一定的孔的公差带与不同基本偏差的轴的公差带形成各种配合的一种制度。基孔制配合中的孔称为基准孔，其基本偏差代号为 H，下极限偏差为 0（图10-35）。

2）基轴制：基本偏差为一定的轴的公差带与不同基本偏差的孔的公差带形成各种配合的一种制度。基轴制配合中的轴称为基准轴，其基本偏差代号为 h，上极限偏差为 0（图10-36）。

3) 基准制的选择：一般由于孔难加工，应优先选用基孔制配合。这样可以限制加工孔所需用定制刀具、量具的规格数量，有利于生产。基轴制配合通常仅用于结构设计不适宜采用基孔制的情况，或者采用基轴制配合具有明显经济效果的场合。例如：使用一根冷拔的圆钢作轴，轴与几个具有不同公差带的孔组成不同的配合，此时，采用基轴

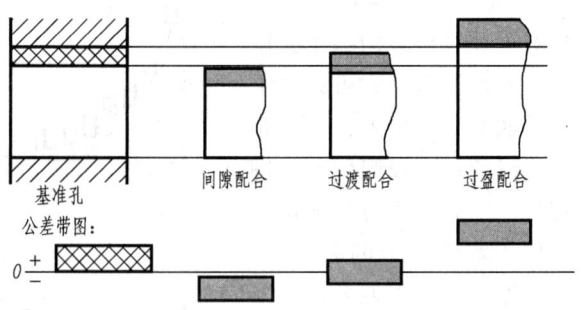

图 10-35　基孔制的三种配合

制配合，轴就可以不另行加工或少量加工，用改变各孔的公差来达到不同的配合显然比较经济合理。另在与标准件配合时，通常选择标准件为基件，如滚动轴承内圈与轴的配合为基孔制配合，外圈与座孔的配合为基轴制配合。

（3）配合代号　用孔、轴公差带代号组合表示，写成分数形式，分子表示孔的公差带代号，分母表示轴的公差带代号。例如：$\phi 50H8/f7$，$\phi 50$ 表示孔、轴的公称尺寸，H8 表示孔的公差带代号，f7 表示轴的公差带代号，H8/f7 表示配合代号。在配合代号中，凡孔的基本偏差为 H 者，表示基孔制配合，凡轴的基本偏差为 h 者，表示基轴制配合，既有 H 又有 h 的配合，一般视为基孔制配合。

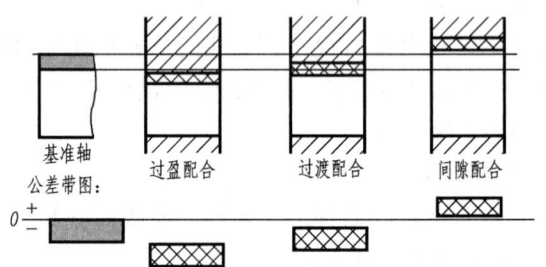

图 10-36　基轴制的三种配合

（4）优先和常用配合　按照配合的定义，只要公称尺寸相同的孔和轴公差带结合起来，就可以组成配合。即使采用了基孔制和基轴制配合，配合的数量还是很多，这样就难以发挥标准的作用，对生产和使用极其不利。

国家标准中规定了优先选用、其次选用和最后选用的孔、轴公差带。表 10-6、10-7 列出了公称尺寸至 500mm 的优先和常用配合。

表 10-6　公称尺寸至 500mm 基孔制优先、常用配合

基准孔 \ 轴	a	b	c	d	e	f	g	h	js	k	m	n	p	r	s	t	u	v	x	y	z
			间隙配合							过渡配合				过盈配合							
H6						$\frac{H6}{f5}$	$\frac{H6}{g5}$	$\frac{H6}{h5}$	$\frac{H6}{js5}$	$\frac{H6}{k5}$	$\frac{H6}{m5}$	$\frac{H6}{n5}$	$\frac{H6}{p5}$	$\frac{H6}{r5}$	$\frac{H6}{s5}$	$\frac{H6}{t5}$					
H7						$\frac{H7}{f6}$	$\frac{H7}{g6}$	$\frac{H7}{h6}$	$\frac{H7}{js6}$	$\frac{H7}{k6}$	$\frac{H7}{m6}$	$\frac{H7}{n6}$	$\frac{H7}{p6}$	$\frac{H7}{r6}$	$\frac{H7}{s6}$	$\frac{H7}{t6}$	$\frac{H7}{u6}$	$\frac{H7}{v6}$	$\frac{H7}{x6}$	$\frac{H7}{y6}$	$\frac{H7}{z6}$
H8					$\frac{H8}{e7}$	$\frac{H8}{f7}$	$\frac{H8}{g7}$	$\frac{H8}{h7}$	$\frac{H8}{js7}$	$\frac{H8}{k7}$	$\frac{H8}{m7}$	$\frac{H8}{n7}$	$\frac{H8}{p7}$	$\frac{H8}{r7}$	$\frac{H8}{s7}$	$\frac{H8}{t7}$	$\frac{H8}{u7}$				
				$\frac{H8}{d8}$	$\frac{H8}{e8}$	$\frac{H8}{f8}$		$\frac{H8}{h8}$													

（续）

基准孔＼轴	a	b	c	d	e	f	g	h	js	k	m	n	p	r	s	t	u	v	x	y	z
			间隙配合							过渡配合				过盈配合							
H9			$\frac{H9}{c9}$	$\frac{H9}{d9}$	$\frac{H9}{e9}$	$\frac{H9}{f9}$		$\frac{H9}{h9}$													
H10			$\frac{H10}{c10}$	$\frac{H10}{d10}$				$\frac{H10}{h10}$													
H11	$\frac{H11}{a11}$	$\frac{H11}{b11}$	$\frac{H11}{c11}$	$\frac{H11}{d11}$				$\frac{H11}{h11}$													
H12		$\frac{H12}{b12}$						$\frac{H12}{h12}$													

标注有▼的为优先配合

H6/n5、H7/p6 在公称尺寸小于等于 3mm 和 H8/r7 在小于或等于 100mm 时，为过渡配合

表 10-7　公称尺寸至 500mm 基轴制优先、常用配合

基准轴＼孔	A	B	C	D	E	F	G	H	JS	K	M	N	P	R	S	T	U	V	X	Y	Z
			间隙配合							过渡配合				过盈配合							
h5						$\frac{F6}{h5}$	$\frac{G6}{h5}$	$\frac{H6}{h5}$	$\frac{JS6}{h5}$	$\frac{K6}{h5}$	$\frac{M6}{h5}$	$\frac{N6}{h5}$	$\frac{P6}{h5}$	$\frac{R6}{h5}$	$\frac{S6}{h5}$	$\frac{T6}{h5}$					
h6						$\frac{F7}{h6}$	$\frac{G7}{h6}$	$\frac{H7}{h6}$	$\frac{JS7}{h6}$	$\frac{K7}{h6}$	$\frac{M7}{h6}$	$\frac{N7}{h6}$	$\frac{P7}{h6}$	$\frac{R7}{h6}$	$\frac{S7}{h6}$	$\frac{T7}{h6}$	$\frac{U7}{h6}$				
h7					$\frac{E8}{h7}$	$\frac{F8}{h7}$		$\frac{H8}{h7}$	$\frac{JS8}{h7}$	$\frac{K8}{h7}$	$\frac{M8}{h7}$	$\frac{N8}{h7}$									
h8				$\frac{D8}{h8}$	$\frac{E8}{h8}$	$\frac{F8}{h8}$		$\frac{H8}{h8}$													
h9				$\frac{D9}{h9}$	$\frac{E9}{h9}$	$\frac{F9}{h9}$		$\frac{H9}{h9}$													
h10				$\frac{D10}{h10}$				$\frac{H10}{h10}$													
h11	$\frac{A11}{h11}$	$\frac{B11}{h11}$	$\frac{C11}{h11}$	$\frac{D11}{h11}$				$\frac{H11}{h11}$													
h12		$\frac{B12}{h12}$						$\frac{H12}{h12}$													

标注有▼的为优先配合

（5）孔和轴的极限偏差值　本书附录 A 的表 1 和表 2 中列出了优先配合的轴和孔极限偏差，可根据公称尺寸和公差带代号查出。

4. 极限与配合在图样上的标注

（1）零件图中的标注　在零件图中，极限的标注有三种方式。

1）在公称尺寸后标注公差带代号。这种标注法对公差等级和配合性质的概念都比较明确，在图样中标注也简单，适合于大批量生产和装配车间。但缺点是具体的尺寸极限偏差不能直接看出，如图 10-37a 所示。

2）在公称尺寸后标注极限偏差。这种标注法使尺寸的实际大小比较直观明确，为单件、小批量生产所欢迎。标注时，上极限偏差应注在公称尺寸的右上方，下极限偏差应与公称尺寸注在同一底线上，上下极限偏差的字号应比公称尺寸的数字的字号小一号，如图 10-37b 所示。

上下极限偏差的小数点必须对齐，小数点后末端的"0"一般不予标出，此时小数点后的位数必须相同。如果上、下极限偏差小数点后的位数不同，为了整齐起见，在图样上标注时应以"0"补齐。当公差带相对于公称尺寸对称配置，即上、下极限偏差的绝对值相同时，极限偏差数字只注写一次，并应在极限偏差数字与公称尺寸之间注出符号"±"，且两者数字高度相同，如"50±0.31"。

3）同时标注公差带代号和极限偏差。当产量并不明确时，采用同时标注公差带代号和极限偏差方法，极限偏差写在公差带代号的后方并加圆括号。这种标注法对扩大图样的适应性和保证图样的正确性都有良好的作用，如图10-37c所示。

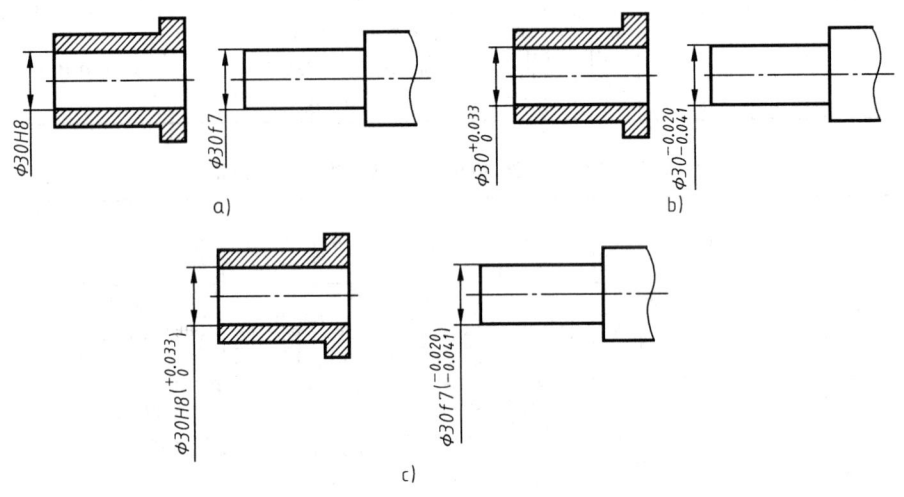

图10-37 零件图上极限标注方式

（2）装配图中的标注　装配图中配合尺寸的标注以分数形式的公差带代号标注为主。如图10-38a所示，必要时也可写在尺寸线的中断处或用斜线隔开两公差带代号，如图10-38b、c所示。当自制的零件与标准（部）件配合时，由于标准（部）件的公差已由有关的标准所规定，如滚动轴承、键等，为了简单而明确起见，在装配图中标注其配合，仅标注自制的相配件的公差带代号，而不标注标准件的公差带代号，如图10-39所示。

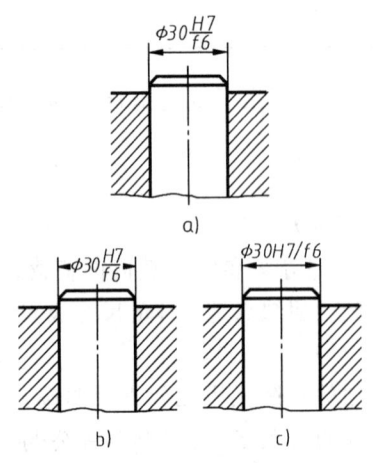
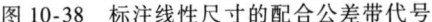
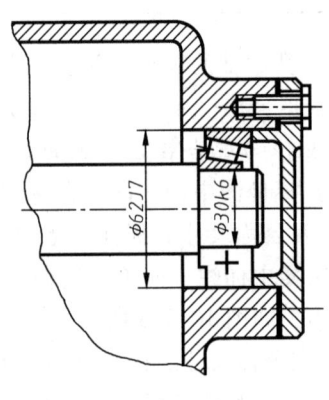

图10-38　标注线性尺寸的配合公差带代号　　　图10-39　标注与标准件配合的公差带代号

【例 10-3】 图 10-40 所示为轴、轴套和底座三个零件装配的局部装配图，分别在三个零件的图形上，采用标注极限偏差的形式，标出相应的公差带代号。

首先将配合公差带代号拆分，并对号入座，在附录 A 的表 1 和表 2 中，依据公称尺寸段和公差带代号查出对应的极限偏差值，标注在公称尺寸之后，完成本题。

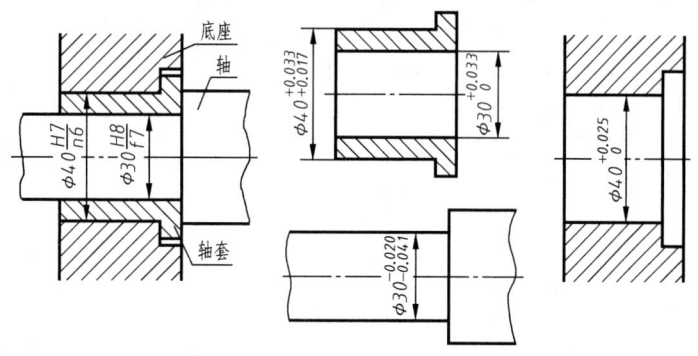

图 10-40 由配合尺寸查表标注极限偏差实例

【例 10-4】 图 10-41 所示为阶梯销轴装配在底座和滑轮的孔中，试分析配合公差的基准制和配合的性质。

根据配合代号查表画出公差带图。销轴与滑轮的配合尺寸为 $\phi 12\,\mathrm{F8/h7}$，因为采用了基本偏差代号 h，所以是基轴制。孔公差带在轴公差带之上，是间隙配合；销轴与底座的配合尺寸为 $\phi 12\mathrm{JS8/h7}$，仍采用了基本偏差代号 h，所以也是基轴制，从公差带图可以看出，孔公差带和轴公差带交叠，是过渡配合。

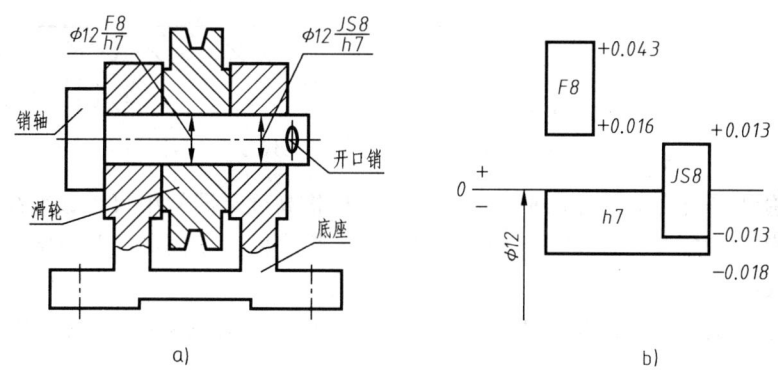

图 10-41 配合公差带代号标注分析实例

10.4.4 几何公差

零件在加工时不但尺寸存在误差，几何形状和相对位置也会有误差。尺寸误差可以用尺寸公差加以限制，而几何误差必须由几何公差加以限制。几何公差包括形状、方向、位置和跳动公差，是指零件要素的实际形状和实际位置对于设计所要求的理想形状和理想位置所允许的变动量。几何误差的存在影响着工件的可装配性、结构强度、接触刚度、配合性质、密封性、运动精度及啮合性能等。

1. 几何公差的类型、几何特征和符号

几何公差的类型、几何特征和符号见表 10-8。

2. 几何公差的标注

本节仅简要说明 GB/T 1182—2008 中标注被测要素几何公差的附加符号——公差框格，以及基准要素的附加符号。需要其他的附加符号时，读者可查阅该标准。

表 10-8 几何公差的类型、几何特征和符号

公差类型	几何特征	符号	有无基准	公差类型	几何特征	符号	有无基准
形状公差	直线度	—	无	位置公差	位置度	⌖	有或无
	平面度	▱			同心度（用于中心线）	◎	有
	圆度	○			同轴度（用于轴线）	◎	
	圆柱度	⌭					
	线轮廓度	⌒			对称度	=	
	面轮廓度	⌓			线轮廓度	⌒	
方向公差	平行度	∥	有		面轮廓度	⌓	
	垂直度	⊥		跳动公差	圆跳动	↗	
	倾斜度	∠			全跳动	⌮	
	线轮廓度	⌒					
	面轮廓度	⌓					

(1) 公差框格 用公差框格标注几何公差时，公差要求写在划分两格或多格的矩形框格内。各格自左至右顺序标注内容如图 10-42a 所示。

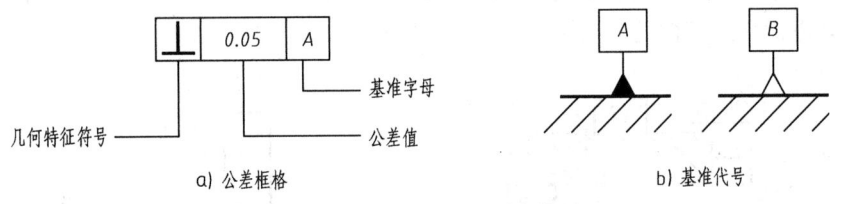

a) 公差框格　　　　　　　　　　b) 基准代号

图 10-42 公差框格和基准代号

公差框格用细实线绘制，可水平或垂直放置，框格高度是图样中尺寸数字高度的两倍，它的长度视需要而定，框格中的数字、字母一般应与图样中的文字同高，几何特征符号的比例和尺寸可查阅国家标准。

(2) 被测要素的标注 用带箭头的指引线将公差框格与被测要素相连，如图 10-43 所示。

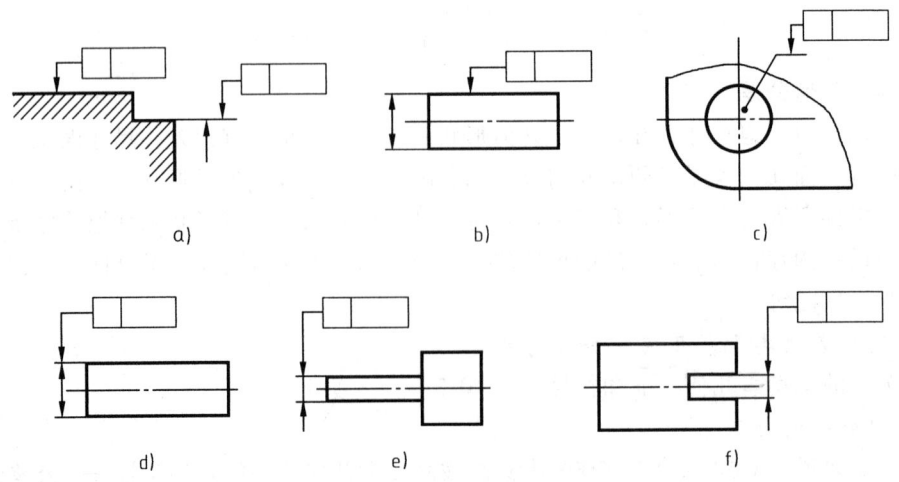

图 10-43 被测要素的标注方法

当公差涉及轮廓线或轮廓面时,将箭头置于轮廓线或轮廓线的延长线上(但必须与尺寸线明显分开),如图10-43a、b所示;当指向实际表面时,箭头可置于带点的引出线上,该点指在实际表面上,如图10-43c所示;当公差涉及轴线、中心平面或由带尺寸要素确定的点时,则带箭头的指引线应与尺寸线的延长线重合,如图10-43d~f所示。

(3) 基准要素的标注

1) 与被测要素相关的基准用一个大写字母表示,字母标注在基准方格内,与一个涂黑的或空白的三角形相连以表示基准,如图10-42b所示。表示基准的字母还应标注在公差框格内。涂黑的或空白的基准三角形含义相同。

2) 带基准的基准三角形应按如下规定放置。

① 当基准要素是轮廓线或轮廓面时,基准三角形放置在要素的轮廓线或其延长线上(与尺寸线明显错开),如图10-44a所示;基准三角形也可以放置在该轮廓面引出线的水平线上,如图10-44b所示。

② 当基准是尺寸要素确定的轴线、中心平面或中心点时,基准三角形应放置在该尺寸线的延长线上,如图10-44c所示。如果没有足够的位置标注基准要素尺寸的两个尺寸箭头,则其中一个箭头可用基准三角形代替,如图10-44c所示。

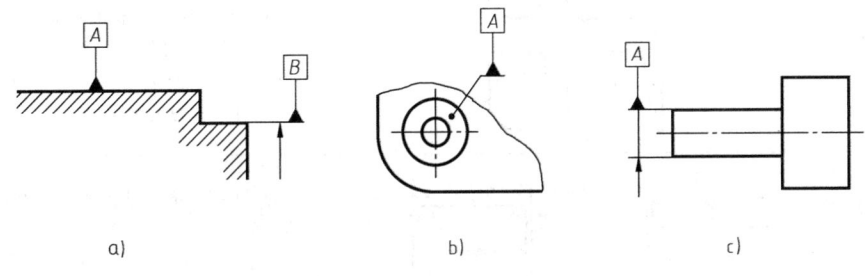

图 10-44 基准的标注

(4) 几何公差在零件图上的标注 图10-45所示为在零件图上标注几何公差的实例,其中含义为:设定 $\phi24_{-0.240}^{0}$ 轴线为基准A,轴肩对基准A的垂直度公差为 $0.025\mu m$;$\phi32f7$ 圆柱面的圆柱度公差为 $0.005\mu m$;$M12\times1-6H$ 螺孔轴线与基准A的同轴度公差为 $\phi0.1\mu m$;右端面对基准A的圆跳动公差为 $0.1\mu m$。

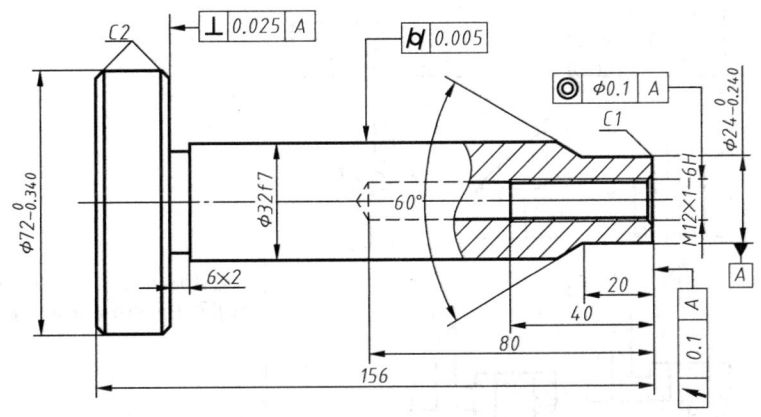

图 10-45 几何公差标注示例

10.5 零件的工艺结构

零件的结构形状主要由其在机器中的作用来决定，但除了要满足设计要求外，还要考虑加工制造工艺对零件结构的要求。因此，设计零件时，应充分考虑不同加工工艺的特点，定出零件上合理的结构，方便生产部门制造加工，并且有利于保证质量。表 10-9 介绍了零件常见的工艺结构，以便了解和参考。

表 10-9　零件常见的工艺结构

内容		图例	说明
铸造工艺	铸件壁厚、圆角及斜度		铸件壁厚不均匀会引起缩孔。铸件转角处要铸成小圆角，否则易产生裂纹。为了起模方便，在沿着起模方向，铸件表面铸成一定的斜度，但零件图上可以不必画出
	过渡线		在铸造零件上，由于铸造圆角的存在，就使零件表面上的交线变得不十分明显。但是，为了便于读图及区分不同表面，在图样上，仍需按没有圆角时交线的位置，画出这些不太明显的线，但交线两端空出不与轮廓线的圆角相交，这种线称为过渡线
机械加工工艺	倒角与倒圆		为了便于装配和去除锐边及毛刺，在轴和孔的端部，应加工成倒角。在轴肩处为了避免应力集中而产生裂纹，一般应加工成圆角
	退刀槽及砂轮越程槽		为了退出刀具或使砂轮可以越过加工面，常在待加工面的末端加工出退刀槽或砂轮越程槽
	凸台和凹坑		为了减少机械加工量，节约材料和减少刀具的损耗，加工表面和非加工表面要分开，常设计出凸台或凹坑
	钻孔处的合理结构		钻孔时，钻头应尽量垂直被加工表面，否则钻头受力不均会产生折断或打滑

10.6 读零件图的方法与步骤

读零件图的目的是要根据零件图想象出零件的结构形状并分析其作用；根据零件所标注的尺寸了解各组成部分的大小以及之间的相对位置；根据所标注的技术要求，了解零件重要结构的部位和精度高低；另外还要了解零件的材料、名称和用途等。下面以球阀的阀盖（图 10-46a）为例介绍读零件图的一般方法与步骤。

10.6.1 概括了解

首先从标题栏了解零件的名称，材料和画图比例。由名称知该零件是阀盖、虽然阀盖的方形凸缘不是回转体，但其他各部分都是回转体，因而将它看成轮盘类零件。阀盖按 1:1 绘制，材料为铸铝，牌号 ZL110。

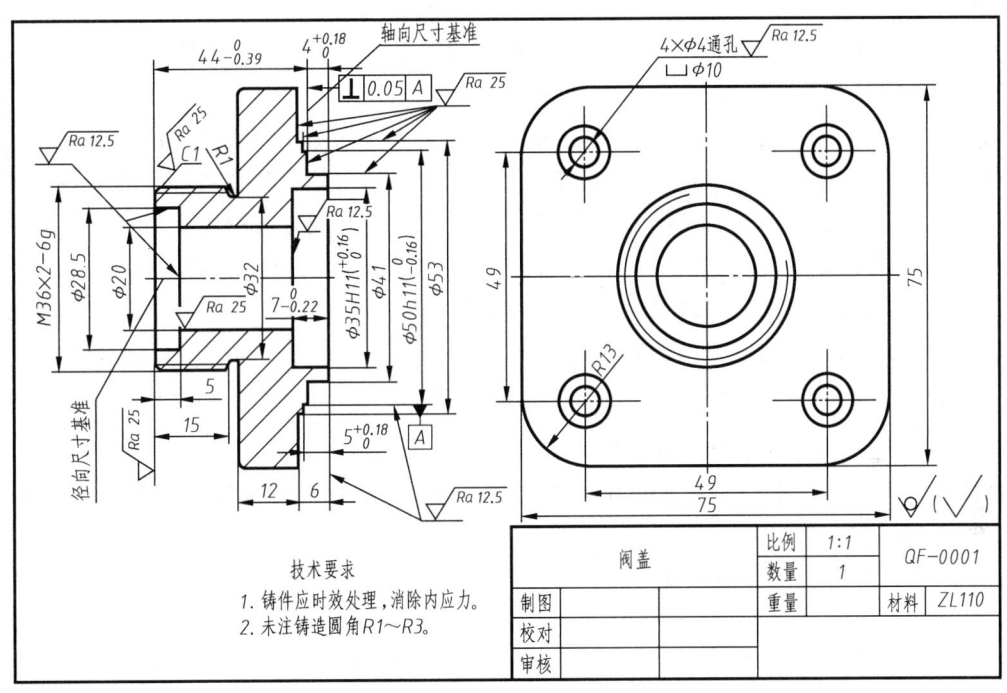

a) 阀盖零件图

b) 阀盖立体图

图 10-46 阀盖零件

10.6.2 表达分析

阀盖零件采用了两个基本视图。主视图选用轴线水平摆放,符合加工位置又符合阀盖的工作位置,主视图采用全剖视图,表达阀盖两端的阶梯孔、中间通孔的形状和相对位置,右端的圆柱凸缘以及左端用于连接管道系统的外螺纹。左视图用外形图表达了带圆角的方形凸缘及其四个角上的四个通孔的分布情况,也反映了左端外螺纹和 $\phi 28.5$、$\phi 20$ 孔的投影。

10.6.3 结构分析

零件图的内、外形状和结构是读零件图的重点。组合体的读图方法(形体分析法、线面分析法等)仍然适用于读零件图。从基本视图看出零件的大体内外形状;结合其他视图,读懂零件图的细节;同时也从设计和加工方面的要求,了解零件的一些结构的作用。因此要读懂零件的结构形状必须对零件图进行结构分析。

从形体分析法可知,该阀盖主要由右边的圆柱体、中间的方形凸缘和左边的 $M36 \times 2$-$6g$ 的外螺纹组成;内腔结构从左到右有三段圆柱孔,尺寸分别是 $\phi 28.5$、$\phi 20$、$\phi 35H11$ ($^{+0.16}_{0}$),方形凸缘上有四个尺寸为 $4 \times \phi 4$ 的通孔,用来安装阀体用(图10-46b)。

10.6.4 尺寸和技术要求分析

通过形体分析和分析图上所注的尺寸,找出尺寸基准,然后了解形体各部分的定形尺寸和定位尺寸,并进一步借助于尺寸,分析清楚该形体的细节,弄清该形体各部分的大小和形状。

从图10-46中可以看出:阀盖主视图上圆柱孔的轴线是高度方向的主要基准,也是径向尺寸基准,由此在主视图注出了阀盖上各部分同轴线的直径尺寸和外螺纹,其中尺寸 $\phi 50h11$ ($^{0}_{-0.16}$) 带有公差,说明这段圆柱会与阀体有配合要求。在左视图注出了方形凸缘的高度尺寸75和四个 $4 \times \phi 4$ 通孔的高度方向的定位尺寸49。

以阀盖的重要端面作为长度方向的主要基准,也即轴向尺寸基准,由此标注了尺寸 $4^{+0.18}_{0}$ 和 $44^{0}_{-0.39}$,再以左端面为辅助基准,标注了尺寸15、5。

以阀盖的前后对称中心面为宽度方向的主要基准,由此标注了阀盖的宽和四个 $4 \times \phi 4$ 通孔的宽度方向的定位尺寸49。

分析图中所标注的表面粗糙度、尺寸公差、几何公差和其他技术要求,了解该零件的加工要求。

阀盖是铸件,需进行时效处理,消除内应力。注意 $\phi 50h11$ ($^{0}_{-0.16}$) 带有公差,与阀体有配合要求,是安装到阀体上时用的,所以它们没有相对运动,因此表面粗糙度要求不高,Ra 值为 $12.5\mu m$,作为长度方向的主要尺寸基准的端面相对阀盖水平轴线有垂直度要求,其值为 $0.05mm$。

总结上述内容并进行综合分析,对阀盖的结构形状特点、尺寸标注和技术要求等,有比较全面地了解。

【例 10-5】 读壳体零件图。

解:

(1) 概括了解 通过阅读标题栏,了解零件的名称、材料、比例等,对零件有一个初步认识。从图10-47中标题栏了解该零件是壳体,其主要作用是用来容纳其他零件。壳体的材料是铸铝,牌号ZL103,属于箱体类零件。作图比例为1:1,从而可以想象壳体零件的实物大小。

(2) 表达分析 该壳体零件用三个基本视图和一个向视图表达内外结构和形状。

主视图采用了 A—A 全剖视图,表达了主要的内部结构形状;俯视图采用相互平行的剖切

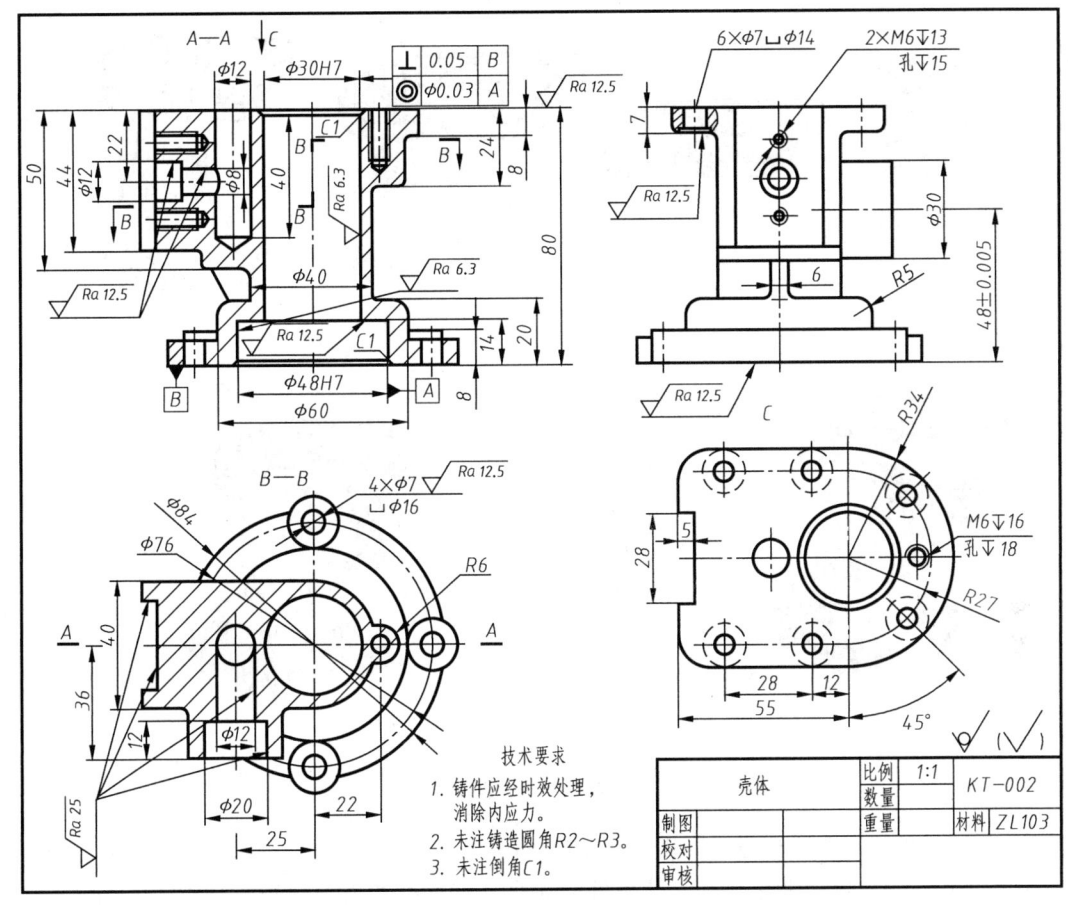

图 10-47 壳体零件图

平面进行剖切，得到全剖视图 B—B，同时表达内部结构和底板形状及底板上安装孔的分布情况；左视图主要表达外形，其上用局部剖视图表达了顶面的 6 个通孔下部锪平的结构；C 向视图主要表达上端面的形状及连接孔的分布位置和数量。

（3）结构分析 分析结构，想象零件的结构形状是读图的难点和重点，也是读图的主要内容。该过程中，首先运用组合体视图的读图方法来分析视图，想象零件的主要结构形状，同时对于零件上的一些局部结构还需要依靠对零件的功能、工艺结构的分析来想象。在分析形体时，先整体、后局部、再细节，先易后难逐步进行。

壳体中间部分外形由如图 10-48a 所示的同轴的 $\phi60$、$\phi40$ 圆柱组成；圆柱上方的顶面连接板由 C 向视图反映了其形状，如图 10-48b、c 所示；俯视图反映了圆盘形安装板的形状，如图 10-48d 所示。主视图表达了左侧有一长方形凸台及支承凸台的肋板，凸台和支承板的形状结合主左视图可以想象出来，如图 10-48e、f 所示；左视图表达了凸台的前方 $\phi30$ 的圆柱凸缘，如图 10-48g 所示。

壳体内腔主要结构为 $\phi30H7$、$\phi48H7$ 组成的阶梯孔，以及主体左侧的三个相互垂直的连通孔：深 40 的 $\phi12$ 的垂直孔、左侧水平阶梯孔 $\phi12$ 和 $\phi8$、正前方的阶梯孔 $\phi20$ 和 $\phi12$，如图 10-48g 所示。

壳体局部结构为圆盘形安装板上有 4 个 $\phi7$ 的安装孔，表面锪平 $\phi16$；顶面连接板有 6 个 $\phi7$ 的安装孔及 1 个 M6 深 18 的螺纹孔，如图 10-48d 所示。左侧连接部分有连接凹槽，槽内有

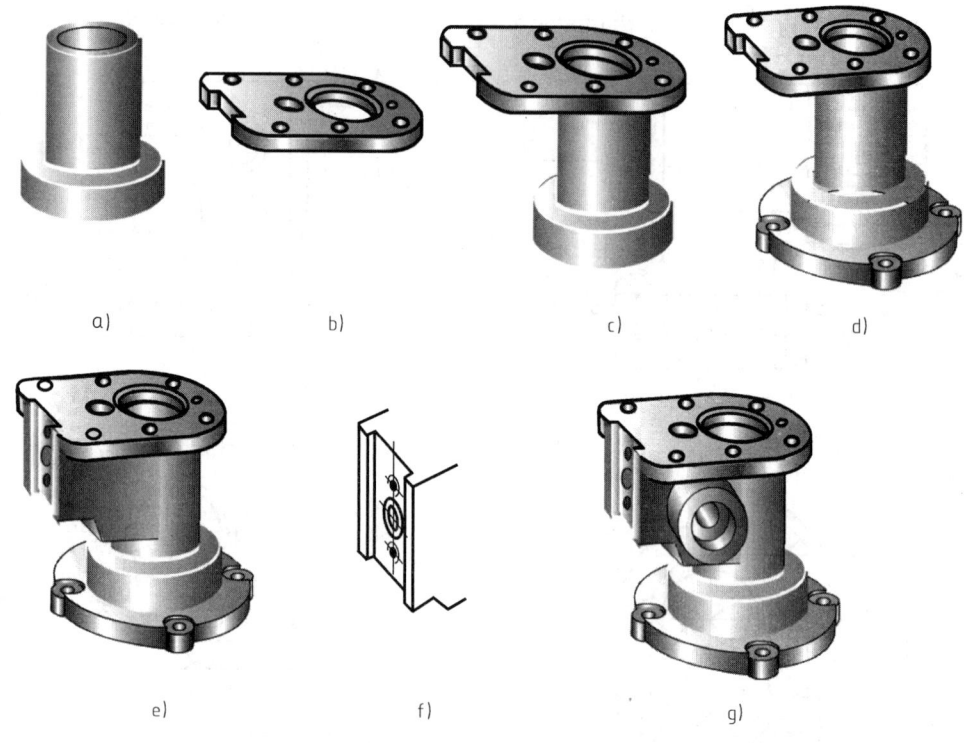

图 10-48 壳体结构图

2 个起连接作用的 M6 螺纹孔等，如图 10-48f 所示。

综合以上分析，可清晰想象出壳体零件的完整外部形状和内部结构，如图 10-48g 所示。

(4) 尺寸和技术要求分析　从图 10-47 中可以看出，壳体的长度方向的尺寸基准是主体内腔孔 $\phi30H7$ 的轴线，它既是设计基准又是工艺基准。从这个尺寸出发标注了前凸缘孔的定位尺寸 25，C 向视图连接板上的尺寸 55 和 6 个沉孔的定位尺寸 12、M6 深 16 的螺孔的定位尺寸 22；以 $\phi30H7$ 轴线为基准在俯视图中标注了圆形盘安装板的外形尺寸 $\phi84$ 及安装孔的定位尺寸 $\phi76$，在主视图中标注了壳体中间部分外形同轴圆柱的尺寸 $\phi60$、$\phi40$ 及阶梯孔的尺寸 $\phi48H7$、$\phi30H7$ 等。

前后方向的尺寸基准也是主体内腔孔 $\phi30H7$ 的轴线，从这个基准出发在俯视图中标注了的尺寸 40、36，C 向视图中的尺寸 28、R34、R27，又以前凸缘前面为辅助基准标注了 $\phi20$ 孔的深度尺寸 12 等。

高度方向的尺寸基准是壳体的底面，从这个基准出发标注了高度尺寸 8、14、20、80 和前凸缘中心的定位尺寸 48 ± 0.005；以壳体上顶面为辅助基准标注了高度尺寸 8、24、44、50 和左侧槽中 $\phi12$ 孔的定位尺寸 22。

从上述基准出发结合零件的功用，进一步分析各组成部分的定形、定位尺寸，从而完全确定该壳体的各部分大小。

分析图 10-47 中所标注的表面粗糙度、尺寸公差、几何公差和其他技术要求，了解壳体零件的加工要求。

主体内腔阶梯孔 $\phi30H7$、$\phi48H7$ 的表面粗糙度 Ra 值为 $6.3\mu m$，壳体的上下底面的 Ra 值为 $12.5\mu m$，其他的加工面的 Ra 值为 $12.5\mu m$ 或 $25\mu m$，其余为铸造表面。

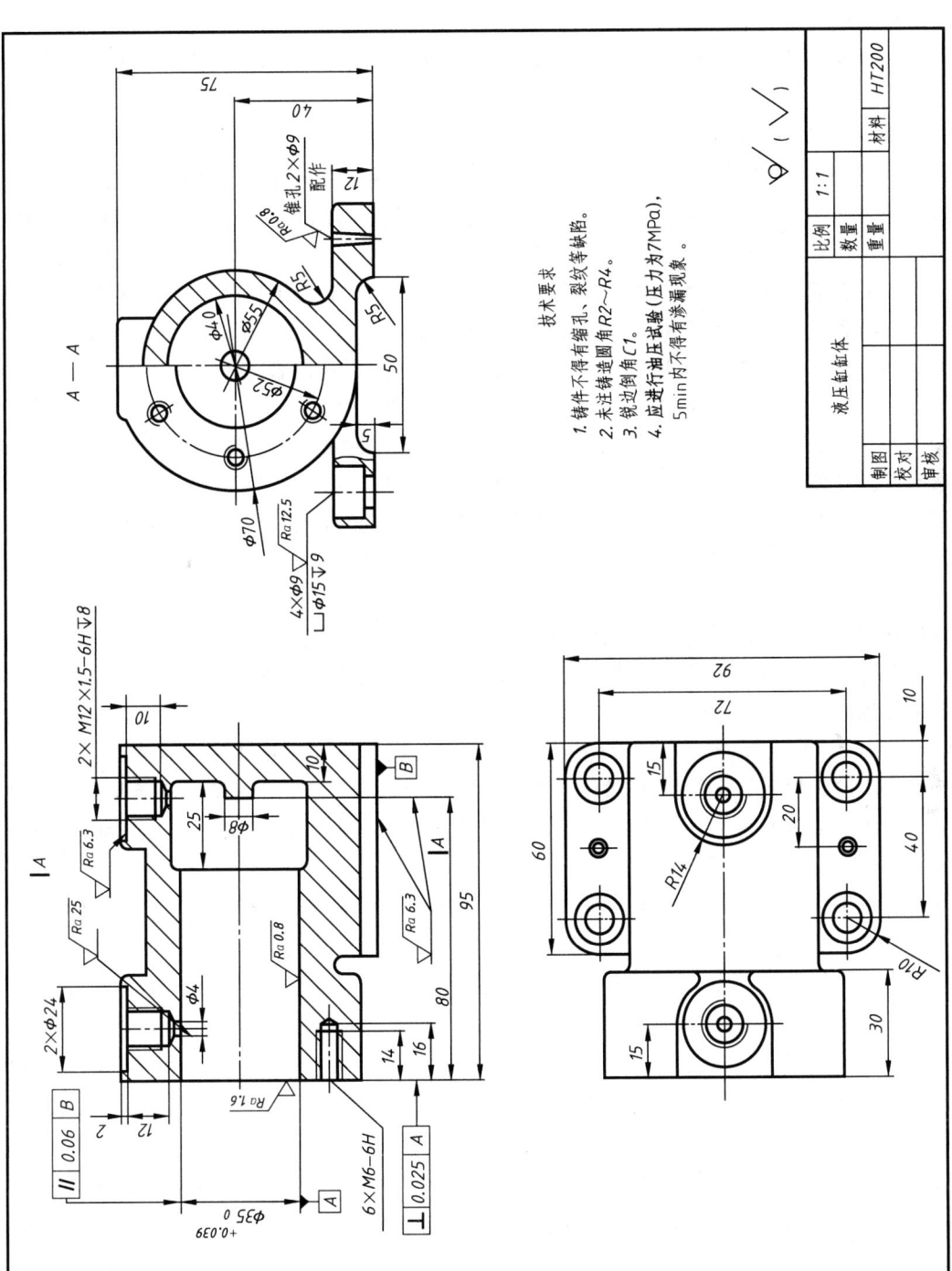

图 10-49 液压缸缸体零件图

主体内腔孔 ϕ30H7 与 ϕ48H7 的同轴度公差为 ϕ0.03mm，ϕ30H7 孔轴线与壳体安装底面的垂直度公差为 0.05mm。

壳体的材料为铸铝，为保证壳体加工后不致变形而影响工作，因此铸件应经时效处理。零件上的未注铸造圆角为 R3～R5。

总结上述内容并进行综合分析，对壳体的结构形状特点、尺寸标注和技术要求等有比较全面地了解。

【例 10-6】 读液压缸缸体零件图。

解：（1）概括了解　首先从图 10-49 中标题栏了解零件的名称，材料和画图比例。由名称知该零件是液压缸缸体，其主要作用是用来容纳液压缸的其他零件及安装缸盖零件的。缸体的材料是铸铁，牌号 HT200，属于箱体类零件。

（2）表达分析　缸体零件采用了三个基本视图。主视图是全剖视图，表达缸体内腔结构形状。俯视图表达了底板形状和四个沉头孔和两个圆锥销孔的分布情况，以及两个螺孔所在凸台的形状和位置。左视图采用 A—A 半剖视图和局部剖视图，它们表达了圆柱形缸体与底板的连接情况和连接缸盖的螺纹孔的分布及底板上的沉头孔的结构。

（3）结构分析　从形体分析法可知，该缸体主要由上部的两段圆柱和下部的安装底板组成。在两段圆柱体里有一容纳活塞、活塞杆等零件的内腔结构，内腔右端的 ϕ8 的凸台起到限制活塞工作位置的作用；缸体的左端面上均布了六个 6×M6 的深为 14 的安装缸盖用的螺纹孔；两段圆柱的上部有连接油管的两个螺纹孔；下部的安装底板上有四个沉头孔和两个圆锥销孔。

通过这样的读图，就可以大致看清缸体的内外结构形状。

（4）尺寸和技术要求分析　从图 10-49 中可以看出：缸体长度方向的尺寸基准是左端面，从基准出发标注了定位尺寸 80、15，定形尺寸 95、30 等，并以辅助基准标注了缸体和底板上的定位尺寸 10、20、40，定形尺寸 60、R10。宽度方向尺寸基准是缸体前后对称面的中心线，从基准出发注出底板上的定位尺寸 72 和定形尺寸 92、50。高度方向的尺寸基准是缸体底面，从基准出发注出定位尺寸 40，定形尺寸 5、12、75。以 $\phi 35^{+0.039}_{\ \ \ 0}$ 的轴线为辅助基准标注径向尺寸 ϕ55、ϕ52、ϕ40 等。

分析图中所标注的表面粗糙度、尺寸公差、几何公差和其他技术要求，了解该零件的加工要求。

缸体活塞孔 $\phi 35^{+0.039}_{\ \ \ 0}$ 和 2×ϕ9 圆锥销孔，前者是工作面并要求与活塞有相对运动，后者是定位孔，所以表面粗糙度 Ra 的最大值为 0.8μm；其次是安装缸盖的左端面，为密封平面，Ra 值为 1.6μm，$\phi 35^{+0.039}_{\ \ \ 0}$ 的轴线与底板安装面 B 的平行度公差为 0.06；左端面与 $\phi 35^{+0.039}_{\ \ \ 0}$ 的轴线的垂直度公差为 0.025。因为液压缸的工作介质为液压油，所以缸体不应有缩孔，加工后还要进行保压试验。

总结上述内容并进行综合分析，对缸体的结构形状特点、尺寸标注和技术要求等有比较全面地了解。

第 11 章 装 配 图

11.1 装配图的作用和内容

装配图是用来表达机器或部件的图样。表达一台完整机器的图样称为总装配图;表达一个部件的图样称为部件装配图。

装配图主要是表达机器或部件的结构形状、工作原理、传动路线、零件的装配关系和技术要求,用以指导机器或部件的装配、检验、调试、操作或维修等。在产品设计过程中,一般先画出装配图,再根据装配图绘制零件图。装配时,根据装配图将零件装配成部件或机器。因此,装配图是机械设计、制造、使用、维修以及进行技术交流的重要技术文件。

图 11-1 所示为滑动轴承的分解轴测图。滑动轴承是支承传动轴的一个部件,轴在轴衬内旋转。轴衬由上、下两块(上轴衬、下轴衬)组成,分别嵌在轴承座和轴承盖上。轴承座和轴承盖用一对螺栓和螺母连接在一起。轴承座和轴承盖之间留有一定的间隙,是为了用加垫片的方法来调整轴衬和轴配合的松紧。另外要保证轴在运动过程中有一定的润滑,在上轴衬上开有润滑油孔和在轴承盖上安装一油杯。图 11-2 所示为滑动轴承装配图,通过该图可以看出一张完整的装配图应具有下列内容。

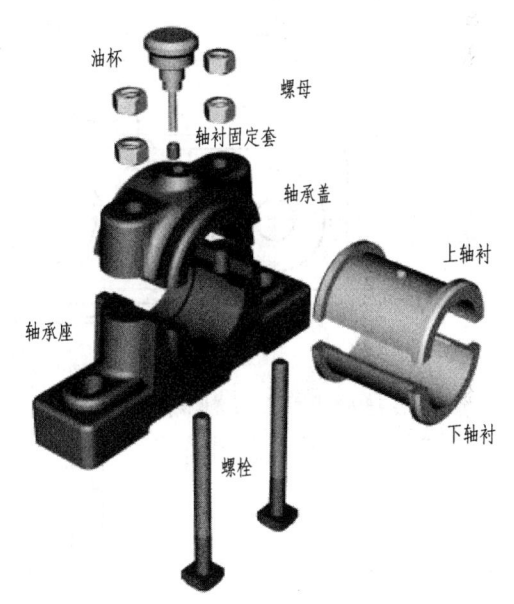

图 11-1 滑动轴承的分解轴测图

1. 一组视图

装配图要采用各种表达方法正确、清晰地表达机器或部件的工作原理、结构特征、零件间的装配关系、连接方式和主要零件的主要结构形状等,一组视图的数量依机器和部件的复杂程度而定。图 11-2 所示的滑动轴承装配图选用了两个基本视图,并采用了适当的剖视。

2. 必要的尺寸

由于和零件图作用不一样,装配图上只要注出表示机器或部件的规格(性能)尺寸、装配尺寸(包括配合尺寸和相对位置尺寸)、外形尺寸、机器或部件的安装尺寸以及设计时确定的其他重要尺寸。

3. 技术要求

装配图上对技术质量的要求除配合公差外,一般用文字对机器或部件性能、装配、检验、调试、验收等方面提出要求,如图 11-2 所示的左下方所列的几条说明。

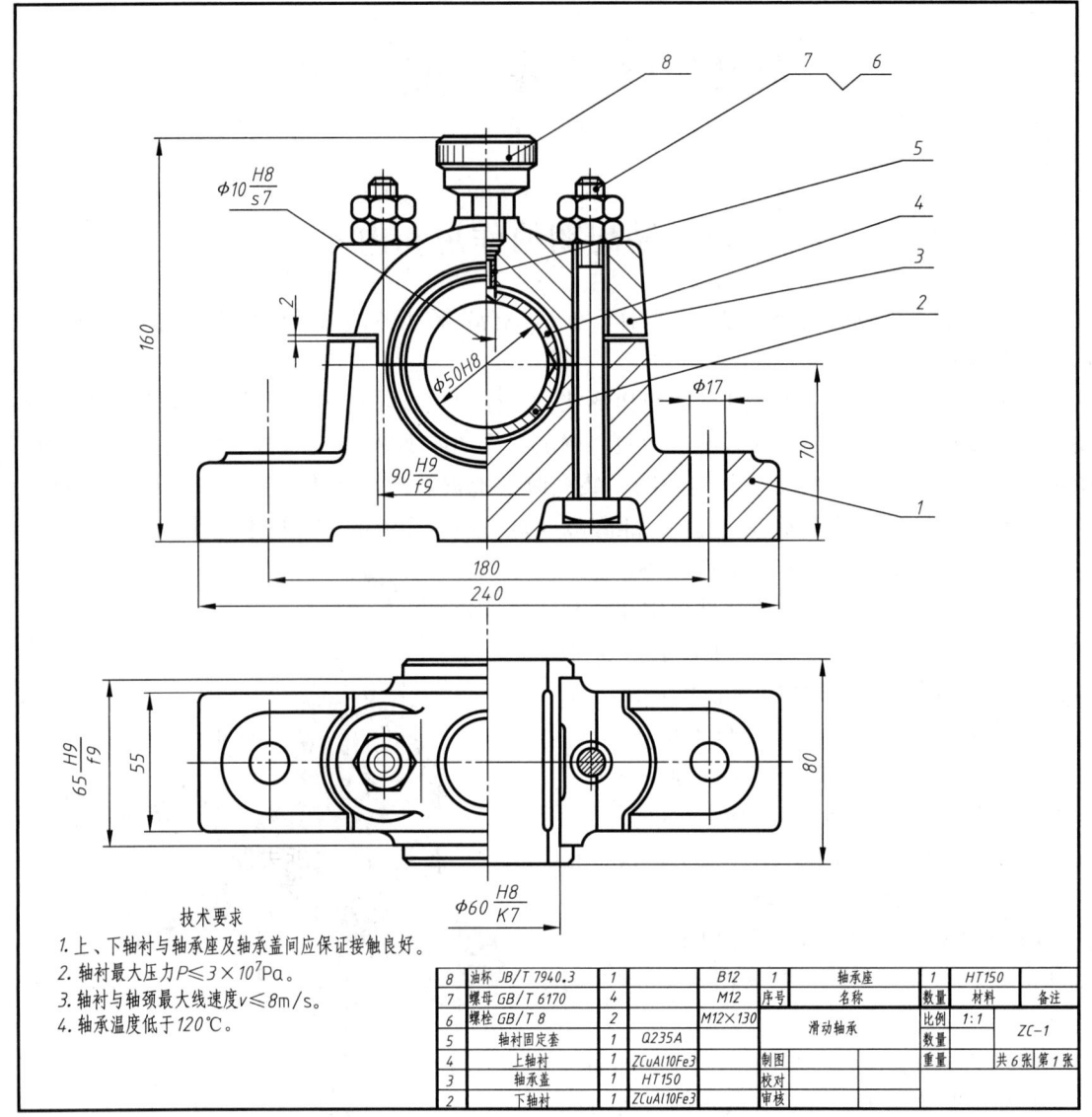

图 11-2 滑动轴承装配图

4. 零件的序号和明细栏

装配图与零件图最明显的区别之一，就是在装配图中对每个零件进行编号，并在标题栏上方按编号顺序绘制成零件明细栏。明细栏说明零件的序号、名称、数量、材料等，以满足准备生产、编制其他技术文件和管理图样的需要。

5. 标题栏

标题栏包括机器或部件的名称、图号、比例，以及设计单位的名称，设计、制图、审核等人员的签名等内容。与零件图标题栏不同的是，取消"材料"项，而设有"共 张第 张"项，通常在一个机器或部件的技术文件中，与各零件图一起编张号，装配图往往是最前或最后一张，共张数包括零件图和装配图。如果装配图不止一张，也可只在几张装配图中排序和统计。

11.2 装配图的表达方法

在零件图中介绍的各种表达方法和它们的选用原则,同样适用于机器或部件的表达。此外,由于表达的侧重点不同,在装配图中还有一些规定画法和特殊的表达方法。

11.2.1 装配图上的规定画法

1) 两相邻零件的接触面和配合面的轮廓线只画一条线。但当两相邻零件的公称尺寸不相同时,即使间隙很小,也必须画出两条线。图11-4所示轴的右侧轴肩端面与滚动轴承的左端面相接触,轴径表面与滚动轴承内孔表面相配合,故画一条线。而图11-2中螺栓与轴承盖的通孔是非接触面,因此必须画两条线。

2) 为了区分不同零件,两相邻金属零件的剖面线的倾斜方向应相反,当三个零件相邻时,其中有两个零件的剖面线方向一致、但间隔不能相等,或者使剖面线相互错开,如图11-2所示轴承盖与轴承座的剖面线画法。在同一张装配图中,各剖视图及断面图上同一零件的剖面线倾斜方向和间隔应保持一致。厚度在2mm以下的图形允许以涂黑来代替剖面线,如图11-4所示垫片的画法。涂黑表示的相邻两个窄剖面区域之间,必须留有不小于0.7mm的间隙。

3) 对于紧固件、键等标准件,以及实心轴、手柄、连杆、球、钩子等零件,若按纵向剖切,且剖切平面通过其对称中心线或轴线时,这些零件均按不剖绘制,如图11-2主视图所示的螺栓和螺母。

11.2.2 特殊表达方法

1. 沿零件的结合面剖切和拆卸画法

在装配图中,当某些零件遮住了需要表达的某些结构和装配关系时,可假想沿某些零件的结合面剖切或假想将某些零件拆卸后绘制,需要说明时,可加注"拆去××等"。图11-2俯视图的右半部分是沿轴承盖与轴承座结合面剖切的,即相当于拆去轴承盖、上轴衬等零件后的投影。结合面上不画剖面线,但被垂直剖切到的螺栓必须画出剖面线。

2. 展开画法

为了表示传动机构的传动路线和零件间的装配关系,可假想按传动顺序沿轴线剖切,然后依次展开使剖切面摊平并与选定的投影面平行再画出其剖视图,这种画法称为展开画法,如图11-3所示。

3. 假想画法

1) 在装配图中当需要表示某些零件的运动范围和极限位置时,可用细双点画线画出这些零件的极限位置,如图11-3所示。

2) 在装配图中,当需要表达本部件与相邻部件或基础的装配关系时,可用细双点画线画出相邻部分的大致轮廓线,如图11-3所示主轴箱的画法。

4. 简化画法

1) 对于装配图中若干相同的零件组与紧固件连接等,可仅详细地画出一组或几组,其余只需用细点画线表示装配位置(图11-4)。

2) 装配图中的滚动轴承允许采用图11-4所示的画法,在轴的一侧按规定比例画法画出,而另一侧按通用简化画法绘制,即在轴承的外廓线框中央画一个正立的十字形符号,十字形符号不应与外廓线框接触。

3) 在装配图中,零件的工艺结构如小圆角、倒角、退刀槽、起模斜度等允许不画,如六

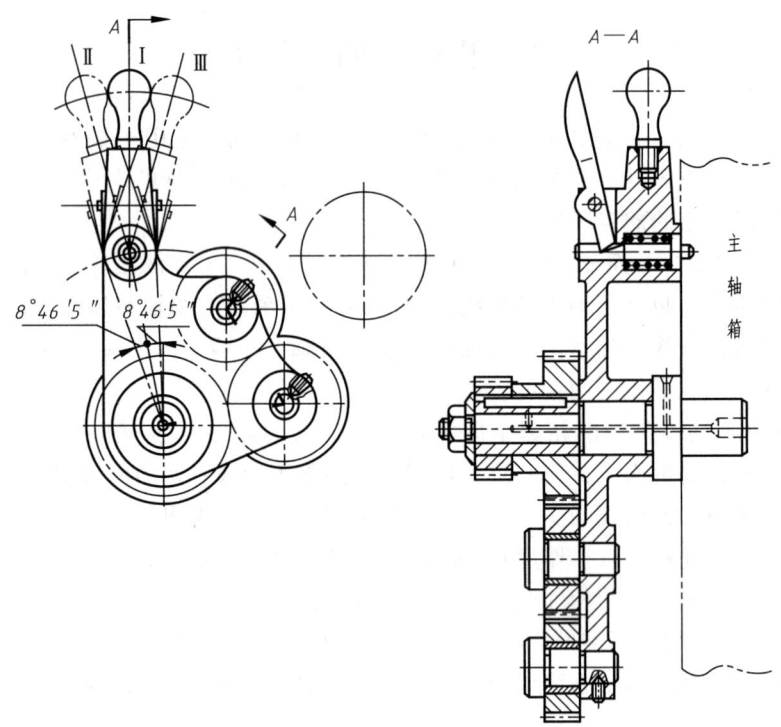

图 11-3 三星齿轮传动机构的展开画法

角头螺栓头部、六角螺母的倒角及因倒角产生的曲线允许省略,如图 11-4 所示。

4)在装配图中,当剖切平面通过的某些组合件(如油杯、油标、管接头等)或该组合件在其他图形上已表达清楚时,可以只画其外形,如图 11-2 所示的油杯。

5. 夸大画法

在装配图中,如绘制直径或厚度小于 2mm 的孔或薄片以及较小的斜度和锥度,允许这部分不按选定的比例而夸大画出,如图 11-4 所示垫片厚度的画法。

6. 个别零件的单独表示法

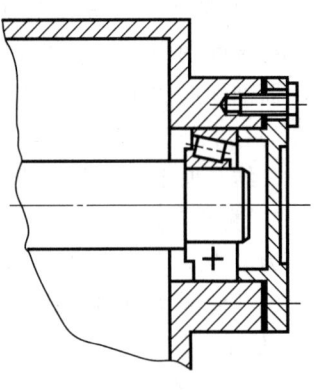

图 11-4 简化画法

在装配图中,可以单独画出某一零件的向视图、剖视图或断面图,但必须在所画图形上方标注该零件的名称或序号及图形名称,如"泵盖 B"、"零件 2 $A—A$"等。

11.2.3 表达分析

1. 主视图的选择

1)一般将机器或部件按工作位置放置或将其放正,即使装配体的主要轴线、主要安装面等呈水平或铅垂位置。

2)选择最能反映机器或部件的工作原理、传动路线、零件间装配关系及主要零件的主要结构的视图作为主视图。当不能在同一视图上反映以上内容时,应经过比较,取一个能较多反映上述内容的视图作为主视图,通常取反映零件间主要或较多装配关系的视图作为主视图为好。

2. 其他视图选择

1)分析还有哪些装配关系、工作原理以及主要零件的主要结构还没有表达清楚,再确定选择适当的其他视图及相应的表达方法。

2)尽可能考虑应用基本视图以及基本视图上的剖视图(包括拆卸画法、沿零件结合面剖切)来表示有关内容。

3)要考虑合理地布置视图位置,使图样清晰并有利于图幅的充分利用。

总之,应对不同的表达方案进行反复分析、比较、调整,从而选出较合理的方案。

11.3 装配图上的尺寸和技术要求

11.3.1 装配图上的尺寸标注

装配图和零件图的作用不一样,它不是制造零件的依据,所以在装配图上并不需要注出每个零件的尺寸,一般只标注以下几类尺寸。

1. 性能(规格)尺寸

表示机器或部件的性能、规格的尺寸,这些尺寸在设计时就已确定,也是设计、了解和选用该机器或部件的依据。图 11-2 中的轴孔尺寸 ϕ50H8,便是此滑动轴承的规格尺寸,表明了该轴承只能使用轴径的公称尺寸为 ϕ50 的轴。

2. 装配尺寸

装配尺寸是表示装配体中各零件之间相互配合关系和相对位置的尺寸,这种尺寸是保证装配体装配性能和质量的尺寸。

(1)配合尺寸 一些表示零件间有配合要求的重要尺寸,如图 11-2 所示轴承盖与轴承座的配合尺寸 90H9/f9;轴衬与轴承座的配合尺寸 ϕ60H8/k7。

(2)相对位置尺寸 表示装配时需要保证的零件间较重要的距离、间隙等,如图 11-2 所示轴孔到轴承座底面的距离尺寸为 70。

3. 安装尺寸

表示将部件安装在机器上,或机器安装在基础上,需要确定的尺寸,如图 11-2 所示安装孔尺寸 ϕ17 和它们的孔距尺寸 180。

4. 外形尺寸

表示机器或部件的总长、总宽、总高尺寸。它是包装、运输、安装和厂房设计时所需的尺寸,如图 11-2 所示的外形尺寸 240、160、80。

5. 其他重要尺寸

其他重要尺寸是在设计或装配时需要保证的重要尺寸,如图 11-2 所示滑动轴承的中心高尺寸 70。

必须指出,上述五种尺寸,并不是每张装配图上都全部具有,并且装配图上的一个尺寸有时兼有几种意义。因此,应根据具体情况来考虑装配图上的尺寸标注。

11.3.2 装配图上的技术要求

在装配图中,还应在图样的右下方空白处,写出机器或部件在装配、安装、检验及使用过程等方面的技术要求。技术要求主要包括零件装配过程中的质量要求以及在检验、调试过程中的特殊要求等。

拟订技术要求一般可从以下几个方面来考虑。

(1) 装配要求　装配体在装配过程中注意的事项，装配后应达到的要求，如装配间隙、润滑要求等。
(2) 检验要求　装配体在检验、调试过程中的特殊要求等。
(3) 使用要求　对装配体的维护、保养、使用时的注意事项及要求。

11.4　装配图上的零件序号和明细栏

为了便于读图、装配、图样管理以及生产准备，在装配图上，应该对其组成部分（零件或部件）进行编号（序号或代号），并且在标题栏的上方编制相应的明细栏或另附明细栏。

11.4.1　编写零件序号的方法

序号是装配图中对各零件或部件按一定顺序的编号。代号是按照零件或部件在整个产品中的隶属关系编制的号码。常用的编写序号的方法有两种。

1) 将所有标准件的数量、标记直接按规定标注在图上，标准件不占编号，而将非标准件按顺序编号，如图11-5所示。

2) 将装配图上所有零件包括标准件在内，按顺序编号，如图11-2所示。

装配图上编写序号的一些规定如下。

1) 装配图中相同的各组成部分只应有一个序号，一般只标注一次，必要时多处出现的相同组成部分允许重复标注。

2) 在同一装配图上编注序号的形式应一致。

- 在指引线的水平线（细实线）上或圆（细实线）内注写序号，序号字高比该装配图中所注尺寸数字高度大一号（图11-6a）或两号（图11-6b）。
- 在指引线附近注写序号，序号字高比该装配图中所注尺寸数字高度大两号（图11-6c）。
- 指引线应自所指部分的可见轮廓内引出，并在末端画一圆点（图11-6）。若所指部分（很薄的零件或涂黑的剖面区域）内不便画圆点时，可在指引线末端画出箭头，并指向该部分的轮廓（图11-6d）。
- 指引线相互不能相交。当通过剖面区域时，指引线不应与剖面线平行。必要时指引线允许画成折线，但只允许弯折一次（图11-7）。
- 对于一组紧固件或装配关系清楚的零件组，可以采用公共指引线（图11-8）。
- 当序号注写在圆圈内时，指引线应直接指向圆圈的圆心。
- 为使图样清晰及便于查找，序号应标注在视图的外面，并应按水平或垂直方向排列整齐，按顺时针或逆时针方向顺序排列。在整个图上无法连续时，可只在每个水平或垂直方向顺序排列。
- 标准化的部件（如滚动轴承、油杯等）在装配图中只注写一个序号。

11.4.2　明细栏

明细栏是机器或部件中全部零、部件的详细目录，应画在标题栏上方，位置限制时可在标题栏左方接着画明细栏。零件序号由下往上填写，明细栏中的序号与装配图上所编序号必须一致。

标题栏和明细栏的格式和尺寸在国家标准中都有规定，但学习制图时推荐使用简明的标题栏及明细栏，如图11-9所示为常见格式之一。

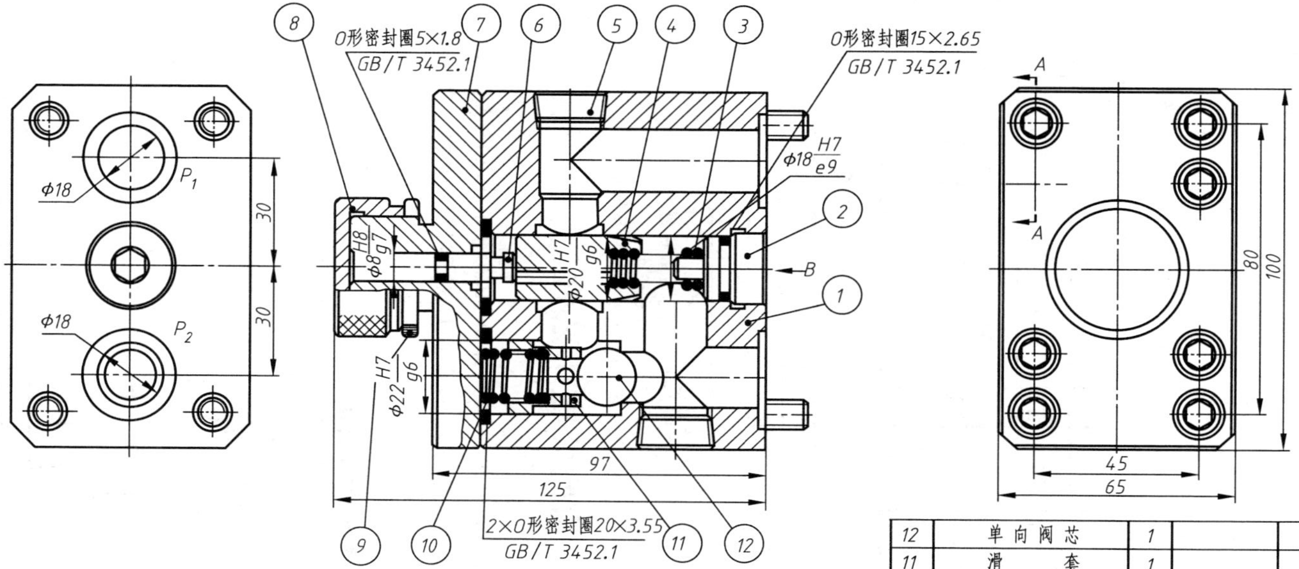

第11章 装配图

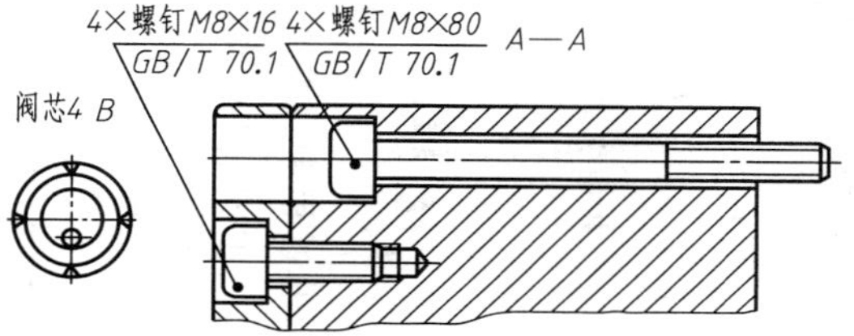

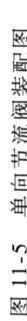

序号	名称	数量	材料	备注
12	单向阀芯	1		
11	滑套	1		
10	弹簧	1		
9	锁紧螺母	1		
8	调节螺母	1		Z1/2
7	阀盖	1	HT200	
6	推杆	1		
5	螺塞	2		
4	阀芯	1		
3	弹簧	1		
2	弹簧座	1		
1	阀体	1	QT500-7	

单向节流阀　比例 1:1　JLF-1　共13张 第1张

制图　校对　审核

图 11-5　单向节流阀装配图

技术要求

1. 阀芯 4 在阀体 1 孔内移动应轻便、灵活。
2. 进油压力为 6.3MPa 时,各结合面密封处不得漏油。
3. 当节流阀关闭时（图示位置）,内泄漏应小于 30ml/min。
4. 调节螺母 8 旋出时,在弹簧力作用下,推杆 6 及阀芯 4 应能退出。
5. 按图示位置打 P_1, P_2 5 号钢字。

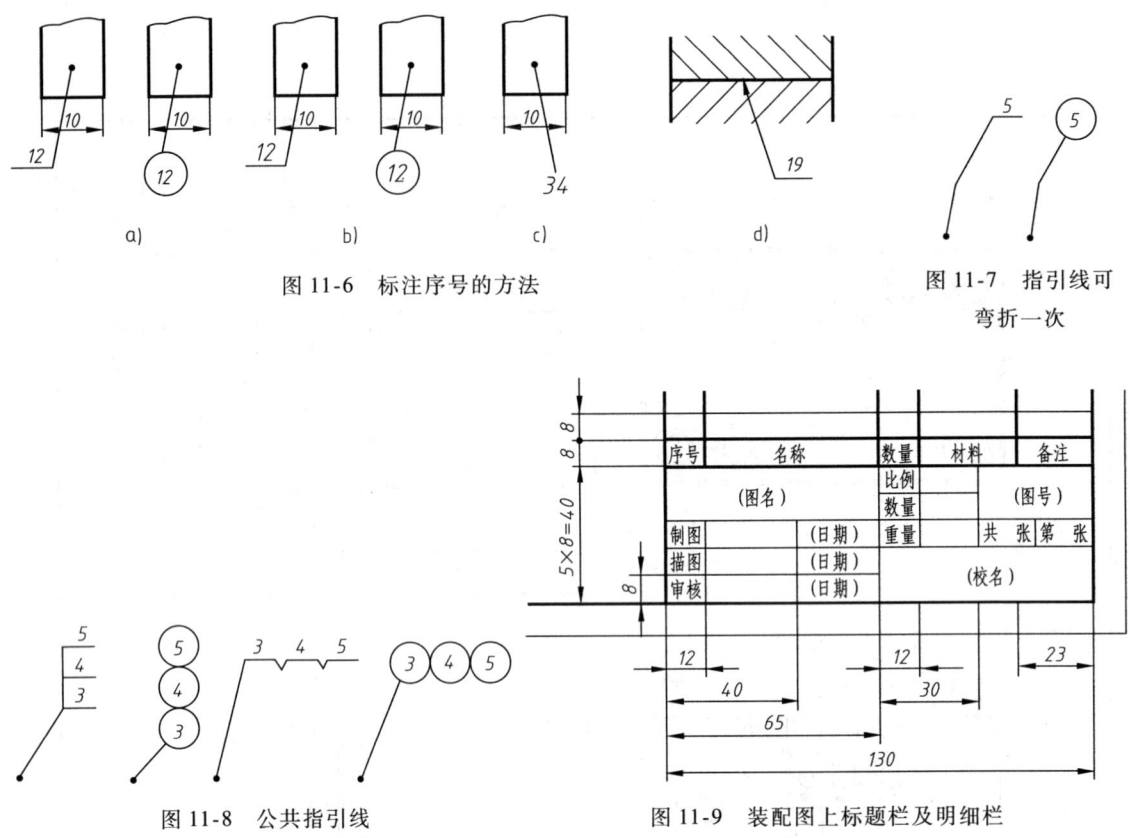

图 11-6 标注序号的方法

图 11-7 指引线可弯折一次

图 11-8 公共指引线

图 11-9 装配图上标题栏及明细栏

11.5 零件结构的装配工艺性

在绘制装配图的过程中，应考虑装配结构的合理性，要保证机器和部件的性能，便于零件加工和装配。下面以正误对比方式，叙述要满足装配结构合理性对零件结构的一些基本要求（表 11-1）。

表 11-1 装配结构的合理性

内容	正确图例	错误图例	说　明
接触面处的结构			两个零件在同一方向只能有一对接触面，以便于装配又降低加工精度要求
			为使轴肩与另一零件接触良好，应制出退刀槽或倒角

(续)

内容	正确图例	错误图例	说明
圆锥面配合处的结构			圆锥面接触应有足够的长度,同时不能再有其他端面接触,以保证配合的可靠性,如尾座顶尖与套筒的配合,当顶尖底部与套筒同时接触时,就不能保证锥面接触良好
并紧和防松结构			为把齿轮并紧在轴肩上,在轴肩根部必须有沉割槽,此外齿轮孔的长度应比轴上装齿轮的轴稍长一些,才能保证并紧。为防松可采用双螺母等措施
安装拆卸结构			必须保证有足够的安装与拆卸空间

另外为防止机器内部的液体或气体向外渗漏,也防止灰尘等进入机器,常采用密封装置。图 11-10 所示为两种密封结构的例子。

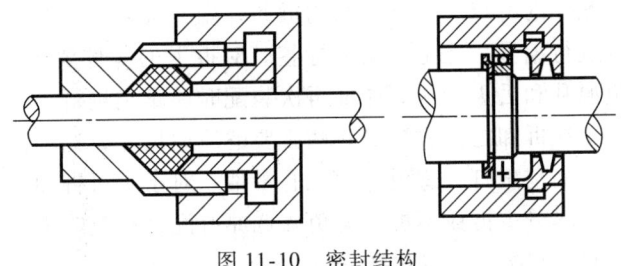

图 11-10 密封结构

11.6 装配体测绘和装配图画法

11.6.1 装配体测绘

对新产品进行仿制或对现有机械设备进行技术改造以及维修时,往往需要对其进行测绘,即通过拆卸零件进行测量,画出装配示意图和零件草图,然后根据零件草图,画装配图,再依据装配图和零件草图画零件图,从而完成装配图和零件图的整套图样,这个过程称为装配体测绘。现以图 11-11 所示球阀为例,介绍装配体测绘的方法和步骤。

(1) 了解测绘对象 通过观察实物、阅读有关技术资料和类似产品图样,了解其用途、性能、工作原理、结构特点以及装拆顺序等情况。在收集资料过程中,尤其要重视生产工人和技术人员对该装配体的使用情况和改进意见,为测绘工作顺利进行做好充分准备。在初步了解装配体功能的基础上,通过对零件作用和结构的仔细分析,进一步了解零件间的装配、连接关系。

图 11-11 所示球阀的阀芯是球形的 (图 11-13c),是用来启闭和调节流量的部件。图示位置阀门全部开启,当扳手按顺时针方向旋转 90°时,阀门全部关闭。

该装配体的关键零件是阀芯,下面从运动关系、密封关系、包容关系等方面进行分析。

运动关系：扳手→阀杆→阀芯。

密封关系：两个密封圈为第一道防线，调整垫既保证阀体与阀盖之间的密封，又保证阀芯转动灵活；第二道防线为填料，以防止从转动零件阀杆处的间隙泄露流体。

包容关系：阀体和阀盖是球阀的主体零件，它们之间用四组双头螺柱连接。阀芯通过两个密封圈定位于球阀中。通过填料压紧套与阀体的螺纹，将材料为聚四氟乙烯的填料固定于阀体中。

阀体左端通过螺柱、螺母与阀盖连接，形成球阀容纳阀芯的空腔。阀体左端的圆柱槽与阀盖的圆柱凸缘相配合。阀体空腔

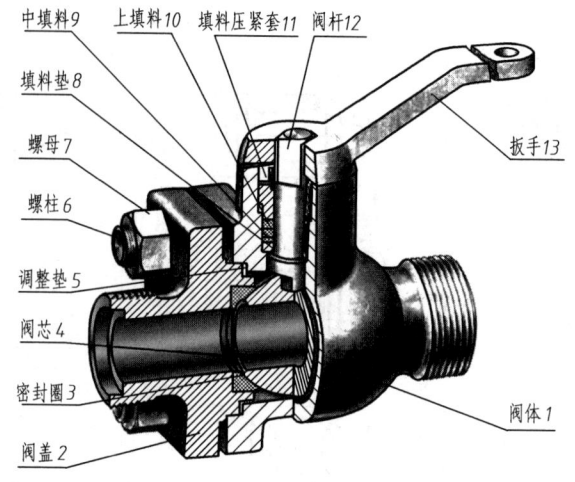

图 11-11　球阀

右侧圆柱槽，用来放置密封圈，以保证球阀关闭时不泄漏流体。阀体右端有用于连接系统中管道的外螺纹，内部阶梯孔与空腔相通。在阀体上部的圆柱体中，有阶梯孔与空腔相通。在阶梯孔内装有阀杆、填料压紧套等。阶梯孔顶端 90°扇形限位凸块，用来控制扳手和阀杆的旋转角度。

（2）拆卸零件，画装配示意图　在拆卸前，应准备好有关的拆卸工具以及放置零件的用具和场地，然后根据装配体的特点，制订周密的拆卸计划，按照一定的顺序拆卸零件。拆卸过程中，对每一个零件应进行编号、登记并贴上标签。对拆下的零件要分区分组放在适当地方，避免碰伤、变形，以免混乱和丢失，从而保证再次装配时能顺利进行。

拆卸零件时应注意：在拆卸之前应测量一些必要的原始尺寸，比如某些零件之间的相对位置等。拆卸过程中，严禁胡乱敲打，避免损坏原有零件。对于不可拆卸连接的零件、有较高精度的配合或过盈配合，应尽量少拆或不拆，避免降低原有配合精度或损坏零件。

图 11-11 所示球阀的拆卸次序可以这样进行：

1）取下扳手 13。

2）拧出填料压紧套 11，取出阀杆 12，带出填料 9、10 和填料垫 8。

3）用扳手分别拧下四组螺柱连接的螺母 7，取出阀盖 2、调整垫 5。

4）从阀体中取出阀芯 4，拆卸完毕。

装配示意图是通过目测，用简单的图线画出装配体各零件的大致轮廓，以表示其装配位置、装配关系和工作原理等情况的简图。

画示意图时，可将零件看成是透明体，其表示可不受前后层次的限制，并尽量把所有零件集中在一个图上表示出来。装配示意的画法应按照国家标准《机械制图　机构运动简图符号》的规定绘制。对一般零件可按其外形和结构特点形象地画出零件的大致轮廓。

画装配示意图应在对装配体全面了解、分析之后画出，并在拆卸过程中进一步了解装配体内部结构和各零件之间的关系，进行修正、补充，以备将来正确地画出装配图和重新装配装配体之用。球阀的装配示意图如图 11-12 所示。

（3）画零件草图　把拆下的零件逐个地徒手画出其零件草图。对于一些标准零件，如螺栓、螺钉、螺母、垫圈、键、销等可以不画，但应测量其主要规格尺寸，以确定它们的规定标记，其他数据可通过查阅有关标准获取。所有非标准件都必须画出零件草图，并要准确、完整

在装配体测绘中，画零件草图应注意以下三点。

1）绘制零件草图，除了图线可以徒手完成外，其他方面的要求均和画正式的零件图一样。

2）零件草图可以按照装配关系或拆卸顺序依次画出，以便随时校对和协调各零件之间的相关尺寸。

3）零件间有配合、连接和定位等关系的尺寸要协调一致，并在相关零件草图上一并标出。

图 11-13 所示为球阀的部分零件草图。其他视图由于篇幅的关系，在此就不一一列出了。

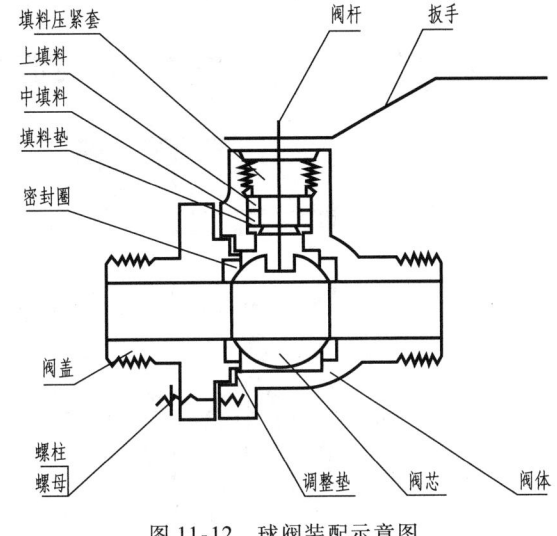

图 11-12　球阀装配示意图

4）根据零件草图，画装配图。
5）根据装配图和零件草图画零件图。
6）零件图完成后，把拆开的零部件及时重新装配起来。

11.6.2　画装配图的方法和步骤

在画装配图之前，必须对该装配体的功用、工作原理、结构特点以及装配体中各零件的装配关系等有一个全面的了解和认识。装配体是由若干零件组成，根据装配体所属的零件图，就可以画出装配体的装配图。现以图 11-14 所示球阀装配图为例，介绍画装配图的方法和步骤。

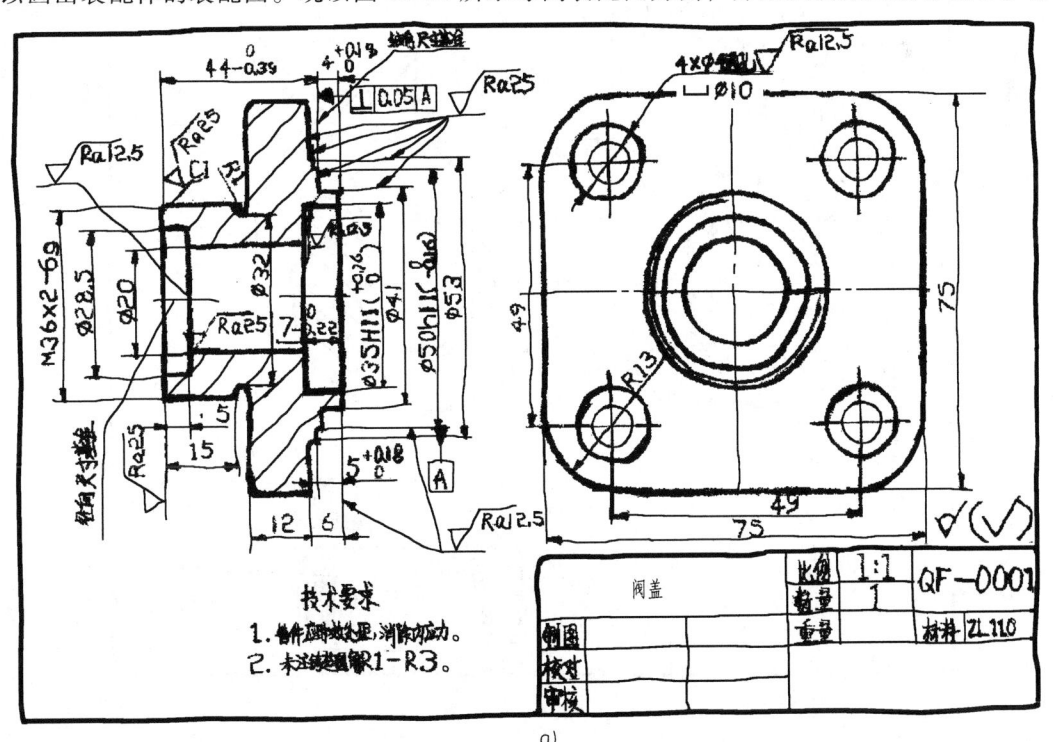

a)

图 11-13　球阀部分零件的草图

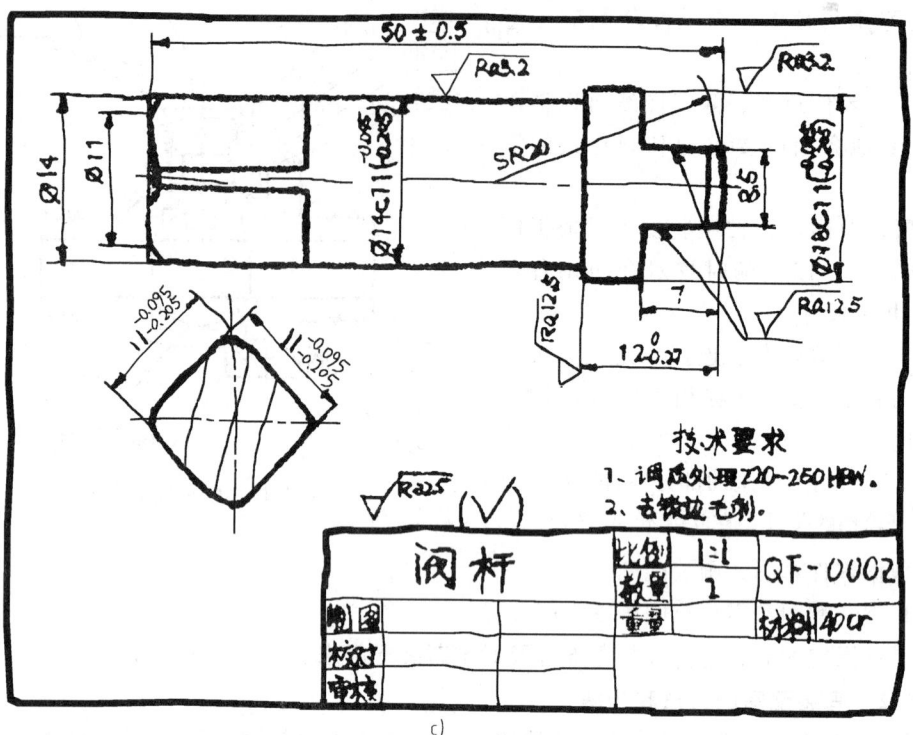

c)

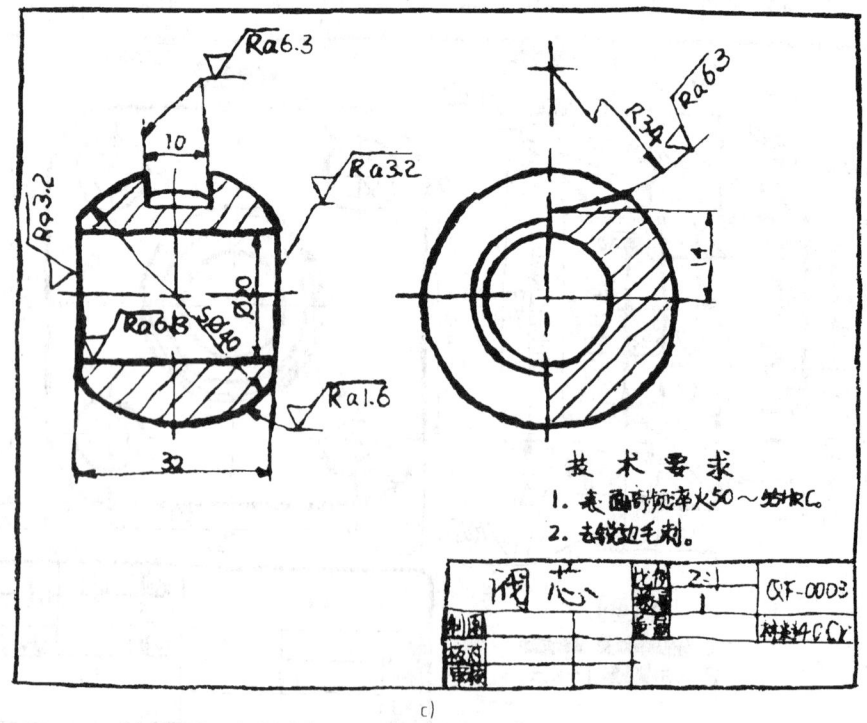

c)

图 11-13 球阀部分零件的草图（续）

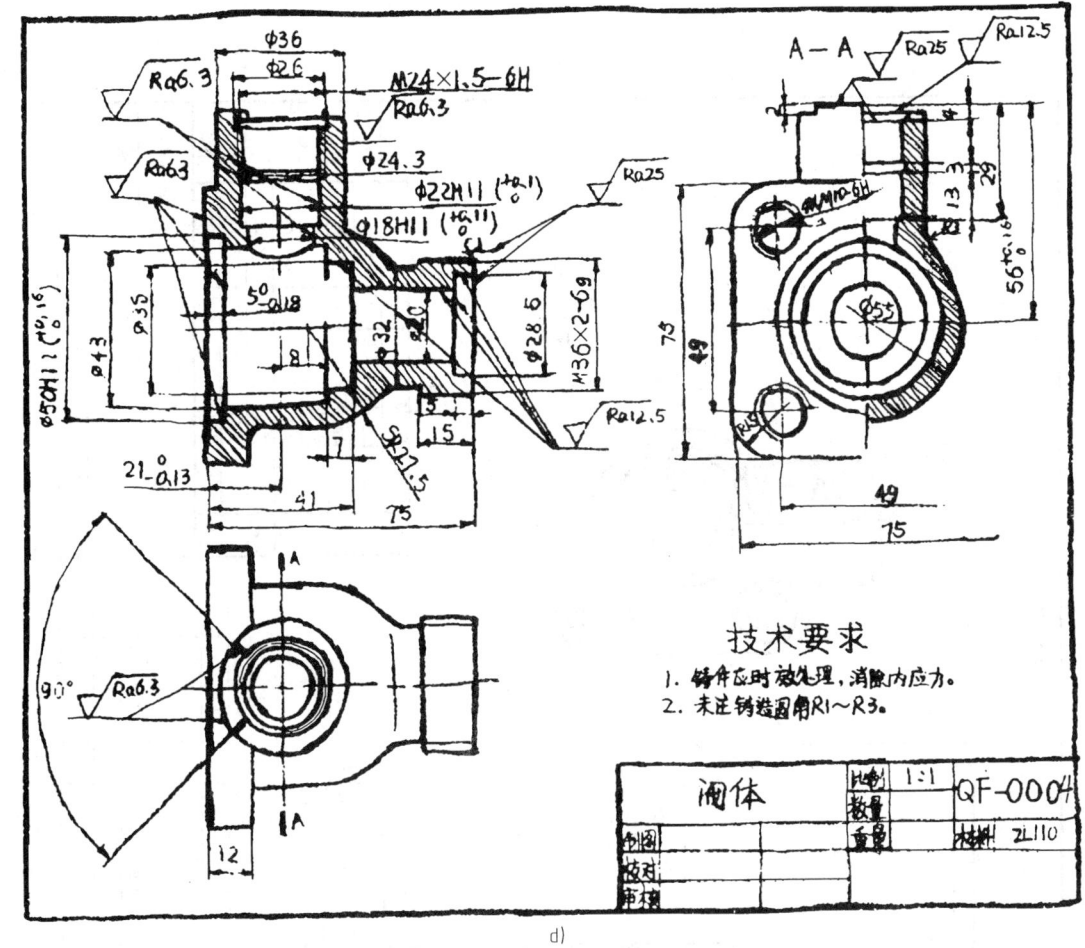

图 11-13 球阀部分零件的草图（续）

1. 确定表达方案

根据已学过的机件的各种表达方法（包括装配图的一些特殊的表达方法），考虑选用何种表达方案，才能较好地反映部件的装配关系、工作原理和主要零件的结构形状。

画装配图与画零件图一样，应先确定表达方案，也就是视图选择：首先，选定部件的安放位置和主视图；然后选择其他视图。

(1) 部件的安放位置和装配图的主视图选择　部件的安放位置，一般按装配体的工作位置放置，并使主视图能够较多地表达装配体的工作原理，零件间主要装配关系、连接关系及主要零件的结构形状特征。因此装配图的主视图一般多是剖视图，能较清楚地表达各个主要零件以及零件间的相互关系，如图 11-14 所示球阀装配图的选择。

1）安放位置：球阀的工作位置情况多变，但一般是将其通路放成水平放置，即将其流体通道的轴线水平放置，并将阀芯转至完全开启状态。

2）主视图的投射方向：将阀盖放在左边，使左视图能清楚地反映其端面形状。

3）沿球阀的前后对称面剖切，采取全剖视图，可将其工作原理、装配关系、零件间的相互位置表达清楚。

(2) 其他视图的选择　主视图选定之后，一般只能把装配体的工作原理、主要装配关系和零件间的相互位置表达出来，但是，只靠一个视图是不能把所有的情况全部表达清楚的。因

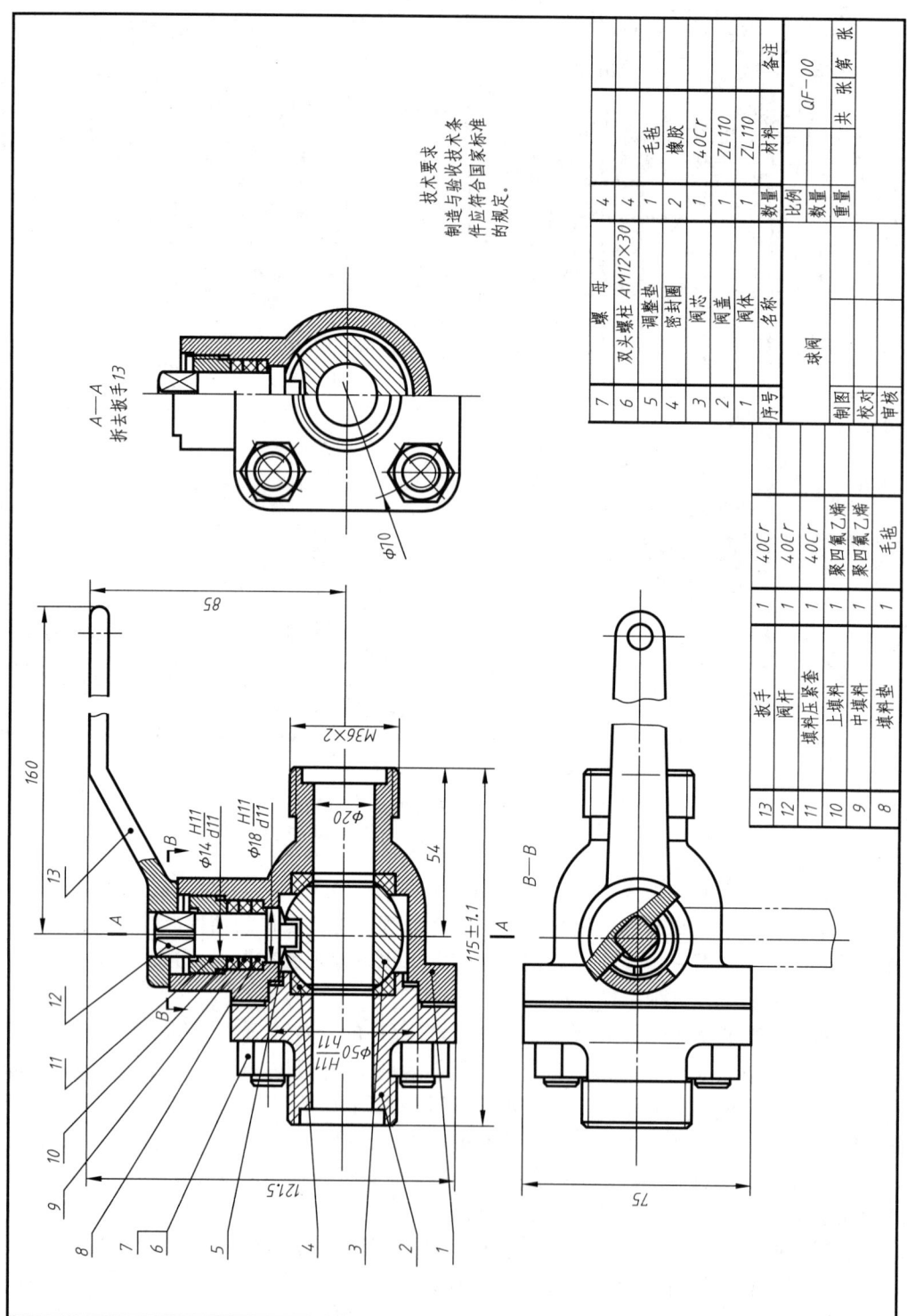

图 11-14 球阀装配图

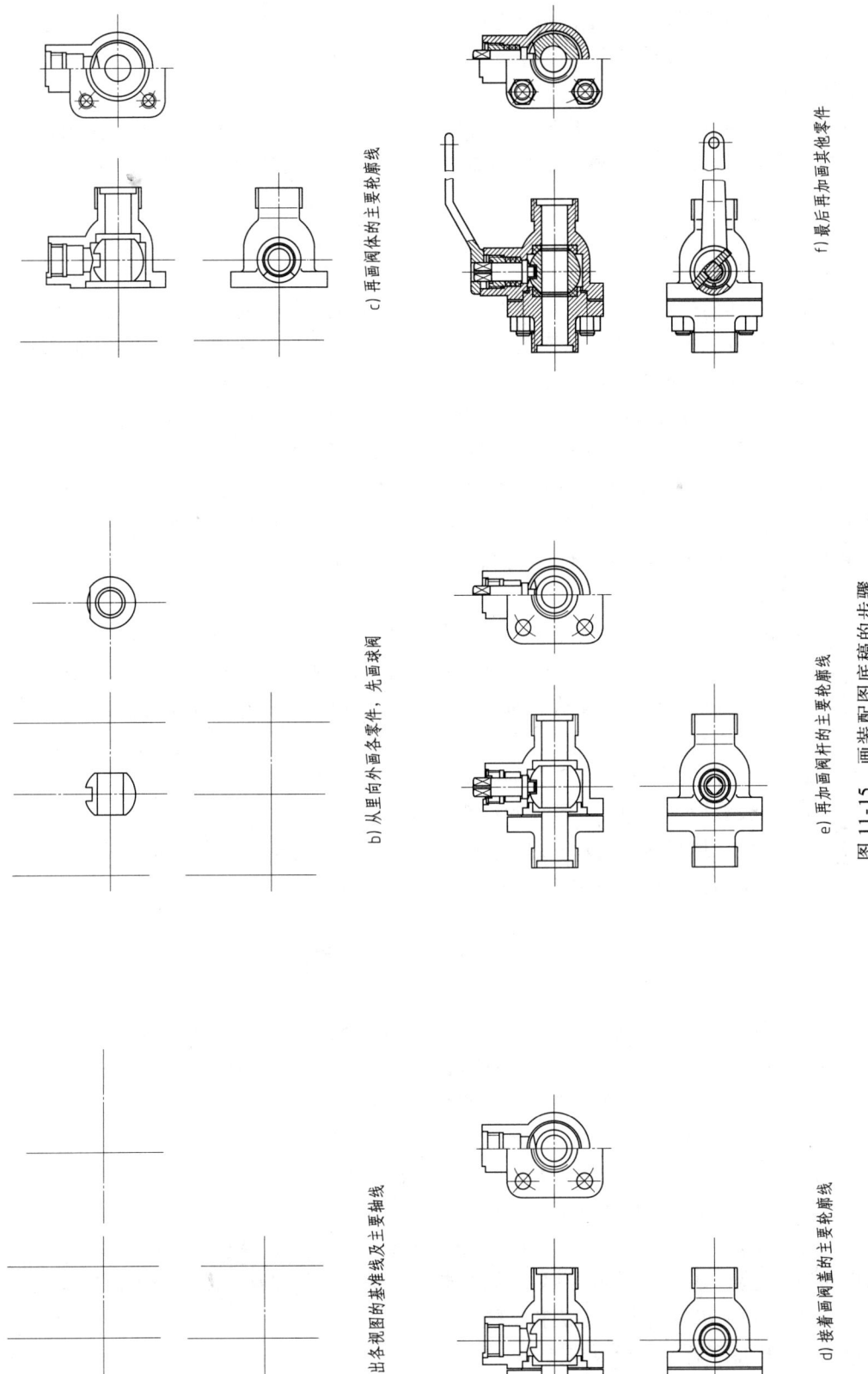

图 11-15 画装配图底稿的步骤

此，就需要有其他视图作为补充，并应考虑以何种表达方法最能做到易读易画。对主视图未能表达清楚的内容，选用其他视图、剖视图等表达。所选视图要重点突出，相互配合，避免遗漏和不必要的重复。

球阀的主视图虽反映出了工作原理、装配关系、零件间的相互位置，但球阀的外形结构、主要零件的结构形状以及双头螺柱的连接部位和数量等尚未表达清楚，所以选取半剖视的左视图来表达。

选取俯视图，主要表达扳手的开关位置，同时表达球阀的外形和扳手的形状。

2. 画装配图的步骤

确定了装配体的视图表达方案后，根据视图表达方案以及装配体大小及复杂程度，选取适当的比例，安排各视图的位置，从而选定图幅，便可着手画图。在安排各视图的位置时，要注意留有编写零件序号、明细栏以及注写尺寸和技术要求的位置。

画图时，应先从装配干线入手，画出各视图的主要轴线、对称中心线和某些零件的基面和端面等作图基准线。由主视图开始，几个视图配合进行。画剖视图时按照装配干线，由内向外逐个画出各个零件，即从装配体的核心零件开始，"由内向外"，按装配关系逐步扩展画出各零件，最后画阀体、壳体、箱体等支撑、包容零件。也可由外向里画，即先将起支撑、包容作用的阀体、壳体、箱体等零件画出，再按装配关系逐步向内画出各零件。

作图步骤如下：

1）画出各视图主要部分的底稿。通常可以先从主视图开始。根据各视图所表达的主要内容不同，可采取不同的方法着手。如果是画剖视图，则应从内向外画，这样被遮住的零件的轮廓线就可以不画，如图11-15所示。如果画的是外形视图，一般则是从大的或主要的零件着手。

2）画次要零件、小零件及各部分的细节，画剖面线如图11-15所示。

3）检查、校核后再加深，注尺寸和配合代号。

4）标注序号，填写标题栏和明细栏，书写技术要求，完成球阀装配图（图11-14）。

5）最后再全面检查全图各环节。

11.7 读装配图

在机器或部件的设计、制造、使用、维修及技术交流等生产活动中，都需要读懂装配图。因此从事工程技术工作的人都必须掌握阅读装配图的方法。一般阅读装配图的主要要求是：

1）了解机器或部件的名称、用途、工作原理和结构。
2）了解零件间的装配关系以及它们的拆装方法和拆装顺序。
3）了解各零件的名称、数量、材料、主要结构形状和作用。
4）了解润滑系统、防漏系统等的工作原理和构造。

要达到上述要求，除了学习机械制图知识外，还需在后续的课程和实践环节中不断充实专业知识和积累经验，现阶段可开始从一般的步骤、常用的方法着手阅读，下面以齿轮泵（图11-17）为例，说明读装配图的方法和步骤。

11.7.1 概括了解并分析表达方法

读装配图时可先从标题栏和有关资料了解它的名称和用途。从明细栏和所编序号中，了解各零件的名称、数量、材料和它们的所在位置，以及标准件的规格、标记等。

如图 11-17 所示，从标题栏可知，部件名称是齿轮泵，它是液压传动或润滑系统中输送液压油或润滑油的一个部件。对照明细栏和序号可以看出齿轮泵是由泵体、传动齿轮、齿轮轴、泵盖等零件组成。齿轮泵由 15 种零件装配而成，属简单装配体。

分析齿轮泵的装配图可知，齿轮泵装配图共用两个基本视图表达，主视图采用两相交剖切平面剖切的全剖视图，表达了齿轮轴 2、3、左泵盖 1、泵体 6、右泵盖 7 的位置关系、装配关系和连接关系。左视图沿左泵盖与泵体结合面剖开，由于泵在此方向内、外结构形状对称，故此视图采用了一半拆卸剖视和一半外形视图的表达方法——半剖，表达了一对齿轮的啮合情况和工作原理，同时也表示了泵体和泵盖的主要结构及泵体和泵盖的定位销的位置；还采用了局部剖视，表示了泵体的进出口油孔的位置和方向及泵体安装孔的位置。

11.7.2 了解工作原理

在概括了解并分析视图的基础上，各视图相互对照，分析各装配干线零件间的定位、连接和密封等关系，再进一步分析运动零件与非运动零件的相对运动关系，这样就可以了解部件的工作原理。这是读装配图的一个重要环节。

图 11-17 所示的齿轮泵，当外部动力传至传动齿轮 11 时，即产生旋转运动。当它逆时针方向（在左视图上观察）转动时，通过键 14 带动主动齿轮轴 3，再经过齿轮啮合带动从动齿轮，从而使从动齿轮轴 2 顺时针方向转动，如图 11-16 所示。当主动齿轮逆时针方向转动时，从动齿轮顺时针方向转动，齿轮啮合区的右边的轮齿逐渐分开时，齿轮泵的右腔空腔体积逐渐扩大，油压降低，形成负压，油箱内的油在大气压的作用下，经吸油口被吸入齿轮泵的右腔，齿槽中的油随着齿轮的继续旋转被带到左腔；而左边的各对轮齿又重新啮合，空腔体积缩小，使齿槽中不断挤出的油成为高压油，并由压油口压出，这样，泵室右面齿间的油被高速旋转的齿轮源源不断地带往泵室左腔，然后经管道被输送到机器中需要供油的部位。

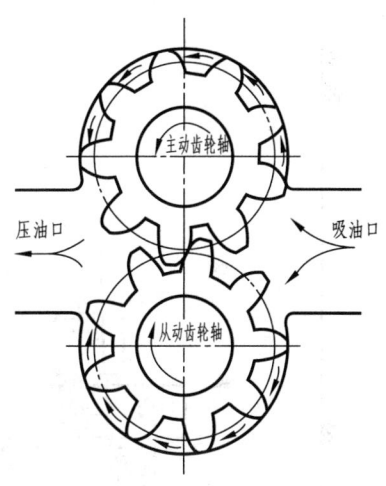

图 11-16 齿轮泵的工作原理

11.7.3 分析零件间的装配关系及装配体的结构

要读懂装配图，就是要把零件间的装配关系和装配体结构分析清楚。从分析视图入手，进一步弄清各零件之间的装配关系，各零件主要结构形状，各零件的运动情况，各零件如何连接、定位、固定，零件间的配合情况，零件的作用和零件的拆、装顺序等。

从传动路线分析：从图 11-17 的主视图上可以看出，齿轮泵主要有两条装配线。一条是主动齿轮轴系统。它是把主动齿轮轴 3 装在泵体 6 和左泵盖 1 及右泵盖 7 的轴孔内；在主动齿轮轴上装有填料 8、压紧盖 9 及压紧螺母 10；在主动齿轮轴右边伸出端装有传动齿轮 11、垫圈 12 及螺母 13。另一条是从动齿轮轴系统。从动齿轮轴 2 也是装在泵体 6 和左泵盖 1 及右泵盖 7 的轴孔内，与主动齿轮啮合。

从连接和固定方式分析：在齿轮泵中，左泵盖 1 和右泵盖 7 都是靠内六角圆柱头螺钉 15 与泵体 6 连接，并用销 4 来定位。填料 8 是由压紧盖 9 及压紧螺母 10 将其挤压在右泵盖的相应的孔槽内。传动齿轮 11 靠主动齿轮轴 3 端面定位，用螺母 13 及垫圈 12 固定。主动齿轮和从动齿轮轴向定位，是靠两泵盖端面及泵体两侧面分别与齿轮两端面接触。从图 11-17 中可以看出，采用 4 个圆柱销定位、12 个螺钉紧固的方法将两个泵盖与泵体连接在一起。

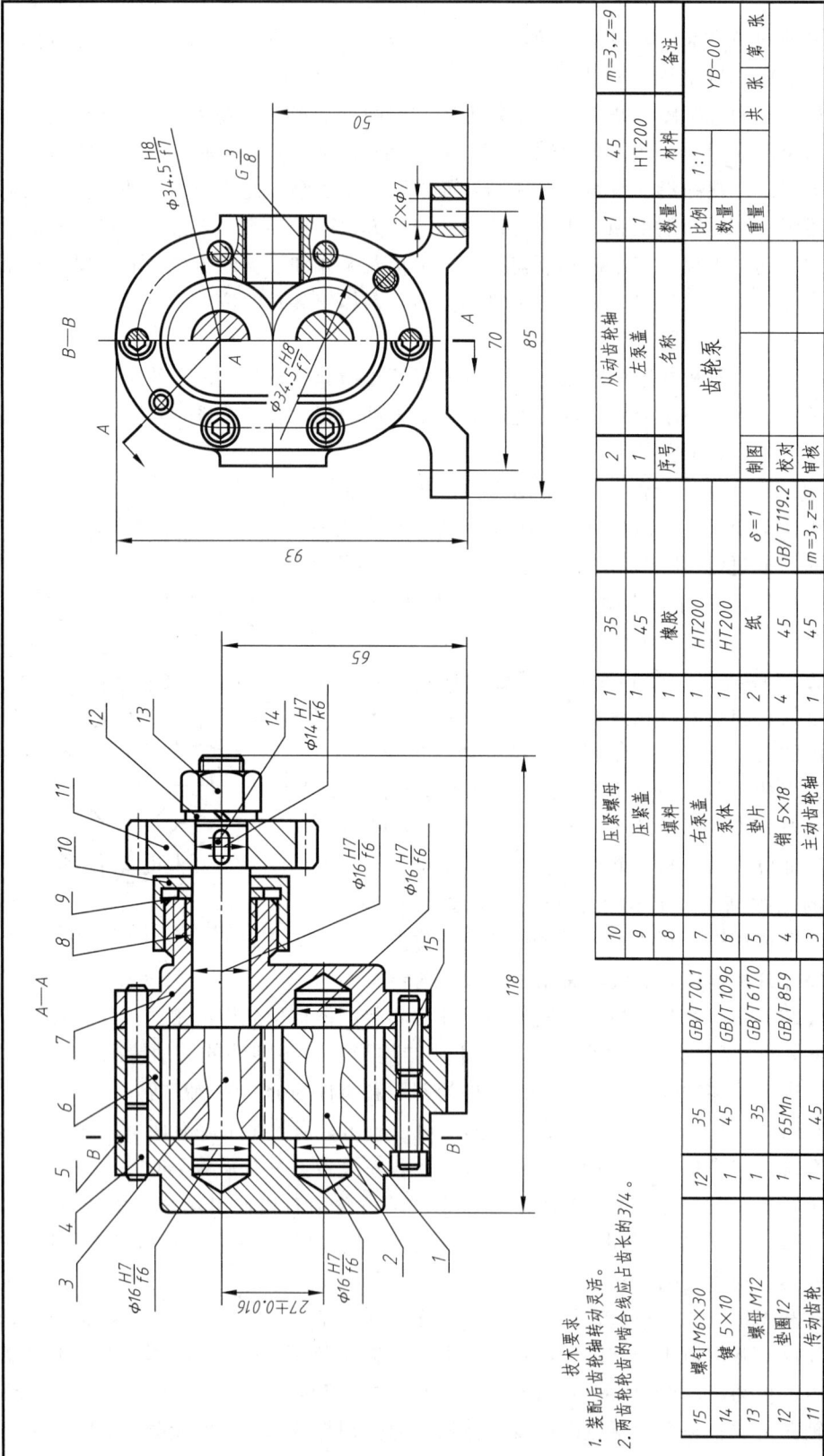

图 11-17 齿轮泵装配图

从配合关系和尺寸分析：凡是配合的零件，都要分析基准制、配合种类、公差等级等。这可由图上所标注的极限与配合代号来判别。主动齿轮轴 3 与传动齿轮 11 的配合尺寸为 $\phi 14 \frac{H7}{k6}$，两齿轮轴与两泵盖轴孔的配合尺寸均为 $\phi 16 \frac{H7}{f6}$。主从动两齿轮与两齿轮腔的配合尺寸均为 $\phi 34.5 \frac{H8}{f7}$。它们都是基孔制、间隙配合，都可以在相应的孔中转动。这样就可由齿轮 11 带动主动齿轮轴 3 转动，又由主动齿轮轴 3 上的主动齿轮带动从动齿轮轴 2 作转动，实现齿轮泵的工作原理。另外尺寸 27 ± 0.016 为重要尺寸，反映出一对啮合齿轮中心距的要求，这个尺寸准确与否将会直接影响齿轮的啮合传动。尺寸 65 是主动齿轮轴线离泵体安装面的高度尺寸。27 ± 0.016 和 50 分别是设计和安装所需的尺寸，尺寸 118、85、93 分别为总长、总宽、总高尺寸。$2\times\phi 7$、70、$G\frac{3}{8}$ 为安装尺寸。

从密封装置分析：泵、阀之类部件，为了防止液体或气体泄漏以及灰尘进入内部，一般都有密封装置。在齿轮泵中，主动齿轮轴 3 伸出端用压紧盖 9 和压紧螺母 10、压紧填料 8 加以密封；两泵盖与泵体接触面间放垫片 5 的作用也是密封防漏。

从装拆顺序分析：装配体在结构设计上都应有利于各零件能按一定的顺序进行装拆。齿轮泵的拆卸顺序是：先拧出螺母 13、取出垫圈 12、传动齿轮 11 和键 14，旋出压紧螺母 10，取出压紧盖 9；再拧出左、右泵盖上各六个螺钉 15，两泵盖、泵体和垫片即可分开；然后从泵体中抽出两齿轮轴。对于销和填料可不必从泵盖上取下。如果需要重新装配上，可按拆卸的相反次序进行。

11.7.4 分析零件，看懂零件的结构形状

在分析清楚各视图表达的内容后，对照明细栏和图中的序号，逐一分析各零件的结构形状。分析时一般从主要零件开始，再看次要零件。

分析零件，首先要会正确地区分零件。区分零件的方法主要是依靠不同方向和不同间隔的剖面线以及各视图之间的投影关系进行判别。从标注该零件序号的视图入手，用对线条、找投影关系以及根据"同一零件的剖面线在各个视图上方向相同、间隔相等"的规定等，将零件在各个视图上的投影范围及其轮廓分析清楚，进而构思出该零件的结构形状。此外，分析零件主要结构形状时，还应考虑零件为什么要采用这种结构形状，以进一步分析该零件的作用。

零件区分出来之后，便要分析零件的结构形状和功用，如分析齿轮泵中左泵盖 1 的结构形状。首先，从标注序号的主视图中找到左泵盖 1，并确定其视图范围；然后用对线条找投影关系以及根据同一零件在各个视图中剖面线应相同这一原则来确定左泵盖 1 在左视图中的投影。这样就可以根据从装配图中分离出来的属于该件的投影进行分析，想象出它的结构形状。左泵盖 1 与泵体装在一起，其功用是将两齿轮密封在泵腔内，同时对两齿轮轴起支承作用，所以需要用圆柱销来定位，以便保证左泵盖 1 上的轴孔与右泵盖上的轴孔能够很好地对中。图 11-18 所示为齿轮泵的立体分解图，供读图分析时参考。

11.7.5 归纳总结

为了加深对所看装配图的全面认识，还需从安装方法、技术要求等方面综合考虑，以加深对整个部件的进一步认识，从而获得对整台机器或部件的完整概念。

以上所述是读装配图的一般方法和步骤，事实上有些步骤不能截然分开，而要交替进行。再者，读图总有一个具体的重点目的，在读图过程中应该围绕着这个重点目的去分析、研究。

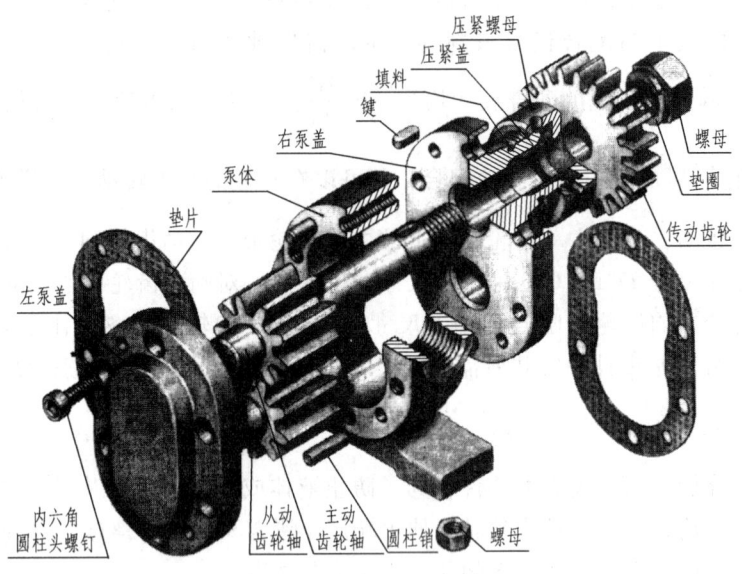

图 11-18 齿轮泵的立体分解图

只要这个重点目的能够达到,那就可以不拘一格,灵活地解决问题。

11.8 由装配图画零件图的方法和步骤

在设计过程中常要根据装配图画出零件图,拆画零件图是在全面读懂装配图的基础上进行的。

从装配图拆画零件图,将从装配图中剥离后的零件,根据零件图的要求进行修改,将主要包括表达方法的修改,将装配图中原先被遮挡的部分表达出来,视图补充完整,尺寸标注补全,标注各种技术要求等。

现以从图 11-17 所示齿轮泵装配图中拆画出右泵盖 7 的零件图为例,说明由装配图拆画零件图的方法和步骤。

11.8.1 构思零件形状

拆画零件图前必须认真读懂装配图。一般情况下,主要零件的结构形状在装配图上已表达清楚,而且主要零件的形状和尺寸还会影响其他零件。因此,可以从拆画主要零件开始。对于一些标准零件,只需要确定其规定标记,可以不拆画零件图。

在拆画右泵盖 7 时,先在装配图上找到右泵盖 7,根据同一零件的剖面线方向相同、间隔相同的原则,将右泵盖 7 从主视图中分离出来,再根据主、左视图高平齐的投影关系,从左视图上区分出右泵盖 7 的投影范围;根据主动齿轮轴与右泵盖的配合关系 $\phi 16 \frac{H7}{f6}$,确定右泵盖上与轴配合的孔为圆柱孔,其尺寸为 $\phi 16H7$;根据压紧螺母 10 与右泵盖为螺纹连接的连接关系可知,右泵盖 7 的右端为外螺纹;因为主动齿轮轴是圆柱,根据包容关系可知右泵盖中放填料的孔也是圆柱形的;由于在主视图上右泵盖的一部分可见投影被其他零件遮挡,因而是一幅不完整的图形,如图 11-19a 所示,可以补全所缺的轮廓线。应当注意,在装配图中,由于零件间的相互遮掩或采用了简化画法、夸大画法等,零件的具体形状或某些形状不能完全表达清楚。这时,零件的某些不清楚部位应根据其作用和与相邻零件之间的装配关系进行分析,补充完善零件图。

一般轮盘类零件可由两个视图表达,从装配图的主视图拆画出的右泵盖的图形,显示了右泵盖主要的结构形状,因此可作为主视图,如图 11-19b 所示。

但装配图的左视图不能直接反映右泵盖端面形状。从主视图上看,左、右端盖的销孔、螺孔均与泵体贯通,与泵体接触部分的结构和它们所起的作用完全相同。据此,可确定右泵盖的端面形状与左泵盖的端面形状完全一致,外形为长圆形,如装配图中的左视图,沿圆周方向分布 6 个螺钉沉孔和两个圆柱销孔。

由此可知,拆画零件时根据剖面线区分了范围后,必须注意这几种关系,即投影关系、装配关系、连接关系、包容关系、遮挡关系等,才能构思零件的形状。

11.8.2 零件的视图

装配图的视图选择方案,主要是从表达装配体的装配关系和整个工作原理来考虑的;而零件图的视图选择,则主要是从表达零件的结构形状这一特点来考虑。由于表达的出发点和主要要求不同,所以在选择视图方案时,就不应强求与装配图一致,即零件图不能简单地照抄装配图上对于该零件的表达方法,而应该结合该零件的形状结构特征、工作位置或加工位置等,并按照零件图的视图选择原则重新考虑。

右泵盖的主视图的安放位置和投射方向与装配图一致,按工作位置放置。主视图采用了全剖视图,可将三个组成部分的外部结构及其相对位置反映出来,也将其内部结构,如阶梯孔、销孔、台阶孔等表达清楚。为了表达右泵盖的端面形状和右边凸缘的轮廓,以及销孔、台阶孔等的分布情况,选择了右视图来表达,如图 11-19 所示。

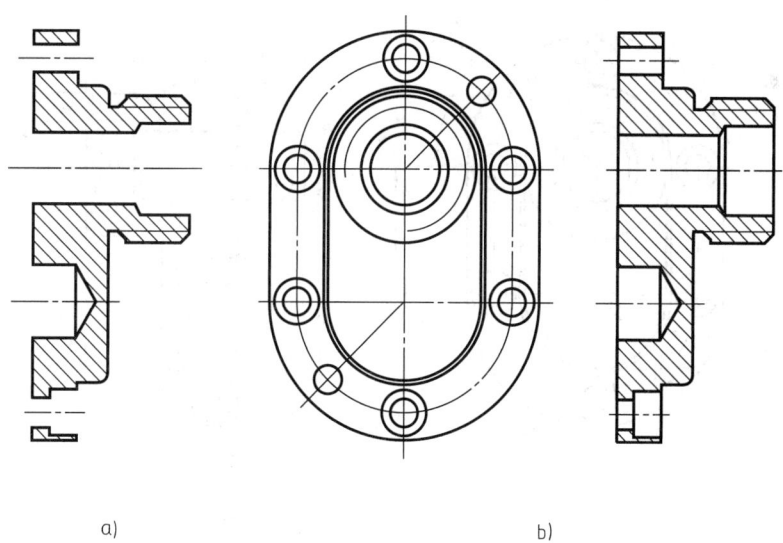

图 11-19 由装配图拆画零件图

在拆画零件图时还要补充装配图上可能省略的工艺结构,如铸造圆角、斜度、退刀槽、倒角等,这样才能使零件的结构形状表达得更为完整。

11.8.3 零件的尺寸

拆画的零件应按零件图的要求注全尺寸。在装配图上注出的尺寸大多是重要尺寸,有些尺寸本身就是为了画零件图时用的,这些尺寸可以从装配图上直接移到零件图上。凡注有配合代号的尺寸，应根据配合类别、公差等级查表注出上、下极限偏差。有些工艺结构，如圆角、倒角、退刀槽、砂轮越程槽等，应选用标准结构，查阅有关标准进行尺寸标注；有些标准结构的尺寸，如沉孔、销孔、螺栓通孔的直径、键槽宽度和深度、螺纹直径，与滚动轴承内圈相配的轴径、外圈相配的孔径等应查阅有关国家标准。还有一些尺寸可以通过计算确定，如齿轮的分度圆和齿轮传动的中心距，应根据模数、齿数等计算而定。在装配图上没有标注出的零件各部分尺寸，可以按装配图的比例量取，并将量取的尺寸数值圆整。

应该特别注意，各零件间有装配关系的尺寸，必须协调一致，配合零件的相关尺寸不可互相矛盾。相邻零件接触面的有关尺寸和连接件有关的定位尺寸必须一致，拆画时应一并将它们注在相关的零件图上。

如图 11-20 所示，根据 M6 可确定内六角圆柱头螺钉用的通孔尺寸为 $6 \times \phi 6.6$ 和沉孔 $\phi 11$ 深 6.8。根据测量的右泵盖右端的螺纹尺寸，通过查表和相关经验，可确定该螺纹为细牙普通螺纹，其尺寸为 $M32 \times 1.5$。

11.8.4 零件的表面结构要求和技术要求

要根据零件在装配体中的作用和与其他零件的装配关系以及工艺结构等要求，参考有关资料和同类产品，标注出该零件的表面结构等方面的技术要求。有配合要求或有相对运动的表面，零件表面质量要求较高，如右泵盖与轴配合的孔的 Ra 的上限值为 $1.6\mu m$。在标题栏中填写零件的材料时，应和明细栏中的一致。右泵盖的零件图如图 11-20 所示。

零件图上还要注写必要的技术要求，如图 11-20 所示标题栏左方的"技术要求"文字说明，都是针对铸件提出的常见技术要求。

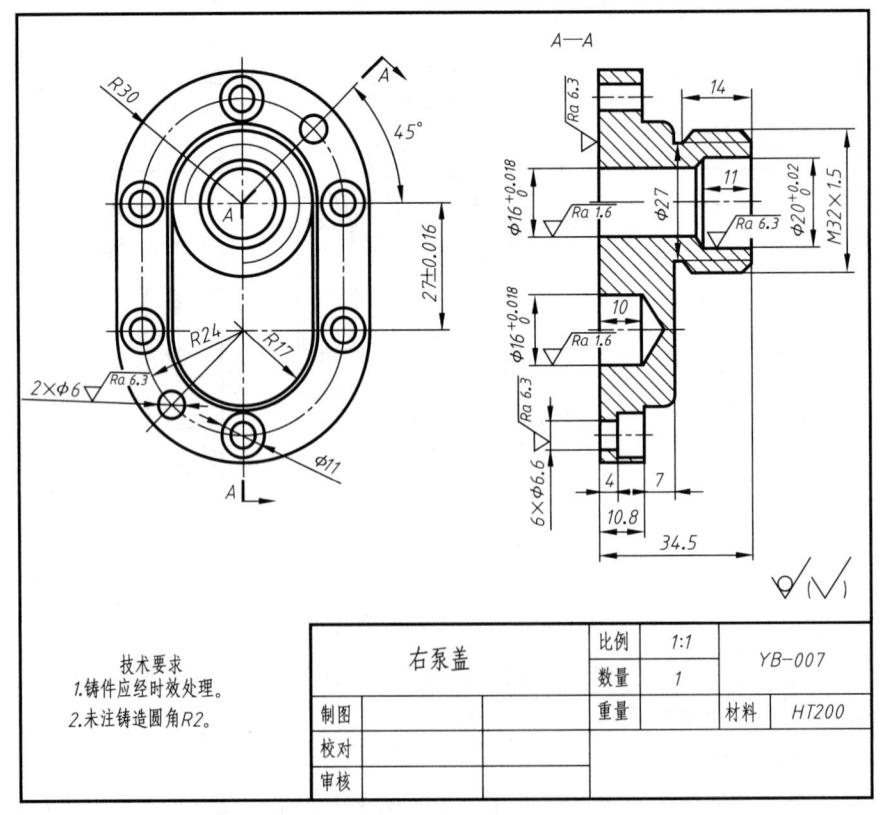

图 11-20 右泵盖的零件图

第 12 章 AutoCAD 绘图基础

12.1 概 述

AutoCAD 是 Autodesk 公司推出的 CAD 设计软件包，由于其人性化的设计界面、操作方式和强大的设计能力，可最大限度地满足用户的需要，在各行各业有着广泛的应用。本书介绍的内容有部分基于 2012 中文版，其概念和操作基本适用于绝大多数的版本。

本章重点介绍 AutoCAD 中文版的用户界面、按键定义、输入方式、对象捕捉方式、文件操作、环境设置、显示控制以及进行绘图编辑时不可或缺的对象选择方式等基础知识，为以后的学习奠定必要的基础。

12.2 启动 AutoCAD 中文版

启动 AutoCAD 中文版，可以双击桌面上的 AutoCAD 中文版图标，或依次选择"开始"→"程序"→"Autodesk"→"AutoCAD Simplified Chinese"→"AutoCAD Simplified Chinese"命令，还可以通过"我的电脑"打开相应的文件夹，找到 AutoCAD 中文版安装的目录，双击 ACAD.EXE 程序。

启动 AutoCAD 中文版后，即进入图 12-1 所示的界面。

图 12-1 "工作空间"界面

说明：由于 AutoCAD 版本不同，界面上的文字会稍有不同，如较新版本中显示的是"默认"选项卡，稍老的版本则显示的是"常用"选项卡，主要内容和操作是一致的，后面图文中两种说法均可能存在。

工作空间可以在进入绘图或建模界面后进行切换，如图 12-2 和图 12-3 所示。

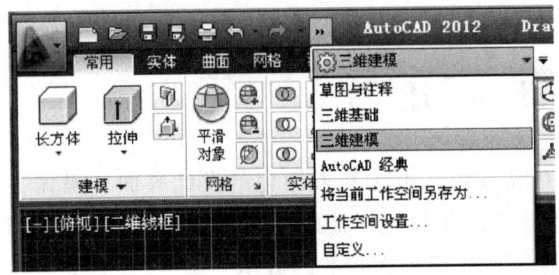 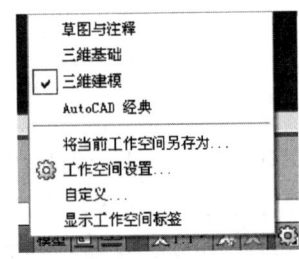

图 12-2　快速访问工具栏切换工作空间　　　图 12-3　应用程序状态栏切换工作空间

经典工作空间如图 12-4 所示。

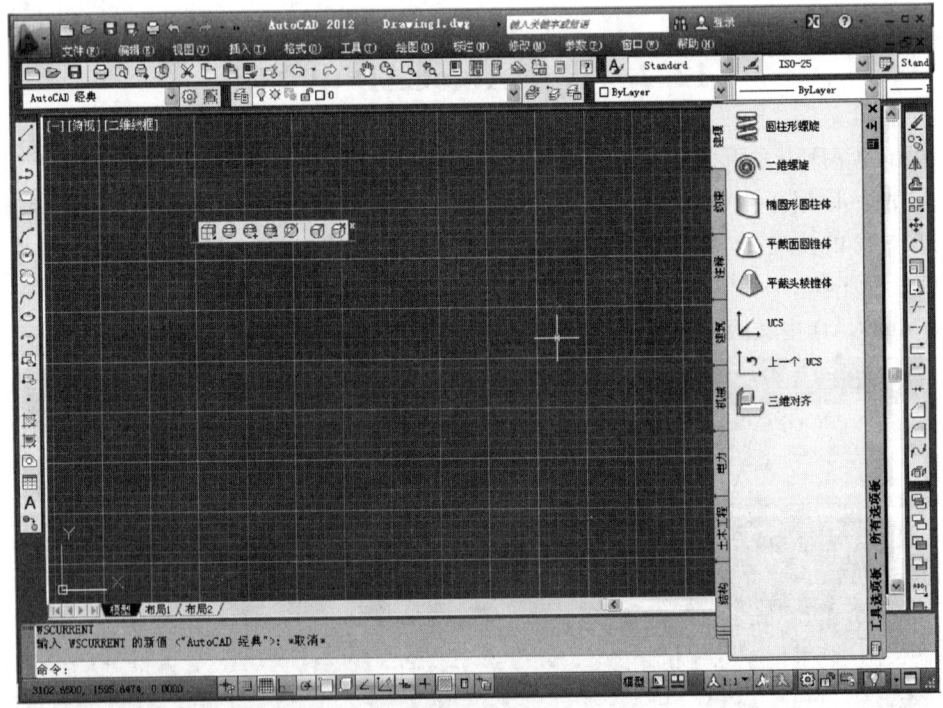

图 12-4　经典工作空间

12.3　界面介绍

AutoCAD 中文版的绘图界面是主要的工作界面，是熟练使用 AutoCAD 中文版所必须熟悉的。AutoCAD 包括四种工作界面，可以通过选择工作空间进行切换，如图 12-2 所示。

该界面分成了快速访问工具栏、功能区控制面板、绘图区、模型布局选项卡、命令提示窗口、状态栏等几个主要部分。

1. 菜单浏览器

位于最左上角的是菜单浏览器，显示一个垂直的菜单项列表，它用来代替以往水平显示在 AutoCAD 窗口顶部的菜单，可以通过选择其中一个菜单项来调用相应的命令以访问不同的文档。

2. 功能区控制面板

用户可以单击对应的功能区选项卡，显示对应功能的按钮。当光标悬停在对应的按钮上时，将弹出该按钮的功能提示。如果继续停留，将弹出图 12-5 所示的详细使用帮助信息。

按〈Alt〉键，将在选项卡上显示对应的快捷键，如图 12-6 所示。此时按下对应的快捷键，将会显示对应的选项卡，同时继续显示对应按钮的快捷键，如图 12-7 所示。这也提供了键盘访问命令的一种方式。

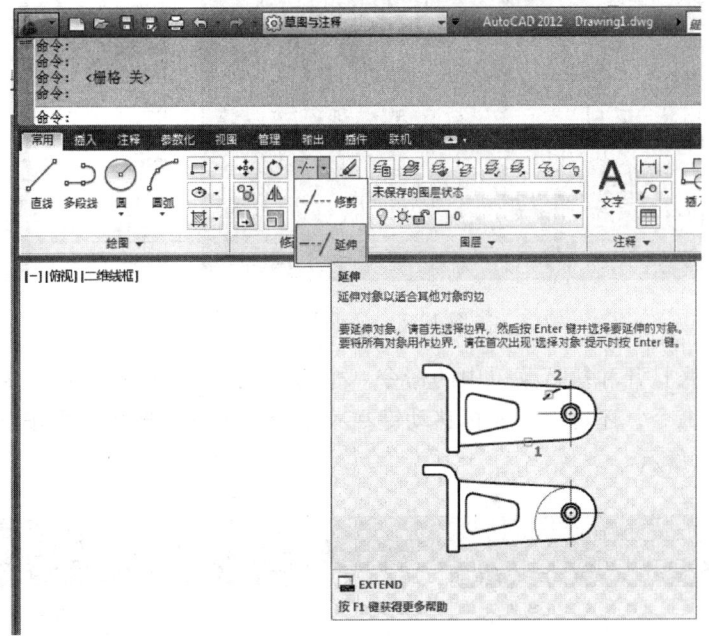

图 12-5　悬停按钮显示使用帮助信息

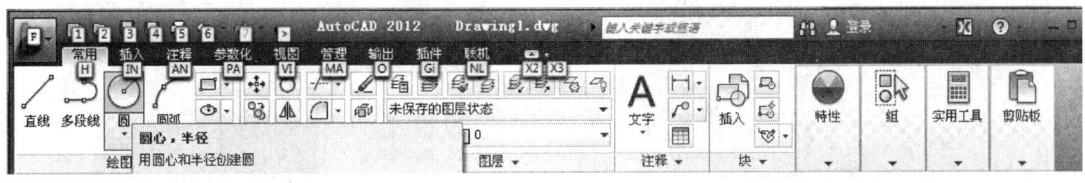

图 12-6　〈Alt〉键输入命令（一）

图 12-7　〈Alt〉键输入命令（二）

3. 菜单

AutoCAD 不但包含了系统必备的命令，而且绝大部分命令都可以在菜单中找到。
如果要显示菜单栏，可按照图 12-8 所示选择"显示菜单栏"命令。

图 12-8 显示菜单栏

一般通过单击来打开和执行菜单中的命令。也可以按〈Alt〉键并输入菜单中带下画线的字母，打开和执行命令，还可以按光标移动键在菜单命令中进行选择，再按〈Enter〉键执行。菜单形式如图 12-9 所示。

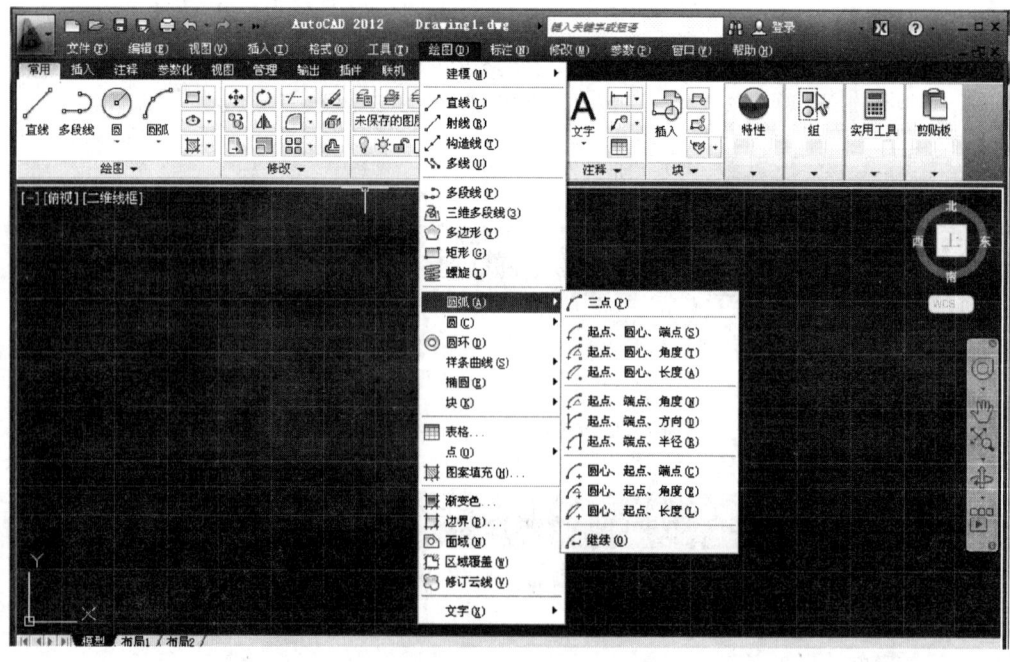

图 12-9 菜单形式

命令中若带有向右的小三角形 ▶，则说明该命令有下一级子菜单即级联菜单；带有省略号...，说明执行该命令后，会弹出一个对话框。

命令后有快捷键，则说明该命令可以通过快捷键直接打开和执行，如按〈Ctrl + P〉组合键，则执行打印命令。

4. 绘图区

界面上中间较大一片空白区域为绘图区，图形即绘制在该部分区域。绘图区其实是无限大的，可以通过视图中的相关命令进行缩放、平移等。

绘图区左下角显示的是 UCS 图标。UCS 图标可以根据原点的位置被移动或隐藏。不同的图标表示了不同的空间或观测点。在右侧和右下角，有滑块和滚动条。通过滑块在滚动条上移动到不同的位置，可以改变显示的区域。

5. 显示控制区

在绘图区右侧有常用的显示控制按钮，包括 UCS 控制、全导航控制、平移、缩放、动态观察、Showmotion 等按钮。单击其中的小箭头，可以弹出更多的控制命令供选择。

6. 命令提示窗口和命令行

命令提示窗口包含了所下达的历史命令和命令提示信息，AutoCAD 的输入及反馈信息都在其中，其默认显示的行数可以自行设定。

通过剪切、复制和粘贴功能将历史命令粘贴在命令行，可重复执行以前的命令。

通过按〈F2〉键控制是否使用独立的窗口或是否将窗口恢复成给定的大小，该窗口同样可以被移到其他位置并改变其形状和大小。

7. 状态栏

状态栏如图 12-10 和图 12-11 所示，其左边显示了光标的当前信息。当光标在绘图区时显示其坐标，当光标在工具栏或菜单栏上时显示功能及命令。状态栏右侧显示了各种辅助绘图状态，包括"推断约束""捕捉模式""栅格显示""正交""极轴追踪""对象捕捉""三维对象捕捉""对象捕捉追踪""允许/禁止动态 DUCS""动态输入""线宽""显示/隐藏透明度""快捷特性""选择循环""模型"/"图纸"等。这些按钮用于精确绘图中对对象上特定点的捕捉、定距离捕捉、捕捉某设定角度上的点、显示线宽及在模型空间和图纸空间转换等。由于以上的辅助绘图功能使用得非常频繁，所以设定成随时可以观察和改变的状态。

图 12-10　按钮显示状态栏

图 12-11　文字显示状态栏

光标位置用于提示当前光标所在位置。表示光标位置的坐标显示状态有 3 种方式：静态显示、动态显示及距离和角度（极坐标）显示。通过在状态栏单击光标位置和单击右键鼠标选择快捷菜单的方式进行修改。

- 静态显示——静态显示仅当指定点时才更新，即关的状态。
- 动态显示——动态显示随着光标移动而更新，即绝对坐标方式。
- 距离和角度显示——距离和角度显示随着光标移动而更新相对距离（距离<角度），即相对极坐标方式。只有在绘制需要输入多个点的直线或其他对象时才可用。

辅助绘图状态包含以下几种，其按钮的状态可以用单击或单击鼠标右键后选择"开/关"实现切换，也可以使用快捷键改变开关状态。下面介绍各按钮的作用。

（1）"推断约束"按钮　可以在创建和编辑几何对象时自动应用几何约束。右击该按钮并选择设置，弹出如图 12-12 ~ 图 12-14 所示的对话框。其中包括了三种约束设置选项卡。

图 12-12　几何约束

图 12-13　标注约束

（2）"捕捉模式"按钮　处于打开状态时，光标只能在 X 轴、Y 轴或极轴方向移动固定距离的整数倍，该距离可以通过"工具"→"草图设置"命令打开"草图设置"对话框，在"捕捉与栅格"选项卡内进行设定，如图 12-15 所示。如果绘图的尺寸大部分都是设定值的整数倍，且容易分辨，可以设定该按钮为开，保证精确绘图。按钮按下时为开，弹起时为关。如果触发该按钮，在命令行上会显示"〈捕捉开〉"或"〈捕捉 关〉"的提示信息。

（3）"栅格显示"按钮　栅格主要和捕捉配合使用。当用户打开栅格时，如果栅格不是很密，在屏幕上会出现很多间隔均匀的小点，其间隔同样可以在"草图设

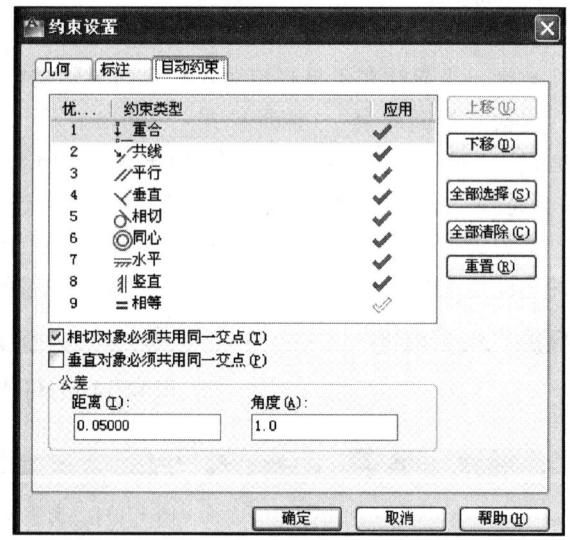

图 12-14　自动约束

置"对话框中进行设定。一般将该间隔和捕捉的间隔设定成相同，绘图时光标点会捕捉显示出来的小点。按钮按下时为开，弹起时为关。如果触发该按钮，在命令行上会显示"〈栅格开〉"或"〈栅格关〉"的提示信息。

捕捉和栅格提供了一种精确绘图工具。通过捕捉可以将屏幕上的拾取点锁定在特定的位置上，而这些位置隐含了间隔捕捉点。栅格是在屏幕上可以显示出来的具有指定间距的线，这些

线只是在绘图时提供一种参考作用，其本身不是图形的组成部分，也不会被输出。栅格设定太密时，在屏幕上显示不出来。栅格间距可以自行设定。

命令：Dsettings

在状态栏"捕捉模式"或"栅格显示"按钮上右击选择"设置"命令。

执行该命令后，弹出图12-15所示的"草图设置"对话框，其中第1个选项卡即为"捕捉和栅格"选项卡。

该选项卡中包含了"启用捕捉"和"启用栅格"复选框，"捕捉间距""栅格样式""极轴间距""栅格间距""捕捉类型"和"栅格行为"6个选项组。

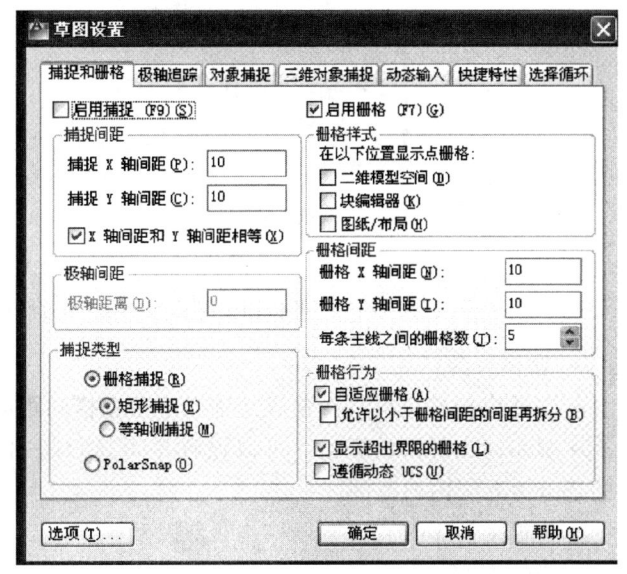

图12-15 "捕捉和栅格"选项卡

- 启用捕捉

选中该复选按钮用于打开捕捉功能。

- 启用栅格

选中该复选按钮用于打开栅格显示。

- 捕捉间距

➢ 捕捉 X 轴间距：设定捕捉在 X 方向上的间距。

➢ 捕捉 Y 轴间距：设定捕捉在 Y 方向上的间距。

➢ X 轴间距和 Y 轴间距相等：约束两个方向捕捉的间距相等。

- 栅格样式

设置显示栅格的位置，包括二维模型空间、块编辑器和图纸/布局。

- 极轴间距

设定在极轴捕捉模式下的极轴间距。

- 栅格间距

➢ 栅格 X 轴间距：设定栅格在 X 方向上的间距。

➢ 栅格 Y 轴间距：设定栅格在 Y 方向上的间距。

➢ 每条主线之间的栅格数：设置主栅格线之间的栅格数。

- 捕捉类型

➢ 栅格捕捉：设定成栅格捕捉，分成矩形捕捉和等轴测捕捉两种方式。

◇ 矩形捕捉：X 和 Y 成 90°的捕捉格式。

◇ 等轴测捕捉：设定成正等轴测捕捉方式。

图12-16 所示为栅格捕捉状态下30°角和等轴测捕捉模式下的屏幕示例。

在等轴测捕捉模式下，可以按〈F5〉键或〈Ctrl + D〉组合键在3个轴测平面之间切换。

➢ 极轴捕捉（PolarSnap）：设定成极轴捕捉模式，单击该单选按钮后，极轴间距有效，而捕捉间距无效。

 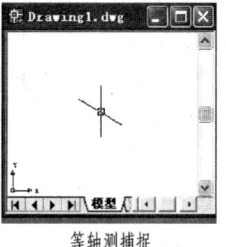

栅格捕捉（30°）　　　　　　　等轴测捕捉

图 12-16　栅格捕捉状态下 30°角和等轴测捕捉模式下的屏幕示例

- 栅格行为
  - 自适应栅格：可以设置成允许以小于栅格间距的距离再拆分。
  - 显示超出界限的栅格：可以设置是否显示超出界限部分的栅格。一般不显示，则有栅格的部分为界限内的范围。
  - 遵循动态 UCS：设置栅格是否跟随动态 UCS。
- 选项按钮

单击该按钮，将弹出"选项"对话框。

（4）"正交"按钮　用于控制用户所绘制的线或移动时的位置保持水平或垂直的方向。当对象捕捉开关打开时，如果捕捉到对象上的指定点，则正交模式暂时失效。按钮按下时为开，弹起时为关。如果触发该按钮，在命令行上会显示"〈正交 开〉"或"〈正交 关〉"的提示信息。

（5）"极轴追踪"按钮　在用户绘图的过程中，系统将根据用户的设定，显示一条跟踪线，在跟踪线上可以移动光标进行精确绘图。系统的默认极轴为 0°、90°、180°、270°，用户可以通过"草图设置"对话框中的"极轴追踪"选项卡，修改或增加极轴的角度或数量，如图 12-17 所示。状态栏中按钮按下时为开，弹起时为关。如果触发该按钮，在命令行上会显示"〈极轴 开〉"或"〈极轴 关〉"的提示信息。打开极轴追踪绘图时，当光标移到极轴附近时，系统将显示极轴，并显示光标当前的方位，如图 12-18 所示。

利用极轴追踪可以在设定的极轴角度上根据提示精确移动光标。极轴追踪提供了一种拾取特殊角度的点的方法。

命令：Dsettings

在状态栏"极轴追踪"按钮上右击选择"设置"命令。

该选项卡中包含了"启用极轴追踪"复选框，极轴角设置、对象捕捉追踪设置和极轴角测量 3 个选项组。

1）启用极轴追踪。该复选按钮用于控制在绘图时是否使用极轴追踪。

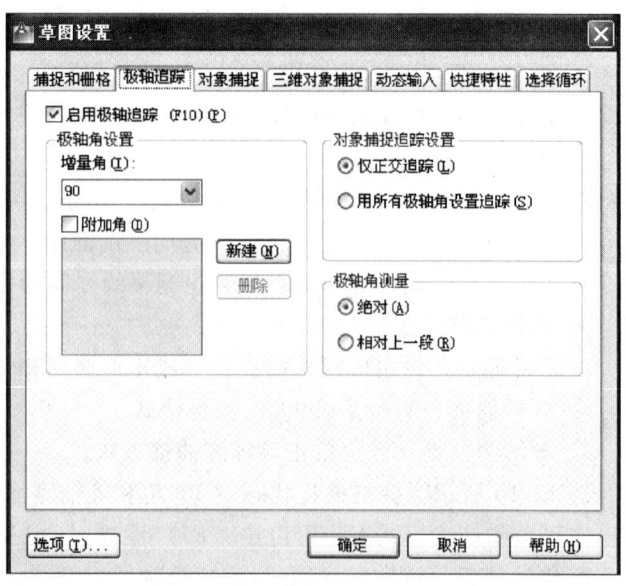

图 12-17　"极轴追踪"选项卡

2）极轴角设置。

- 增量角：设置角度增量大小。默认为90°，即捕捉90°的整数倍角度：0°、90°、180°、270°。用户可以通过下拉列表框选择其他的预设角度，也可以输入新的角度。绘图时，当光标移到设定的角度及其整数倍角度附近时，自动被"吸"过去并显示极轴和当前方位。

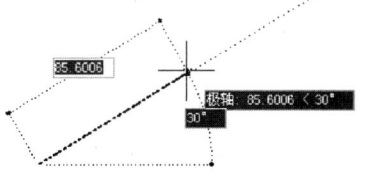

图12-18 极轴追踪精确定位

- 附加角：该复选框设定是否启用附加角。附加角和增量角不同，在极轴追踪中会捕捉增量角及其整数倍角度，并且会捕捉附加角设定的角度，但不一定捕捉附加角的整数倍角度。如设定了角增量为45°，附加角为30°，则自动捕捉的角度为0°、45°、90°、135°、180°、225°、270°、315°及30°，不会捕捉60°、120°、240°、300°。
- "新建"按钮：新增一个附加角。
- "删除"按钮：删除一个选定的附加角。

3）对象捕捉追踪设置。

- 仅正交追踪：仅仅在对象捕捉追踪时采用正交方式。
- 用所有极轴角设置追踪：在对象捕捉追踪时采用所有极轴角。

4）极轴角测量。

- 绝对：设置极轴角为绝对角度，在极轴显示时有明确的提示。
- 相对上一段：设置极轴角为相对于上一段的角度，在极轴显示时有明确的提示。

注意：

在绘图过程中，如果希望鼠标在指定的方向上，则可以临时输入"<XX"来设定。例如在执行Line命令中，输入第2点前输入"<17"并按〈Enter〉键，则在单击第2点时鼠标指引线将会被限制在17°和197°的方向上。该用法可以用在已知第1点而需要确定另一点以便得到长度或方向时。该用法称为"角度替代"。

【例12-1】 绘制一对角线长300，对角线角度为39°的矩形。

命令:rectang↙	下达矩形命令
指定第1个角点或[倒角(C)/标高(E)/圆角(F)/厚度(T)/宽度(W)]:100,100↙	输入第1个角点坐标
指定另一个角点或[面积(A)/尺寸(D)/旋转(R)]:<39↙	输入替代角度
角度替代:39	
指定另一个角点或[面积(A)/尺寸(D)/旋转(R)]:300↙	输入对角线长度

（6）"对象捕捉"按钮 通过对象捕捉可以精确地取得如直线的端点、中点、垂足，圆或圆弧的圆心、切点、象限点等，这是精确绘图所必需的。按钮按下时为开，弹起时为关。如果触发该按钮，在命令行上会显示"〈对象捕捉 开〉"或"〈对象捕捉 关〉"的提示信息。在绘图过程中，如果设定了相应的对象捕捉模式并启用对象捕捉，提示输入点时，当光标移到对象上，会显示系统自动捕捉点。如果同时设定了多种捕捉功能，系统将首先显示离光标最近的捕捉点，此时移动光标到其他位置，系统将会显示其他捕捉点。不同的提示形状表示不同的捕捉点，详见"草图设置"对话框中的"对象捕捉"选项卡。如图12-19所示，虽然光标点在圆周上，但由于圆心捕捉功能打开了，所以绘制直线的终点在圆心上。对象捕捉点具体的设定和含义，在后面会详细介绍。

绘制的图形的各组成元素之间一般不是孤立，而是相互关联的，如一个图形中有一个矩形和一个圆，该圆和矩形之间的

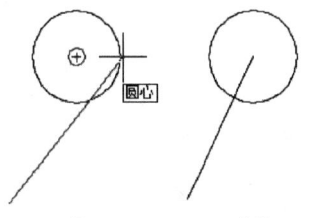

开始　　　　结果

图12-19 对象捕捉功能

相对位置必须确定。如果圆心在矩形的左上角顶点上，在绘制圆时，必须以矩形的该顶点为圆心来绘制，应采用捕捉矩形顶点方式来精确定点。以此类推，几乎在所有的图形中，都会频繁涉及对象捕捉。

1）对象捕捉模式。不同的对象可以设置不同的捕捉模式。

命令：Dsettings

在状态栏中"对象捕捉"按钮上右击选择"设置"命令，弹出"草图设置"对话框中的"对象捕捉"选项卡，如图12-20所示。

"对象捕捉"选项卡中包含了"启用对象捕捉"和"启用对象捕捉追踪"两个复选框及"对象捕捉模式"选项组。

① 启用对象捕捉。该复选框控制是否启用对象捕捉。

② 启用对象捕捉追踪。该复选框控制是否启用对象捕捉追踪。如图12-21所示，捕捉该正六边形的中心，可以打开对象捕捉追踪，然后在输入点的提示下，首先将光标移到直线 A 上，出现中点提示后，将光标移到端点 B 上，出现端点提示后，向左移到中心位置附近，出现提示后单击，该点即是中心点。

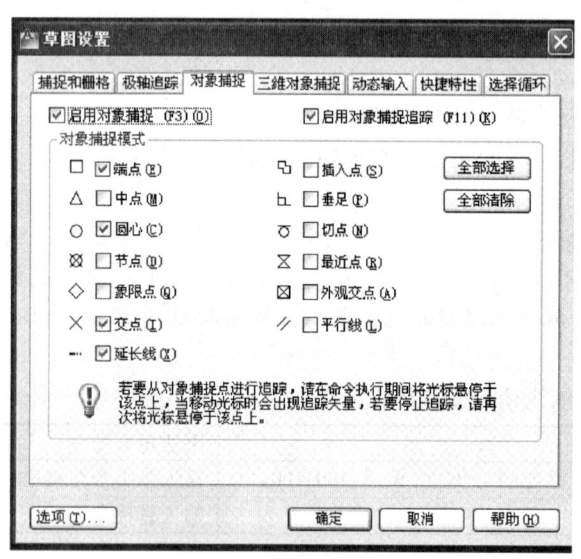

图 12-20 "对象捕捉"选项卡

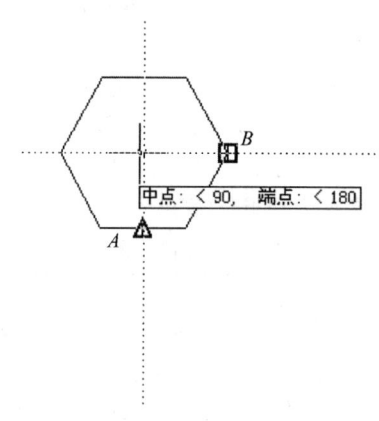

图 12-21 对象捕捉追踪

③ 对象捕捉模式。

- 端点（ENDpoint）：捕捉直线、圆弧、多段线、填充直线、填充多边形等端点，拾取点靠近哪个端点，即捕捉哪个端点，如图12-22所示。
- 中点（MIDpoint）：捕捉直线、圆弧、多段线的中点。对于参照线，"中点"将捕捉指定的第1点（根）。当选择样条曲线或椭圆弧时，"中点"将捕捉对象起点和端点之间的中点，如图12-23所示。

图 12-22 捕捉端点

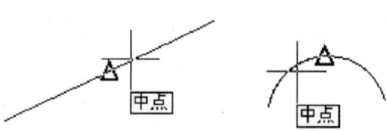

图 12-23 捕捉中点

- 圆心（CENter）：捕捉圆、圆弧或椭圆弧的圆心，拾取时只需拾取圆、圆弧、椭圆弧而非圆心，如图 12-24 所示。
- 节点（NODe）：捕捉点对象及尺寸的定义点，如图 12-25a 所示。块中包含的点可以用作快速捕捉点。

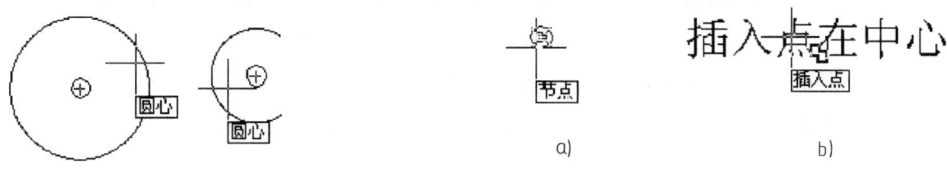

图 12-24　捕捉圆心　　　　　图 12-25　捕捉节点和插入点

- 插入点（INSertion）：捕捉块、文字、属性、形、属性定义等插入点。如果选择块中的属性，AutoCAD 将捕捉属性的插入点而不是块的插入点。为此，如果一个块完全由属性组成，只有当其插入点与某个属性的插入点一致时才能捕捉到其插入点，如图 12-25b 所示。
- 象限点（QUAdrant）：捕捉到圆弧、圆或椭圆的最近的象限点（0°、90°、180°、270°点）。圆和圆弧的象限点的捕捉位置取决于当前用户坐标系（UCS）方向。要显示"象限点"捕捉，圆或圆弧的法线方向必须与当前用户坐标系的 Z 轴方向一致。如果圆弧、圆或椭圆是旋转块的一部分，那么象限点也随着块旋转，如图 12-26 所示。

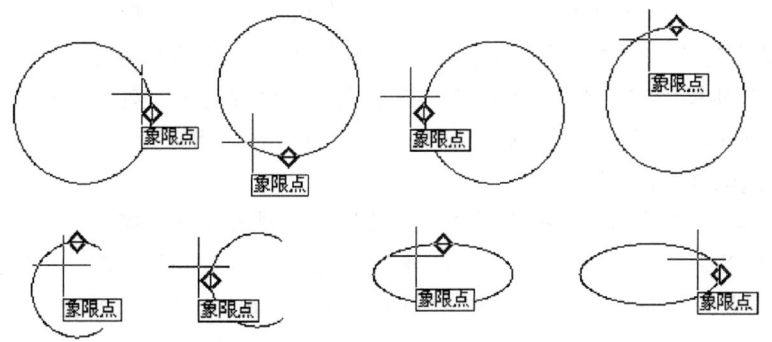

图 12-26　捕捉象限点

- 交点（INTersection）：捕捉两个图形元素的交点，这些对象包括圆弧、圆、椭圆、椭圆弧、直线、多线、多段线、射线、样条曲线或参照线，如图 12-27 所示。"交点"可以捕捉面域或曲线的边，但不能捕捉三维实体的边或角点。块中直线的交点同样可以捕捉。如果块以一致的比例进行缩放，可以捕捉块中圆弧或圆的交点。

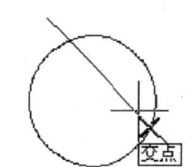

图 12-27　捕捉交点

- 延伸（EXTension）：可以使用"延伸"对象捕捉延伸直线和圆弧。与"交点"或"外观交点"一起使用"延伸"，可以获得延伸交点。要使用"延伸"，在直线或圆弧端点上暂停后将显示小的加号（+），表示直线或圆弧已经选定，可以用于延伸。沿着延伸路径移动光标将显示一个临时延伸路径。如果"交点"或"外观交点"处于"开"状态，就可以找出直线或圆弧与其他对象的交点，如图 12-28 所示。
- 垂足（PERpendicular）："垂足"可以捕捉到与圆弧、圆、参照、椭圆、椭圆弧、直线、多线、多段线、射线、实体或样条曲线正

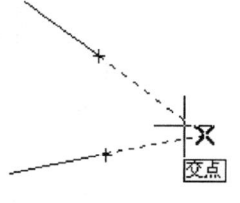

图 12-28　捕捉延伸交点

交的点，也可以捕捉到对象的外观延伸垂足，最后结果是垂足未必在所选对象上。当用"垂足"指定第 1 点时，AutoCAD 将提示指定对象上的一点。当用"垂足"指定第 2 点时，AutoCAD 将捕捉刚刚指定的点以创建对象或对象外观延伸的一条垂线。对于样条曲线，"垂足"将捕捉指定点的法向矢量所通过的点。法向矢量将捕捉样条曲线上的切点。如果指定点在样条曲线上，则"垂足"将捕捉该点。在某些情况下，垂足对象捕捉点不太明显，甚至可能会没有垂足对象捕捉点存在。如果"垂足"需要多个点以创建垂直关系，AutoCAD 显示一个递延的垂足自动捕捉标记和工具栏提示，并且提示输入第 2 点。图 12-29 所示为绘制一条直线，同时垂直于直线和圆，在输入点的提示下，采用"垂足"响应。

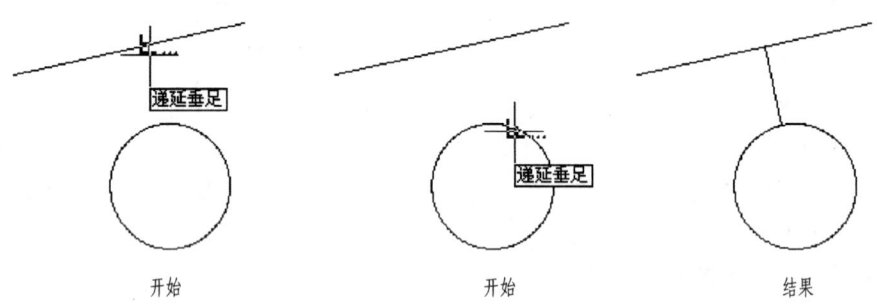

图 12-29　捕捉垂足

● 外观交点（APParent Intersection）：和交点类似的设定，捕捉空间两个对象的视图交点。注意在屏幕上看上去"相交"，如果第 3 个坐标不同，这两个对象并不真正相交。采用"交点"模式无法捕捉该"交点"。如果要捕捉该点，应该设定成"外观交点"。

● 快速（QUIck）：当用户同时设定了多个捕捉模式时，捕捉发现的第 1 个点。该模式为 AutoCAD 设定的默认模式。

● 无（NONe）：不采用任何捕捉模式，一般用于临时覆盖捕捉模式。

● 切点（TANgent）：捕捉与圆、圆弧、椭圆相切的点。如采用 TTT、TTR 方式绘制圆时，必须和已知的直线或圆、圆弧相切。如绘制一条直线和圆相切，则该直线的一个端点和切点之间的连线保证和圆相切。对于块中的圆弧和圆，如果块以一致的比例进行缩放并且对象的厚度方向与当前 UCS 平行，就可以使用切点捕捉。对于样条曲线和椭圆，指定的另一个点必须与捕捉点处于同一平面。如果"切点"对象捕捉需要多个点建立相切的关系，则 AutoCAD 显示一个递延的自动捕捉"切点"标记和工具栏提示，并提示输入第 2 点。要绘制与两个或三个对象相切的圆，可以使用递延的"切点"创建两点或三点圆。图 12-30 所示为绘制一条直线垂直于直线并和圆相切时的捕捉切点。

● 最近点（NEArest）：捕捉该对象上和拾取点最靠近的点，如图 12-31 所示。

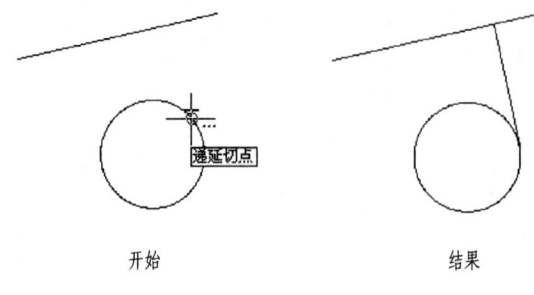

图 12-30　捕捉切点

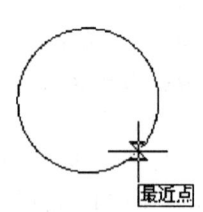

图 12-31　捕捉最近点

● 平行 (PARallel): 绘制直线时应用"平行"捕捉。要想应用单点对象捕捉,先要指定直线的"起点",选择"平行"对象捕捉(或将"平行"对象捕捉设置为执行对象捕捉),然后移动光标到要与之平行的对象上,随后将显示小的平行线符号,表示此对象已经选定。再移动光标,在接近与选定对象平行时自动"跳到"平行的位置。该平行对齐路径以对象和命令的起点为基点。可以与"交点"或"外观交点"对象捕捉一起使用"平行"捕捉,从而找出平行线与其他对象的交点。

【例 12-2】 从圆上一点开始,绘制直线的平行线。

在提示输入下一点时,将光标移到直线上,如图 12-32a 所示。然后将光标移到与直线平行的方向附近,此时会自动出现"平行"提示,如图 12-32b 所示。绘制该平行线,结果如图 12-32c 所示。

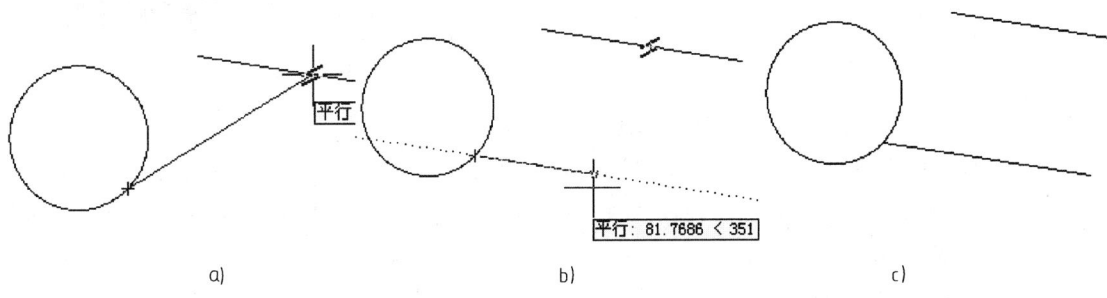

图 12-32 绘制平行线

● 捕捉自 (FROm): 定义从某对象偏移一定距离的点。"捕捉自"不是对象捕捉模式之一,但往往和对象捕捉一起使用。

● 临时追踪: 创建对象捕捉所使用的临时点。

【例 12-3】 如图 12-33 所示,要绘制一个半径为 25 的圆,其圆心位于正六边形正右方相距 50 的位置。

命令:circle↙
指定圆的圆心或[三点(3P)/两点(2P)/相切、相切、半径(T)]:单击"捕捉自"按钮 _from
基点:单击点 A,随即将光标移到点 A 正右方(或在下面提示下输入"@50<0")
〈偏移〉:50↙
指定圆的半径或[直径(D)]:25↙

2) 设定对象捕捉的方式。设定对象捕捉方式有以下几种方法。

● 按钮:

● 快捷菜单:在绘图区,按〈Shift〉键 + 鼠标右键执行,如图 12-34 所示。

● 键盘输入包含前 3 个字母的词:如在提示输入点时输入"MID",此时会用中点捕捉模式覆盖其他对象捕捉模式,同时可以用如"END, PER, QUA"和"QUI, END"的方式输入多个对象捕捉模式。

● 通过前面介绍的"对象捕捉"选项卡来设置。

(7)"三维对象捕捉"按钮 控制三维对象的执行对象捕捉设置。使用执行对象捕捉设置(也称为对象捕捉),可以在对象上的精确位置指定捕捉点(如三维对象顶点、边中点、面中心、节点、垂足等)。选择多个选项后,将应用选定的捕捉模式,以返回距离靶框中心最近的

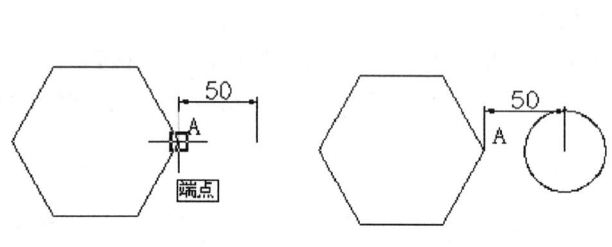
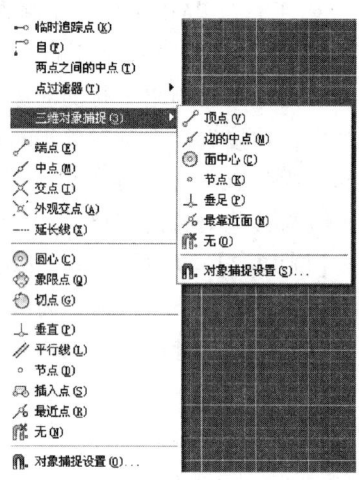

图 12-33 捕捉自　　　　　图 12-34 对象捕捉快捷菜单

点。按〈Tab〉键可以在这些选项之间循环。

(8)"对象捕捉追踪"按钮　该开关按钮处于打开状态时,用户可以通过捕捉对象上的关键点,然后沿正交方向或极轴方向拖动光标,系统将显示光标当前位置与捕捉点之间的关系。找到符合要求的点时,直接单击拾取。图 12-35 所示捕捉圆心向下 (270°) 50.8983 单位的点。按钮按下时为开,弹起时为关。如果触发该按钮,在命令行上会显示"〈对象捕捉追踪 开〉"或"〈对象捕捉追踪 关〉"的提示信息。

(9)"允许/禁止动态 UCS"按钮　允许或禁止动态 UCS。使用动态 UCS 功能,可以在创建对象时使 UCS 的 *XY* 平面自动与实体模型上的平面临时对齐。可以通过〈F6〉键、〈Ctrl + D〉组合键进行切换。

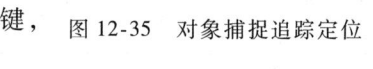

(10)"动态输入"按钮　启用时,可以在光标附近的输入文本框中输入数据。如图 12-36 所示,其中图 a 所示为输入距离,图 b 所示为输入距离和角度。输入距离后按〈Tab〉键会显示一个锁定图标然后输入角度。如果输入值后按〈Enter〉键,则后面的输入要求将被忽略,且该值将被视为直接距离。

图 12-35 对象捕捉追踪定位

(11)"线宽"按钮　用户可在画图时直接为所画的对象指定其线宽或在图层中设定其线宽。线宽显示按钮可以在状态栏单击或右击后选择"开/关"及通过"线宽设置"对话框来控制。按钮按下时为开,弹起时为关。如果触发该按钮,在命令行上会显示"〈线宽 开〉"或"〈线宽 关〉"的提示信息。当某对象被设定了线宽,同时该按钮打开时,一般在屏幕上显示其宽度,如图 12-37 所示。

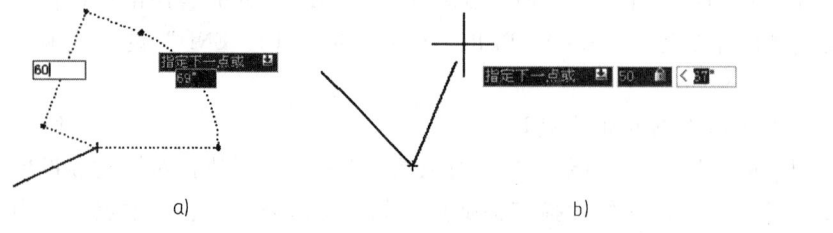
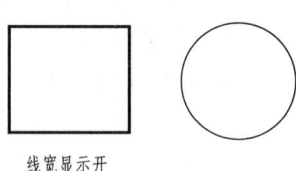

　　　a)　　　　　　　　　　　　　　b)　　　　　　　　　　线宽显示开

图 12-36 动态输入　　　　　　　　　　　图 12-37 线宽特性

（12）"显示/隐藏透明度"按钮　用于控制透明度设置是否启用。

（13）"快捷特性"按钮　对于显示在"特性"选项板中的特性，"快捷特性"选项板可显示可自定义的子集，也可以自定义对象类型，这些对象在选定后或双击时显示在"快捷特性"选项板中。

"快捷特性"与"特性"选项板上的特性及用鼠标悬停工具提示的特性相同。

（14）选择"循环"按钮　"选择循环"允许选择重叠的对象，可以配置"选择循环"列表框的显示设置。

（15）"模型""图纸"按钮　用于在模型空间和图纸空间之间切换。在一般情况下，模型空间用于图形的绘制，图纸空间用于图纸布局，方便输出控制。系统处于模型空间和图纸空间时显示的坐标系图标不同。控制进入模型或图纸空间，可直接在状态栏"模型"/"图纸"按钮上单击或在绘图区下的"模型/布局"选项卡上单击。模型空间如图12-38所示。图纸布局空间如图12-39所示。

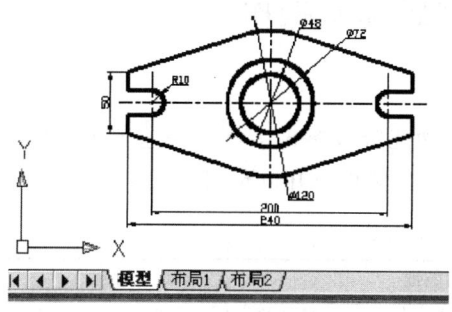

图12-38　模型空间

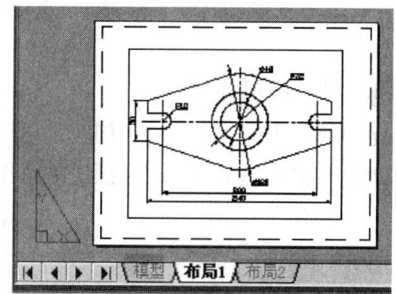

图12-39　图纸布局空间

以上各状态按钮的控制方法如下。

- 在状态栏对应的按钮上单击。
- 通过功能键（表12-1）控制。
- 在状态栏对应的按钮上单击鼠标右键，弹出快捷菜单后从中选择开/关。
- 在状态栏对应的按钮上单击鼠标右键，选择"设置"，进入"草图设置"对话框进行设定。
- 通过菜单"工具"→"草图设置"进入"草图设置"对话框进行设定。
- 执行命令"Dsettings"，进入"草图设置"对话框进行设定。

通过绘图区按住〈Shift〉键并单击鼠标右键，在弹出的菜单中选择"对象捕捉设置"，弹出"草图设置"对话框，进行设置。

（16）"快速查看布局"按钮　将当前图形的模型空间与布局显示为一行快速查看布局图像。可以在快速查看布局图像上单击鼠标右键查看布局选项。

（17）"快速查看图形"按钮　将所有当前打开的图形显示为一行快速查看图形图像。将光标悬停在快速查看图形图像上时，还可以预览打开图形的模型空间与布局，并在其间进行切换。

（18）"注释比例"按钮　注释比例是与模型空间、布局视口和模型视图一起保存的设置。将注释性对象添加到图形中时，它们将支持当前的注释比例，根据该比例设置进行缩放，并自动以正确的大小显示在模型空间中。

在图形中创建注释性对象后，它支持一个注释比例，即创建该对象时的当前注释比例。用户可以更新注释性对象，以支持其他注释比例。

(19)"切换工作空间"按钮 使用"自定义用户界面"(CUI)编辑器创建工作空间、更改工作空间的特性以及在所有工作空间中显示某个工具栏。

(20)"工具栏窗口位置锁定"按钮 单击该按钮,弹出设置锁定或解锁菜单,如图 12-40 所示,用于设置各对象位置的锁定或解锁。

(21)"硬件加速"按钮 控制是否使用硬件进行加速,包括图形的显示和打印。

(22)"应用程序状态栏菜单"按钮 用于控制显示或关闭的应用程序状态栏项目。

(23)"全屏显示切换开关"按钮 控制是否全屏显示。

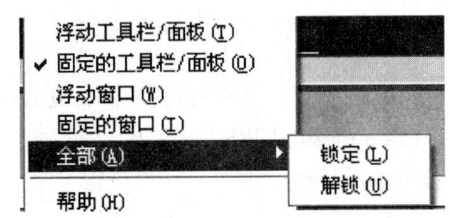

图 12-40 设定工具栏窗口位置的锁定或解锁

12.4 AutoCAD 中文版基本操作

12.4.1 按键定义

AutoCAD 中定义了不少功能键和热键。通过这些功能键或热键,可以快速实现指定功能。熟悉功能键和热键,可以简化不少操作。AutoCAD 中预定义的常用功能键见表 12-1。

表 12-1 预定义的常用功能键

功能键	作用	功能键	作用
F1、Shift + F1	联机帮助(Help)	Ctrl + H	切换 Pickstyle
F2	文本窗口按钮(Textscr)	Ctrl + I	切换 Coords,状态栏坐标显示方式
F3、Ctrl + F	对象捕捉按钮(Osnap)	Ctrl + J、Ctrl + M	重复上一个命令
F4、Ctrl + T	三维对象捕捉开关	Ctrl + N	创建新图形
F5、Ctrl + E	等轴测平面右/左/上转换按钮(Isoplane)	Ctrl + O	打开现有图形
F6、Ctrl + D	DUCS 按钮	Ctrl + P	打印当前图形
F7、Ctrl + G	栅格显示按钮(Grid)	Ctrl + R	在布局视口之间循环
F8、Ctrl + L	正交模式按钮(Ortho)	Ctrl + S	保存当前图形
F9、Ctrl + B	捕捉模式按钮(Snap)	Ctrl + Shift + S	弹出"另存为"对话框
F10、Ctrl + U	极轴按钮	Ctrl + V	粘贴剪贴板中的数据
F11、Ctrl + W	对象捕捉追踪按钮	Ctrl + Shift + V	将剪贴板中的数据粘贴为块
F12	DYN 动态输入按钮	Ctrl + X	将对象剪切到剪贴板
Ctrl + 0	切换"清除屏幕"	Ctrl + Y	取消前面的"放弃"动作
Ctrl + 1	切换"特性"选项板	Ctrl + Z	撤销上一个操作
Ctrl + 2	切换设计中心	Ctrl + [	取消当前命令
Ctrl + 3	切换"工具选项板"窗口	Ctrl + Page Up	移至当前选项卡左边的下一个布局选项卡
Ctrl + 4	切换"图纸集管理器"		
Ctrl + 5	切换"信息选项板"	Ctrl + Page Down	移至当前选项卡右边的下一个布局选项卡
Ctrl + 6	切换"数据库连接管理器"		
Ctrl + 7	切换"标记集管理器"	Ctrl +	选择实体时可以循环选取,选择打开文件时可以间隔选取
Ctrl + 8	切换"快速计算器"选项板		
Ctrl + 9	切换命令窗口		
Ctrl + A	选择图形中的对象	Shift +	选择文件时可以连续选取
Ctrl + Shift + A	切换组	Alt +	执行菜单
Ctrl + F4	关闭 AutoCAD	Space、Enter	重复执行上一次命令,在输入文字时〈Space〉键不同于〈Enter〉键
Ctrl + C	将对象复制到剪贴板		
Ctrl + Shift + C	使用基点将对象复制到剪贴板	Esc	中断命令执行

12.4.2 命令输入方式

AutoCAD 交互绘图必须输入必要的指令和参数。常用的命令输入方式包括通过单击功能区控制面板按钮，键盘输入命令缩写或命令名，通过菜单、工具栏输入或通过选项板按钮输入等。下面介绍最常用的输入方式。

1. 按钮输入命令

单击功能区控制面板按钮（图 12-1）、选项板按钮（图 12-4），可以输入该按钮对应的命令，这是最常用的输入命令的方式。

2. 使用鼠标右键输入

在不同的区域单击鼠标右键，弹出不同的快捷菜单。在绘图区单击鼠标右键，弹出的快捷菜单如图 12-41 所示。如按〈Shift〉+鼠标右键，则打开图 12-42 所示的快捷菜单。

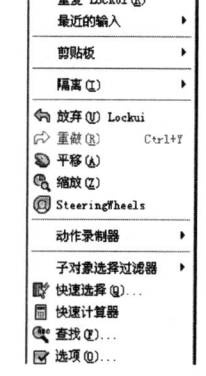

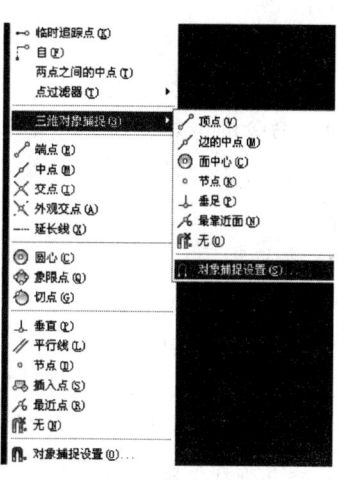

图 12-41　单击鼠标右键弹出的快捷菜单　　　图 12-42　按〈Shift〉+鼠标右键弹出的快捷菜单

3. 键盘输入命令

所有的命令均可以通过键盘输入（不分大、小写）。对一些不常用的命令，在打开的工具栏中或在菜单中找不到，可以通过键盘直接输入。对命令提示中必须输入的参数，也可以通过键盘输入。

部分命令通过键盘输入时可以缩写，此时可以只输入很少的字母即可执行该命令，如"Circle"命令的缩写为"C"（不分大、小写）。用户可以定义自己的命令缩写。

在大多数情况下，直接输入命令会打开相应的对话框。如果不想使用对话框，可以在命令前加上"-"，如"-Layer"，此时不打开"图层特性管理器"对话框，而是显示等价的命令行提示信息，同样可以对图层特性进行设定。

4. 菜单输入命令

用左键在主菜单中单击下拉菜单，再选择对应的命令。如果有下一级子菜单，则移动到命令后略作停顿，自动弹出下一级子菜单，选择对应的子命令即可。

通过快捷键输入菜单命令，用〈Alt〉键和菜单中的带下画线字母或光标移动键选择菜单和命令，按〈Enter〉键即可。

12.4.3 透明命令

能够在其他命令执行过程中运行的命令称为透明命令。透明命令一般用于环境的设置或辅助绘图。

输入透明命令应该在普通命令前加一个撇号（'），执行透明命令后会出现"〉〉"提示符。透明命令执行完成后，继续执行原命令。

不是所有的命令都可以透明执行，只有那些不选择对象、不创建新对象、不导致重生成及结束绘图任务的命令才可以透明执行。

【例 12-4】 画线过程中透明执行平移命令。

命令:_line	
指定第 1 点:单击一点指定下一点或[放弃(U)]:单击"视图"→"平移"→"实时"	透明执行平移命令
'_pan	
〉〉按 Esc 键或 Enter 键退出,或单击鼠标右键显示快捷菜单。	
按〈Esc〉键	结束平移命令
正在恢复执行 LINE 命令	
指定下一点或[放弃(U)]:单击另一点	继续直线命令
指定下一点或[闭合(C)/放弃(U)]:✓	结束直线绘制

12.4.4 命令的重复、终止、撤销、重做

在绘图的过程中经常要重复、终止、撤销或重做某一条命令。AutoCAD 提供了多种方式实现该功能。

1. 命令的重复

命令重复执行有以下方法。

1) 在出现命令提示时按〈Enter〉键或〈Space〉键可以快速重复执行上一条命令。

2) 在绘图区单击鼠标右键选择"重复 XXX 命令"执行上一条命令。

3) 在命令提示窗口或文本窗口中单击鼠标右键，在弹出的快捷菜单中选择"近期使用的命令"命令，可选择最近执行的 6 条命令之一重复执行。

4) 在命令行中输入"Multiple"，在下一个提示后输入要执行的命令，将会重复执行该命令直到按〈Esc〉键为止。

2. 命令的终止和撤销

正在执行的命令可以用以下方法终止和撤销。

1) 用户可以按〈Esc〉键或〈Ctrl + Break〉组合键中断正在执行的命令，如取消对话框，废除一些命令的执行，个别命令除外。但在某些命令中，并不取消该命令已经执行完成的部分，如执行画线命令已经绘制了连续的几条线，再按〈Esc〉键，此时中断画线命令，不再继续，但已经绘制好的线条并不消失。

2) 连续按两次〈Esc〉键可以终止绝大多数命令的执行，回到"命令:"提示状态。连续按两次〈Esc〉键也可以取消夹点编辑方式显示的夹点。

3) 采用 U、UNDO 及其组合，可以撤销前面执行的命令直到存盘时或开始绘图时的状态，同样可以撤销指定的若干次命令或回到做好的标记处。

4) 撤销命令可通过键盘输入 U（不带参数选项）或 UNDO（可带有不同的参数选项）命令或选择"编辑"→"撤销"命令，或者通过单击快速访问工具栏中的 按钮或按〈Ctrl + Z〉组合键来完成。如果单击快速访问工具栏"撤销"后面向下的箭头，会弹出之前执行过的命令，用户可以选择撤销到之前的某个命令处。

3. 命令的重做

已被撤销的命令还可以恢复重做。要恢复撤销的最后一个命令，可以输入 REDO 或通过

"编辑"→"重做"来执行。不过,重做命令仅限恢复最近的一个命令,无法恢复以前被撤销的命令。如果是刚用 U 命令撤销的命令,可以按〈Ctrl + Y〉组合键重做。用户可以单击快速访问工具栏中的重做按钮执行重做,单击其后的箭头,可以恢复重做到指定的位置。

12.4.5 坐标形式

坐标分为直角坐标和极坐标两种,又各自分为绝对坐标和相对坐标两种形式。通过键盘可以精确输入坐标。输入坐标时,一般显示在命令行。如果动态输入按钮打开,可以在图形上的动态输入文本框中输入数值,通过按〈Tab〉键在字段之间切换。键盘输入坐标包括直角坐标和极坐标。

1. 直角坐标

直角坐标有以下两种。

1) 绝对直角坐标。输入点的坐标。在二维图形中,Z 坐标可以省略,如"10, 20"指点的坐标为 (10, 20, 0)。

2) 相对直角坐标。输入相对坐标,必须在前面加上"@"符号,如"@10, 20"指该点相对于当前点,沿 X 方向移动 10,沿 Y 方向移动 20。

2. 极坐标

极坐标有以下两种。

1) 绝对极坐标。给定距离和角度,在距离和角度中间加一个"<"符号,且规定 X 轴正向为 $0°$,Y 轴正向为 $90°$,如"20<30"指距原点 20,与 X 轴正方向夹角为 $30°$的点。

2) 相对极坐标。在距离前加"@"符号,如"@20<30"指输入的点与上一点的距离为 20,和上一点的连线与 X 轴成 $30°$。

通过鼠标指定坐标,只需在对应的坐标点上单击即可。图 12-43 所示为 4 种坐标图例。

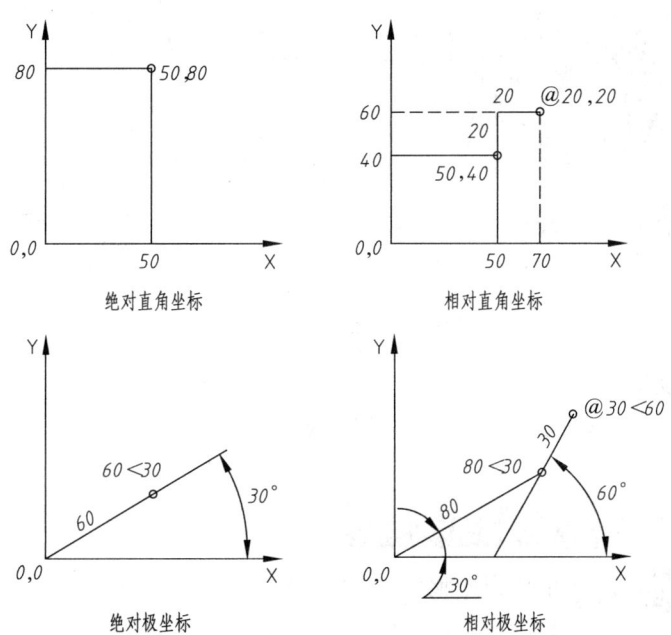

图 12-43 4 种坐标图例

注意:

当状态栏"极轴追踪"按钮打开时,随着十字光标的移动,在状态栏左侧会相应地显示追踪的极点坐标。如果动态输入按钮"DYN"打开,则绘制的图形上会动态显示大小和方位等信息。

12.5 文件操作命令

文件操作包括新建、打开、保存、赋名存盘等。

12.5.1 新建文件

开始绘制一幅新图,首先应该新建文件。

命令:New

　　　Qnew

快速访问工具栏:

菜单浏览器:→"新建"→"图形"

执行"新建文件"命令,弹出图12-44所示的"选择样板"对话框。用户选择合适的样板文件,单击"打开"按钮进入绘图界面。

图 12-44 "选择样板"对话框

12.5.2 打开文件

对已有的文件进行编辑或浏览,首先应打开文件。

命令:Open

快速访问工具栏:

菜单浏览器:→"打开"→"图形"

执行"打开"命令后弹出图12-45所示的"选择文件"对话框。

在该对话框中可以同时打开多个文件。按〈Ctrl〉键依次单击多个文件或按〈Shift〉键连续选中多个文件,单击"打开"按钮即可,如图12-45所示。

单击"打开"按钮右侧的向下小箭头,选中"以只读方式打开"后,打开的文件不可被

图 12-45 "选择文件"对话框

更改，即只能读不能改。可打开的文件类型包括图形". dwg"、标准". dws"、". dxf"和图形样板". dwt"。

12.5.3 保存文件

对文件进行了有效的编辑后，必须存盘保留已经编辑的文件。

命令：Save

快速访问工具栏：

菜单浏览器：→"保存"

如果所编辑的图形文件已经取过名字，则不进行任何提示，系统直接将图形以当前文件名存盘；如果未取名，将"Drawing"加上序号作为预设的文件名，该序号系统自动检测，在现有的最大序号上加 1，并且弹出如"赋名存盘"一样的对话框，以让用户确认文件名后保存，其操作过程见"赋名存盘"。

12.5.4 赋名存盘

如果要对编辑的文件另取名称保存，应执行赋名存盘。

命令：Saveas…

快速访问工具栏：

菜单浏览器：→"另存为"

执行该命令后，弹出图 12-46 所示的"图形另存为"对话框。

在"文件名"文本框中输入图形文件名，单击"保存"按钮，即可将编辑的图形以该名保存。

如果想改变文件存放的位置，可以单击"保存于（I）"下拉列表框右侧的向下小箭头，弹出目录后，单击希望的目录即可。如果希望以其他格式（.dxf，.dwt，.dws）存盘，则在"文件类型"下拉列表框中选取。

图 12-46 "图形另存为"对话框

12.6 绘图环境设置

在正确安装 AutoCAD 中文版之后，即可运行并进行图形绘制了。但用户往往会发现，很多地方并不符合自己的愿望。例如：希望绘图时的精度为 2 位小数，显示出来的却是 4 位小数；希望不仅能捕捉预定角度的极轴，而且还能捕捉 20°的极轴；希望屏幕背景为白色，默认颜色却是黑色；希望能够自动捕捉直线的端点、终点、垂足等。这些都和图形绘制的环境有关。

设置了合适的绘图环境，不仅可以简化大量的调整、修改工作，而且有利于统一格式，便于图形的管理和使用。下面介绍图形环境设置方面的知识，其中包括图形界限、单位、颜色、线型、线宽、图层和选项设置。

12.6.1 图形界限

图形界限是绘图的范围，相当于手工绘图时图纸的大小。设定合适的图形界限，有利于确定图形绘制的大小、比例、图形之间的距离，有利于检查图形是否超出"图框"。

命令：Limits

命令及提示如下。

命令:'_limits

重新设置模型空间界限：

指定左下角点或[开(ON)/关(OFF)]〈0.0000,0.0000〉：

指定右上角点〈XXX,XXX〉：

参数如下。

1）指定左下角点。定义图形界限的左下角点。

2）指定右上角点。定义图形界限的右上角点。

3）开（ON）。打开图形界限检查。如果打开了图形界限检查，系统不接受设定的图形界限之外的点输入。但对具体情况检查的方式不同。如对直线，如果有任何一点在界限之外，均无法绘制该直线。对圆、文字而言，只要圆心、起点在界限范围之内即可，甚至对于单行文字，只要定义的文字起点在界限之内，实际输入的文字不受限制。对于编辑命令，拾取图形对象的点不受限制，除非拾取点同时作为输入点。

4）关（OFF）。关闭图形界限检查。

【例 12-5】 设置图形界限为宽 420、高 297，并通过栅格显示该界限。

命令：'_limits	
重新设置模型空间界限：	
指定左下角点或[开(ON)/关(OFF)]〈0.0000,0.0000〉:↙	
指定右上角点〈421.0000,297.0000〉:↙	
一般立即执行 Zoom 命令使整个界限显示在屏幕上。	
命令：zoom	
指定窗口角点，输入比例因子（nX 或 nXP），或	
[全部(A)/中心点(C)/动态(D)/范围(E)/上一个(P)/比例(S)/窗口(W)]〈实时〉:a↙	
正在重生成模型。	
命令：按〈F7〉键〈栅格 开〉	显示界限

结果如图 12-47 所示。

12.6.2 单位

对任何图形而言，总有其大小、精度及采用的单位。在 AutoCAD 中，屏幕上显示的只是屏幕单位，但屏幕单位应对应一个真实的单位。不同的单位其显示格式是不同的。同样也可以设定或选择角度类型、精度和方向。如果是通过向导并进行了快速设置或高级设置，则应该已经选择了单位及精度等。下面介绍如何通过命令进行设定或修改。

命令：Units

执行该命令后，弹出图 12-48 所示的"图形单位"对话框。

该对话框中包含"长度""角度""插入时的缩放单位"和"输出样例"等 5 个选项组，

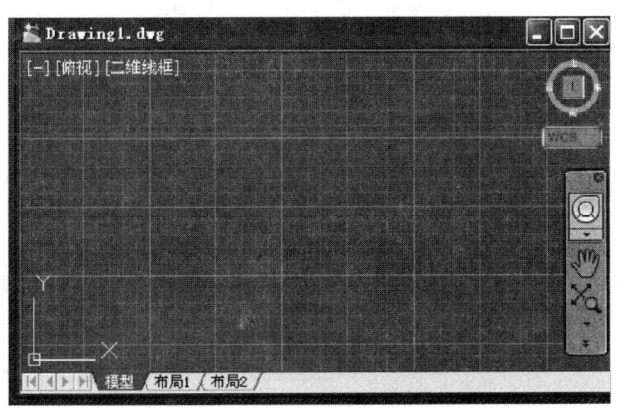

图 12-47 图形界限

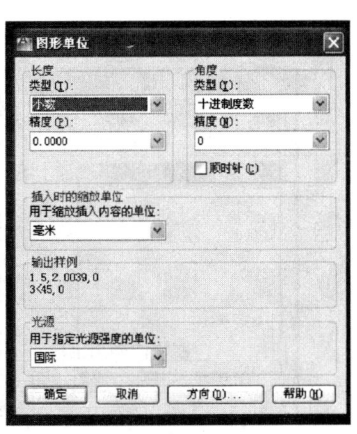

图 12-48 "图形单位"对话框

另外有 4 个按钮。

(1)"长度"选项组　用于设定长度的单位类型及精度。

1)类型。通过下拉列表框,可以选择长度单位类型。

2)精度。通过下拉列表框,可以选择长度精度。

(2)"角度"选项组　用于设定角度单位类型和精度。

1)类型。通过下拉列表框,可以选择角度单位类型。

2)精度。通过下拉列表框,可以选择角度精度。

3)顺时针。控制角度方向的正、负。选中该复选框时,顺时针为正,否则,逆时针为正。默认逆时针为正。

(3)"插入时的缩放单位"选项组　当插入一个块时,控制其单位如何换算,可以通过下拉列表框选择一种单位。

(4)"输出样例"选项组　该选项组示意了以上设置后的长度和角度单位格式。

(5)"方向"按钮　用于设定角度方向。单击该按钮后,弹出图 12-49 所示的"方向控制"对话框。

该对话框中可以设定基准角度方向,默认 0°为东的方向。如果要设定除东、南、西、北 4 个方向以外的方向作为 0°方向,可以单击"其他"单选按钮,此时下面的拾取/输入角度项为有效,用户可以单击拾取 按钮,进入绘图界面单击某方向作为 0°方向或直接输入某角度作为 0°方向。

12.6.3　颜色

颜色的合理使用,可以充分体现设计效果,而且有利于图形的管理。如在选择对象时,可以通过过滤选中某种颜色的图线。

设定图线的颜色有两种思路:直接指定颜色和设定颜色成"随层"或"随块"。直接指定颜色有一定的缺陷性,不如使用图层来管理更方便,建议用户在图层中管理颜色。

命令: Color

　　　　Colour

按钮:在"常用"→"特性"选项组中单击下拉列表框中的颜色或单击"选择颜色…"按钮,弹出图 12-50~图 12-52 所示的"选择颜色"对话框。

图 12-49　"方向控制"对话框

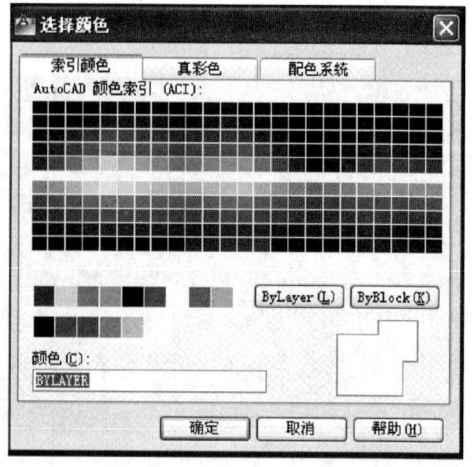

图 12-50　"选择颜色"对话框一(索引颜色)

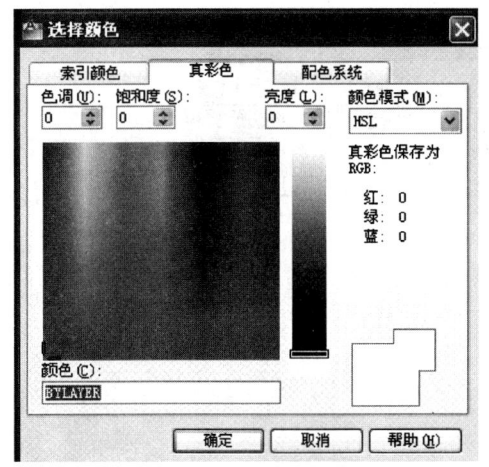 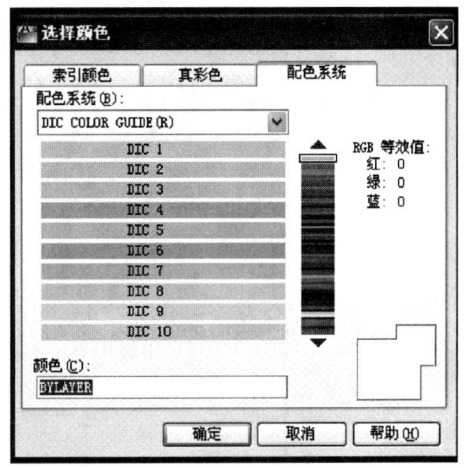

图 12-51 "选择颜色"对话框二（真彩色）　　　图 12-52 "选择颜色"对话框三（配色系统）

选择颜色不仅可以直接在对应的颜色小方块上单击或双击，也可以在"颜色"文本框中输入英文单词或颜色的编号，在随后的小方块中会显示相应的颜色。另外可以设定成"随层"（ByLayer）或"随块"（ByBlock）。如果在绘图时直接设定了颜色，不论该图线在什么层上，都具有设定的颜色。如果设定成"随层"或"随块"，则图线的颜色随层的颜色而变或随插入块中图线的相关属性而变。

12.6.4 线型

线型是图样表达的关键要素之一，不同的线型表示了不同的含义。如在机械图样中，粗实线表示可见轮廓线，虚线表示不可见轮廓线，点画线表示中心线、轴线、对称线等。不同的元素应该采用不同的图线来绘制。

有些绘图机上可以设置不同的线型，但由于一方面通过硬件设置比较麻烦，而且不灵活；另一方面，在屏幕上也需要直观显示出不同的线型。所以目前对线型的控制，基本上都由软件来完成。

常用线型是预先设计好储存在线型库中的，使用时只需加载即可。

命令：Ltype

　　　　Linetype

按钮：在"常用"→"特性"选项组下拉列表框中直接指定加载或默认加载的线型，也可以选择"其他"而弹出图 12-53 所示的"线型管理器"对话框。

该对话框中的列表显示了目前已加载的线型，包括线型名称、外观和说明。另外还有"线型过滤器"选项组，"加载""删除""当前"及"显示细节"按钮。"详细信息"选项组是否显示可通过"显示细节"或"隐藏细节"按钮来控制。

1）"线型过滤器"选项组。用于按条件过滤线型。
- 下拉列表框——过滤出列表显示的线型。
- 反转过滤器——按照过滤条件反向过滤线型。

2）"加载"按钮。加载或重载指定的线型，弹出图 12-54 所示的"加载或重载线型"对话框。

在该对话框中可以选择线型文件及该文件中包含的某种线型。

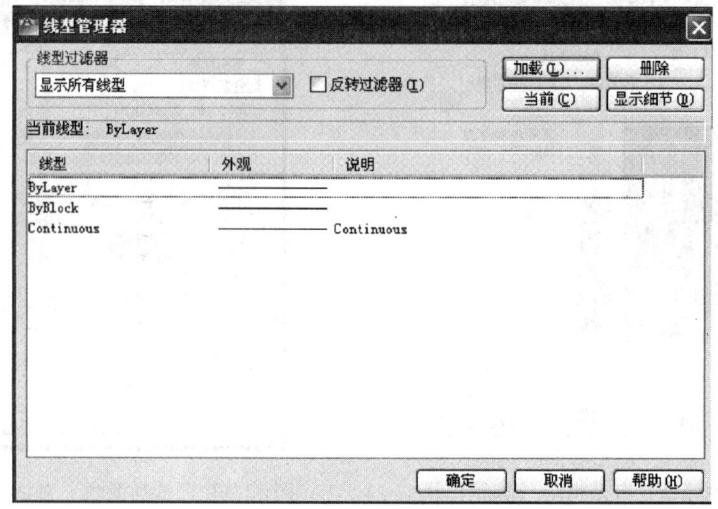

图 12-53 "线型管理器"对话框

3)"删除"按钮。删除指定的线型，该线型必须不被任何图线依赖，即图样中没有使用该种线型。实线（Continuous）线型不可被删除。

4)"当前"按钮。将指定的线型设置成当前线型。

5)"显示细节"/"隐藏细节"按钮。控制是否显示或隐藏选中的线型细节。如果当前没有显示细节，则为"显示细节"按钮，否则为"隐藏细节"按钮。

6)"详细信息"选项组。该选项组包括选中线型的名称、线型、全局比例因子、当前对象缩放比例等。

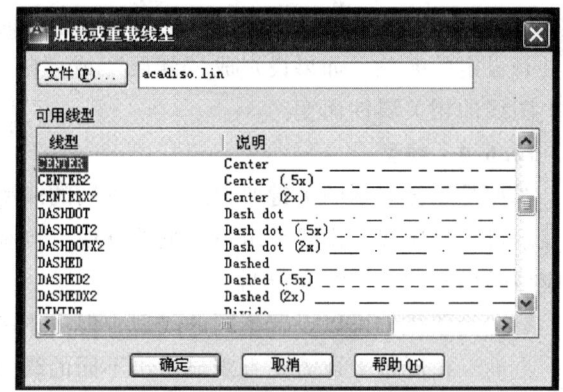

图 12-54 "加载或重载线型"对话框

12.6.5 线宽

不同的图线有不同的宽度要求，并且代表了不同的含义，如在一般的建筑图样中，就有 4 种线宽。

命令：Lineweight
　　　Lweight

在状态栏用鼠标右键单击"线宽"按钮并选择"设置"命令。

按钮：在"常用"→"特性"选项组中单击线宽下拉列表框选择"线宽设置"命令，执行该命令后弹出"线宽设置"对话框，如图 12-55 所示。

该对话框中包括以下内容。

1) 线宽。通过滑块上下移动选择不同的线宽。

2) 列出单位：选择线宽单位为"毫米"或"英寸"。

3) 显示线宽：控制是否显示线宽。

4）默认：设定默认线宽的大小。

5）调整显示比例：调整线宽显示比例。

6）当前线宽：提示当前线宽设定值。

12.6.6　图层 Layer

层，是一种逻辑概念。例如，设计一幢大楼，包含楼房的结构、水暖布置、电气布置等，它们有各自的设计图，而最终又是合在一起的，从逻辑意义上讲，结构图、水暖图、电气图都处于不同的层面上；又如，在机械图样中，粗实线、细实线、点画线、虚线等不同线型表示了不同的含义，也可以在不同的层上。对于尺寸、文字、辅助线等，都可以放置在不同的层上。

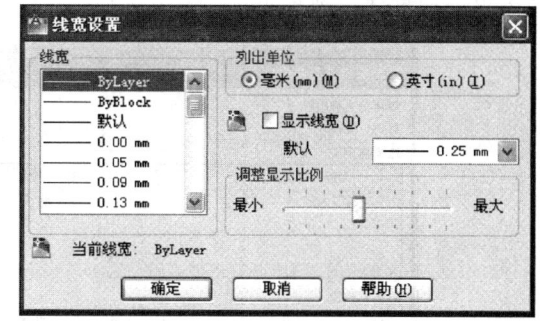

图 12-55　"线宽设置"对话框

在 AutoCAD 中，每个层可以视作一张透明的纸，可以在不同的"纸"上绘图。不同的层叠加在一起，形成最后的图形。

层，有一些特殊的性质，如可以设定该层是否显示、是否允许编辑、是否输出等。如果要改变部分粗实线的颜色，可以将其他图层关闭，仅仅打开粗实线层，选定想修改的图线进行修改。这样做显然比在大量的图线中将部分粗实线挑选出来轻松得多。在图层中可以设定每层的颜色、线型、线宽。只要图线的相关特性设定成"随层"，图线就将具有所属层的特性。可见用图层来管理图形是十分有效的。

1. 图层的设置

要使用层，应该首先设置层。

命令：Layer

按钮：单击"常用"→"图层"选项组中的"图层特性管理器"按钮。

执行图层命令后，弹出图 12-56 所示的"图层特性管理器"对话框。该对话框中包含了"新建特性过滤器""新建组过滤器""图层状态管理器""新建图层""在所有视口中都被冻结的新图层视口""删除图层""置为当前""刷新""设置"等按钮。中间列表显示了图层的名称、开/关、冻结/解冻、锁定/解锁、颜色、线型、线宽、打印样式、打印等信息。

1）"新建特性过滤器"按钮。单击"新建特性过滤器"按钮后，弹出图 12-57 所示的

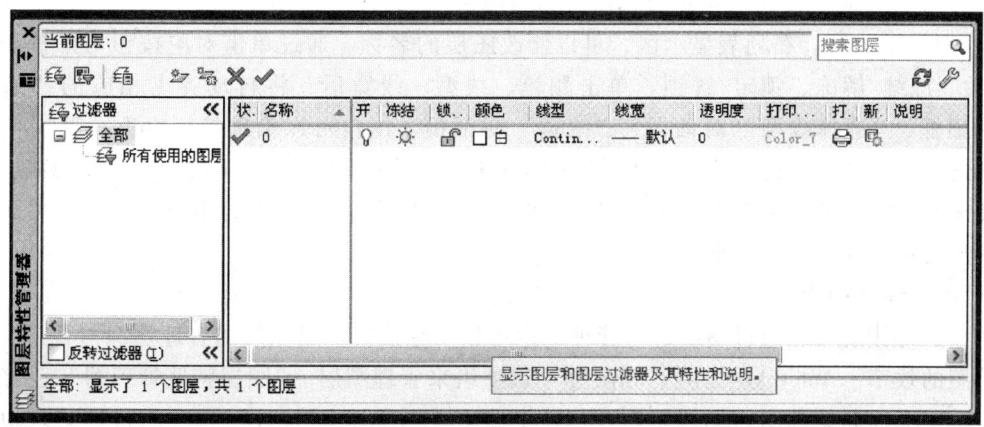

图 12-56　"图层特性管理器"对话框

"图层过滤器特性"对话框。

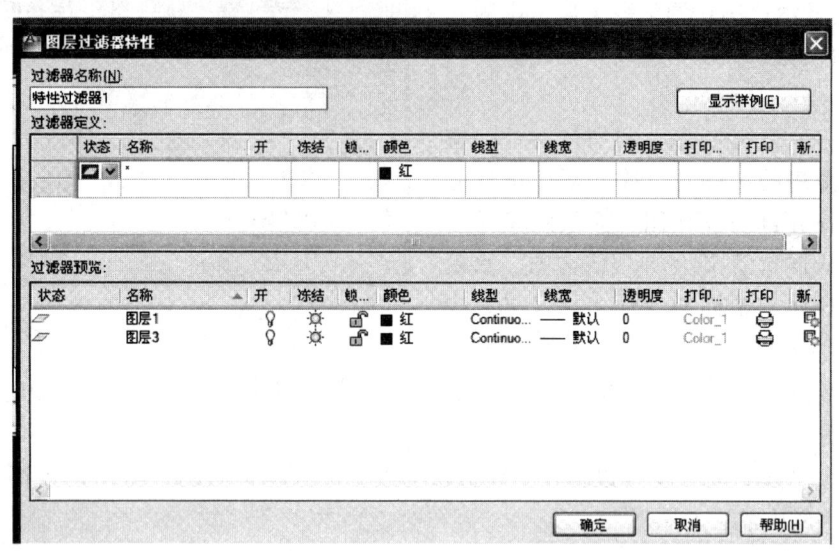

图 12-57 "图层过滤器特性"对话框

在该对话框中,可以根据过滤器的定义来选择筛选结果。图 12-57 中筛选了颜色为"红"色的图层。

2)"新建组过滤器"按钮。组过滤器可以将图层进行分组管理。在某一时刻,只有一个组是活动的。不同组中的图层名称可以相同,不会相互冲突。

3)"图层状态管理器"按钮。保存、恢复和管理命名图层状态显示。

4)"反转过滤器"按钮。列出不满足过滤器条件的图层。

5)"新建图层"按钮。新建一个图层。新建的图层自动增加在目前光标所在的图层下面,并且新建的图层自动继承该图层的特性,如颜色、线型等。图层的默认名可以选择后修改成具有一定意义的名称。在命令行中如果同时建立多个图层,用","分隔图层名即可。

6)"在所有视口中都被冻结的新图层视口"按钮。创建新图层,然后在所有现有布局视口中将其冻结。

7)"删除图层"按钮。删除指定的图层。该层上必须无实体。0 层不可删除。

8)"置为当前"按钮。指定所选图层为当前层。

9)列表显示区。在列表显示区,可以修改图层的名称。通过单击对应按钮可以控制图层的开/关、冻结/解冻、锁定/解锁。单击颜色、线型、线宽后,将自动弹出相应的"选择颜色"对话框、"选择线型"对话框、"线宽"对话框。用户可以借助按〈Shift〉键或〈Ctrl〉键一次选择多个图层进行修改。其中关闭图层和冻结图层,都可以使该层上的图线隐藏,不被输出和编辑。它们的区别在于冻结图层后,图形在重生成(Regen)时不被计算,而关闭图层时,图形在重生成中要被计算。

2. 对象特性的管理

对象的特性既可以通过图层进行管理,也可以单独设置。对图层的管理熟练与否,直接影响到绘图的效率。AutoCAD 提供了"图层"选项组来管理图层。"图层特性管理器"已经在前面介绍过,下面介绍利用"图层"选项组中其他几个按钮和"特性"选项组快速管理对象特性的方法。

（1）应用的过滤器　如图 12-58 所示，单击"图层"选项组中的按钮即"应用的过滤器"。

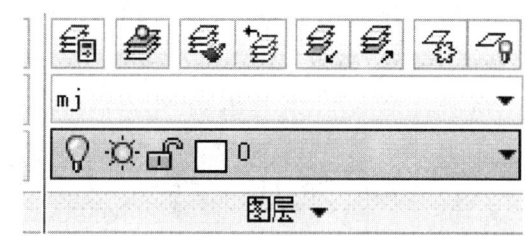

图 12-58　"图层"选项组

1）打开/关闭。控制某层的打开/关闭状态。单击该栏或随后的下拉列表框按钮，在希望改变的开关上单击，其状态相应发生变化。在其他地方单击，使设置修改生效。如果关闭了当前层，会出现对话框提示。

2）在所有视窗中冻结/解冻。控制某层的冻结/解冻状态。单击该栏或随后的下拉列表框按钮，在希望改变的开关上单击，其状态相应发生变化。在其他地方单击，使设置修改生效。当前层无法冻结。

3）在当前视窗中冻结/解冻。同上，只是前提是在当前的视窗中操作。

4）锁定/解锁图层。设置锁定或将锁定图层解锁。图层一旦被锁定，则不可以对该层上的对象进行编辑。但可以添加图形对象。

5）颜色。提示该层的颜色，单击颜色块后弹出"选择颜色"对话框，供重新设置图层颜色。

6）层名。显示当前的图层名。单击下拉列表框后，选择某层，该层将变成当前层。

7）按钮。将对象的图层置为当前。选择一个对象后，单击该按钮，即将当前图层设置为该对象所在图层。

8）按钮。匹配。将选定对象的图层更改为与目标图层相匹配。

9）按钮。上一个图层。恢复到上一次选择的图层。

10）按钮。隐藏或锁定除选定对象之外的其他图层。

11）按钮。取消上一按钮对图层的隔离。

12）按钮。冻结选定对象的图层。

13）按钮。关闭选定对象的图层。

（2）"特性"选项组　"特性"选项组如图 12-59 所示。

1）颜色控制。设置当前采用的颜色。可以在显示的颜色上选取，如选取"其他"则弹出"选择颜色"对话框。

2）线型控制。设置当前采用的线型。可以在显示的已加载的线型上选取，如选取"其他"，则弹出"线型管理器"对话框。

3）线宽设置。设置当前线宽。可以通过下拉列表框选择线宽。

4）打印样式控制。设置新对象的默认打印样式并编辑现有对象的打印样式。

5）透明度。设置选定对象的透明度。如果未指定具体对象，则提供的透明度为当前的透明度。

6）列表。列表形式显示对象的属性数据。

12.6.7　其他选项设置

除了前面介绍的设置外，还有一些设置和绘图密切相关，如

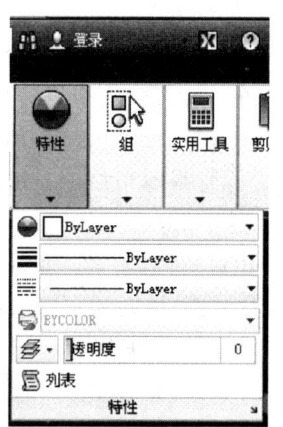

图 12-59　"特性"选项组

"显示"、"打开/保存"等。下面介绍"选项"对话框中几种和用户密切相关的主要设置。

1. "显示"选项卡

"显示"选项卡可以设定 AutoCAD 在显示器上的显示状态,如图 12-60 所示。

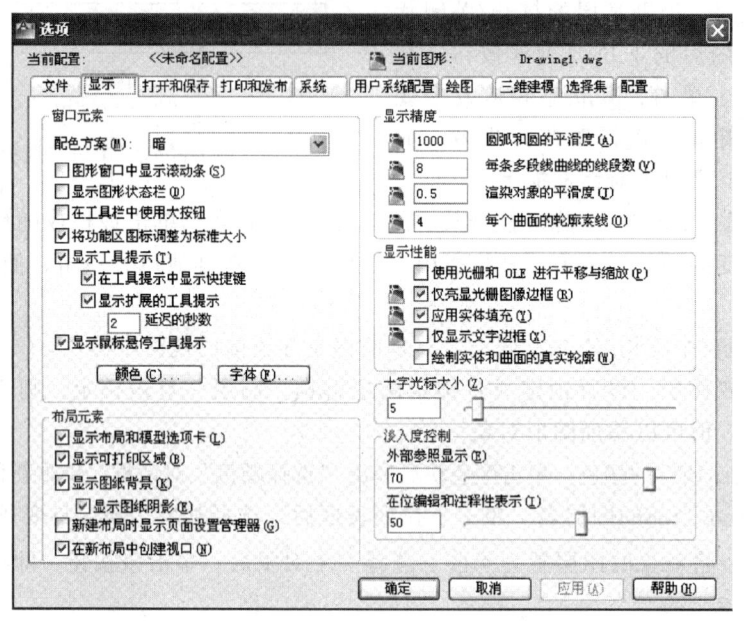

图 12-60 "显示"选项卡

"显示"选项卡中包含了 6 个选项组,它们是"窗口元素""显示精度""布局元素""显示性能""十字光标大小"和"淡入度控制"。主要选项含义如下。

(1) 窗口元素

1) 图形窗口中显示滚动条。在绘图区的右侧和下方显示滚动条,可以通过滚动条来显示不同的部分。

2) 显示图形状态栏。显示绘图状态栏。

3) 在工具栏中使用大按钮。设置是否以 32×32 的格式显示大按钮。

4) 将功能区图标调整为标准大小。如果功能区图标非标准,在此调整为 16×16 或 32×32 的标准大小。

5) 显示工具提示。设置是否显示工具提示及如何显示等。

6) "颜色"。设置屏幕上各个区域的颜色。如要更换背景色等,在此操作。

7) "字体"。设置屏幕上各个区域的字体。

(2) 显示精度 显示精度是指圆弧和圆的平滑度,相当于 Viewres 命令设定值。数值越大显示越平滑。

(3) 布局元素 布局元素包括设置是否显示布局和模型选项卡、打印区域、图纸背景及其阴影等。模型和布局选项卡如显示,则会在绘图区下方显示。显示了该选项卡后,可以直接单击选择进入不同的空间。

(4) 显示性能

1) 使用光栅和 OLE 进行平移与缩放。设置是否使用光栅和 OLE 进行平移缩放。

2) 仅亮显光栅图像边框。设置是否显示光栅图像或仅显示其边框。

3）应用实体填充。相当于 Fill 命令。

4）仅显示文字边框。相当于 Qtext 命令。

5）绘制实体和曲面的真实轮廓。控制三维实体的轮廓边在二维或三维边框显示中的表现形式。

（5）十字光标大小　设置十字光标的相对屏幕大小，默认为 5%。当设定成 100% 时将看不到光标的端点。

（6）淡入度控制　淡入度控制用于控制外部参照和在位编辑和注释性表示的淡入度。

2."打开和保存"选项卡

"打开和保存"选项卡控制了打开和保存的一些设置，如图 12-61 所示。

"打开和保存"选项卡包含了 5 个选项组，它们是"文件保存""外部参照""文件安全措施""文件打开"和"ObjectARX 应用程序"。主要作用如下。

（1）文件保存

1）另存为。设置保存的格式。

2）保持注释性对象的视觉逼真度。控制保存图形时是否保存对象的视觉逼真度。

3）保持图形尺寸兼容性。控制保存和打开图形时最大的对象大小限制。

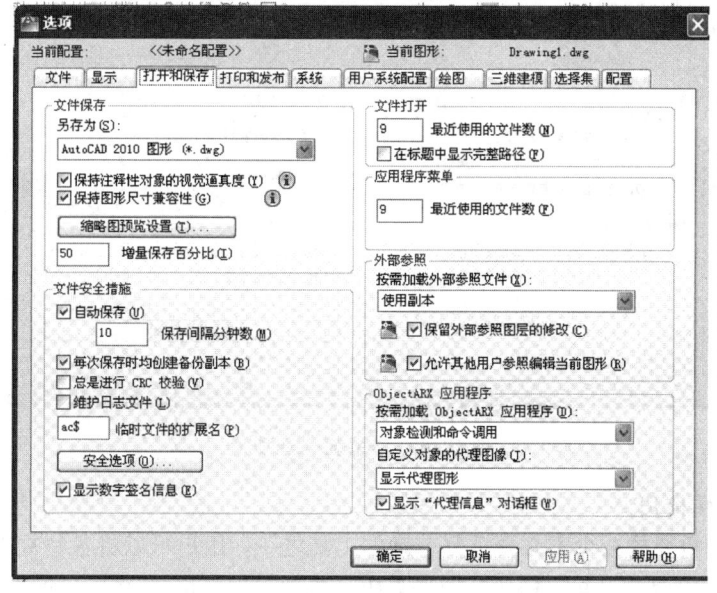

图 12-61　"打开和保存"选项卡

4）增量保存百分比。设置潜在图形浪费空间的百分比。当该部分空间用光时，会自动执行一次全部保存。该值为 0，则每次均执行全部保存。设置数值小于 20 时，会明显影响速度。默认值为 50。

（2）文件安全措施

1）自动保存。设置是否允许自动保存。设置了自动保存，按指定的时间间隔自动执行存盘操作，避免由于意外造成过大的损失。

2）保存间隔分钟数。设置自动保存间隔分钟数。

3）每次保存均创建备份副本。保存时同时创建备份文件。备份文件和图形文件一样，只是扩展名为".bak"。如果图形文件受到破坏，可以通过更改文件扩展名打开备份文件。

(3) 文件打开

1) 设置列出最近打开文件的数目。

2) 设置是否在标题栏中显示完整的路径。

(4) 外部参照　用于控制与编辑和加载外部参照有关的设置。

(5) ObjectARX 应用程序　用于控制有关 ObjectARX 应用程序的加载及代理图形的有关设置。

3. "系统"选项卡

在"系统"选项卡中可以设置如是否"允许长符号名"、是否在"用户输入内容出错时进行声音提示"、是否"在图形文件中保存链接索引",设置三维性能,指定当前系统定点设备等,如图 12-62 所示。

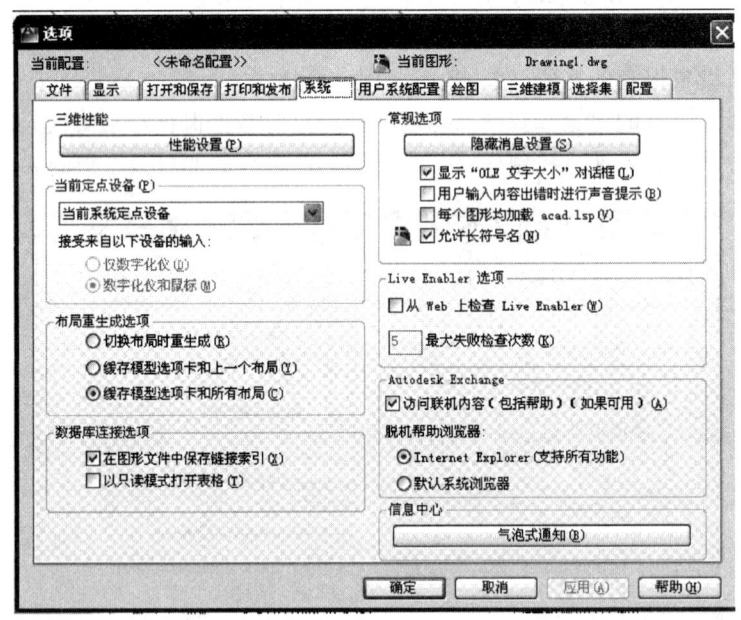

图 12-62 "系统"选项卡

4. ".dwt"样板图

样板图是十分重要的减少不必要重复劳动的工具之一。用户可以将各种常用的设置,如图层(包括颜色、线型、线宽)、文字样式、图形界限、单位、尺寸标注样式、输出布局等作为样板保存。在进入新的图形绘制,如采用样板时,则样板图中的设置全部可以使用,不用重新设置。

样板图不仅极大地减轻了绘图中重复的工作,将精力集中在设计过程本身,而且统一了图纸的格式,使图形的管理更加规范。

要输出成样板图,在"另存为"对话框中选择".dwt"文件类型即可。通常情况下,样板图存放于 TEMPLATE 子目录下。用户可以在"选项"对话框中的"文件"选项卡下面,找到"样板设置"选项组,通过文件浏览添加样板文件以及设置样板文件存放位置等。

12.7　选　择　对　象

仅仅通过绘图功能一般不能形成最终所需的图形,在绘制一幅图形时,编辑图形是不可缺少的过程。图形的编辑一般包括删除、恢复、移动、旋转、复制、偏移、剪切、延伸、比例缩放、镜像、倒角、圆角、矩形和环形阵列、打断、分解等。对于尺寸、文字、填充图案的编辑也有特殊的命令。

编辑命令不仅可以保证绘制的图形达到最终所需的结构和精度等要求。更为重要的是,通过编辑功能中的复制、偏移、阵列、镜像等命令可以迅速完成相同或相近的图形。配合适当的技巧,可以充分发挥计算机绘图的优势,快速完成图形绘制。

对已有的图形进行编辑,AutoCAD 提供了以下两种不同的编辑顺序。

1) 先下达编辑命令,再选择对象。

2) 先选择对象,再下达编辑命令。

不论采用何种方式,都必须选择对象。当 AutoCAD 提示选择对象时,光标一般会变成一个小框。在光标为"十"字形状中间带一小框时也可以选择对象。

12.7.1 对象选择模式

在"选项"对话框的"选择集"选项卡中,可以设置对象选择模式及相关选项。利用以下方式可以弹出"选项"对话框。

命令:Options

在绘图区右击,选择"选项"命令。执行"选项"命令后弹出"选项"对话框,打开其中的"选择集"选项卡,如图 12-63 所示。

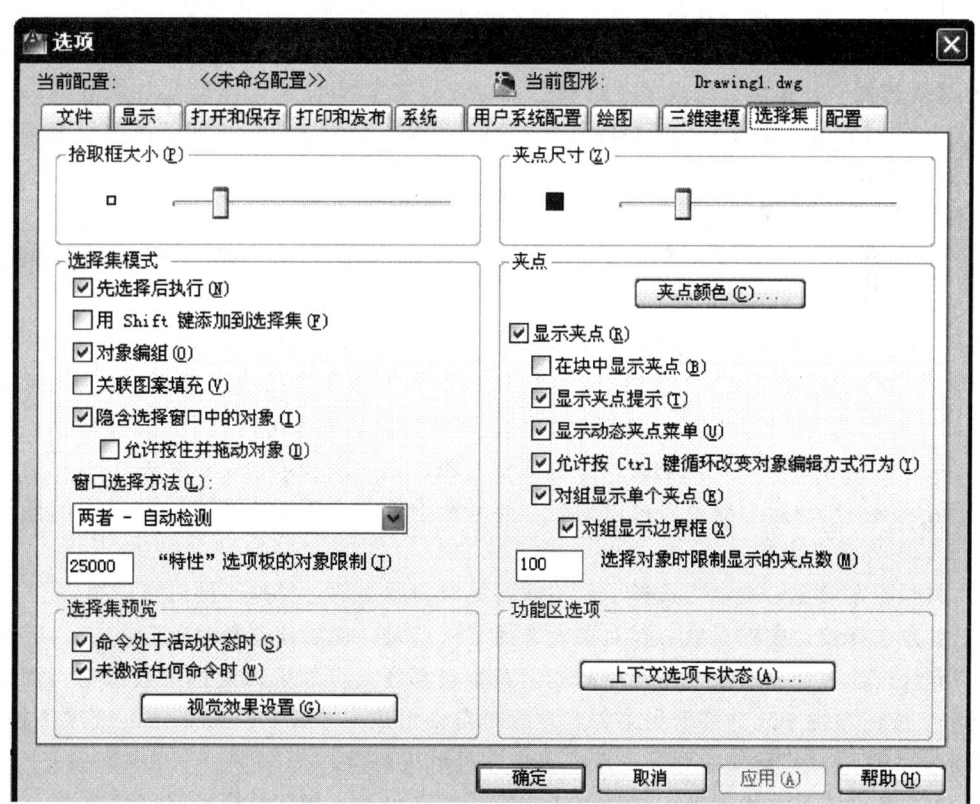

图 12-63 "选择集"选项卡

"选择集"选项卡中包含了"拾取框大小""夹点尺寸""选择集预览""选择集模式""夹点"和"功能区选项"选项组,含义如下:

1. 拾取框大小

一滑动条可以设置拾取框的大小，用鼠标按住滑动条中的滑块，向左移动时，拾取框变小，向右移动时，拾取框变大。拾取框比较小时，可以减小在图形密集的情况下选择的随机性、不确定性；而拾取框较大时，可以避免为了单击某个对象而费力地移到它的上面。一般设置为默认值。选择对象时，可以通过视图的放大或缩小及按〈Ctrl〉键循环选择来辅助选择。

2. 夹点尺寸

类似于拾取框大小，尺寸大小可以调节。

3. 选择集预览

当拾取框光标滚动过对象时，亮显对象。

1）命令处于活动状态时。仅当某个命令处于活动状态并显示"选择对象"提示时，才会显示选择集预览。

2）未激活任何命令时。即使未激活任何命令，也可显示选择集预览。

3）视觉效果设置。用于设置选择集预览的视觉效果，是为了更明显地突出正选择的对象。

- 选择预览效果——显示当前设置的选择预览效果。
- 面亮显——设置是否用纹理填充亮显的面。
- 虚线——当拾取框光标滑过对象时，显示虚线。此时单击可选定对象。
- 加粗——当拾取框光标滑过对象时，显示加粗的线。此时单击可选定对象。
- 同时应用两者——当拾取框光标滑过对象时，显示加粗的虚线。此时单击可选定对象。
- 高级选项——弹出"高级预览选项"对话框。进一步设置选择预览对象范围，包括对锁定图层上的对象是否排除，是否排除外部参照、表格、编组、多行文字、图案填充等。

4. 选择集模式

选择模式有以下 8 种方法。

1）先选择后执行。设置是否允许先选择对象再执行编辑命令，被选中时为允许先选择后执行。

2）按〈Shift〉键添加到选择集。如果该复选项被选中，则在最近选中某对象时，选中的对象将取代原有的选择对象。如果在选择对象时按住〈Shift〉键则使选择的对象加入原有的选择集。如果该复选项被禁止，则选中某对象时，该对象自动加入选择集中。如果单击已经选中（高亮显示）的对象，则等于从选择集中删除该对象，这一点和该项设置无关。

3）对象编组。决定对象是否可以编组。如果选中该复选项，则当选取该组中的任何一个对象时，即为选择整个组。

4）关联图案填充。决定当选择了一关联图案时，图案的边界是否同时被选择。

5）隐含选择窗口中的对象。在对象外选择了一点时，初始化选择对象窗口。

6）允许按住并拖动对象。用于控制如何产生选择窗口。如果该复选项被选中，则在单击第 1 点后，按住左键不放并移动到第 2 点，此时自动形成一个窗口。如果该复选项不被选中，则在单击第 1 点后，移动鼠标到第 2 点并单击方可形成窗口。

7）窗口选择方式。设置窗口选择方式，包括两次单击、按住并拖动或自动检测。

8）"特性"选项板的对象限制。默认设置"特性"选项板的对象限制为 25000。

5. 夹点

1）夹点颜色。设置选中对象的夹点的颜色，默认为蓝色、中间不填充。

2）显示夹点。设置显示出夹点。

3）在块中显示夹点。决定在块中是否启用夹点编辑功能。

4）显示动态夹点菜单。控制是否显示动态夹点菜单。

5）允许按〈Ctrl〉键循环改变对象编辑方式行为。设置为允许通过按住〈Ctrl〉键来循环选择对象。

6）对组显示单个夹点。设置选择组时，显示其中单个对象的夹点。

7）对组显示边界框。设置显示组的边界框。

8）选择对象时限制显示的夹点数。设置夹点数上限。

6. 功能区选项

上下文选项卡状态：单击该按钮后弹出"功能区上下文选项卡状态选项"对话框，用于设置预先选择的对象集。在启动从上下文选项卡中调用命令时是否保留有效，以及选择时显示上下文选项卡的对象的最大数量。

12.7.2 建立对象选择集

一般情况下，AutoCAD 处理的对象不止一个，往往是一组。一组对象甚至一个对象可以是命名对象或临时对象。可以对选择的对象进行编组，以便在随后的绘图编辑过程中直接调用。不论是永久的或临时的对象，AutoCAD 都提供了丰富而灵活的对象选择方法，在不同的使用场合合理使用不同的选择方法十分重要。

AutoCAD 要求先选中对象，才能对它进行处理。执行许多命令（包括 Select 命令本身）后都会出现"选择对象"提示。

用定点设备单击对象，或在对象周围使用选择窗口，或输入坐标，或使用下列选择对象方式，都可以选择对象。不管由哪个命令给出"选择对象"提示，都可以使用这些方法。要查看所有选项，在 Select 命令后使用"?"参数即可。

AutoCAD 选择对象提示如下。

需要点或选择对象：(如果选中了对象则无以下提示)

需要点或窗口(W)/上一个(L)/窗交(C)/框(BOX)/全部(ALL)/栏选(F)/圈围(WP)/圈交(CP)/编组(G)/添加(A)/删除(R)/多个(M)/前一个(P)/放弃(U)/自动(AU)/单个(SI)/子对象(SU)/对象(O)

选择对象：指定点或输入选项

对应的英文提示如下。

Window/Last/Crossing/BOX/ALL/Fence/WPolygon/CPolygon/Group/Add/Remove/Multiple/Previous/Undo/AUto/Single/SUbobject/Object

通常情况下，AutoCAD 提示选择对象时，往往会建立一个临时的对象选择集。选择对象的各种方法含义如下。

1）Window（窗口）。在指定两个角点的矩形范围内选取对象，被选中的对象必须全部包含在窗口内，与窗口相交的对象不在选中之列。

2）Last（上一个）。选择最近一次创建的可见对象。对象必须在当前空间（模型空间或图纸空间）中，并且一定不要将对象的图层设置为冻结或关闭状态。

3）Crossing（窗交）。与"窗口"类似，但选中的对象不仅包括"窗口"中的对象，而且包括与窗口边界相交的对象，同时显示的窗口为虚线或高亮方框，和窗口显示的一般方框不同。

4）Box（框）。为"窗口"和"窗交"的组合形式。当第 1 点在第 2 点的左侧，即从左往右拾取时,为"窗口"模式。当第 1 点在第 2 点的右侧,即从右往左拾取时,为"窗交"模式。

5) All（全部）。选取除关闭、冻结、锁定图层上的所有对象。

6) Fence（栏选）。用户可以绘制一个开放的多点的栅栏,该栅栏可以自己相交,最后也不必闭合。所有和该栅栏相交的对象全被选中。

7) WPolygon（圈围）。与"窗口"类似的一种选择方法。用户可以绘制一个不规则的多边形,该多边形可以为任意形状,但自身不得相交或相切。所有全部位于该多边形之内的对象为选中的对象。该多边形最后一条边为自动绘制,在任何时候,该多边形均为封闭的。

8) CPolygon（圈交）。与"窗交"类似的一种选择方法。用户可以绘制一个不规则的封闭多边形,该多边形同样可以是任意形状,但不得自身相交或相切。所有位于该多边形之内或和多边形相交的对象均被选中。该多边形的最后一条边自动绘制,始终是封闭的。

9) Group（编组）。可以通过预先定义编组来选择对象。需要输入的对象应该预先编组并赋予名称,选中其中一个对象等于选中了整个组。

10) Remove（删除）。可以从已有的对象中删除某些对象。

11) Add（添加）。一般情况下该选项是自动的。如果前面执行了删除选项,使用该选项时,则可以切换到添加模式,再选择的对象会被添加进选择组中。

12) Multiple（多个）。可以选取多点但不高亮显示选中对象。如果选择在两个对象的交点上,则同时选中两个对象。

13) Previous（前一个）。将最近的对象选择集设置为当前的选择对象。如果执行了删除命令（Erase 或 Delete）则忽略该选项。如果在模型空间和图纸空间切换,同样会忽略该选项。

14) Undo（放弃）。取消最近的对象选择操作。

15) Auto（自动）。如果在选择对象时,第一次单击某对象,则相当于"单击"模式;如果第一次未选中任何对象,则自动转换为"窗选"模式。该方式为默认方式。

16) Single（单个）。仅选择一个对象或对象组,此时无须按〈Enter〉键确认。

17) Subobject（子对象）。使用户可以逐个选择原始形状,这些形状是复合实体的一部分或三维实体上的顶点、边和面。可以选择这些子对象的其中之一,也可以创建多个子对象的选择集。选择集可以包含多种类型的子对象。按住〈Ctrl〉键与选择 Select 命令的"子对象"选项相同。

18) Object（对象）。结束选择子对象的功能,使用户可以使用对象选择方法。

19) 单击。在选择对象时,用"对象选择靶"（小框）在被选择的对象上单击,即选取了该对象。

注意:

1) 采用其中的某种选择对象方式时,可以输入英文全词或以上各选项中的大写字母缩写。

2) 在没有要求选择对象时,可以输入 Select 命令来建立选择集,以后可以通过 Previous（上一个）来调用该选择集。

3) 当完成了对象的选择后,一般需要按〈Enter〉键或〈Space〉键或单击鼠标右键选择"确认"来结束对象选择过程,并继续编辑。

4) 清除选择集,可以连续按两次〈Esc〉键或按"标准"工具栏中的"重做"。

图 12-64 所示为几种选择对象方法。

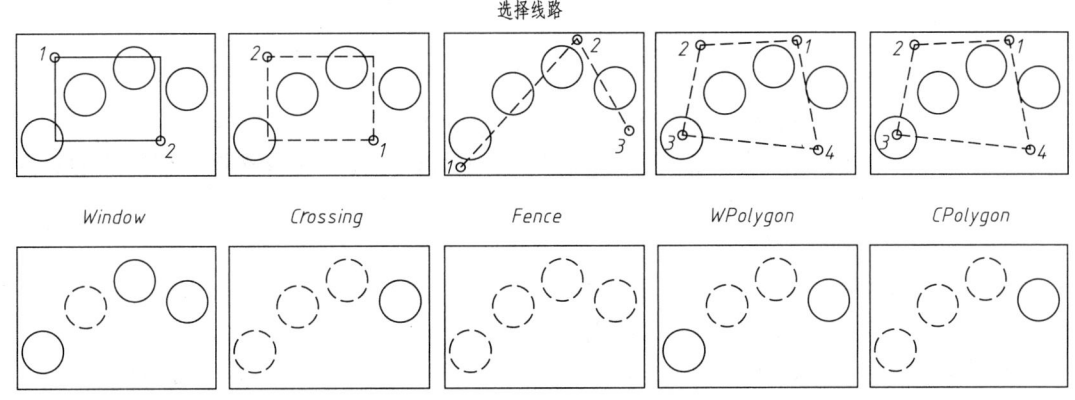

图 12-64 几种选择对象方法

12.7.3 重叠对象的选择

AutoCAD 支持循环选择对象。要在重叠的对象之间循环，需将光标置于最前面的对象之上，然后按住〈Shift〉键并反复按〈Space〉键。如果打开选择集预览，通过将对象滚动到顶端使其亮显，然后按住〈Shift〉键并连续按〈Space〉键，可以在这些对象之间循环。所需对象亮显后，单击以选择该对象。

如果关闭选择集预览，按住〈Shift〉+〈Space〉键并单击以逐个在这些对象之间循环，直到选定所需对象。按〈Esc〉键关闭循环。

12.7.4 快速选择对象

快速选择可以通过以下方式执行。

命令：Qselect

按钮：

该按钮存在于多个要求选择对象的对话框中。

快捷菜单：在绘图屏幕范围内单击鼠标右键，选择"快速选择"命令。

如果绘图区没有可以选择的对象，则会弹出对话框提示"此图形中无图元可供选择"。如果有可以选择的对象，执行该命令弹出"快速选择"对话框，如图 12-65 所示。

该对话框中各项设置的含义如下。

1）应用到。可以设置本次操作的对象是整个图形或当前选择集。

2）对象类型。指定对象的类型，调整选择的范围，默认为所有图元。

3）特性。选择对象的属性，如颜色、线型、图层等。

4）运算符。选择运算格式。

5）值。设置和特性相配套的值，如特性为颜色，则在值中可以设定希望的颜色。可以在特性、运算符和值

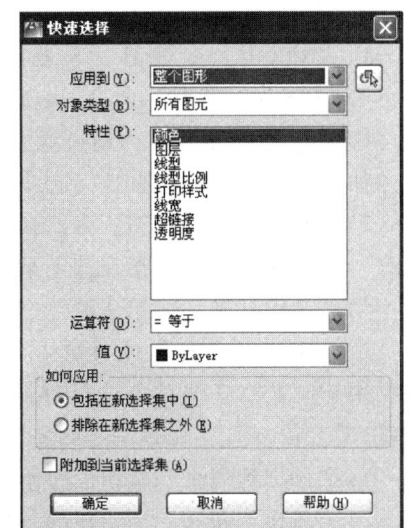

图 12-65 "快速选择"对话框

中设定多个表达式表示的条件，各条件之间为逻辑"与"的关系。

6）如何应用。
- 包括在新选择集中——按设定的条件创建新的选择集。
- 排除在新选择集之外——符合设定条件的对象被排除在选择集之外。

7）附加到当前选择集。如果选中该复选框，表示符合条件的对象被增加到当前的选择集中，否则，符合条件的选择集将取代当前的选择集。

12.7.5 对象选择过滤器

使用"对象选择过滤器"可以将图形中满足一定条件的对象快速过滤出来，其中条件可以是对象的类型、颜色、所在图层、坐标数据等。

执行对象选择过滤器的命令为 Filter。执行后弹出"对象选择过滤器"对话框，如图 12-66 所示，其中包含了后面的设定结果。

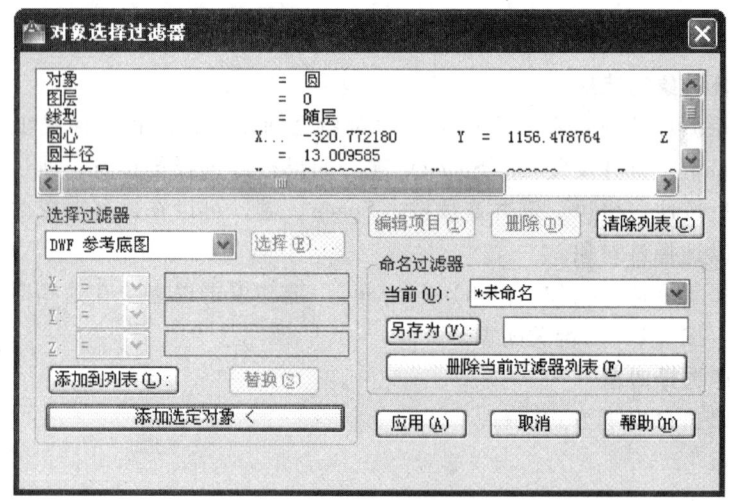

图 12-66 "对象选择过滤器"对话框

该对话框中包含"对象选择过滤器"列表区、"选择过滤器"选项组和"命名过滤器"选项组。

1. "对象选择过滤器"列表区

"对象选择过滤器"列表区包括以下内容。

1）列表框。显示了当前过滤器的内容。如果尚未建立任何对象选择过滤器，该列表框为空。如果通过"选择过滤器"选项组进行了设置，则所设置的条件将出现在列表框中。

2）"编辑项目"按钮。可以在选定某条件后进行编辑修改。

3）"删除"按钮。指在选定某条件后将该过滤器条件列表项删除。

4）"清除列表"按钮。清空过滤器列表框。

2. "选择过滤器"选项组

用于设置和修改对象选择过滤器条件，在其中可以选择对象类型、附加参数及逻辑操作符。

1）"添加到列表"按钮。用于直接向过滤器中添加对象。

2）"替换"按钮。用新建的条件取代上方过滤器列表框中的某个条件。

3）"添加选定对象"按钮。可以让用户直接在屏幕上选择欲添加进去的对象，此时系统会自动将该对象的条件加入选择集中。

3. "命名过滤器"选项组

"命名过滤器"选项组包括以下内容。

1) "当前"下拉列表框。可以选择已经建立的过滤器，相应地在上方的列表框中将显示对应的过滤器内容。

2) "另存为"按钮。文本框中可以输入过滤器的名称，单击"另存为"按钮将保存创建的过滤器。

3) "删除当前过滤器列表"按钮。删除当前正在编辑的过滤器。

【例 12-6】 如图 12-67a 所示，先建立图层"solid"，线宽 0.3mm 和"fine"，线宽默认，分别在这两个层上绘制若干直径大于 50mm、等于 50mm 和小于 50mm 的圆，然后通过过滤器选择图形中满足在"fine"层并且直径小于等于 50mm 的圆进行删除。

命令:_erase

选择对象:'filter

在"对象选择过滤器"对话框中作如下设定。

1) 在"选择过滤器"选项组中的对象下拉列表框中选择"图层"，然后单击"选择"按钮，在弹出的对话框中选择"fine"，单击"添加到列表"按钮。

2) 在下拉列表框中选择"圆半径"，此时下方的条件运算变为有效，单击下拉按钮后选择"<="，在随后的文本框中填入"25"，单击"添加到列表"按钮。

在图 12-66 所示的"对象选择过滤器"对话框中单击"应用"按钮退出该对话框。回到编辑屏幕，提示为"选择对象:"。此时可以采用任何选择对象的方式，但只有符合条件的对象才可能被选中。假设采用"窗交"模式将所有的对象全部选中，其结果如图 12-67b 所示，高亮的两个圆被选中。

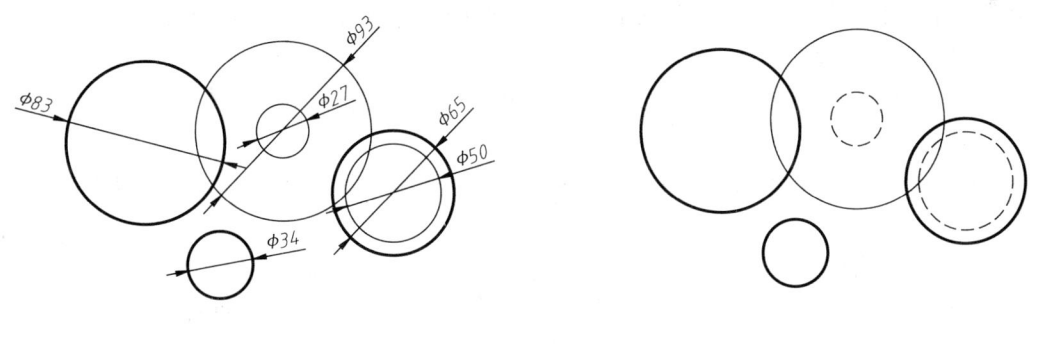

a) 供选择图形　　　　　　　　　　　　b) 选中结果

图 12-67　选择对象过滤器应用示例

显然只有在"fine"层，并且直径小于等于 50mm 的圆才是最终符合条件的对象。按〈Enter〉键接受过滤器内容，则以上两个圆被删除。

注意：

如果是在提示为"命令:"时下达 Filter 命令，则相当于夹点编辑模式，即先选择对象，后下达编辑命令。如果是下达了编辑命令，此时应该采用对象选择过滤器的透明命令，即在命令前增加一个撇（'）号。

12.8 视图显示控制

在使用 AutoCAD 绘图过程中，经常使用显示控制命令。通过显示控制命令，可以观察绘制图形的任何细小的结构和任意复杂的整体图形，如观察大到整栋楼房建筑的全貌或整个飞机的外形，小到观察楼房中的每扇窗户或飞机中的一个螺钉上的倒角，同时通过显示控制命令，可以保存和恢复命名视图，设置多个视口，观察整体效果和细节。本节介绍显示控制命令的使用方法。

12.8.1 重画

在绘图过程中，有时会在屏幕上留下一些"痕迹"。为了消除这些"痕迹"，不影响图形的正常观察，可以执行重画。

命令：Redraw

   Redrawall

重画一般情况下是自动执行的。重画是 AutoCAD 利用最后一次重生成或最后一次计算的图形数据重新绘制图形，速度较快。

Redraw 命令只刷新当前视口，Redrawall 命令刷新所有视口。

12.8.2 重生成

重生成同样可以刷新视口，但和重画的区别在于刷新的速度不同。重生成是 AutoCAD 重新计算图形数据后在屏幕上显示结果，速度较慢。

命令：Regen

   Regenall

AutoCAD 在可能的情况下会执行重画而不执行重生成来刷新视口。有些命令执行时会引起重生成，如当执行重画无法清除屏幕上的"痕迹"时，就只能重生成。

Regen 命令重新生成当前视口。Regenall 命令对所有的视口都执行重生成。

12.8.3 显示缩放

AutoCAD 提供了 Zoom 命令来完成显示缩放和移动观察功能。在 AutoCAD 中有多种途径可以实现该功能。

1) 鼠标滚轮上下滚动可以控制视图以鼠标位置为中心放大或缩小显示。按住鼠标滚轮则可以平移。

2) 在绘图区右侧有全导航控制盘，其中有二维控制盘、平移和缩放等按钮。

3) 功能区的视图选项卡下有二维导航面板，其中有齐全的视图控制按钮。

4) 在绘图区右击，可以在快捷菜单选择平移和缩放命令。

5) 命令行输入相应的命令可以控制视图显示。

6) 视图菜单栏中包含了视图的显示控制命令。

7) 缩放工具栏、三维导航工具栏包含了视图的显示控制按钮，即 ．

命令：Zoom

命令及提示如下。

命令：'_zoom

指定窗口角点，输入比例因子（nX 或 nXP），或

[全部(A)/中心(C)/动态(D)/范围(E)/上一个(P)/比例(S)/窗口(W)/对象(O)]<实时>:

按 Esc 键或 Enter 键退出,或单击鼠标右键显示快捷菜单

1)指定窗口角点。通过定义一个窗口来确定放大范围,在视口中单击一点,即确定该窗口的一个角点,随即提示输入另一个角点。执行结果同窗口参数。

2)输入比例因子(nX 或 nXP)。按照一定的比例来进行缩放。大于 1 为放大,小于 1 为缩小。X 指相对于模型空间缩放,XP 指相对于图纸空间缩放。

3)全部(A)。在当前视口中显示整个图形,其范围取决于图形所占范围和图形界限中较大的一个。

4)中心(C)。指定一个中心点,将该点作为视口中图形显示的中心。在随后的提示中,要求指定缩放系数或高度,AutoCAD 根据给定的缩放系数(nX)或欲显示的高度进行缩放。如果不想改变中心点,在中心点提示后直接按〈Enter〉键即可。

5)动态(D)。动态显示图形。该选项集成了平移(Pan)命令和显示缩放(Zoom)命令中的"全部(A)"和"窗口(W)"功能。当使用该选项时,系统显示一平移观察框,可以拖动它到适当的位置并单击,此时出现一个向右的箭头,可以调整观察框的大小。如果再单击,还可以移动观察框。如果按〈Enter〉键或单击鼠标右键,在当前视口中将显示观察框中的部分内容。

6)范围(E)。将图形在当前视口中最大限度地显示。

7)上一个(P)。恢复上一个视口内显示的图形,最多可以恢复 10 个图形显示。

8)比例(S)。根据输入的比例显示图形,对于模型空间,比例系数后加一(X),对于图纸空间,比例系数后加上(XP)。显示的中心为当前视口中图形的显示中心。

9)窗口(W)。缩放由两点定义的窗口范围内的图形到整个视口范围。

10)对象(O)。缩放以便尽可能大地显示一个或多个选定的对象并使其位于绘图区的中心。

11)<实时>。在提示后直接按〈Enter〉键,进入实时缩放状态。按住鼠标左键向上或向左放大图形显示,按住鼠标左键向下或向右为缩小图形显示。

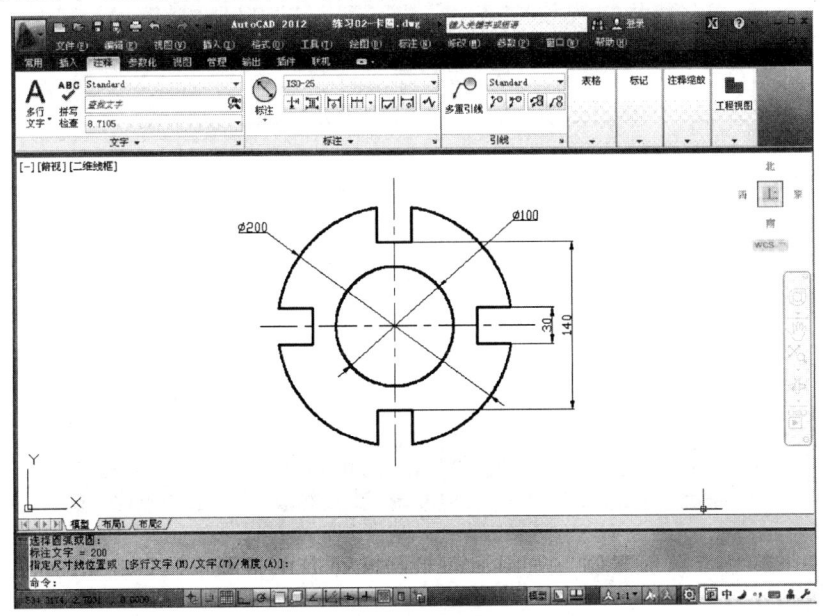

图 12-68 初始显示图形

【例 12-7】 演示各种视图显示用法及效果。请打开图形 "练习 02-卡圈.dwg",设初始显示图形如图 12-68 所示。

1)显示窗口（Zoom W）。采用缩放窗口放大显示图 12-68 所示卡圈下方的缺口。

命令:'_zoom

指定窗口角点,输入比例因子（nX 或 nXP）,或

[全部(A)/中心点(C)/动态(D)/范围(E)/上一个(P)/比例(S)/窗口(W)/对象(O)] <实时>:_w

指定第一个角点:单击图 12-68 所示下方缺口左上角点

指定对角点:单击图 12-68 所示下方缺口右下角点

结果如图 12-69 所示。

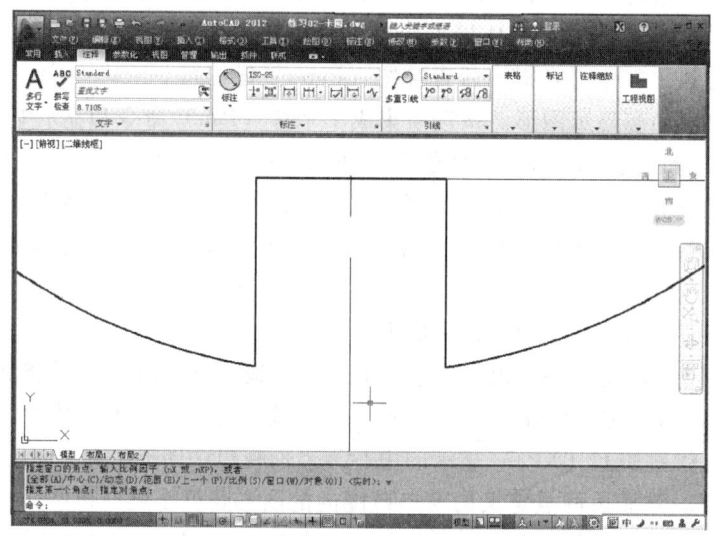

图 12-69 放大显示

2)显示全部（Zoom A）,如图 12-70 所示。

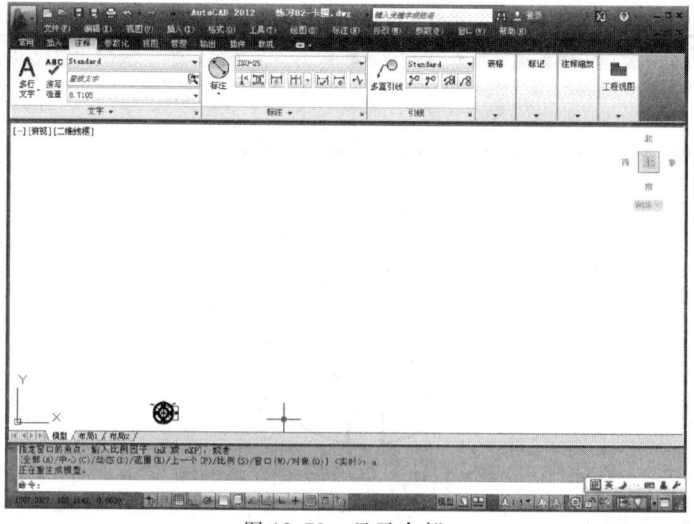

图 12-70 显示全部

命令:'_zoom

指定窗口角点,输入比例因子（nX 或 nXP）,或

[全部(A)/中心点(C)/动态(D)/范围(E)/上一个(P)/比例(S)/窗口(W)/对象(O)] <实时>:_all

结果如图 12-70 所示（此时图形界限设定成 4200×2970，图形绘制的尺寸为 1:1）。如果图形界限较大而图形较小，则执行该命令会显示图形界限范围。相对而言，图形未必能看清楚，极端情况是图形可能全部看不到。如不论什么样的图形界限均能最大限度显示图形，应使用下面的操作方式。

3）显示范围（Zoom E）。将图形部分充满整个视口。

命令：'_zoom

指定窗口角点,输入比例因子（nX 或 nXP）,或

[全部(A)/中心点(C)/动态(D)/范围(E)/上一个(P)/比例(S)/窗口(W)/对象(O)]<实时>:_e

结果如图 12-71 所示。

4）比例缩放（Zoom S）。将图 12-71 所示的显示范围按照 0.5X 倍的比例显示。

命令：'_zoom

指定窗口角点,输入比例因子（nX 或 nXP）,或

[全部(A)/中心点(C)/动态(D)/范围(E)/上一个(P)/比例(S)/窗口(W)/对象(O)]<实时>:_s

输入比例因子（nX 或 nXP）:0.5X↙

结果如图 12-72 所示。

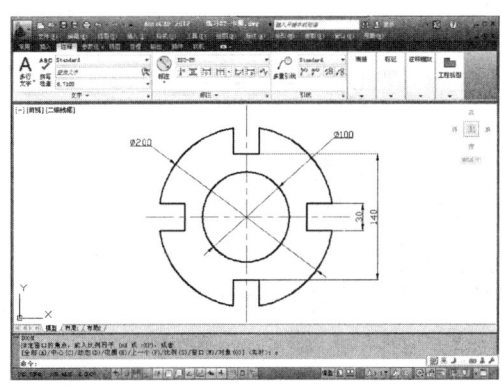

图 12-71　显示范围

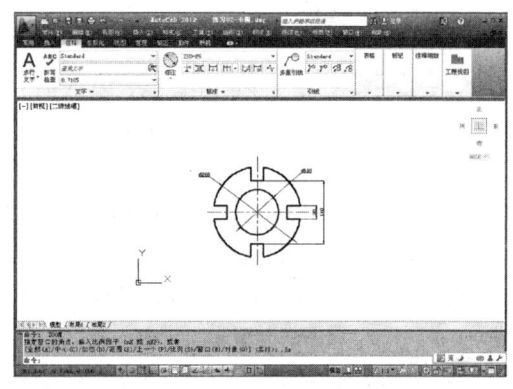

图 12-72　比例缩放（0.5X）

5）显示上一个图形（Zoom P）。恢复显示上一个图形。

命令：'_zoom

指定窗口角点,输入比例因子（nX 或 nXP）,或

[全部(A)/中心点(C)/动态(D)/范围(E)/上一个(P)/比例(S)/窗口(W)/对象(O)]<实时>:_p

结果显示上一个图形。连续执行可以依次显示前面的图形。

6）将图 12-71 所示的显示图形按照 0.5 倍的比例显示。

命令：'_zoom

指定窗口角点,输入比例因子（nX 或 nXP）,或

[全部(A)/中心点(C)/动态(D)/范围(E)/上一个(P)/比例(S)/窗口(W)/对象(O)]<实时>:_s

输入比例因子（nX 或 nXP）:0.5↙

结果如图 12-73 所示。

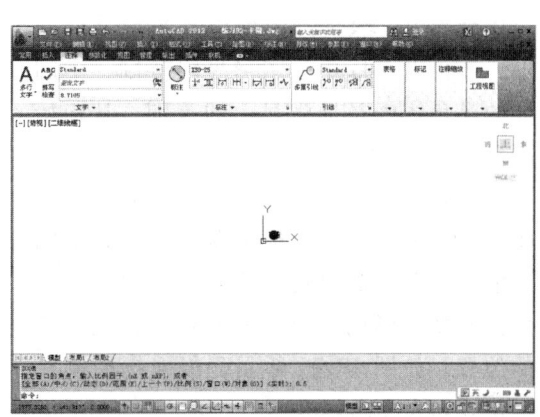

图 12-73　比例缩放(0.5)

注意:

从该示例中可以发现,将图 12-71 所示的显示图形按照 0.5 倍的比例缩放时,并未变成图 12-71 所示显示图形的一半大小,如果读者使用的比例系数是 0.5X,结果会变成图 12-71 所示的一半大小显示出来(图 12-72)。它们的区别在于 nX、nXP 指相对于当前显示在视口中的图形大小缩放 n 倍,而 n(不带 X、XP)指相对于图形数据的 n 倍显示图形。也就是说,不论当前该图形显示在屏幕上的大小如何,执行 n 倍后显示的结果是一样的。

7) 中心点缩放(Zoom C)。将图 12-73 所示的图形在不改变显示中心的情况下,按高度为 200 显示。

命令:'_zoom
指定窗口角点,输入比例因子 (nX 或 nXP),或
[全部(A)/中心点(C)/动态(D)/范围(E)/上一个(P)/比例(S)/窗口(W)/对象(O)] <实时>:_c
指定中心点:↙
输入比例或高度 <601.9175>:200↙
结果如图 12-74 所示。

8) 实时显示图形 (Zoom)。实时显示图形,可以放大或缩小。

命令:'_zoom
指定窗口角点,输入比例因子 (nX 或 nXP),或
[全部(A)/中心点(C)/动态(D)/范围(E)/上一个(P)/比例(S)/窗口(W)/对象(O)] <实时>:在出现光标变为 Q+ 时,按住鼠标左键向上移动,图形渐渐放大,向下移动,图形渐渐缩小。

按 Esc 键或 Enter 键退出,或单击鼠标右键显示快捷菜单。↙   退出实时缩放

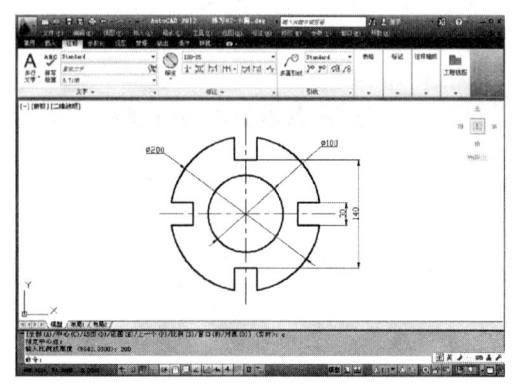

图 12-74 中心点缩放示例

9) 动态显示图形 (Zoom D)。动态显示图形中指定的范围及其缩放的大小。将示例图形的上半部分放大显示。

命令:'_zoom
指定窗口角点,输入比例因子 (nX 或 nXP),或
[全部(A)/中心点(C)/动态(D)/范围(E)/上一个(P)/比例(S)/窗口(W)/对象(O)] <实时>:_d

下达该命令后,首先在屏幕上出现图 12-75 所示的动态缩放初始画面。

该画面中,绿色虚线框中是当前显示的图形,蓝色虚线框中是图形界限范围,中间带 × 的黑色线框是即将显示的范围,其初始大小和绿色线框相同。

移动鼠标,中间带一×的矩形随之移动,在图 12-76 所示的位置按下左键,此时中间的×消失,在右侧出现一个箭头,左右移动鼠标会改变矩形的大小,上下移动会改变矩形的位置。如图 12-76 所示,将线框控制在图示位置和大小内。

单击鼠标右键,结果如图 12-77 所示,

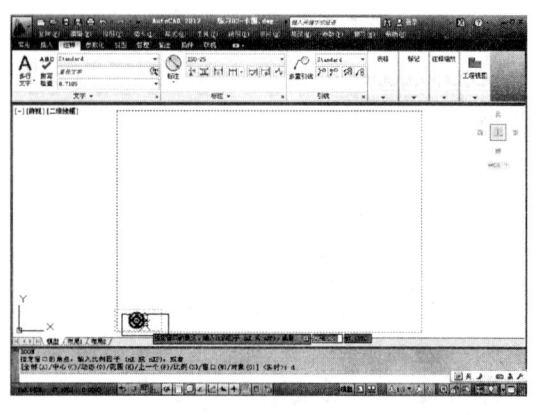

图 12-75 动态缩放初始画面

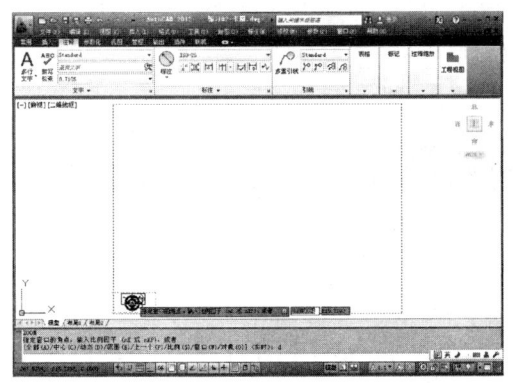
图 12-76　动态缩放控制画面

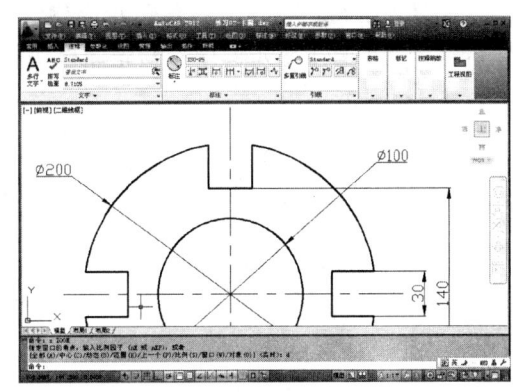
图 12-77　动态显示图形

在线框中的图形被放大至充满当前视口。

12.8.4　实时平移

实时平移可以在不改变显示比例的情况下，观察图形的不同部分，相当于移动图纸。命令及提示如下。

命令:'_pan

按住鼠标左键移动

按 Esc 键或 Enter 键退出，或单击鼠标右键显示快捷菜单。

执行该命令后，光标变成一只手的形状（![手形]），按住鼠标左键移动，可以使图形一起移动。由于是实时平移，AutoCAD 记录的画面较多，所以随后使用显示上一个（Zoom P）命令意义不大。

12.8.5　导航控制盘

在绘图区的右侧，单击全导航控制盘最上方的一个按钮的向下箭头，如图 12-78 所示，选择"二维控制盘"命令。

此时出现图 12-79 所示的随光标移动的控制盘。将该控制盘移动到需要显示的中心附近，选择"缩放"命令（呈粉红色），则出现图 12-80 所示的图标。按住鼠标左键上下或左右移动即可实现缩放。

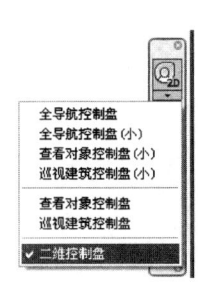
图 12-78　"二维控制盘"命令

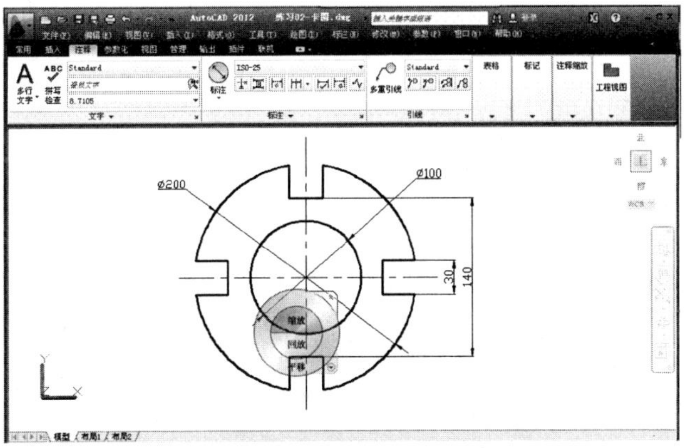

图 12-79　二维控制显示

选择"回放"命令，按住鼠标左键，则出现图 12-81 所示的画面，移动到想回看的视图即可。此时屏幕上显示的图形随光标移动而显示相应图形。

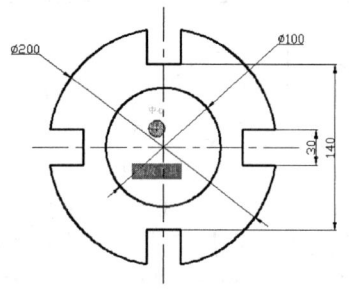

图 12-80　二维控制盘——缩放

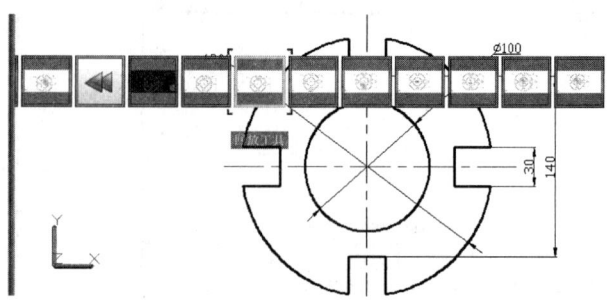

图 12-81　二维控制盘——回放

在二维控制盘上选择"平移"命令，则出现图 12-82 所示的画面。按住左键不放移动鼠标实现平移功能。

单击二维控制盘右上角的×退出。单击右下角的向下箭头可以选择"设置"或"关闭控制盘"命令。

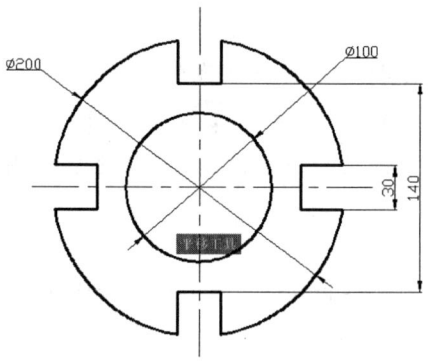

图 12-82　二维控制盘——平移

第 13 章 AutoCAD 绘图实例

13.1 点线面投影练习实例

【例 13-1】 如图 13-1a 所示,已知点 C 和直线 AB 分别属于△DEF 平面内,试完成它们的另一个投影。

解题思路:

1) 求点 C 的水平投影 c。点 C 在△DEF 平面上,则其在平面 DEF 上的某条直线上。为作图简便,可以通过点 E 取一条直线 E1,使点 1 位于直线 DF 上,则点 c 应位于 e1 上,如图 13-1b 所示。

2) 求直线 AB 的正面投影。直线 AB 在△DEF 平面上,则点 A 和点 B 均位于△DEF 平面上的直线上。在△DEF 平面上过点 D 取两条直线 DA 和 DB,DA 和 DB 与直线 EF 的交点为 2 和 3。作 2 和 3 的正面投影,即可作 DA、DB 正面投影所在直线 $d'2'$ 和 $d'3'$,则可以找到点 A 和点 B 在正面上的投影,如图 13-1c 所示。

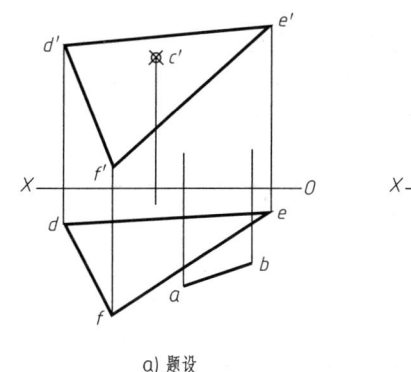
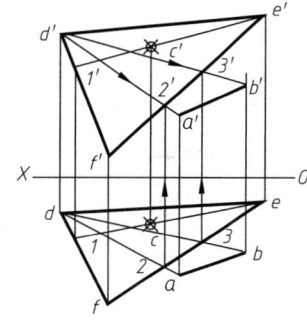

a) 题设   b) 求点 c 的水平投影   c) 求直线 ab 的正面投影

图 13-1 求作平面上的点和直线

作图过程:

1) 打开原始图形。在附带光盘中打开文件"例 13-1a.dwg"。
2) 准备工作:打开正交开关,设置对象捕捉模式为"交点",打开对象捕捉。
3) 连接直线 $e'c'$。

单击"直线"按钮	下达直线命令
命令:_line	
指定第一个点:单击点 e'	拾取直线的一个端点
指定下一点或[放弃(U)]:单击点 c'	拾取直线的另一个端点
指定下一点或[放弃(U)]:按 <Enter> 键	结束直线的绘制

4) 延伸直线 $e'c'$ 到 $d'f'$ 上,交于点 $1'$。

单击"延伸"按钮 延伸	下达延伸命令
命令:_extend	
当前设置:投影 = UCS,边 = 无 选择边界的边…拾取直线 $d'f'$ 找到 1 个	选择延伸到达的边界线
按 < Enter > 键	结束延伸边界的选择
选择要延伸的对象,或按住 Shift 键选择要修剪的对象,或[栏选(F)/窗交(C)/投影(P)/边(E)/放弃(U)]:靠近点 c',拾取直线 $e'c'$	选择延伸的对象 $e'c'$,靠近点 c' 则延伸点 c' 这一侧
选择要延伸的对象,或按住 Shift 键选择要修剪的对象,或[栏选(F)/窗交(C)/投影(P)/边(E)/放弃(U)]:按 < Enter > 键	结束延伸命令

5) 绘制投影连线 $1'1$,交直线 df 于点 1。

单击"直线"按钮	下达直线命令
命令:_line	
指定第一个点:单击点 $1'$	拾取直线的一个端点 $1'$
指定下一点或[放弃(U)]:竖直向下移动到直线 df 下方,单击	单击确定直线的另一个端点 1
指定下一点或[放弃(U)]:按〈Enter〉键	结束直线的绘制

6) 连接直线 $e1$。

单击"直线"按钮	下达直线命令
命令:_line	
指定第一个点:单击点 e	拾取直线的一个端点 e
指定下一点或[放弃(U)]:单击点 1	拾取直线的另一个端点 1
指定下一点或[放弃(U)]:按〈Enter〉键	结束直线命令

7) 绘制投影连线 $c'c$ 交直线 $e1$ 于点 c。

单击"直线"按钮	下达直线命令
命令:_line	
指定第一个点:单击点 c'	拾取直线的一个端点 c'
指定下一点或[放弃(U)]:竖直向下移动光标,超过直线 $e1$ 后单击	确定直线的另一个端点 c
指定下一点或[放弃(U)]:按〈Enter〉键	结束直线命令

8) 标记点 c。

单击"点"按钮	下达点命令
命令:_point	
当前点模式:PDMODE = 35 PDSIZE = -3.0000	提示当前点模式
指定点:拾取上一步得到的交点 c	拾取点 c 的位置
按〈Esc〉键 *取消*	中断点命令

9) 注写字符 c。通过复制其他字符到 c 的位置,再改写为 c 实现字符 c 的注写。当然也可以通过 Text 或 Mtext 命令注写。

单击"复制"按钮 复制	下达复制命令
命令:_copy	
选择对象:拾取字符 c' 找到 1 个	选择复制的对象,字符 c'

(续)

选择对象:按〈Enter〉键	结束对象选择
当前设置:复制模式=多个	
指定基点或[位移(D)/模式(O)]<位移>:在偏上方空白位置单击	确定基点
指定第二个点或[阵列(A)]<使用第一个点作为位移>:竖直向下移动,在c'字符移动到点c附近时单击	确定目标点位置,为避免被对象捕捉干扰,可以临时关闭对象捕捉
指定第二个点或[阵列(A)]<使用第一个点作为位移>:按〈Enter〉键	结束复制命令

双击复制后的字符c',改为c,确定。

10) 连接直线da、db,得到点2、3。

单击"直线"按钮	下达直线命令
命令:_line	
指定第一个点:单击点a	拾取直线的一个端点a
指定下一点或[放弃(U)]:单击点d	确定直线的另一个端点d
指定下一点或[放弃(U)]:单击点b	确定直线的另一个端点b
指定下一点或[放弃(U)]:按〈Enter〉键	结束直线命令

11) 从点2、3向上,找出点$2'$、$3'$。

单击"直线"按钮	下达直线命令
命令:_line	
指定第一个点:单击点2	拾取直线的一个端点2
指定下一点或[放弃(U)]:竖直向上绘制一条直线,交直线$e'f'$于点$2'$	确定直线的另一个端点$2'$
指定下一点或[放弃(U)]:按〈Enter〉键	结束直线的绘制
按〈Space〉键	重复上一命令:直线命令
命令:_line	
指定第一个点:单击点3	拾取直线的一个端点3
指定下一点或[放弃(U)]:竖直向上绘制一条直线,交直线$e'f'$于点$3'$	确定直线的另一个端点$3'$
指定下一点或[放弃(U)]:按〈Enter〉键	结束直线命令

12) 过点a、b向上,作投影连线。

单击"直线"按钮	下达直线命令
命令:_line	
指定第一个点:单击点a	拾取直线的一个端点a
指定下一点或[放弃(U)]:竖直向上绘制一条直线,超过点$2'$后单击	确定直线的另一个端点
指定下一点或[放弃(U)]:按〈Enter〉键	结束直线的绘制
按〈Space〉键	下达直线命令
命令:_line	
指定第一个点:单击点b	拾取直线的一个端点b
指定下一点或[放弃(U)]:竖直向上绘制一条直线,超过点$3'$后单击	确定直线的另一个端点
指定下一点或[放弃(U)]:按〈Enter〉键	结束直线命令

13) 连接$d'2'$、$d'3'$。

单击"直线"按钮	下达直线命令
命令:_line	
指定第一个点:单击点d'	拾取直线的一个端点d'
指定下一点或[放弃(U)]:单击点$2'$	确定直线的另一端点$2'$
指定下一点或[放弃(U)]:按〈Enter〉键	结束直线的绘制
按〈Space〉键	下达直线命令

(续)

命令:_line	
指定第一个点:单击点 d'	拾取直线的一个端点 d'
指定下一点或[放弃(U)]:单击点 $3'$	确定直线的另一个端点 $3'$
指定下一点或[放弃(U)]:按〈Enter〉键	结束直线命令

14)延伸 $d'2'$、$d'3'$ 得到点 a'、b'。

单击"延伸"按钮 延伸	下达延伸命令
命令:_extend	
当前设置:投影=UCS,边=无 选择边界的边… 拾取投影连线 找到 2 个	选择延伸到达的边界线
按〈Enter〉键	结束延伸边界的选择
选择要延伸的对象,或按住 Shift 键选择要修剪的对象,或[栏选(F)/窗交(C)/投影(P)/边(E)/放弃(U)]:靠近点 $2'$ 拾取直线 $d'2'$	选择延伸的对象 $d'2'$,靠近点 $2'$ 则延伸点 $2'$ 这一侧,交点为点 a'
选择要延伸的对象,或按住 Shift 键选择要修剪的对象,或[栏选(F)/窗交(C)/投影(P)/边(E)/放弃(U)]:靠近点 $3'$ 拾取直线 $d'3'$	选择延伸对象 $d'3'$,靠近点 $3'$ 则延伸点 $3'$ 这一侧,交点为 b'
选择要延伸的对象,或按住 Shift 键选择要修剪的对象,或[栏选(F)/窗交(C)/投影(P)/边(E)/放弃(U)]:按〈Enter〉键	结束延伸命令

15)连接直线 $a'b'$。

单击"直线"按钮	下达直线命令
命令:_line	
指定第一个点:单击点 a'	拾取直线的一个端点 a'
指定下一点或[放弃(U)]:单击点 b'	确定直线的另一个端点 b'
指定下一点或[放弃(U)]:按〈Enter〉键	结束直线命令

16)修改直线 $a'b'$ 的属性。

单击"特性匹配"按钮	
命令:'_matchprop 选择源对象:拾取直线 ef 当前活动设置:颜色 图层 线型 线型比例 线宽 透明度 厚度 打印样式 标注 文字 图案填充 多段线 视口 表格材质 阴影显示 多重引线	拾取对象确定目标属性
选择目标对象或[设置(S)]:拾取直线 $a'b'$	拾取需要修改的对象
指定下一点或[放弃(U)]:按〈Enter〉键	结束特性匹配命令

17)复制并注写字符。

单击"复制"按钮 复制	
命令:_copy	
选择对象:拾取字符 a 找到 1 个	选择复制的对象,字符 a
选择对象:按〈Enter〉键	结束对象选择
当前设置:复制模式=多个	
指定基点或[位移(D)/模式(O)]<位移>:在偏下方空白位置单击	确定基点
指定第二个点或[阵列(A)]<使用第一个点作为位移>:竖直向上移动,在 a' 和 b' 位置附近时分别单击	确定目标点位置,为避免被对象捕捉干扰,可以临时关闭对象捕捉
指定第二个点或[阵列(A)]<使用第一个点作为位移>:按〈Enter〉键	结束复制命令

双击复制后的字符 a,分别改为 a' 和 b'。

18)保存文件。单击保存按钮,将图形命名后保存。

【例 13-2】 如图 13-2a 所示，过点 A 作一直线 AB 与直线 CD、EF 均相交。

解题思路：

1）直线 AB 与直线 EF 相交，则其交点必位于直线 EF 上，其水平面的投影，一定在 EF 的投影 ef 上。

2）延伸直线 af 和直线 cd 相交，其交点 1 是直线 AB 和直线 CD 的交点 Ⅰ 在水平面上的投影。延伸 $a1$ 到点 B 的投影连线上得到点 b。

3）据此可以找到点 1 的正面投影 $1'$，位于直线 $c'd'$ 上，如图 13-2b 所示。

4）连接 $a'1'$ 并延伸到点 B 的投影连线上得到点 b'，如图 13-2c 所示。

5）完成直线 AB 的两面投影。

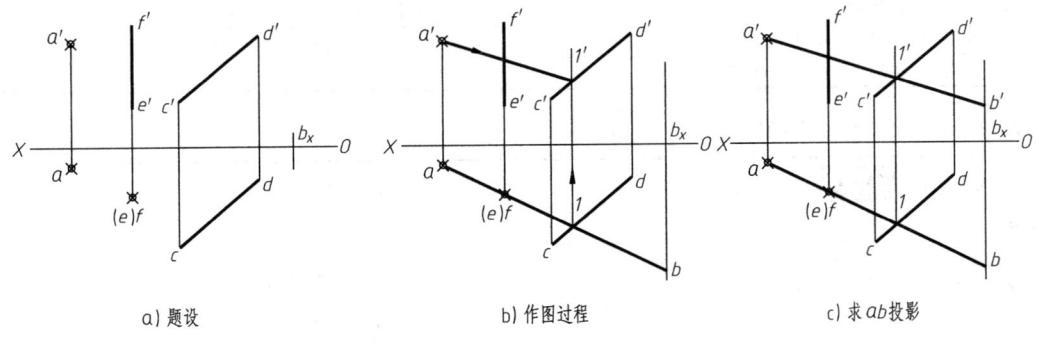

图 13-2 求作相交直线

作图过程：

1）打开原始图形。在附带光盘中打开文件"例 13-2a. dwg"。

2）作点 B 的投影连线。通过夹点拉长点 B 投影线。拾取点 B 的投影连线，出现三个蓝色夹点，选中上面的夹点，成红色时往上拖到点 c' 以上单击，再选择下方的蓝色夹点，成红色时往下拖到点 c 下方稍远位置单击。注意打开正交模式保证垂直方向拉伸。

3）连接直线 $af(e)$。

单击"直线"按钮	下达直线命令
命令：_line	
指定第一个点：单击点 a	拾取直线的一个端点 a
指定下一点或[放弃(U)]：单击点 $f(e)$	确定直线的另一个端点 $f(e)$
指定下一点或[放弃(U)]：按〈Enter〉键	结束直线命令

4）延伸 $af(e)$ 交直线 cd 于点 1，交点 B 投影连线于点 b。

单击"延伸"按钮	下达延伸命令
命令：_extend	
当前设置：投影 = UCS，边 = 无 选择边界的边… 拾取刚拉长的点 B 的投影连线 找到 1 个	选择延伸到达的边界线
按〈Enter〉键	结束延伸边界的选择
选择要延伸的对象，或按住 Shift 键选择要修剪的对象，或[栏选(F)/窗交(C)/投影(P)/边(E)/放弃(U)]：靠近 $f(e)$ 点，单击 $af(e)$	选择延伸的对象 $af(e)$，与点 B 的投影连线交于点 b，与直线 cd 交于点 1
选择要延伸的对象，或按住 Shift 键选择要修剪的对象，或[栏选(F)/窗交(C)/投影(P)/边(E)/放弃(U)]：按〈Enter〉键	结束延伸命令

5）作点Ⅰ的投影连线。

单击"直线"按钮	下达直线命令
命令:_line	
指定第一个点:单击点 1	拾取直线的一个端点 1
指定下一点或[放弃(U)]:竖直向上作一垂直线到直线 $c'd'$ 上单击	确定直线的另一个端点 1'
指定下一点或[放弃(U)]:按〈Enter〉键	结束直线命令

6）连接直线 $a'1'$。

单击"直线"按钮	下达直线命令
命令:_line	
指定第一个点:单击点 a'	拾取直线的一个端点 a'
指定下一点或[放弃(U)]:单击点 1'	确定直线的另一个端点 1'
指定下一点或[放弃(U)]:按〈Enter〉键	结束直线命令

7）延伸 $a'1'$ 交点 B 投影连线于点 b'。

单击"延伸"按钮	下达延伸命令
命令:_extend	
当前设置:投影=UCS,边=无 选择边界的边... 点 B 的投影连线 找到 1 个	选择延伸到达的边界线
按〈Enter〉键	结束延伸边界的选择
选择要延伸的对象,或按住 Shift 键选择要修剪的对象,或[栏选(F)/窗交(C)/投影(P)/边(E)/放弃(U)]:靠近点 1',单击 $a'1'$	选择延伸的对象 $a'1'$,与点 B 的投影连线交于点 b'
选择要延伸的对象,或按住 Shift 键选择要修剪的对象,或[栏选(F)/窗交(C)/投影(P)/边(E)/放弃(U)]:按〈Enter〉键	结束延伸命令

8）修改直线 ab 和 $a'b'$ 的属性。

单击"特性匹配"按钮	
命令:'_matchprop 选择源对象:拾取直线 cd 当前活动设置:颜色 图层 线型 线型比例 线宽 透明度 厚度 打印样式 标注 文字 图案填充 多段线 视口 表格材质 阴影显示 多重引线	拾取对象确定目标属性
选择目标对象或[设置(S)]:拾取直线 $a'b'$ 和 ab	拾取需要修改的对象
指定下一点或[放弃(U)]:按〈Enter〉键	结束特性匹配命令

9）注写对应的字符并保存文件。

命令:text 按〈Enter〉键	下达单行文本命令
当前文字样式:"Standard" 文字高度:2.5000 注释性:否 指定文字的起点或[对正(J)/样式(S)]:需要注写文本的地方单击	提示文本属性 确定文本位置
指定高度<2.5000>:按〈Enter〉键	设置文本高度
指定文字的旋转角度<0>:按〈Enter〉键	设置文本旋转角度
输入文本	输入文本
按〈Enter〉键	结束文本输入

10）重复，注写其他文本。

11）保存文件。

13.2 线面综合练习实例

【例 13-3】 如图 13-3a、b 所示，给定直线 MN 与 △ABC 平面相交，求其交点 K 并判别可见性。

解题思路：

由于 △ABC 平面为铅垂面，其水平投影积聚为一直线，因此，水平投影中 abc 与直线 mn 的交点 k 必为直线与平面的交点 K 的水平投影，然后再根据点 K 与直线 MN 的从属关系，利用直线上取点的方法求出其 V 面投影。空间分析如图 13-3a 所示。

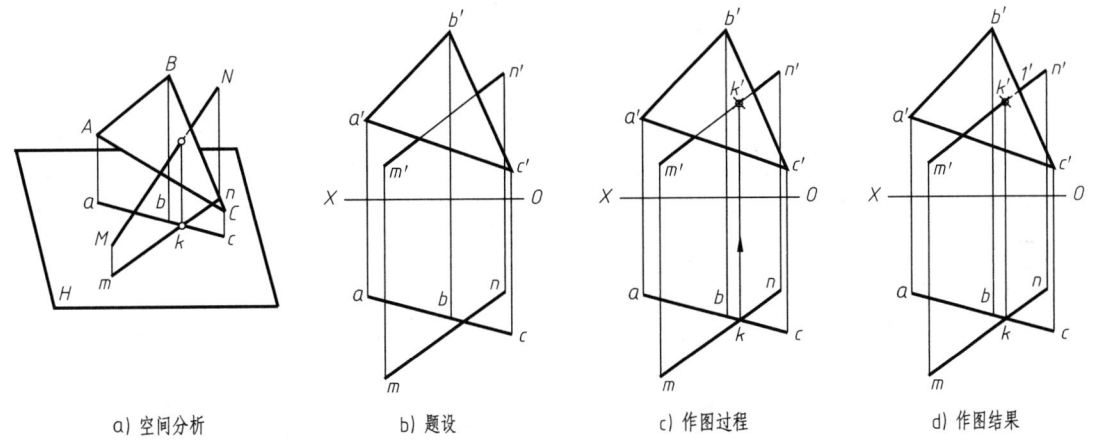

a) 空间分析　　b) 题设　　c) 作图过程　　d) 作图结果

图 13-3　一般位置直线与铅垂面相交

作图过程：

1）作点 K 的投影连线。水平面上的投影中，直线 abc 和直线 mn 的交点为 k，过点 k 向上作点 K 投影连线，交直线 m'n' 于点 k'，如图 13-3c 所示。

2）在点 k' 打断直线 m'n'。

单击"打断于点"按钮	下达打断于点命令
命令:_break	
选择对象:拾取需要打断的直线 m'n' 中间的部分 指定第二个打断点 或[第一点(F)]:_f	选择打断的直线
指定第一个打断点:单击点 k' 指定第二个打断点:@	选择该直线上打断的位置

3）将 m'k' 改为粗实线，k'1' 改为虚线。拾取打断的 k' 到 m' 之间的一段，出现夹点后，再在图层选项卡中选择粗实线层，然后按〈Esc〉键取消选择，将它改到粗实线层即可。同理，将 k' 到 n' 之间被打断的线 k'1'，改到虚线层。

4）注写对应的字符。通过单行文本命令，注写各点的符号，如图 13-3d 所示。

5）保存文件。

【例 13-4】 如图 13-4a 所示，求铅垂面 ABC 和一般位置平面 DEF 的交线并判别可见性。

解题思路：

将平面 DEF 看成是由相交两直线 DF 和 EF 组成。求两平面的交线，即先分别求两直线 DF、EF 和铅垂面 ABC 的交点 M、N，然后连成交线 MN 即可。

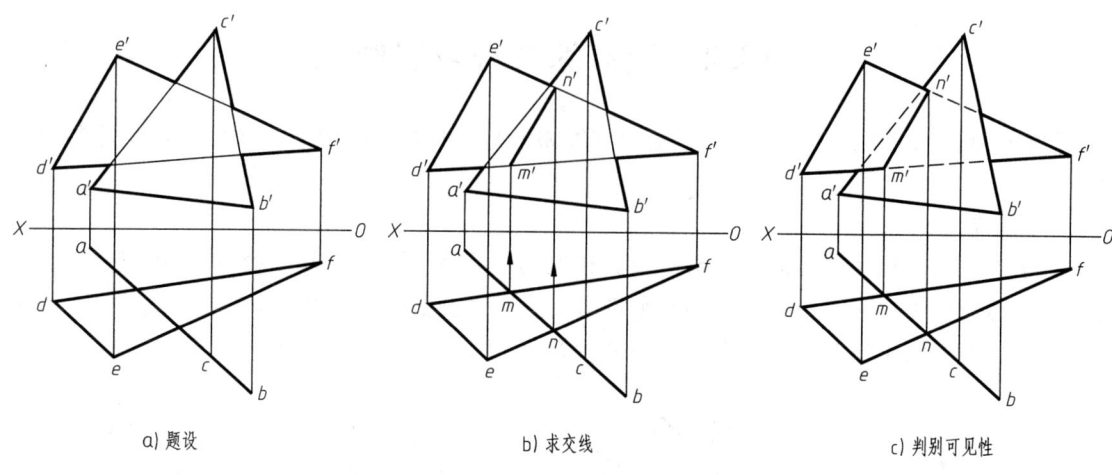

| a) 题设 | b) 求交线 | c) 判别可见性 |

图 13-4　两平面相交

作图过程：

1) 过直线 df 和 acb 的交点 m 向上作一垂直线，交直线 d'f' 于点 m'。过直线 ef 和 acb 的交点 n 向上作一垂直线交直线 e'f' 于点 n'。

2) 连接直线 m'n'。

3) 用打断于点命令，将图 13-4b 中经过点 m' 和点 n' 的两条直线分别在点 m' 和点 n' 处打断。

4) 如图 13-4c 所示，修改直线所在图层。

5) 注写各点的投影符号。

6) 保存文件。

13.3　换面法练习实例

【例 13-5】　如图 13-5a 所示　求 △ABC 和 △ABD 之间的夹角。

解题思路：

当两三角形平面同时垂直于某投影面时，它们在该投影面上的投影分别积聚成两条直线，这两条直线的夹角即是两平面的夹角。作图时只要将两平面的交线变换为投影面的垂直线，便可求得它们的夹角。由于 △ABC 和 △ABD 的交线 AB 是一般位置直线，需要两次变换。空间分析如图 13-5（b）所示。

作图过程：

1) 作与直线 ab 平行的轴线 O_1X_1。

单击"直线"按钮	下达直线命令
命令：_line	
指定第一个点：如图 13-5c 所示，在合适位置单击确定 O_1X_1 轴的一个端点	确定直线 O_1X_1 一个端点
指定下一点或[放弃(U)]：按住〈Shift〉右击鼠标，在弹出菜单中选择平行命令，并将光标移动到直线 ab 上，出现平行符号后移动到需要绘制的 O_1X_1 直线的另一个端点附近，出现平行符号时单击	利用对象捕捉中的平行选项，确定直线 O_1X_1 的另一个端点
指定下一点或[放弃(U)]：按〈Enter〉键	结束直线命令

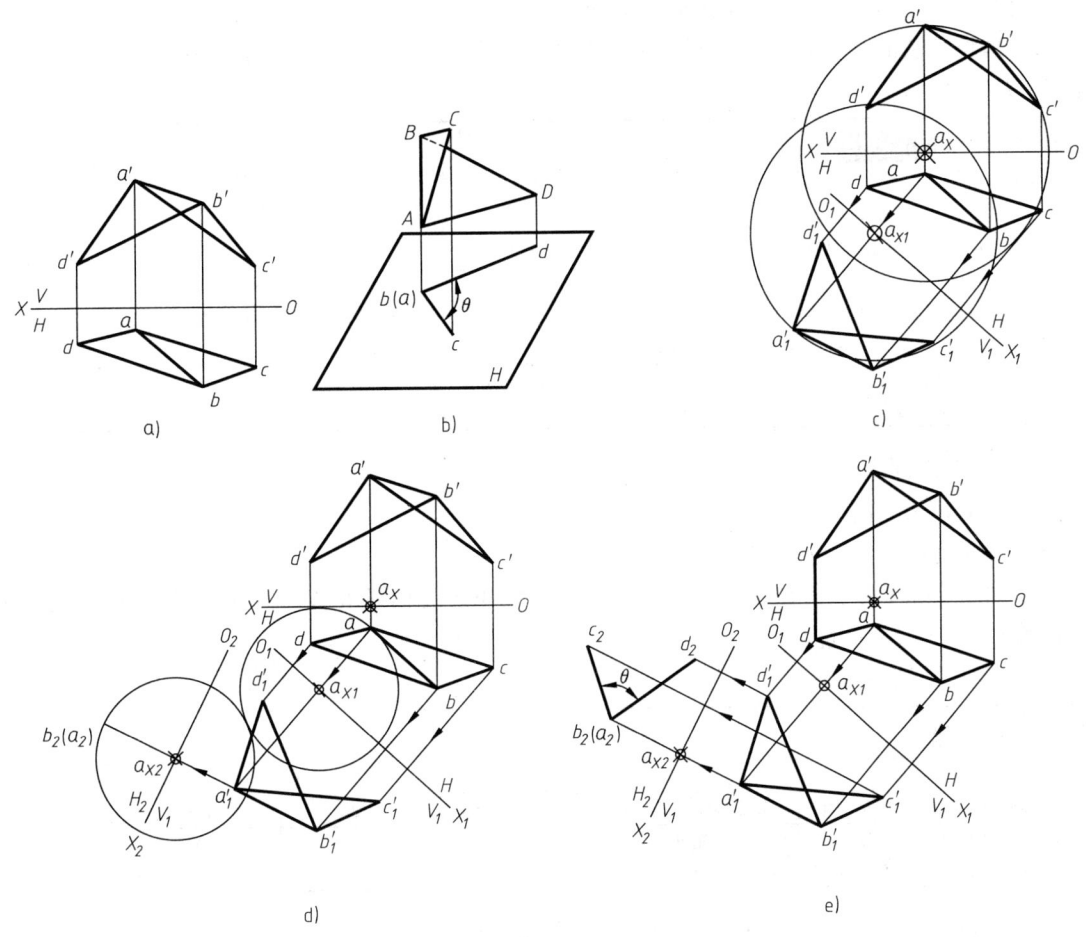

图 13-5 求两三角形平面之间的夹角

2）过点 a、b、c、d 作 O_1X_1 的垂直线。利用对象捕捉中的垂足命令完成。

3）以 a_X 为圆心，以 $a'a_X$ 为半径绘制一圆。

单击"圆"按钮	下达圆命令
命令:_circle	
指定圆的圆心或[三点(3P)/两点(2P)/切点、切点、半径(T)]:单击点 a_X	确定圆心
指定圆的半径或[直径(D)]:单击点 a'	确定圆周上一点以确定半径

4）用同样的方法，绘制经过点 b'、c'、d' 的圆。

5）复制以上圆。以经过点 a' 的圆为例。

单击"复制"按钮	下达复制命令
命令:_copy	
选择对象:拾取圆心在 a_X,经过点 a' 的圆　找到 1 个	选择复制的对象,圆
选择对象:按〈Enter〉键	结束对象选择
当前设置:复制模式 = 多个	
指定基点或[位移(D)/模式(O)]<位移>:拾取该圆的圆心,即点 a_X	确定基点
指定第二个点或[阵列(A)]<使用第一个点作为位移>:拾取点 a_{X1}	确定目标点位置
指定第二个点或[阵列(A)]<使用第一个点作为位移>:按〈Enter〉键	结束复制命令

其他的圆采用以上方法复制到正确位置。

6）延长绘制的垂直线。以复制过来的圆为界，将所作的垂直线延伸到圆周上，交点分别为 a_1'、b_1'、c_1'、d_1'。

单击"延伸"按钮 ——／延伸	下达延伸命令
命令:_extend	
当前设置:投影 = UCS,边 = 无 选择边界的边…单击刚复制过去的圆心在 a_{X1} 的圆　找到 1 个	选择延伸到达的边界线
按〈Enter〉键	结束延伸边界的选择
选择要延伸的对象,或按住 Shift 键选择要修剪的对象,或［栏选(F)/窗交(C)/投影(P)/边(E)/放弃(U)］:靠近点 a_{X1} 单击 aa_{X1}	选择延伸的对象 aa_{X1},与选择的边界圆交于点 a_1'
选择要延伸的对象,或按住 Shift 键选择要修剪的对象,或［栏选(F)/窗交(C)/投影(P)/边(E)/放弃(U)］:按〈Enter〉键	结束延伸命令

其他三个点同上。

7）连接 $a_1'b_1'$、$a_1'c_1'$、$a_1'd_1'$、$b_1'c_1'$、$b_1'd_1'$。

8）删除所有绘制和复制的圆。

9）如图 13-5d 所示，在图示合适位置绘制二次变换的轴线 O_2X_2。利用对象捕捉之垂足来保证 O_2X_2 要与 $a_1'b_1'$ 垂直。

10）伸长刚绘制的轴。

单击"伸长"按钮 ／	下达伸长命令
命令:_lengthen	
选择要测量的对象或［增量(DE)/百分比(P)/总计(T)/动态(DY)］<总计(T)>:dy	选择动态伸长方法
选择要修改的对象或［放弃(U)］:拾取刚绘制的垂直线	选择要伸长的对象
指定新端点:在合适位置单击,确定垂直线的长度	确定伸长到的位置

11）过点 a_1'、c_1'、d_1' 分别作轴 O_2X_2 的垂直线。

12）绘制圆，圆心位于 a_{X1} 经过点 a，如果 13-5d 所示。

13）复制该圆到点 a_{X2}。

14）延伸所作的垂直线，交复制后的圆于点 a_2。

15）删除辅助圆。

16）其他点同样操作，得到点 c_2、d_2。

17）连接 a_2c_2、a_2d_2 得到两条相交直线，其夹角即两平面的夹角，如图 13-5e 所示。

18）修改图线属性，并保存文件。

13.4　立体练习实例

【例 13-6】　如图 13-6a 所示，完成正三棱锥被截切后的三面投影。

解题思路：

求正三棱锥被切后的投影，即要求出正三棱锥和切平面的交线以及两个切平面的交线。如图 13-6a 所示，求出切平面ⅠⅡⅤ和切平面ⅡⅢⅣⅤ与正三棱锥三个平面 SAB、SAC、SBC 的交线以及两个切平面的交线。要求出切平面与棱锥的交线，需要求出切平面和三个棱线的交点。因为两个切平面都和正面垂直，故其交线为一条正垂线。其他交点则主要利用点在棱线上的特性来求。

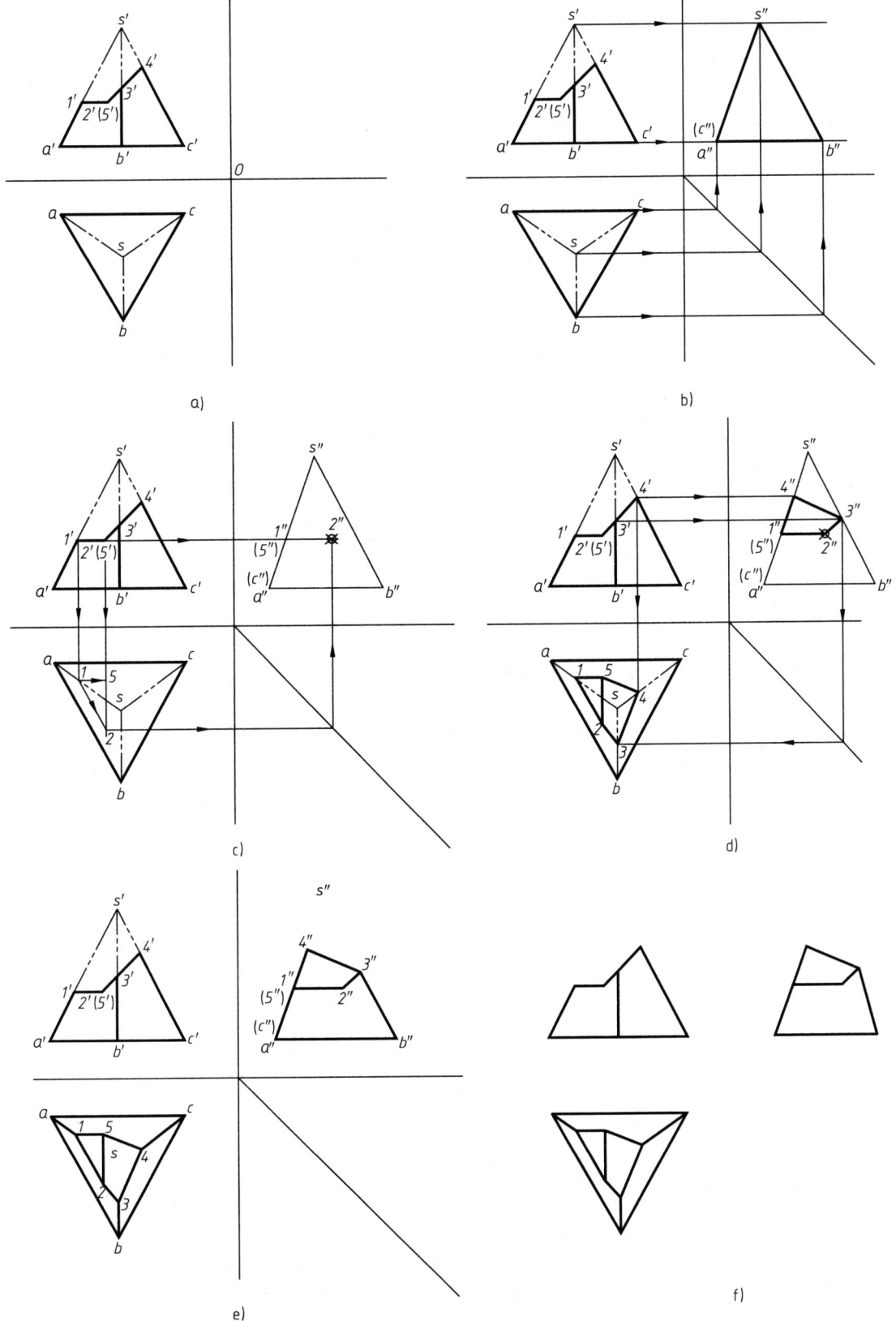

图 13-6 求平面立体截切后的投影

作图过程：

1）作45°辅助线。

单击"直线"按钮	下达直线命令
命令:_line	
指定第一个点:单击点 O	确定直线的起点
指定下一点或[放弃(U)]:@200<-45 按〈Enter〉键	绘制 -45°方向，长度200的直线
指定下一点或[放弃(U)]:按〈Enter〉键	结束直线命令

2）如图13-6b所示，绘制完整的三棱锥侧面投影。

3）如图13-6c所示，首先过点$1'$向下作垂直线，与直线sa交于点1。过点$2'$（$5'$）垂直向下作投影连线，并过点1作直线ab的平行线（利用对象捕捉中的平行）和直线ac的平行线，分别交过点$2'$（$5'$）垂直向下的直线于点2和点5。

4）按照点的投影规律，在侧面投影上作点$1''$、$2''$、$5''$。

5）按照点的投影规律，点$3''$在直线$s''b''$上，点$4''$在直线$s''c''$上，可以求出点$3''$和点$4''$；在水平投影上，点4位于直线sc上，可以过点$4'$直接绘制一条向下的垂直线，交直线sc于点4；过点$3''$向下作一条垂直线，交45°辅助线，过该交点向左作一条水平线，交直线sb于点3，如图13-6d所示。

6）在水平投影上连接12345和25。在侧面投影上连接$1''2''3''4''1''$。改到粗实线层，完成截切部分的投影，并完成其他图线的线型修改，如图13-6e所示。

7）如图13-6f所示，删除多余线条、数字和字母。

8）保存文档。

【例13-7】 如图13-7a所示，求正圆锥被截切后的投影。

解题思路：

该圆锥被三个平面截切，分别是侧平面ABC，水平面ADE和正垂面SDE。分别求出这三个平面和圆锥表面的交线以及水平面和正垂面的交线即可。其中侧平面ABC和圆锥的交线是双曲线的一部分，水平面ADE和圆锥的交线是圆弧，正垂面SDE和圆锥的交线是三角形。

作图过程：

1）用相对极坐标的方式过原点作45°辅助线。

2）用圆角半径为0的倒圆角的方式补全侧面圆锥的完整投影。

单击"圆角"按钮	下达圆角命令
命令:_fillet 当前设置:模式=修剪,半径=0.0000	提示圆角参数，注意确保半径=0,如果不为0,则需要用 R 参数改为0
选择第一个对象或[放弃(U)/多段线(P)/半径(R)/修剪(T)/多个(M)]:拾取侧面投影中的斜线之一	选择圆角的一个边
选择第二个对象,或按住 Shift 键选择对象以应用角点或[半径(R)]:拾取侧面投影中的另一根斜线	选择圆角的另一个边

3）将倒圆角后延伸相交的两直线改为细双点画线。

4）如图13-7b所示，以点s为圆心，sa为半径绘制一圆，与过点$d'e'$垂直向下的直线交于点d和点e。连接sd、se。在侧面投影上找到点d''和点e''。

5）过点b'（c'）垂直向下作一直线，交水平面的投影最外侧的圆于点b和点c。

6）按照点的投影规律，在侧面投影上作点b''、c''，如图13-7c所示。

7）在点a'和点b'（c'）中间合适位置，作一水平线和原题中的正面投影中的$a'b'$（c'）

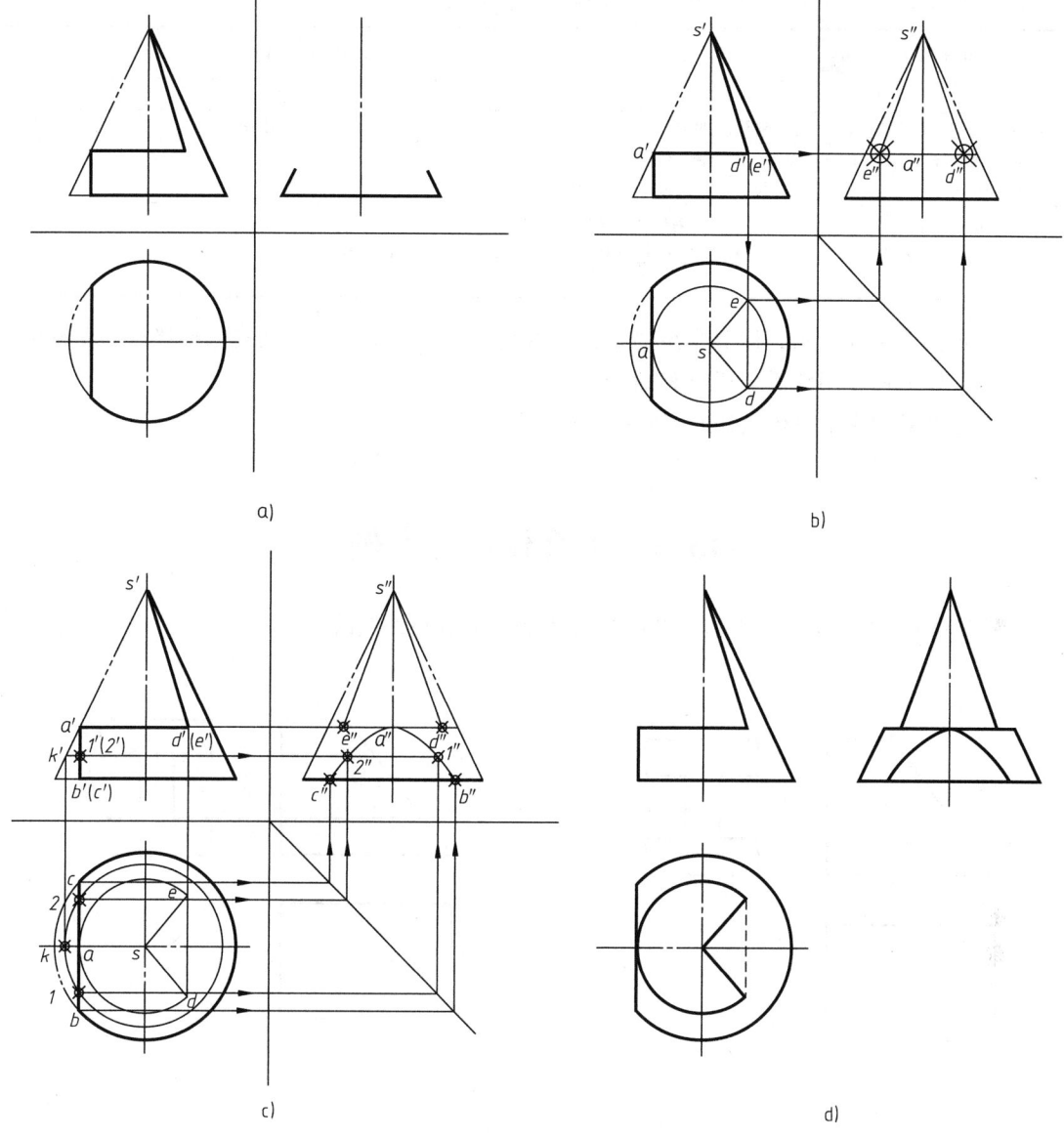

图 13-7 求圆锥被截切后的投影

交于点 1′和点 2′。延伸该水平线和圆锥的假想轮廓线相交于点 k'。

8) 过该交点 k' 向下作一垂直线交于水平面上的中心轴线上，交点为 k。

9) 以点 s 为圆心，sk 为半径绘制一圆。该圆与 bc 交于点 1 和点 2。

10) 按照点的投影规律，在侧面投影上利用 45°辅助线完成点 1″、2″ 作图。

11) 采用多段线命令绘制双曲线。

单击"多段线"按钮	下达多段线命令
命令:_pline	
指定起点:拾取点 b'' 当前线宽为 0.0000	确定多段线的一个端点
指定下一个点或[圆弧（A）/半宽（H）/长度（L）/放弃（U）/宽度（W）]:依次拾取点 b''、1″、a''、2″、c''	依次确定其他端点
按〈Enter〉键	结束多段线命令

12) 采用多段线的编辑命令 Pedit，完成截交线的拟合化。

单击"编辑多段线"按钮	下达编辑多段线命令
命令:_pedit	
选择多段线或[多条(M)]:拾取刚绘制的多段线	选择编辑修改对象
输入选项[闭合(C)/合并(J)/宽度(W)/编辑顶点(E)/拟合(F)/样条曲线(S)/非曲线化(D)/线型生成(L)/反转(R)/放弃(U)]:f按〈Enter〉键	拟合
输入选项[闭合(C)/合并(J)/宽度(W)/编辑顶点(E)/拟合(F)/样条曲线(S)/非曲线化(D)/线型生成(L)/反转(R)/放弃(U)]:按〈Enter〉键	结束编辑

13) 如图 13-7d 所示，修剪多余的线条，将线条放置到正确的图层或直接修改为正确的线型、线宽。修剪命令用法类似于延伸命令。

14) 选中多余线条后按〈Del〉键删除多余线条。

15) 保存文档。

13.5 组合体练习实例

【例 13-8】 如图 13-8a 所示，补画组合体视图中所缺的图线。

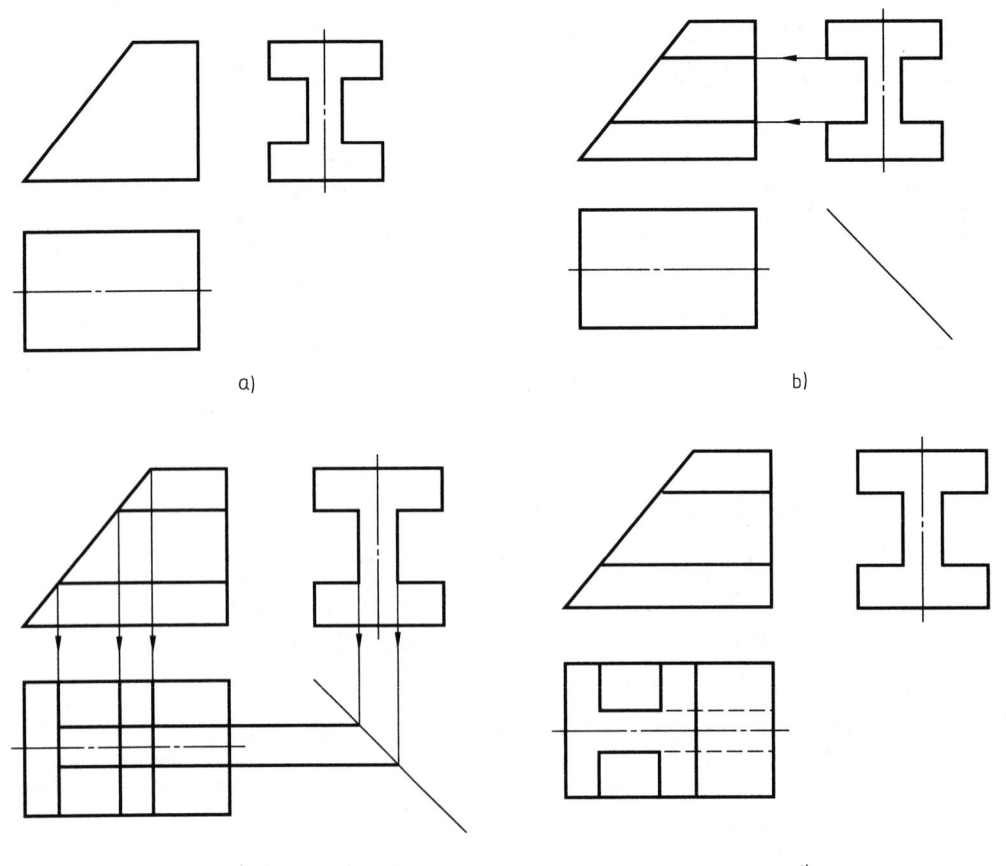

图 13-8 组合体补漏线

解题思路：

该立体可以看成是由一个长方体（四棱柱）被一个正垂面、四个水平面和两个正平面截切后得到。分别求出切平面和四棱柱的交线以及正垂面和水平面以及正平面的交线即可。最后判别可见性。

作图过程：

1）作45°辅助线。打开对象追踪功能和正交模式，下达直线命令，将光标移动到水平面投影最右上角的顶点上后，向右移动，再将光标移动到侧面投影的最左下角的顶点上后，向下移动，出现两个垂直相交的高亮虚线时单击，确定45°辅助线的起点，再输入@200<-45，完成直线的绘制。

2）如图13-8b所示，打开对象捕捉中的垂足、交点，利用对象追踪和对象捕捉功能，在粗实线层从侧面投影向左绘制两条水平线。不使用对象追踪功能则可以绘制较长的直线后修剪。

3）如图13-8c所示，从正面投影向下绘制三条垂直线，借助侧面投影和45°辅助线，在水平投影上绘制两条水平线。

4）修剪刚绘制的两条水平线中间的多余线条。

单击"修剪"按钮 ⊢ 修剪	下达修剪命令
命令：_trim 当前设置：投影=UCS，边=无 选择剪切边…	提示修剪参数
选择对象或<全部选择>：拾取水平线 找到1个	选择剪切边
选择对象：拾取另一根水平线 找到1个,总计2个	继续选择剪切边界
选择对象：按〈Enter〉键	结束边界选择
选择要修剪的对象,或按住Shift键选择要延伸的对象,或[栏选(F)/窗交(C)/投影(P)/边(E)/删除(R)/放弃(U)]：拾取两水平线之间需要去掉的部分	选择需要剪掉的部分
选择要修剪的对象,或按住Shift键选择要延伸的对象,或[栏选(F)/窗交(C)/投影(P)/边(E)/删除(R)/放弃(U)]：继续拾取两水平线中间需要去掉的部分	继续选择需要剪掉的部分
按〈Enter〉键	结束修剪命令

5）重复修剪命令，在水平投影上，以最右侧的垂直线为界，将绘制的两条水平线右侧部分剪掉。

6）用打断于点的方式将水平投影上绘制的两条水平线打断，检查图线属性，改为对应的粗实线和细虚线。删除45°辅助线，结果如图13-8d所示。

7）保存文档。

【例13-9】 如图13-9a所示，读懂组合体两视图，补画左视图。

解题思路：

1）首先读懂组合体的视图。该组合体按照长对正的关系，可以看出下面部分是一个较大的长方体，主视图中的虚线和俯视图中间的矩形对应，应该看出是在长方体的中间往下挖去一个长方体。主视图中间上方的同心圆，为长方体的上方增加的部分，应该是一个轴线为正垂方向的半圆柱管叠加在长方体上方。按照对应关系，该半个圆柱管应该和俯视图中的虚线及其外侧的两条竖直的直线对应。俯视图中的一个缺口和主视图中间偏下方的两条直线对应，结合俯

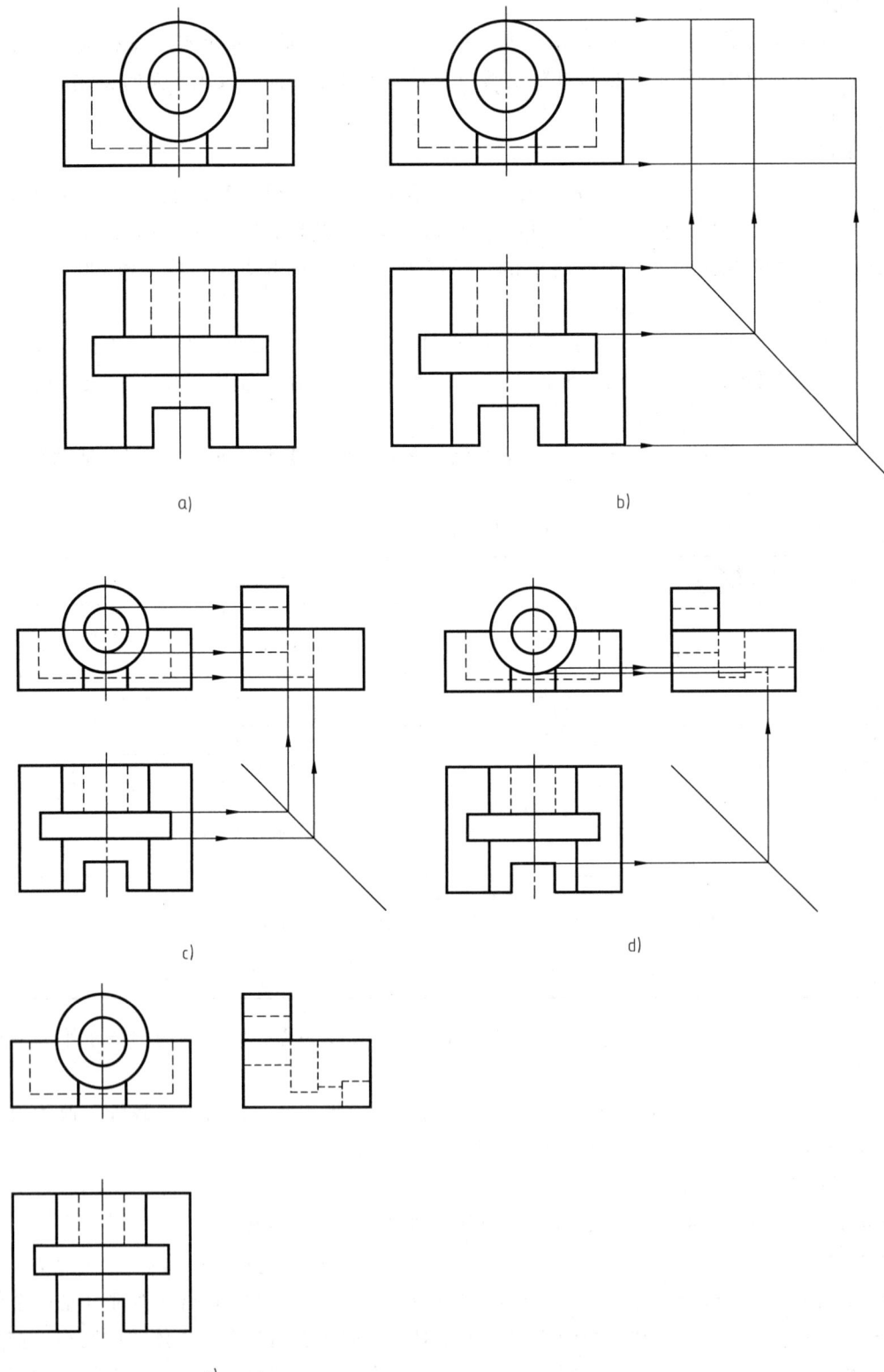

图 13-9 补画左视图

视图下侧两条竖直的直线,可以看出在长方体的前侧中间,往下挖去半个圆柱面,并从该圆柱面上,往下挖去一个缺口。

2)按照读懂的组合体结构,分别在主视图的正右方绘制下方的长方体,上方的半个圆柱体管,并在长方体中间挖去一个四棱柱和半个圆柱面,最后切出前面下方中间的缺口。

3)绘图则主要使用直线命令、修剪命令以及特性修改。

作图过程:

1)确定左视图位置,并绘制45°辅助线。如图13-9b所示,从俯视图右上角往右绘制一条合适长度的水平线,接着向上绘制一条垂直线,作为左视图的最后面的投影线。过两条线的交点以相对极坐标方式绘制一条45°的辅助线。

2)按照投影对应关系,左视图上绘制出下方长方体的外形和上方半圆柱的投影,如图13-9b所示。经修剪后将图线改为粗实线。

3)如图13-9c所示,按照投影对应关系,分别绘制长方体中间矩形槽的投影和圆柱中间的孔的投影,将线型改为虚线。

4)如图13-9d所示,按照投影对应关系,在左视图上绘制最前侧下方挖去半个圆柱面的投影,再绘制缺口的投影,将图线改为虚线。

5)删除作图辅助线。

6)保存文档

13.6 轴测图练习实例

【例13-10】 如图13-10a所示,根据组合体视图,画正等轴测图。

解题思路:

在AutoCAD中绘制正等轴测图,可以通过打开等轴测捕捉模式在三个不同的轴测平面上绘制图形。切换三个平面的快捷键为〈Ctrl+E〉。

以圆的半径为测量尺寸的量具,在原始的视图中绘制圆,并复制到轴测图中,通过捕捉交点的方式获取线段的长度。

所有度量均沿轴向量取,包括线段长度和圆心的位置等,并注意测量方向。

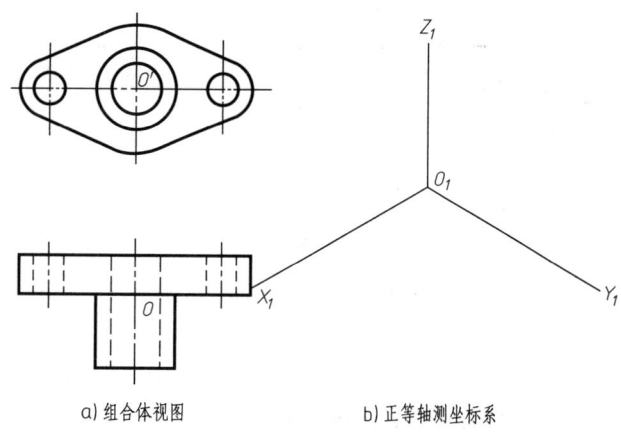

图13-10 绘制组合体的正等轴测图

确定原点,绘制轴测轴。

圆的投影(椭圆)则通过其中的等轴测圆(参数 i)直接绘制,要注意处于正确的平面上。

绘制轮廓投影的公切线,并以此判别可见和不可见部分。删除或修剪掉所有不可见的图线。

作图过程:

1)绘制正等轴测坐标系。打开等轴测捕捉模式。在状态栏的"捕捉模式"按钮上右击鼠标,选择"设置"命令,弹出图13-11所示"草图设置"对话框。在"捕捉类型"选项组下单击"等轴测捕捉"单选按钮,然后单位"确定"按钮退出。打开正交模式。

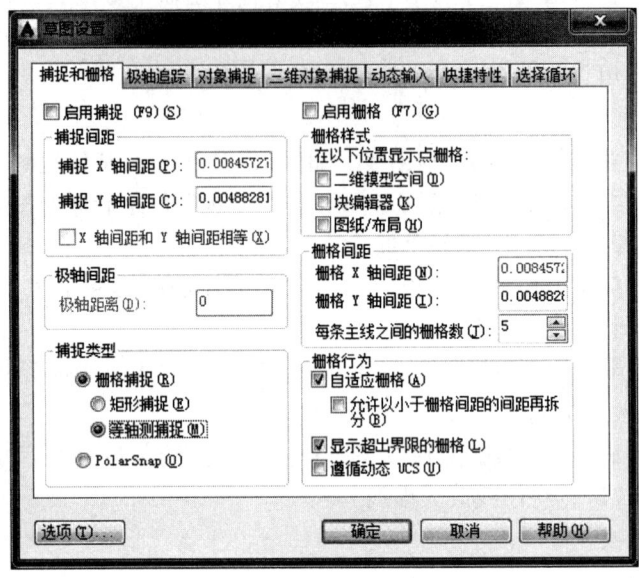

图13-11 设置等轴测捕捉模式

单击"直线"按钮	下达直线命令
命令:_line	
指定第一个点:如图13-10b 所示,在合适位置单击,确定 O_1Z_1 轴的上端点	确定直线的起点
指定下一点或[放弃(U)]:确保光标处于 $Y_1O_1Z_1$ 或 $X_1O_1Z_1$ 平面,否则按〈Ctrl + E〉切换平面。然后向下移动光标,到合适位置单击	绘制竖直的 O_1Z_1 轴
指定下一点或[放弃(U)]:沿另一个方向移动光标,绘制另一个轴	绘制 O_1X_1 轴或 O_1Y_1 轴
指定下一点或[放弃(U)]:按〈Enter〉键	结束直线命令
按〈Enter〉键	重复上一命令,直线命令
命令:_line	
指定第一个点:在原点单击	确定另一根轴的起点
指定下一点或[放弃(U)]:按〈Ctrl + E〉切换轴测平面。<等轴测平面 俯视>然后移动光标到合适位置单击	绘制另一根轴
指定下一点或[放弃(U)]:按〈Enter〉键	结束直线命令

结果如图13-10b 所示。

2)以点 o' 为圆心,点 o' 到外侧小圆圆心距离为半径,绘制一辅助圆。

拾取图13-12中1所指的两个圆和一个圆弧,单击"复制"按钮,以点 O' 为复制的基点,以正等轴测坐标系的原点 O_1 为目标点,进行复制,如图13-12右侧图所示。

如图13-12所示2所指圆弧和圆,采用复制命令复制到正等轴测坐标系中,目标点为最大的细实线圆和 O_1X_1 轴的交点。

绘制等轴测圆。

单击"椭圆(轴、端点)"按钮	下达椭圆命令
命令:_ellipse	
指定椭圆轴的端点或[圆弧(A)/中心点(C)/等轴测圆(I)]:i 按〈Enter〉键	输入i,绘制等轴测圆
指定等轴测圆的圆心:单击点 O_1	确定等轴测圆的圆心
指定等轴测圆的半径或[直径(D)]:如图13-12所示,拾取粗线圆和 O_1X_1 轴的交点	确定等轴测圆的半径

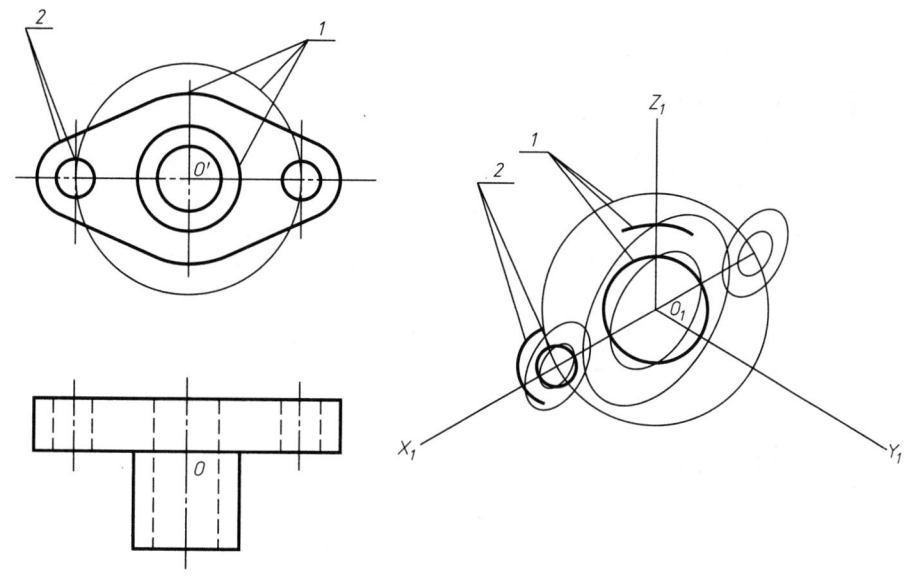

图 13-12 绘制 $X_1O_1Z_1$ 平面的等轴测圆

采用同样的方法，绘制其他几个等轴测圆，并将左下 O_1X_1 轴上的两个等轴测圆复制到右上 O_1X_1 轴上，结果如图 13-12 右侧图形所示。

3）利用几何约束功能，绘制两等轴测圆的公切线。首先利用直线命令，绘制四条直线，如图 13-13 所示的粗线差不多位置即可。再切换到"参数化"选项卡，如图 13-14 所示，单击其中相切约束按钮![]，依据图 13-13，设置其中的公切线和等轴测圆弧相切，并结合修剪和延伸命令，完成公切线的绘制。

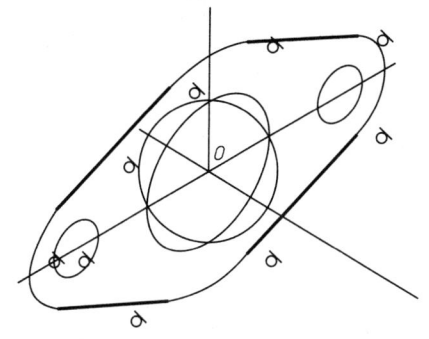

图 13-13 相切约束

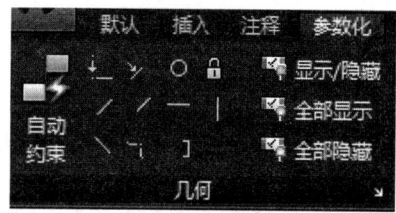

图 13-14 "参数化"选项卡

4）找出后板的宽度（厚度）大小。首先取出后板的宽度方向尺寸。如图 13-15 所示，在俯视图上绘制一个圆，圆心位于后板投影的右下角，半径为板子的厚度（宽度方向）。将该圆复制到正等轴测坐标系中，基点为圆的圆心，目标点为正等轴测坐标系的原点 O_1，如图 13-15 所示。

5）复制等轴测图中 $X_1O_1Z_1$ 平面上图线到后表面上。如图 13-16 所示，将 $X_1O_1Z_1$ 平面上的图线改到粗实线层，并利用复制命令，沿 O_1Y_1 方向，距离为绘制的辅助圆的半径尺寸，复制一份，然后作后板前后面图形的公切线。

修剪多余线条，并根据遮挡关系完成消隐后的图形。如图 13-17 所示，绘制完后板的正等轴测图。

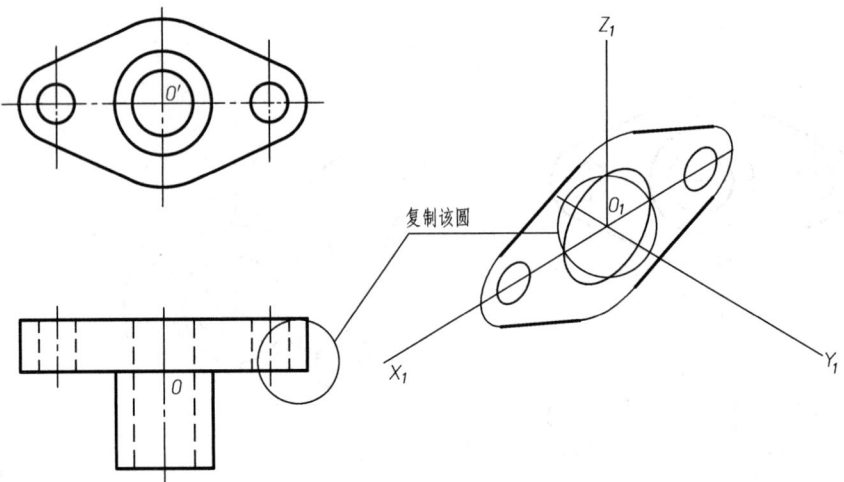

图 13-15 取 O_1Y_1 方向宽度

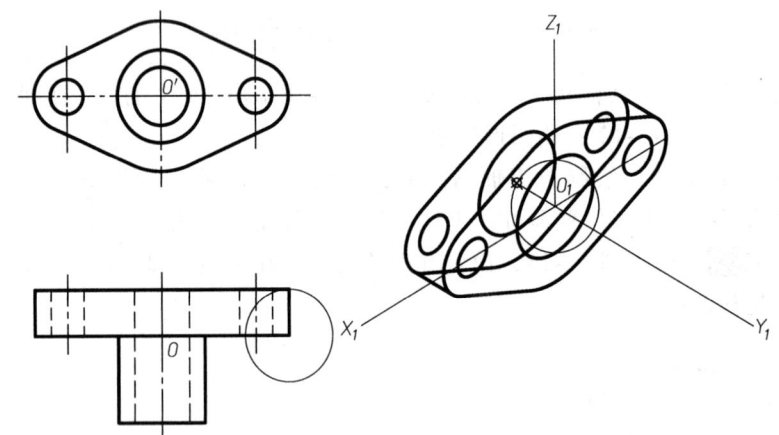

图 13-16 复制 $X_1O_1Z_1$ 平面轴测图

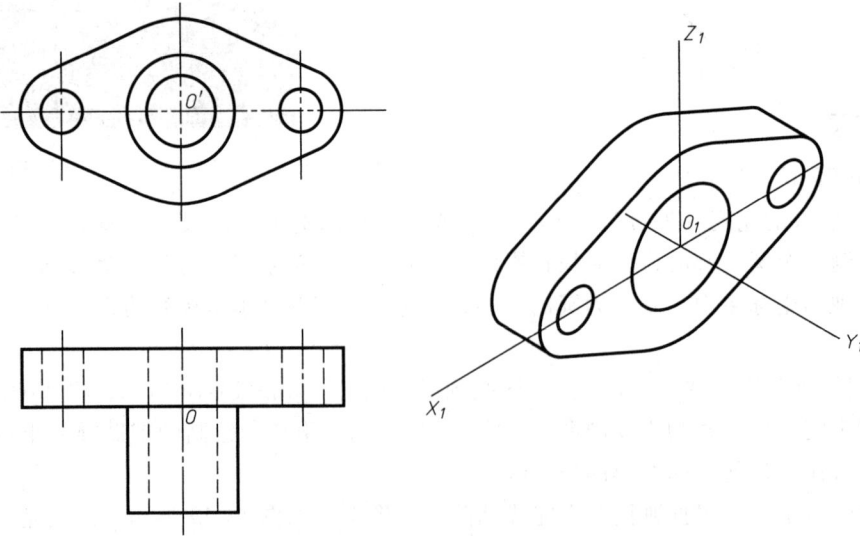

图 13-17 后板消隐后的结果

6）利用等轴测圆的绘制方法，完成中间圆孔的等轴测圆的绘制，如图 13-18 所示。

7）绘制出前端圆柱和中间孔。首先在俯视图中，取出前面的带孔圆柱的宽度（o_1y_1 方向）尺寸，如图 13-19 所示。将该圆复制到正等轴测坐标系中，再利用复制命令，以 O_1 为基准，辅助圆和 O_1Y_1 轴的交点为目标点，完成两个等轴测圆的复制。

作等轴测圆的公切线，并修剪不可见的图线，结果如图 13-20 所示。

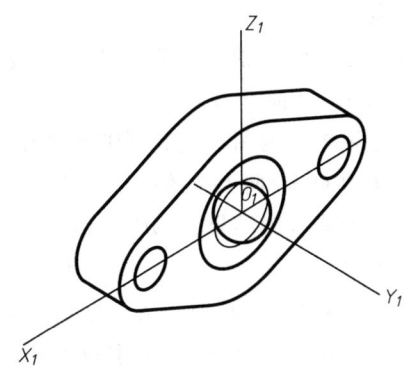

图 13-18　绘制中间圆孔等轴测椭圆

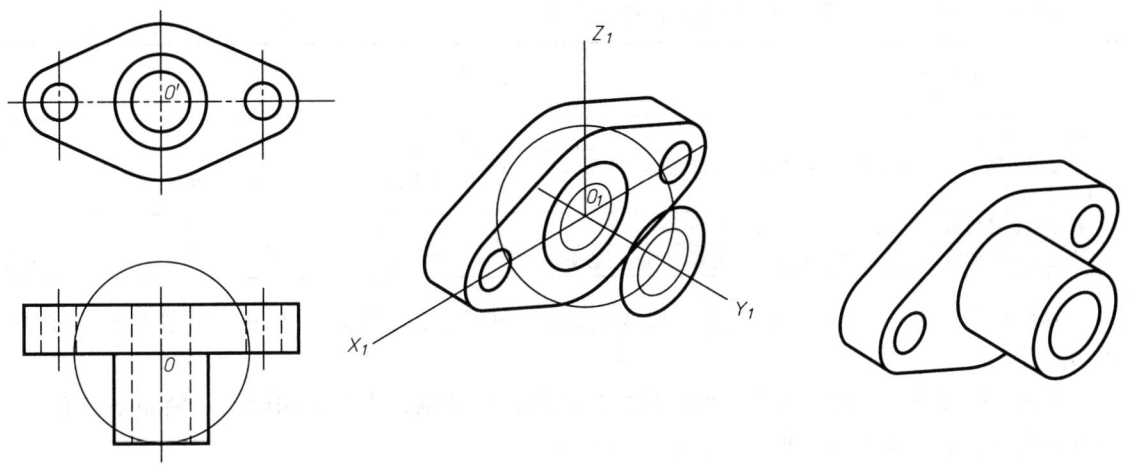

图 13-19　宽度方向复制圆柱及孔的等轴测椭圆　　　　　图 13-20　正等轴测图

8）保存文档。

【例 13-11】　如图 13-21a 所示，根据组合体视图，画斜二轴测图。

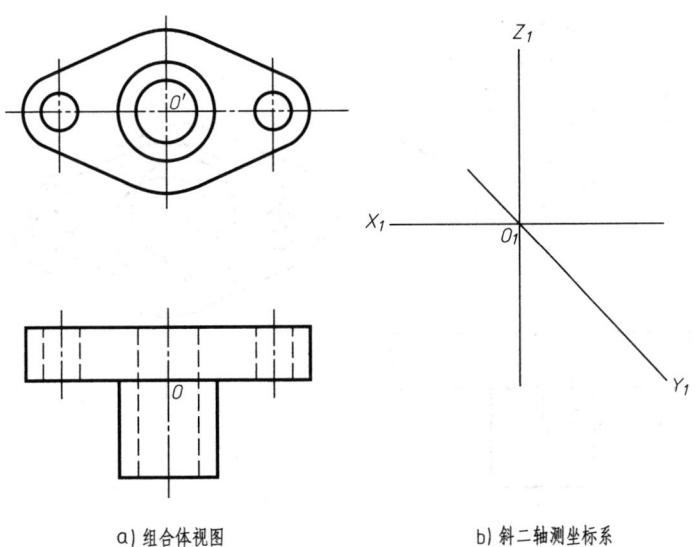

a）组合体视图　　　　　b）斜二轴测坐标系

图 13-21　绘制斜二轴测图

解题思路：

首先绘制轴测轴，O_1X_1、O_1Z_1 轴成 90°，O_1Y_1 轴向右下倾斜 45°。O_1Y_1 方向的轴向伸缩系数为 0.5，其他方向为 1。

将主视图中的图形复制到轴测图中的坐标系 $X_1O_1Z_1$ 平面上，并沿 O_1Y_1 方向复制，距离为投影图中 O_1Y_1 向大小的一半。通过辅助圆的半径和直径的关系可以找到位置。

按照轴测投影结果，删除并修剪掉不可见的图线，外侧绘制圆柱面的转向轮廓线。

作图过程：

1) 绘制斜二轴测坐标系。打开正交开关，绘制一条水平的直线作为 O_1X_1 轴，绘制一条垂直的直线作为 O_1Z_1 轴，采用极坐标的方式或极轴追踪 45°的设置，绘制一条向右下方向倾斜 45°的 O_1Y_1 轴，结果如图 13-21b 所示。

2) 在俯视图中，绘制一个直径为后板厚的圆。

单击"圆按"钮	下达圆命令
命令:_circle	
指定圆的圆心或[三点(3P)/两点(2P)/切点、切点、半径(T)]:2p 按 ⟨Enter⟩键	输入 2p，给定直径上的两点画圆
指定圆直径的第一个端点:拾取俯视图中的点 o	确定两点之一
指定圆直径的第二个端点:单击点 o 上方的板子厚度处的交点	确定直径上的另一个点

复制该圆到斜二轴测坐标系中。基准点为该圆的圆心，目标点为斜二轴测坐标系的原点 O_1。

如图 13-22 所示，将主视图中的图线除正中间内侧的圆，全部复制到斜二轴测坐标系中，基准点为 o'，目标点为斜二轴测坐标系中的点 O_1。

再以绘制的辅助圆和 O_1Y_1 轴上后方的交点为目标点复制一份，并绘制两图形的公切线，如图 13-22 右侧图所示（注：俯视图中的辅助圆直径是板子的厚度，轴测图中利用了辅助圆的半径，因为轴测图中的 O_1Y_1 向的轴向伸缩系数为 0.5）。

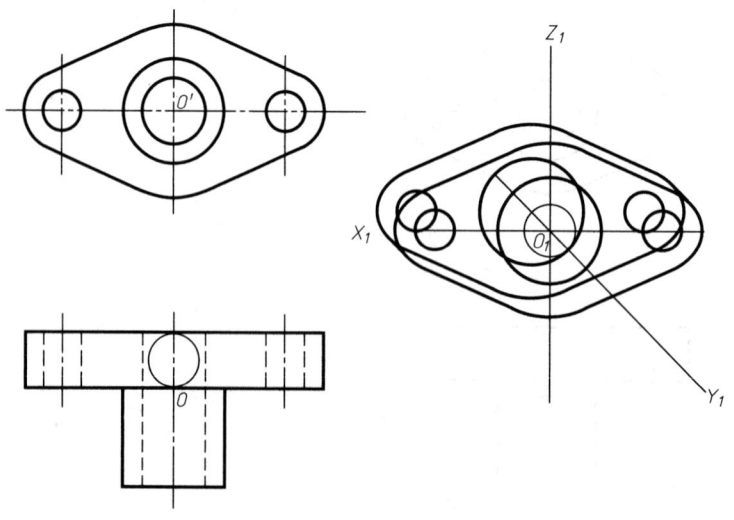

图 13-22　绘制 $X_1O_1Z_1$ 平面图形并沿 O_1Y_1 向复制

3) 在俯视图中采用 2P 的方法绘制一个辅助圆,直径为圆柱的轴向尺寸(o_1y_1 向大小)并将圆复制到轴测图中。基准点为辅助圆的圆心,目标点为轴测图的原点 O_1。

将轴测图中表示圆柱的圆,沿 O_1Y_1 向复制一个。基准点为 O_1,目标点为 O_1Y_1 轴和复制过来的辅助圆的交点。绘制圆柱面的转向轮廓线。

按照投影效果,去除不可见的图线,结果如图 13-23 所示。

4) 在最前面端面上复制一个中间圆孔的投影圆。基准点为主视图中该圆的圆心,目标点为轴测图中最前面的圆的圆心。

去除不可见的图线及辅助线,结果如图 13-24 所示。

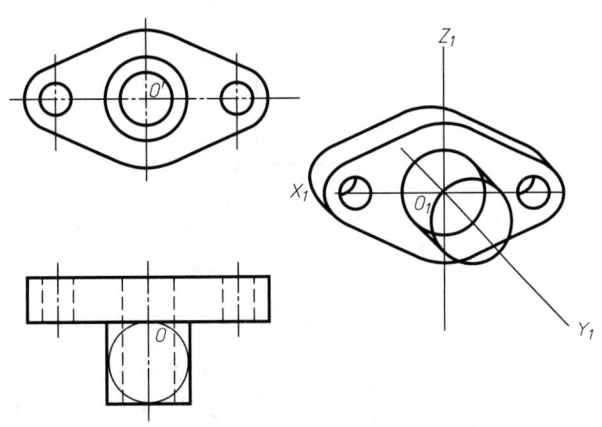

图 13-23　绘制圆柱部分斜二轴测图

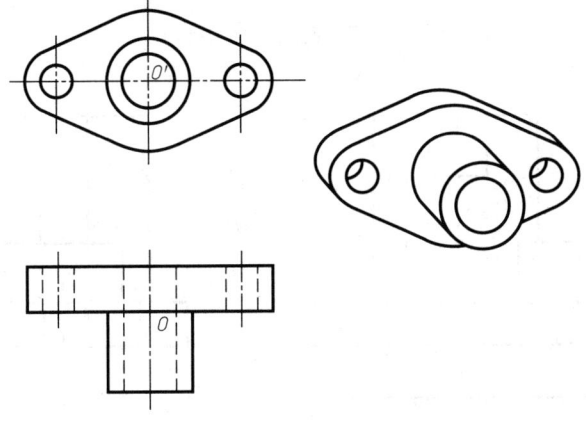

图 13-24　绘制完成的斜二轴测图

13.7　机件表达方法练习实例

【例 13-12】　如图 13-25 所示,将该组合体的主视图改画成全剖视图,并补画出半剖的左视图。

解题思路:

按照投影对应关系绘制左视图。

根据剖切位置改画主视图为全剖,左视图为半剖。

改画剖视图即在视图的基础上,将剖切后可见的轮廓线改为粗实线,断面上采用 Bhatch 命令绘制剖面符号即可。

添加剖视图名称、剖切位置、投射方向的注释。

作图过程:

1) 如图 13-26 所示,绘制一条 45°作图辅助线。

2) 按照投影对应关系,按组合体的结构,完成左视图的绘制,结果如图 13-26 右侧图形所示。

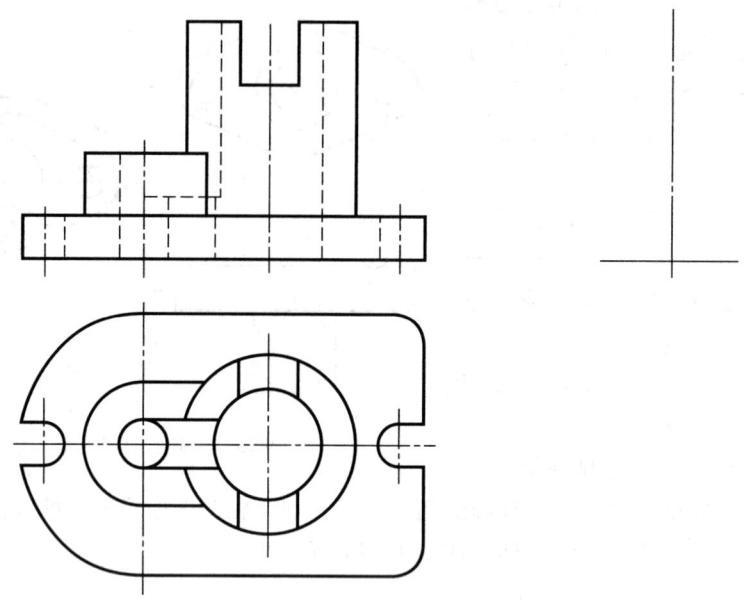

图 13-25　剖视图绘制练习

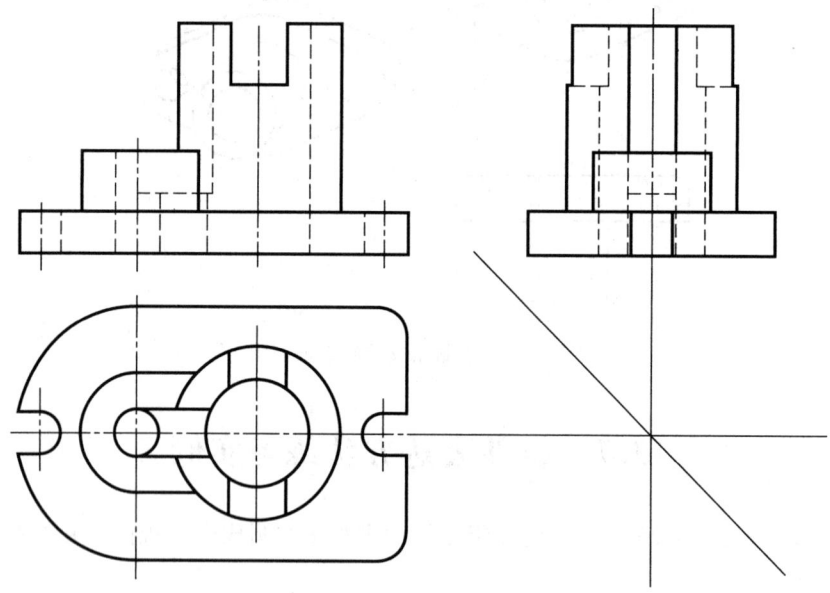

图 13-26　补画左视图

3）确定好剖切位置，将剖切后的可见线改为粗实线，不可见线删除（或修剪掉），删除结构已经表达清楚的虚线，结果如图 13-27 所示。其中主视图采用了全剖，左视图半剖，右侧改为剖视图。

4）填充剖面符号。单击图案填充按钮 ，弹出"图案填充创建"选项卡，如图 13-28 所示。

如图 13-29 所示，依次在需要填充剖面线的区域单击，共四个区域。填充范围会有填充图案的效果预览出现。如图 13-28 所示，填充图案类型选择 ANSI31（45°斜线），在比例栏输入

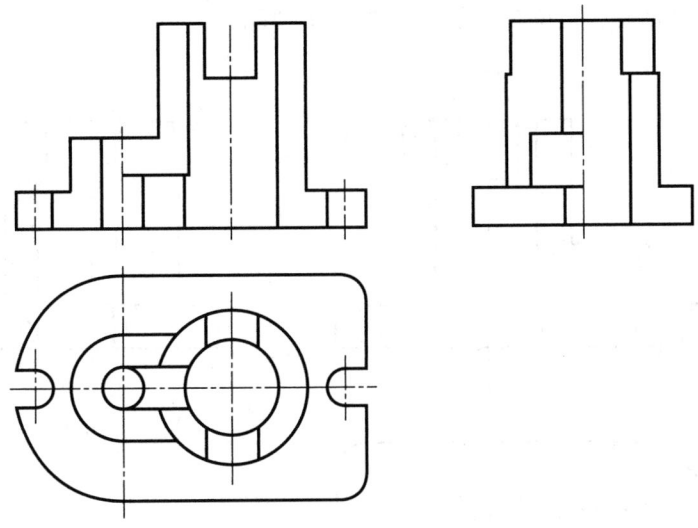

图 13-27　改画剖视图

图 13-28　"图案填充创建"选项卡

20（具体数值看填充效果），设置完毕，单击关闭填充图案按钮 ，完成图案填充，填充效果如图 13-29 所示。

5）标注，左视图的剖切位置不在对称面上，需要进行标注。

首先利用对象追踪功能，如图 13-29 所示，在主视图的最长的垂直中心线的上方和下方各绘制一条 10mm 左右的直线，并利用特性选项卡，将线宽改到 0.5mm。

注写文字。单击注释选项卡中的文字下的单行文字按钮 ，依据图 13-29 中文字位置和内容进行注写。过程如下：

单击"单行文字"按钮	下达单行文字命令
命令:_text	提示命令
当前文字样式:"Standard"　文字高度:2.5000　注释性:否　对正:左	提示文字样式等
指定文字的起点 或[对正(J)/样式(S)]:单击一点确定文字左下角	确定文字位置
指定高度 <2.5000>:按〈Enter〉键	输入文字高度
指定文字的旋转角度 <0>:按〈Enter〉键	输入文字旋转角度
A 按〈Enter〉键 A 按〈Enter〉键 A-A 按〈Enter〉键	输入文字内容，按〈Enter〉键后输入下一行
按〈Enter〉键	按〈Enter〉键退出单行文字注写命令

将注写的文字移动到合适的位置。单行文字为一次全部输入的,需要通过移动命令或选择文字后拖动夹点,移动到合适位置,结果如图 13-29 所示。

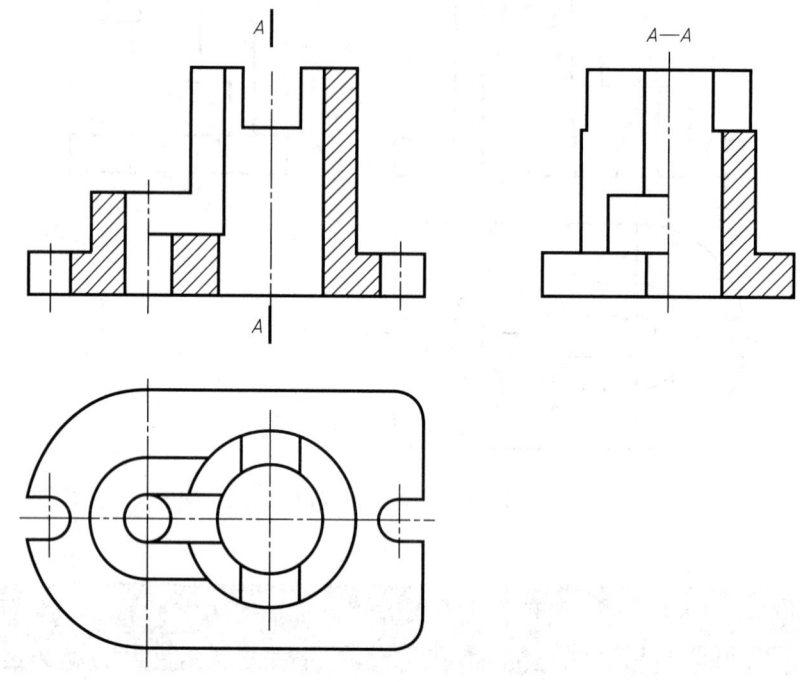

图 13-29 完成的剖视图

6)保存文档。

【例 13-13】 如图 13-30 所示,在指定位置上,作轴上截平面(前后对称)、键槽(槽宽 4mm)、通孔处的移出断面图。

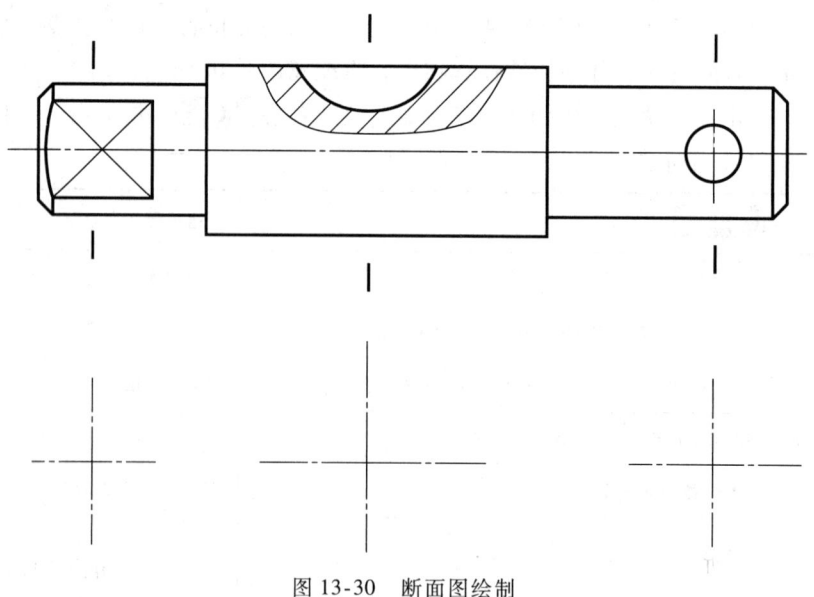

图 13-30 断面图绘制

解题思路:
按照投射方向和结构,作断面的轮廓线并填充剖面线。

为方便作图,可以直接在主视图上作轴的各截面的外圆,然后移动到指定位置。

作图过程:

1)三个断面外形均为圆。在主视图上,如图 13-31 所示,绘制相应直径的圆。将三个圆及跟断面图有关的线复制到主视图的正下方,如图 13-31 所示。

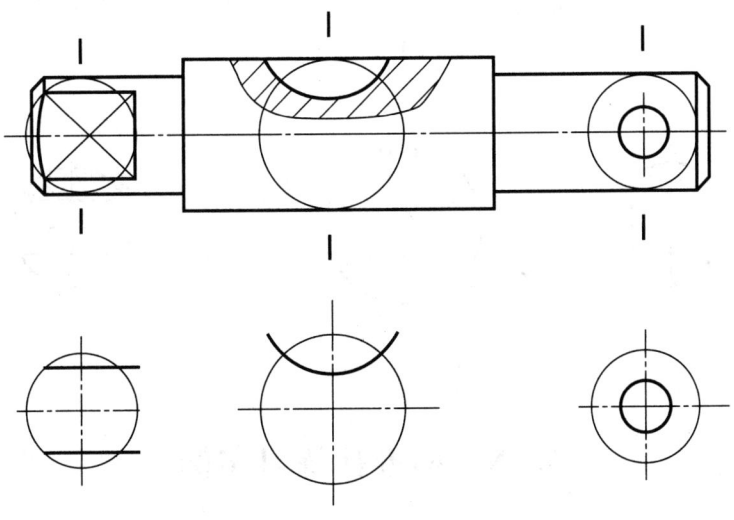

图 13-31 复制断面轮廓线

2)如图 13-32 所示,按照断面结构,绘制断面图形。

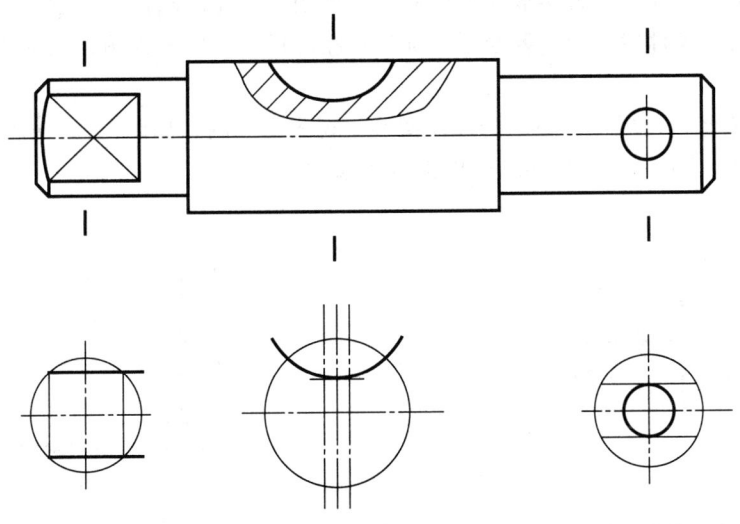

图 13-32 绘制断面图形

3)如图 13-33 所示,将图线进行修剪,删除,调整特性等操作,完成轮廓线的绘制。利用图案填充功能,填充剖面符号。剖面符号方向及间隔必须和主视图一致。完成后的断面图如图 13-33 所示。

4)保存文档。

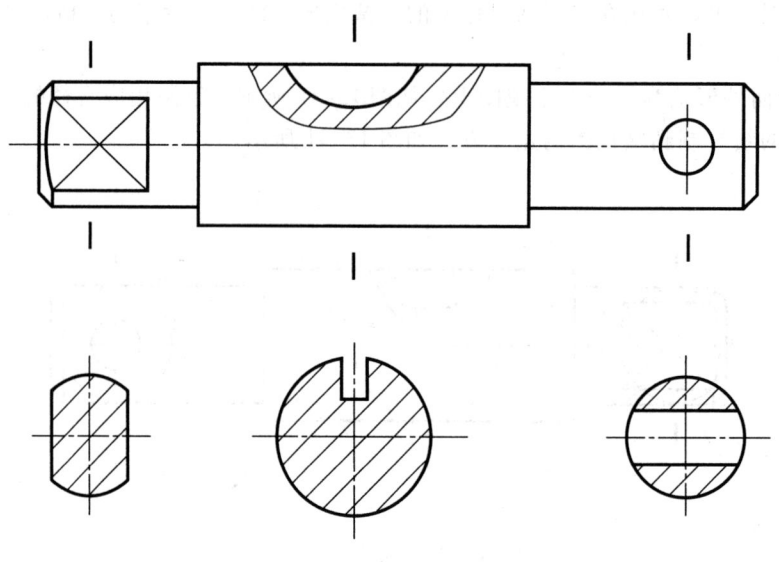

图 13-33 完成的断面图

13.8 标准件练习实例

【例 13-14】 如图 13-34 所示,根据已知条件,查表取得相应尺寸,画螺栓连接的视图(比例 1:1,主视图全剖,其余视图不剖)。其中上板 12mm,下板 15mm。使用 M10 的螺栓连接。

解题思路:
1)如果有标准件库,则直接插入相应的标准件图形,完成图形的绘制。
2)如果没有标准件库,则需要绘制标准件的相应投射方向的视图,保存成块,再插入。

作图过程:
1)首先完成螺栓、螺母、垫圈的主视图和俯视图的绘制,如图 13-35 所示。螺栓长度 $l = 12mm + 15mm + 1.5mm + 8mm + 3mm = 39.5mm$,取 40。

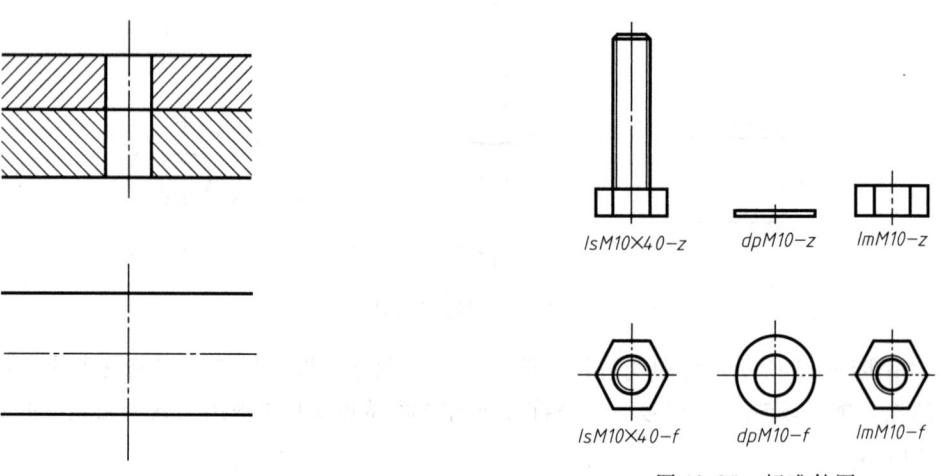

图 13-34 螺栓连接绘制

图 13-35 标准件图

2）保存成块，名称为图中的对应文本。单击"默认"选项卡中"块"选项组里的 ![创建] 按钮，弹出图 13-36 所示"块定义"对话框；或单击块定义中的"创建块"按钮 ![写块]，弹出图 13-37 所示的"写块"对话框。

图 13-36 "块定义"对话框　　　　图 13-37 "写块"对话框

这两种方式均可以创建出块，区别在于：

◆ 写块是将选择创建的图形保存到当前图形外面，也可以看成是将选择的图线单独保存成图形文件，所以需要设置保存路径等。该块可以被其他图形插入调用。

◆ 块定义是在当前图形内部创建块。该块一般仅供当前图使用。

不论哪种方式，均要设置插入基点和选择对象。

单击对话框中的"拾取点"按钮，在图形上选择基点，该点是后来插入时的图形插入点。

单击对话框中的"选择对象"按钮，返回绘图屏幕，选择需要作为块的所有图线，按〈Enter〉键后返回该对话框。

其他使用默认值。单击"确定"按钮退出，完成块的创建。

3）插入块。单击"插入"选项卡中"块"选项组中的"插入"按钮，或单击"默认"选项卡中的"块"选项组里面的"插入"按钮，弹出图 13-38 所示的"插入"对话框。

在名称后的下拉列表框中选择需要插入的块，如果是插入外部写的块，单击"浏览"

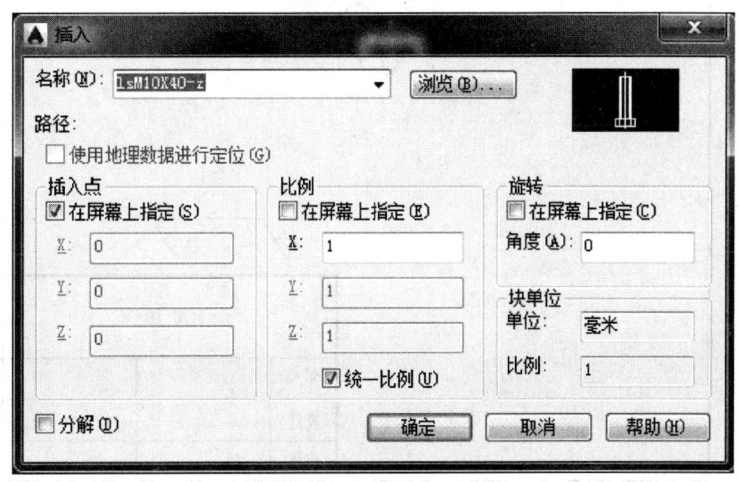

图 13-38 "插入"对话框

按钮,找到写的块,然后单击打开,则其名称自动填入"插入"对话框中的"名称"下拉列表框。

单击"确定"按钮,回到绘图屏幕,拾取块的正确插入点,完成该块的插入。

4) 在主、俯视图上分别插入对应的块,采用分解命令分解 lsM10×40-z 和 dpM10-f 块。

单击"分解"按钮	下达分解命令
命令:_explode	
选择对象:依次拾取需要分解的块 找到 2 个	拾取分解块
选择对象:按〈Enter〉键	结束对象选择

5) 如图 13-39 所示,删除或修剪不可见的图线。
6) 保存文档。

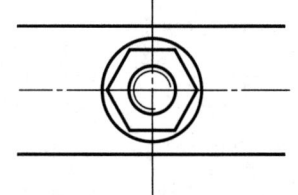

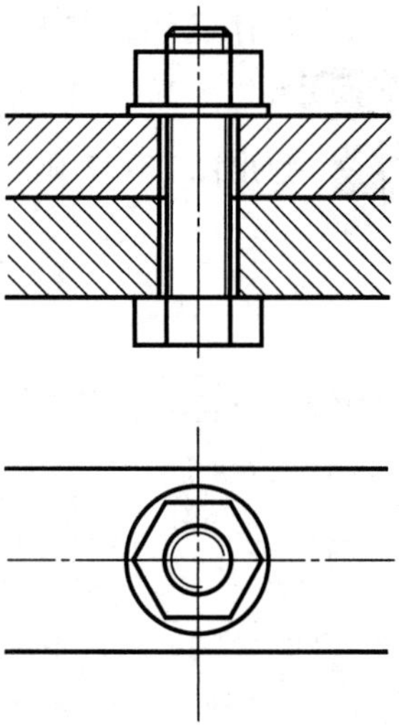

图 13-39 螺栓连接结果

13.9 零件图练习实例

【例 13-15】 在提供的阀杆零件主视图和断面图基础上完成图 13-40 所示的阀杆零件图。

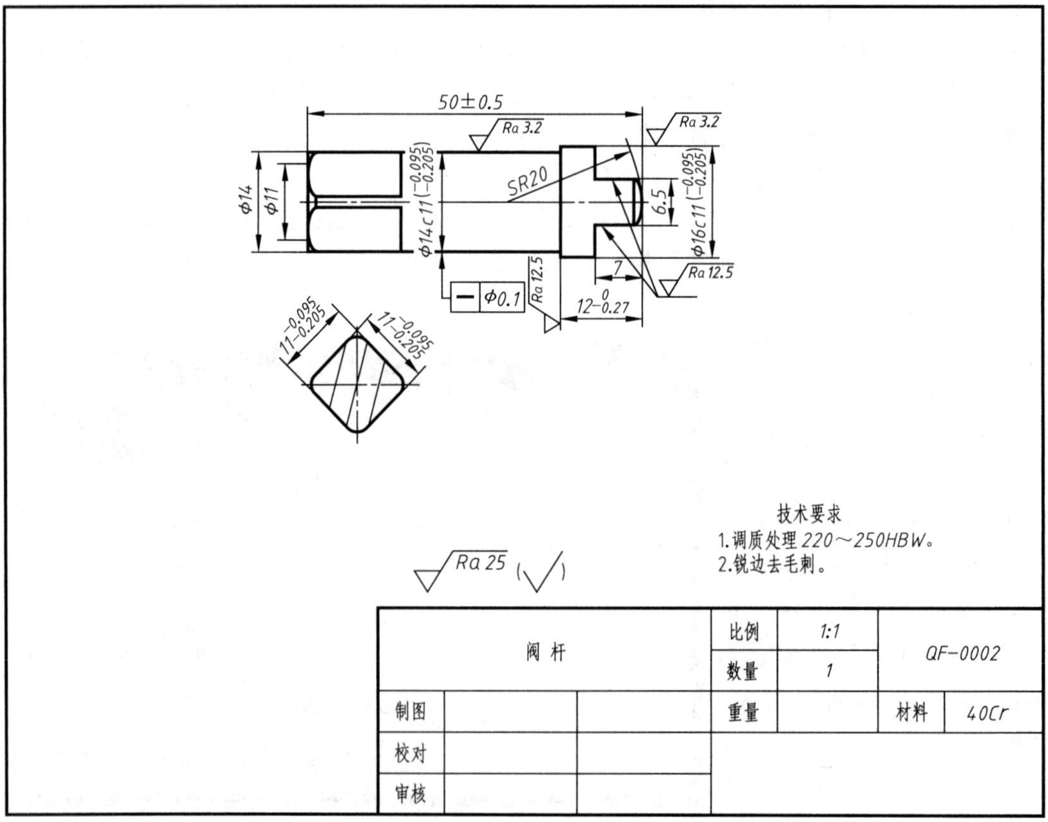

图 13-40 阀杆零件图

解题思路:

零件图包含四大部分内容,即表示结构的视图、尺寸及其公差、形位公差[一]和表面粗糙度及文字描述的技术要求、标题栏。在绘制图形后,分别利用尺寸标注、文字注释、形位公差和表面粗糙度工具可以完成尺寸、技术要求。采用单行文字完成标题栏的填写。

作图过程:

1)打开例题原始图形文件"例 13-15.dwg"。

2)设置相应的图层,用于放置粗实线、虚线、剖面线、中心线、尺寸、文本、标题栏。

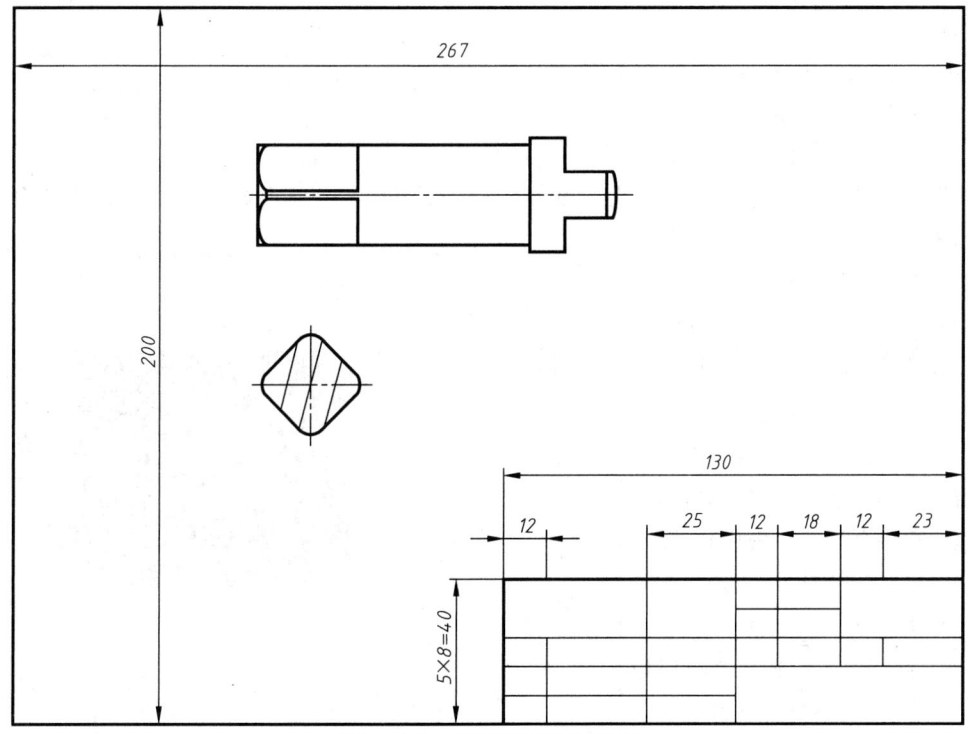

图 13-41 绘制标题栏和图框

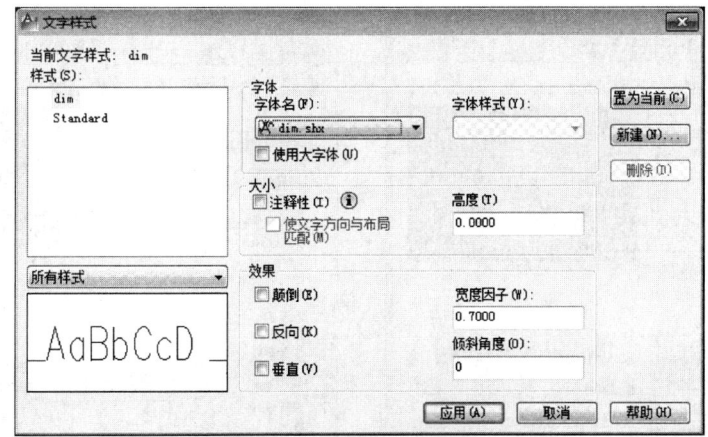

图 13-42 "文字样式"对话框

[一] 按照国家标准,应用几何公差,但为了与软件保持一致,本节仍用形位公差。

3）如图 13-41 所示，在标题栏层绘制标题栏和图框。

4）标注尺寸。

① 文字样式设置。为尺寸标注设置专用的文字样式。

单击"注释"选项卡下"文本"右侧的按钮 ⇩，弹出图 13-42 所示的"文字样式"对话框。其中，开始时只有 Standard 一种样式，dim 样式在完成以下设置后才有。

单击"新建"按钮，弹出"新建文字样式"对话框，输入"dim"并单击"确定"按钮，如图 13-43 所示。

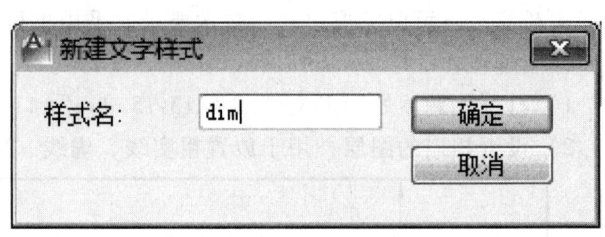

图 13-43 "新建文字样式"对话框

在"文字样式"对话框中，设置"字体名"为"dim.shx"，"宽度因子"设置为 0.7。单击"应用"按钮完成字体的设置。

② 尺寸样式设置。单击"注释"选项卡下"标注"右侧的按钮 ⇩，弹出"标注样式管理器"对话框，如图 13-44 所示。

单击"修改"按钮，弹出图 13-45 所示的"修改标注样式"对话框（也可以新建一个样式，操作和"修改标注样式"基本相同）。如图 13-45～图 13-48 所示进行设置。

单击"确定"按钮退出"修改标注样式"对话框，单击"关闭"按钮退出"标注样式管理器"对话框。

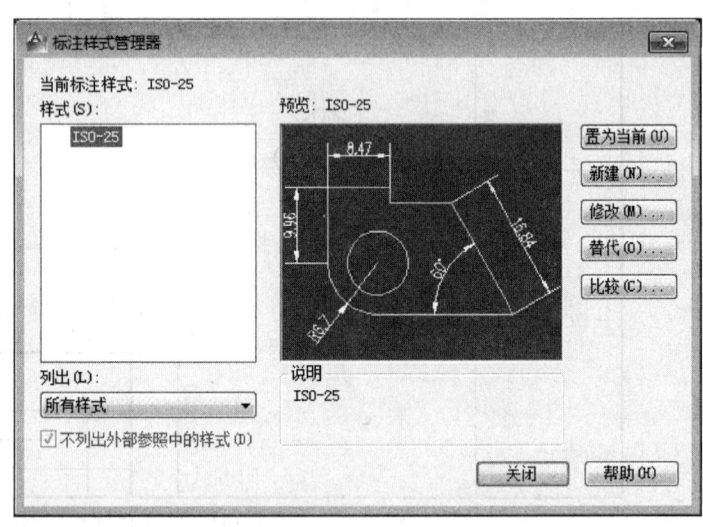

图 13-44 "标注样式管理器"对话框

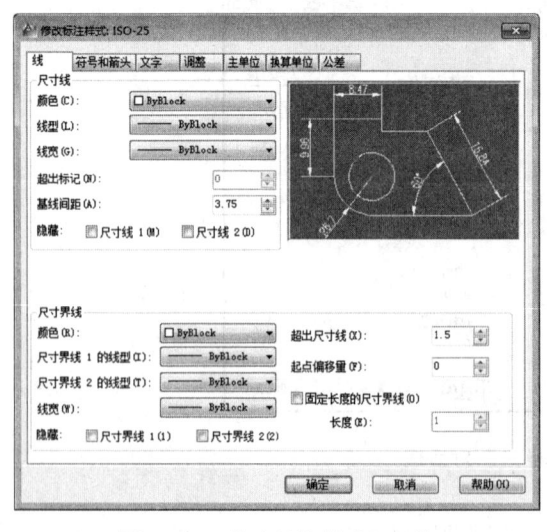

图 13-45 修改标注样式——线

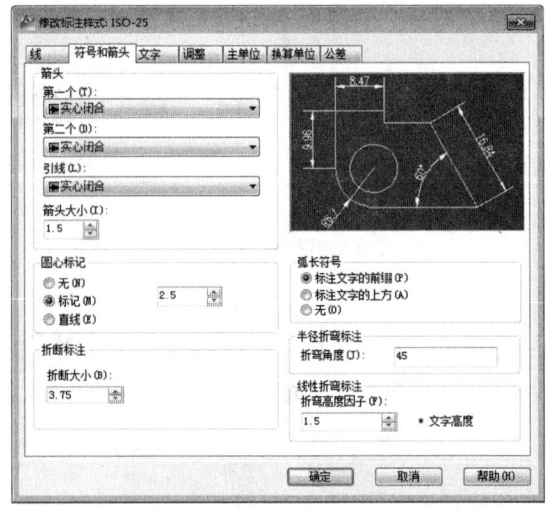

图 13-46 修改标注样式——符号和箭头

③ 线性尺寸标注。切换到"注释"选项卡,单击"标注"选项组中"线性"按钮,进行线性尺寸的标注。

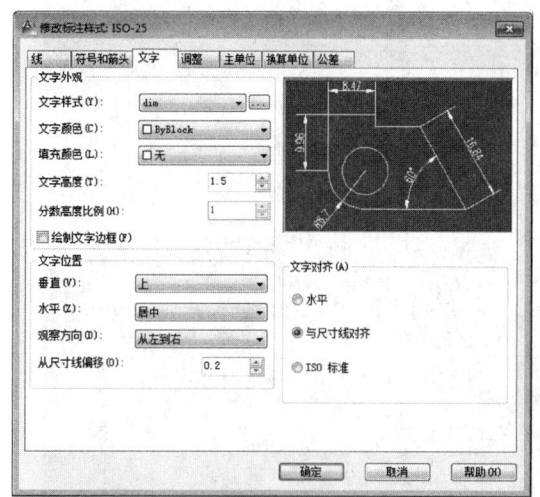

图 13-47 修改标注样式——文字

图 13-48 修改标注样式——主单位

单击"线性"按钮	下达线性尺寸命令
命令:_dimlinear	
指定第一个尺寸界线原点或 <选择对象>:拾取尺寸界线的第一点	确定尺寸界线的第一点
指定第二条尺寸界线原点:拾取尺寸界线的第二点	确定尺寸界线的第二点
指定尺寸线位置或[多行文字(M)/文字(T)/角度(A)/水平(H)/垂直(V)/旋转(R)]:单击合适的尺寸摆放位置	确定尺寸数值摆放位置
标注文字 = 6.5	

按〈Space〉键,重复使用该命令,完成其他线性尺寸的标注。

④ 对齐尺寸标注。单击"标注"选项组中"对齐"按钮,进行对齐尺寸的标注,标注两个 11 的尺寸。

⑤ 半径尺寸标注。单击"标注"选项组中"半径"按钮,进行半径尺寸的标注。

单击半径按钮	下达半径尺寸命令
命令:_dimradius	
选择圆弧或圆:拾取半径 20 的弧	选择需要标注的弧
标注文字 = 20	提示标注的文字
指定尺寸线位置或[多行文字(M)/文字(T)/角度(A)]:t 按〈Enter〉键	重新输入文字
输入标注文字 <20>:S< > 按〈Enter〉键	输入替代文字,< > 代表原有文字
指定尺寸线位置或[多行文字(M)/文字(T)/角度(A)]:拾取尺寸摆放点	确定尺寸位置

⑥ 添加直径符号。其中有几个尺寸需要添加直径符号φ。单击拾取需要添加直径符号的尺寸,单击"常用"选项卡中"特性"右下角的按钮,弹出"特性"对话框,如图 13-49 所示。往下翻阅,找到"文字替代",在其中输入"%%c< >"。按〈Esc〉键撤销对象的选择,完成直径符号的添加。常用的特殊符号有:%%c——φ;%%d——°;%%P——±。

⑦ 添加代号和极限偏差。如果有大量的公差值相同的尺寸需要标注,可以在"标注样式"

中设置好公差,并使用该种样式进行标注。如果某个公差仅仅个别尺寸具有,则可以在"特

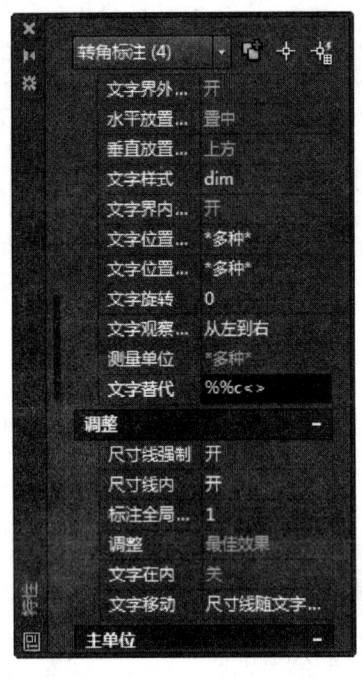

图 13-49 "特性"对话框

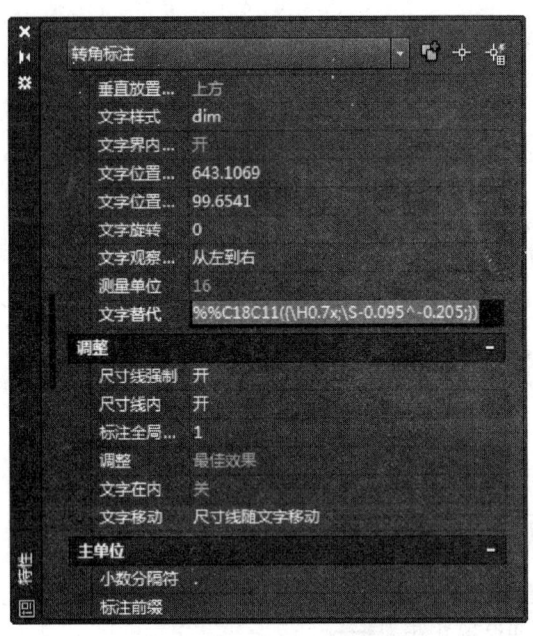

图 13-50 添加代号和极限偏差

性"对话框中添加。选择需要添加公差的尺寸 $\phi 16$ 和 $\phi 14$,单击"特性"设置按钮,打开"特性"对话框,如图 13-50 所示。在文字替代中输入"%%C< >c11 ({\H0.7x;\S-0.095^-0.205;})",完成该尺寸公差的设置。其中 c11 是基本偏差和公差等级的注法,({\H0.7x;\S-0.095^-0.205;}) 的含义是带括号的,文字高度比例为 0.7,上偏差[⊖] -0.095,下偏差[⊖] -0.205,上下堆叠放置。

⑧ 添加极限偏差。拾取需要添加公差的尺寸,如 11,单击"特性"按钮,打开"特性"对话框,如图 13-51 所示。往下找到最后的公差设置部分,参照图在对应的框中进行设置。其中上偏差默认为正的,下偏差默认为负的。必要时需要输入负号改变它。尺寸 50 和 12 也参照此方法添加公差。其中尺寸 12 在"显示公差"后选择"极限偏差",需要分别输入上下偏差。尺寸 50 在"显示公差"后选择"对称",只要输入一个偏差值。

尺寸标注完成如图 13-52 所示。

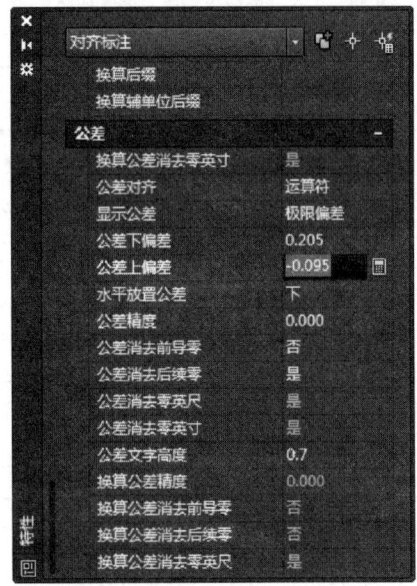

图 13-51 添加极限偏差

⊖ 按照国家标准,应用上极限偏差,但为了与软件保持一致,本节仍用上偏差。
⊖ 按照国家标准,应用下极限偏差,但为了与软件保持一致,本节仍用下偏差。

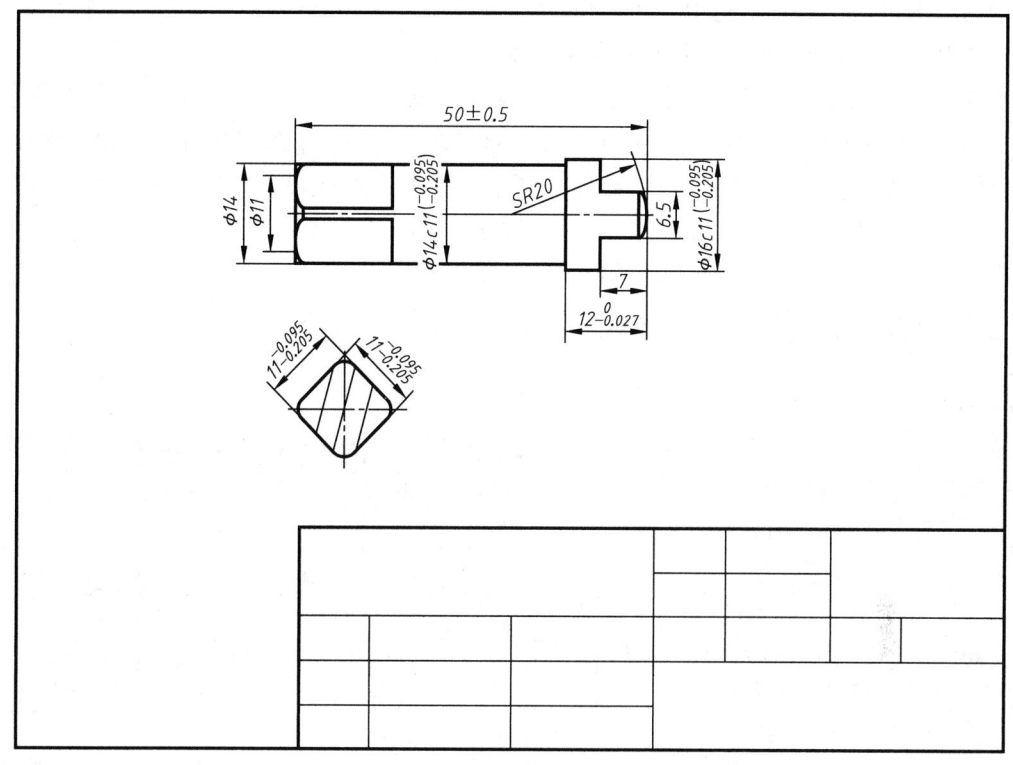

图 13-52 标注尺寸

5）标注表面粗糙度和形位公差

① 首先绘制粗糙度符号，如图 13-53 所示。

② 定义属性。单击"注释"选项卡下"块定义"中的"定义属性"按钮 ![]。弹出图 13-54 所示"属性定义"对话框。按图 13-54 所示输入。单击"确定"按钮回到绘图屏幕，在图 13-53 所示的 Ra 左下角位置单击，完成属性定义。

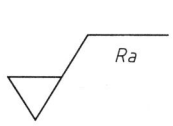

图 13-53 粗糙度符号

图 13-54 "属性定义"对话框

③ 输出成块。输入"Wblock"命令，弹出图 13-55 所示的"写块"对话框。单击"拾取点"按钮，选择图 13-53 中三角形的最下方的顶点为基点。单击"选择对象"按钮，将图

13-53所示图形连同属性一起选中。按〈Enter〉键后回到图 13-55 所示对话框。选择合适的位置,命名为"去除材料粗糙度.dwg",单击"确定"按钮即可。

④ 插入表面粗糙度符号。单击"插入"选项卡"块"选项组中的"插入"按钮,选择"更多选项",弹出图 13-56 所示的"插入"对话框。单击其中的"浏览"按钮,找到之前保存的块"去除材料粗糙度"打开。单击"确定"按钮,如图 13-57 所示,采用对象捕捉中的"最近点"功能确定摆放位置。弹出图 13-58 所示的"编辑属性"对话框。输入需要的粗糙度数值,单击"确定"按钮完成该粗糙度的标注。

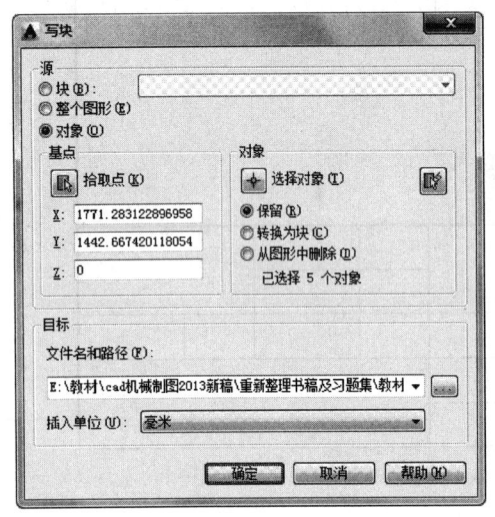

图 13-55 "写块"对话框

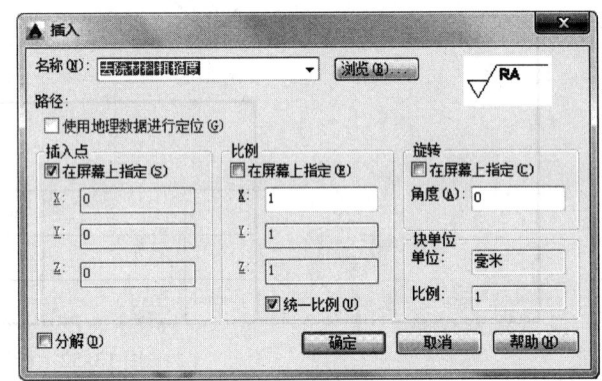

图 13-56 "插入"对话框

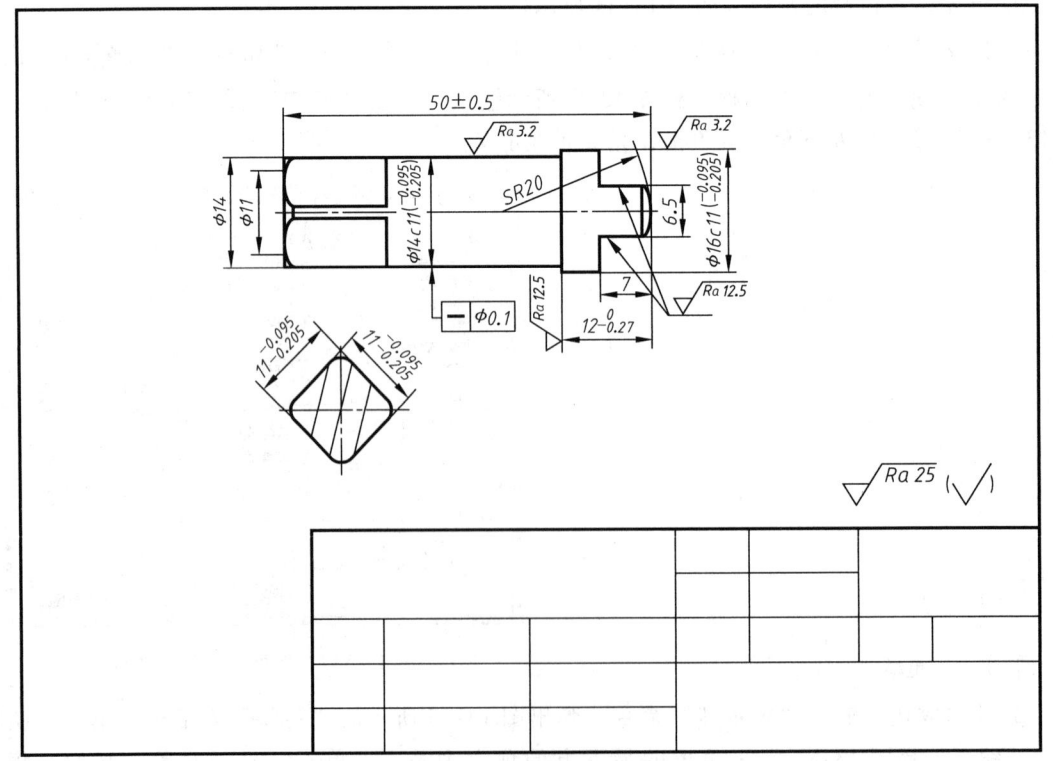

图 13-57 标注表面粗糙度和形位公差

同样的方法,标注其余粗糙度符号,并在标题栏上方标注一个粗糙度符号。采用比例命令,将该粗糙度符号放大 1.5 倍。

单击"常用"选项卡"修改"选项组中的"缩放"按钮 缩放,选择插入的块,放大 1.5 倍。

单击"缩放"按钮 缩放	下达缩放命令
命令:_scale	
选择对象:拾取插入的块 找到 1 个	选择需要放大的块
选择对象:按〈Enter〉键	结束对象选择
指定基点:拾取三角形最下方的顶点	确定缩放基准点
指定比例因子或[复制(C)/参照(R)]:1.5 按〈Enter〉键	输入放大倍数

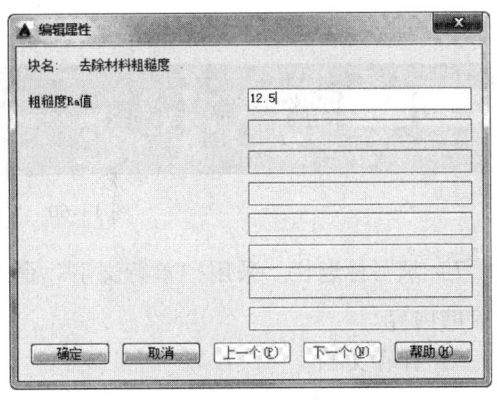

图 13-58 "编辑属性"对话框

⑤ 标注形位公差。单击"注释"选项卡中"标注"选项组中的公差按钮 ,在"形位公差"对话框中设置直线度 0.1,并显示直径符号。最后在图形上标注直线度公差,如图 13-57 所示。

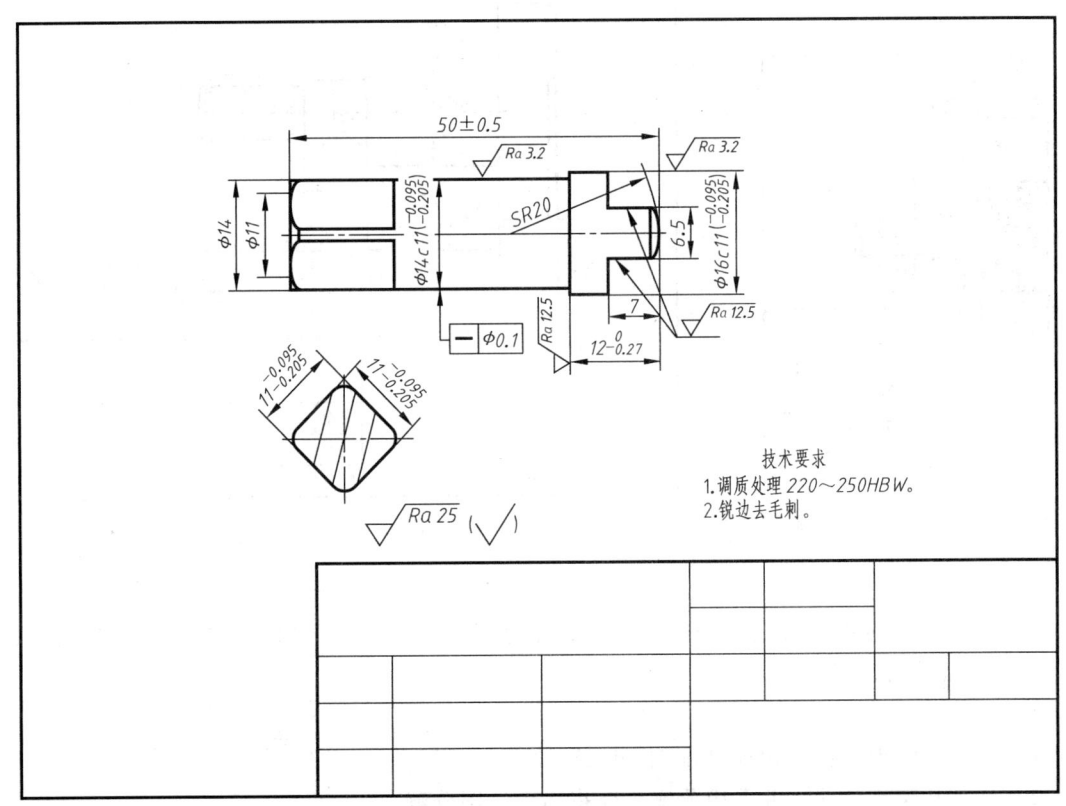

图 13-59 注写文字技术要求

6) 注写文字技术要求。单击"默认"选项卡"注释"选项组中"文字"下的"多行文字"按钮 多行文字,在图 13-59 所示标题栏右上方的位置,拾取一个矩形区域,用于注写技术要求。随后弹出图 13-60 所示的"文字编辑器"选项卡。在文本编辑框中输入技术要求，并设置相应的大小。最后单击"关闭文字编辑器"按钮 ✖ 完成文字技术要求的输入。

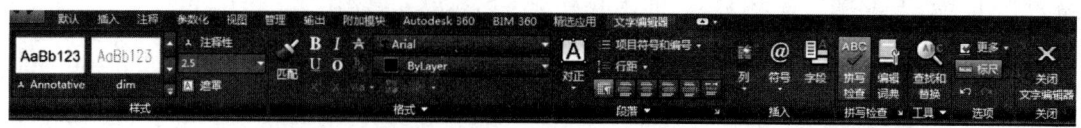

图 13-60 "文字编辑器"选项卡

7）填写标题栏。采用"单行文字"命令 A多行文字，在图 13-40 所示的标题栏对应位置填写相应的内容。

8）保存文档。

13.10 装配体练习实例

【例 13-16】 根据图 13-61 ~ 图 13-65 所示装配示意图和给出的零件图，画滑轮装配图。

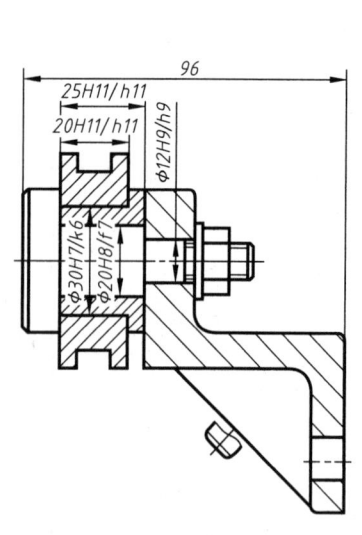

图 13-61 滑轮装配示意图

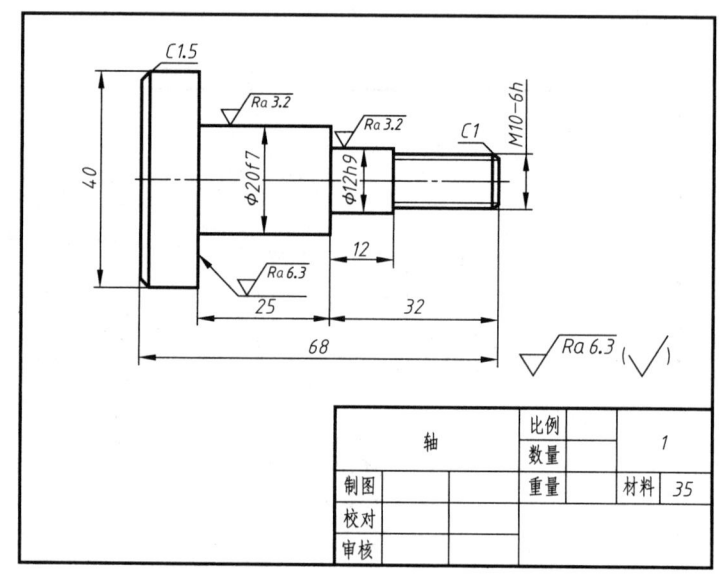

图 13-62 轴零件图

解题思路：

将零件图按照装配关系进行组装，修剪或删除多余的图线。添加技术要求，填写明细栏、标题栏，添加零件序号等。

作图过程：

1）新建一图形文件"滑轮装配图. dwg"。

2）插入托架零件图，并采用分解命令将插入的图分解。

3）删除图框、标题栏、尺寸、技术要求、小倒角投影线（装配图中不需要绘制，后续步骤中也同样处理）。

4）逆时针旋转 90°，结果如图 13-66 所示。

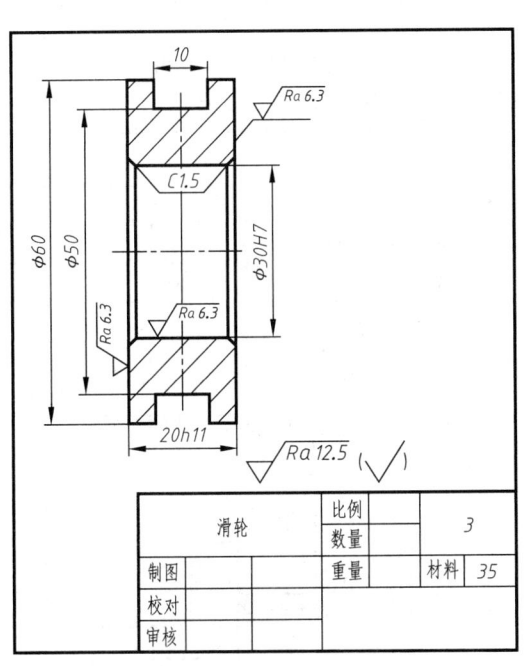

图 13-63　滑轮零件图

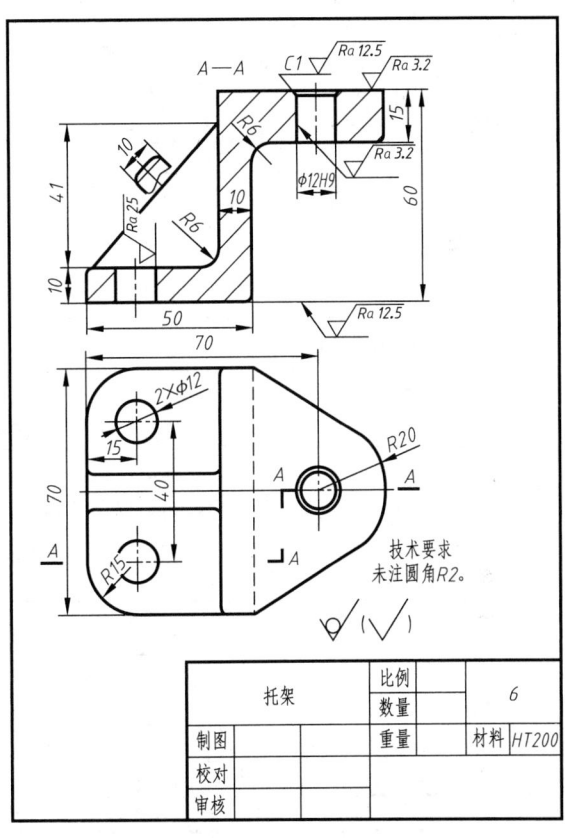

图 13-64　托架零件图

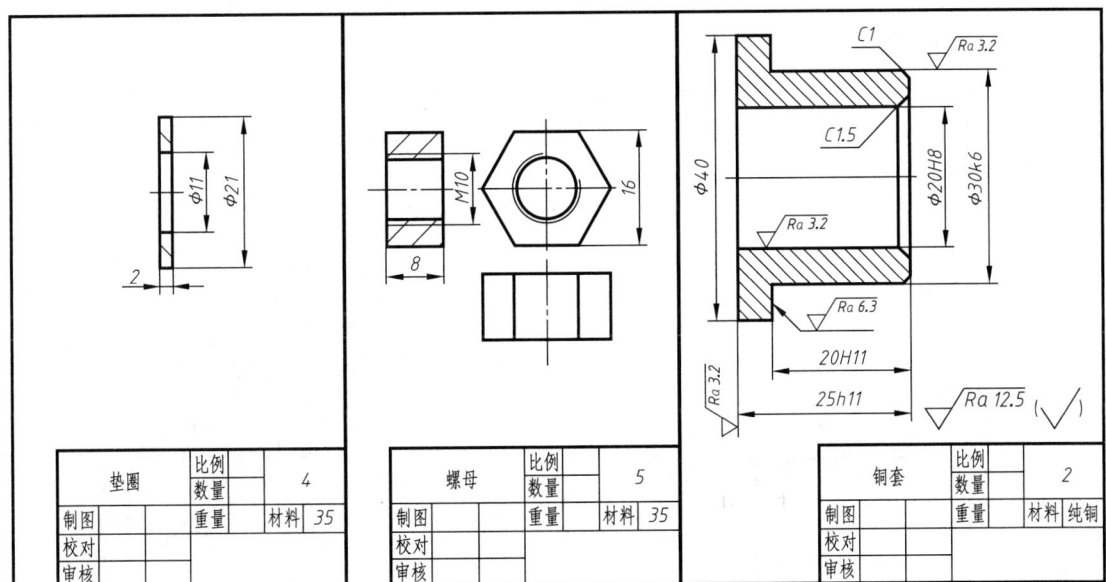

图 13-65　垫圈、螺母、铜套零件图

单击"旋转"按钮 ○ 旋转	下达旋转命令
命令:_rotate	
UCS 当前的正角方向:ANGDIR = 逆时针　ANGBASE = 0	提示旋转设置
选择对象:以窗口方式选中所有图线 指定对角点:找到 79 个	选择旋转的对象
选择对象:按⟨Enter⟩键	结束对象选择
指定基点:拾取图形中间的一点	确定旋转基准点
指定旋转角度,或[复制(C)/参照(R)]<0>:90 按⟨Enter⟩键	输入旋转角度,逆时针为正

5) 插入铜套。插入时,选择"分解"。插入后,将除图形外的尺寸、表面粗糙度符号等删除。将图形旋转180°,并移动图形到托架的主视图上,结果如图 13-67 所示。

单击"移动"按钮 ✣ 移动	下达移动命令
命令:_move	
选择对象:以窗口方式选中插入的铜套 指定对角点:找到 20 个	选择移动的对象
选择对象:按⟨Enter⟩键	结束对象选择
指定基点或[位移(D)]<位移>:拾取铜套右侧端面和轴线的交点	确定移动基点
指定第二个点或<使用第一个点作为位移>:拾取托架上方水平孔轴线和左侧端面的交点	确定移动目标点

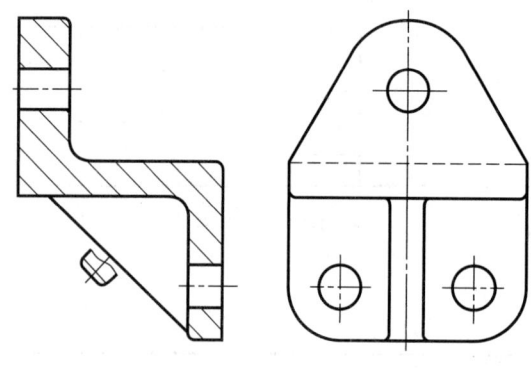
图 13-66　插入并修改的托架

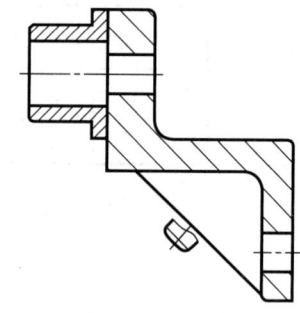
图 13-67　插入铜套

6) 插入滑轮。将滑轮零件图插入、分解,删除不需要的尺寸、技术要求、标题栏等。移动滑轮到铜套外侧,对齐。删除滑轮中间孔的倒角投影线,修剪去除滑轮最右侧端面的投影线被铜套遮住部分,结果如图 13-68 所示。

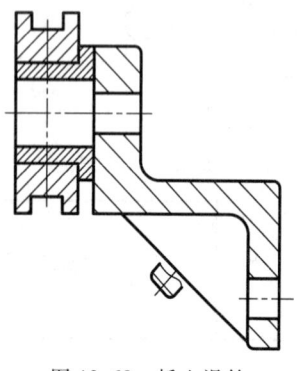
图 13-68　插入滑轮

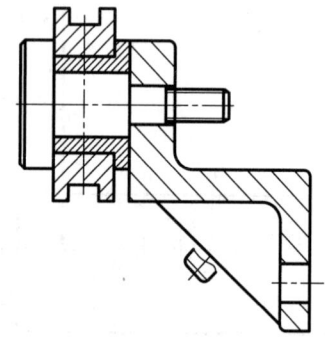
图 13-69　插入轴

7) 插入轴。插入轴，删除不需要的尺寸、技术要求等，并移动到图 13-69 所示的正确位置。

8) 插入垫圈和螺母。依次插入垫圈和螺母，分解后删除所有尺寸、剖面线、标题栏等，并旋转后移动到图 13-70 所示正确位置。按照图 13-71 所示修剪被遮挡的轴上的螺纹。

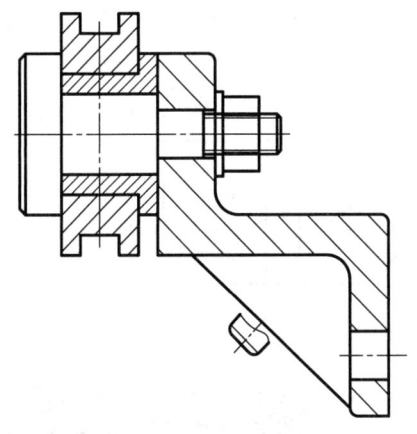

图 13-70　插入垫圈和螺母

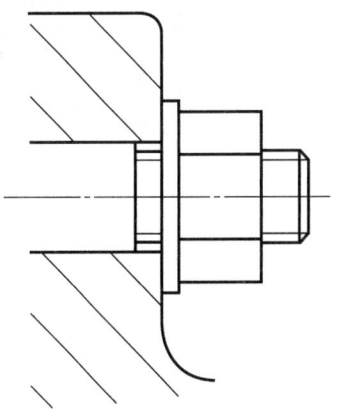

图 13-71　修剪不可见图线

9) 绘制图框、标题栏、明细栏。绘制一 267mm×200mm 的矩形作为图框，并在右下角绘制标题栏。在标题栏上方阵列绘制 7 行明细栏，如图 13-72 所示。

选中标题栏最上方横线，单击"阵列"按钮 ▦阵列 ，弹出图 13-73 所示的"阵列"选项卡。将"列数"设置为 1，"行数"设置为 8，"介于"后填入行间距 8，"总计"自动填入 56。单击"关闭阵列"按钮 ✕ 完成阵列。

绘制并复制垂直线，按照图 13-72 所示调整到合适的图层以改变其线宽。

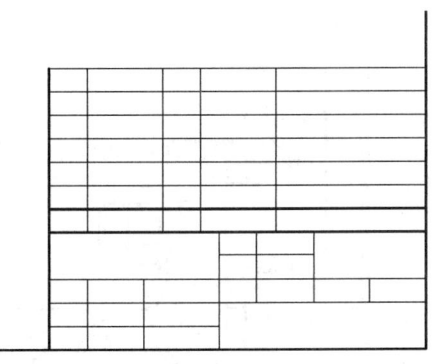

图 13-72　绘制图框、标题栏、明细栏

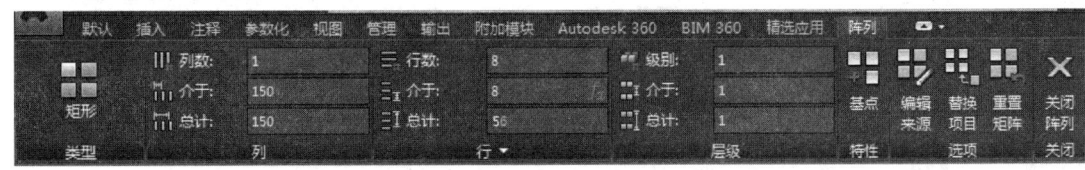

图 13-73　"阵列"选项卡

10) 标注尺寸。如图 13-74 所示标注必要的尺寸，注意添加直径符号和公差等。

11) 注写零件序号。单击"默认"选项卡里"注释"选项组中的"引线"按钮 ✐引线，按照图 13-75 所示，依次添加零件序号。选中添加的所有序号，单击"特性"按钮，弹出图 13-76 所示的"特性"对话框，参照该图，修改其中的参数。将"箭头"改为"点"，"引线延伸"改为"是"，"连接类型"设置为"水平"，"连接位置-右"改为"最后一行加下划线"等。

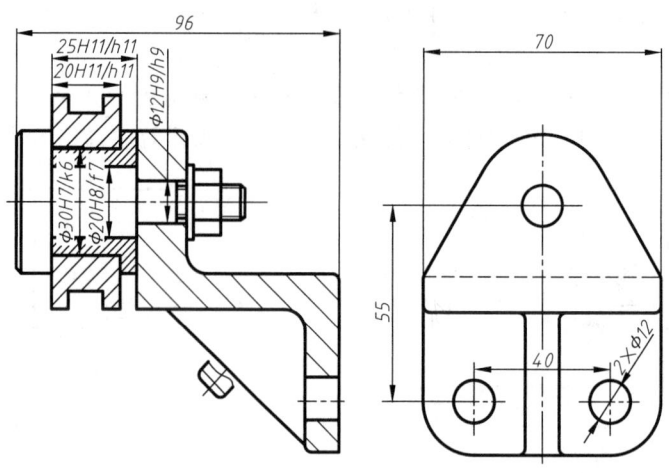

图 13-74 标注尺寸

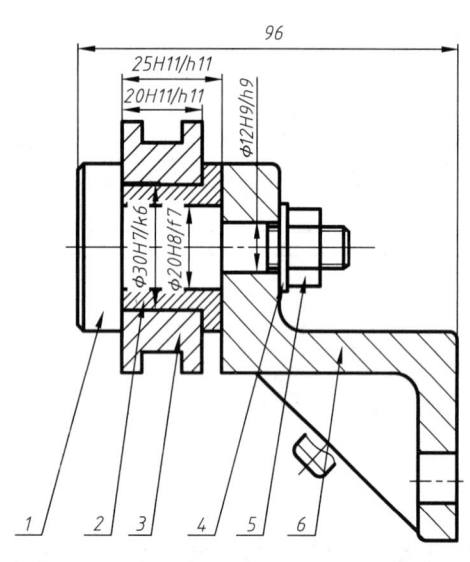

图 13-75 注写零件序号

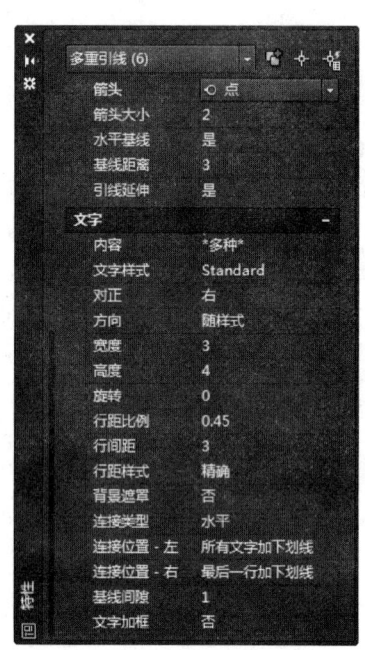

图 13-76 修改序号特性

单击"注释"选项卡里"引线"选项组中的"对齐"按钮，将零件序号对齐。

单击"对齐"按钮	下达对齐命令
命令:_mleaderalign	
选择多重引线:采用窗交方式选中所有序号指定对角点:找到 6 个	选择需要对齐的引线
选择多重引线:按〈Enter〉键	完成引线选择
当前模式:使用当前间距	提示当前间距
选择要对齐到的多重引线或[选项(O)]:选择第一个序号	向第一个序号对齐
指定方向:打开正交模式〈正交 开〉水平向右移动鼠标单击	水平对齐

结果如图 13-77 所示。

图 13-77 编辑完成的零件序号

12）填写标题栏、技术要求等文字。如图 13-78 所示，采用单行文字和多行文字命令注写技术要求、填写标题栏等。

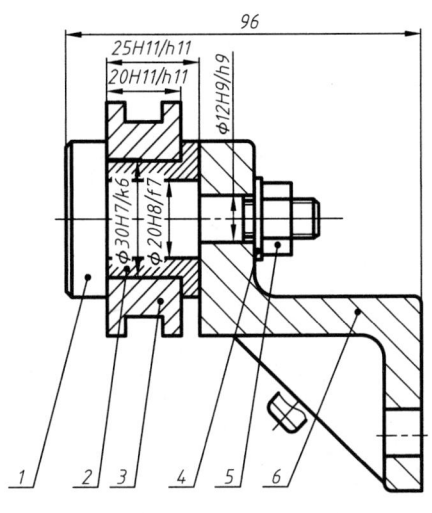

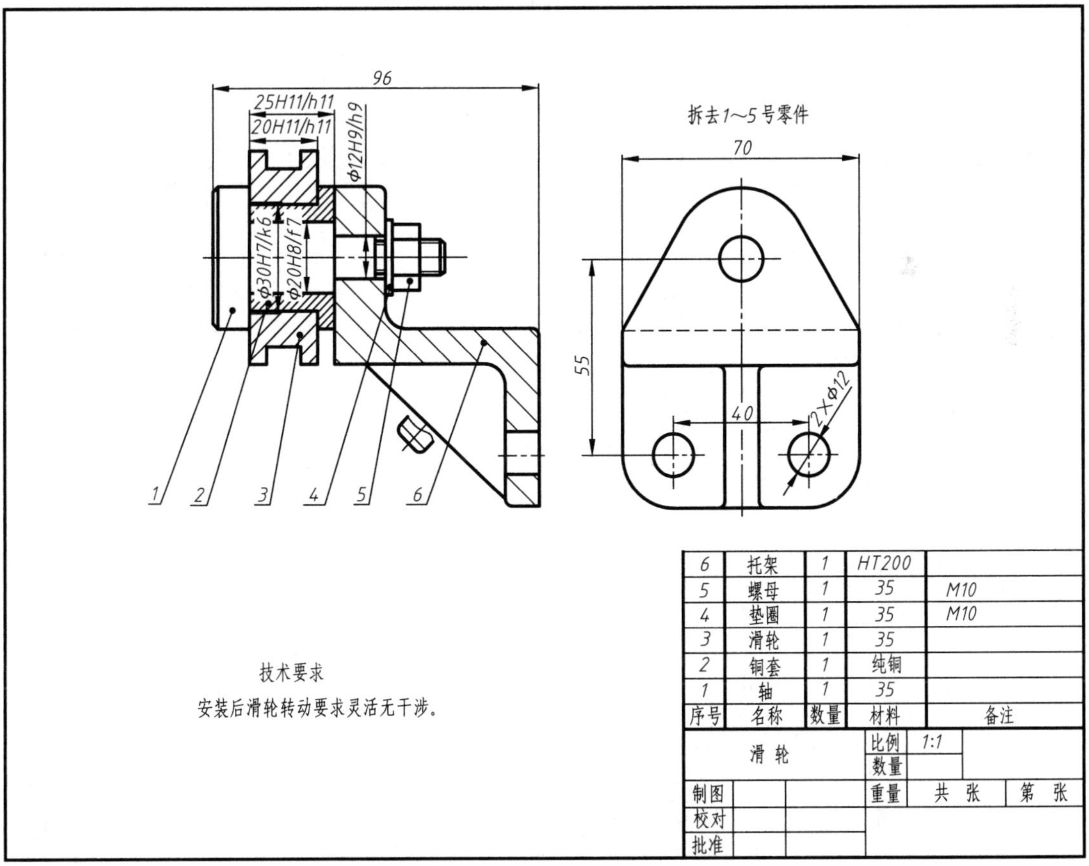

图 13-78 完成的滑轮装配图

13）保存文档。将该文件保存。

附录 A 极限

表1 常用及优先用途轴的极限偏差

公称尺寸/mm		\multicolumn{11}{c}{常用及优先公差带}										
		a	b		c			d				e		
大于	至	11	11	12	9	10	⑪	8	⑨	10	11	7	8	9
—	3	-270 -330	-140 -200	-140 -240	-60 -85	-60 -100	-60 -120	-20 -34	-20 -45	-20 -60	-20 -80	-14 -24	-14 -28	-14 -39
3	6	-270 -330	-140 -215	-140 -260	-70 -100	-70 -118	-70 -145	-30 -48	-30 -60	-30 -78	-30 -105	-20 -32	-20 -38	-20 -50
6	10	-280 -370	-150 -240	-150 -300	-80 -116	-80 -138	-80 -170	-40 -62	-40 -76	-40 -98	-40 -130	-25 -40	-25 -47	-25 -61
10	14	-290 -400	-150 -260	-150 -330	-95 -138	-95 -165	-95 -205	-50 -77	-50 -93	-50 -120	-50 -160	-32 -50	-32 -59	-32 -75
14	18													
18	24	-300 -430	-160 -290	-160 -370	-110 -162	-110 -194	-110 -240	-65 -98	-65 -117	-65 -149	-65 -195	-40 -61	-40 -73	-40 -92
24	30													
30	40	-310 -470	-170 -330	-170 -420	-120 -182	-120 -220	-120 -280	-80 -119	-80 -142	-80 -180	-80 -240	-50 -75	-50 -89	-50 -112
40	50	-320 -480	-180 -340	-180 -430	-130 -192	-130 -230	-130 -290							
50	65	-340 -530	-190 -380	-190 -490	-140 -214	-140 -260	-140 -330	-100 -146	-100 -174	-100 -220	-100 -290	-60 -90	-60 -106	-60 -134
65	80	-360 -550	-200 -390	-200 -500	-150 -224	-150 -270	-150 -340							
80	100	-380 -600	-220 -440	-220 -570	-170 -257	-170 -310	-170 -390	-120 -174	-120 -207	-120 -260	-120 -340	-72 -107	-72 -126	-72 -159
100	120	-410 -630	-240 -460	-240 -590	-180 -267	-180 -320	-180 -400							
120	140	-460 -710	-260 -510	-260 -660	-200 -300	-200 -360	-200 -450	-145 -208	-145 -245	-145 -305	-145 -395	-85 -125	-85 -148	-85 -185
140	160	-520 -770	-280 -530	-280 -680	-210 -310	-210 -370	-210 -460							
160	180	-580 -830	-310 -560	-310 -710	-230 -330	-230 -390	-230 -480							
180	200	-660 -950	-340 -630	-340 -800	-240 -355	-240 -425	-240 -530	-170 -242	-170 -285	-170 -355	-170 -460	-100 -146	-100 -172	-100 -215
200	225	-740 -1030	-380 -670	-380 -840	-260 -375	-260 -445	-260 -550							
225	250	-820 -1110	-420 -710	-420 -880	-280 -395	-280 -465	-280 -570							
250	280	-920 -1240	-480 -800	-480 -1000	-300 -430	-300 -510	-300 -620	-190 -271	-190 -320	-190 -400	-190 -510	-110 -162	-110 -191	-110 -240
280	315	-1050 -1370	-540 -860	-540 -1060	-330 -460	-330 -540	-330 -650							
315	355	-1200 -1560	-600 -960	-600 -1170	-360 -500	-360 -590	-360 -720	-210 -299	-210 -350	-210 -440	-210 -570	-125 -182	-125 -214	-125 -265
355	400	-1350 -1710	-680 -1040	-680 -1250	-400 -540	-400 -630	-400 -760							
400	450	-1500 -1900	-760 -1160	-760 -1390	-440 -595	-440 -690	-440 -840	-230 -327	-230 -385	-230 -480	-230 -630	-135 -198	-135 -232	-135 -290
450	500	-1650 -2050	-840 -1240	-840 -1470	-480 -635	-480 -730	-480 -880							

录

与配合

(GB/T 1800.2—2009) (单位：μm)

(带○者为优先公差带)

	f					g			h						
5	6	⑦	8	9	5	⑥	7	5	⑥	⑦	8	⑨	10	⑪	12
−6	−6	−6	−6	−6	−2	−2	−2	0	0	0	0	0	0	0	0
−10	−12	−16	−20	−31	−6	−8	−12	−4	−6	−10	−14	−25	−40	−60	−100
−10	−10	−10	−10	−10	−4	−4	−4	0	0	0	0	0	0	0	0
−15	−18	−22	−28	−40	−9	−12	−16	−5	−8	−12	−18	−30	−48	−75	−120
−13	−13	−13	−13	−13	−5	−5	−5	0	0	0	0	0	0	0	0
−19	−22	−28	−35	−49	−11	−14	−20	−6	−9	−15	−22	−36	−58	−90	−150
−16	−16	−16	−16	−16	−6	−6	−6	0	0	0	0	0	0	0	0
−24	−27	−34	−43	−59	−14	−17	−24	−8	−11	−18	−27	−43	−70	−110	−180
−20	−20	−20	−20	−20	−7	−7	−7	0	0	0	0	0	0	0	0
−29	−33	−41	−53	−72	−16	−20	−28	−9	−13	−21	−33	−52	−84	−130	−210
−25	−25	−25	−25	−25	−9	−9	−9	0	0	0	0	0	0	0	0
−36	−41	−50	−64	−87	−20	−25	−34	−11	−16	−25	−39	−62	−100	−160	−250
−30	−30	−30	−30	−30	−10	−10	−10	0	0	0	0	0	0	0	0
−43	−49	−60	−76	−104	−23	−29	−40	−13	−19	−30	−46	−74	−120	−190	−300
−36	−36	−36	−36	−36	−12	−12	−12	0	0	0	0	0	0	0	0
−51	−58	−71	−90	−123	−27	−34	−47	−15	−22	−35	−54	−87	−140	−220	−350
−43	−43	−43	−43	−43	−14	−14	−14	0	0	0	0	0	0	0	0
−61	−68	−83	−106	−143	−32	−39	−54	−18	−25	−40	−63	−100	−160	−250	−400
−50	−50	−50	−50	−50	−15	−15	−15	0	0	0	0	0	0	0	0
−70	−79	−96	−122	−165	−35	−44	−61	−20	−29	−46	−72	−115	−185	−290	−460
−56	−56	−56	−56	−56	−17	−17	−17	0	0	0	0	0	0	0	0
−79	−88	−108	−137	−186	−40	−49	−69	−23	−32	−52	−81	−130	−210	−320	−520
−62	−62	−62	−62	−62	−18	−18	−18	0	0	0	0	0	0	0	0
−87	−98	−119	−151	−202	−43	−54	−75	−25	−36	−57	−89	−140	−230	−360	−570
−68	−68	−68	−68	−68	−20	−20	−20	0	0	0	0	0	0	0	0
−95	−108	−131	−165	−223	−47	−60	−83	−27	−40	−63	−97	−155	−250	−400	−630

公称尺寸 /mm		常用及优先公差带												
		js			k			m			n			p		
大于	至	5	6	7	5	⑥	7	5	6	7	5	⑥	7	5	⑥	7
—	3	±2	±3	±5	+4 0	+6 0	+10 0	+6 +2	+8 +2	+12 +2	+8 +4	+10 +4	+14 +4	+10 +6	+12 +6	+16 +6
3	6	±2.5	±4	±6	+6 +1	+9 +1	+13 +1	+9 +4	+12 +4	+16 +4	+13 +8	+16 +8	+20 +8	+17 +12	+20 +12	+24 +12
6	10	±3	±4.5	±7	+7 +1	+10 +1	+16 +1	+12 +6	+15 +6	+21 +6	+16 +10	+19 +10	+25 +10	+21 +15	+24 +15	+30 +15
10	14	±4	±5.5	±9	+9 +1	+12 +1	+19 +1	+15 +7	+18 +7	+25 +7	+20 +12	+23 +12	+30 +12	+26 +18	+29 +18	+36 +18
14	18															
18	24	±4.5	±6.5	±10	+11 +2	+15 +2	+23 +2	+17 +8	+21 +8	+29 +8	+24 +15	+28 +15	+36 +15	+31 +22	+35 +22	+43 +22
24	30															
30	40	±5.5	±8	±12	+13 +2	+18 +2	+27 +2	+20 +9	+25 +9	+34 +9	+28 +17	+33 +17	+42 +17	+37 +26	+42 +26	+51 +26
40	50															
50	65	±6.5	±9.5	±15	+15 +2	+21 +2	+32 +2	+24 +11	+30 +11	+41 +11	+33 +20	+39 +20	+50 +20	+45 +32	+51 +32	+62 +32
65	80															
80	100	±7.5	±11	±17	+18 +3	+25 +3	+38 +3	+28 +13	+35 +13	+48 +13	+38 +23	+45 +23	+58 +23	+52 +37	+59 +37	+72 +37
100	120															
120	140	±9	±12.5	±20	+21 +3	+28 +3	+43 +3	+33 +15	+40 +15	+55 +15	+45 +27	+52 +27	+67 +27	+61 +43	+68 +43	+83 +43
140	160															
160	180															
180	200	±10	±14.5	±23	+24 +4	+33 +4	+50 +4	+37 +17	+46 +17	+63 +17	+51 +31	+60 +31	+77 +31	+70 +50	+79 +50	+96 +50
200	225															
225	250															
250	280	±11.5	±16	±26	+27 +4	+36 +4	+56 +4	+43 +20	+52 +20	+72 +20	+57 +34	+66 +34	+86 +34	+79 +56	+88 +56	+108 +56
280	315															
315	355	±12.5	±18	±28	+29 +4	+40 +4	+61 +4	+46 +21	+57 +21	+78 +21	+62 +37	+73 +37	+94 +37	+87 +62	+98 +62	+119 +62
355	400															
400	450	±13.5	±20	±31	+32 +5	+45 +5	+68 +5	+50 +23	+63 +23	+86 +23	+67 +40	+80 +40	+103 +40	+95 +68	+108 +68	+131 +68
450	500															

(续)

(带○者为优先公差带)

r			s			t			u		v	x	y	z
5	6	7	5	⑥	7	5	6	7	⑥	7	6	6	6	6
+14 +10	+16 +10	+20 +10	+18 +14	+20 +14	+24 +14	—	—	—	+24 +18	+28 +18	—	+26 +20	—	+32 +26
+20 +15	+23 +15	+27 +15	+24 +19	+27 +19	+31 +19	—	—	—	+31 +23	+35 +23	—	+36 +28	—	+43 +35
+25 +19	+28 +19	+34 +19	+29 +23	+32 +23	+38 +23	—	—	—	+37 +28	+43 +28	—	+43 +34	—	+51 +42
+31 +23	+34 +23	+41 +23	+36 +28	+39 +28	+46 +28	—	—	—	+44 +33	+51 +33	+50 +39	+51 +40 +56 +45	—	+61 +50 +71 +60
+37 +28	+41 +28	+49 +28	+44 +35	+48 +35	+56 +35	— +50 +41	— +54 +41	— +62 +41	+54 +41 +61 +48	+62 +41 +69 +48	+60 +47 +68 +55	+67 +54 +77 +64	+76 +63 +88 +75	+86 +73 +101 +88
+45 +34	+50 +34	+59 +34	+54 +43	+59 +43	+68 +43	+59 +48 +65 +54	+64 +48 +70 +54	+73 +48 +79 +54	+76 +60 +86 +70	+85 +60 +95 +70	+84 +68 +97 +81	+96 +80 +113 +97	+110 +94 +130 +114	+128 +112 +152 +136
+54 +41	+60 +41	+71 +41	+66 +53	+72 +53	+83 +53	+79 +66	+85 +66	+96 +66	+106 +87	+117 +87	+121 +102	+141 +122	+163 +144	+191 +172
+56 +43	+62 +43	+73 +43	+72 +59	+78 +59	+89 +59	+88 +75	+94 +75	+105 +75	+121 +102	+132 +102	+139 +120	+165 +146	+193 +174	+229 +210
+66 +51	+73 +51	+86 +51	+86 +71	+93 +71	+106 +71	+106 +91	+113 +91	+126 +91	+146 +124	+159 +124	+168 +146	+200 +178	+236 +214	+280 +258
+69 +54	+76 +54	+89 +54	+94 +79	+101 +79	+114 +79	+119 +104	+126 +104	+139 +104	+166 +144	+179 +144	+194 +172	+232 +210	+276 +254	+332 +310
+81 +63	+88 +63	+103 +63	+110 +92	+117 +92	+132 +92	+140 +122	+147 +122	+162 +122	+195 +170	+210 +170	+227 +202	+273 +248	+325 +300	+390 +365
+83 +65	+90 +65	+105 +65	+118 +100	+125 +100	+140 +100	+152 +134	+159 +134	+174 +134	+215 +190	+230 +190	+253 +228	+305 +280	+365 +340	+440 +415
+86 +68	+93 +68	+108 +68	+126 +108	+133 +108	+148 +108	+164 +146	+171 +146	+186 +146	+235 +210	+250 +210	+277 +252	+335 +310	+405 +380	+490 +465
+97 +77	+106 +77	+123 +77	+142 +122	+151 +122	+168 +122	+186 +166	+195 +166	+212 +166	+265 +236	+282 +236	+313 +284	+379 +350	+454 +425	+549 +520
+100 +80	+109 +80	+126 +80	+150 +130	+159 +130	+176 +130	+200 +180	+209 +180	+226 +180	+287 +258	+304 +258	+339 +310	+414 +385	+499 +470	+604 +575
+104 +84	+113 +84	+130 +84	+160 +140	+169 +140	+186 +140	+216 +196	+225 +196	+242 +196	+313 +284	+330 +284	+369 +340	+454<n>+425	+549 +520	+669 +640
+117 +94	+126 +94	+146 +94	+181 +158	+190 +158	+210 +158	+241 +218	+250 +218	+270 +218	+347 +315	+367 +315	+417 +385	+507 +475	+612 +580	+742 +710
+121 +98	+130 +98	+150 +98	+193 +170	+202 +170	+222 +170	+263 +240	+272 +240	+292 +240	+382 +350	+402 +350	+457 +425	+557 +525	+682 +650	+822 +790
+133 +108	+144 +108	+165 +108	+215 +190	+226 +190	+247 +190	+293 +268	+304 +268	+325 +268	+426 +390	+447 +390	+511 +475	+626 +590	+766 +730	+936 +900
+139 +114	+150 +114	+171 +114	+233 +208	+244 +208	+265 +208	+319 +294	+330 +294	+351 +294	+471 +435	+492 +435	+566 +530	+696 +660	+856 +820	+1036 +1000
+153 +126	+166 +126	+189 +126	+259 +232	+272 +232	+295 +232	+357 +330	+370 +330	+393 +330	+530 +490	+553 +490	+635 +595	+780 +740	+960 +920	+1140 +1100
+159 +132	+172 +132	+195 +132	+279 +252	+292 +252	+315 +252	+387 +360	+400 +360	+423 +360	+580 +540	+603 +540	+700 +660	+860 +820	+1040 +1000	+1290 +1250

表 2 常用及优先用途孔的极限

常用及优先公差带

公称尺寸/mm		A	B	C	D				E		F			
大于	至	11	11	12	⑪	8	⑨	10	11	8	9	6	7	⑧	9
—	3	+330 +270	+200 +140	+240 +140	+120 +60	+34 +20	+45 +20	+60 +20	+80 +20	+28 +14	+39 +14	+12 +6	+16 +6	+20 +6	+31 +6
3	6	+345 +270	+215 +140	+260 +140	+145 +70	+48 +30	+60 +30	+78 +30	+105 +30	+38 +20	+50 +20	+18 +10	+22 +10	+28 +10	+40 +10
6	10	+370 +280	+240 +150	+300 +150	+170 +80	+62 +40	+76 +40	+98 +40	+130 +40	+47 +25	+61 +25	+22 +13	+28 +13	+35 +13	+49 +13
10	14	+400 +290	+260 +150	+330 +150	+205 +95	+77 +50	+93 +50	+120 +50	+160 +50	+59 +32	+75 +32	+27 +16	+34 +16	+43 +16	+59 +16
14	18														
18	24	+430 +300	+290 +160	+370 +160	+24 +110	+98 +65	+117 +65	+149 +65	+195 +65	+73 +40	+92 +40	+33 +20	+41 +20	+53 +20	+72 +20
24	30														
30	40	+470 +310	+330 +170	+420 +170	+280 +120	+119 +80	+142 +80	+180 +80	+240 +80	+89 +50	+112 +50	+41 +25	+50 +25	+64 +25	+87 +25
40	50	+480 +320	+340 +180	+430 +180	+290 +130										
50	65	+530 +340	+380 +190	+490 +190	+330 +140	+146 +100	+174 +100	+220 +100	+290 +100	+106 +60	+134 +60	+49 +30	+60 +30	+76 +30	+104 +30
65	80	+550 +360	+390 +200	+500 +200	+340 +150										
80	100	+600 +380	+440 +220	+570 +220	+390 +170	+174 +120	+207 +120	+260 +120	+340 +120	+125 +72	+159 +72	+58 +36	+71 +36	+90 +36	+123 +36
100	120	+630 +410	+460 +240	+590 +240	+400 +180										
120	140	+710 +460	+510 +260	+660 +260	+450 +200	+208 +145	+245 +145	+305 +145	+395 +145	+148 +85	+185 +85	+68 +43	+83 +43	+106 +43	+143 +43
140	160	+770 +520	+530 +280	+680 +280	+460 +210										
160	180	+830 +580	+560 +310	+710 +310	+480 +230										
180	200	+950 +660	+630 +340	+800 +340	+530 +240	+242 +170	+285 +170	+335 +170	+460 +170	+172 +100	+215 +100	+79 +50	+96 +50	+122 +50	+165 +50
200	225	+1030 +740	+670 +380	+840 +380	+550 +260										
225	250	+1110 +820	+710 +420	+880 +420	+570 +280										
250	280	+1240 +920	+800 +480	+1000 +480	+620 +300	+271 +190	+320 +190	+400 +190	+510 +190	+191 +110	+240 +110	+88 +56	+108 +56	+137 +56	+186 +56
280	315	+1370 +1050	+860 +540	+1060 +540	+650 +330										
315	355	+1560 +1200	+960 +600	+1170 +600	+720 +360	+299 +210	+350 +210	+440 +210	+570 +210	+214 +125	+265 +125	+98 +62	+119 +62	+151 +62	+202 +62
355	400	+1710 +1350	+1040 +680	+1250 +680	+760 +400										
400	450	+1900 +1500	+1160 +760	+1390 +760	+840 +440	+327 +230	+385 +230	+480 +230	+630 +230	+232 +135	+290 +135	+108 +68	+131 +68	+165 +68	+223 +68
450	500	+2050 +1650	+1240 +840	+1470 +840	+880 +480										

附录

偏差（GB/T 1800.2—2009） （单位：μm）

（带〇者为优先公差带）

G		H						JS			K			M		
6	⑦	6	⑦	⑧	⑨	10	⑪	12	6	7	8	6	⑦	8	6	7	8
+8 +2	+12 +2	+6 0	+10 0	+14 0	+25 0	+40 0	+60 0	+100 0	±3	±5	±7	0 -6	0 -10	0 -14	-2 -8	-2 -12	-2 -16
+12 +4	+16 +4	+8 0	+12 0	+18 0	+30 0	+48 0	+75 0	+120 0	±4	±6	±9	+2 -6	+3 -9	+5 -13	-1 -9	0 -12	+2 -16
+14 +5	+20 +5	+9 0	+15 0	+22 0	+36 0	+58 0	+90 0	+150 0	±4.5	±7	±11	+2 -7	+5 -10	+6 -16	-3 -12	0 -15	+1 -21
+17 +6	+24 +6	+11 0	+18 0	+27 0	+43 0	+70 0	+110 0	+180 0	±5.5	±9	±13	+2 -9	+6 -12	+8 -19	-4 -15	0 -18	+2 -25
+20 +7	+28 +7	+13 0	+21 0	+33 0	+52 0	+84 0	+130 0	+210 0	±6.5	±10	±16	+2 -11	+6 -15	+10 -23	-4 -17	0 -21	+4 -29
+25 +9	+34 +9	+16 0	+25 0	+39 0	+62 0	+100 0	+160 0	+250 0	±8	±12	±19	+3 -13	+7 -18	+12 -27	-4 -20	0 -25	+5 -34
+29 +10	+40 +10	+19 0	+30 0	+46 0	+74 0	+120 0	+190 0	+300 0	±9.5	±15	±23	+4 -15	+9 -21	+14 -32	-5 -24	0 -30	+5 -41
+34 +12	+47 +12	+22 0	+35 0	+54 0	+87 0	+140 0	+220 0	+350 0	±11	±17	±27	+4 -18	+10 -25	+16 -38	-6 -28	0 -35	+6 -48
+39 +14	+54 +14	+25 0	+40 0	+63 0	+100 0	+160 0	+250 0	+400 0	±12.5	±20	±31	+4 -21	+12 -28	+20 -43	-8 -33	0 -40	+8 -55
+44 +15	+61 +15	+29 0	+46 0	+72 0	+115 0	+185 0	+290 0	+460 0	±14.5	±23	±36	+5 -24	+13 -33	+22 -50	-8 -37	0 -46	+9 -63
+49 +17	+69 +17	+32 0	+52 0	+81 0	+130 0	+210 0	+320 0	+520 0	±16	±26	±40	+5 -27	+16 -36	+25 -56	-9 -41	0 -52	+9 -72
+54 +18	+75 +18	+36 0	+57 0	+89 0	+140 0	+230 0	+360 0	+570 0	±18	±28	±44	+7 -29	+17 -40	+28 -61	-10 -46	0 -57	+11 -78
+60 +20	+83 +20	+40 0	+63 0	+97 0	+155 0	+250 0	+400 0	+630 0	±20	±31	±48	+8 -32	+18 -45	+29<;-68	-10 -50	0 -63	+11 -86

(续)

公称尺寸/mm		常用及优先公差带（带〇者为优先公差带）										
		N			P		R		S		T		U
大于	至	6	⑦	8	6	⑦	6	7	6	⑦	6	7	⑦
—	3	-4 -10	-4 -14	-4 -18	-6 -12	-6 -16	-10 -16	-10 -20	-14 -20	-14 -24	—	—	-18 -24
3	6	-5 -13	-4 -16	-2 -20	-9 -17	-8 -20	-12 -20	-11 -23	-16 -24	-15 -27	—	—	-20 -28
6	10	-7 -16	-4 -19	-3 -25	-12 -21	-9 -24	-16 -25	-13 -28	-20 -29	-17 -32	—	—	-25 -34
10	14	-9 -20	-5 -23	-3 -30	-15 -26	-11 -29	-20 -31	-16 -34	-25 -36	-21 -39	—	—	-30 -41
14	18												
18	24	-11 -24	-7 -28	-3 -36	-18 -31	-14 -35	-24 -37	-20 -41	-31 -44	-27 -48	—	—	-37 -50
24	30										-37 -50	-33 -54	-44 -57
30	40	-12 -28	-8 -33	-3 -42	-21 -37	-17 -42	-29 -45	-25 -50	-38 -54	-34 -59	-43 -59	-39 -64	-55 -71
40	50										-49 -65	-45 -70	-65 -81
50	65	-14 -33	-9 -39	-4 -50	-26 -45	-21 -51	-35 -54	-30 -60	-47 -66	-42 -78	-60 -79	-55 -85	-81 -100
65	80						-37 -56	-32 -62	-53 -72	-48 -72	-69 -88	-64 -94	-96 -115
80	100	-16 -38	-10 -45	-4 -58	-30 -52	-24 -59	-44 -66	-38 -73	-64 -86	-58 -93	-84 -106	-78 -113	-117 -139
100	120						-47 -69	-41 -76	-72 -94	-66 -101	-97 -119	-91 -126	-137 -159
120	140	-20 -45	-12 -52	-4 -67	-36 -61	-28 -68	-56 -81	-48 -88	-85 -110	-77 -117	-115 -140	-107 -147	-163 -188
140	160						-58 -83	-50 -90	-93 -118	-85 -125	-127 -152	-119 -159	-183 -208
160	180						-61 -86	-53 -93	-101 -126	-93 -133	-139 -164	-131 -171	-203 -228
180	200	-22 -51	-14 -60	-5 -77	-41 -70	-33 -79	-68 -97	-60 -106	-113 -142	-105 -151	-157 -186	-149 -195	-227 -256
200	225						-71 -100	-63 -109	-121 -150	-113 -159	-171 -200	-163 -209	-249 -278
225	250						-75 -104	-67 -113	-131 -160	-123 -169	-187 -216	-179 -225	-275 -304
250	280	-25 -57	-14 -66	-5 -86	-47 -79	-36 -88	-85 -117	-74 -126	-149 -181	-138 -190	-209 -241	-198 -250	-306 -338
280	315						-89 -121	-78 -130	-161 -193	-150 -202	-231 -263	-220 -272	-341 -373
315	355	-26 -62	-16 -73	-5 -94	-51 -87	-41 -98	-97 -133	-87 -144	-179 -215	-169 -226	-257 -293	-247 -304	-379 -415
355	400						-103 -139	-93 -150	-197 -233	-187 -244	-283 -319	-273 -330	-424 -460
400	450	-27 -67	-17 -80	-6 -103	-55 -95	-45 -108	-113 -153	-103 -166	-219 -259	-209 -272	-317 -357	-307 -370	-477 -517
450	500						-119 -159	-109 -172	-239 -279	-229 -292	-347 -387	-337 -400	-527 -567

附录 B 螺 纹

表3 普通螺纹直径、螺距（GB/T 193—2003）和基本尺寸（GB/T 196—2003）

（单位：mm）

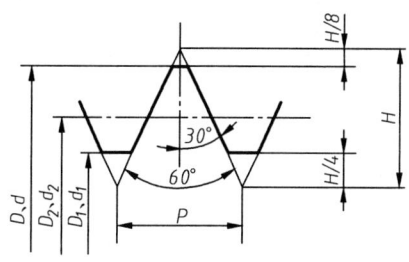

D、d——内、外螺纹的基本大径（公称直径）
D_2、d_2——内、外螺纹的基本中径
D_1、d_1——内、外螺纹的基本小径
P——螺距
H——原始三角形高度，$H=\frac{\sqrt{3}}{2}P$

标记示例：
公称直径为20mm的粗牙普通螺纹：M20
公称直径为20mm，螺距为1mm的细牙普通螺纹：M20×1

公称直径 D、d	螺距 P 粗牙	螺距 P 细牙	中径 D_2、d_2 粗牙	中径 D_2、d_2 细牙	小径 D_1、d_1 粗牙	小径 D_1、d_1 细牙	公称直径 D、d	螺距 P 粗牙	螺距 P 细牙	中径 D_2、d_2 粗牙	中径 D_2、d_2 细牙	小径 D_1、d_1 粗牙	小径 D_1、d_1 细牙
3	0.5	0.35	2.675	2.773	2.459	2.621	16	2	1.5	14.701	15.026	13.835	14.376
(3.5)	0.6	0.35	3.110	3.275	2.850	3.121			1		15.350		14.917
4	0.7	0.5	3.545	3.675	3.242	3.459	[17]		1.5		16.026		15.376
(4.5)	0.75	0.5	4.013	4.175	3.688	3.959			1		16.350		15.917
5	0.8	0.5	4.480	4.675	4.134	4.459	(18)	2.5	2	16.376	16.701	15.294	15.835
[5.5]		0.5		5.175		4.959			1.5		17.026		19.376
6	1	0.75	5.350	5.513	4.917	5.188			1		17.350		16.917
(7)	1	0.75	6.350	6.513	5.917	6.188	20	2.5	2	18.376	18.701	17.294	17.835
8	1.25	1	7.188	7.350	6.647	6.917			1.5		19.026		18.376
		0.75		7.513		7.188			1		19.350		18.917
[9]	1.25	1	8.188	8.350	7.647	7.917	(22)	2.5	2	20.376	20.701	19.294	19.835
		0.75		8.513		8.188			1.5		21.026		20.376
10	1.5	1.25	9.026	9.188	8.376	8.647			1		21.350		20.917
		1		9.350		8.917	24	3	2	22.501	22.701	20.752	21.835
		0.75		9.513		9.188			1.5		23.026		22.376
[11]	1.5	1.5	10.026	10.026	9.376	9.376			1		21.350		22.917
		1		10.350		9.917	[25]		2		23.701		22.835
		0.75		10.513		10.188			1.5		24.026		23.376
12	1.75	1.25	10.863	11.188	10.106	10.647			1		24.350		23.917
		1		11.350		10.917	[26]		1.5		25.026		24.376
(14)	2	1.5	12.701	13.026	11.835	12.376	(27)	3	2	25.051	25.701	23.752	24.835
		1.25		13.188		12.647			1.5		26.026		25.376
		1		13.350		12.917			1		26.350		25.917
[15]		1.5		14.026		13.376	[28]		2		26.701		25.835
		1		14.350		13.917			1.5		27.026		26.376
									1		27.350		26.917

注：公称直径栏中不带括号的为第一系列，带圆括号的为第二系列，带方括号的为第三系列。应优先选用第一系列，第三系列尽可能不用。

表4 60°密封管螺纹基本尺寸（GB/T 12716—2011） （单位：mm）

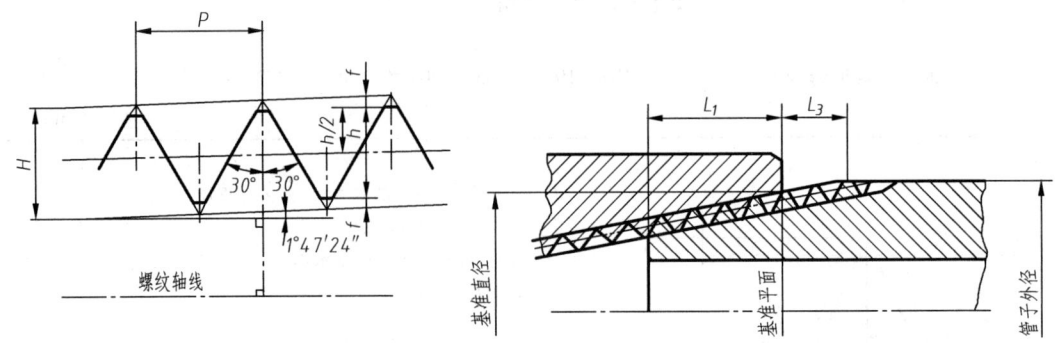

$P = 25.4/n$ $H = 0.866P$ $h = 0.8P$ $f = 0.033P$ 锥度 = 1:16

标记示例：
60°密封管螺纹，尺寸代号为3/8，左旋（如螺纹为右旋，则"-LH"不标）：
NPT3/8-LH

尺寸代号	每25.4mm内的牙数 n	螺距 P	基准平面内的基本直径			基准距离 L_1		装配余量 L_3	
			大径 D、d	中径 D_2、d_2	小径 D_1、d_1		圈数		圈数
1/16	27	0.941	7.895	7.142	6.389	4.064	4.32	2.822	3
1/8			10.242	9.489	8.736	4.102	4.36		
1/4	18	1.411	13.616	12.487	11.358	5.786	4.10	4.234	3
3/8			17.055	15.926	14.797	6.096	4.32		
1/2	14	1.814	21.223	19.772	18.321	8.128	4.48	5.443	3
3/4			26.568	25.117	23.666	8.611	4.75		
1	11.5	2.209	33.228	31.461	29.694	10.160	4.60	6.627	3
1¼			41.985	40.218	38.451	10.668	4.83		
1½			48.054	46.287	44.520	10.668	4.83		
2			60.092	58.325	56.558	11.074	5.01		
2½	8	3.175	72.699	70.159	67.619	17.323	5.46	6.350	2
3			88.608	86.068	83.528	19.456	6.13		
3½			101.316	98.776	96.236	20.853	6.57		
4			113.973	111.433	108.893	21.438	6.75		

附录C 螺 栓

表5 六角头螺栓—A和B级（GB/T 5782—2000），六角头螺栓、全螺栓—A和B级（GB/T 5783—2000）
（单位：mm）

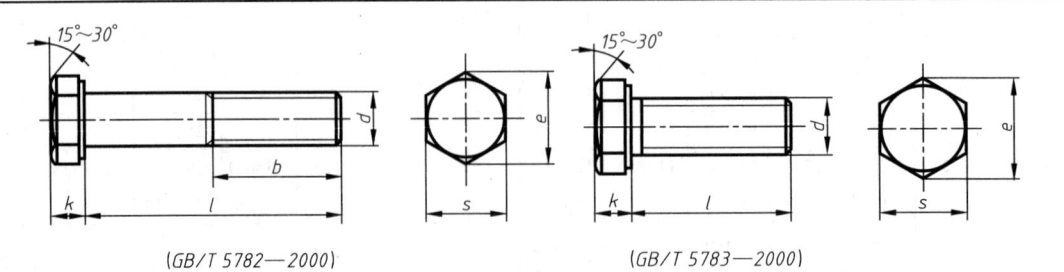

(GB/T 5782—2000)   (GB/T 5783—2000)

标记示例：
螺纹规格 d = M12、公称长度 l = 80mm、性能等级为8.8级、表面氧化、产品等级为A级的六角头螺栓：
螺栓 GB/T 5782 M12×80

（续）

螺纹规格 d		M3	M4	M5	M6	M8	M10	M12	(M14)	M16	(M18)	M20	(M22)	M24	(M27)	M30
k 公称		2	2.8	3.5	4	5.3	6.4	7.5	8.8	10	11.5	12.5	14	15	17	18.7
s 公称 = max		5.5	7	8	10	13	16	18	21	24	27	30	34	36	41	46
e min	A 级	6.01	7.66	8.79	11.05	14.38	17.77	20.03	23.56	26.75	30.14	33.53	37.72	39.98	—	—
	B 级	5.88	7.50	8.63	10.89	14.20	17.59	19.85	22.78	26.17	29.56	32.95	37.29	39.55	45.2	50.85
b 参考	$l \leq 125$	12	14	16	18	22	26	30	34	38	42	46	50	54	60	66
	$125 < l \leq 200$	18	20	22	24	28	32	36	40	44	48	52	56	60	66	72
	$l > 200$	31	33	35	37	41	45	49	53	57	61	65	69	73	79	85
商品规格范围	l GB/T 5782	20~30	25~40	25~50	30~60	40~80	45~100	20~120	60~140	65~160	70~180	80~200	90~200	90~240	100~260	110~300
	l (全螺纹) GB/T 5783	6~30	8~40	10~50	12~60	16~80	20~100	25~120	30~140	30~200	35~200	40~200	45~200	50~200	55~200	60~200
l 系列		6,8,10,12,16,20,25,30,35,40,45,50,55,60,65,70,80,90,100,110,120,130,140,150,160,180,200,220,240,260,280,300															

注：尽可能不采用括号内的规格。

附录 D 双头螺柱

表 6 双头螺柱 $b_m = 1d$（GB/T 897—1988） $b_m = 1.25d$（GB/T 898—1988），

$b_m = 1.5d$（GB/T 899—1988） $b_m = 2d$（GB/T 900—1988） （单位：mm）

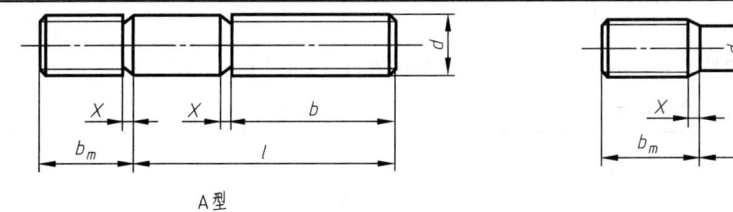

A 型　　　　　　　　　　　　　　　B 型

标记示例：

1. 两端均为粗牙普通螺纹，$d = 10$mm、$l = 50$mm、性能等级为 4.8 级、不经表面处理、B 型、$b_m = 1d$ 的双头螺柱：

　　　　　　　　　　螺柱　GB/T 897　M10 × 50

2. 旋入机体一端为粗牙普通螺纹，旋螺母一端为螺距 $P = 1$mm 的细牙普通螺纹，$d = 10$mm、$l = 50$mm、性能等级为 4.8 级、不经表面处理、A 型、$b_m = 1d$ 的双头螺柱：

　　　　　　　　　　螺柱　GB/T 897　AM10 × 1 × 50

螺纹规格 d	b_m				l/b
	GB/T 897	GB/T 898	GB/T 899	GB/T 900	
M2			3	4	(12~16)/6,(18~25)/10
M2.5			3.5	5	(14~18)/8,(20~30)11
M3			4.5	6	(16~20)/6,(22~40)/12
M4			6	8	(16~22)/8,(25~40)/14
M5	5	6	8	10	(16~22)/10,(25~50)/16
M6	6	8	10	12	(20~22)/10,(25~30)/14,(32~75)/18
M8	8	10	12	16	(20~22)/12,(25~30)/16,(32~90)/22
M10	10	12	15	20	(25~28)/14,(30~38)/16,(40~120)/26,130/32
M12	12	15	18	24	(25~30)/16,(32~40)/20,(45~120)/30,(130~180)/36
(M14)	14	18	21	28	(30~35)/18,(38~45)/25,(50~120)/34,(130~180)/40

(续)

螺纹规格 d	b_m				l/b
	GB/T 897	GB/T 898	GB/T 899	GB/T 900	
M16	16	20	24	32	(30~38)/20,(40~55)/30,(60~120)/38,(130~200)/44
(M18)	18	22	27	36	(35~40)/22,(45~60)/35,(65~120)/42,(130~200)/48
M20	20	25	30	40	(35~40)/25,(45~65)/35,(70~120)/46,(130~200)/52
(M22)	22	28	33	44	(40~45)/30,(50~70)/40,(75~120)/50,(130~200)/56
M24	24	30	36	48	(45~50)/30,(55~75)/45,(80~120)/54,(130~200)/60
(M27)	27	35	40	54	(50~60)/35,(65~85)/50,(90~120)/60,(130~200)/66
M30	30	38	45	60	(60~65)/40,(70~90)/50,(95~120)/66,(130~200)/72,(210~250)/85
M36	36	45	54	72	(65~70)/45,(80~110)/60,120/78,(130~200)/84,(210~300)/97
M42	42	52	63	84	(70~80)/50,(85~110)/70,120/90,(130~200)/96,(210~300)/109
M48	48	60	72	96	(80~90)/60,(95~110)/80,120/102,(130~200)/108,(210~300)/121
l 系列	12,(14),16,(18),20,(22),25,(28),30,(32),35,(38),40,45,50,(55),60,(65),70,(75),80,(85),90,95,100,110,120,130,140,150,160,170,180,190,200,210,220,230,240,250,260,280,300				

注：1. 尽可能不采用括号内的规格
  2. $d_s \approx$ 螺纹中径。
  3. $X_{max} = 2.5P$（螺距）。

附录 E 螺　　钉

表 7　开槽圆柱头螺钉（GB/T 65—2000）、开槽盘头螺钉（GB/T 67—2008）、开槽沉头螺钉（GB/T 68—2000）　　　　　　（单位：mm）

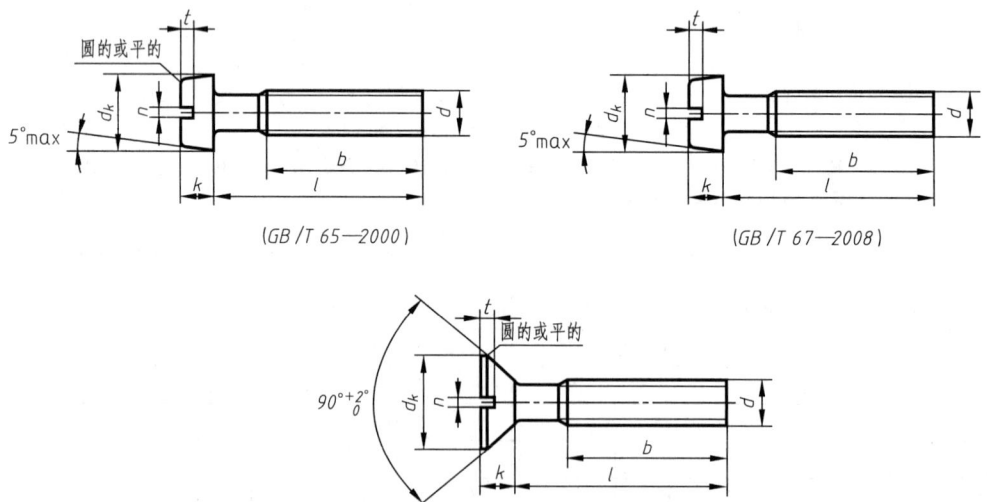

标记示例：
螺纹规格 d = M5、公称长度 l = 20mm、性能等级为 4.8 级、不经表面处理的 A 级开槽圆柱头螺钉：
螺钉　GB/T 65　M5×20

(续)

螺纹规格 d		M1.6	M2	M2.5	M3	M4	M5	M6	M8	M10
GB/T 65	d_k 公称 = max	3	3.8	4.5	5.5	7	8.5	10	13	16
	k 公称 = max	1.1	1.4	1.8	2	2.6	3.3	3.9	5	6
	t min	0.45	0.6	0.7	0.85	1.1	1.3	1.6	2	2.4
	l	2~16	3~20	3~25	4~35	5~40	6~50	8~60	10~80	12~80
	全螺纹时最大长度	全	螺	纹			40	40	40	40
GB/T 67	d_k 公称 = max	3.2	4	5	5.6	8	9.5	12	16	20
	k 公称 = max	1	1.3	1.5	1.8	2.4	3	3.6	4.8	6
	t min	0.35	0.5	0.6	0.7	1	1.2	1.4	1.9	2.4
	l	2~16	2.5~20	3~25	4~30	5~40	6~50	8~60	10~80	12~80
	全螺纹时最大长度	全	螺	纹			40	40	40	40
GB/T 68	d_k 公称 = max	3	3.8	4.7	5.5	8.4	9.3	11.3	15.8	18.3
	k 公称 = max	1	1.2	1.5	1.65	2.7	2.7	3.3	4.65	5
	t min	0.32	0.4	0.5	0.6	1	1.1	1.2	1.8	2
	l	2.5~16	3~20	4~25	5~30	6~40	8~50	8~60	10~80	12~80
	全螺纹时最大长度	全	螺	纹			45	45	45	45
n 公称		0.4	0.5	0.6	0.8	1.2	1.2	1.6	2	2.5
b min				25				38		
l 系列		2,2.5,3,4,5,6,8,10,12,(14),16,20,25,30,40,45,50,(55),60,(65),70,(75),80								

表8 内六角圆柱头螺钉 (GB/T 70.1—2008)　　　　　（单位：mm）

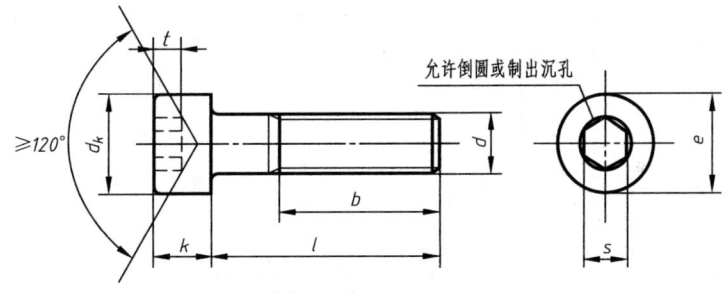

标记示例：
螺纹规格 d = M5，公称长度 l = 20mm，性能等级为8.8级、表面氧化的A级内六角圆柱头螺钉
螺钉　GB/T 70.1　M5×20

螺纹规格 d	M1.6	M2	M2.5	M3	M4	M5	M6	M8	M10	M12	(M14)	M16	M20	M24	M30	M36
d_k max	3	3.8	4.5	5.5	7	8.5	10	13	16	18	21	24	30	36	45	54
k max	1.6	2	2.5	3	4	5	6	8	10	12	14	16	20	24	30	36
t min	0.7	1	1.1	1.3	2	2.5	3	4	5	6	7	8	10	12	15.5	19
s 公称	1.5	1.5	2	2.5	3	4	5	6	8	10	12	14	17	19	22	27
e min	1.73	1.73	2.3	2.87	3.44	4.58	5.72	6.86	9.15	11.43	13.72	16	19.44	21.73	25.15	30.85
b 参考	15	16	17	18	20	22	24	28	32	36	40	44	52	60	72	84
l	2.5~16	3~20	4~25	5~30	6~40	8~50	10~60	12~80	16~100	20~120	25~140	25~160	30~200	40~240	45~300	55~300
全螺纹时最大长度	16	16	20	20	25	25	30	35	40	50	55	60	70	80	100	110
l 系列	2.5,3,4,5,6,8,10,12,16,20,25,30,35,40,45,50,55,60,65,70,80,90,100,110,120,130,140,150,160,180,200,220,240,260,280,300															

注：尽可能不采用括号内的规格。

表9　内六角平端紧定螺钉（GB/T 77—2007）、内六角锥端紧定螺钉（GB/T 78—2007）　（单位：mm）

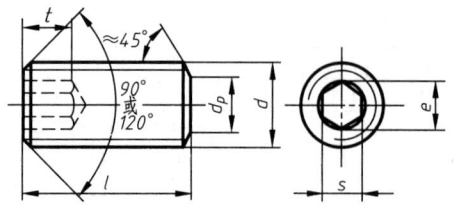

(GB/T 77—2007)

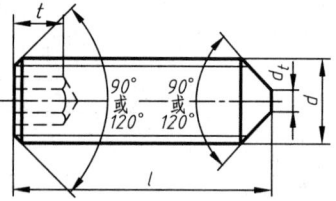

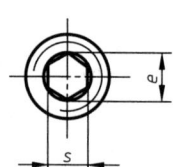

(GB/T 78—2007)

标记示例：

螺纹规格 d = M6、公称长度 l = 12mm、性能等级为 45H 级、表面氧化处理的 A 级内六角平端紧定螺钉：

螺钉　GB/T 77　M6×12

螺纹规格 d		M1.6	M2	M2.5	M3	M4	M5	M6	M8	M10	M12	M16	M20	M24
d_p max		0.8	1	1.5	2	2.5	3.5	4	5.5	7	8.5	12	15	18
d_t max		0.4	0.5	0.65	0.75	1	1.25	1.5	2	2.5	3	4	5	6
e min		0.8	1	1.45	1.73	2.3	2.87	3.44	4.58	5.72	6.86	9.15	11.43	13.72
s 公称		0.7	0.9	1.3	1.5	2	2.5	3	4	5	6	8	10	12
t min		1.5 (0.7)	1.7 (0.8)	2 (1.2)	2 (1.2)	2.5 (1.5)	3 (2)	3.5 (2)	5 (3)	6 (4)	8 (4.8)	10 (6.4)	12 (8)	15 (10)
公称长度 l	GB/T 77	2~8	2~10	2.5~12	3~16	4~20	5~25	6~30	8~40	10~50	12~60	16~60	20~60	25~60
	GB/T 78	2~8	2~10	2.5~12	3~16	4~20	5~25	6~30	8~40	10~50	12~60	16~60	20~60	25~60
公称长度 l≤右表内值时的短螺钉，应按上图中所注 120° 制成，而 90° 用于其余长度	GB/T 77	2	3	3	3	4	5	6	8	10	12	16	20	25
	GB/T 78	3	3	3	3	5	6	6	10	12	16	20	25	
l 系列		2,2.5,3,4,5,6,8,10,12,16,20,25,30,40,45,50,55,60												

注：t min 在括号内的值，用于 l≤上表内值时的短螺钉。

表10　开槽锥端紧定螺钉（GB/T 71—1985）、开槽平端紧定螺钉（GB/T 73—1985）、
开槽凹端紧定螺钉（GB/T 74—1985）、开槽长圆柱端紧定螺钉（GB/T 75—1985）　（单位：mm）

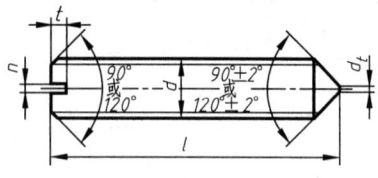

(GB/T 71—1985)

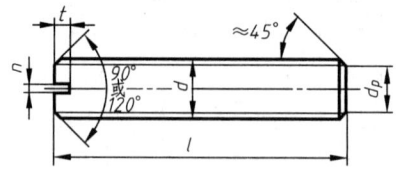

(GB/T 73—1985)

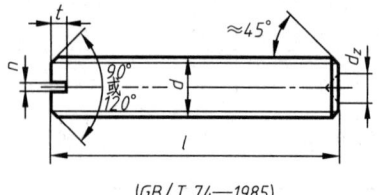

(GB/T 74—1985)

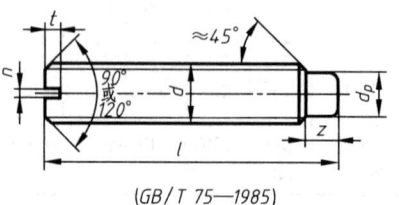

(GB/T 75—1985)

标记示例：

螺纹规格 d = M5、公称长度 l = 12mm、性能等级为 14H 级、表面氧化的开槽锥端紧定螺钉：

螺钉　GB/T 71　M5×12

(续)

螺纹规格 d		M1.2	M1.6	M2	M2.5	M3	M4	M5	M6	M8	M10	M12
n 公称		0.2	0.25	0.25	0.4	0.4	0.6	0.8	1	1.2	1.6	2
t min		0.4	0.56	0.64	0.72	0.8	1.12	1.28	1.6	2	2.4	2.8
d_t max		0.12	0.16	0.2	0.25	0.3	0.4	0.5	1.5	2	2.5	3
d_p max		0.6	0.8	1	1.5	2	2.5	2.5	4	5.5	7	8.5
d_z max		—	0.8	1	1.2	1.4	2	2.5	3	5	6	8
z max		—	1.05	1.25	1.5	1.75	2.25	2.75	3.25	4.3	5.3	6.3
公称长度 l	GB/T 71	2~6	2~8	3~10	3~12	4~16	6~20	8~25	8~30	10~40	12~50	14~60
	GB/T 73	2~6	2~8	2~10	2.5~12	3~16	4~20	5~25	6~30	8~40	10~50	12~60
	GB/T 74	—	2~8	2.5~10	3~12	3~16	4~20	5~25	6~30	8~40	10~50	12~60
	GB/T 75	—	2.5~8	3~10	4~12	5~16	6~20	8~25	8~30	10~40	12~50	14~60
公称长度 $l \leq$ 右表内值时的短螺钉，应按上图中所注 120°制成；而 90°用于其余长度	GB/T 71	2	2.5	—	3	—	—	—	—	—	—	—
	GB/T 73	—	2	2.5	3	3	4	5	6	—	—	—
	GB/T 74	—	2	2.5	3	4	5	5	6	8	10	12
	GB/T 75	—	2.5	3	4	5	6	8	10	14	16	20
l 系列		2,2.5,3,4,5,6,8,10,12,(14),16,20,25,30,40,45,50,(55),60										

注：尽可能不采用括号内的规格。

附录F 螺母

表 11　六角螺母—C 级（GB/T 41—2000）、1 型六角螺母—A 和 B 级（GB/T 6170—2000）、
六角薄螺母—A 和 B 级（GB/T 6172.1—2000）　　　　（单位：mm）

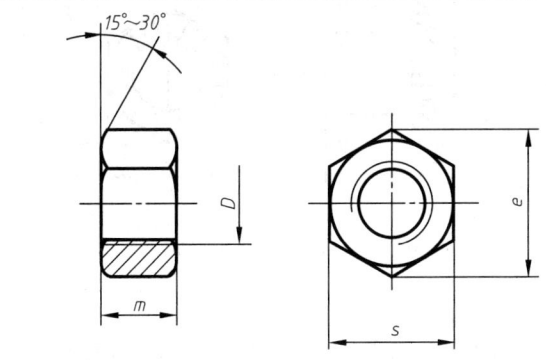

(GB/T 41—2000)

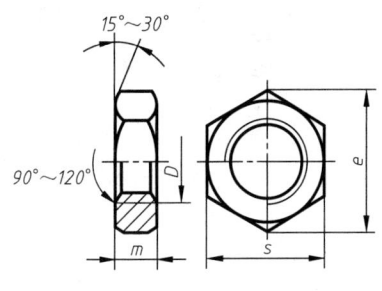

(GB/T 6172.1—2000)

标记示例：
　　螺纹规格 D = M12、性能等级为 8 级、不经表面处理、产品等级为 A 级的 1 型六角螺母：
　　　　螺母　GB/T 6170　M12

　　螺纹规格 D = M12、性能等级为 04 级、不经表面处理、产品等级为 A 级的六角薄螺母：
　　　　螺母　GB/T 6172.1　M12

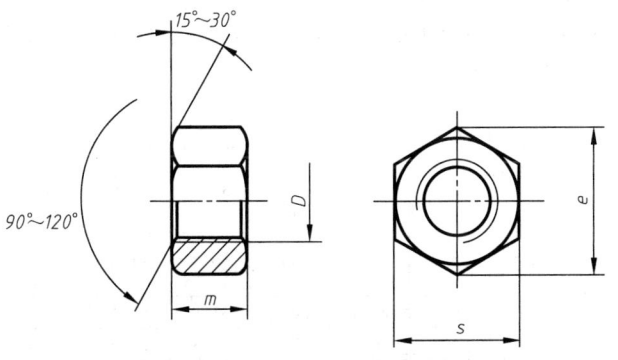

(GB/T 6170—2000)

标记示例：
　　螺纹规格 D = M12、性能等级为 5 级、不经表面处理、产品等级为 C 级的六角螺母：
　　　　螺母　GB/T 41　M12

(续)

螺纹规格 D		M3	M4	M5	M6	M8	M10	M12	(M14)	M16	(M18)	M20	(M22)	M24	(M27)	M30	M36	M42	M48
e 近似	GB/T 6170 GB/T 6172.1	6	7.7	8.8	11	14.4	17.8	20	23.4	26.8	29.6	32.9	37.3	39.6	45.2	50.9	60.8	71	82.6
	GB/T 41	—	—	8.6	10.9	14.2	17.6	19.9	22.8	26.1	29.6	32.9	37.3	39.6	45.2	50.8	60.8	71	82.6
s 公称 = max		5.5	7	8	10	13	16	18	21	24	27	30	34	36	41	46	55	65	75
m max	GB/T 6170	2.4	3.2	4.7	5.2	6.8	8.4	10.8	12.8	14.8	15.8	18	19.4	21.5	23.8	25.6	31	34	38
	GB/T 6172.1	1.8	2.2	2.7	3.2	4	5	6	7	8	9	10	11	12	13.5	15	18	21	24
	GB/T 41	—	—	5.6	6.4	7.9	9.5	12.2	13.9	15.6	16.9	19	20.2	22.3	24.7	26.4	31.9	34.9	38.9

注：1. 表中 e 为圆整近似值。
  2. 尽可能不采用括号内的规格。
  3. A 级用于 D≤16mm 的螺母；B 级用于 D>16mm 的螺母。

表 12 1 型六角开槽螺母—A 和 B 级（GB/T 6178—1986）、1 型六角开槽螺母—C 级（GB/T 6179—1986）、2 型六角开槽螺母—A 和 B 级（GB/T 6180—1986）、六角开槽薄螺母—A 和 B 级（GB/T 6181—1986）

（单位：mm）

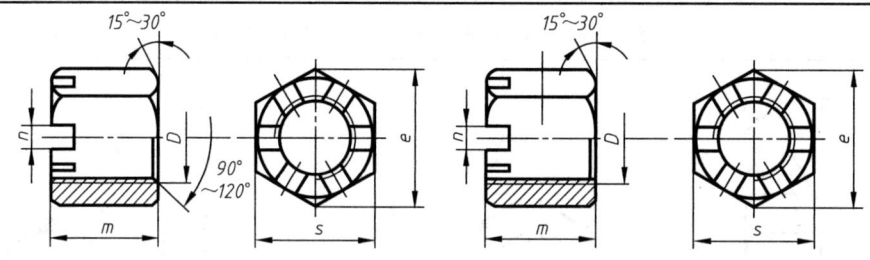

(GB/T 6178—1986)、(GB/T 6180—1986)
(GB/T 6181—1986)

(GB/T 6179—1986)

标记示例：
螺纹规格 D = M12、性能等级为 8 级、不经表面处理、A 级的 1 型六角开槽螺母：
螺母 GB/T 6178 M12

螺纹规格 D = M5、性能等级为 9 级、不经表面处理、A 级的 Z 型六角开槽螺母：
螺母 GB/T 6180 M5

标记示例：
螺纹规格 D = M5、性能等级为 5 级、不经表面处理、C 级的 1 型六角开槽螺母：
螺母 GB/T 6179 M5

螺纹规格 D = M12、性能等级为 04 级、不经表面处理、A 级的六角开槽薄螺母：
螺母 GB/T 6181 M12

螺纹规格 D		M4	M5	M6	M8	M10	M12	(M14)	M16	M20	M24	M30	M36
n min		1.2	1.4	2	2.5	2.8	3.5	3.5	4.5	4.5	5.5	7	7
e 近似		7.7	9	11	14	18	20	23	26	33	39.6	50.9	60.8
s max		7	8	10	13	16	18	21	24	30	36	46	55
m max	GB/T 6178, GB/T 6179	5	6.7	7.7	9.8	12.4	15.8	17.8	20.8	24	29.5	34.6	40
	GB/T 6180	—	6.9	8.3	10	12.3	16	19.1	21.8	26.1	31.9	37.6	43.7
	GB/T 6181	—	5.1	5.7	7.5	9.3	12	14.1	16.4	20.3	23.9	28.6	34.7
开口销		1×10	1.2×12	1.6×14	2×16	2.5×20	3.2×22	3.2×26	4×28	4×36	5×40	6.3×50	6.3×63

注：1. 表中 e 为圆整近似值。
  2. 尽可能不采用括号内的规格。
  3. A 级用于 D≤16mm 的螺母；B 级用于 D>16mm 的螺母。

表 13　圆螺母（GB/T 812—1988）　　　　　　　　　（单位：mm）

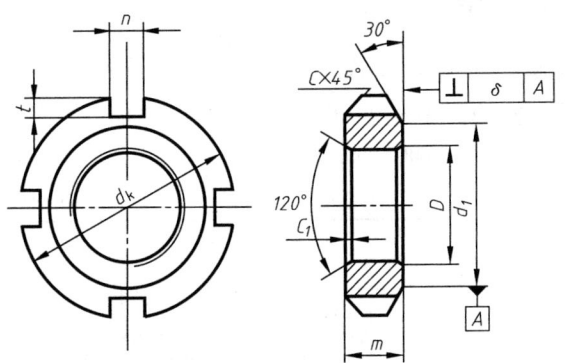

标记示例：

螺纹规格 $D=16$mm、螺距 $P=1.5$mm、材料为 45 钢、槽或全部热处理后硬度 35～45HRC、表面氧化的圆螺母：

螺母 GB/T 812　M16×1.5

螺纹规格 $D \times P$	d_k	d_1	m	n min	t min	C	C_1	螺纹规格 $D \times P$	d_k	d_1	m	n min	t min	C	C_1
M10×1	22	16	8	4	2	0.5		M64×2	95	84	12	8	3.5		
M12×1.25	25	19						M65×2*	95	84					
M14×1.5	28	20						M68×2	100	88	15	1	4		
M16×1.5	30	22						M72×2	105	93					
M18×1.5	32	24						M75×2*	105	93					
M20×1.5	35	27						M76×2	110	98					
M22×1.5	38	30		5	2.5			M80×2	115	103					
M24×1.5	42	34						M85×2	120	108					
M25×1.5*	42	34				1		M90×2	125	112	18	12	5	1.5	1
M27×1.5	45	37						M95×2	130	117					
M30×1.5	48	40					0.5	M100×2	135	122					
M33×1.5	52	43	10					M105×2	140	127					
M35×1.5*	52	43						M110×2	150	135					
M36×1.5	55	46						M115×2	155	140					
M39×1.5	58	49		6	3			M120×2	160	145	22	14	6		
M40×1.5*	58	49						M125×2	165	150					
M42×1.5	62	53						M130×2	170	155					
M45×1.5	68	59						M140×2	180	165					
M48×1.5	72	61				1.5		M150×2	200	180	26				
M50×1.5*	72	61						M160×3	210	190					
M52×1.5	78	67	12	8	3.5			M170×3	220	200		16	7	2	1.5
M55×2*	78	67						M180×3	230	210					
M56×2	85	74					1	M190×3	240	220	30				
M60×2	90	79						M200×3	250	230					

注：1. 槽数 n：当 $D \times P \leqslant$ M100×2 时，$n=4$；当 $D \times P \geqslant$ M105×2 时，$n=6$。

　　2. 标有*者仅用于滚动轴承锁紧装置。

附录 G 垫 圈

表 14 平垫圈—C 级（GB/T 95—2002）、大垫圈—A 和 C 级（GB 96.1—2002、GB/T 96.2—2002）、平垫圈—A 级（GB/T 97.1—2002）、平垫圈 倒角型—A 级（GB/T 97.2—2002）、小垫圈—A 级（GB/T 848—2002）

（单位：mm）

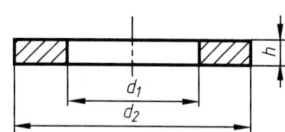

（GB/T 95—2002）、（GB/T 96.1—2002）（GB/T 962—2002）
（GB/T 97.1—2002）、（GB/T 848—2002）

标记示例：

标准系列、公称规格 8mm、硬度等级为 100HV 级、不经表面处理、产品等级为 C 级的平垫圈：

垫圈 GB/T 95 8

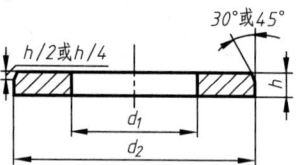

（GB/T 97.2—2002）

标记示例：

标准系列、公称规格 8mm、由钢制造的硬度等级为 200HV 级、不经表面处理、产品等级为 A 级、倒角型平垫圈：

垫圈 GB/T 97.2 8

标准系列、公称规格 8mm、由 A2 组不锈钢制造的硬度等级为 200HV 级、不经表面处理、产品等级为 A 级、倒角型平垫圈：

垫圈 GB/T 97.2 8 A2

公称规格（螺纹大径 d）	标准系列 GB/T 95、GB/T 97.1、GB/T 97.2				大系列 GB/T 96.1 GB/T 96.2			小系列 GB/T 848		
	d_2 公称 max	h 公称	d_1 公称 min (GB/T 95)	d_1 公称 min (GB/T 97.1、GB/T 97.2)	d_1 公称 min	d_2 公称 max	h 公称	d_1 公称 min	d_2 公称 max	h 公称
1.6	4	0.3	1.8	1.7				1.7	3.5	0.3
2	5		2.4	2.2				2.2	4.5	
2.5	6	0.5	2.9	2.7				2.7	5	0.5
3	7		3.4	3.2	3.2	9	0.8	3.2	6	
4	9	0.8	4.5	4.3	4.3	12	1	4.3	8	
5	10	1	5.5	5.3	5.3	15	1	5.3	9	1
6	12	1.6	6.6	6.4	6.4	18	1.6	6.4	11	1.6
8	16		9	8.4	8.4	24	2	8.4	15	
10	20	2	11	10.5	10.5	30	2.5	10.5	18	
12	24	2.5	13.5	13	13	37	3	13	20	2
16	30	3	17.5	17	17	50	3	17	28	2.5
20	37		22	21	21	60	4	21	34	3
24	44	4	26	25	25	72	5	25	39	4
30	56		33	31	33	92	6	31	50	
36	66	5	39	37	39	110	8	37	60	5

注：1. GB/T 95，d 的范围为 1.6～64mm；GB/T 97.2，d 的范围为 5～64mm；GB/T 96.1、GB/T 96.2，d 的范围为 3～36mm；GB/T 97.1，d 的范围为 1.6～64mm；GB/T 848，d 的范围为 1.6～36mm

2. GB/T 848 主要用于带圆柱头的螺钉，其他用于标准的六角头螺栓、螺钉和六角螺母。

表15 标准型弹簧垫圈（GB/T 93—1987）、轻型弹簧垫圈（GB/T 859—1987）

（单位：mm）

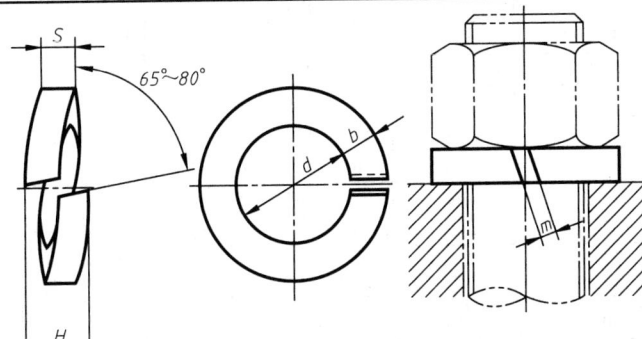

标记示例：
规格 16mm、材料为 65Mn、表面氧化的标准型弹簧垫圈：
垫圈 GB/T 9316

规格（螺纹大径）	d min	GB/T 93			GB/T 859			
		S=b 公称	H min	m≤	S 公称	b 公称	H min	m≤
2	2.1	0.5	1	0.25				
2.5	2.6	0.65	1.3	0.33				
3	3.1	0.8	1.6	0.4	0.6	1	1.2	0.3
4	4.1	1.1	2.2	0.55	0.8	1.2	1.6	0.4
5	5.1	1.3	2.6	0.65	1	1.5	2.2	0.55
6	6.2	1.6	3.2	0.8	1.3	2	2.6	0.65
8	8.2	2.1	4.2	1.05	1.6	2.5	3.2	0.8
10	10.2	2.6	5.2	1.3	2	3	4	1
12	12.2	3.1	6.2	1.55	2.5	3.5	5	1.25
(14)	14.2	3.6	7.2	1.8	3	4	6	1.5
16	16.2	4.1	8.2	2.05	3.2	4.5	6.4	1.6
(18)	18.2	4.5	9	2.25	3.6	5	7.2	1.8
20	20.2	5	10	2.5	4	5.5	8	2
(22)	22.5	5.5	11	2.75	4.5	6	9	2.25
24	24.5	6	12	3	5	7	10	2.5
(27)	27.5	6.8	13.6	3.4	5.5	8	11	2.75
30	30.5	7.5	15	3.75	6	9	12	3
(33)	33.5	8.5	17	4.25				
36	36.5	9	18	4.5				
(39)	39.5	10	20	5				
42	42.5	10.5	21	5.25				
(45)	45.5	11	22	5.5				
48	48.5	12	24	6				

注：尽可能不采用括号内的规格。

表16 圆螺母用止动垫圈（GB/T 858—1988）

（单位：mm）

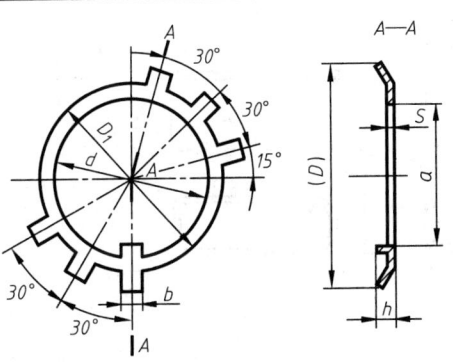

标记示例：
规格为 16mm、材料为 A3、经退火、表面氧化的圆螺母用止动垫圈：
垫圈 GB/T 858 16

（续）

规格（螺纹大径）	d	(D)（参考）	D_1	S	b	a	h	规格（螺纹大径）	d	(D)（参考）	D_1	S	b	a	h
14	14.5	32	20	1	3.8	11	3	55*	56	82	67	1.5	7.7	52	6
16	16.5	34	22			13		56	57	90	74			53	
18	18.5	35	24			15		60	61	94	79			57	
20	20.5	38	27			17		64	65	100	84			61	
22	22.5	42	30		4.8	19	4	65*	66	100	84			62	
25	24.5	45	34			21		68	69	105	88			65	
25	25.5	45	34			22		72	73	110	93		9.6	69	
27	27.5	48	37			24		75*	76	110	93			71	
30	30.5	52	40			27		76	77	115	98			72	
33	33.5	56	43	1.5	5.7	30	5	80	81	120	103	2		76	7
35*	35.5	56	43			32		85	86	125	108			81	
36	36.5	60	46			33		90	91	130	112		11.6	86	
39	39.5	62	49			36		95	96	135	117			91	
40*	40.5	66	49			37		100	101	140	122			96	
42	42.5	72	53			39		105	106	145	127			101	
45	45.5	76	59			42		110	111	156	135		13.5	106	
48	48.5	76	61		7.7	45		115	116	160	140			111	
50*	50.5	76	61			47		120	121	166	145			116	
52	52.5	82	67			49	6	125	126	170	150			121	

注：标有*号仅用于滚动轴承锁紧装置。

附录 H 平 键

表 17 平键键槽的剖面尺寸（GB/T 1095—2003）、普通平键的尺寸（GB/T 1096） （单位：mm）

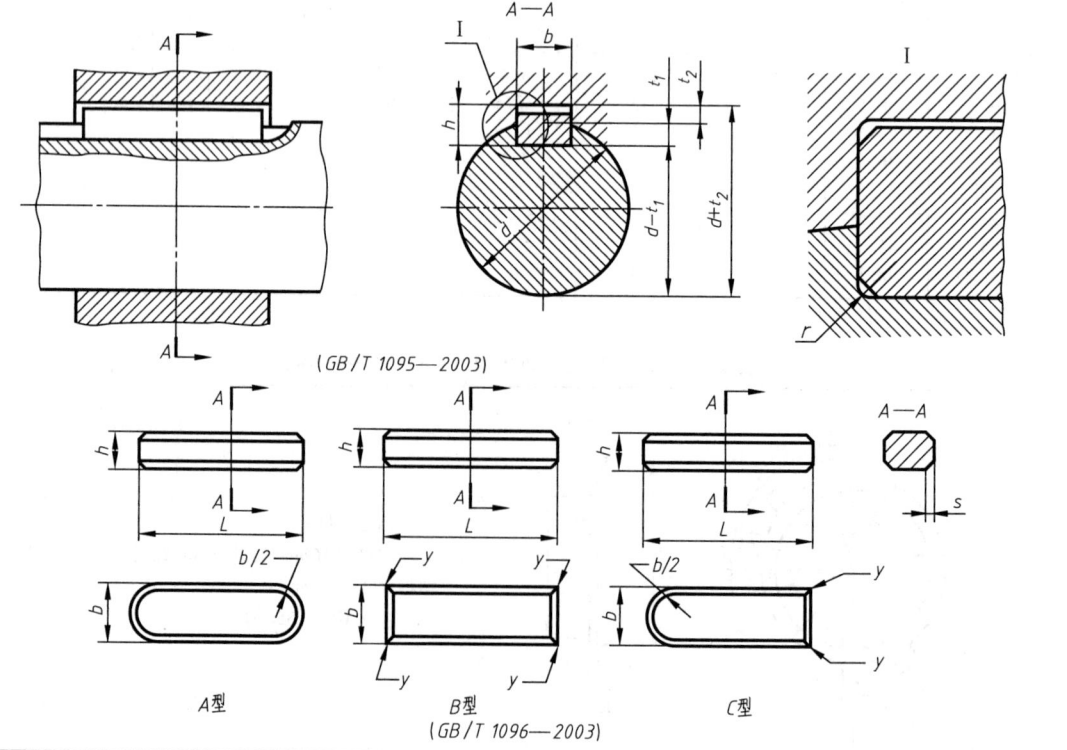

附 录

（续）

标记示例：

宽度 $b = 16$mm、高度 $h = 10$mm、长度 $L = 100$mm 普通 A 型平键：
GB/T 1096 键 $16 \times 10 \times 100$

宽度 $b = 16$mm、高度 $h = 10$mm、长度 $L = 100$mm 普通 B 型平键：
GB/T 1096 键 B $16 \times 10 \times 100$

宽度 $b = 16$mm、高度 $h = 10$mm、长度 $L = 100$mm 普通 C 型平键：
GB/T 1096 键 C $16 \times 10 \times 100$

轴	键		键槽										
				宽度 b					深度				半径 r
公称直径 d	尺寸 $b \times h$	长度 L	公称尺寸	极限偏差					轴 t		毂 t_2		
				松联结		正常联结		紧密联结					
				轴 H9	毂 D10	轴 N9	毂 JS9	轴和毂 P9	公称尺寸	极限偏差	公称尺寸	极限偏差	min max
自 6~8	2×2	6~20	2	+0.025 0	+0.060 −0.020	−0.004 −0.029	±0.0125	−0.006 −0.031	1.2	+0.1 0	1	+0.1 0	0.08 0.16
>8~10	3×3	6~36	3						1.8		1.4		
>10~12	4×4	8~45	4	+0.030 0	+0.078 +0.030	0 −0.030	±0.015	−0.012 −0.042	2.5		1.8		
>12~17	5×5	10~56	5						3.0		2.3		
>17~22	6×6	14~70	6						3.5		2.8		0.16 0.25
>22~30	8×7	18~90	8	+0.036 0	+0.098 +0.040	0 −0.036	±0.018	−0.015 −0.051	4.0		3.3		
>30~38	10×8	22~110	10						5.0		3.3		
>38~44	12×8	28~140	12						5.0		3.3		
>44~50	14×9	36~160	14	+0.043 0	+0.120 +0.050	0 −0.043	±0.0215	−0.018 −0.061	5.5		3.8		0.25 0.40
>50~58	16×10	45~180	16						6.0		4.3		
>58~65	18×11	50~200	18						7.0	+0.2 0	4.4	+0.2 0	
>65~75	20×12	56~220	20						7.5		4.9		
>75~85	22×14	63~250	22	+0.052 0	+0.149 +0.065	0 −0.052	±0.026	−0.022 −0.074	9.0		5.4		0.40 0.60
>85~95	28×14	70~280	25						9.0		5.4		
>95~110	28×16	80~320	28						10.0		6.4		
>110~130	32×18	80~360	32						11.0		7.4		0.70 1.0
>130~150	36×20	100~400	36	+0.062 0	+0.180 +0.080	0 −0.062	±0.031	−0.026 −0.088	12.0	+0.3 0	8.4	+0.3 0	
>150~170	40×22	100~400	40						13.0		9.4		
>170~220	45×25	110~450	45						15.0		10.4		

注：1. $(d-t)$ 和 $(d+t_2)$ 两个组合尺寸的极限偏差按相应的 t_1 和 t_2 的极限偏差选取，但 $(d-t_1)$ 极限偏差应取负号 $(-)$。

2. L 系列：6, 8, 10, 12, 14, 16, 18, 20, 22, 25, 28, 32, 36, 40, 45, 50, 56, 63, 70, 80, 90, 100, 110, 125, 140, 160, 180, 200, 220, 250, 280, 320, 330, 400, 450。

附录Ⅰ 销

表18 圆柱销 不淬硬钢和奥氏体不锈钢（GB/T 119.1—2000）
圆柱销 淬硬钢和马氏体不锈钢（GB/T 119.2—2000） （单位：mm）

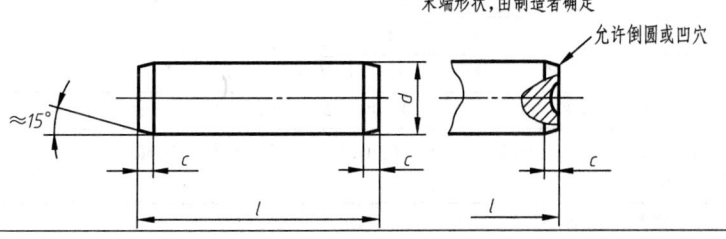

（续）

标记示例：
　公称直径 $d=6mm$、公差为 m6，公称长度 $l=30mm$、材料为钢、不经淬火、不经表面处理的圆柱销：
　　　　销　GB/T 119.1　6m6×30
　公称直径 $d=6mm$、公差为 m6，公称长度 $l=30mm$、材料为 A1 组奥氏体不锈钢、表面简单处理的圆柱销：
　　　　销　GB/T 119.1　6 m6×30-A1

标记示例：
　公称直径 $d=6mm$、公差为 m6，公称长度 $l=30mm$、材料为钢、普通淬火（A 型）、表面氧化处理的圆柱销：
　　　　销　GB/T 119.2　6×30
　公称直径 $d=6mm$、公差为 m6，公称长度 $l=30mm$、材料为 C1 组马氏体不锈钢、表面简单处理的圆柱销：
　　　　销　GB/T 119.2　6×30-C1

d 公称	2.5	3	4	5	6	8	10	12	16	20	25	30
$c\approx$	0.4	0.5	0.63	0.80	1.2	1.6	2.0	2.5	3.0	3.5	4.0	5.0
l GB/T 119.1	6~24	8~30	8~40	10~50	12~60	14~80	18~95	22~140	26~180	35~200	50~200	60~200
l GB/T 119.2	6~24	8~30	10~40	12~50	14~60	18~80	22~100	26~100	40~100	50~100		
l 系列	6,8,10,12,14,16,18,20,22,24,26,28,30,32,35,40,45,50,55,60,65,70,75,80,85,90,95,100,120,140,160,180,200											

表19　圆锥销（GB/T 117—2000）　　　　（单位：mm）

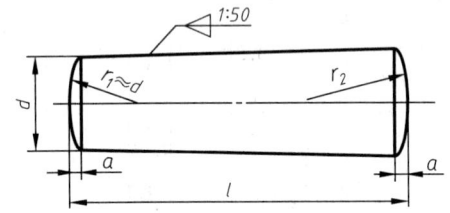

标记示例：
　公称直径 $d=6mm$、公称长度 $l=30mm$、材料为 35 钢、热处理硬度 28~38HRC、表面氧化处理的 A 型圆锥销：
　　　　销　GB/T 117　6×30

$$r_2 \approx \frac{a}{2}+d+\frac{(0.021)^2}{8a}$$

d 公称 h10	2.5	3	4	5	6	8	10	12	16	20	25	30
$a\approx$	0.3	0.4	0.5	0.63	0.8	1.0	1.2	1.6	2	2.5	3.0	4.0
l	10~35	12~45	14~55	18~60	22~90	22~120	26~160	32~180	40~200	45~200	50~200	55~200
l 系列	10,12,14,16,18,20,22,24,26,28,30,32,35,40,45,50,55,60,65,70,75,80,85,90,95,100,120,140,160,180,200											

表20　开口销（GB/T 91—2000）　　　　（单位：mm）

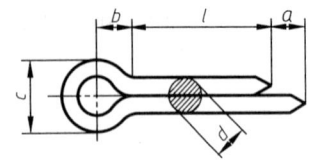 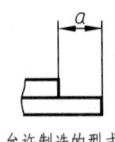

允许制造的型式

标记示例：
　公称规格为 5mm、公称长度 $l=50mm$、材料为 Q215 或 Q235、不经表面处理的开口销：
　　　　销　GB/T 91　5×50

公称规格		0.6	0.8	1	1.2	1.6	2	2.5	3.2	4	5	6.3	8	10
d	max	0.5	0.7	0.9	1	1.4	1.8	2.3	2.9	3.7	4.6	5.9	7.5	9.5
	min	0.4	0.6	0.8	0.9	1.3	1.7	2.1	2.7	3.5	4.4	5.7	7.3	9.3
a	max	1.6	1.6	1.6	2.5	2.5	2.5	2.5	3.2	4	4	4	4	6.3
$b\approx$		2	2.4	3	3	3.2	4	5	6.4	8	10	12.6	16	20
c	max	1	1.4	1.8	2	2.8	3.6	4.6	5.8	7.4	9.2	11.8	15	19
l		4~12	5~16	6~20	8~26	8~32	10~40	12~50	14~65	18~80	22~100	30~120	40~160	45~200
l 系列		4,5,6,8,10,12,14,16,18,20,22,24,26,28,30,32,36,40,45,50,55,60,65,70,75,80,85,90,95,100,120,140,160,180,200													

注：公称规格等于开口销孔的直径。

附录 J 紧固件通孔及沉孔尺寸

表 21 紧固件通孔（GB/T 5277—1985）及沉孔（GB/T 152.2～152.4—1988）尺寸

（单位：mm）

螺纹规格 d		M3	M4	M5	M6	M8	M10	M12	M16	M20	M24	M30
螺栓和螺钉通孔直径 d_h（GB/T 5277）	精装配	3.2	4.3	5.3	6.4	8.4	10.5	13	17	21	25	31
	中等装配	3.4	4.5	5.5	6.6	9	11	13.5	17.5	22	26	33
	粗装配	3.6	4.8	5.8	7	10	12	14.5	18.5	24	28	35
六角头螺栓和六角螺母用沉孔（GB/T 152.4）	d_2	9	10	11	13	18	22	26	33	40	48	61
	d_1	3.4	4.5	5.5	6.6	9.0	11.0	13.5	17.5	22	28	33
	t	t 值很小，主要是在不经机加工的铸造或锻造表面或不平整的表面加工一环形平面，使支承面垂直于螺栓轴线，保证连接质量和可靠性										
沉头螺钉用沉孔（GB/T 152.2）	d_2	6.4	9.6	10.6	12.8	17.6	20.3	24.4	32.4	40.4	—	—
	d_1	3.4	4.5	5.5	6.6	9	11	13.5	17.5	22	—	—
开槽圆柱头螺钉用沉孔（GB/T 152.3）	d_2	—	8	10	11	15	18	20	26	33	—	—
	t	—	3.2	4	4.7	6	7	8	10.5	12.5	—	—
内六角圆柱头螺钉用沉孔（GB/T 152.3）	d_2	6	8	10	11	15	18	20	26	33	40	48
	d_1	3.4	4.5	5.5	6.6	9	11	13.5	17.5	22	26	33
	t	3.4	4.6	5.7	6.8	9	11	13	17.5	21.5	25.5	32

附录K 滚动轴承

表22 深沟球轴承（GB/T 276—2013） （单位：mm）

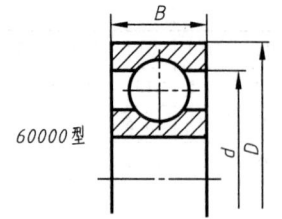

标记示例：
　　内径 $d=50$ mm 的 60000 型深沟球轴承，尺寸系列为(0)2：
　　　　滚动轴承　6210 GB/T 276

轴承代号	d	D	B	轴承代号	d	D	B
(0)2 系列				6308	40	90	23
6200	10	30	9	6309	45	100	25
6201	12	32	10	6310	50	110	27
6202	15	35	11	6311	55	120	29
6203	17	40	12	6312	60	130	31
6204	20	47	14	6313	65	140	33
6205	25	52	15	6314	70	150	35
6206	30	62	16	6315	75	160	37
6207	35	72	17	6316	80	170	39
6208	40	80	18	6317	85	180	41
6209	45	85	19	6318	90	190	43
6210	50	90	20	6319	95	200	45
6211	55	100	21	6320	100	215	47
6212	60	110	22	(0)4 系列			
6213	65	120	23	6403	17	62	17
6214	70	125	24	6404	20	72	19
6215	75	130	25	6405	25	80	21
6216	80	140	26	6406	30	80	23
6217	85	150	28	6407	35	100	25
6218	90	160	30	6408	40	110	27
6219	95	170	32	6409	45	120	29
6220	100	180	34	6410	50	130	31
(0)3 系列				6411	55	140	33
6300	10	35	11	6412	60	150	35
6301	12	37	12	6413	65	160	37
6302	15	42	13	6414	70	180	42
6303	17	47	14	6415	75	190	45
6304	20	52	15	6416	80	200	48
6305	25	62	17	6417	85	210	52
6306	30	72	19	6418	90	225	54
6307	35	80	21	6420	100	250	58

表23 推力球轴承（GB/T 301—1995） （单位：mm）

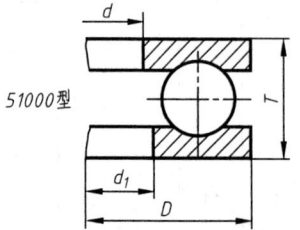

标记示例：
　　内径 $d=17$ mm 的 51000 型推力轴承，尺寸系列代号为 12：
　　　　滚动轴承 51203　GB/T 301

轴承代号	尺寸				轴承代号	尺寸			
	d	d_{1min}	D	T		d	d_{1min}	D	T
12 系列					51308	40	42	78	26
51200	10	12	26	11	51309	45	47	85	28
51201	12	14	28	11	51310	50	52	95	31
51202	15	17	32	12	51311	55	57	105	35
51203	17	19	35	12	51312	60	62	110	35
51204	20	22	40	14	51313	65	67	115	36
51205	25	27	47	15	51314	70	72	125	40
51206	30	32	52	16	51315	75	77	135	44
51207	35	37	62	18	51316	80	82	140	44
51208	40	42	68	19	51317	85	88	150	49
51209	45	47	73	20	51318	90	93	155	50
51210	50	52	78	22	51320	100	103	170	55
51211	55	57	90	25	14 系列				
51212	60	62	95	26	51405	25	27	60	24
51213	65	67	100	27	51406	30	32	70	28
51214	70	72	105	27	51407	35	37	80	32
51215	75	77	110	27	51408	40	42	90	36
51216	80	82	115	28	51409	45	47	100	39
51217	85	88	125	31	51410	50	52	110	43
51218	90	93	135	35	51411	55	57	120	48
51820	100	103	150	38	51412	60	62	130	51
13 系列					51413	65	68	140	56
51305	25	27	52	18	51414	70	73	150	60
51306	30	32	60	21	51415	75	78	160	65
51307	35	37	68	24	51417	85	88	180	72
					51418	90	93	190	77

表 24 圆锥滚子轴承（GB/T 297—1994）　　　　　　（单位：mm）

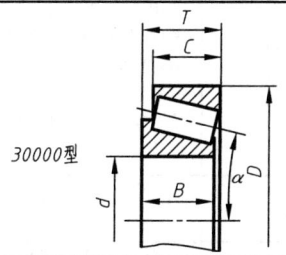

标记示例：
　　内径 d = 70mm 的 30000 圆锥滚子轴承，尺寸系列为 22：
　　滚动轴承　32214 GB/T 297

轴承代号	尺寸						轴承代号	尺寸					
	d	D	T	B	C	a		d	D	T	B	C	a
02 系列							30310	50	110	29.25	27	23	12°57′10″
30203	17	40	13.25	12	11	12°57′10″	30311	55	120	31.50	29	25	12°57′10″
30204	20	47	15.25	14	12	12°57′10″	30312	60	130	33.50	31	26	12°57′10″
30205	25	52	16.25	15	13	14°02′10″	30313	65	140	36.00	33	28	12°57′10″
30206	30	62	17.25	16	14	14°02′10″	30314	70	150	38.00	35	30	12°57′10″
30207	35	72	18.25	17	15	14°02′10″	30315	75	160	40.00	37	31	12°57′10″
30208	40	80	19.75	18	16	14°02′10″	30316	80	170	42.50	39	33	12°57′10″
30209	45	85	20.75	19	16	15°06′34″	30317	85	180	44.50	41	34″	12°57′10″
30210	50	90	21.75	20	17	15°38′32″	30318	90	190	46.50	43	36″	12°57′10″
30211	55	100	22.75	21	18	15°06′34″	30319	95	200	49.50	45	38	12°57′10″
30212	60	110	23.75	22	19	15°06′34″	30320	100	215	51′50	47	39	12°57′10″
30213	65	120	24.75	23	10″	15°06′34″	22 系列						
30214	70	125	26.25	24	21	15°38′32″	32204	20	47	19.25	18	15	12°28′
30215	75	130	27.25	25	22	16.10′20″	32205	25	52	19.25	18	16	13°.30′
30216	80	140	28.25	26	22	15°38′32″	32206	30	62	21.25	20	17	14°02′10″
30217	85	150	30.50	28	24	15°38′32″	32207	35	72	24.25	23	19	14°02′10″
30218	90	160	32.50	30	26	15°38′32″	32208	40	80	24.75	23	19	14°.02′10″
30219	95	170	34.50	32	27	15°38′32″	32209	45	85	24.75	23	19	15°06′34″
30220	100	180	37.00	34	29	15°38′32″	32210	50	90	24.75	23	19	15°38′32″
03 系列							32211	55	100	26.75	25	21	15°06′34″
30302	15	42	14.25	13	11	10°45′29″	32212	60	110	29.75	28	24	15°06′34″
30303	17	47	15.25	14	12	10°45′29″	32213	65	120	32.75	31	27	15°06′34″
30304	20	52	16.25	15	13	11°18′36″	32214	70	125	33.25	31	27	15°38′32″
30305	25	62	18.25	17	15	11°18′36″	32215	75	130	33.25	31	27	15°10′20″
30306	30	72	20.75	19	16	11°51′35″	32216	80	140	35.25	33	28	15°38′32″
30307	35	80	22.75	21	18	11°51′35″	32217	85	150	38.5	36	30	15°38′32″
30308	40	90	25.25	23	20	12°57′10″	32218	90	160	42.5	40	34	15°38′32″
30309	45	100	27.25	25	22	12°57′10″	32219	95	170	45.5	43	37	15°38′32″
							32220	100	180	49	46	39	15°38′32″

附录 L 常用材料及热处理名词解释

表25 常用铸铁牌号

名称	牌号	说 明	硬度 HBW	特性及用途举例
灰铸铁	HT100	"HT"是灰铸铁的代号,它后面的数字表示抗拉强度("HT"是"灰铁"两字汉语拼音的第一个字母)	143～229	属低强度铸铁,用于盖、手把、手轮等不重要零件
	HT150		143～241	属中强度铸铁,用于一般铸件如机床座、端盖、带轮、工作台等
	HT200 HT250		163～255	属高强度铸铁,用于较重要铸件如齿轮、凸轮、机座、床身、飞轮、带轮、齿轮箱、阀壳、联轴器、衬筒、轴承座等
	HT300 HT350		170～255 170～269	属高强度、高耐磨铸铁,用于重要铸件如齿轮、凸轮、床身、飞轮、高压液压筒、液压泵和滑阀的超额壳体、车床卡盘等
球墨铸铁	QT450-10 QT500-7 QT600-3	"QT"是球墨铸铁的代号,它后面的数字分别表示抗拉强度和伸长率的大小("QT"是"球铁"两字汉语拼音的第一个字母)	170～207 187～255 197～269	具有较高的强度和塑性,广泛用于机械制造业中受磨损和受冲击的零件,如曲轴、凸轮轴、齿轮、气缸套、活塞环、摩擦片、中低压阀门、千斤顶底座、轴承座等
可锻铸铁	KTH300-06 KTH330-08 KTH450-06	"KTH""KTZ"分别是黑心和珠光体可锻铸铁的代号,它们后面的数字分别表示抗拉强度和伸长率的大小("KT"是"可铁"两字汉语拼音的第一个字母)	≤150 ≤150 150～200	用于承受冲击、振动等零件,如汽车零件、机床附件(如扳手等)、各种管接头、低压阀门、农机具等。珠光体可锻铸铁在某些场合可代替低碳钢、中碳钢及合金钢,如用于制造齿轮、曲轴、连杆等

表26 常用钢材牌号

名称		牌号	说 明	特性及用途举例
碳素结构钢		Q215A Q215AF	牌号由屈服强度字母(Q)、屈服强度数值、质量等级符号(A、B、C、D)和脱氧方法(F—沸腾钢,Z—镇静钢,TZ—特殊镇静)四部分按顺序组成。在牌号组成表示方法中"Z"与"TZ"符号可以省略	塑性大,抗拉强度低,易焊接,用于炉撑、铆钉、垫圈、开口销等。
		Q235A Q235AF		有较高的强度和硬度,伸长率也相当大,可以焊接,用途很广,是一般机械上的主要材料,用于低速轻载齿轮、键、拉杆、钩子、螺栓、套圈等
		Q275A Q275AF		伸长率低,抗拉强度高,焊接性不够好,用于制造不重要的轴、键、弹簧等
优质碳素结构钢	普通含锰钢	15	牌号数字表示钢中碳的质量分数的平均百分数,如"45"表示平均碳的质量分数为0.45%	塑性、韧性、焊接性能和冲压性能均极好,但强度低,用于螺钉、螺母、法兰盘、渗碳零件等
		20		用于不经受很大应力而要求很大韧性的各种零件,如杠杆、轴套、拉杆等;还可用于表面硬度高而心部强度要求不大的渗碳与碳氮共渗零件
		35		不经热处理可用于中等载荷的零件,如拉杆、轴、套筒、钩子等;经调质处理后适用于强度及韧性要求较高的零件,如传动轴等

(续)

名称		牌号	说明	特性及用途举例
优质碳素结构钢	普通含锰钢	45	牌号数字表示钢中碳的质量分数的平均百分数,如"45"表示平均碳的质量分数为0.45%	用于强度要求较高的零件。通常在调质或正火后使用,用于制造齿轮、机床主轴、花键、联轴器等。由于它的淬透性差,因此截面大的零件很少采用
		60		这是一种强度和弹性相当高的钢。用于制造连杆、轧辊、弹簧、轴等
	较高含锰钢	15Mn	化学元素符号Mn,表示钢的含锰较高	它的性能与15钢相似,但淬透性、强度和塑性比15钢都高些,焊接性好,用于制造中心部分的机械性能要求较高,且须渗碳的零件
		45Mn		用于受磨损的零件,如转轴、心轴、齿轮、叉等。焊接性差。还可做受较大载荷的离合器盘、花键轴、凸轮、曲轴等
		65Mn		钢的强度高,淬透性大,脱碳倾向小,但有过热敏感性,易生淬火裂纹,并有回火脆性,适用于较大尺寸的各种扁、圆弹簧,以及其他经受摩擦的农机具零件
合金钢	锰钢	20Mn2	①合金钢牌号用化学元素符号表示 ②碳的质量分数写在牌号最前,但高合金钢,如高速工具钢等的碳的质量分数不标出 ③合金工具钢碳的质量分数≥1%时不标出;<1%时,以千分数来标出,合金结构钢则以百分数表示 ④化学元素的质量分数≤1.5%时不标出,质量分数>1.5%时以百分数标出,如Cr12,12是铬的质量分数约为12%	对于截面较小的零件,相当于20Cr钢,可作渗碳小齿轮、小轴、活塞销、柴油机套筒、气门推杆、钢套等
		30Mn2		用于调质钢,如冷镦的螺栓用截面较大的调质钢
		45Mn2		用于截面较小的零件,相当于40Cr钢,直径在50mm以下时,可代替40Cr作重要螺栓用零件
	硅锰钢	27SiMn		用于调质钢
		35SiMn		除要求低温(-20℃)冲击韧性很高时,可全面代替40Cr作调质零件,也可部分代替40CrNi钢,此钢耐磨、耐疲劳性均佳,适用于作轴、齿轮及在430℃以下的重要紧固件
	铬钢	15Cr		用于船舶主轴上的螺栓、活塞销、凸轮、凸轮轴、汽轮机套环,机床上用的小零件,以及用于心部韧性高的渗碳零件
		20Cr		用于柴油机活塞销、凸轮、轴、小拖拉机传动齿轮和一般强度、韧性均高的减速器齿轮,供渗碳处理
		Cr12		用于制作切削工具,冲压模具等。淬火后硬度较高
	铬锰钛钢	20CrMnTi		工艺性能特优,用于汽车、拖拉机等上的重要齿轮和一般强度、韧性均高的减速器齿轮,供渗碳处理
		30CrMnTi		用于尺寸较大的调质钢件
	铬钼铝钢	38CrMoAlA		用于渗氮零件,如主轴、高压阀杆、阀门、橡胶及塑料挤压机等
	铬轴承钢	GCr6	铬轴承钢,牌号前有汉语拼音字母"G",并且不标出碳的质量分数。铬的质量分数用千分数表示	一般用来制造滚动轴承直径小于10mm的钢球或滚子
		GCr15		一般用来制造滚动轴承中尺寸较大的钢球、滚子、内圈和外圈

（续）

名称	牌号	说明	特性及用途举例
铸钢	ZG200-400	铸钢件，前面一律加汉语拼音字母"ZG"	用于各种形状的零件，如机座、变速箱壳等
	ZG270-500		用于各种形状的零件，如飞轮、机架、水压机工作缸、横梁等。焊接性尚可
	ZG310-570		用于各种形状的零件，如联轴器气缸齿轮及重负荷的机架等

表27 常用非铁金属牌号

名称		牌号	说 明	特性及用途举例
青铜	压力加工用青铜	QSn4-3	"Q"表示青铜，后面用第一个主添加元素符号及除基元素铜以外的成分数字组来表示	扁弹簧、圆弹簧、管配件和化工机械
		QSn6.5-0.1		耐磨零件、弹簧及其他零件
	铸造锡青铜	ZCuSn5Pb5Zn5	"Z"表示铸造，"Cu"表示基本元素铜，其余字母表示主要合金元素，字母后数字表示元素的平均质量分数	在较高负荷、中等滑动速度下工作的耐磨、耐蚀零件，如轴瓦、衬套、缸套、活塞离合器、泵件压盖以及蜗轮等
		ZCuSn10P1		用于高负荷（20MPa以下）和高滑动速度（8m/s）下工作的耐磨零件，如连杆、衬套、齿轮以及蜗轮等
	铸造无锡青铜	ZCuPb30		要求高滑动速度的双金属轴承、减磨零件等
		ZCuAl8Mn13Fe3		用于制造重型机械轴套，以及要求强度高、耐磨、耐压零件，如衬套、法兰、阀体、泵体等
		ZCuAl9Mn2		耐蚀、耐磨零件，形状简单的大型铸件，如衬套、齿轮、蜗轮，以及在250℃以下工作的管配件和要求气密性高的铸件，如增压器内气封
黄铜	压力加工用黄铜	H59	"H"表示黄铜，后面数字表示基元素铜的质量分数。黄铜是铜锌合金	热压及热轧零件
		H62		散热器、垫圈、弹簧、各种网、螺钉及其他零件
	铸造黄铜	ZCuZn31Al2	"Z"表示铸造，后面符号表示主添加元素及质量分数	铸造性能好，耐蚀性好，易切削，可焊接。用于压力铸造，如电动机、仪表等压力铸件以及造船和机械制作的耐蚀零件
铝合金	硬铝合金	2011	Al-Cu 系	螺钉及要求有良好切削性能的机械加工产品
		2024		飞机结构（蒙皮、骨架、肋梁、隔框等）、铆钉、导弹构件、货车轮毂、螺旋桨元件及其他各种结构件
	锻铝合金	6A02	Al-Mg-Si 系	飞机发动机零件，形状复杂的锻件与模锻件，要求有高塑性和高耐蚀性的机械零件
	铸造铝合金	ZL301	"Z"表示铸造，"L"表示铝，后面是顺序号	用于受重大冲击负荷、高耐蚀的零件
		ZL102		用于气缸活塞以及高温工作的复杂形状零件
		ZL401		适用于压力铸造用的高强度铝合金
轴承合金	锡基轴承合金	ZSnSb11Cu6	Z表示铸造，后面是主元素，再后面是添加元素	用于浇注工作温度在110℃以下的高速轴承的轴瓦，如功率大于373kW的汽轮机、压缩机的轴瓦，功率大于895kW的高速柴油机的轴瓦，功率在50kW以上的电动机的轴瓦等
	铅基轴承合金	ZPbSb16Sn16Cu2		用于浇注工作温度在120℃以下，功率在180~895kW的蒸汽机轴瓦，功率在1491kW以下的泵轴瓦、各种功率的减速机轴瓦，功率在895kW以下的起重机、破碎机轴瓦等

表28 热处理及硬度名词解释

名词	标号举例	说明	目的	适用范围
退火	Th	加热到临界温度以上，保温一定时间，然后缓慢冷却（如在炉中冷却）	1. 消除在前一工序（锻造、冷拉等）中所产生的内应力 2. 降低硬度，改善加工性能 3. 增加塑性和韧性 4. 使材料的成分或组织均匀，为以后的热处理准备条件	完全退火适用于碳的质量分数0.8%以下的铸锻焊件；为消除内应力的退火主要用于铸件和焊件
正火	Z	加热到临界温度以上，保温一定时间，再在空气中冷却	1. 细化晶粒 2. 与退火相比，强度略有增高，并能改善低碳钢的切削加工性能	用于低、中碳钢。对低碳钢常用以代替退火
淬火	C62（淬火后回火至60~65HRC） Y35（油冷淬火后回火至30~40HRC）	加热到临界温度以上、保温一定时间，再在冷却剂（水、油或盐水）中急速的冷却	1. 提高硬度及强度 2. 提高耐磨性	用于中、高碳钢。淬火后钢件必须回火
回火	回火	经淬火后再加热到临界温度以下的某一温度，在该温度停留一定时间，然后在水、油或空气中冷却	1. 消除淬火时产生的内应力 2. 增加韧性，降低硬度	高碳钢制的工具、量具、刃具用低温（150~250℃）回火 弹簧中中温（270~450℃）回火
调质	T235（调质至220~250HBW）	在450~650℃进行高温回火称"调质"	可以完全消除内应力，并获得较高的综合机械性能	用于重要的轴、齿轮以及丝杆等零件
表面淬火	H54（火焰加热淬火后，回火至52~58HRC） G52（高频淬火后，回火至50~55HRC）	用火焰或高频电流将零件表面迅速加热至临界温度以上，急速冷却	使零件表面获得高硬度，而心部保持一定的韧性，使零件既耐磨又能承受冲击	用于重要的齿轮以及曲轴、活塞销等
渗碳淬火	S0.5-C59（渗碳层深0.5mm，淬火硬度56~62HRC）	在渗碳剂中加热到900~950℃，停留一定时间，将碳渗入钢表面，深度约0.5~2mm，再淬火后回火	增加零件表面硬度和耐磨性，提高材料的疲劳强度	适用于碳的质量分数为0.08%~0.25%的低碳钢及低碳合金钢
氮化	D0.3-900（氮化深度0.3mm，硬度大于850HV）	使工作表面渗入氮元素	增加表面硬度、耐磨性、疲劳强度和耐蚀性	适用于碳含铝、铬、钼、锰等的合金钢，如要求耐磨的主轴、量规、样板等
碳氮共渗	Q59（碳氮共渗淬火后，回火至56~62HRC）	使工作表面同时饱和碳和氮元素	增加表面硬度、耐磨性、疲劳强度和耐蚀性	适用于碳钢及合金结构钢，也适用于高速钢的切削工具
时效处理	时效处理	1. 天然时效：在空气中长期存放半年到一年以上 2. 人工时效：加热到500~600℃，在这个温度保持10~20h或更长时间	使铸件消除其内应力而稳定其形状和尺寸	用于机床床身等大型铸件
冷却处理	冷却处理	将淬火钢继续冷却至室温以下的处理方法	进一步提高硬度、耐磨性，并使其尺寸趋于稳定	用于滚动轴承的钢球、量规等
发蓝或发黑	发蓝或发黑	用加热办法使工件表面形成一层氧化铁所组成的保护薄膜	防腐蚀、美观	用于一般常见的紧固件
硬度	HBW（布氏硬度） HRC（洛氏硬度） HV（维氏硬度）	材料抵抗硬的物体压入零件表面的能力称为"硬度"。根据测定方法的不同，可分布氏硬度、洛氏硬度和维氏硬度	硬度测定是为了检验材料经热处理后的机械性能	用于经退火、正火、调质的零件及铸件的硬度检查 用于经淬火、回火及表面化学处理的零件的硬度检查 特别是用于薄层硬化零件的硬度检查

参 考 文 献

[1] 何铭新，钱可强，徐祖茂. 机械制图．[M]. 6 版. 北京：高等教育出版社，2010.
[2] 焦永和，林宏. 画法几何及工程制图（修订版）[M]. 北京：北京理工大学出版社，2011.
[3] 张绍群，等. 机械制图 [M]. 北京：机械工业出版，2013.
[4] 王兰美，殷昌贵. 画法几何及工程制图（机械类）[M]. 3 版. 北京：机械工业出版社，2014.
[5] 全国技术产品文件标准化技术委员会，中国质检出版社第三编辑室，技术产品文件标准汇编技术制图卷 [M] 3 版. 北京：中国标准出版社，中国质检出版社，2012.
[6] 全国技术产品文件标准化技术委员会，中国质检出版社第三编辑室. 技术产品文件标准汇编：CAD 制图卷 [M]. 2 版. 北京：中国标准出版社，中国质检出版社，2012.
[7] 徐文胜，余梅，吴勤. CAD 机械制图（含习题集）[M]. 北京：科学出版社，2011.
[8] 郑阿奇，徐文胜. AutoCAD 实用教程 [M]. 4 版. 北京：电子工业出版社，2012.
[9] 徐文胜. AutoCAD2010 实训教程 [M]. 北京：机械工业出版社，2011
[10] 白聿钦，莫亚林. 现代机械工程制图 [M]. 北京：机械工业出版社，2013.
[11] 冯秋官. 机械制图与计算机绘图 [M]. 4 版. 北京：机械工业出版社，2010.